规划精品系列

国家级一流本科课程建设成果教材

石油和化工行业"十四五"规划教材

"十二五"普通高等教育本科国家级规划教材

PRINCIPLES OF FOOD PROCESSING AND PRESERVATION

食品加工与保藏原理
第四版

李汴生　主编

陈　中　张立彦　阮　征　朱志伟　副主编

化学工业出版社
·北京·

内容简介

本书主要阐述食品加工与保藏原理及技术对食品的安全、质量和营养等方面的影响规律。本书共十一章，按照食品的加工与保藏的生产环节，从原辅料特性，到加工与保藏技术，再到食品包装，涵盖了原料特性及其保鲜、食品热加工与杀菌、非热杀菌与除菌、冷冻、干燥、提取、分离、浓缩与纯化、微波与射频加热、辐照、发酵、腌渍与烟熏、化学保藏和食品包装等加工与保藏技术。基于工程逻辑思维，突出理论和实践结合，数字资源适时反映相关研究的最新进展。

本书为国家级精品资源共享课程和国家级一流本科课程建设成果教材，可作为食品科学及相关专业教学用书，也可供食品科技工作者参考。

图书在版编目（CIP）数据

食品加工与保藏原理 / 李汴生主编; 陈中等副主编. 4版. -- 北京：化学工业出版社，2025. 6. --（"十二五"普通高等教育本科国家级规划教材）（石油和化工行业"十四五"规划教材）（国家级一流本科课程建设成果教材）. -- ISBN 978-7-122-48161-0

Ⅰ. TS205

中国国家版本馆 CIP 数据核字第 20252AN777 号

责任编辑: 赵玉清
文字编辑: 周 倜
责任校对: 宋 夏
装帧设计: 张 辉

出版发行: 化学工业出版社
　　　　　（北京市东城区青年湖南街 13 号　邮政编码 100011）
印　　装: 河北鑫兆源印刷有限公司
880mm×1230mm　1/16　印张 23　字数 708 千字
2025 年 6 月北京第 4 版第 1 次印刷

购书咨询: 010-64518888
售后服务: 010-64518899
网　　址: http://www.cip.com.cn
凡购买本书，如有缺损质量问题，本社销售中心负责调换。

定　　价: 66.00 元

"食品加工与保藏原理"，也称"食品工艺原理"，是食品类专业的专业主干课程。课程主要讲授食品加工与保藏中的基本原理和基本理论，知识体系介于"化工原理"或"食品工程原理"与"食品工艺学"之间，是化工单元操作在食品工业中的具体应用，反映食品加工与保藏过程中食品的安全、质量和营养等方面的变化规律和技术控制原理。

华南理工大学的"食品加工与保藏原理"课程先后获得国家级精品课程（2005年）、国家级双语教学示范课程（2010年）、国家级精品资源共享课程（2012年）和国家级一流本科课程（2020年）的称号；教学团队编写的《食品加工与保藏原理》教材自出版以来，再版三次，重印23次，销售近63000册。在课程教学和教材内容设计中，我们遵循食品工业的规律、特点和需求，按照食品加工与保藏过程的工序，从原料特性分析，经加工与保藏处理，到食品包装，串起各知识环节和知识点；基于工程逻辑思维，突出理论和实践结合，反映相关研究的最新发展。

第四版《食品加工与保藏原理》保持第三版的章节基本架构，但对绪论及各章内容进行了精简、修改和完善，其中的修改和完善主要体现在：根据国家食品工业的发展及食品相关法规和标准的变化，对绪论进行修改；第一章缩减和调整了部分内容；第二章增加了第四节"新型食品热加工技术"；第三章第一节中增加了"低温等离子体杀菌技术"，第二节中增加了"臭氧消毒"；第五章中对调了原第二节和第三节，删除了原第四节；第六章修改为"食品的提取、分离、浓缩与纯化"，增加了提取、分离和纯化三节内容，结晶放入了纯化一节中；第七章修改为"食品的微波与射频加热"，增加了射频波和射频加热的内容；第八章第一节中增补了"紫外照射的原理及应用"，合并和调整了其他各节内容；第九章第一节增加了"酱油"；第十章合并了原第三节和第四节，删除了原第五节"食品保鲜剂"；第十一章缩减和调整了部分内容。我们希望，新版教材能够为高等院校"食品科学与工程"及"食品质量与安全"等专业的教学以及食品科技工作者提供有益的知识和技术。各章还增加了兴趣引导、学习目标、过程检查、拓展阅读和知识归纳，附加了教学课件和试题库等学习内容，部分内容以数字资源的形式展现。

本书主编为李汴生，陈中、张立彦、阮征、朱志伟为副主编，编写分工如下：绪论、第二章由李汴生承担，第一章、第三章第二节和第三节、第六章、第七章由张立彦承担，第三章、第五章由阮征承担，第四章、第八章由朱志伟承担，第九~十一章由陈中承担，第三章的"低温等离子体杀菌技术"和第七章的"射频加热"部分由成军虎承担，参考文献的汇总由李丹丹承担；全书由李汴生修改和审核。

科学技术日新月异，教学团队青蓝辈出。我们特别感谢第一版～第三版的主编曾庆孝教授和第一版、第二版的副主编芮汉明副教授为本书定下的"魂"和"神"。在进行第四版改编时我们希望能固守本心、传承创新，使本书继续成为受专业学习者喜爱的教材，希望学习者通过本书激发学习兴趣、扎实知识积累、提高实践能力。本书适合作为高等院校食品专业类教材，也可作为食品科技工作者学习的参考书，我们欢迎所有学习者通过相关网络资源参与本课程的学习，并为教材和教学的改进提出宝贵意见。

李汴生

于华南理工大学

绪论 001

一、食品工业及其在国民经济中的
作用 002
二、我国食品与食品工业的分类及
特点 005

三、我国食品工业发展面临的挑战
与机遇 006
四、本课程的内容和目标 008
复习思考题 009

第一章 食品加工制造的主要原料特性及其保鲜 011

第一节 食品加工制造常用的原辅材料 012

一、食品加工制造的基础原料 012
二、食品初加工的产品 015
三、食品加工制造的辅料 017
四、食品添加剂 019

第二节 果蔬原料特性及保鲜 019

一、果蔬的基本组成及其加工特性 019
二、果蔬原料的组织结构特性 023
三、果蔬原料采后的生理特性 024
四、果蔬原料的采收与采后处理 026
五、果蔬的贮藏保鲜技术 028

第三节 肉类原料特性及贮藏保鲜 030

一、肉的营养价值与肉制品加工 030
二、肉的组织结构特点及主要
物理性质 031

三、畜、禽宰后肉的生物变化 032
四、肉的贮藏保鲜方法 034

第四节 水产原料特性及保鲜 034

一、水产原料及其特性 034
二、鱼的保鲜（活）方法 035

第五节 乳与蛋原料及其特性 036

一、乳及其加工特性 036
二、蛋的特性及保鲜 038

第六节 食品原辅料的安全性 040

一、农产品的质量安全 040
二、食品原辅料供给的安全管理 044

知识归纳 046

复习思考题 046

第二章 食品热加工与杀菌 049

第一节 食品的热加工 050

一、食品热加工的作用 050
二、食品热加工的类型和特点 050
三、食品热加工使用的能源和加热方式 052

第二节 食品热加工反应的规律 053

一、食品热加工的反应动力学 053
二、加热对微生物的影响 057
三、加热对酶的影响 060
四、加热对食品营养成分和感官
品质的影响 062

第三节　食品热加工条件的选择与确定　063
  一、食品热加工方法的选择　063
  二、热能在食品中的传递　064
  三、食品热加工条件的确定　066
  四、典型的热加工方法和条件　075

第四节　新型食品热加工技术　083

  一、欧姆加热　083
  二、红外加热　085

知识归纳　087

复习思考题　087

第三章　食品的非热杀菌与除菌 089

第一节　食品的非热杀菌　090
  一、食品非热杀菌技术的种类　090
  二、新型的食品非热杀菌技术　091

第二节　空气净化与除（杀）菌　102
  一、空气净化的目的及应用　102
  二、空气的过滤除菌　103

  三、空气的杀菌技术　108

第三节　食品生产用水的净化除（杀）菌　110
  一、食品工厂用水要求　110
  二、水的净化除（杀）菌技术　111

知识归纳　114

复习思考题　115

第四章　食品的低温加工与保藏 117

第一节　食品低温加工与保藏概述　118
  一、低温加工与保藏在食品工业
   中的应用　118
  二、食品低温加工与保藏的种类
   和一般工艺　118
  三、食品低温加工与保藏技术的发展　119

第二节　食品低温保藏的基本原理　119
  一、低温对微生物的影响　119
  二、低温对酶的影响　120
  三、低温对食品物料的影响　120

第三节　食品的冷却和冷藏　121
  一、冷藏食品物料的选择和前处理　121
  二、冷却方法及控制　121
  三、食品冷藏工艺和控制　123
  四、冷却过程中的制冷计算　127

  五、食品在冷却冷藏过程中的变化　130
  六、冷藏食品的回热　130

第四节　食品的冻结与冻藏　131
  一、食品冻结过程的基本规律　131
  二、冻结前食品物料的前处理　135
  三、冻结方法　135
  四、食品冻结与冻藏工艺及控制　137
  五、食品在冻结与冻藏过程中的变化　140
  六、冷链物流　143
  七、冻藏食品的解冻　144
  八、食品冻结与冻藏和解冻过程中
   冷耗量和冻结时间的计算　146

知识归纳　151

复习思考题　151

第五章　食品的干燥　153

第一节　食品干燥的目的与原理　154

一、食品干燥的目的　154
二、湿物料与湿空气　155
三、物料与空气间的湿热平衡　158
四、干燥过程的湿热传递　159

第二节　食品的干燥方法及控制　165

一、空气对流干燥　165
二、传导干燥　171
三、能量场作用下的干燥　175
四、组合干燥　176

第三节　食品在干燥过程发生的变化　177

一、干燥过程食品的物理变化　177
二、干燥过程食品的化学变化　178

第四节　干燥食品的贮藏与运输　180

一、干燥食品的贮运水分要求　180
二、干燥食品包装与贮运前的处理　182
三、干燥食品包装与贮运　184

知识归纳　184

复习思考题　185

第六章　食品的提取、分离、浓缩与纯化　187

第一节　食品的提取　188

一、压榨　188
二、萃取　189

第二节　食品的分离　191

一、过滤　191
二、离心分离　194
三、沉降　196
四、膜分离　202

第三节　食品的浓缩　205

一、蒸发浓缩　205
二、冷冻浓缩　207
三、膜浓缩　209

第四节　食品的纯化　209

一、食品的结晶　209
二、离子交换　213
三、凝胶色谱　216

知识归纳　218

复习思考题　219

第七章　食品的微波与射频加热　221

第一节　微波与射频的性质　222

一、微波的性质　222
二、射频波的特性　223

第二节　微波与射频的加热原理及特点　224

一、微波加热原理及特点　224

二、射频加热原理及特点　229

第三节　微波技术的应用与控制　232

一、微波加热与食品干燥、烘烤　232
二、微波杀菌与灭酶　233
三、微波解冻　233
四、微波辅助萃取　234

五、微波技术的其他应用 234
六、微波应用中的安全问题 235

第四节　射频技术的应用与控制 236

一、射频干燥 236
二、射频杀虫 236
三、射频解冻 237

四、射频灭菌 237
五、射频技术的其他应用 237
六、射频加热技术的影响因素与控制 237

知识归纳 238

复习思考题 238

第八章　食品的辐照 241

第一节　食品辐照的特点及应用 242

一、食品辐照的定义及特点 242
二、紫外照射的原理及应用 243

第二节　食品辐照及保藏原理 243

一、辐射源与食品辐照装置 243
二、食品辐照的物理学效应 247
三、食品辐照的化学效应 248
四、食品辐照的生物学效应 254

第三节　辐照的工艺控制 257

一、食品辐照的分类与辐照工艺 257
二、影响食品辐照效果的因素 259

第四节　食品辐照的安全与法规 261

一、辐照量单位与吸收剂量 261
二、辐照食品的安全性 262
三、辐照食品的管理法规 264

知识归纳 265

复习思考题 265

第九章　食品的发酵、腌渍与烟熏 267

第一节　食品的发酵 268

一、食品发酵及类型 268
二、影响食品发酵的因素及控制 272
三、典型的食品发酵工艺及特点 273

第二节　食品的腌渍 277

一、腌渍的保藏原理 277
二、食品腌渍过程的扩散与渗透作用 281
三、食品的腌渍工艺与控制 283

第三节　食品的烟熏 287

一、烟熏的目的及作用 287
二、熏烟的成分及其对食品的影响 289
三、烟熏方法及控制 290

知识归纳 294

复习思考题 295

第十章　食品的化学保藏 297

第一节　食品化学保藏的定义及要求 298

一、食品化学保藏及其特点 298

二、食品添加剂及其使用要求 298

第二节　食品的防腐 299

一、食品防腐剂的作用与特点　299
二、常用的食品防腐剂　300

第三节　食品的抗氧化与脱氧　306

一、食品的抗氧化　306

二、食品的脱氧　311

知识归纳　313

复习思考题　313

第十一章　食品包装　315

第一节　食品包装及其功能　316

一、食品包装及其分类　316
二、食品包装的功能及作用　318

第二节　食品包装材料及容器　319

一、玻璃与陶瓷容器　319
二、金属包装材料及容器　322
三、纸、纸板及纸包装　330
四、塑料包装材料及容器　333
五、木材及木制包装容器　342
六、食品包装辅助材料　343

第三节　食品包装技术　344

一、食品的防氧包装　344

二、食品的防湿包装　345
三、食品的避光包装　347
四、食品的无菌包装　347
五、食品的活性包装　350

第四节　食品包装标签　350

一、预包装食品标签的基本要求　350
二、食品营养标签　351
三、预包装特殊膳食食品的标签　351
四、食品包装的其他标示　352

知识归纳　353

复习思考题　353

参考文献　354

绪　论

○○ ——— ○○ ○ ○○ ————————

琳琅满目的超市食品

每个人都离不开食品，食品对一个人、一座城和一个国家有多重要？

超市里的食品琳琅满目，这些食品都是怎么生产出来的？怎么才是高质量的食品？

生鲜的果蔬、肉、鱼如何保鲜？

牛奶有巴氏奶、有 UHT 奶，它们的贮藏条件和保质期都不同，为什么？

通过本书（课程）的学习，你会了解这些，还远不止这些。

为什么要学习"食品加工与保藏原理"？

食品的加工与保藏是为了破坏或控制微生物的生长、酶的作用和化学反应，提高食品的安全性、可口性、营养性、保藏性和方便性等，通过绪论的学习，可以系统地了解本书（课程）的主要内容，食品产业链和食品工业，了解和掌握各种食品加工与保藏技术的共性原理、知识体系和相互关系。

学习目标

○ 了解食品工业及其在国民经济中的作用。
○ 了解我国食品与食品工业的分类及特点。
○ 了解我国食品工业发展面临的机遇与挑战。

一、食品工业及其在国民经济中的作用

（一）食物、食品与食品工业

食物是指可供食用的物质，主要有动物类（包括水产类）、植物类和微生物类等可食用部位及其加工品，包括生的及熟制的产品，它是人类生存和发展的重要物质基础。在人类的生活发展史中，根据食物的来源和特点，可划分为两个阶段：大约公元前 8000 年以前的时代，人类以采集野生植物和捕猎野生动物为食物，并生吃食物，称为食物采集时期（food-gathering period）；公元前8000 年以后，进入食物生产时期（food-processing period），即人类已经开始有目的地种植（养殖）及加工食物。在我国历史记载中，燧人氏发明钻木取火，人类才开始熟吃食物；伏羲氏在饮食上，"结网罟以教佃渔，养牺牲以充庖厨"，神农氏的"耕而陶"，才开创了中国农业；到了黄帝时代，人类懂得使用炊具和制盐，开始学会烹调方法。由于制盐和加热等技术的出现，才真正开始食物的制作（或加工）及保藏。可以说，利用自然界的天然条件，如冬季的低温和冰冻、太阳照射和干燥的气候及地理条件进行食物的低温和干燥保藏等，是人类最早掌握和采用的食品加工和保藏技术。

随着工业时代的到来以及农业革命，使种植、养殖、捕捞业迅速发展，农产品的局部和暂时过剩，以及生活与政治、经济、军事的需要，推动食品加工与保藏技术的发展和应用，产生现代的食品工业。社会经济的发展以及人类生活水平的提高，已经使天然食物、加工食品（食物）在人类饮食中的结构和比例发生极大变化，饮食给人们生活带来的不仅是生活上物质的需要和享受，而且在维护人体健康和激发精神快乐等方面具有重要的作用，已成为一个国家和民族的重要文化特征。

食品是"指各种供人食用或者饮用的成品和原料以及按照传统既是食品又是中药材的物品，但是不包括以治疗为目的的物品"，这是《中华人民共和国食品安全法》对食品的法律定义。该定义明确食品与药品的重要区别，即食品不能宣传其治疗疾病的作用。从商品特性考虑，食品是作为商品可供流通的食物，其最主要特征是每种食品都要符合其安全（卫生）与质量标准，确保其食用安全和质量。从经济与价值考虑，食品产品不仅包括可食用的包装内容物（称为实体）还包括为了保藏、流通和消费等目的所采用的各种包装材料、方式和标签等（称为形体），故现代的食品也被称为预包装食品。

食品应具有以下基本特征：①拥有该食品特有的感官指标，包括色泽（或外观）、风味（包括气味和滋味）、组织状态（组织、状态或质构）等；②有合适的营养成分构成及要求；③符合该食品质量及安全（卫生）标准；④包装和标签要符合相关标准的要求；⑤在合适保藏（鲜）条件下，有一定的保质期或保鲜期；⑥方便使用和食用，且经济实惠。

食品工业是指有一定生产规模、固定的生产厂房（场所）、相当的生产设施，采用科学的管理方法和生产技术，生产商品化的安全食品、饮品和其他与食品工业相关的配料、辅料等产物的产业。

食品加工（food processing）不只是停留在传统的农副产品初级加工的范畴，而且包括对新原料进行必要的技术处理，以保持和提高其可食性和利用价值，开发适合人类需求的各种食品和工业产物的全过程。本书所指的食品加工包括了食品的处理、加工与制造，即食品的工业生产过程。食品保藏（food preservation）是指为了防止食品腐败变质，采用物理和化学的方法和技术，延长食品的贮藏或保质期限的各种操作。利用自然界的环境条件，在不改变食品原料（农产品）本身性状下进行的保存也称为贮藏（storage）。食品加工的目标之一是使食品获得一定的保藏效果，而食品保藏需要用到很多食品加工的技术。

（二）食品工业在国民经济中的作用

食品工业是关系国计民生的生命工业，也是一个国家、一个民族经济发展水平和人民生活质量的重要标志。

1. 食品工业是国民经济的支柱产业

食品工业是我国国民经济的支柱产业，也是世界各国的主要工业。发达国家（如美国、日本等）其食品工业产值位居其国内各行业之首，占其工业产值的15%～18%。据美国《财富》杂志评选的世界经济500强中，每年约有20个涉及食品饮料的公司入选，位于加工制造业前列，这充分显示食品工业在全球经济中所占的位置。

新中国的食品工业发展经过了几个阶段。从新中国成立到1978年改革开放之前，食品工业在曲折中发展，取得了一定的成就。1949—1957年是国民经济恢复与第一个五年计划时期，食品工业迎来了一个发展高潮，年均增速为13.2%；1958—1978年间，受自然灾害和政治因素等的影响，食品工业发展相对较慢，年均增速为4.7%。1978年我国食品工业总产值472亿元，食品工业尚难满足人民的基本温饱需求。

改革开放以后，我国食品工业不断深化改革，加大开放力度，引进和吸收国际先进技术、设备和管理经验，企业活力增强，国际竞争力提升。食品工业发展迅猛，行业门类齐全，解决了人民的温饱问题，1990年，食品工业总产值达到1360亿元，12年间生产持续增长，平均每年递增9%。进入20世纪90年代，我国食品工业发展开始全面提速，2000年总产值达到8165亿元，1990—2000年的10年间年均增速13.3%，我国进入全面建设小康社会阶段。

跨入21世纪，改革开放的红利进一步释放，我国食品工业呈现了约10年的高速增长阶段。数据显示，2002年我国食品工业产值超过1万亿元，2005年超过2万亿元，2010年超过6万亿元。食品行业细分品类不断壮大，龙头企业加速发展。2023年，我国规模以上食品工业企业实现营收9万亿元。

食品工业的发展不仅为社会提供日常生活最急需的物品，也为改善及提高国民体质发挥重要的作用，充足的食品供给才能保障社会的稳定和和谐发展。

食品工业的发展离不开农业、机械、化工、材料、电子、信息等产业，因此，食品工业的发展也推动农业、工业及第三产业的发展。而且，食品工业具有投资少、建设周期短、收效快的特点，已经成为国内外贸易及技术投资的重要产业。

2. 通过食品加工与保藏，延长食品的保质期

据统计，20世纪末我国农产品采后损失率粮食为9％，水果为25％，蔬菜为30％，禽蛋为7％；而发达国家粮食为1％，水果为5％。这说明农产品的保鲜（保藏）与加工技术应用仍是急需解决的问题。

许多食品加工与保藏技术通过减少或消除微生物和酶等生物活性物质来防止和减少农产品（食品）的腐败、变质，延长食品的保质期。通过合理的加工，将食物资源充分利用，既可减少浪费及对环境的污染，也可提高产品的附加值。

3. 改善我国居民的饮食结构、提高国民的营养与健康水平

随着社会经济的发展，我国人民的生活水平不断提高，人们的膳食结构也发生了深刻的变化，摄入营养过剩和营养不平衡已经成为新的社会问题。

随着城市居民人口的增加，家庭人口的小型化，以及现代生活节奏、方式的改变，消耗在家庭内食品制作的时间愈来愈少，因此加工食品在食品消费中的比例增加。加快食品行业发展，推动食品工业转型升级，满足城乡居民安全、多样、健康、营养、方便的食品消费需求，促进农业增效、农民增收、农村发展，培育形成经济发展新动能，是我国食品工业发展的方向。

恩格尔系数是反映食物支出金额占总支出金额的比例数，是表示生活水平高低的一个指标。恩格尔系数越低，生活水平就越高。根据联合国粮农组织提出的标准，恩格尔系数在59％以上为贫困，50％～59％为温饱，40％～50％为小康，30％～40％为富裕，低于30％为最富裕。我国全国的恩格尔系数呈逐年下降趋势，由1978年的63.9％，到2000年的42.2％，再到2024年的29.8％。

食品生产加工可根据消费者的不同要求，通过配方设计和加工，生产出色、香、味、质构、营养等符合不同人群需要的各种安全、营养、方便和经济的食品，丰富人们的饮食内容，改善摄入营养，提高营养与健康水平。

工业技术的不断革新和社会信息化，使食品加工业不断得到发展和深化，食品制造业在食品工业中的比重也越来越大，工程（化）食品将在现代食品工业中占有更为重要的地位。

4. 为国防和抗灾、救灾等突发事件提供重要的物资

许多食品经加工及包装，有较长的常温保藏期，方便流通和消费，有利于调节不同时间、地点及环境下的食品供给和市场需求。如罐头食品、干燥食品、方便食品、饮料、瓶（罐）装水等都是突发事件不可少的应急物资。随着食品生产技术的提高以及工程化食品、功能食品等产品的开发，适应不同环境条件，特定人群需要的专用食品，如太空食品、运动食品、保健食品等将拥有更大的市场。

5. 食品工业推动和引导农业产业化的发展

按照我国国民经济行业分类，农业、林业、牧业和渔业等作为大类归入农、林、牧和渔业门类。本书所指的农业即指通常所说的大农业，包括农业、林业、牧业和渔业等。由农业的种植（养殖）业、捕捞业，饲料业，食品加工、制造业，流通业，餐饮业和相关产业（如信息网络、机械、化工、包装、医药等）、部门（如进出口、监督、检测、教育、科研等）等所组成的农业生产—食品工业—流通体系，通常称为食品产业链。食品工业在食品产业链中起重要的作用。

（1）农业是食品工业的基础　我国食用生物资源种类繁多，可供食用植物有2000种以上，香

料植物 200 多种，而且我国是稻、粟、稷、荞麦、大豆、茶、桑、梨、桃、柑橘、荔枝、龙眼、山楂、猕猴桃的起源地之一。家养畜禽品种有 390 多种，全国有记录的淡水鱼类近 600 种，海水鱼在 1000 种以上，主要经济鱼类有 50 多种。农业为食品工业提供基础原料，农产品加工业在我国这类农业大国占有重要的地位。

（2）食品加工提高农产品的商品价值和农业经济效益　　世界发达国家的农业增值最大的环节在加工转化，如：美国的农产品总价值构成中，产前部门转移价值占 21％，农业生产创造的价值占 17％，而产后部门创造的附加值占 62％。流通和加工环节的增值是生产环节创造价值的 3.6 倍。由初级农产品加工向深度加工和精度加工发展，经过加工转化后，可以几倍、几十倍乃至成百倍地多层次增值。

农产品加工业的发展，不仅带动相关工业的发展，还会带动商业、运输、旅游、服务等第三产业的发展。第三产业多是劳动密集型产业，其发展吸引大量农村剩余劳动力，反过来又加快了小城镇的发展。我国不少地方涌现出一批农产品加工业专业合作社、专业镇，并在一定区域内形成了由众多农产品加工企业组成的特色块状经济格局。

食品加工是农业发展的必由之路。随着社会主义市场经济的发展，食品工业对农业的依赖关系已发生了变化，食品工业不再是农业生产的附属产品。传统的农民种（养）什么，食品加工业就加工什么，消费者只能购买什么的局面，已经逐步为市场需求什么，食品工业生产什么，农业种（养）什么所代替。市场、食品流通对食品工业及农业的启动和引导作用愈显重要，市场消费需求已成为食品开发与农业结构调整的重要依据，这要求从事农业生产者改变传统的种（养）观念，改善种（养）结构，使种（养）品种适合食品加工、贮藏运输和市场的要求。

二、我国食品与食品工业的分类及特点

（一）国民经济行业分类

按照我国《国民经济行业分类》（GB/T 4754），食品工业主要包括三大类，18 个中类，48 个小类。这三大类为：农副食品加工业，食品制造业，酒、饮料和精制茶制造业。以往的食品工业统计也有包括烟草制品业（包括烟叶复烤、卷烟制造和其他烟草制品加工）。上述分类主要应用于国民经济的统计。

拓展阅读 0-1
GB/T 4754—
2017 国民经济
行业分类

1. 农副食品加工业

农副食品加工业指直接以农、林、牧、渔业产品为原料进行的谷物磨制、饲料加工、植物油加工、制糖、屠宰及肉类加工、水产品加工，以及蔬菜、水果和坚果等食品的加工。

2. 食品制造业

食品制造业包括焙烤食品制造，糖果巧克力及蜜饯制造，方便食品制造，乳制品制造，罐头食品制造，调味品、发酵制品制造，其他食品制造业。

3. 酒、饮料和精制茶制造业

酒、饮料和精制茶制造业包括酒的制造，饮料制造及精制茶加工。

（二）食品生产许可证管理的食品

按照《中华人民共和国食品安全法》《中华人民共和国行政许可法》等法律法规，在中华人民

共和国境内从事以销售为目的的食品生产经营活动，只有具备必需的生产条件并经过许可机关审查合格获得生产许可证书，才能组织生产；未经检验或经检验不合格的食品不准出厂销售。食品生产许可证编号由 SC（"生产"的汉语拼音首字母）和 14 位阿拉伯数字组成。数字从左至右依次为：3 位食品类别编码、2 位省（自治区、直辖市）代码、2 位市（地）代码、2 位县（区）代码、4 位顺序码、1 位校验码。目前已经纳入食品生产许可证（SC）管理的 31 大类食品，市场监督管理部门按照食品的风险程度，结合食品原料、生产工艺等因素，对食品生产实施分类许可。

拓展阅读 0-2 中华人民共和国食品安全法

（三）需要特殊审核及认证的食品

随着食物资源的开发利用，以及人们对食品安全和保健功能的要求，食品市场上除了大量的普通食品外，有不少食品的生产必须经有关监督和管理部门的审核批准。如药食同源的食品、新食品原料（原称新资源食品）、无公害食品、绿色食品、有机食品、地理标志保护产品等。除农产品外，其食品产品的生产也需要取得生产许可。

拓展阅读 0-3 食品生产许可审查通则

（四）食品安全国家标准中的有关食品分类

我国对食品添加剂和食品营养强化剂使用，以及食品中污染物限量和农药最大残留限量等，根据不同类的农产品和食品都有严格的要求和标准值。了解这些食品分类及其应该控制的标准指标，对于食品生产经营及监管工作有重要意义。

（1）《食品安全国家标准 食品添加剂使用标准》（GB 2760）中依据食品生产采用原料及产品工艺技术特征，将食品划分为 16 大类，95 个中类，259 小类。《食品营养强化剂使用标准》（GB 14880）也采用类似的食品分类，将食品划分为 16 大类，95 个中类，184 小类。

拓展阅读 0-4 食品生产许可分类目录

拓展阅读 0-5 GB 2760 食品分类系统

（2）《食品安全国家标准 食品中污染物限量》（GB 2762）中按照食品产品采用原料来源、工艺技术，规定食品产品中污染物限量，将食品划分为 22 大类，69 个中类，179 小类。

（3）《食品中农药最大残留限量》（GB 2763）中按照农产品品种及其初加工品将食品划分为 10 大类。

三、我国食品工业发展面临的挑战与机遇

（一）食品安全和质量是食品工业发展的首要问题

1. 食品安全是全世界食品消费面临的重要问题

世界卫生组织（WHO）2024 年公开的食品安全报告显示，全球每年约有 6 亿人在食用受污染的食品后患病，42 万人死亡（40％为 5 岁以下儿童）；在中、低收入国家，不安全食品每年造成 1100 亿美元的经济损失；食源性疾病阻碍社会经济发展。食品安全问题是社会广泛关注与热议问题，影响每个人的日常生活。

食源性疾病通常具有传染性或毒性，是由细菌、病毒、寄生虫或通过受污染的食物进入人体引起的。化学污染可导致急性中毒或疾病，如癌症。许多食源性疾病可能导致残疾和死亡。

在我国，由致病性微生物导致的食源性疾病也是引起食品安全问题的主要原因，非食品化学品的添加、农用化学品的残留、食品添加剂超范围、超限量使用，以及环境污染物的污染等是食品化学污染的主要成因。控制和减少食品安全问题是政府和社会的共同责任，需要协作共管。我国政府一直在不断加强对食品安全的监管，确保食品的质量和安全。近年来的食品安全治理取得积极进展，食源性疾病暴发事件明显下降，食品安全整体状况不断改善。

2. 食品安全和质量常成为国际贸易中最有效的技术壁垒

2022 年全球食品市场的总销售额约为 8.7 万亿美元，食品出口总额约为 1.7 万亿美元，且都在逐年递增。在国际食品贸易中，各国首先考虑的是如何保护本国消费者的健康。虽然世界贸易组织（WTO）的技术性贸易壁垒协议（TBT 协议）旨在确保食品贸易的公平，但实际上国际贸易带来的食品安全问题加深，一些发达国家通过提出较高的技术要求形成有效的技术壁垒，或通过制定强制性法规，如关税、反倾销和各种特别保护措施等来保护本国的利益。

随着我国国民生活水平的不断提高和贸易的全球化发展，越来越多的进口食品涌入国内市场。2022 年中国进口食品总额为 1396.2 亿美元，出口食品总额为 266.59 亿美元，中国已成为全球第一大食品进口国。这就需要我们不断提升自身能力，积极参加国际食品安全风险交流、监测与评估，制定更高的食品安全标准和质量标准，推动食品工业的高质量发展，并把好进出口食品的食品安全防护关。

3. 食品生产经营和监督的安全管理制度要求更为严格

我国食品安全法及其实施条例、农产品质量安全法、刑法修正案（八）、乳品质量安全监督管理条例等相关法律法规，对食品生产经营者、食品安全监管部门和人员的职责都有明确的要求，强化了企业主体责任；同时，这些相关法规建立了食品安全监管责任制和责任追究制度，为加强食品安全监管、严厉打击违法犯罪行为提供了有力的法律依据。

中共中央、国务院 2019 年 5 月印发"关于深化改革加强食品安全工作的意见"提出，食品安全关系人民群众身体健康和生命安全，人民日益增长的美好生活需要对加强食品安全工作提出了新的更高要求。必须深化改革创新，用最严谨的标准、最严格的监管、最严厉的处罚、最严肃的问责，进一步加强食品安全工作，确保人民群众"舌尖上的安全"。

（二）合理充分利用食物资源，开发各种新食品，满足人类的需求

1. 构建多元化的食物供给体系，发展各种新型食品

我国耕地面积并不充分，我们用占世界 9% 的耕地和 6% 的淡水养活了世界近 20% 的人口。减少粮食供给不足的风险，需要丰富食物的品种，主粮副食并举，保证食物供给安全。另外，随着人们生活水平日益提高，营养需求日益多元、全面、均衡，树立"大食物观"就显得非常必要。

大食物观也是大农业观，在确保"口粮绝对安全、谷物基本自给"的同时，构建多元化食物供给体系。要立足资源禀赋，因地制宜开发；向森林、草原、江河湖海要食物，向设施农业要食物，向植物、动物、微生物要热量、要蛋白质，拓展食物直接和间接来源，挖掘新型食品资源，保障各类食物有效供给。我们必须加快构建与食物开发相匹配的科技创新体系，着力突破品种、技术、设施装备等瓶颈制约，培育战略性新兴生物产业，开发丰富多样的食物品种。

2. 节约粮食和反对食品浪费

食物损耗是指食物在生产、收获后处理、贮藏、加工、流通等环节由于人为、技术、设备等因素造成的食物损失，国家出台的《粮食节约和反食品浪费行动方案》提出，要加强采收、采后处理、储运和加工环节技术和装备的创新研发，推动相关产业高质量发展，切实降低粮食损耗。

国家还提出，要深化中国居民健康膳食研究，倡导营养均衡、科学适量的健康饮食习惯，减少家庭和个人食品浪费；要引导、促进和惩治结合，坚决反对餐饮和集体用餐中的食品浪费；通过强化组织实施、加大宣传力度和加强国际合作来保障反对食品浪费行动方案的实施。

（三）加快食品工业发展，赶超世界先进水平

1. 加工食品占食品消费比例低

世界发达国家加工食品占消费食品的比例约为80%，我国目前仍不到70%。我国粮食、油料、水果、豆类、肉类、蛋类、水产品等产量均居世界第一位，但加工程度很低。

2024年我国食品工业产值与农业产值之比约为1.5：1，也就是食品工业将农业的产成品增值了1.5倍，而美国和日本的比值分别为3.7倍和17倍。我国食品工业科技创新投入情况与发达国家相比，也存在着较大的差距。国务院2021年印发的《"十四五"推进农业农村现代化规划》中提到了发展目标，期望农产品加工业与农业总产值比从2020年的2.4：1增加到2025年的2.8：1，提升农产品深加工能力，健全农产品加工流通业。

2. 食品产业链建设尚需加强完善

食品产业链中食品工业与上、下游产业的有效衔接不足，原料保障、食品加工、产品营销存在一定程度的脱节。绝大多数食品加工企业目前仍缺乏可控的原料生产基地，原料生产与加工需求不适应，价格和质量不稳定。不少食品加工企业缺乏必要的仓储和物流设施，原料供应保障程度低，资源浪费严重，抗风险能力弱。

世界许多国家和地区都充分利用本地资源和区域优势，大力发展食品工业，将资源优势转化为国家经济优势。如新西兰的乳品产量只占世界总产量的2%，但其乳制品的贸易量却占世界总量的30%，为全世界115个国家提供800多种乳制品；巴西橙汁出口量占全球出口量的50%，其中冷冻浓缩橙汁出口量占该类产品市场的80%。

3. 企业规模小，技术水准偏低，国际竞争力不强

我国食品生产企业中大中型企业偏少，规模化、集约化水平较低，小、微型企业和小作坊仍然占全行业的主导地位。企业规模小，严重制约企业技术水准和创新能力的提高，也缺乏在国际市场的竞争力。不少企业特别是部分中小企业生产粗放，初级产品多，资源加工转化效率低，综合利用水平不高。部分企业工艺技术水准低，循环经济和清洁生产发展滞后，能耗、物耗高，污染比较严重。如我国干制食品吨产品耗电量是发达国家的2~3倍，甜菜糖吨耗水量是发达国家的5~10倍，罐头食品吨耗水量为日本的3倍。

进入21世纪以来，信息技术、生物技术、纳米技术、新材料等高新技术发展迅速，与食品科技交叉融合，不断转化为食品生产新技术，如物联网技术、生物催化、生物合成等技术已应用于从食品原料生产、加工到消费的各个环节中。营养与健康技术、酶工程、发酵工程等高新技术的突破催生了传统食品的工业化、新型保健与功能性食品产业、新资源食品产业等不断涌现。全球已进入空前的密集创新和产业振兴时代。

加快推进食品工业企业的信息化建设，引导企业运用信息化技术提升经营管理和质量控制水平，降低管理成本，丰富市场营销方式。推进食品安全可追溯体系建设，建立集信息、标识、数据共享、网络管理等功能于一体的食品可追溯信息系统。推进物联网技术在种植养殖、收购、加工、贮运、销售等各个环节的应用，逐步实现对食品生产、流通、消费全过程关键信息的采集、管理和监控。

四、本课程的内容和目标

食品加工与保藏原理是食品科学与工程本科专业的一门专业技术基础课、必修课。它是一门运

用生物学、微生物学、化学、物理学、营养学、公共卫生学、食品工程等各方面的基础知识，研究及讨论食品原料，食品生产和贮运过程涉及的基本技术和安全问题。

　　本课程借鉴了国内外有关教材，以食品加工与保藏过程主要的单元操作原理与工艺条件控制为主要内容，根据"宽专业、强基础、重能力"的原则组织教学。其主要内容包括从食品原辅料到加工与保藏单元操作，再到食品包装的整个链条的知识点。通过上述内容的学习，读者能掌握食品生产工艺控制的理论和食品保藏原理，学会分析生产过程存在的技术问题和安全问题，提出解决问题的方法。

复习思考题

1. 名词解释：食物、食品、食品加工、食品保藏、食品产业链、食品生产许可、特殊食品、食品安全国家标准等。
2. 我国食品与食品工业的分类及特点是什么？
3. 我国食品工业发展面临的挑战和机遇是什么？

第一章　食品加工制造的主要原料特性及其保鲜

彩图 1-1

图1　偏生香蕉　　　图2　香蕉催熟　　　图3　成熟香蕉

图4　霉烂脐橙　　　图5　萎蔫香葱　　　图6　冷害香蕉

图7　冷害苹果　　　图8　冷害苹果切面　　　图9　散黄蛋

　　把色泽黄绿、硬涩的香蕉和苹果一起密封在塑料袋中放置，可以使香蕉很快变软、甜（图1~图3）……

　　家里的水果长霉腐烂、蔬菜菜叶发黄萎蔫现象时有发生（图4、图5），放在冰箱中可以延缓，但如果冰箱温度过低，香蕉表皮变褐（图6），苹果表皮有褐斑、内里变褐（图7、图8）……

　　时常买到散黄蛋……（图9）

　　"农田"到"餐桌"的距离……

❋ **为什么要学习"食品加工制造的主要原料特性及其保鲜"？**

食品原料品质及安全是保证食品加工产品品质和安全的基础，也是减少损失和浪费，提高食品工业经济价值和社会效益的有力保障。通过本章的学习，了解水果、蔬菜、畜禽肉类、水产类、乳及蛋等六大类食品加工原料以及主要添加辅料的组成及特性，学习原料的组成和特性与保鲜技术、食品加工工艺以及产品质量、安全的关系，掌握保鲜原理及技术，不仅能提高大宗农产品原料的新鲜品质和安全性，进而提高食品产品的质量及品质，还能实现科技兴农，推动农产品的高质量发展。

👁 **学习目标**

○ 了解果蔬、畜禽肉类、水产类、乳及蛋等原料和主要辅料的组成及特性。
○ 掌握上述各类原料组成及特性对加工食品品质的影响。
○ 掌握上述各类原料的保鲜方法的原理、技术条件或要求，能灵活应用。
○ 认识食品原料保鲜技术的重要性，减少原料损耗和浪费，提高制品安全性。

食品原料的品种很多，来源非常广泛，其组分差异较大。作为农产品原料从采收到工厂，还要经过运输及贮藏过程。为了保证食品原料的质量，减少损失，在运输及贮藏时要采取相应的保鲜手段。因此，我们不仅要了解食品原料本身的特性，还要掌握这些特性与食品加工工艺和产品的关系。

第一节　食品加工制造常用的原辅材料

食品的原、辅材料与食品产品的制作工艺和质量有着密切的关系。其成分组成及特性决定着食品的营养构成，形成制品的风味特点，构成制品的不同组织状态。

一、食品加工制造的基础原料

食品加工、制造的基础原料是指食品加工、制造中基本的、大宗使用的农产品，通常构成某一食品主体特征的主要材料。按习惯常划分为果蔬类，畜禽肉类，水产类，乳、蛋类，粮食类等。

（一）果蔬类原料

我国国土辽阔，地跨寒、温、热三带，自然条件复杂，水果和蔬菜的种类十分繁多，资源极为丰富。目前我国栽培的果树有 50 多科，300 多种，品种不下万余个；我国普遍栽培的蔬菜有 160 多种，果蔬资源分布全国各地。此外，野生植物资源也很丰富，如刺梨、沙棘、黑加仑、猕猴桃、山枣、山葡萄、北国红豆、绞股蓝、金刚藤等，其中不少品种经改良已大面积种植。改革开放以来，国外新果蔬品种引种成功也为食品加工增加了不少品种。常用品种及分类如下所示。

（1）水果类
① 温带落叶果树
仁果类——苹果、沙果、海棠果、梨、山楂等。
核果类——桃、李、杏、梅、樱桃、油桃等。
坚果类——胡桃、西洋胡桃、榛子、板栗、扁桃、山核桃等。
浆果类——葡萄、无花果、猕猴桃、草莓、醋栗等。

杂类——柿、枣等。

②温带和亚热带常绿果树

柑橘类——甜橙、橘、柑、柚、柠檬、佛手等。

木本类——荔枝、龙眼、枇杷、杨桃、芒果、杨梅、番石榴等。

多年生草本类——菠萝、香蕉等。

（2）蔬菜类

根菜类——胡萝卜、萝卜、根用芥菜、根用甜菜等。

茎菜类——芦笋、竹笋、莴笋、茎用芥菜、马铃薯、荸荠、莲藕、芋头、洋葱、豆芽等。

叶菜类——大白菜、菠菜、生菜、上海青、叶用芥菜、茼蒿、菜心等。

花菜类——花椰菜、朝鲜蓟等。

果菜类——黄瓜、越瓜、苦瓜、丝瓜、甜瓜、南瓜、番茄、茄子、甜椒、青豌豆、青刀豆、蚕豆、菜豆、毛豆、甜玉米、菱角等。

食用菌类——蘑菇、草菇、鲍鱼菇、香菇、银耳（白木耳）、木耳（黑木耳）等。

以生长环境可分为地生（如竹笋、姜）和水生（如莲藕、慈姑、马蹄、菱角等）蔬菜。

（二）畜、禽肉类

食品加工常用的畜禽种类主要是猪、牛、羊、兔、鸡、鸭、鹅、兔、火鸡等。

1. 猪

根据猪在生长过程中的脂肪积累和各部位的不同发育情况，可以将猪分为脂用、肉用和加工用三种类型。

我国猪种主要是肉用型。有些猪种正向加工型猪方向发展。目前我国著名的猪种及引进的猪种主要有浙江的金华猪、英国的约克夏猪（大型猪为加工用型，中型为肉用型）、巴克夏猪、丹麦的伦落列斯猪（是一种较好的加工用型猪）等。

2. 牛

根据经济用途，有役用牛、肉用牛、乳用牛、毛用牛之分。我国的地方牛是以役用为主的兼用牛，包括黄牛、牦牛和水牛。从国外引进的多趋于肉、乳兼用牛和乳（奶）牛。

我国主要兼用牛种是黄牛，其中以蒙古牛、山东牛、海南牛、秦川牛、晋南牛、南阳牛等为好。此外，尚有肉质较差的牦牛、犏牛、水牛等。

国外较有名的专供肉用的牛种有英国的短角牛、哈福特牛、瑞士的西门塔牛等。

3. 羊

专门供肉用的羊不多，一般都是毛皮、肉和乳的兼用种，主要有绵羊和山羊。

绵羊以蒙古肥尾羊、新疆细毛羊为优。山羊体型较绵羊小，皮较厚，肉质逊于绵羊，以成都麻羊较有名。奶山羊以萨能、吐根堡、努比亚为主，产量高。而关中奶山羊、崂山奶山羊是我国培育的品种。

4. 鸡

鸡可按其经济用途分为蛋鸡和肉鸡。兼用鸡品种有原产江苏南通的狼山鸡及产于山东省的寿光鸡等。引进的蛋用鸡有白来航鸡、新汉夏、澳洲黑鸡等。

5. 鸭

鸭可按其经济用途分为蛋鸭、肉鸭和肉蛋兼用鸭。北京鸭是世界著名的肉用鸭，原产于北京东郊潮白河，当地习惯称为白河鸭。肉蛋兼用的主要有麻鸭，国内分布广，数量多。

（三）水产类

水产类的范围很广，包括所有的水产动、植物。用作食品加工原料的主要是鱼、贝类、甲壳类和藻类。我国现有的鱼类达 3000 余种，虾、蟹、贝类品种也很丰富，是世界上鱼贝类品种最多的国家之一，其中经济鱼类 300 余种。我国淡水鱼类分布也很广，主要经济鱼类有四五十种，其中青鱼、草鱼、鲢鱼和鳙鱼是我国闻名世界的"四大家鱼"。罗非鱼和对虾等是近几年迅速发展起来的养殖品种，是加工出口的主要品种。此外，东北产的鲑鱼（大马哈鱼）以及长江下游的鲥鱼、银鱼和凤尾鱼，肉质鲜美，均为我国名贵鱼类。

（四）乳、蛋类

1. 乳

不同来源的乳，如牛乳、羊乳、马乳等，其成分含量虽有所差异，但含有类似的营养成分。作为食品加工的原料，主要是用牛乳，部分地区采用羊乳或马乳。

鲜乳常用于加工成消毒牛乳（也称巴氏杀菌乳或市乳）、灭菌乳、酸凝乳（或不凝酸乳）、乳粉、炼乳、奶油等，以供直接食用或作为其他制品的辅助原料。

2. 蛋类

蛋类主要有鸡蛋、鸭蛋、鹌鹑蛋等禽蛋。禽蛋也是营养构成较全面的食物之一。

（五）粮、油类

根据粮油作物的某些特征和用途，通常将粮油作物分为谷类、豆类、油料及薯类四大类。

1. 谷类

谷类一般属禾本科植物，常见的有稻谷、小麦、大麦（包括青稞、元麦）、黑麦、燕麦（包括莜麦）、粟谷、玉米、高粱等，通常也将荞麦列入谷类。谷类粮食根据加工特点不同，又可分为制米类和制粉类：稻谷、高粱、粟谷、玉米等属制米类；小麦、大麦、黑麦、莜麦、荞麦等属制粉类。谷类含有 70% 左右的糖类，此外，还含有一定量的蛋白质、脂肪、纤维素和矿物质等，通常含水分 10%～14%。

2. 豆类

豆类作物属豆科植物，主要是植物的种子，如大豆、蚕豆、豌豆、绿豆、小豆等。豆类一般含有 20%～40% 的蛋白质，还含有丰富的脂肪。豌豆中含有较多的淀粉。

大豆即黄豆既属于豆类，也是主要的油料之一。

3. 薯、芋类

薯、芋类通常为植物的块根或块茎，如甘薯、木薯、马铃薯、山药、芋、魔芋、菊芋等。鲜薯中水分含量很高，贮藏的主要营养成分是淀粉或其他糖类，同时也含有一定量的蛋白质、脂肪、维生素等营养成分。

4. 油料

油料来自油料植物的种子，主要有花生、芝麻、菜籽、大豆、玉米、棕榈、椰子、油橄榄等。

二、食品初加工的产品

与食品加工不同，在食品制造中采用的基础原料通常是经过初级加工的产品，具有严格的产品质量标准。在食品工业中它既是加工产品，又可能是原料，在食品加工制造过程具有重要的功能，主要指糖类、面粉、淀粉、蛋白粉、油脂等。

（一）糖类

糖作为食品制造主要原料，常用于糖果、面包、饼干、饮料和果蔬的糖渍及其他一些甜性食物。常用的有蔗糖、淀粉糖浆、果葡糖浆、饴糖、葡萄糖、蜂蜜等。

1. 蔗糖

蔗糖是松散干燥、无色透明、坚硬的单斜晶体，是从甘蔗或甜菜中提取加工而成的。

蔗糖甜味纯正，易溶于水，熔点为 185～186℃，当温度超过其熔点时，糖即焦化，成为焦糖。焦糖可增加制品的色泽。蔗糖溶液长时间煮沸会转化为等量的葡萄糖和果糖，称为转化糖浆。

商品蔗糖按形态和色泽分类，可分为砂糖、绵白糖、片糖和冰糖或白糖和红糖等。

（1）白砂糖　白砂糖的特点是纯度高，水分低，杂质少。我国生产的白砂糖中蔗糖含量最低在 99.45％以上，其主要理化指标参见 GB/T 317—2018。

（2）绵白糖　绵白糖的特征是颜色洁白，晶粒细小均匀。其由白砂糖加入少量转化糖浆或饴糖制成，晶粒是在快速冷却条件下生成的，因而十分细腻、洁白，质地绵软、细腻。绵白糖使用方便，但价格较高，一般少在工业上使用。

2. 饴糖

饴糖又称麦芽糖，是以谷类或淀粉为原料，加入麦芽使淀粉糖化后加工而成的。它是一种浅黄色、半透明、黏度极高的液体糖。

饴糖的主要成分是麦芽糖、糊精、葡萄糖和水分，还有微量的蛋白质、矿物质等。甜味清爽而具有麦芽香味。如以蔗糖的甜度定为 1，饴糖的甜度则为 0.32～0.46。饴糖在 110℃时焦化，呈稠黏性。饴糖多用于糖果生产，亦可用于果蔬的糖渍和其他用途。

3. 淀粉糖浆

淀粉糖浆又称葡萄糖浆，是淀粉水解、脱色后加工而成的黏稠液体，甜味柔和，容易被人体直接吸收。其主要成分是葡萄糖，此外，还有麦芽糖、糊精等。

4. 果葡糖浆

果葡糖浆又称为异构糖，现在多采用双酶法水解淀粉得到葡萄糖，再经葡萄糖异构酶的作用把部分葡萄糖转化成果糖。目前按葡萄糖的异构化程度，可分为三种（或三代），果糖含量分别为 42％、55％和 90％以上。果葡糖浆由于含果糖较多，吸湿性强，稳定性也较低，易受热分解而变色。

果葡糖浆由于渗透压高，易于渗透过细胞膜，因此有利于果酱、蜜饯等糖渍食品的使用。此外，果葡糖浆也常用于饮料、糕点、糖果食品的制作。

5. 蜂蜜

蜂蜜味极甜，其主要成分为葡萄糖和果糖，果糖含量约 37％，并含有少量蔗糖、糊精、果胶及微量蛋白质、酶、蜂蜡、有机酸、矿物质等。在食品加工上，蜂蜜往往只是少量配用，而不作为主要用糖。

（二）面粉

面粉是饼干、面包、糕点、快食面等面制品生产的主要原料，通常使用的面粉有精白粉和标准粉两种。近年来，根据制品对面粉的不同要求，已经开发了各种各样的专用面粉。

小麦中的蛋白质主要为麦谷蛋白和麦胶蛋白，这两类蛋白因吸水膨胀形成面筋而称为面筋蛋白。面筋蛋白约占总蛋白量的85%。面粉中蛋白质的重要性不仅表现在它的营养价值，由于面筋蛋白吸水膨胀，可在面团中形成坚实的面筋网络，故面团中面筋的生成率与质量对产品质量有很大影响，形成了面包、饼干、糕点生产工艺中各种重要的、独特的理化性质。

（三）淀粉

淀粉呈白色粉状，是由D-葡萄糖组成的多糖，主要从玉米、木薯、甘薯、马铃薯等植物中提取，并依其来源命名。不同原料来源的淀粉，其直链淀粉和支链淀粉比例不同。一般在淀粉中支链淀粉约占80%，直链淀粉约占20%，糯米、糯玉米等几乎不含直链淀粉，仅由支链淀粉所构成，因而这类淀粉黏性特别好。表1-1显示了不同原料来源淀粉中直链淀粉的含量。

表1-1　不同原料来源淀粉中直链淀粉含量

淀粉来源	直链淀粉含量/%	淀粉来源	直链淀粉含量/%
玉米	26	糯米	0
糯玉米	0	小麦	25
高链玉米	70~80	大麦	22
高粱	27	马铃薯	20
糯高粱	0	甘薯	18
米	19	木薯	17

淀粉与饼干、面包、蛋卷、威化饼干等质量关系十分密切，尤其是在制作甜饼干时，淀粉对面团的调制及成品质量有很大影响。淀粉在30℃时吸水率为30%左右，而面筋蛋白在同样温度下，其膨胀度最大，吸水率为150%左右。一般酥性饼干的面团调制温度在30℃左右，所以对面筋弹性过大或面筋含量过高的面粉，适量添加5%~10%的淀粉，可以减小面筋形成，起到调节面筋膨胀度的作用，增加面团的绵软性和可塑性，使制品具有松脆性。

淀粉是制淀粉糖浆和淀粉软糖的主要原料，在糖果加工中用作填充剂和防黏剂。在冷饮食品中，淀粉是冰淇淋、雪糕的增稠稳定剂。另外，淀粉也是发酵工业如味精、柠檬酸、酒精等生产的主要原料。

（四）蛋白粉

作为食品原料的蛋白粉主要有乳粉、蛋粉、大豆粉和脱脂花生粉等。

根据乳粉的成分组成特点，有全脂乳粉、半脱脂乳粉、（全）脱脂乳粉、乳清粉、脱盐乳清粉、脱盐脱乳糖乳清粉、乳清浓缩蛋白和酪乳粉等，它们分别用于焙烤、冰淇淋、饮料等食品加工。

蛋粉为蛋液经喷雾干燥而成，其为粉状或易松散的块状。全蛋粉为浅黄色，蛋黄粉为黄色，蛋白粉为白色。全蛋粉及蛋黄粉、蛋白粉可用于制造饼干、面包、糖果、冰淇淋等，也用于制造混合蛋糕、鸡蛋面、炸糖圈、蛋黄酱等。

大豆粉有全脂大豆粉和脱脂大豆粉、分离蛋白粉、浓缩蛋白粉等。全脂大豆粉是以大豆为原料，经烘烤后粉碎而成的。脱脂大豆粉是大豆提油后，用饼粕生产的食用粉。

用脱腥大豆粉经过纯化、除杂等加工过程生产的蛋白质含量高达85%~95%的分离蛋白粉、浓缩蛋白粉等，已广泛用于饮料、婴儿食品、肉制品的生产。

脱脂花生粉是用提油后花生饼生产的食用粉，可用于食品加工。用脱脂花生粉代替15%~20%

的面粉，制作快速发酵面包、蛋糕、饼干，而其他配方不改变，可使产品富含水溶性维生素，蛋白质含量提高，氨基酸含量趋于平衡，营养价值显著提高。

（五）油脂

油脂是油和脂的统称，其主要化学成分是脂肪酸与甘油形成的酯。通常在常温（15℃）下呈液态的称为油，呈固体或半固体的称为脂。商业用油脂一般根据油脂加工的原料而命名，也有按照工艺或用途命名的，如食用油脂、饲料用油脂和工业用油脂。

油脂是人类重要营养物质和主要食物之一，其产生的热量高，可使食品具有良好的风味、质构和色泽，不同的油脂在食品加工过程及产品营养、保健功能上有重要的作用。

1. 食用油脂的种类

食用油脂按原料的来源可分为植物性油脂和动物性油脂两大类。植物性油脂有花生油、大豆油、菜籽油、棕榈油和可可脂等；动物油脂有猪油、牛油、奶油和鱼油等。

植物性油脂（除可可脂外）具有黏度低、流散性强等特点。食用植物油中的胆固醇含量低，不饱和脂肪含量高，易被人体吸收，一般来说吸收率和营养价值都比动物油脂高。植物油由于熔点低，在常温下呈液态，可塑性比动物油脂差，色泽也较深且黄，使用量过高时易使制品产生"走油"现象，所以在油脂工业上用氢化技术提高其熔点，即氢化植物油，常用于人造奶油、咖啡伴侣中的植脂末以及起酥油等。可可脂是巧克力制品的主要原料，能赋予巧克力口感细腻柔滑的特性。

猪油中以猪板油的香味最好，其起酥性优良，缺点是稳定性较差，但经过适度氢化稳定性变好。优质猪油在常温下为白色固体，熔点为32℃左右。

奶油又称黄油、白脱油，是从牛乳中分离加工而成的。奶油具有良好的可塑性，在常温下质地柔软，色泽淡黄，表面紧密，熔点为37℃，乳化性较好，是食品加工中最理想的油脂之一。因价格高、货源少，故一般都用于制作较高级的食品。

鱼油产量相对较少，主要作为营养补充剂使用，特别是鱼油中的二十二碳六烯酸（DHA）和二十碳五烯酸（EDA）对人体心、脑的作用很大，是重要的多不饱和脂肪酸的主要供给者，常作为健康食品辅料或做成软胶囊直接服用。

2. 油脂在食品生产中的作用

油脂能提高食品酥性程度，改善食品风味。许多食品含脂量少显得干燥硬脆，内质粗糙，难以下咽，含脂量高就松酥易化，增加食欲，如酥性饼干等。

在粮油食品中，油脂能阻碍水分渗透，液体油比固体油影响更大。如调制面团时，油脂分布在面团中蛋白质或淀粉粒的周围形成油膜，因而限制了面团的吸水作用。油脂在面团中含量越高，则面团的吸水率就越低，从而可控制面团中面筋胀润性。除此以外，由于油膜的相互隔离，可以使面团中面筋微粒不易彼此黏合形成面筋网络，而使面团的黏度和弹性降低，提高其可塑性，防止萎缩变形，形成面团酥性结构，使制品具有酥、松、脆的特点。

油脂是食品的重要组成部分，其质量优劣直接影响到制品的质量，尤其是氢化油要控制其反式脂肪酸的残留量。选择油脂时，应根据制品的特性、要求及风味等去考虑适用的油脂，主要考虑油脂的起酥性、稳定性、风味及熔点对制品的影响。

三、食品加工制造的辅料

食品加工制造的辅料是以赋予食品风味为主，且使用量较少的一类食品原料。

（一）调味料

调味料主要赋予食品色、香、味，一般包括咸味、甜味、酸味、鲜味等调味料。它不仅可以改善食品的感官性能，使食品更加美味可口，且能促进消化液的分泌和增加食欲。有些调味料还有一定的营养价值和其他加工功能。常用的调味料主要有盐、味精、酱油、酱类、食醋。

1. 盐

食盐因其来源不同分为海盐、岩盐和井盐。按食用盐的生产和加工方法可分为精制盐、粉碎洗涤盐、日晒盐。按其等级有优级、一级、二级。

食盐是重要的调味品，还是酿造调味品的重要原料之一。它不仅赋予各种调味品以适口的咸味，并且在发酵过程及成品中有一定的防腐作用。

一般食品中食盐浓度（质量分数，下同）达 15％就能抑制细菌的生长繁殖，阻碍鱼体内细菌繁殖的食盐浓度是 10％左右。食品加工中（如盐渍食品等）常利用食盐这一特性达到保藏目的。

在饼干、面包生产中，食盐也是辅助材料。食盐在面团中可使面筋质地变密，增强其弹性与强度，提高面团的持气能力，改善面包的色泽。适量的盐对酵母生长和繁殖有促进作用，而对杂菌有抑制作用，但用量过多时，对酵母也有抑制作用，一般不超过面粉的 3％。此外，在糖液中添加适量的食盐，可使制品更加可口。

2. 味精及核苷酸

味精的主要成分是含有一分子结晶水的 L-谷氨酸钠，具有强烈的肉类鲜味，是一种常用的鲜味剂。

味精水溶液经过长时间的加热，会引起失水，变成焦谷氨酸钠而失去鲜味。在碱性条件下加热会发生消旋作用，呈味力降低；在酸性条件下加热会发生吡咯烷铜化，变成焦谷氨酸；在中性时加热则很少变化。

味精广泛用于食品的调味，添加味精不仅能增进食品的鲜味，对香味也有增进作用。味精除用作调味外，添加于竹笋、蘑菇等罐头中，对防止内容物产生白色沉淀，改善色、香、味、形有一定作用。

核苷酸作为鲜味剂主要是 I+G（I，即 5′-肌苷酸，IMP；G，即 5′-鸟苷酸，GMP），其鲜味比味精强得多，现已广泛运用于食品加工。

鲜味物质还可来自酵母和动、植物水解液及其制品，主要是其中的鲜味氨基酸或肽起增鲜作用。

3. 酱油

我国酱油根据其生产工艺划分为酿造酱油、配制酱油。酿造酱油是最重要的发酵调味品，也是我国传统的民族特产。酿造酱油是以大豆和/或脱脂大豆、小麦和/或麸皮为原料，经微生物发酵制成的具有特殊色、香、味的液体调味品。酱油色素的形成主要是酱醅中氨基酸和糖类受外界温度、空气和酶的作用，在一定的时间内生成的。酱油的香气是多种香气成分的综合，据测定有酯类、醇类、羟基化合物、缩醛类及酚类等。酱油的鲜味，主要由氨基酸钠盐（特别是谷氨酸钠）构成，而其他的氨基酸及琥珀酸也赋予酱油一定的滋味。酿造酱油其可溶性无盐固形物≥10％，含氮≥0.7％。配制酱油是以酿造酱油为主体，与酸水解植物蛋白调味液、食品添加剂等调配而成的液体调味品。酸水解植物蛋白中 3-氯-1,2-丙二醇含量应<1mg·kg^{-1}。

一般酱油内含有 15％以上的食盐，现已有低钠或无钠酱油。酱油中添加一些辅料，可以配制成各种美味的产品，称之为花色酱油，如虾子酱油、蘑菇酱油等。此外，还可以将酱油直接喷雾干燥制成酱油粉或利用真空浓缩设备将酱油水分挥发，制成固体酱油。

4. 酱类

酱类是我国传统的酿造调味品，通常以一些粮食或豆类为主要原料，利用以米曲霉为主的微生物经发酵制成。它不但营养丰富，而且容易消化吸收。酱类品种很多，包括豆酱、蚕豆酱、甜面酱、豆瓣辣酱及其加工制品，还有许多花式酱类制品。它既可作为菜肴，又是调味品，具有特殊的色、香、味、形，是一种很受欢迎的大众化调味副食品。

5. 食醋

食醋按其生产工艺分为酿造食醋和配制食醋。酿造食醋是我国历史悠久的发酵食品之一，它不仅能提高食品风味，而且能增进食欲，帮助消化。我国酿造食醋的品种很多，有著名的山西陈醋、镇江香醋、浙江玫瑰米醋、福建红曲醋、四川麸醋和东北白醋等。

（二）香辛料

香辛料是指具有特殊芳香气味或辛辣成分的植物性原料。香辛料的芳香成分多为挥发油，因其含量少，也常叫精油，随原料不同而异，辛辣成分也各不相同。

加入香辛料，可使食品具有独特的芳香气味和滋味，能刺激食欲。有些香辛料还具有杀菌、防腐的作用。

食品加工中常用的香辛料有姜、洋葱、大葱、大蒜、辣椒、丁香、八角、小茴香、桂皮、肉豆蔻、月桂叶、黑芥子、香芹菜、咖喱粉和五香粉等。

四、食品添加剂

食品添加剂是指为改善食品品质和色、香、味以及防腐、保鲜和加工工艺的需要而加入食品中的人工合成或天然物质。食品添加剂按其来源分为天然与合成两类，天然食品添加剂主要来自动、植物组织或微生物的代谢产物。人工合成食品添加剂通过化学手段使元素和化合物发生一系列化学反应而制成。

我国的食品添加剂共有二十三类　其使用品种、范围和用量必须符合我国《食品添加剂使用标准》（GB 2760）的要求。

第二节　果蔬原料特性及保鲜

一、果蔬的基本组成及其加工特性

通常可将水果和蔬菜分成水分和干物质两大部分，而干物质又可分为水溶性物质和非水溶性物质两大类。

水溶性物质溶解于水中，组成植物体的汁液部分，包括糖、果胶、有机酸、多元醇、水溶性维生素、单宁物质以及部分的无机盐类。非水溶性物质一般是组成植物固体部分的物质，有纤维素、半纤维素、原果胶、淀粉、脂肪以及部分含氮物质、色素、维生素、矿物质和有机盐类。

（一）水分

水分是水果和蔬菜的主要成分，其含量平均为 $80\%\sim90\%$。水分的存在为果蔬完成全部生命活动过程提供必要的条件，同时，也给微生物和酶的活动创造了有利条件，使采收后的果蔬容易腐化变质。由于蒸发，水分损失，也会影响到果蔬的新鲜品质。果蔬的这些特性对贮藏和加工具有特殊的意义。果蔬中的水分是含有天然营养素的生物水，使果蔬汁风味佳美，最易被人体所吸收，具有较高的营养价值。

（二）糖类

水果和蔬菜中的糖类主要有糖、淀粉、纤维素和半纤维素、果胶物质等，是果蔬干物质的主要成分。

1. 糖

水果和蔬菜所含的糖分主要有葡萄糖、果糖和蔗糖，其次是阿拉伯糖、甘露糖以及山梨糖醇、甘露糖醇等糖醇。仁果类中以果糖为主，葡萄糖和蔗糖次之；核果类中以蔗糖为主，葡萄糖、果糖次之；浆果类主要是葡萄糖和果糖；柑橘类含蔗糖较多。

果蔬中所含的单糖，能与氨基酸产生羰氨反应或与蛋白质起反应生成黑蛋白，使加工品发生褐变。特别是在干制、罐头杀菌或在高温贮藏时易发生这类非酶褐变。

2. 淀粉

淀粉为多糖类，主要存在于薯类之中，在未熟的水果中也有存在。果蔬中的淀粉含量以马铃薯（14%～25%）、藕（12.77%）、荸荠、芋头、玉米等较多，板栗含33%以上淀粉，未完全成熟的香蕉含淀粉20%～25%，其他果蔬中则含量较少，果蔬中的淀粉含量随其成熟度及采后贮存条件变化较大。

3. 纤维素和半纤维素

纤维素和半纤维素均不溶于水，这两种物质构成了水果和蔬菜的形态和体架，是细胞壁的主要构成部分，起支撑作用。

水果中的纤维素含量为0.2%～4.1%，蔬菜中纤维素的含量为0.3%～2.8%。半纤维素为固体物质，水果和蔬菜中分布最广的半纤维素为多缩戊糖（阿拉伯树胶糖苷）。水果中半纤维素含量为0.3%～2.7%，蔬菜为0.2%～3.1%。

纤维素和半纤维素不能被人体消化，但能刺激肠的蠕动，有帮助消化的功能，可作为膳食纤维。

4. 果胶物质

果胶物质为水果、蔬菜中普遍存在的高分子化合物，主要存在于果实、直根、块茎、块根等植物器官中。果胶物质以原果胶、果胶、果胶酸三种不同的形态存在于果蔬组织。果蔬组织细胞间的结合力及果蔬的硬度与果胶物质的形态、数量密切相关。果胶物质形态的不同直接影响到果蔬的食用性、工艺性质和耐贮藏性。

果胶为白色无定形物质，无味，能溶于水成为胶体溶液，是随着果蔬成熟，不溶于水的原果胶在原果胶酶的作用下分解后的产物。在植物中果胶溶于水，与纤维素分离，转渗入细胞内，使果实质地变软。果胶酸是成熟的果蔬向过熟期变化时，果胶在果胶酶作用下转变的产物。果胶酸无黏性，不溶于水，因此过熟果蔬呈软烂状态。果胶物质在果蔬中变化过程如下：

果胶溶液黏度高，果胶含量较高的果蔬原料生成果蔬汁时，取汁较难，需要将果胶水解以提高出汁率。果胶也容易造成果汁澄清困难，但对于浑浊型果汁果胶则具有稳定作用。果胶对果酱类食品具有增稠作用。

果胶可以与多价阳离子（Ca^{2+}、Al^{3+}）结合交联形成不溶性物质，以增加果蔬的硬度及脆性，改善加工性能或感官品质。

（三）有机酸

果蔬具有酸味，主要是因为各种有机酸的存在。果蔬中有机酸主要有柠檬酸、苹果酸、酒石酸三种，一般称之为"果酸"。此外还含有其他少量的有机酸如草酸、水杨酸、琥珀酸等。这些酸在果蔬组织中以游离状态或结合成盐类的形式存在。对味感关系密切的是游离态的果酸。

果酸影响果蔬加工工艺的选择和确定。例如，酸影响果蔬加工过程中的酶促褐变和非酶褐变；果蔬中的花色素、叶绿素及单宁色泽的变化也与酸有关；酸能与铁和锡反应，会腐蚀设备和罐藏容器；一定温度下，酸会促进蔗糖和果胶等物质的水解，影响制品色泽和组织状态；酸含量的多少，果蔬制品 pH 的高低，决定了罐头杀菌条件的选择，具体内容可参考第二章第二节的相关内容。

（四）含氮物质

水果和蔬菜的含氮物质种类繁多，其中主要的是蛋白质和氨基酸，此外还有酰胺、铵盐、某些糖苷及硝酸盐等。水果中的含氮物质一般含量在 $0.2\%\sim1.2\%$ 之间，其中以核果、柑橘类含量相对较多，仁果类和浆果类含量更少。蔬菜中含氮物质一般含量在 $0.6\%\sim9\%$ 之间。豆类含量最多，如大豆可高达 $40\%\sim50\%$，叶菜类次之，根菜类和果菜类含量最低。

蛋白质或氨基酸可与果蔬中的还原糖反应发生非酶褐变，应注意控制。

（五）脂肪

在植物体中，脂肪主要存在于种子和部分果实中（如油梨、油橄榄等），根、茎、叶中含量很小。脂肪容易氧化酸败，尤其是含不饱和脂肪酸较高的植物油脂原料，如核桃仁、花生、瓜子等干果类及其制品，在贮藏加工中应注意这些特性。

植物的茎、叶和果实表面常有一层薄的蜡质，主要是高级脂肪酸和高级一元酸所形成的脂。它可防止茎、叶和果实的凋萎，也可防止微生物侵害。果蔬表面覆盖的蜡质堵塞部分气孔和皮孔，也有利于果蔬的贮藏。因此在果蔬采收、分级包装等操作时，应注意保护这种蜡质。

（六）单宁物质

单宁又称鞣质，属多酚类物质，在果实中普遍存在，在蔬菜中含量较少。未熟果的单宁含量多于已熟果。含有单宁的组织，当剖开暴露在空气中时，受氧化酶的作用会变色。单宁遇到铁等金属离子后会加剧褐变，遇碱则很快变成黑色。单宁与糖和酸的比例适当时，能表现良好的风味，故果酒、果汁中均应含有少量的单宁。另外，单宁可与果汁中的蛋白质相结合，形成不溶解的化合物，有助于汁液的澄清，在果汁、果酒生产中其有重要意义。

（七）糖苷类

果蔬组织中常含有某些糖苷（或叫糖甙）类，它是由糖和其他含有羟基的化合物（如醇、醛、酚、鞣酸）结合而成的物质。大多数都具有苦味或特殊的香味，其中一些苷类不只是果蔬独特风味的来源，也是食品工业中主要的香料和调味料。而其中部分苷类则有剧毒，如苦杏仁苷和茄碱苷等，在食用时应予以注意。

苦杏仁苷多存在于果核类（如桃、李、杏等）的果核果仁中。马铃薯的块茎、番茄和茄子含碱苷。芥菜、萝卜含黑芥子苷较多。橘皮苷是柑橘类果实中普遍存在的一种苷类，在橘皮及橘络内含量最多。

（八）色素物质

色素物质为表现果蔬色彩物质的总称，依其溶解性及在植物中存在状态分为两类。

1. 脂溶性色素（质体色素）

　　（1）叶绿素（绿色）。

　　（2）类胡萝卜素（橙色）　主要包括胡萝卜素、叶黄素、番茄红素。

2. 水溶性色素（液泡色素）

　　（1）花青素（红、蓝等色）　花青素易受 pH、氧气、光、温度的影响而发生变化，加工时应引起注意。花青素遇到金属（铁、铜、锡）时会变色，因此生产含花青素的罐藏水果应采用涂料罐装，加工设备和器具应用不锈钢或铝制成。

　　（2）花黄素（黄色）　在多数情况下，黄色常作为果蔬成熟度的主要判断因素，也与风味、质地、营养成分的完整性相关。

（九）芳香物质

　　各种水果及蔬菜都含有其特有的芳香物质而具有香气，一般含量极微，少数水果和蔬菜，如柑橘类、芹菜、洋葱中的含量较多。芳香物质的种类很多，是油状的挥发性物质，因含量极少，故又称为挥发油或精油。它的主要成分一般为醇、酯、醛、酮、烃、萜和烯等。有些植物的芳香物质以糖苷或氨基酸状态存在，必须借助酶的作用进行分解，生成精油才有香气，如苦杏仁油、芥子油及蒜油等。

（十）维生素

　　水果和蔬菜是人体营养中维生素最重要的直接来源，果蔬中所含的维生素种类很多，可分为水溶性和脂溶性两类。

1. 水溶性维生素

　　（1）维生素 C（抗坏血酸）　维生素 C 是一种不稳定的维生素，广泛存在于果蔬中。维生素 C 溶于水，易被氧化，与铁等金属离子接触后会加剧氧化，在碱性及光照条件下容易被破坏。在加工过程中，切分、烫漂、蒸煮和烘烤时维生素 C 极易损失，应采取措施减少损耗。另外，维生素 C 及其钠盐常作为抗氧化剂在食品中使用。

　　（2）维生素 B_1（硫胺素）　果蔬中维生素 B_1 的含量为 $0.01 \sim 0.02 mg \cdot kg^{-1}$，豆类中含量最多。它在酸性条件下稳定，耐热，在中性及碱性条件下极容易受到破坏。

　　（3）维生素 B_2（核黄素）　甘蓝、番茄中含量多，能耐热，耐干燥及氧化。干制品中维生素 B_2 均保持着它的活性。

2. 脂溶性维生素

　　（1）维生素 A 原（胡萝卜素）　植物体没有维生素 A，但广布维生素 A 原。维生素 A 原进入机体后，便转变成维生素 A。

　　（2）维生素 E 及维生素 K　存在于植物的绿色部分，很稳定。莴苣富含维生素 E，菠萝、甘蓝、花椰菜、青番茄富含维生素 K。

（十一）矿物质

　　果蔬中含有多种矿物质，如钙、磷、铁、镁、钾、钠、碘、铝、铜等，它们以硫酸盐、磷酸盐、碳酸盐或与有机物结合的盐类存在（蛋白质中含有硫和磷、叶绿素中含有镁等）。其中与人体营养关系最密切的矿物质有钙、磷、铁等。

（十二）酶

水果与蔬菜组织中的酶支配着果蔬的全部生命活动的过程，同时也是贮藏和加工过程中引起果蔬品质变坏和营养成分损失的重要因素。如苹果、香蕉、芒果、番茄等在成熟过程中变软就是果胶酶类酶活性增强的结果。而过氧化物酶及多酚氧化酶则会引起果蔬的酶促褐变。成熟的香蕉、苹果、梨及芒果则由于淀粉酶及磷酸化酶的作用使其中的淀粉水解为葡萄糖，甜度增加。

二、果蔬原料的组织结构特性

过程检查 1-1
果胶物质对果蔬品质及贮藏特性的影响

（一）细胞的膨胀与果蔬组织状态的变化

细胞的膨胀是根据细胞的渗透作用原理而形成的。细胞的原生质层（包括原生质膜、液泡膜和两膜之间的中层）是一个渗透膜，液泡里的细胞液含有很多溶解于水的物质，因此具有一定的渗透浓度。这样的细胞便形成一个渗透系统。如果把果蔬放在清水或低渗透浓度的溶液中，由于渗透压差的驱动，水分从外界进入细胞的速率将超过细胞里排出的速率，因此，液泡中的水分增多，容积增大，通过原生质对细胞壁的压力也相应增大，这时细胞便呈膨胀状态。如果把果蔬浸入盐或糖等高渗透溶液中，细胞的水分向外流出，于是液泡体积收缩，原生质和细胞壁所受压力减低，因为细胞壁和原生质都具有伸缩性，因此整个过程细胞的体积便缩小。在细胞液中的水分继续向外渗出的过程中，由于细胞壁的伸缩性有限，而原生质层将继续收缩下去，这样就引起质壁分离，甚至引起细胞死亡。

果蔬收获后，在自然的环境下，也会发生上面那些变化，尤其是果蔬在低温环境下，会引起水分的过量蒸发而造成细胞的质壁分离以致死亡，引起果蔬的失鲜，甚至腐烂变质。所以，要保持果蔬的新鲜品质，就要使果蔬维持膨胀状态，故在贮藏时要维持较高的湿度和适当的温度。另一方面，在果蔬贮藏时，如外界温度过高，会使果蔬表皮细胞升温而形成细胞内外温度的提高，热向内部传导，使细胞内容物升温而膨胀增压，造成果蔬的膨胀和流汁现象。

（二）其他影响果蔬组织结构的因素

除细胞的膨胀状态可影响果蔬组织结构外，细胞黏着力的变化、机械组织的存在与否、成熟度等也可影响果蔬组织的结构。

1. 细胞黏结力的变化

细胞黏着力依赖于细胞间果胶质的数量和状态。在果蔬成熟过程中水溶性果胶增加，不溶性果胶减少，细胞之间黏着力降低，变得容易分离，组织变软。用热处理可以改变细胞的黏着力，降低组织的硬度，这也与可溶性果胶的形成有关。

2. 机械组织

机械组织的存在与否也会影响果蔬的结构和品质。幼小植物是多汁的，主要是薄壁细胞。随着植物的生长，细胞壁发生不同程度的增厚形成厚角细胞和厚壁细胞，这两种组织结合，使植物组织坚韧，从而降低品质。

3. 成熟度

果实在成熟时其结构发生大的变化，表现在细胞壁加厚、原生质膜渗透性改变以及细胞间隙的大小改变，以利于组织软化。

三、果蔬原料采后的生理特性

收获后的果蔬所进行的生命活动，主要方向是分解高分子化合物，形成简单分子并放出能量。其中一些中间产物和能量用于合成新的物质，另一些则消耗于呼吸作用或部分地累积在果蔬组织中，从而使果蔬营养成分、风味、质地等发生变化。

不同的果蔬有不同的耐贮性和抗病性，这是由果蔬的物理、机械、化学、生理性状综合起来的特性。这些特性以及它们的发展和变化，都决定于果蔬新陈代谢的方式和过程。所谓耐贮性就是指果蔬在一定贮藏期内保持其原有质量而不发生明显不良变化的特性；而抗病性则是指果蔬抵抗致病微生物侵害的特性。

（一）呼吸作用

果蔬收获后，光合作用停止，呼吸作用成为新陈代谢的主导过程。果蔬呼吸作用的本质是在酶的参与下的一种缓慢的氧化过程，即使复杂的有机物质分解成为简单的物质，并放出能量。这种能量一部分维持果蔬的正常代谢活动，一部分以热的形式散发到环境中。

呼吸作用分为有氧呼吸和缺氧呼吸。以糖为基质时，两种呼吸的总的反应式为：

有氧呼吸　　$C_6H_{12}O_6 + 6O_2 \longrightarrow 6CO_2 + 6H_2O + 2817kJ$

缺氧呼吸　　$C_6H_{12}O_6 \longrightarrow 2C_2H_5OH + 2CO_2 + 117kJ$

有氧呼吸是植物的主要呼吸方式，缺氧呼吸释放的能量较少。为获得同等数量的能量，就要消耗远比有氧呼吸更多的有机物。同时缺氧呼吸的最终产物为乙醇等，这些物质对细胞有一定毒性，如果积累过多，将会引起细胞中毒甚至杀死细胞。在果蔬的贮藏中，不论由何种原因引起的缺氧呼吸的加强，都被看作是正常代谢被干扰、破坏。控制适宜的低温和贮藏环境中适度的氧和二氧化碳含量，是防止产生不正常缺氧呼吸的关键。

水果蔬菜呼吸作用强弱的指标是呼吸强度。呼吸强度通常以 1kg 水果或蔬菜 1h 所放出的二氧化碳质量（mg）来表示，也可以用吸入氧的体积（mL）来表示。

果蔬在贮藏期间，呼吸强度的大小直接影响着贮藏期限的长短。呼吸强度大，消耗的养分多，加速衰老过程，缩短贮藏期限；呼吸强度过低，正常的新陈代谢受到破坏，也缩短贮藏期限。因此，控制果蔬正常呼吸的最低呼吸强度，是果蔬贮藏的关键问题。

水果蔬菜呼吸特性的指标是呼吸商。呼吸商也称为呼吸系数，即水果蔬菜呼吸过程中释放出的二氧化碳（V_{CO_2}）与吸入的氧气（V_{O_2}）的容积比。用 RQ 表示：

$$RQ = \frac{V_{CO_2}}{V_{O_2}} \tag{1-1}$$

同一底物，RQ 可表示呼吸状态（有氧和无氧）。RQ 因消耗的底物不同而不同。从呼吸系数可以推测被利用和消耗的呼吸基质。

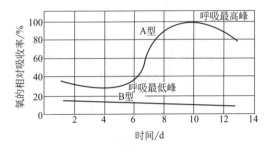

图 1-1　果蔬的两类呼吸漂移曲线
A 型—高峰型；B 型—非高峰型

不同种类的果蔬呼吸状态不同，果蔬以其呼吸状态可分为两类：高峰呼吸型和非高峰呼吸型。不同果蔬呼吸状态的变化见图 1-1。

果蔬生命过程中（常压成熟阶段）出现呼吸强度起伏变化现象，称为呼吸漂移。有的果蔬会出现漂移高峰值，即呼吸高峰。

高峰呼吸型也叫呼吸跃变型或者 A 型，这类果蔬有：苹果、柿子、桃子、木瓜、甜瓜、番茄、香蕉、芒果等。A 型果蔬有三个特点。①生长过程与成熟过程明显。呼吸高峰标志着果蔬开始进入衰老期，故保藏应在高峰期出现之前。②乙烯对其呼吸影响明显。乙烯的使用使果蔬的呼吸高峰提前出现。乙烯的催熟作用在高峰之前才有用。③可以推迟高峰期的出现。在高峰期到来之前收获，通过冷藏、气调等方法可使呼吸高峰期推迟。呼吸高峰后不久的短暂期间鲜食为佳。

非高峰呼吸型也称 B 型。柑橘、橙、菠萝、柚子、阳桃、柠檬、樱桃、葡萄、草莓、枣、龙眼和荔枝等属于此类。B 型的特点有两个：生长与成熟过程不明显，生长发育期较长；多在植株上成熟收获，没有后熟现象。成熟后不久的短暂时期鲜食为佳。

影响呼吸强度的因素有果蔬种类、品种的差异，外界条件（温度、湿度、气体成分、冻伤等）及成熟度等。

（1）果蔬的种类、品种　果蔬以绿叶蔬菜呼吸强度最大，其次为番茄和浆果类果实（不包括葡萄），核果类中等，果仁类和柑橘类等较小，最低是葡萄及根菜类，一般来说，呼吸强度愈大，耐藏性愈低。

（2）温度　在一定的范围内，温度愈高，呼吸强度愈大，贮藏期也愈短。但温度高至 35～40℃时，果蔬的呼吸强度反而低，如果温度继续升高，酶就被破坏，则呼吸停止。一般来说，温度降低时，果蔬的呼吸强度也降低。

（3）组织伤害及微生物　果蔬遭受机械损伤等，会刺激果蔬呼吸，这不仅要消耗营养物质，也易为微生物侵害，降低耐贮性。

（4）气体成分　空气成分是影响呼吸强度的另一个重要环境因素。二氧化碳浓度过量会引起果蔬生理病害。空气中氧的含量高，呼吸强度大；但氧的浓度极低时，果蔬就要进行缺氧呼吸，也易引起生理病害。故要维持果蔬正常生命活动，又要控制适当的呼吸作用，就要使贮藏环境中氧和二氧化碳的含量保持一定的比例。

此外，果蔬在呼吸过程中，除了放出二氧化碳外，还不断放出某些生理刺激物质，如乙烯、醇、醛等。其中乙烯对果蔬的呼吸有显著的促进作用，故应做好贮藏库的通风换气，防止乙烯等过量积累。

（二）果蔬的后熟与衰老

一些果菜类和水果，由于受气候条件的限制，或为了便于运输和调剂市场的需要，必须在果实还没有充分成熟时采收，再经过后熟，供食用和加工。

所谓后熟通常是指果实离开植株后的成熟现象，是由采收成熟度向食用成熟度过度的过程。果实的后熟作用是在各种酶的参与下进行的极其复杂的生理生化过程。

利用人工方法加速后熟过程称为催熟。加速后熟过程的因素包括适宜的温度、一定的氧气含量及促进酶活动的物质。乙烯是很好的催化剂。乙烯能提高氧对果实组织原生质的渗透性，促进果实的呼吸作用和有氧参与的其他生化过程。同时乙烯能够改变果实的酶的活动方向，使水解酶类从吸附状态转变为游离状态，从而增强果实成熟过程的水解作用。

果实的衰老是指一个果实已走向它个体生长发育的最后阶段，开始发生一系列不可逆的变化，最终导致细胞崩溃及整个器官死亡的过程。

（三）果蔬水分的蒸发作用

果蔬在采收前，蒸发作用丧失的水分，可由根系从土壤中得到补偿。采收后的蒸发脱水通常不能得到补充，果蔬就逐渐失去新鲜度，并且带来一系列的不良影响。

（1）失重和失鲜　失重包括水分和干物质两方面的损失。失鲜表现为形态、结构、色泽、质地、风味等多方面的变化，降低了食用和商品品质。

（2）破坏正常的代谢过程　细胞脱水，细胞液和原生质浓度增高，其中有些物质和离子，如 NH_3、氢离子等，它们的浓度可能增高到有害的程度，引起细胞中毒。原生质脱水还可能引起一些水解酶的活性加强，加速一些有机物的分解，破坏原生质的正常状态。组织中水解过程加强，积累呼吸基质，又会进一步刺激呼吸作用。严重脱水甚至会破坏原生质的胶体结构，扰乱正常的代谢，改变呼吸途径，也会产生并积累某些分解物质，如 NH_3 等而使细胞中毒。

（3）降低耐贮性、抗病性　蒸发作用引起正常的代谢作用破坏，水解过程加强，以及由于细胞膨胀压降低而造成的机械结构特性改变等，都会影响到果蔬的耐贮性、抗病性。组织脱水程度越大，抗病性下降得越剧烈。

水分蒸发的速率与果蔬的种类、品种、成熟度、表面细胞角质的厚薄、细胞间隙的大小、原生质的特性、比表面积的大小有着密切关系。此外，温度、相对湿度、空气流速、包装情况等外界环境条件也影响水分的蒸发。避免果蔬萎缩是果蔬贮藏过程中一项极为重要的措施。

（四）休眠与发芽

一些块茎、鳞茎、球茎、根茎类蔬菜，在结束田间生长时，其组织（这些都是植物的繁殖器官）积贮了大量营养物质，原生质内部发生深刻变化，新陈代谢明显降低，生长停止而进入相对静止状态，这就是休眠。植物在休眠期间，新陈代谢、物质消耗和水分蒸发都降到最低限度。经过一段时间后，便逐渐脱离休眠状态，这时如有适宜的环境条件，就会迅速发芽生长，其组织积贮的营养物质迅速转移，消耗于芽的生长，本身则萎缩干空，品质急剧恶化，以至于不堪食用。

休眠时蔬菜具有很好的耐贮性，可以较好地保存产品。在贮藏实践上，可利用控制低温、低湿、低氧含量和适当的二氧化碳含量来延长休眠，抑制发芽。或者，使用青鲜素和萘乙酸甲酯和乙酯喷涂可以抑制发芽。辐照处理也可以有效抑制上述蔬菜的发芽。

四、果蔬原料的采收与采后处理

果蔬采收期的选择以及采收操作是否适当都直接影响贮运损耗和加工品质。

果蔬的采收成熟度、采收时间和采收方法都应考虑到加工的目的、贮运的方法和设备条件。

（一）果蔬的成熟度与采收

1. 采收成熟度的确定

（1）水果　根据果实的成熟特征，水果成熟度一般分为三个阶段，即采收成熟度、加工成熟度和生理成熟度。

① 采收成熟度　果实到了这个时期基本上完成了生长和物质的积累过程，母株不再向果实输送养分，果实已充分膨大长成，绿色减退或全退，种子已经发育成熟。这时采收的果实，适宜长期贮藏和长途运输以及作果脯类产品的原料。但此时果实的风味还未发展到顶点，经过一段时间的贮藏后熟，风味呈现出来，便可达到正常的加工要求。但早于采收成熟度以前的果实，则无论采取什么措施，也不能达到应有的风味。

凡不适于贮藏或后熟的水果如草莓、杨梅、荔枝等，其采收成熟度应按接近加工成熟度的要求采收。

② 加工成熟度　这时果实已经部分或全部显色，虽未充分成熟，但已充分表现出本品种特有的外形、色泽、风味和芳香，在化学成分和营养价值上也达到最高点。当地销售、加工及近距离运输的果实，此时采收质量最佳。制作罐头水果、果汁、干果、果酒等均宜此时采收。

③ 生理成熟度　通常也称为过熟。此时果实在生理上已达到充分成熟的阶段，果肉中的分解过程不断进行的结果，使得风味物质消失，变得淡而无味，质地松散，营养价值也大大降低。过熟的果实不适宜贮藏加工，一般只适于采种。而以种子供食用的栗子、核桃等干果则需要在此时或接近过熟时采收。

（2）蔬菜　蔬菜的采收成熟度难一致，一般多采用蔬菜表面色泽、坚实度和糖及淀粉含量等方法来判断蔬菜的成熟度。

拓展阅读 1-1
蔬菜成熟度的
判断方法

2. 采收时间与方法

（1）采收时间 蔬菜，一般每天日出前采收，天气热尽可能在上午 10 时之前采收。瓜果，一般为日落采收，下午 3 时之后。水果，白天未经暴晒时，上午 10 时以前、下午 3 时之后采收。

雨后或露水未干前不宜采收。如天气热，温度高，午后采收的果菜应摊放在树下或阴凉的地方散热，待降温后再装运。

（2）采收方法

① 人工采收 劳动强度大，速度慢，损伤少，采收人员应在采收前剪指甲，以防伤及果蔬。

② 机械采收 劳动强度小，速度快，成本低，但机械采收容易造成果蔬的机械伤损。

采收果实时应先由下而上，先外围后内部。果实应轻拿轻放。如香蕉采收应先托住果实再切茎，不可砍下再采，避免造成机械损伤。

（二）果蔬采收后的必要处理

1. 预冷

所有蔬菜采收后要经过预冷以除去田间热，减少水分的损失。预冷的方法包括阴凉通风处自然散热、水喷淋冷却、真空预冷和高速鼓风机吹风冷却等。

2. 果蔬的分级

果蔬分级的主要目的是为便于收贮、销售和包装，使之达到商品标准化。分级后的果蔬其品质、色泽、大小、成熟度、风味、营养成分、清洁度、损伤程度等基本上一致，使得更便于加工工艺的确定和保证加工产品的质量。

我国目前一般是在果形、新鲜度、颜色、病虫害和机械损伤等方面符合要求的基础上，再按大小进行分级，即按照果实横径最大部分的直径，区分为若干等级。

蔬菜分级通常根据坚实度、清洁度、大小、重量、颜色、形状、成熟度、新鲜度，以及病虫感染和机械损伤等各个方面来确定。通常分级的级别有三种：即特级、一级和二级。

3. 特殊处理

（1）涂膜 经用涂料处理后在果实表面形成一层薄膜，可抑制果实内外的气体交换，降低呼吸强度，从而减少营养物质的消耗，并且减少水分的蒸发损失，保持果实饱满新鲜，增加光泽，改善外观，延长果实的贮藏寿命。

（2）愈伤 根茎类蔬菜在采收过程中，很难避免各种机械损伤，即使有微小的伤口，也会招致微生物的侵入而引起腐烂。如马铃薯、洋葱、蒜、芋、山药等采收后在贮藏前进行愈伤处理十分重要。将马铃薯块茎保持在 18.5℃以上 2h，而后在 7.5～10℃和相对湿度 90%～95% 保持 15～20d。适当的愈伤处理可使马铃薯的贮藏期延长 50%，也可减少腐烂。

（3）其他处理 用化学或植物激素处理也可，延迟蔬菜的成熟和衰老，以适应加工的需要。

4. 催熟

某些果蔬，如番茄，为了提早应市或远销，或在夏季温度过高，果实在植株上很难变红，或秋季为了避免冷害，都要在绿熟期采收。加工前要进行人工催熟。催熟后不但色泽变红，而且品质也有一定的改进，但不能达到植株上成熟那样的风味。

乙烯处理是常用的催熟方法，加温处理亦可催熟，但时间长，果实易萎缩。

5. 果蔬的包装

果蔬包装是标准化、商品化、保证安全运输和贮藏的重要措施。合理的包装可以减少运输中相互摩擦、碰撞、挤压而造成的机械损失，减少病害蔓延和水分蒸发，也可避免蔬菜散堆发热而引起腐烂变质。

　　良好的包装材料与容器有保护果蔬的作用。用于水果、蔬菜销售包装的主要材料有塑料薄膜，如玻璃纸、涂 PVDC 玻璃纸、PVC、PE、PS、PP 膜等，采用袋装或收缩薄膜包装。依透气率要求选择透气膜或在膜上适当打孔，以满足果蔬呼吸的需要。用纸浆或纸板的成型品、塑料片热成型品、泡沫塑料制成的有缓冲作用的浅盘也常用于外形较一致的果蔬包装，再覆盖收缩薄膜，或将托盘和食品一起装入塑料袋或纸盒套内。纸盒有透明塑料窗，可看清包装内容物。木箱、纸浆模塑品、塑料筐（箱）、瓦楞纸箱用于水果及蔬菜的运输或贮藏包装。牛皮纸袋、多层纸袋、开窗纸袋、纤维网袋、塑料网袋、带孔眼的纸袋和塑料袋（箱）多用于土豆、洋葱等根茎类蔬菜的贮运及销售包装。

　　包装果品时，一般在包装里衬垫缓冲材料，或逐果包装以减少由于果与果、果与容器之间的摩擦而引起的损伤。包裹材料应坚韧细软，不易破裂，用防腐剂处理过的包裹纸还有防治病害的效果。

　　质地脆嫩的蔬菜容易挤伤，所以不宜选择容量过大的容器，如番茄、黄瓜等采用比较坚固的箩筐或箱包装，容量不超过 30kg。比较耐压的蔬菜如马铃薯、萝卜等都可以用麻袋、草袋或蒲包包装，容量可重 20～50kg。

6. 果蔬的运输

　　果品在远途运输前需预先进行降温处理。蔬菜运输最好不要混装，因为各种蔬菜所产生的挥发性物质会互相干扰，尤其是能产生乙烯的蔬菜。微量的乙烯也可能使其他蔬菜早熟。此外，蔬菜运输一定要有通风装置。

　　果蔬运输时，应注意以下事项：

　　① 运输车辆（船）应保持洁净，不带油污及其他有害物品。

　　② 无论采用什么运输工具，装卸操作都必须轻装轻卸，防止果蔬原料遭受机械损伤。

　　③ 要尽量做到快装、快卸、快运。注意通风，防止日晒雨淋。

　　④ 对不耐贮运的果蔬原料，运输时间应尽量安排在早晨、傍晚或夜间。力求当日采收，当日送厂加工。

　　⑤ 长途运输果蔬原料，要注意防冻、防热，应尽量采用冷藏车或冷藏船运输。

五、果蔬的贮藏保鲜技术

（一）冷藏法

　　冷藏法依靠低温的作用抑制微生物的繁殖，延缓果蔬的氧化和生理活动，根据不同果蔬的贮藏要求调节温度和湿度，延长贮藏期（见第四章）。可以分为自然低温贮藏法及冷藏库贮藏法。

　　自然低温贮藏是利用自然的低温气候进行贮藏处理，常见的方式包括堆藏、沟藏、窖藏、土窑洞和通风库贮藏等。这类方法的关键在于果蔬的通风和温度条件的管理。

　　冷藏库贮藏法采用机械冷藏库对果蔬进行冷藏处理，可以根据果蔬不同的贮藏特性和要求，调节贮藏温度和湿度等条件，贮藏效果好，容易控制，但前期投入较大，运行成本较高。

（二）气调贮藏法

　　调节果蔬贮藏环境的气体组成成分，简称气调贮藏，是当前广为应用的贮藏方法。通过改变贮藏环境的气体成分，如填充二氧化碳（或氮气）使贮藏环境中氧含量由 21% 降至 2%～6%，二氧化碳由 0.03% 提高到 3% 以上，从而抑制果蔬的呼吸作用，延缓其衰老和变质过程，使其在离开贮藏库后仍然有较长的寿命。目前气调贮藏按其采用的封闭设备可分为两类：一类是气调贮藏库，为了提高保藏效果，气调贮藏法常结合低温贮藏，故也称气调冷藏库贮藏；另一类是气调塑料薄膜袋（帐）。后者使前者轻型化，也用于运输。

1. 气调冷藏库贮藏法

对气调冷藏库气体成分的调节一般采用连续控制气体（controlled atmosphere，CA）的方法，即对冷藏库内的气体成分不断地进行检测与调整，以保证果蔬在合适的气体成分下贮藏。气体调节的方法有自然呼吸调节法、人工调节法和自然与人工调节混合法。自然呼吸调节法，又称自发气调（modified atmosphere，MA），是利用果蔬的自然呼吸作用逐渐使库内环境中的氧气减少，二氧化碳气体增多，再通过其他的方法使气体的组成比例基本固定（如硅窗法）的方法。气调的环境可以是库房，也可以是利用气密性好的包装材料包装食品物料后，在食品物料的包装内形成的小环境。由于贮藏过程中不再调节气体成分，对于果蔬等在贮藏过程中有明显呼吸作用的食品物料，贮藏过程前后环境气体的成分可能发生较大的变化，对贮藏的质量有一定的影响。

人工调节法又称人工降氧法，常有：充氮法、丙烷燃烧法、氨分裂法和膜吸收法等。人工调节法利用一定的装置在库房外制取人工气体（如，O_2：1%～3%，CO_2：0～10%），然后将此气体导入库内，循环置换库内的气体。人工调节法降氧速率快，同时能及时排除库内的乙烯等挥发性气体成分，保鲜效果好，对不耐贮藏的果蔬效果特别明显。气体的调节也可用自然和人工混合调节的方法，可在果蔬冷藏的初期用人工降氧法在短时间内将环境气体中氧的含量降低到某一数值（如10%）以下，然后靠果蔬的呼吸作用进一步消耗剩余的氧，同时放出二氧化碳。混合调节法的成本较人工调节法要低。部分果蔬的 CA 贮藏条件见表 1-2。

表 1-2 部分果蔬的 CA 贮藏条件

种类	温度/℃	相对湿度/%	气体组成/%			贮藏期/d
			O_2	CO_2	其他	
苹果	0	85～90	2～4	3～5	—	207～230
香蕉	12	90～95	2～3	3～5	N_2:93	30
蕉柑	60d 前 15～28 60d 后 5～6	80	10～15	3～5		160
胡萝卜	0	90～95	6～8	<10		216
菠菜	−1～0	>95	10～18	<6	—	120

气调冷藏库的库层结构和冷藏设备，与机械冷藏库基本相同，但要求有更高的气密性，防止漏气，确保库内气体组成的稳定。一个气调贮藏库只能保持一种气体组成和温度、湿度，且不宜经常启闭。所以通常把整座气调库分隔成若干可以独立调节管理的贮藏室。每个贮藏室容积不很大，只贮藏一种产品，并且最好是整批出入库。气调贮藏常须消耗大量的氮气。过去多用贮于钢瓶的氮，这种方法成本高，需用大量的贮气瓶，应用也不方便，目前已趋向使用适用于气调贮藏的氮气发生器，以便降低成本，方便操作。

气调贮藏库有一套气体循环系统和气体净化系统，以使库内的空气循环地经过气体净化系统，不断地排出库内过多的二氧化碳及果蔬自身释放的某些挥发性物质，如乙烯等，保持库内适宜的气体成分构成。

2. 薄膜封闭气调法

气调贮藏库的建筑和设备复杂，成本高，不宜普遍应用。薄膜封闭容器可放在普通的机械冷藏库或通风库内，使用方便，成本较低，还可在运输中应用。

薄膜封闭法属于自发气调方式，目前多用聚乙烯或聚氯乙烯薄膜，这些薄膜的强度和弹性较高，化学性质较稳定，可以热黏结，应用较方便。薄膜封闭法可以分为薄膜小袋包装气调、塑料大帐气调及硅窗气调技术。目前广泛采用的硅窗气调贮藏技术，可以使果蔬的薄膜封闭贮藏寿命得到延长。

薄膜封闭气调技术简单易行，成本低，适应性强，但需要根据产品的特性，综合考虑贮藏温

拓展阅读 1-2
硅窗气调贮藏技术

度、产品种类、贮藏数量、膜的种类和膜的厚度等因素才能获得较好的保鲜效果。

（三）其他保鲜法

除了目前广泛使用的低温贮藏法和气调贮藏法或者两者结合的果蔬贮藏保鲜方法外，其他的贮藏法也在发展和应用。

1. 辐照贮藏法

这种方法利用钴 60 （^{60}Co）或铯 137 （^{137}Cs）所产生的 γ 射线，电子加速器产生的 β 射线和 X 射线对贮藏物进行适度的照射，抑制果蔬的成熟或发芽等，从而达到保鲜目的。

2. 涂膜贮藏法

采用果蔬涂膜，阻碍气体交换，可适当地抑制果蔬的呼吸作用和水分的蒸发，以及减少病原菌的侵染而造成的腐烂损失，从而起到保鲜作用。涂膜的材料有石蜡、巴西棕榈蜡、成膜性好的蛋白质及变性淀粉、壳聚糖、魔芋等，其中可以加入防腐剂、保鲜剂、乳化剂和润湿剂等，以提高保鲜效果。

拓展阅读 1-3
我国果蔬保鲜
处理现状

第三节   肉类原料特性及贮藏保鲜

一、肉的营养价值与肉制品加工

动物屠宰后所得的可食部分都叫作肉。肉的成分主要包括水分、蛋白质、脂类、糖类、含氮浸出物、矿物质、维生素和酶等。畜禽肉类的化学成分受动物的种类、性别、年龄、营养状态及畜体的部位而有变动，在加工和贮藏过程中，常发生物理、化学变化，从而影响肉制品的食用价值和营养价值。

（一）水分

水是肉中含量最多的组成成分，肌肉含水 70％～80％。畜、禽愈肥，水分的含量愈少；老年动物比幼年动物含水量少。肉中的水分通常以结合水、不易流动的水或准结合的水、自由水（游离水）三种形式存在。

结合水是蛋白质分子表面的极性基与水分子结合形成的一薄水层（含量约占总含水量的 5％），这种水没有流动性，不能作为其他物质的溶剂；不易流动水主要存在于肌原纤维中，其运动的自由度相当有限，能溶解盐类物质，并在 0℃ 或稍低时结冰，肉中的水大部分（80％）以这种形式存在；自由水存在于组织间隙和较大的细胞间隙中，其量不多（5％左右）。

水分对肉的量和质的关系极为重要。加工和贮藏在多数情况下是针对水进行的。当加工干制品时，首先失去自由水，其次是不易流动水，最后失去结合水。冷加工中，水的冻结，也是依上述顺序先后变成冰晶的。腌制过程，改变渗透压也是以水为对象的。水的存在形式改变，以及量的多少影响微生物的生长，从而影响肉的保存期，同时也改变肉的风味。当水减少到超过一定限度时，蛋白质等重要营养物质发生不可逆的变化，因而会降低肉的品质。

（二）蛋白质

肌肉中蛋白质的含量约 20％，通常依其构成位置和在盐溶液中的溶解度分为三种：肌原纤维蛋白质，由丝状的蛋白质凝胶构成，占肌肉蛋白质的 40％～60％，与肉的嫩度密切相关；存在于肌原纤维之内溶解在肌浆中的蛋白质，占 20％～30％，常称为肌肉的可溶性蛋白；构成肌鞘、毛细血管等结缔组织的基质蛋白质。肉类蛋白质含有比较多的人体内不能合成的八种必需氨基酸。因此，肉的营养价值很高。在加工和贮藏过程中，若蛋白质受到了破坏，则肉的品质及营养就会大大降低。

（三）脂肪

动物脂肪主要成分是脂肪酸甘油三酯，占 96%～98%，还有少量的磷脂和醇脂。肉类脂肪有 20 多种脂肪酸，以硬脂酸和软脂酸为主的饱和脂肪酸居多；不饱和脂肪酸以油酸居多，其次为亚油酸。磷脂和胆固醇所构成的类脂是构成细胞的特殊成分，对肉制品质量、颜色、气味有重要作用。

（四）其他营养物质

肉的浸出成分，指的是能溶于水的浸出性物质，包括含氮和无氮浸出物，主要有核苷酸、嘌呤碱、胍化合物、肽、氨基酸、糖原、有机酸等，它们是肉风味及滋味的主要成分。浸出物中的还原糖与氨基酸之间的非酶反应对肉风味的形成有重要作用。浸出物成分与肉的品质也有很大的关系。

肉类中的矿物质一般为 0.8%～1.2%。它们有的以螯合状态存在，有的与糖蛋白或脂结合存在，如肌红蛋白中的铁，核蛋白中的磷；有的以游离状态存在，如镁、钾、钠等。钾、钠与细胞的通透性有关，可提高肉的保水性。

肉中的主要维生素有维生素 A、维生素 B_1、维生素 B_2、维生素 PP、叶酸、维生素 C、维生素 D 等，其中水溶性 B 族维生素含量较丰富。

二、肉的组织结构特点及主要物理性质

（一）肉的组织结构特点

动物体主要可利用部分的组织分为肌肉组织、结缔组织、脂肪组织、骨骼组织四类，其组成的质量分数如下：肌肉组织 35%～60%；结缔组织 9%～11%；脂肪组织 2%～40%；骨骼组织 7%～40%。

动物种类、饲养条件及年龄不同，上述动物组织的组成比例有较大不同。除上述主要部分外，动物体还包括神经、血管、淋巴和腺体等组织。它们所占比例很小，从加工角度而论，没有多大意义，但某些腺体则会影响产品风味。

1. 肌肉组织

肌肉组织是肉的主要组成部分，通常在畜类中所占的比例为胴体的 50%～60%。

从食品加工角度来看，肌肉组织主要是指骨骼肌。肌肉的结构和组成直接决定着肉的质量，肌肉内结缔组织和脂肪的多少以及结缔组织的结构和脂肪沉积的部位等都是影响肉质的主要原因。

2. 结缔组织

结缔组织由纤维质体和已定形的基质组成，其含量随畜禽种类、年龄、性别、营养状况、运动、使役程度和组织学部位的不同而不同。典型的结缔组织包括筋腱、肌膜和韧带等。由于各部位肌肉中结缔组织含量不同，造成肉的硬度不同，肉的嫩度也不一样。

3. 脂肪组织

脂肪组织由退化了的疏松结缔组织和大量的脂肪细胞组成，多分布在皮下、肾脏周围和腹腔内。脂肪的气味、颜色、密度、熔点等因动物的种类、品种、饲料、个体发育状况及脂肪在体内的位置不同而有所差异。

4. 骨骼组织

骨骼组织均由致密的表面层和疏松的海绵状内层构成，外包一层坚韧的骨膜。骨腔内的海绵质中间充满了骨髓。在工业上可用骨髓提炼骨油，骨中脂肪含量为 3%～27%；也可将骨骼粉碎后做成骨粉或骨泥，作为调味基料或补充钙质的原料，应用价值较高。

（二）肉的主要特性

肉的特性主要包括颜色、气味、嫩度等，这些性状都与肉的形态结构、动物肉的种类、年龄、性别、肥度、经济用途、不同部位、宰前状态等方面的因素有关。

1. 色素及色泽

肉中因含有肌红蛋白和血红蛋白而显红色，但肉的固有红色由肌红蛋白的色泽所决定。肌红蛋白在肌肉中的数量随动物生前组织活动的状况、动物的种类、年龄等不同而异。肌红蛋白受空气中氧的作用方式或程度不同而呈不同颜色。肌红蛋白与氧结合生成氧合肌红蛋白时，肉呈鲜艳的红色，当进一步氧化生成氧化肌红蛋白时，肉呈褐色。这时氧化肌红蛋白的数量超过 50%。

2. 肉质和嫩度

肉质（texture）是指用感官所获得的品质特征，由视觉和触觉等因素构成。通常所说的"口感"是通过口腔内的牙、上腭、舌等感觉到的肉的软硬、弹性、脆性、黏度等的综合印象。

肉的嫩度是指肉入口咀嚼时组织状态所感觉的现象。与嫩度相矛盾的是肉的韧性，指肉被咀嚼时具有高度持续性的抵抗力。影响肉的嫩度的最基本因素是肉中的肌原纤维和纤维的粗细、肉的结缔组织的数量及状态和各种硬质蛋白的比例的影响，还受宰后所处的环境条件及热加工的情况所影响。

3. 肉的滋味和香气

决定肉的滋味和香气的成分都是些引起复杂的生物化学反应的有机化合物。这些物质在肉品中是微量的。尽管构成肉食品滋味和香气成分是微量和复杂的，但它非常敏感，即使在极低的浓度下也能察觉。如乙二酰 $[(CH_3CO)_2]$ 稀释到四千万分之一的水中，嗅觉也能感觉到。甲硫醇 (CH_3SH) 稀释到二十亿倍的水中也有气味。

烹调时肉的香气和滋味成分是由于原存于肌肉中的水溶性和油溶性的前驱体挥发性物质放出而产生的。生肉的水浸出物质经过加热而产生的风味存在于烹调肉的汤汁中，烹调时强烈地散发出来。烹调时肉汁和肌原纤维中成分相互作用也促进其滋味和香气成分的增强。从生的牛肉分离出的前驱体经烹调之后产生明显的牛肉滋味和香气。而未经烹调加工的水浸出物的透析扩散物和脂肪一起加热时，产生烧牛肉的香气。对水溶性的透析物进一步分析证明，含有肌苷酸（或与无机磷酸盐结合）、葡萄糖、糖蛋白。烹调加工的时间和温度对肉的滋味和香气有强烈的影响。非加压烹调加工肉的温度多数在 100℃ 左右，肉产生的滋味和香气物质较少；而加压烹调肉类，肉的内外层都可达到较高的温度，肉产生的滋味和香气物质较多。因此，适当的高温烹调可增强肉的滋味和香气。

三、畜、禽宰后肉的生物变化

拓展阅读 1-4
畜禽的屠宰与分割

屠宰后的原料肉常称为胴体，商业上叫白条肉、鲜肉、肉、光禽等。胴体在各种畜、禽也有不同的内容区别，一般指屠宰后除去内脏、毛（或皮）、头、蹄、尾巴后的剩余部分。屠宰工艺和设备不同，最终肉的构成、品种会有较大的差异。

刚刚宰后的动物的肉是柔软的，并具有很高的持水性，经过一段时间的放置，则肉质变得粗硬，持水性也大为降低。继续延长放置时间，则粗硬的肉又变成柔软的，持水性也有所回复，而且风味也有极大改善，最适合被人食用。继续放置，则肉色会变暗，表面黏腻，失去弹性，最终发臭而失去食用价值。肉的这种由差到好、由好到坏的生物变化过程，实际上是动物死亡后，体内仍继续进行着复杂的生物化学反应的结果。这一过程并没有严格的界限，但掌握每一阶段的特征及特性对肉类的加工及贮藏十分重要。

（一）肉的僵直

　　动物死后，肌肉所发生的最显著的变化是僵直，即出现肌肉的伸展性消失及硬化现象。肉的僵直发生是由动物死后，肌肉内新陈代谢作用继续进行而释放热量，使肉温略有升高所致的。高温可以增强酶的活性，促进成熟进程。另一方面，由于血液循环停止，肌肉组织供氧不足，其糖原不再像有氧时那样被氧化成二氧化碳和水，而是通过酵解作用无氧分解成乳酸；磷酸肌酸（CP）和三磷酸腺苷（ATP）分解产生磷酸，使肌肉中酸聚积。随着酸的积累，使得肉的 pH 由原来接近 7 的生理值下降到 5.0～6.0。当 pH 值下降到 5.5 左右时，处于肌动蛋白的等电点，肌肉水化程度达到了最低点，蛋白质吸附水的能力降低，水被分离出来。这时肉的持水性能降低，失水率增高，这是僵直的主要原因之一。当 ATP 减少到一定程度时，肌肉中的肌球蛋白和肌动蛋白结合成没有延伸性的肌动球蛋白。形成了肌动球蛋白后，肌肉失去了收缩和伸展的性质，使肌肉僵直。肌动球蛋白形成越多，肌肉就变得越硬。肌肉的僵直大致可分为三个阶段：开始时，肌肉延伸性的消失以非常缓慢的速率进行，称之为迟滞期；随后，延伸性的消失迅速发展，称之为急速期；最后延伸性变得非常小，称之为僵直后期。僵直的肉机械强度显著增加，嫩度变差，肉质粗老，风味差。从贮藏意义上说，要尽量延长僵直期，而急于加工或食用的肉，则要使僵直期变短。牲畜一般在宰后 8～12h 开始僵直，并且可持续达 15～20h 之久，而家禽的僵直期较短，僵直形成的速率取决于温度，并且与 CP 和 ATP 的含量及 pH 值的降低密切相关。温度愈高，僵直形成愈快。

（二）肉的成熟与自溶

　　死后的牲畜在僵直后，其肉就开始逐渐变松软，这样的变化称为僵直的解除或解僵。开始解僵就进入了肉的成熟阶段。这时肌动球蛋白呈现分离状态，使肉质变软，增加了香气，提高了肉的商品价值。成熟过程能产生好的效果，目前对成熟现象的机制尚未十分明了。解僵后肉组织蛋白在成熟过程中的变化主要是蛋白质的变性。在正常活组织中，分解蛋白质的组织蛋白酶是非活化的，存在于称为溶酶体的微小粒子中。牲畜死后随 pH 的降低和组织的破坏，组织蛋白酶被释放出来而发生了对肌肉蛋白的分解作用。变性蛋白质较未变性蛋白质易于受组织蛋白酶的作用，因而，组织蛋白酶作用的对象以肌浆蛋白质为主。在组织蛋白酶的作用下，肌浆蛋白质一部分分解成肽和氨基酸游离出来，这一过程叫自溶。这些肽和氨基酸是构成肉浸出物的成分，既参与在加工过程中肉香气的形成，又直接与肉的鲜味有关。由于动物种类的不同，成熟作用的表现不同。成熟对牛、羊肉来说十分必要，尤其是质差的老牛肉。而对猪、小牛、禽肉来说，一般认为对其硬度和风味的改善没有必要。可以采用提高温度、电刺激、倒挂、注射肾上腺素、胰岛素、磷酸盐、Ca^{2+}、Mg^{2+} 及蛋白酶的方式抑制尸僵硬度的形成及促进肉成熟。

（三）肉的腐败

　　肉的腐败是肉成熟过程的继续。由于动物刚宰杀后，肉中含有相当数量的糖原以及动物死后糖酵解作用的加速进行，使得糖酵解过程中，肉的 pH 值的降低对腐败菌在肉的生长不利，从而暂时抑制了腐败作用的进行。健康的动物的血液和肌肉通常是无菌的，肉类的腐败实际上是由外界感染的微生物在其表面繁殖所致的。有许多微生物不能作用于蛋白质，但能对游离氨基酸及低肽起作用，它们可将氨基酸氧化脱氢，生成氨和相应的酮酸。肉类在成熟的同时，蛋白质自溶生成小分子的氨基酸等，成为微生物生长繁殖的必需营养物质。当微生物繁殖到某一程度时，就分泌出蛋白酶，分解蛋白质，产生的低分子成分又促使各种微生物大量繁殖，于是肉就开始腐败。肉的腐败将使蛋白质和脂肪等发生一系列变化外，肉的外观也发生明显的改变。色泽由鲜红、暗红变成暗褐甚至墨绿，失去光泽而显得污浊，表面黏，并会产生腐败臭气，甚至长霉。腐败的肉完全失去了加工和食用的价值。

四、肉的贮藏保鲜方法

引起肉腐败变质的主要原因是微生物的繁殖、酶的作用和氧化作用。理论上，肉的贮藏保鲜就是杜绝或延缓这些作用的进程。屠宰加工中，应采用良好卫生操作规范，采用合适的包装和保鲜方法，尽可能防止微生物的污染。

（一）冷鲜肉

冷鲜肉是指对屠宰后的胴体迅速冷却，使胴体温度在24h内降为0~4℃，并在后续的加工、流通和零售过程中始终保持在0~4℃范围内的鲜肉。与未经过降温冷却处理的热鲜肉相比，冷鲜肉微生物污染少，安全程度高，质地柔软，汁液流失少，营养价值高，是鲜肉处理及消费的主要趋势。但冷鲜肉需要结合冷链进行运输和销售。

（二）冷冻贮藏法

低温可以抑制微生物的生长和繁殖，延缓肉成分的化学反应，控制酶的活性，从而减缓腐败变质的过程。当温度降到−15~−10℃时，除少数嗜冷菌外，其余微生物都已停止发育。鲜肉需要先经降温冷却、冻结，而后在−18℃以下的温度进行冻藏。冻结的方式、速率及冻藏条件控制对冻藏肉的品质有较大影响，具体内容可参见第四章。

（三）其他贮藏保鲜方法

其他的肉类贮藏保鲜方法有辐照保鲜法、真空包装法、气调包装法、活性包装法及抗菌包装法和涂膜保鲜法等。

过程检查1-2
引起肉腐败变质的因素及保鲜方法

第四节　水产原料特性及保鲜

一、水产原料及其特性

（一）原料及特性

水产原料种类很多，我国有鱼类2800余种，有多种分类。原料种类不同，可食部分的组织、化学成分也不同。同一种类的鱼，由于鱼体大小、年龄、成熟期、渔期、渔场等不同，其组成亦不同。而且，水产原料有人工养殖和捕捞的，有淡水和海水养殖（捕捞）的，渔期、渔场、渔获量变化大，给水产原料的稳定供应及食品加工的计划生产带来一定的困难。

另外，鱼体的主要化学组成如蛋白质、水分、脂肪及呈味物质随季节的变化而变化。在一年当中，鱼类有一个味道最鲜美的时期。一般鱼体脂肪含量在刚刚产卵后为最低，此后逐渐增加，至下次产卵前2~3个月时肥度最大，肌肉中脂肪含量为最高。多数鱼种的味道最鲜美时期和脂肪积蓄量在很多时候是一致的。鱼体部位不同，脂肪含量有明显的差别。一般是腹肉、颈肉的脂肪多，背肉、尾肉的脂肪少。脂肪多的部位水分少，水分多的部位脂肪亦少。贝类中的牡蛎其蛋白质和糖原亦随季节变化很大。

水产原料的新鲜程度要求很高，这是因为鱼肉比畜禽更容易腐败变质。畜禽一般在清洁的屠宰场屠宰，立即去除内脏。而鱼类在渔获后，不是立即清洗，多数情况下是连带着容易腐败的内脏和鳃运输。另外，在渔获时，容易造成死伤，即使在低温时，可以分解蛋白质的水中细菌侵入肌肉的机会也多。鱼类比陆地上动物的组织软弱，加之外皮薄，鳞容易脱落，细菌容易从受伤部位侵入。鱼体内还含有活力很强的蛋白酶和脂肪酶类，其分解产物如氨基酸和低分子氮化合物促进了微生物的生长繁殖，加速腐败。再有，鱼贝类的脂肪含有大量的 EPA、DHA 等不饱和脂肪酸，这些组分易于氧化，会促进水产原料质量的劣变。此外，鱼类死后僵直的持续时间比畜禽肉短，自溶迅速发生，肉质软化，很快就会腐败变质。

（二）品质要求及质量鉴定

不同产品对于水产原料的要求略有不同，如制作罐头与干制咸鱼、鱼露的要求不同。在水产品的收购，加工过程中，对鱼货鲜度质量的鉴定是必要的。通常水产品鲜度的鉴定多以感官鉴定为主，辅以化学和微生物学方面的测定。不同种类的水产品其鲜度的感官不同。就鱼类来说，一般以人的感官来判断鱼鳃、鱼眼的状态，鱼肉的松紧程度，鱼皮上和鳃中所分泌的黏液的量、黏液的色泽和气味以及鱼肉横断面的色泽等。

鲜度良好的鱼类：处于僵硬期或僵硬期刚过，但腹部肌肉组织弹性良好，体表、眼球保持鲜鱼固有状态，色泽鲜艳，口鳃紧闭，鳃耙鲜红，气味正常，鳞片完整并紧贴鱼体，肛门内缩。

鲜度较差的鱼类：腹部和肌肉组织弹性较差，体表、眼球、鳞片等失去固有的光泽颜色变暗，口鳃微启，鳃耙变暗紫或紫红，气味不快，肛门稍有膨胀，黏液增多，变稠。

接近腐败变质的鱼类：腹部和肌肉失去弹性，眼珠下陷，浑浊无光，体表鳞片灰暗，口鳃张开，鳃耙暗紫色并有臭味，肛门凸出，呈污红色，黏液浓稠。

腐败变质鱼类：鳃耙有明显腐败臭，腹部松软，下陷或穿孔（腹溃）等，可看作为腐败的主要特征。

一切鳞片脱落和机械损伤的鱼类，即使其他方面质量良好，但仍不易保存，容易腐败，不能看作质量良好的鱼类。

化学鉴定必须建立在感官鉴定的基础上，鉴定鱼体是否腐败，常规而有效的方法是测定挥发性盐基氮（指鱼体由于酶和微生物的作用使蛋白质分解产生氨及胺类等碱性含氮物质）的含量，并把鱼体肌肉中挥发性盐基氮的含量 $30mg \cdot (100g)^{-1}$ 作为初步腐败的界限标准。

微生物方面鉴定主要是测出鱼体肌肉的细菌数。一般细菌数小于 10^4 个 $\cdot g^{-1}$ 作为新鲜鱼类；大于 10^6 个 $\cdot g^{-1}$ 作为腐败开始；介于两者之间为次新鲜。

二、鱼的保鲜（活）方法

水产品的贮藏保鲜实质上就是采用降低鱼体温度来抑制微生物的生长繁殖以及组织蛋白酶的作用，延长僵硬期，抑制自溶作用，推迟腐败变质进程的过程。通常分为冷却保鲜和冻结保藏两类。

（一）冷却保鲜

冷却保鲜使鱼降温到 0℃ 左右，在不冻结状态下保持 5～14d 不腐败变质。常用的方法有冰鲜法与冷海水保鲜法。冰鲜法，即用碎冰将鱼冷却，保持鱼的新鲜状态，其质量最接近鲜活水产品的生物特性，至今各国仍将它放在极其重要的位置。冷海水保鲜法，即是把渔获物浸没在混有碎冰的海水里（冰点为 -3～-2℃），并由制冷系统保持鱼温在 -1～0℃ 的一种保鲜方法。其最大的优点是冷却速率快，缺点主要是鱼体吸水膨胀，鱼肉略带咸味，表面稍有变色，蛋白质也容易损失，造成在流通环节中容易腐烂，并易受海水污染。

（二）冻结保藏

冻结保藏即是把鱼在 -40～-25℃ 的环境中冻结，然后于 -30～-18℃ 的条件下保藏。保藏期一般可达半年以上。低温保存的最新技术，是"冰壳冷冻法"（CPE 法），用于高档水产（和肉类）的贮藏，与一般冷冻机冷冻法相比，冷冻温度从 -45～-30℃ 降到 -100～-80℃，通过最大冰晶生成带由 1h 缩短到 30min 以内，冰结晶由 $100\mu m$ 降到小于 $10\mu m$；不损伤组织；不损害胶体结构；

无氧化作用。它的工艺过程如下。第一步用液氮喷射5~10min，冷库温度降至－45℃。食品立即形成几毫米厚的冰壳。为保持鱼、虾类微细的触须等器官的原形，可先喷2%~3%明胶液并添加适量的抗坏血酸。第二步缓慢冷冻，当库温达到－45℃时，停止喷射液氮，改由冷冻机维持在－35~－25℃下缓慢冷冻5~30min，使食品中心温度达到0℃。第三步急速冷冻，当食品中心温度达到0℃时，再喷射液态氮7~10min，迅速通过最大冰晶生成带，即－5~－1℃温度。第四步冷冻保藏，通过最大冰结晶生成带之后，改为－35~－25℃冷冻机冷冻，保持40~90min，使食品中心温度保持在－18℃以下贮藏。

（三）鱼的保活方法

水产品活体运输的新方法越来越受到重视。保活运输是保持水产品最佳鲜度，满足需求的最有效方式，已成为水产流通的重要环节。水产动物活体运输的新方法主要有麻醉法、生态冰温法、模拟冬眠系统法。

麻醉法通过麻醉剂或降温抑制机体神经系统的敏感性，降低鱼体对外界的应激，使鱼体失去反射功能或呈类似的休眠状态，降低呼吸强度和代谢强度，提高运输存活率。常用的麻醉剂有乙醇、乙醚、二氧化碳、巴比妥钠、磺酸间氨基苯甲酸乙酯（MS-222）等。据报道，MS-222在水溶液中可经鱼鳃、鱼皮等部位传导至鱼脑感觉中枢后抑制鱼对外界的发射能力和活动能力，导致鱼的活动迟缓，呼吸频率减慢。鱼体内的代谢程度降低，减少了水中溶解氧的消耗。

生态冰温法是将鱼贝类放置在0℃以下至冰温点之间的温度带进行保藏的方法。鱼虾贝等冷血动物都存在一个区分生死的生态冰温零点，或叫临界温度。从生态冰温零点到冻结点的这一温度范围叫生态冰温区。生态冰温零点很大程度上受环境温度的影响，把生态冰温零点降低或接近冰点是活体长时间保存的关键。对不耐寒、临界温度在0℃以上的种类，驯化其耐寒性，使其在生态冰温零点范围也能存活。这样经过低温驯化的水产动物即使环境温度低于生态冰温零点也能保持冬眠状态而不死亡。此时动物呼吸和新陈代谢非常缓慢，微生物生长繁殖及脂肪氧化、非酶褐变等化学变化也受到抑制，为无水保活运输提供了条件。降温宜采用缓慢降温的方法，一般降温梯度每小时不超过5℃。这样可以减少鱼的应激反应，减少死亡，提高成活率。通常有加冰降温和冷冻机降温两种方法。

模拟冬眠法或休眠法采用化学物质或降温的方式使鱼体进入冬眠，此时鱼类的新陈代谢降低，体重无减少。活鱼无水保活运输器一般是封闭控温式的，当处于休眠状态时，应保持容器内的湿度，并考虑氧的供应，极少数不用水的鱼暴露在空气中直接运输时，鱼体不能叠压。包装用的木屑要求树脂含量低，不含杀虫剂，并在使用时先预冷。据报道，模拟冬眠系统法的研究包括一种把鱼类从养殖水槽转移到冬眠诱导槽的装置，首先将鱼转入一个温度维持在0~4℃的冬眠保存槽里或转运箱。当鱼类转入苏醒槽时，由于休眠鱼类的肾功能降低，其排尿量非常少，可不需水循环。利用现有的免疫接种技术可以把冬眠诱导物质注入鱼体或直接应用渗透休克方法使其处于冬眠状态。

第五节　乳与蛋原料及其特性

一、乳及其加工特性

（一）牛乳的组成及各种成分存在的形式

1. 牛乳的组成

牛乳的成分十分复杂，至少有上百种化学成分，主要成分可分成三部分。

（1）水分　水分是牛乳的主要成分之一，一般占 87%～89%。

（2）乳固体　将牛乳干燥到恒重时所得的剩余物叫乳固体或干物质。乳固体在鲜乳中的含量为 11%～13%，也就是除去随水分蒸发而逸去的物质外的剩余部分。乳固体中含有乳中的全部营养成分（脂肪、蛋白质、乳糖、维生素、无机盐等）。乳固体含量的变化是随各成分含量比的增减而变的，尤其乳脂肪是一个最不稳定的成分，它对乳固体含量增减影响很大，所以在实际生产中常用含脂率及非脂乳固体作为指标。

（3）乳中的气体　乳中含有气体，其中以二氧化碳为最多，氮气次之，氧气的含量最少。据测定，牛乳刚挤出时每升含有大约 50～56cm^3 气体（其中主要为二氧化碳，其次是氮和氧）。

2. 牛乳中各种成分存在状态

牛乳是一种复杂的胶体分散体系，在这个体系中水是分散介质，其中乳糖及盐类以分子和离子状态溶解于水中，呈超微细粒，直径小于 1nm；蛋白质和不溶性盐类形成胶体，呈亚微细粒及次微胶粒状态，直径在 5～800nm；大部分脂肪以微细脂肪球分散于乳中，形成乳浊液，脂肪球直径在 0.1～20μm（绝大多数为 2～5μm）。此外，还有维生素、酶等有机物分散于乳中。

（二）乳的保鲜及加工特性

1. 加工用原料乳的质量标准

用于制造各类乳制品的原料乳（生乳）应符合下列技术要求：应该是从符合国家有关要求的健康奶畜乳房中挤出的无任何成分改变的常乳；产犊后 7 天的初乳、应用抗生素期间和休药期间的乳汁、变质乳不应用作生乳；其他质量指标要符合 GB 19301 的要求。

2. 乳的保鲜与贮运

牛乳营养丰富，也是微生物生长的理想培养基。挤奶过程（包括环境、乳房、空气、用具等）的污染及乳牛的本身健康状况是决定鲜乳中微生物污染量的关键因素。除执行挤奶过程的卫生操作规范，减少微生物的污染之外，牛乳的保鲜通常要求把刚挤出的新鲜牛乳迅速冷却至 10℃以下，最好冷却至 4～5℃进行贮存、运输，并尽快进行加工，以防止微生物的生长而降低乳的质量。

3. 乳的加工特性

（1）热处理对乳性质的影响　牛乳是一种热敏性的物质，热处理对乳的物理、化学、微生物学等特性有重大影响，如微生物的杀灭、加热臭的产生、蛋白质的变化、乳石的生成、酶类的钝化、某些维生素的损失、色泽的褐变等都与热处理的程度密切相关。

牛乳中的酪蛋白和乳清蛋白的耐热性不同，酪蛋白耐热性较强，在 100℃以下加热，其化学性质没有改变，但在 120℃温度下加热 30min 以上时则使得磷酸根从酪蛋白粒子中游离出来，当温度继续上升至 140℃时即开始凝固，而且酪蛋白的稳定性对离子环境变化极为敏感，盐类平衡和 pH 稍有变化就会出现不稳定和沉淀倾向。而乳清蛋白的热稳定性总体来说低于酪蛋白。一般加热至 63℃以上即开始凝固，溶解度降低，100℃加热 110min 后，大部分乳清蛋白变性，发生凝固。

加热对牛乳的风味和色泽影响也很大。牛乳经加热会产生一种蒸煮味，而且也会产生褐变，褐变是一种羰氨反应，同时也是乳糖的焦糖化反应的结果。

（2）冻结对牛乳的影响　牛乳冻结后（尤其是缓慢冻结）会发生一系列变化，其中主要有蛋白质的沉淀、脂肪上浮等问题。当乳发生冻结时，由于冰晶生成，脂肪球膜受到外部机械压迫造成脂肪球变形，加上脂肪球内部脂肪结晶对球膜的挤压作用，在内外压力作用下，导致脂肪球膜破裂，脂肪被挤出，解冻后，脂肪团粒即上浮于解冻乳表面。另外，乳经冻结将使乳蛋白质的稳定性下降。

二、蛋的特性及保鲜

（一）蛋的结构

蛋由蛋壳、蛋白、蛋黄三个部分所组成。各个组成部分在蛋中所占的比重与家禽的种类、品种、年龄、产蛋季节、蛋的大小及饲养有关。

1. 蛋壳的组成

蛋壳由角质层、蛋壳、蛋壳膜三部分组成，占全蛋重量的 10%～13%。

① 角质层（又称外蛋壳膜），刚生下的鲜蛋的壳表面覆盖一层黏液，这层黏液即角质层，是由一种无定形结构、透明、可溶性胶质黏液干燥而成的薄膜。完整的薄膜能透水、透气，可抑制微生物进入蛋内。

② 蛋壳（又称石灰硬蛋壳），具有固定形状并起保护蛋白、蛋黄的作用，但质脆不耐碰撞或挤压。蛋壳上有许多大小在（9μm×10μm）～（22μm×29μm）的微小气孔。这些气孔是鲜蛋本身进行蛋的气体交换的内外通道，且对蛋品加工有一定的作用。若角质层损落，细菌、霉菌均可顺气孔侵入蛋内，很容易造成鲜蛋的腐败或质量下降。

③ 蛋壳膜，内外蛋壳膜都由角质蛋白纤维交织成网状结构，不同的是外壳膜厚 41.1～60.0μm，其纤维较粗，网状结构粗糙，空隙大，细菌可直接进入蛋内，而内壳膜即蛋白膜厚 12.9～17.3μm，其纤维纹理较紧密细致，有些细菌不能直接通过进入蛋内，只有分泌的蛋白酶将蛋白膜破坏之后，微生物才能进入蛋内。所有霉菌的孢子均不能透过内外膜，但其菌丝体可以自由透过，并引起蛋内发霉。

另外还有气室，即蛋产下来后由于内容物冷却收缩，蛋壳与内壳膜分离而在蛋的钝端（大头的气孔多于小孔）产生部分真空，外界空气压入蛋内而形成。随着贮藏时间等因素变化，蛋内水分向外蒸发，气室不断增大。所以气室大小也是评定和鉴别蛋的新鲜度的主要标志之一。

2. 蛋白

蛋壳膜之内就是蛋白，通称蛋清，它是一种典型的胶体物质，占蛋总重的 55%～66%。其颜色呈微黄，蛋白按其形态分为稀薄蛋白与浓厚蛋白（占全部蛋白的 50%～60%）。刚产下的鲜蛋，浓厚的蛋白含量高，溶菌酶含量多，活性也强，蛋的质量好，耐贮藏。而随着外界温度的升高，存放时间的延长，蛋白会发生一系列变化。首先浓厚蛋白被蛋白中的蛋白酶迅速分解变成为稀薄蛋白，而其中的溶菌酶也随之被破坏，失去杀菌能力，使蛋的耐贮性大为降低。因此，愈是陈旧的蛋，浓厚蛋白含量愈低，稀薄蛋白含量愈高，愈容易感染细菌，造成蛋腐败。可见浓厚蛋白含量的多少是衡量蛋的新鲜与否的重要标志。

此外，在蛋白中，位于蛋黄两端各有一条白色带状物，叫作系带，又称卵带。系带的作用为固定蛋黄位于蛋的中心。系带的组成同浓厚蛋白基本相似，新生下来的鲜蛋，系带很白，很粗且有很大的弹性。新鲜蛋系带附着溶菌酶，且其含量是蛋白中溶菌酶含量的 2～3 倍，甚至多达 3～4 倍。系带同浓厚蛋白一样发生水解作用。当系带完全消失，会造成贴皮或称贴壳、黏壳。系带状况也是鉴别蛋的新鲜程度的重要标志之一。

3. 蛋黄

蛋黄呈球形，位于蛋的中心，占全蛋重量 32%～35%。蛋黄膜是包围在蛋黄内容物外面的透明薄膜。蛋黄内容物是一种浓稠不透明的黄色乳状液，是蛋中最富有营养物质的部分。胚胎即蛋黄表面上一微白色、直径为 2～3mm 的小圆点。分为受精蛋胚胎和未受精蛋胚胎两种。受精蛋胚胎很不稳定，在适宜的外界温度下，便会很快发育，这样就降低了蛋的耐贮性和质量。

（二）蛋的化学组成、理化性质及营养价值

1. 化学组成

蛋的化学成分取决于家禽的种类、品种、饲养条件和产卵时间。鸡蛋的可食部分大约含水分75％，蛋白质12％，脂质（主要脂肪酸为棕榈酸、油酸和亚麻酸）11％，糖质、灰分各为0.9％，还有钙、磷、铁、钠和各种维生素、酶。

2. 理化性质

① 相对密度　蛋的相对密度与蛋的新鲜程度有关，新鲜鸡蛋相对密度在1.080～1.090之间，新鲜的火鸡蛋、鸭蛋和鹅蛋的相对密度约为1.085，而陈旧的相对密度逐渐减轻，在1.025～1.060之间。

② pH值　新鲜蛋白pH值为7.6～7.9，在贮藏期间，CO_2含量增加，pH下降，新鲜蛋黄的pH为6.0左右，贮藏期间最高可升至6.4～6.9。

③ 折射率　新鲜蛋白全固形物占12％时，折射率为1.3553～1.3560；新鲜蛋黄全固形物占48％时，折射率为1.4113。

④ 黏度　蛋白是一个完全不均匀的悬浮液，黏度3.5～10.52cP（20℃）；蛋黄也是个悬浮液，黏度110.0～250.0cP（20℃）。陈蛋黏度降低主要是由于蛋白质的分解及表面张力下降所致。

⑤ 加热凝固点和冻结点　新鲜鸡蛋的加热凝固温度为62～64℃，蛋白为68～71.5℃，混合蛋液为72.0～77℃。蛋白冻结点约为−0.45℃，蛋黄为−0.6℃。

3. 营养价值

蛋的化学组成决定了禽蛋的营养成分是极其丰富的，如鸡蛋的蛋白质含量12％左右，堪称优质食品。蛋类蛋白质消化率为98％，奶类97％～98％，肉类92％～94％，米饭82％，面包79％，马铃薯74％，可见蛋类和奶类一样有较高的蛋白质消化率；蛋白质生物价较高，鸡蛋蛋白质的生物价为94，牛奶为85，猪肉为74，白鱼76，大米77，面粉52；必需氨基酸的含量丰富，其相互比例合理。蛋类的蛋白质中不仅所含必需氨基酸的种类齐全，含量丰富，而且必需氨基酸的数量及相互间的比例也很适宜，与人体的需要比较接近；蛋白质的氨基酸评分，全蛋和人奶都为100，牛奶95。

禽蛋含有极为丰富的磷脂质，磷脂对人体的生长发育非常重要，是大脑和神经系统活动不可缺少的重要物质。固醇是机体内合成固醇类激素的重要成分。

（三）蛋的贮藏特性

1. 鲜蛋在贮藏中的变化

鲜蛋在贮藏中发生的物理和化学变化有：蛋白变稀；重量减轻（水分蒸发）；气室增大；蛋白与蛋黄相互渗透；CO_2逸散；pH上升等。

鲜蛋在贮藏中发生的生理变化：在25℃以上适当温度范围内受精卵的胚胎周围产生网状的血丝，这种蛋称为胎胚发育蛋；未受精的胚胎有膨大现象，称为热伤蛋。蛋的生理变化引起蛋的质量下降，甚至引起蛋的腐败变质。

2. 微生物的污染

蛋在贮藏和流通过程中，外界微生物接触蛋壳通过气孔或裂纹侵入蛋内，使蛋腐败的主要是细菌和霉菌。高温高湿为蛋的微生物生长繁殖创造了良好的条件。所以夏季最易出现腐败蛋。

蛋的形成过程也可能受微生物污染。健康母鸡产的蛋内容物里没有微生物，但生病母鸡在蛋的形成过程中就可能受微生物污染。其污染渠道如下：

① 由于饲料含有沙门氏菌，沙门氏菌通过消化道进入血液到卵巢，给蛋带来潜在的带菌危险；

② 通过卵巢和输卵管进入，使鸡蛋有可能被各种病原菌污染。

（四）鲜蛋的贮藏保鲜方法

根据鲜蛋本身结构、成分和理化性质，设法闭塞蛋壳气孔，防止微生物进入蛋内，降低贮藏温度，抑制蛋内酶的活性，并保持适宜的相对湿度和清洁卫生条件，这是鲜蛋贮藏的根本原则和基本要求。

鲜蛋的贮藏方法很多，有冷藏法、涂膜法、气调法、浸泡法（包括石灰水贮藏和水玻璃溶液贮藏法）、巴氏杀菌法等，而运用最广泛的是冷藏法。

1. 冷藏法

即利用低温，最低不低于 $-3.5℃$（防止到了冻结点而冻裂），抑制微生物的生长繁殖和分解作用以及蛋内酶的作用，延缓鲜蛋内容物的变化，尤其是延缓浓厚蛋白的变稀（水样化）和降低重量损耗。鲜蛋冷藏前要把温度降至 $-1～0℃$，维持相对湿度 80%～85%，这样有利于保鲜。此法操作简单，管理方便，保鲜效果好，一般贮藏半年以上仍能保持蛋的新鲜。但需要一定的冷藏设备，成本较高。

2. 涂膜法

即是用液体石蜡或硅酮油等将蛋浸泡或喷雾法使其形成涂膜而闭塞蛋壳。此方法须在产蛋后尽早进行才有效。

3. 气调法

气调贮蛋法主要有二氧化碳气调法和化学保鲜剂气调法等。二氧化碳气调法适用于大量贮藏，实践证明效果良好，比冷藏法温度、湿度要求低，费用也低。如果将容器内原有空气抽出，再充入二氧化碳和氮气，并使二氧化碳的浓度维持在 20%～30%，鸡蛋可存放 6 个月以上。

化学保鲜剂气调法通过化学保鲜剂化学脱氧而获得气调效果，达到贮藏保鲜的目的。一般使用的物质主要由无机盐、金属粉末和有机物质组成，除起到降氧作用外，还具有杀菌、防霉、调整二氧化碳含量等效果。如一种含有铸铁粉、食盐、硅藻土、活性炭和水的化学保鲜剂，可以在 24h 内将 10L 空气中的氧降至 1%。

第六节　食品原辅料的安全性

随着人民生活水平的提高，食品安全越来越受到关注和重视。食品安全涉及整个食物链，包括食品原料和辅料的生产、食品添加剂及加工助剂的使用、食品加工与制造过程、食品的贮运和销售环节。从当前我国食品安全发生的事故看，食品原料的生产和供给的卫生保障已成为食品安全的首要问题。为了保障农产品质量安全，维护公众的健康，国家在 2006 年已公布《农产品质量安全法》，历经 2018 年修正，2022 年修订，于 2023 年 1 月 1 日正式实施。

一、农产品的质量安全

按照我国《农产品质量安全法》的定义，农产品是指来源于农业的初级产品，即在农业活动中获得的植物、动物、微生物及其产品，它是食品生产加工的主要原料，直接影响生产加工食品的质量安全。

（一）农产品产地条件与环境带来的食品安全问题

农产品可食用部分的安全指标（如药物残留、重金属残留、有害生物及毒素等污染物）与种植（养殖）环境的土壤、水与空气的污染程度密切相关。

1. 农产品中的金属残留

人类对自然资源的大量使用，使过去隐藏在地壳中的元素，尤其是金属，大量进入人类环境。重金属污染物多来源于矿山、冶炼、电镀、化工等工业的废渣、废水和废气。在某些工厂附近的大气中，就含有镉、铍、锑、铅、镍、铬、锰、汞、砷等多种金属微粒。据统计，全世界每年进入人类环境的汞约有 1 万吨，其中自然污染和人为污染各占一半；铅有 400 万吨，其中从汽油中放出的四乙基铅有 80 万吨；镉有 2 万吨；还有大量的无机和有机化合物。这些有毒污染物可以降落在农作物上，或造成水源、大气、土壤等广泛性污染，并可以通过食物链对人类造成更大的危害。许多调查事实表明，有毒重金属汞、镉、铅、砷等污染对人类健康已构成严重威胁。我国食品污染物标准 GB 2762 对各类食品中的污染物限量指标都有具体规定。

拓展阅读 1-5
农产品重金属污染

2. 农产品中有害有机物质残留

环境中有害有机物质对农产品的污染渐趋严重。如多氯联苯、N-亚硝基化合物、多环芳族化合物、氟化物及农药等。对人类影响最大的首推具有蓄积性的农药和某些化学物，如二噁英等物质。

多氯联苯是目前联合国环境署致力消除的 12 种持久性有机污染物之一，存在于水体、空气和土壤中，并通过食物这一途径进入人体，对环境和人体构成危害。由于多氯联苯的脂溶性强，进入机体后可贮存于各组织器官中，尤其是脂肪组织中含量最高。人类接触多氯联苯可影响机体的生长发育，使免疫功能受损。孕妇如果多氯联苯中毒，胎儿将受到影响，发育极慢。1968 年发生在日本的米糠油中毒事件，受害者因食用被多氯联苯污染的米糠油而中毒，主要表现为皮疹、色素沉着、眼睑浮肿、眼分泌物增多及胃肠道症状等，严重者可发生肝损害，出现黄疸、肝昏迷，甚至死亡。我国规定水产动物及其制品中多氯联苯的含量为 $0.5 \text{mg} \cdot \text{kg}^{-1}$。

二噁英为两组氯代三环芳烃类化合物的统称，是一种无色无味的脂溶性化合物，其毒性比氰化钠要高 50～100 倍，比砒霜高 900 倍，俗称"毒中之王"。它具有强烈的致癌、致畸作用，同时还具有生殖毒性、免疫毒性和内分泌毒性。二噁英主要是在一系列包括熔炼、纸浆的漂白以及生产某些除草剂和杀虫剂的工业生产过程中产生的有害副产品。此外，汽车尾气和香烟燃烧都可以产生二噁英。二噁英具有高度的亲脂性，容易存在于动物的脂肪和乳汁中，因此，常见的且易受到二噁英污染的是鱼、肉、禽、蛋、乳及其制品。人体中的二噁英主要来源于膳食。

氟化物是重要的大气污染物之一，氟化物主要来自于生活燃煤污染及化工厂、铝厂、钢铁厂和磷肥厂排放的氟气、氟化氢、四氟化硅和含氟粉尘。氟能够通过作物叶片上的气孔进入植物体内，使叶尖和叶缘坏死，特别是嫩叶、幼叶受害严重。由于农作物可以直接吸收空气中的氟，而且氟具有在生物体内富集的特点，因此在受氟污染的环境中生产出来的茶、蔬菜和粮食的含氟量一般都会远远高于空气中氟的含量。另外，氟化物会通过畜禽食用牧草后进入食物链，对食品造成污染，危害人体健康。氟被吸收后，95% 以上沉积在骨骼里。由氟在人体内积累引起的最典型的疾病为氟斑牙和氟骨症，表现为齿斑、骨增大、骨质疏松、骨的生长速率加快等。

上述无机、有机污染物对环境的危害，依其半衰期，有不同的累积和持续期，其中不少有较长的残留及污染特性。为此，农产品质量安全法要求县以上地方人民政府，要根据农产品品种特性和生产区域大气、土壤、水体中有毒有害物质的状况等因素，认为不适宜特定农产品的生产的，提出禁止生产区域，报本级人民政府批准后公布。禁止在有毒有害物质超过规定标准的区域生产、捕捞、采集食用农产品和建立农产品生产基地。禁止违反法律、法规的规定向农产品产地排放或倾倒废水、废气、固体废物或者其他有害物质。农业生产用水和用作固体肥料的固体废物，应当符合国家标准。

3. 农产品中携带的污染生物及毒素

拓展阅读 1-6
农产品携带的
污染生物和
毒素

无论是植物或者是动物，当其处于正常生长阶段，对外界生物的侵害都有自己的免疫和抗毒解毒能力。但随着环境污染的程度愈来愈严重，以及人为的高密度养殖及追求产量的各种农业投入品的失控使用，使种植（养殖）业病虫害发生的频率和强度增加，为治病而使用药频繁，甚至违法违规用药，这种恶性循环不仅增加化学药物的污染，更严重的是形成更难对付的病原生物，使种养的农产品携带的生物性危害愈来愈严重。

由于动、植物的生长离不开土壤、水和空气，因此农产品都可能受到自然界存在的有害或无害生物的污染，其中最主要的是引起食源性疾病的生物，包括肠道传染病、人畜共患传染病、寄生虫和病毒等有害生物及真菌毒素所造成的疾病。表 1-3 是食品中主要的生物性危害的来源及其传播特征。

表 1-3　食品中主要的生物性危害来源及其传播特征

致 病 菌	主要的贮主或携带者	传播[①]方式			在食物中繁殖	有关食物
		水	食物	由人到人		
细菌						
蜡状芽孢杆菌	土壤	－	＋	－	＋	米饭、熟肉、蔬菜、含淀粉的布丁
布鲁氏菌	牛、山羊、绵羊	－	＋	－	＋	生乳、乳制品
空肠弯曲菌	野生禽类、鸡、狗、猫、牛、猪	＋	＋	＋	－[②]	生乳、家禽
肉毒梭状芽孢杆菌	哺乳动物、禽类、鱼类	－	＋	－	＋	家庭腌制的鱼类、肉类和蔬菜
产气荚膜梭状芽孢杆菌	土壤、动物、人	－	＋	－	＋	熟肉和家禽、肉汁、豆类
肠产毒大肠杆菌	人	＋	＋	＋	＋	色拉、生菜
肠致病性大肠杆菌	人	＋	＋	＋	＋	乳
肠侵袭性大肠杆菌	人	＋	＋	0	＋	乳酪
牛结核分枝杆菌	牛	－	＋	－	－	生乳
伤寒沙门氏菌	人	＋	＋	±	＋	乳制品、肉类产品、贝类、色拉
沙门氏菌（非伤寒型）	人和动物	±	＋	±	＋	肉类、家禽、蛋类、乳制品、巧克力
志贺氏菌	人	＋	＋	＋	＋	土豆/鸡蛋色拉
金黄色葡萄球菌（肠毒素）	人	－	＋	－	＋	火腿、家禽和鸡蛋色拉
01 霍乱弧菌	海生生物、人	＋	＋	±	＋	色拉、贝类
非 01 霍乱弧菌	海生生物、人和动物	＋	＋	±	＋	贝类
副溶血弧菌	海水、海生生物	－	＋	－	＋	生鱼、蟹和贝类
结肠炎耶尔森氏菌	水、野生动物、猪、狗、家禽	＋	＋	－	＋	乳、猪肉和家禽
病毒						
甲型肝炎病毒	人	＋	＋	＋	－	贝类、生水果和蔬菜
诺瓦克病毒	人	＋	＋	0	－	贝类
轮状病毒	人	＋	0	＋	－	0
原虫						
溶组织内阿米巴	人	＋	＋	＋	－	生蔬菜和水果
兰伯氏贾第虫	人、动物	＋	±	＋	－	0
蠕虫						
牛肉绦虫和猪肉绦虫	牛、猪	＋	＋	－	－	半熟的肉
旋毛线虫	猪、食肉类动物	－	＋	－	－	半熟的肉
毛首鞭虫	人	0	＋	－	－	土壤、污染的食物

① 除了轮状病毒和结肠炎耶尔森氏菌在凉爽季节传播增多，几乎所有急性肠道感染都是在夏天和/或雨季传播增多。

② 在一定条件下观察到有些繁殖，对于这种观察结果的流行病学意义还不清楚。

注：＋—是；±—罕见；－—否；0—无资料。

（二）农业投入品可能带来的危害

农业投入品是指投入农业生产过程（含产前、产中和产后）中的各类物质生产资料，主要指种子、农药、肥料、兽药、鱼药、饲料及饲料添加剂等。农业投入品是农业生产的物质基础，其质量和使用的方式直接影响到农业生产和农产品质量安全。

农业投入品的危害是指上述农业物质生产资料本身具有的各种有害物质或无害物质，投入农业生产过程中，由于使用技术、方法、管理措施等因素直接或间接对农产品质量安全的危害。国家对农业投入品有严格的审批制度和使用规范，绝大部分农业投入品在合理使用量和使用方法下，对农产品不会构成安全危害。但由于农业投入品涉及面广、使用品种多，而且不少品种的使用范围和使用量也有不同，还有某些品种的质量不一定符合要求，因此，不少农业投入品可能给人类带来的危害隐患仍不可忽视。目前在我国仍属于食品安全监管的重要环节，主要有农药残留和兽药残留两大类。

拓展阅读 1-7
农产品的农药
残留和兽药
残留

（三）农产品中存在的天然毒素和有害物质

天然毒素是指生物本身含有的或者是生物在代谢过程中产生的某种有毒成分。包括细菌、霉菌产生的毒素和动、植物中存在的天然毒素。常见的农产品中的天然毒素主要有以下几类。

1. 有毒蕈类

有毒蕈类是指食后可引起中毒的蕈类，我国目前已鉴定的蕈类中，可食用者近300种，有毒蕈类80多种。其中含有剧毒可致死的不到10种。由于生长条件不同，不同地区发现的毒蕈种类也不相同，且大小形状不一，所含毒素亦不一样。毒蕈的有毒成分十分复杂，一种毒蕈可能含有几种毒素，而一种毒素又可存在于数种毒蕈之中，目前对毒蕈毒素尚未完全研究清楚。毒蕈中毒的发生往往是由于个人采集野生鲜蘑菇，误食毒蕈而引起的。

毒蕈种类繁多，其有毒成分和中毒症状各不相同，根据所含有毒成分和中毒的临床表现，大体可将毒蕈中毒分为四种类型：胃肠毒型、神经精神型、溶血型、肝肾损害型。

目前对于毒蕈和可食蕈的鉴别，除分类学和动物试验外，尚无可靠的简易办法。民间有一些识别毒蕈的实际经验，但都不够完善可靠，根据毒草图谱所示的外观也很难有把握进行鉴别。因此，为预防毒蕈中毒的发生，最根本的办法是切勿采摘自己不认识的蘑菇食用，毫无识别毒蕈经验者，千万不要自采蘑菇食用。

2. 鱼贝类

目前已知主要有五种鱼类毒素：贝类麻痹性毒素（PSP）、贝类神经性毒素（NSP）、贝类腹泻性毒素（DSP）、贝类致遗忘性毒素（ASP）和肉毒鱼类毒素。

有些鱼贝类体内存在着固有的自然毒素，有的几乎遍布全身，如肠腔动物中的海葵；有的存在于局部脏器内，如肝脏含毒的鲅鱼、旗鱼、鲨鱼、魟鱼等；有的含存于腺体内，如软体动物中的海兔；有的含存于鱼卵内，如淡水鱼中的鲇鱼和山溪中的光唇鱼等；有的含存于体表黏液和肝内，如贝类中的泥螺和鲍鱼等；有的含存于棘刺部分，如鱼类中的毒鲉等。在得螺（油螺中的一种）的唾液腺中发现四甲胺毒素。

拓展阅读 1-8
鱼贝类毒素

3. 植物类

一些植物本身含有某种天然有毒成分或由于贮存条件不当形成某种有毒物质，这些植物被人食用后都可能产生危害。自然界有毒的植物种类很多，所含的有毒成分也较复杂，常见的天然毒素有氰苷、棉酚、龙葵素及类秋水仙碱等。

拓展阅读 1-9
植物类毒素

4. 食物过敏原

食品过敏（food allergies）是人体免疫系统对特定食物产生的免疫反应。能刺激机体发生过敏反应的物质称为过敏原。食物中某些物质（通常是蛋白质）进入体内，被免疫系统当成入侵病毒（即抗原），免疫系统便释放出一种特异型免疫球蛋白抗体，并与食物结合生成许多化学物质，造成皮肤红肿，经常性腹泻，消化不良，头痛，咽喉疼痛，哮喘等过敏症状，严重的病人的血压会下降，甚至休克。全球有近 2% 的成年人和 4%～6% 的儿童有食物过敏史。

真性食物过敏是指与免疫球蛋白相关反应产生的过敏反应，通常分为即时型和迟延型两类，前者摄取食物后 1h 之内，一般在 15min 就会出现过敏症状；而后者摄取后经过 1～2h 以后才出现过敏症状，有时长达 24～48h。此外，还有其他类型食物过敏症，包括草莓引起的类过敏症；代谢异常症，如乳糖不耐症，蚕豆引起的溶血性中毒症；特异体质反应，如亚硫酸诱导哮喘，糖精诱导哮喘，小麦过敏症，柠檬黄诱导哮喘症等。

由于各国民族的遗传因素差异和饮食习惯的不同，引起过敏的过敏原的排列顺序可能会有所不同，但引起即时型过敏频度较高的食品有 8 类，它们占所有即时型食物过敏发症的 90% 以上。它们包括：牛乳及乳制品；蛋及蛋制品；花生及其制品；大豆和其他的豆类以及各种豆制品；小麦、大麦、燕麦等以及其制品；鱼类及其制品；甲壳类及其制品；果实类（核桃、芝麻等）及其制品。另外还有 160 种食品有产生过敏反应的记录。

一般来说，引起食物过敏的过敏原大都来源于食物中的蛋白质，而实际上与过敏反应相关的仅为其部分抗原决定基（数个至数十个氨基酸），后者被称为“表位”（epitope）。于是怎样破坏以及去除此类表位就成为开发低过敏食品的关键。据研究鸡蛋蛋白中具有较高过敏性的蛋白主要有卵清蛋白、伴清蛋白、卵黏蛋白和鸡蛋溶菌酶等 4 种；在牛乳蛋白质中，乳清蛋白质的 β-乳球蛋白以及酪蛋白中的 α-S-1-酪蛋白的过敏活性最高。

花生是重要的食物过敏原。据 1999 年的报告，花生和坚果（treenuts）过敏者占美国总人口的 1.1%，即约有 300 万美国人对此过敏。与牛奶、鸡蛋过敏相比，花生过敏一般不随年龄增长而消失。国外观察报告，50% 以上对鸡蛋或牛奶过敏的儿童随着年龄增长，其过敏反应逐渐消失，产生耐受性。而只有 10% 的花生过敏儿童随着年龄的增长会对花生产生耐受性。花生过敏有时可引起过敏性休克，危及生命。花生过敏最常涉及的靶器官是胃肠道，几乎 100% 的过敏病人都表现有口周皮肤和/或口咽黏膜的过敏反应。其他主要过敏靶器官包括皮肤和呼吸系统。

多数过敏原能耐受食品的热加工，并可抵抗肠道消化酶的作用。因此有效的食物过敏的防控办法是：不食用过敏食物；使用去除或不含过敏源的食物；食用经改性或处理过的无过敏源食物。

二、食品原辅料供给的安全管理

食品安全涉及农产品种植（养殖），即通常所说的从农场到餐桌的食品安全。上面论述已清楚表明：农产品种植（养殖）环境，农业投入品，农产品中存在的天然毒素，以及食品添加剂的不合理使用都可能造成农产品及其他食品加工辅料中存在着各种有害物质。因此建立“从农田到餐桌”的全过程控制体系，尤其是农业生产过程的安全控制体系是保障食品安全的根本保证。

（一）农业生产良好操作规范

拓展阅读 1-10 新时代新阶段农产品“三品一标”的新内涵

1998 年 10 月 26 日，美国 FDA 和农业部联合发布了《关于降低水果蔬菜中微生物危害的指南》，首次提出农业生产良好操作规范（Good Agricultural Practices，GAP）。该规范针对未加工或经简单加工（生的）销售给消费者的新鲜果蔬的生产过程，包括种植、采收、清洗、处理、包装与运输过程的生物性危害建立系列的操作规范，以确保提供给消费者的农产品安全。同年 FAO 建议将 GAP 和 GMP 同时推广到其他多国。FAO 农业安全会在 2003 年制定了农业管理规范。许多发达国家通过不同的方式和措施来发展 GAP。我国已在一些大型药材生产基地及农副产品无公害基地推行 GAP。GAP 也逐步成为农产品安全生产的一个良好规范。

GAP 提供了农业生产过程各阶段评估和决定耕作方法的一种手段，包括与水土管理，作物和饲料种植，作物保护，家畜生产与健康，收获和农场加工与贮存，农业能源和废物管理，人类福利、健康与安全以及野生动物和地貌等有关方面的管理，其主要目的是确保初级农产品安全生产与农业的可持续发展。

（二）动物屠宰与检疫

畜、禽肉的质量安全取决于该活体动物的质量，是否带有人畜共患病原菌等有害生物和其他有害物质，加强动物检疫管理是目前国内外采用的有效措施。我国《动物检疫管理办法》指出，动物检疫包括对动物、动物产品实施的产地检疫和屠宰检疫。供屠宰和育肥的动物，达到健康标准的种用、乳用、役用动物，因生产生活特殊需要出售、调运和携带的动物，必须来自非疫区，免疫在有效期内，并经群体和个体临床健康检查合格；猪、牛、羊必须具备合格的免疫标识；对检疫不合格的动物、动物产品，包括染疫或者疑似染疫的动物、动物产品，病死或者死因不明的动物、动物产品，必须按照国家有关规定，在动物防疫监督机构监督下由货主进行无害化处理；无法做无害化处理的，予以销毁。

国家对生猪等动物实行定点屠宰，集中检疫。动物防疫监督机构对依法设立的定点屠宰场（厂、点）派驻或派出动物检疫员，实施屠宰前和屠宰后检疫。对动物应当凭产地检疫合格证明进行收购、运输和进场（厂、点）待宰。动物检疫员负责查验收缴产地检疫合格证明和运载工具消毒证明。动物产地检疫合格证明和消毒证明至少应当保存 12 个月。动物屠宰前应当逐头（只）进行临床检查，健康的动物方可屠宰；患病动物和疑似患病动物按照有关规定处理。动物屠宰过程实行全流程同步检疫，对头、蹄、胴体、内脏进行统一编号，对照检查。检疫合格的动物产品，加盖验讫印章或加封检疫标志，出具动物产品检疫合格证明。检疫不合格的动物产品，按规定做无害化处理；无法做无害化处理的，予以销毁。

（三）农产品的采收、贮藏与运输

农产品的收获时间及质量依品种特性及生产加工要求而定，从食品安全性考虑特别要注意以下原则：收获必须符合使用农用化学品收获停用期的规定；采收方式要有利于减少水果、蔬菜的表皮损伤；采收后要有合适的清洗或去污、防污染的冷却等保鲜措施，减少贮运过程的损耗和腐败；对于需贮藏一定时期的农副产品，如粮谷类，应做好干燥、防湿、防霉、包装等预处理及控制贮运条件，其生产条件要符合良好生产操作规范（GMP）要求。农产品的保鲜贮藏与运输过程的管理可参见国标 GB/T 29372《食用农产品保鲜贮藏管理规范》等的要求。

农产品质量安全，应确保农产品质量符合保障人的健康、安全的要求。必须建立：农产品质量安全标准的强制实施制度；防止因农产品产地污染而危及农产品质量安全的农产品产地管理制度；农产品的包装和标识管理制度；农产品安全监督检查制度；农产品质量安全的风险分析、评估制度和农产品质量安全的信息发布制度；对农产品质量安全违法行为的责任追究制度等。

（四）农产品可追溯制度

"可追溯"是一种还原产品生产和应用历史及其发生场所的能力。通过建立食品可追溯制度，可及时发现"问题"食品，进行危害评估，决定产品的召回或处理。由于该食品（农产品）可追溯在食品安全管理中的作用，许多国家都在探索和建立一种有效、可操作和经济的可追溯体系。

欧盟较早引进食品的可追溯系统，欧盟法规 No178（2002）要求，从 2004 年起，要求所有食品、饲养动物的饲料、加入食品和饲料的原辅料，在生产、加工和流通的每个环节需要建立可追溯制度，同样要求每次交易中记录相应的供应者与消费者，并提供相应的资料。我国已经在一些地区和食品，尤其是农产品实行可追溯制度和召回制度，加强农产品进货检查验收、索证索票、购销台账和质量承诺制度，严格实行不合格农产品的退市、召回、销毁、公布制度，可有效地净化农产品市场。

实施食品召回制度的目的是及时收回缺陷食品，避免流入市场，发生或扩大对大众人身安全的损害，维护消费者的利益。国家鼓励食品加工企业建立严格的食品召回制度，支持流通企业建立完善的食品溯源制度。这种制度的建立，意味着生产商发现批量产品存在质量问题，并有可能对消费者造成伤害，就有义务（或由政府强制执行）将产品召回并对消费者进行赔偿。

📋 知识归纳

1. 果蔬原料特性及保鲜

果蔬基本成分对其品质及加工特性均有显著影响。在保鲜及加工过程中应关注这些成分的变化，加以控制或利用，才能获得高品质产品。

呼吸强度：通常以1kg水果或蔬菜1h所放出的二氧化碳质量（mg），或用吸入氧的体积（mL）来表示。可以衡量果蔬呼吸作用的强弱。

影响因素：果蔬的种类和品种、温度、湿度、组织伤害及微生物、气体组成、乙烯含量等。

呼吸商：水果蔬菜呼吸过程中释放出的二氧化碳（V_{CO_2}）与吸入的氧气（V_{O_2}）的容积比。

果蔬在采收后继续经历呼吸作用、水分蒸发、成熟、休眠及衰老等过程。为了利于果蔬保鲜，针对不同过程采取的措施不同。可以采用冷藏法、气调贮藏法、辐照法、涂膜法、活性包装法等进行果蔬保鲜，每种方法的原理和条件各不相同。

2. 畜禽肉类原料宰后变化及贮藏保鲜

畜禽肉宰后由于糖酵解、蛋白酶的作用及微生物滋生，会发生肉的僵直、解僵、成熟与自溶、腐败等变化。针对造成肉腐败的微生物污染繁殖、肉中酶的作用及氧化作用等因素，可以采用低温保藏（冷却冷藏及冻藏）法、辐照法、真空包装法、气调包装法、活性包装法及抗菌包装法和涂膜保鲜法等对肉类进行保鲜。

3. 水产原料及保鲜

水产原料可以采用感官鉴定法、化学检测法和微生物学检验法鉴定水产原料的新鲜品质，各方法有不同的鉴定标准。

针对组织蛋白酶的自溶作用和微生物的污染，可以采用冷却保鲜和冻结保藏法、真空包装法、气调包装法、活性包装法及抗菌包装法和涂膜保鲜法等对水产类原料进行保鲜。

4. 食品原辅料供给的安全管理

食品原辅料供给的安全管理包括农业生产良好操作规范、动物屠宰及检疫制度、农产品可追溯制度等。

☁
知识图谱 1-1

✏️ 复习思考题

1. 名词解释：果蔬呼吸强度、呼吸商、果蔬的后熟、催熟、肉的僵直、肉的成熟、食品过敏、过敏原。

2. 水分在新鲜果蔬中的作用及影响果蔬水分蒸发的因素。

3. 举例说明果蔬中果胶、单宁物质对加工及产品品质的影响。

4. 果蔬呼吸作用的本质是什么？呼吸状态有哪几类？影响果蔬呼吸强度的因素有哪些？

5. 果蔬气调贮藏法基本理论是什么？有哪几种气调贮藏法？

6. 低温保藏延长畜禽肉类及水产类原料保鲜期的原理和本质是什么？

7. 乳的加工特性及保鲜方法。

8. 蛋的保藏方法有哪些？举例说明。

9. 解释面筋在面粉中的含量对加工的影响。

10. 举例说明油脂在食品加工中的重要性质。

11. 农产品中的化学污染有哪些？

12. 食品添加剂的种类及使用注意事项有哪些？

13. 农产品可追溯制度的作用和意义。

第二章　食品热加工与杀菌

○○ ——— ○○ ○ ○○ ————

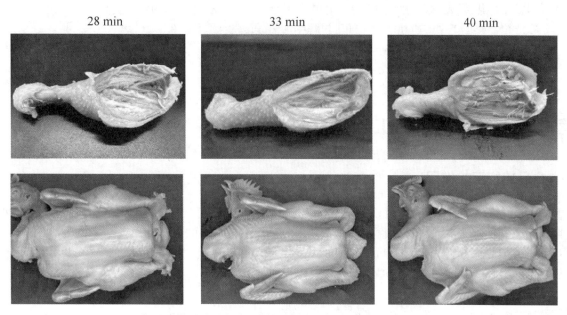

28 min　　　　33 min　　　　40 min

彩图 2-1

在 90℃ 热水中烹饪不同时间的白切鸡外观和鸡腿切面变化

　　食品的烹饪技艺是中华美食文化的核心，在学习烹饪技艺时最难掌握的是什么？"火候"的控制？烹饪熟度控制的依据是什么？食用口感（肉质）？食用安全性？工业化、数字化烹饪最核心的又是什么？通过本章的学习你可以得到答案。

为什么要学习"食品热加工与杀菌"？

用火来烹煮食品是人类最早掌握的食品加工技术，对保障人类的饮食安全发挥了决定性作用。现今，无论是日常生活中的烧菜做饭，还是超市里琳琅满目的各类预包装食品，大都离不开热加工。通过本章的学习，可以了解热处理在食品加工与保藏中的作用，了解和掌握热加工的种类和特点，热加工杀灭微生物、钝化酶和抗营养因子，改善食品的口感和食品营养成分的规律和理论，特别是深入认识食品的杀菌理论和规律，了解和掌握热加工在食品工业中的应用和控制。

学习目标

○ 了解食品加工与保藏中的热加工。
○ 掌握食品热反应的规律和描述热反应的重要参数，D、Z、F 值的含义及作用。
○ 掌握食品热加工中传热规律、热加工过程中加热程度的计算和控制。
○ 认识食品热加工技术的种类、特点及其在食品工业中的应用。

第一节　食品的热加工

一、食品热加工的作用

热加工或称热处理（thermal processing）是食品加工与保藏中用于改善食品品质、延长食品贮藏期的最重要的加工方法之一。食品工业中采用的热加工有不同的方式和工艺，不同种类的热处理所达到的主要目的和作用也有不同，但热加工过程对微生物、酶和食品成分的作用以及传热的原理和规律却有相同或相近之处。热加工的作用效果见表 2-1。

表 2-1　热加工的作用效果

正面作用	杀死微生物（主要是致病菌和其他有害的微生物）和其他生物（主要是寄生虫） 钝化酶（主要是过氧化物酶、抗坏血酸酶等） 破坏食品中不需要或有害的成分或因子，如大豆中的胰蛋白酶抑制因子 改善食品的品质与特性，如产生特别的风味和改善食品质构等 提高食品中营养成分的利用率和可消化性等
负面作用	食品中某些营养成分，特别是热敏性成分有一定损失 食品的色泽和口感等品质产生不良的变化 消耗的热能较大

二、食品热加工的类型和特点

食品工业中热加工的类型主要有：工业烹饪、热烫、热挤出和热杀菌等。

（一）工业烹饪

工业烹饪（industrial cooking）是为了提高食品的感官质量而采取的一种加工手段。烹饪通常有煮、焖（炖）、烘（焙）、炸（煎）、烤等几种形式。这几种形式所采用的加热方式及加热温度和时间略有不同。一般煮、炖多在沸水中进行；焙、烤则以干热的形式加热，温度较高；煎、炸在较高温度的油介质中进行。表 2-2 比较了几种工业烹饪的工艺特点。

表 2-2　工业烹饪的种类和特点

烹饪的种类	煮	焖	烘	炸	烤
加热介质	水	蒸汽	热空气	油	热辐射
温度/℃	≥100	≥100	≫100	>100	≫100
气压/10⁵Pa	≥1	≥1	1	1	1

烹饪加工能杀灭大部分微生物（尤其是致病微生物），破坏酶，改善食品的色、香、味和质感，提高食品的可消化性，并破坏食品中的不良成分（包括一些毒素等），提高食品的安全性。烹饪加工也可使食品的耐贮性提高。但也发现不适当的烧烤加工会给食品带来营养及安全方面的问题，如烧烤中的高温使油脂分解，高温油炸可产生一些有害物质。

（二）热烫

热烫（blanching or scalding），又称烫漂、杀青、预煮。热烫的作用主要是破坏或钝化食品中导致食品质量变化的酶类，以保持食品原有的品质，防止或减少食品在加工和保藏中由酶引起的食品色、香、味的劣化和营养成分的损失。热烫加工主要应用于蔬菜和某些水果，通常是蔬菜和水果冷冻、干燥或罐藏前的一种前处理工序。

导致蔬菜和水果在加工和保藏过程中质量降低的酶类主要是氧化酶类和水解酶类，热加工是破坏或钝化酶活性的最主要和最有效方法之一。除此之外，热烫还有一定的杀菌和洗涤作用，可以减少食品表面的微生物数量及黏附的有害化学物；可以排除食品组织中的气体，使食品装罐后形成良好的真空度及减少氧化作用；热烫还能软化食品组织，方便食品往容器中装填；热烫也起到一定的预热作用，有利于装罐后缩短杀菌升温的时间。

对于蔬果的干藏和冷冻保藏，热烫的主要目的是破坏或钝化酶的活性。对于罐藏加工中的热烫，由于罐藏加工的后杀菌通常能达到灭酶的目的，故热烫更主要是为了达到上述的其他一些目的，但对于豆类的罐藏以及食品后杀菌采用（超）高温短时（HTST）方法时，由于此杀菌方法对酶的破坏程度有限，热烫等前处理的灭酶作用应特别强调。

（三）热挤出

挤出是将食品物料放入挤出机中，物料在旋转螺杆的作用下被混合、压缩，然后在卸料端通过模具出口被挤出的过程。挤出过程中物料可通过剪切摩擦自行产热，也可对物料进行外加热。根据挤出过程中物料的受热程度分为热挤出（hot extrusion）和挤压成型。热挤压过程中物料的温度在蒸煮温度之上，故也被称为挤出蒸煮（extrusion cooking）。热挤出是结合了混合、蒸煮、揉搓、剪切、成型等几种单元操作的过程。

挤出是一种较新的加工技术，挤出可以产生不同形状、质地、色泽和风味的食品。热挤出是一种高温短时的热处理过程，它能够减少食品中的微生物数量和钝化酶，但无论是热挤出或是挤出成型，其产品的保藏主要是靠其较低的水分活度和其他条件。

挤出加工具有下列特点：挤出食品多样化，可以通过调整配料和挤出机的操作条件直接生产出满足消费者要求的各种挤出食品；挤出加工的操作成本较低；在短时间内完成多种单元操作，生产效率较高；便于生产过程的自动控制和连续生产。

（四）热杀菌

热杀菌是以杀灭微生物为主要目的的热加工形式，根据要杀灭微生物的种类的不同可分为巴氏杀菌（pasteurisation）和商业杀菌（sterilization）。相对于商业杀菌而言，巴氏杀菌是一种较温和的热杀菌形式，巴氏杀菌的杀菌温度通常在 100℃ 以下，典型的巴氏杀菌的条件是 62.8℃、30min，达到同样的巴氏杀菌效果，可以有不同的温度、时间组合。巴氏杀菌可使食品中的酶失活，并破坏食品中热敏性的微生物和致病菌。巴氏杀菌的目的及其产品的贮藏期主要取决于杀菌条件、食品成分（如 pH 值）和包装情况。对低酸性食品（pH＞4.6），其主要目的是杀灭致病菌，而对于酸性食品，还包括杀灭腐败菌和钝化酶。

商业杀菌一般又简称为杀菌，是一种较强烈的热杀菌形式，通常是将食品加热到较高的温度并维持一定的时间以达到杀死所有致病菌、腐败菌和绝大部分微生物的目的，使杀菌后的食品符合货架期的要求。当然这种热杀菌形式一般也能钝化酶，但它同样对食品的营养成分破坏较大。杀菌后食品通常也并非达到完全无菌，只是杀菌后食品中不含致病菌，残存的处于休眠状态的非致病菌在正常的食品贮藏条件下不能生长繁殖，这种无菌程度被称为"商业无菌（commercially steriliza-tion）"，也就是说它是一种部分无菌（partically sterile）。

商业杀菌是以杀死食品中的致病和腐败变质的微生物为目的的，杀菌后的食品符合安全卫生要求、具有一定的贮藏期。很明显，这种效果只有密封在容器内的食品才能获得（防止杀菌后的食品再受污染）。将食品先密封于容器内再进行杀菌是罐头通常的加工形式，而将经超高温瞬时（UHT）杀菌后的食品在无菌条件下进行包装，则称为无菌包装。

从杀菌时微生物被杀死的难易程度看，细菌的芽孢具有更高的耐热性，它通常较营养细胞难被杀死。另外，专性好氧菌的芽孢较兼性和专性厌氧菌的芽孢容易被杀死。杀菌后食品所处的密封容器中氧的含量通常较低，这在一定程度上也能阻止微生物繁殖，防止食品腐败。在考虑确定具体的杀菌条件时，通常以某种具有代表性的微生物作为杀菌的对象，通过这种对象菌的死亡情况反映杀菌的程度。

三、食品热加工使用的能源和加热方式

食品热加工可使用几种不同的能源作为加热源，主要能源种类有：电；气体燃料（天然气或液化气）；液体燃料（燃油等）；固体燃料（如煤、木、焦炭等）。

加热的方式有直接方式或间接方式。直接方式指加热介质（如燃料燃烧的热气等）与食品直接接触的加热过程，显然这种加热方式容易污染食品（如由于燃料燃烧不完全而影响食品的风味），因此一般只有气体燃料可作为直接加热源，液体燃料则很少。

从食品安全考虑，食品热加工中应用更多的是间接加热方式，它将燃料燃烧所产生的热能通过换热器或其他中间介质（如空气）加热食品，从而将食品与燃料分开。间接方式最简单的形式是由燃料燃烧直接加热金属板，金属板以热辐射加热食品。而间接加热最常见的类型是利用热能转换器（如锅炉）将燃烧的热能转变为蒸汽作为加热介质，再以换热器将蒸汽的热能传给食品或将蒸汽直接喷入待加热的食品。在干燥或干式加热时则利用换热器将蒸汽的热能传给空气。

非直接的电加热一般采用电阻式加热器或红外线加热器。电阻式加热器包含于固态夹层间的镍、铜丝里，夹层为器壁相连，在软式夹层中则包围容器，或埋没于食品中的浸入式加热器中。用电或燃气加热热油，再用于间接加热食品，也在食品工业广泛使用。

间接加热常用的加热介质如表 2-3 所示。选择适当的加热介质，可降低食品的成本，提高质量，并可改善劳动条件。

表 2-3　间接加热常用的加热介质及其特点

加热剂种类	加热剂特点
蒸汽	易于用管道输送，加热均匀，温度易控制，凝结潜热大，但温度不能太高
热油（水）	易于用管道输送，加热均匀，温度易控制，可循环使用
空气	加热温度可达很高，但其密度小、传热系数低

续表

加热剂种类	加热剂特点
烟道气	加热温度可达很高,但其密度小、传热系数低,可能污染食品
煤气	加热温度可达很高,成本较低,但可能污染食品
电	加热温度可达很高,温度易于控制,但成本高

食品热加工的能耗已成为选择热加工方式的主要考虑因素之一,而且可能最终影响食品的成本和操作的可行性。选择热加工形式时通常要考虑到成本、安全、对食品的污染、使用的广泛性以及传热设备的投资和操作费用。

第二节　食品热加工反应的规律

一、食品热加工的反应动力学

要控制食品热加工的程度,人们必须了解热加工时食品中各成分(微生物、酶、营养成分和质量因素等)的变化规律,主要包括:①在某一热加工条件下食品成分的热破坏速率;②温度对这些反应的影响。

(一)热破坏反应的反应速率

食品中各成分的热破坏反应一般均遵循一级反应动力学,也就是说各成分的热破坏反应速率与反应物的浓度成正比关系。这一关系通常被称为"热灭活或热破坏的对数规律(logarithmic order of inactivation or destruction)"。它意味着,在某一热加工温度(足以达到热灭活或热破坏的温度)下,单位时间内,食品成分被灭活或被破坏的比例是恒定的。下面以微生物的热致死来说明热破坏反应的动力学。

微生物热致死反应的一级反应动力学方程为:

$$-\frac{\mathrm{d}c}{\mathrm{d}t}=kc \tag{2-1}$$

式中　$-\mathrm{d}c/\mathrm{d}t$——微生物浓度(数量)减少的速率;

c——活态微生物的浓度;

k——一级反应的速率常数。

对上式进行积分,设在反应时间 $t_1=0$ 时的微生物浓度为 c_1,则反应至 t 时的结果为:

$$-\int_{c_1}^{c}\frac{\mathrm{d}c}{c}=k\int_{t_1}^{t}\mathrm{d}t$$

即:

$$-\ln c+\ln c_1=k\ (t-t_1)$$

也可写成:

$$\lg c=\lg c_1-\frac{kt}{2.303} \tag{2-2}$$

式(2-2)的方程式所反映的意义可用热力致死速率曲线(death rate curve)表示,见图 2-1。假设初始的微生物浓度为 $c_1=10^5$,则在热反应开始后任一时间的微生物数量 c 可以直接从曲线中得到。在半对数坐标中微生物的热力致死速率曲线为一直线,该直线的斜率为 $-k/2.303$。从图 2-1 中还可以看出,热杀菌过程中微生物的数量每减少同样比例所需要的时间是相同的。如微生物的活菌数每减少 90%,也就是在对数坐标中 c 的数值每跨过一个对数循环所对应的时间是相同的,这一时间被定义为 D 值,称为指数递减时间(decimal reduction time)。因此直线的斜率又可表示为:

$$-\frac{k}{2.303} = -\frac{1}{D}$$

则：

$$D = \frac{2.303}{k} \tag{2-3}$$

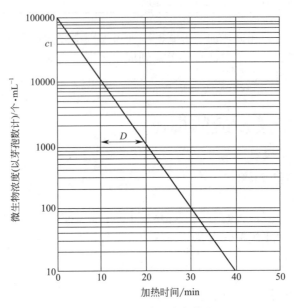

图 2-1　热力致死速率曲线

由于上述致死速率曲线是在一定的热加工（致死）温度下得出的，为了区分不同温度下微生物的 D 值，一般热杀菌的温度 T 作为下标，标注在 D 值上，即为 D_T。很显然，D 值的大小可以反映微生物的耐热性。在同一温度下比较不同微生物的 D 值时，D 值愈大，表示在该温度下杀死90%微生物所需的时间愈长，即该微生物愈耐热。

从热力致死速率曲线中也可看出，在恒定的温度下经一定时间的热杀菌后食品中残存微生物的活菌数与食品中初始的微生物活菌数有关。为此人们提出热力致死时间（thermal death time，TDT）值的概念。热力致死时间（TDT）值是指在某一恒定温度条件下，将食品中的某种微生物活菌（细菌和芽孢）全部杀死所需要的时间（min）。试验以热杀菌后接种培养，无微生物生长作为全部活菌已被杀死的标准。

要使不同批次的食品经热杀菌后残存活菌数达到某一固定水平，食品热杀菌前的初始活菌数必须相同。很显然，实际情况中，不同批次的食品原料初始活菌数可能不同，要达到同样的热杀菌效果，不同批次的食品热杀菌的时间应不同。这在实际生产中是很难做到的。因此食品的实际生产中前处理的工序很重要，它可以将热杀菌前食品中的初始活菌数尽可能控制在一定的范围内。另一方面也可看出，对于遵循一级反应的热破坏曲线，从理论上讲，恒定温度下热杀菌一定（足够）的时间即可达到完全的破坏效果。因此在热杀菌过程中可以通过良好的控制来达到要求的热杀菌效果。

（二）热破坏反应和温度的关系

上述的热力致死曲线是在某一特定的热杀菌温度下取得的，食品在实际热杀菌过程中温度往往是变化的。因此，要了解在一变化温度的热杀菌过程中食品成分的破坏情况，必须了解不同（致死）温度下食品的热破坏规律，同时掌握这一规律，也便于人们比较不同温度下的热杀菌效果。反映热破坏反应速率常数和温度关系的方法主要有三种：一种是热力致死时间曲线；另一种是阿伦尼乌斯（Arrhennius）方程；还有一种是温度系数。

1. 热力致死时间曲线

热力致死时间曲线是采用类似热力致死速率曲线的方法而制得的，它将 TDT 值与对应的温度 T 在半对数坐标中作图，则可以得到类似于致死速率曲线的热力致死时间曲线（thermal death time curve），见图 2-2。采用类似于前面对致死速率曲线的处理方法，可得到下述方程式：

$$\lg(\text{TDT}_1/\text{TDT}) = -\frac{T_1 - T}{Z} = \frac{T - T_1}{Z} \tag{2-4}$$

式中　T_1，T——两个不同的杀菌温度，℃；

　TDT_1，TDT——对应于 T_1、T 的 TDT 值，min；

　　　Z——TDT 值变化 90%（一个对数循环）所对应的温度变化值，℃。

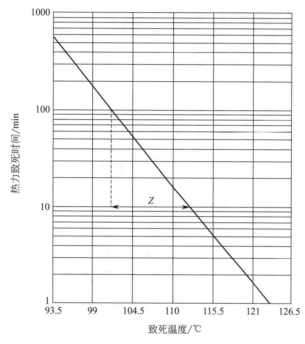

图 2-2　热力致死时间曲线

由于 TDT 值中包含着 D 值，而 TDT 值与初始活菌数有关，应用起来不方便，人们采用 D 值代替 TDT 值做热力致死时间曲线，结果可以得到与以 TDT 值做的热力致死时间曲线很相似的曲线。为了区别，人们将其称为拟热力致死时间曲线（phantom thermal death time curve）。

从式（2-4）可以得到相应的 D 值和 Z 值关系的方程式：

$$\lg(D_1/D) = \frac{T - T_1}{Z} \tag{2-5}$$

式中　D_1，D——对应于温度 T_1 和 T 的 D 值，min；

　　　Z——D 值变化 90%（一个对数循环）所对应的温度变化值，℃。

由于 D 和 k 互为倒数关系，则有：

$$\lg(k/k_1) = \frac{T - T_1}{Z} \tag{2-6}$$

式（2-6）说明，反应速率常数的对数与温度呈正比，较高温度的热杀菌所取得的杀菌效果要高于低温度热杀菌的杀菌效果。不同微生物对温度的敏感程度可以从 Z 值反映，Z 值小的对温度的敏感程度高。要取得同样的热杀菌效果，在较高温度下所需的时间比在较低温度下的短，这也是高温短时或超高温瞬时杀菌的理论依据。不同的微生物对温度的敏感程度不同，提高温度所增加的破坏效果不一样。

上述的 D 值和 Z 值不仅能表示微生物的热力致死情况，也可用于反映食品中的酶、营养成分和食品感官指标的热破坏情况。

2. 阿伦尼乌斯方程

反映热破坏反应和温度关系的另一方法是阿伦尼乌斯法，即反应动力学理论。

阿伦尼乌斯方程为：

$$k = k_0 e^{-\frac{E_a}{RT}} \tag{2-7}$$

式中　k——反应速率常数，min^{-1}；

k_0——频率因子常数，min^{-1}；

E_a——反应活化能，$J \cdot mol^{-1}$；

R——摩尔气体常数，$8.314 J \cdot mol^{-1} \cdot K^{-1}$；

T——热力学温度，K。

反应活化能是指反应分子活化状态的能量与平均能量的差值，即使反应分子由一般分子变成活化分子所需的能量，对式（2-7）取对数，则得：

$$\ln k = \ln k_0 - \frac{E_a}{RT} \tag{2-8}$$

设温度 T_1 时反应速率常数为 k_1，则可通过下式求得频率因子常数：

$$\ln k_0 = \ln k_1 + \frac{E_a}{RT_1} \tag{2-9}$$

则有：

$$\lg \frac{k}{k_1} = \frac{E_a}{2.303R} \left(\frac{1}{T_1} - \frac{1}{T} \right) = \frac{E_a}{2.303R} \frac{T-T_1}{TT_1} \tag{2-10}$$

式（2-10）表明，对于某一活化能一定的反应，随着反应温度 T（K）的升高，反应速率常数 k 增大。

E_a 和 Z 的关系可根据式（2-6）和式（2-10）给出，将式（2-6）中的温度由℃转换成 K：

$$\frac{E_a}{2.303R} \frac{T-T_1}{TT_1} = \frac{T-T_1}{Z} \tag{2-11}$$

重排可得：

$$E_a = \frac{2.303R(TT_1)}{Z} \tag{2-12}$$

式中　T_1——参比温度，K；

T——杀菌温度，K。

值得注意的是尽管 Z 和 E_a 与 T_1 无关，但式（2-12）取决于参比温度 T_1，这是由于热力学温度的倒数（K^{-1}）和温度（℃）的关系是定义在一个小的参比温度范围内的。图 2-3 反映了参比温度在 98.9℃ 和 121.1℃ 时 E_a 和 Z 的关系，其中的温度 T 选择为较 T_1 小 Z℃的温度。

3. 温度系数 Q 值

还有一种描述温度对反应体系影响的是温度系数 Q 值，Q 值表示反应在温度 T_2 下进行的速率比在较低温度 T_1 下快多少，若 Q 值表示温度增加 10℃时反应速率的增加情况，则一般称之为 Q_{10}。Z 值和 Q_{10} 之间的关系为：

$$Z = \frac{10}{\lg Q_{10}} \tag{2-13}$$

上述三种描述热加工过程中食品成分破坏反应的方法和概念总结于表 2-4。

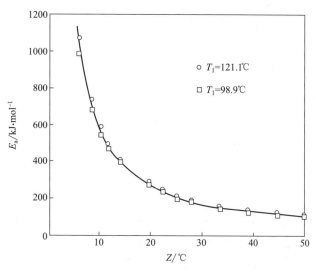

图 2-3 E_a 和 Z 的关系

表 2-4 热加工的重要参数

方　　法	反应速率	温度相关因子
热力致死时间	D（或 F）	Z
阿伦尼乌斯方程	k	E_a
温度系数	k	Q_{10}

二、加热对微生物的影响

（一）微生物和食品的腐败变质

食品中的微生物是导致食品不耐贮藏的主要原因。一般说来，食品原料都带有微生物。在食品原料的采收、运输，食品加工和贮运整个食品供应链中，食品也有可能污染微生物。在一定的条件下，这些微生物会在食品中生长、繁殖，使食品失去原有的或应有的营养价值和感官品质，甚至产生有害和有毒的物质。

细菌、霉菌和酵母都可能引起食品的变质，其中细菌是引起食品腐败变质的主要微生物。细菌中非芽孢细菌在自然界存在的种类最多，污染食品的可能性也最大，但其耐热性并不强，巴氏杀菌条件下可将其杀死。细菌中耐热性强的是芽孢菌。芽孢菌中还分需氧性的、厌氧性的和兼性厌氧的。需氧和兼性厌氧的芽孢菌是导致罐头食品发生平盖酸败的原因菌，厌氧芽孢菌中的肉毒梭状芽孢杆菌常作为罐头杀菌的对象菌。酵母菌和霉菌引起的变质多发生在酸性较高的食品中，一些酵母菌和霉菌对渗透压的耐性也较高。

（二）微生物的生长温度和微生物的耐热性

不同微生物的最适生长温度不同（见表 2-5），大多数微生物以常温或稍高于常温为最适生长温度，当温度高于微生物的最适生长温度时，微生物的生长就会受到抑制，而当温度高到足以使微生物体内的蛋白质发生变性时，微生物即会出现死亡现象。

一般认为，微生物细胞内蛋白质受热凝固而失去新陈代谢的能力是加热导致微生物死亡的原因。因此，细胞内蛋白质受热凝固的难易程度直接关系到微生物的耐热性。蛋白质的热凝固条件受其他一些条件，如酸、碱、盐和水分等的影响。

表 2-5　微生物的最适生长温度与热致死温度　　　　　　　　　　　　　　　　单位：℃

微生物	最低生长温度	最适生长温度	最高生长温度
嗜热菌	30～45	50～70	70～90
嗜温菌	5～15	30～45	45～55
低温菌	−5～5	25～30	30～55
嗜冷菌	−10～−5	12～15	15～25

影响微生物耐热性的因素有很多，总起来说有三方面的原因：微生物的种类；微生物生长和细胞（芽孢）形成的环境条件；热杀菌时的环境条件。

1. 微生物的种类

微生物的菌种不同，耐热的程度也不同，而且即使是同一菌种，其耐热性也因菌株而异。正处于生长繁殖的微生物营养细胞的耐热性较它的芽孢弱。

各种芽孢菌的耐热性也不相同，一般厌氧性芽孢菌耐热性较需氧性芽孢菌强。嗜热菌的芽孢耐热性最强。同一菌种芽孢的耐热性也会因热杀菌前的培养条件、贮存环境和菌龄的不同而异。

芽孢之所以具有很高的耐热性与其结构有关。芽孢的外皮很厚，约占芽孢直径的 1/10，由网状构造的肽聚糖组成，其外皮膜一般为三层，依细菌种类不同外观有差异。它保护细胞不受伤，而对酶的抵抗力强，透过性不好并具阳离子吸附能。其原生质含有较高的钙和吡啶二羧酸（DPA），镁/钙质量比愈低则耐热性愈强。其含水量低也使其具有较高的耐热性。紧缩的原生质及特殊的外皮构造阻止芽膜吸收水分，并防止脆弱的蛋白质和 DNA 分子外露以免因此而发生变化。

芽孢萌发时，其外皮由于溶酶的作用而分解，原生质阳离子消失，吸水膨胀。较低温度的加热可促使芽孢萌发，使渗透性增加而降低对药物的抵抗力，易于染色，甚至改变其外观。当芽孢受致死的高温加热时，其内容物消失而产生凹下去现象，钙及 DPA 很快就消失。但一般在溶质消失前生命力已消失。芽孢生命力的消失表示芽孢的死亡。芽孢的死亡是由于其与 DNA 形成、细胞分裂和萌发等有关的酶系被钝化所致的。

酵母菌和霉菌的耐热性都不是很高，酵母（包括酵母孢子）在 100℃ 以下的温度容易被杀死。大多数的致病菌不耐热。

2. 微生物生长和细胞（芽孢）形成的环境条件

这方面的因素包括：温度、离子环境、非脂类有机化合物、脂类和微生物的菌龄。

长期生长在较高温度环境下的微生物会被驯化，在较高温度下产生的芽孢比在较低温度下产生的芽孢的耐热性强；尽管离子环境会影响芽孢的耐热性，但没有明显规律，Ca^{2+}、Mg^{2+}、Fe^{3+}、PO_4^{3-}、Mn^{2+}、Na^+、Cl^- 等离子的存在均会影响（降低）芽孢的耐热性；许多有机物会影响芽孢的耐热性，虽然在某些特殊的条件下能得到一些数据，但也很难下一般性的结论；有研究显示低浓度的饱和与不饱和脂肪酸对微生物有保护作用，它使肉毒杆菌芽孢的耐热性提高；关于菌龄对微生物耐热性的影响，芽孢和营养细胞不一样，幼芽孢较老芽孢耐热，而年幼的营养细胞对热更敏感，也有研究指出营养细胞的耐热性在最初的对数生长期会增强。

3. 热杀菌时的环境条件

热杀菌时影响微生物耐热性的环境条件有：pH 和缓冲介质、离子环境、水分活性、其他介质组分。

由于多数微生物生长于中性或偏碱性的环境中，过酸和过碱的环境均使微生物的耐热性下降，故一般芽孢在极端的 pH 环境下的耐热性较中性条件下的差。缓冲介质对微生物的耐热性也有影响，但缺乏一般性的规律。

大多数芽孢杆菌在中性范围内耐热性最强，pH 值低于 5 时芽孢就不耐热，此时耐热性的强弱常受其他因素的影响。某些酵母的芽孢的耐热性在 pH 4～5 时最强。

由于 pH 与微生物的生长有密切的关系，它直接影响到食品的杀菌和安全。在罐头食品中，人们从公共卫生安全的角度将罐头食品按酸度（pH）进行分类，有 2 类、3 类、4 类分法。其中最常见的为分为酸性和低酸性两大类。

酸性食品（acid food）：指天然 pH≤4.6 的食品。对番茄、梨、菠萝及其汁类，pH<4.7；对无花果，pH≤4.9，也称为酸性食品。

低酸性食品（low acid food）：指最终平衡 pH>4.6，a_w>0.85 的任何食品，包括酸化而降低 pH 的低酸性水果、蔬菜制品，它不包括 pH<4.7 的番茄、梨、菠萝及其汁类和 pH≤4.9 的无花果。

在加工食品时，可以通过适当的加酸提高食品的酸度，以抑制微生物（通常以肉毒杆菌芽孢为主）的生长，降低或缩短杀菌的温度或时间，此即为酸化食品。

酸化食品（acidified foods）：是指加入酸或酸性食品使产品最后平衡 pH≤4.6 和 a_w>0.85 的食品。它们也被称为酸渍食品。值得注意的是，不是任何食品都能通过简单的加酸进行酸化的，水分活度等其他一些因素会影响酸化的效果，酸化处理通常仅用于某些蔬菜和汤类食品，而且必须按照合理的酸化方法进行酸化。此外酸的种类也会影响酸化的效果。

食品中低浓度的食盐（低于 4%）对芽孢的耐热性有一定的增强作用，但随着食盐浓度的提高（8%以上）会使芽孢的耐热性减弱。如果浓度高于 14%，一般细菌将无法生长。盐浓度的这种保护和削弱作用的程度，常随腐败菌的种类而异。例如在加盐的青豆汤中做芽孢菌的耐热性试验，当盐浓度为 3%～3.5% 时，芽孢的耐热性有增强的趋势，盐浓度为 1%～2.5% 时芽孢的耐热性最强，而盐浓度增至 4% 时，影响甚微。其中肉毒杆菌芽孢的耐热性在盐浓度为 0.5%～1.0% 时，芽孢的耐热性有增强的趋势，当盐浓度增至 6% 时，耐热性不会减弱。

其他无机盐对细菌芽孢的耐热性也有影响。氯化钙对细菌芽孢耐热性的影响较食盐弱一些，而氢氧化钠、碳酸钠或磷酸钠等对芽孢有一定的杀菌力，这种杀菌力常随温度的提高而增强，因此如果在含有一定量芽孢的食盐溶液中加入氢氧化钠、碳酸钠或磷酸钠时，杀死它们所需的时间可大为缩短。通常认为这些盐类的杀菌力来自未分解的分子而并不来自氢氧离子。

芽孢对干热的抵抗能力比湿热的强，如肉毒芽孢杆菌的干芽孢在干热下的杀灭条件是 120℃、120min，而在湿热下为 121℃、4～10min，这种差异与芽孢在两种不同环境下的破坏机制有关：湿热下的蛋白质变性和干热下的氧化，由于氧化所需的能量高于变性，故在相同的热杀菌条件下，湿热下的杀菌效果高于干热。

糖的存在也会影响细菌芽孢的耐热性，食品中糖浓度的提高会增强芽孢的耐热性。淀粉、蛋白质、脂肪等也对芽孢的耐热性有直接或间接的影响，其中淀粉对芽孢耐热性没有直接的影响，但由于包括 C_8 不饱和脂肪酸在内的某些抑制剂很容易吸附在淀粉上，因此间接地增加了芽孢耐热性。蛋白质中如明胶、血清等能增加芽孢的耐热性；油脂、石蜡、甘油等对细菌芽孢也有一定的保护作用，一般细菌在较干燥状态耐热性较强，油脂之所以有保护作用可能是其对细菌有隔离水或蒸汽的作用。食品中含有少量防腐或抑菌物质会大大降低一般的耐热性。

介质中的一些其他成分也会影响微生物的耐热性，如 SO_2、抗生素、杀菌剂和香辛料等抑物质的存在对杀菌会有促进和协同作用。

表 2-6 给出了低酸性食品中一些典型的芽孢菌的耐热性参数。

表 2-6　作为低酸性食品杀菌依据的典型芽孢菌的耐热性参数

芽 孢 菌	D_{121}/min	Z/℃	食品
嗜热脂肪芽孢杆菌	4.0	10	蔬菜、乳
嗜热解糖梭状芽孢杆菌	3.0～4.0	7.2～10	蔬菜
生芽孢梭状芽孢杆菌(PA3679)	0.8～1.5	8.8～11.1	肉
枯草芽孢杆菌	0.5～0.76	4.1～7.2	乳制品
肉毒梭状芽孢杆菌 A 型和 B 型	0.1～0.3	5.5	低酸性食品
肉毒梭状芽孢杆菌 E 型	3.0(D_{60})	10	低酸性食品

三、加热对酶的影响

（一）酶和食品的质量

酶也会导致食品在加工和贮藏过程中的质量下降（见表2-7），主要反映在食品的感官和营养方面的质量降低。这些酶主要是氧化酶类和水解酶类，包括过氧化物酶、多酚氧化酶、脂肪氧合酶、抗坏血酸氧化酶等。

表 2-7　与食品质量降低有关的酶类及其作用

酶 的 种 类	酶 的 作 用
过氧化物酶类（peroxidases）	导致蔬菜变味、水果褐变
多酚氧化酶（polyphenol oxidase）	导致蔬菜和水果的变色、变味以及维生素的损失
脂肪氧合酶（lipoxygenase）	破坏蔬菜中必需脂肪和维生素 A，导致变味
脂肪酶（lipase）	导致油、乳和乳制品的水解酸败以及燕麦饼过度褐变、麸皮褐变等
多聚半乳糖醛酸酶类（polygalacturonases）	破坏和分离果胶物质，导致果汁失稳或果实过度软烂
蛋白酶类（proteases）	影响鲜蛋和干蛋制品的贮藏，导致虾、蟹肉组织过度软烂，影响面团的体积和质构
抗坏血酸氧化酶（ascorbic acid oxidase）	破坏蔬菜和水果中的抗坏血酸（维生素 C）
硫胺素酶（thiaminase）	破坏肉、鱼中的硫胺素（维生素 B_1）
叶绿素酶类（chlorophyllases）	破坏叶绿素，导致绿色蔬菜褪色

不同食品中所含的酶的种类不同，酶的活力和特性也可能不同。以过氧化物酶为例，在不同的水果和蔬菜中酶活力相差很大，其中辣根过氧化物酶的活力最高，其次是芦笋、土豆、萝卜、梨、苹果等，蘑菇中过氧化物酶的活力最低。与大多数蔬菜相比，水果具有较低的过氧化物酶活性。又如大豆中的脂肪氧合酶相对活力最高，绿豆和豌豆的脂肪氧合酶活力相对较低。

过氧化物酶在果蔬加工和保藏中最受人关注。由于它的活力与果蔬产品的质量有关，还因为过氧化物酶是最耐热的酶类，它的钝化作为热加工对酶破坏程度的指标，当食品中过氧化物酶在热加工中失活时，其他酶以活性形式存在的可能性很小。但最近的研究也提出，对于某些食品（蔬菜）的热烫灭酶而言，破坏导致这些食品质量降低的酶，如豆类中的脂肪氧合酶较过氧化物酶与豆类变味的关系更密切，对于这些食品的热烫以破坏脂肪氧合酶为灭酶指标更合理。

（二）酶的最适温度和热稳定性

酶是一种生物催化剂，温度对酶反应有明显的影响，任何一种酶都有其最适的作用温度。酶的稳定性还和其他一些因素有关：pH、缓冲液的离子强度和性质、是否存在底物、酶和体系中蛋白质的浓度、保温的时间及是否存在抑制剂和活化剂等。

应该明确区分酶活性-温度关系曲线和酶的耐热性曲线。酶活性-温度关系曲线是在除了温度变化以外，其他均为标准的条件下进行一系列酶反应而做得的。在酶活性-温度关系曲线中的温度范围内，酶是"稳定"的，这是因为实际上不可能测定瞬时的初始反应速率。酶的耐热性的测定则首先是将酶（通常不带有底物）在不同的温度下保温，其他条件保持相同，按一定的时间间隔取样，然后采用标准的方法测定酶的活性。热加工的时间通常远大于测定分析的时间。

虽然我们将酶的热失活反应看作是一级破坏反应，但实际上在一定的温度范围内，一些酶的破坏反应并不完全遵循这一模式，如甜玉米中的过氧化物酶在 88℃ 下的失活具有明显的双相特征（图 2-4）。可以看出，其中的每一相都遵循一级反应动力学。图中的前一线性部分（CA）代表酶的不耐热（热不稳定）部分的失活，而后一线性部分（*BD*）代表酶的耐热（热稳定）部分的失活。

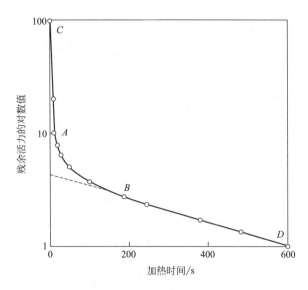

图 2-4 甜玉米中的过氧化物酶在 88℃下的失活曲线
(以邻苯二胺作为氢供体底物测定酶活力)

有些酶的失活可能是可逆的，如果蔬中的过氧化物酶和乳中的碱性磷酸酶等。在某一条件下热加工时被钝化的酶，在食品贮藏过程中会部分得到再生。但如果热加工的温度足够高的话，所有的酶的变性将是不可逆的，这时热加工后酶也不会再生。

影响酶的耐热性的因素主要有两大类：酶的种类和来源，热加工的条件。

酶的种类及来源不同，耐热性相差也很大（表 2-8）。酶对热的敏感性与酶分子的大小和结构复杂性有关，一般说来，酶的分子愈大和结构愈复杂，它对高温就愈敏感。

表 2-8 几种来源不同的氧化酶的耐热性

酶	来源	pH	D_T/min
过氧化物酶	豌豆	自然	$(D_{121})3.0$
过氧化物酶	芦笋	自然	$(D_{90})0.20$(不耐热部分) $(D_{90})350$(耐热部分)
过氧化物酶	黄豆(带荚)	自然	$(D_{100})1.14$
过氧化物酶	黄豆(不带荚)	自然	$(D_{95})0.75$
脂肪氧合酶	黄豆(带荚)	9.0	$(D_{100})0.5$
脂肪氧合酶	黄豆(不带荚)	7.0	$(D_{95})0.39$
多酚氧化酶	土豆	自然	$(D_{100})2.5$

传统的耐热性酶是腺苷激酶，可在 100℃、pH 1 的条件下保留活性相当长的时间。通过适当的基因控制方法所生产的微生物酶，如细菌淀粉酶，耐热性可达到相当高的程度。食品中的过氧化物酶的耐热性也较高，通常被选作为热烫的指示酶。与食品相关的酶类中有不少是耐热性中等的，这些酶在 40~80℃的温度范围内可起作用。这些酶包括：果胶甲酯酶、植酸酶、叶绿素酶、胶原酶等；此外还包括一些真菌酶类，如淀粉酶；作为牛乳和乳制品巴氏杀菌的指示酶的碱性磷酸酶也属此类。食品中绝大多数的酶是耐热性一般的酶，如脂酶和大蒜蒜素酶等，其作用的温度范围为 0~60℃，最适的温度在 37℃，通常对温度的耐性不超过 65℃。

同一种酶，若来源不同，其耐热性也可能有很大的差异。植物中过氧化物酶的活力愈高，它的耐热性也较高。表 2-9 列出了果蔬中过氧化物酶的耐热性特征。

表 2-9 不同果蔬中过氧化物酶的耐热性

酶的来源	$Z/℃$	说　　明
辣根	17 27	不耐热部分 耐热部分
豌豆	9.8;9.9	两相失活的 Z 值
菠菜	13 17.5～18.0	pH 6,分离酶 pH 4～8,粗提取液
甘蓝	9.6 14.3	丙酮粉水提取液,不耐热部分占 58%～60% 丙酮粉水提取液,耐热部分占 40%～42%
青刀豆	7.8～15.3	不同的品种;pH 5.8～6.3;热烫 6s,温度 105.8～133.6℃完全失活
茄子	11.8	pH 5.03;热烫 6s,温度 117.2℃完全失活
樱桃	6.8	pH 3.46;匀浆;热烫 6s,温度 77.2℃完全失活

pH、水分含量、加热速率等热加工的条件参数也会影响酶的热失活。从上述的酶的耐热性参数可以看出，热加工时的 pH 直接影响着酶的耐热性。一般食品的水分含量愈低，其中的酶对热的耐性愈高，谷类中过氧化物酶的耐热性最明显地体现了这一点。这意味着食品在干热的条件下灭酶的效果比较差。加热速率影响到过氧化物酶的再生，加热速率愈快，热加工后酶活力再生的愈多。采用高温短时的方法进行食品热加工时，应注意酶活力的再生。食品中的蛋白质、脂肪、糖类等都可能会影响酶的耐热性，如糖分能提高苹果和梨中过氧化物酶的热稳定性。

四、加热对食品营养成分和感官品质的影响

加热对食品成分的影响可以产生有益的结果，也会造成营养成分的损失。热加工可以破坏食品中不需要的成分，如禽类蛋白中的抗生物素蛋白、豆科植物中的胰蛋白酶抑制素。热加工可改善营养素的可利用率，如淀粉的糊化和蛋白质的变性，可提高其在体内的可消化性。加热也可改善食品的感官品质，如美化口味，改善组织状态，产生可口的颜色等。

加热对食品成分产生的不良后果也是很明显的，这主要体现在食品中热敏性营养成分的损失。过高温度烤（炸）和长时间受热会使食品中的蛋白质（包括肽、氨基酸）、油脂和糖类发生降解及复合反应，不仅造成营养成分的损失，还会产生一些有害物质［如杂环胺化合物、苯并(a)芘等］。食品烘焙过程发生的羰氨反应（即美拉德反应），其中间产物再与氨基酸作用，产生醛、烯胺醇等物质，使烘焙食品具有独特的香味和表皮棕色，构成烘焙食品的品质特征。但美拉德反应可造成赖氨酸的损失，还可产生丙烯酰胺等。一些以淀粉为主成分的食品（马铃薯片、谷物和面包等）在 120 ℃以上高温下会产生丙烯酰胺。动物实验发现丙烯酰胺单体对神经系统具有毒性作用，已被世界卫生组织列为"人类可能的致癌物"。

热加工造成营养素的损失研究最多的对象是维生素。脂溶性的维生素一般比水溶性的维生素对热较稳定。通常的情况下，食品中的维生素 C、维生素 B_1、维生素 D 和泛酸对热最不稳定。

对热加工后食品感官品质的变化，也可以采用量化的指标加以反映。

食品营养成分和感官品质指标对热的耐性主要取决于营养素和感官指标的种类、食品的种类，以及 pH、水分、氧气含量和缓冲盐类等一些热加工时的条件。表 2-10 列出了一些食品成分及品质指标的热破坏参数。

表 2-10　一些食品成分及品质指标的热破坏参数

食品成分及品质指标	来源	pH	Z/℃	D_{121}/min	温度范围/℃
硫胺素	胡萝卜泥	5.9	25	158	109～149
硫胺素	豌豆泥	天然	27	247	121～138
硫胺素	羊肉泥	6.2	25	120	109～149
核黄素	—	—	31.1	—	—
维生素 C	液态复合维生素制剂	3.2	27.8	1.12d	3.9～70
维生素 B_{12}	液态复合维生素制剂	3.2	27.8	1.94d	3.9～70
维生素 A	液态复合维生素制剂	3.2	40	12.4d	3.9～70
叶酸	液态复合维生素制剂	3.2	36.7	1.95d	3.9～70
d-泛酸	液态复合维生素制剂	3.2	31.1	4.46d	3.9～70
甲硫氨酸	柠檬酸钠缓冲液	6.0	18.6	8.4	81.1～100
赖氨酸	大豆	—	21	786	100～127
肌苷酸	缓冲液	3	18.9	—	60～97.8
IMP	缓冲液	4	21.4	—	60～97.8
IMP	缓冲液	5	22.8	—	60～97.8
叶绿素 a	菠菜	天然	45	34.1	100～130
叶绿素 b	菠菜	天然	59	48	100～130
花青素苷	葡萄汁	天然	23.2	17.8	20～121
甜菜苷	甜菜汁	5.0	58.9	46.6	50～100
类胡萝卜素	红辣椒	天然	18.9	0.038	52～65
色泽(-a/b)	青豆	天然	39.4	25.0	79.4～148.9
色泽(-a/b)	芦笋	天然	41.7	17.0	79.4～148.9
色泽(-a/b)	青刀豆	天然	38.9	21.0	79.4～148.9
美拉德反应	苹果汁	天然	25	4.52h	37.8～130
非酶褐变	苹果汁	天然	30.5	4.75h	37.8～130
品尝质量	玉米	天然	31.7	6.0	79.4～148.9
品尝质量	整青刀豆	天然	28.9	4.0	79.4～148.9
质构和烹调品质	青豆	天然	32.2	1.4	76.7～93.3
质构和烹调品质	整玉米	天然	36.7	2.4	100～121.1
质构和烹调品质	硬花甘蓝	天然	44.4	4.4	100～121.1
质构和烹调品质	南瓜	天然	25.6	1.5	83.3～115.5
质构和烹调品质	胡萝卜	天然	16.7	1.4	80～115.5
质构和烹调品质	青刀豆	天然	15.6	1.0	83.8～115.5
质构和烹调品质	土豆	天然	23.3	1.2	71.7～115.5
质构和烹调品质	甜菜	天然	18.9	2.0	82.2～115.5
胰蛋白酶抑制素	豆奶	—	37.5	13.3	93.3～121.1

过程检查 2-1
是否掌握了食品热加工反应的规律和重要特性参数?

第三节　食品热加工条件的选择与确定

一、食品热加工方法的选择

热加工的作用效果不仅与热加工的种类有关，而且与热加工的方法有关。也就是说，满足同一热加工目的的不同热加工方法所产生的加工效果可能会有差异。以液态食品杀菌为例，低温长时和高温短时杀菌可以达到同样的杀菌效果（巴氏杀菌），但两种杀菌方法对食品中的酶和食品成分的破坏效果可能不同。杀菌温度的提高虽然会加快微生物、酶和食品成分的破坏速率，但三者的破坏速率增加并不一样，其中微生物的破坏速率在高温下较大。因此采用高温短时的杀菌方法对食品成分的保存较为有利，尤其在超高温瞬时灭菌条件下更显著，但此时酶的破坏程度也会减小。此外，热加工过程还需考虑热的传递速率及其效果，合理选择行之有效的温度及时间。

选择热加工方法和条件时应遵循下列基本原则。首先，热加工应达到相应的热加工目的。以加工为主的，热加工后食品应满足热加工的要求；以保藏为主要目的的，热处理后的食品应达到相应的杀菌、钝化酶等目的。其次，应尽量减少热加工造成的食品营养成分的破坏和损失。热加工过程不应产生有害物质，满足食品安全要求。热加工过程要重视热能在食品中的传递特征与实际效果。表 2-11 列出了一些热加工的优化方法。

表 2-11　一些热加工的优化方法

热加工的种类	优化方法
热烫	考虑非热损失所造成的营养成分的损失（如沥滤、氧化降解等）
巴氏杀菌	若食品中无耐热性的酶存在时，尽量采用高温短时工艺
商业杀菌	对对流传热和无菌包装的产品，在耐热性酶不成为影响工艺的主要因素时，尽量采用高温短时工艺；对传导传热的产品，一般难以采用高温短时工艺

二、热能在食品中的传递

在计算热加工的效果时必须知道两方面的信息，一是微生物等食品成分的耐热性参数，二是食品在热加工中的温度变化过程。对于热杀菌而言，具体的热杀菌过程可以通过两种方法完成。一种是先用热交换器将食品杀菌并达到商业无菌的要求，然后装入经过杀菌的容器并密封；另一种是先将食品装入容器，然后再进行密封和杀菌。前一种方法多用于流态食品，由于加热是在热交换器中进行的，传热过程可以通过一定的方法进行强化，传热也呈稳态传热；后一种方法是传统的罐头食品加工方法，传热过程热能必须通过容器后才能传给食品，容器内各点的温度随加热的时间而变，属非稳态传热，而且传热的方式与食品的状态有关，传热过程的控制较为复杂。下面主要以后一种情况为主，研究热能在食品中的传递。

（一）罐头容器内食品的传热

影响容器内食品传热的因素包括：表面传热系数；食品和容器的物理性质；加热介质（蒸汽）的温度和食品初始温度之间的温度差；容器的大小。对于蒸汽加热的情况，通常认为其表面传热系数很大（相对于食品的导热性而言），此时传热的阻力主要来自包装及食品。对金属包装食品来说，传热时热穿透的速率取决于容器内食品的传热机制。对于黏度不很高液体或汤汁中含有小颗粒固体的食品，传热时食品会发生自然对流，热穿透的速率较快，而且此时的对流传热还可以通过旋转或搅拌罐头来加强，如旋转式杀菌设备。容器内装的是特别黏稠的液态食品或固态食品时，食品中的传热主要以传导的方式进行，其热穿透的速率较慢。还有一些食品的传热可能是混合形式的，当食品的温度较低时，传热为热传导，而食品的温度升高后，传热可能以对流为主。这类食品的热穿透速率随传热形式的变化而变化。

要能准确地评价罐头食品在热杀菌中的受热程度，必须找出能代表罐头容器内食品温度变化的温度点，通常人们选罐内温度变化最慢的冷点（cold point）温度，加热时该点的温度最低（此时又称最低加热温度点，slowest heating point），冷却时该点的温度最高。热杀菌时，若处于冷点的食品达到热杀菌的要求，则罐内其他各处的食品也肯定达到或超过要求的热杀菌程度。罐头冷点的位置与罐内食品的传热情况有关。对于传导传热方式的罐头，由于传热的过程从罐壁传向罐头的中心处，罐头的冷点在罐内的几何中心。对于对流传热的罐头，由于罐内食品发生对流，热的食品上升，冷的食品下降，罐头的冷点将向下移，通常在罐内的中心轴上罐头几何中心之下的某一位置（见图 2-5）。而传导和对流混合传热的罐头。其冷点在上述两者之间。每种罐头冷点的位置最好是通过实际测定来确定，一般要测定 6～8 罐。一些参考书给出了一些常见罐头的冷点位置可供参考。

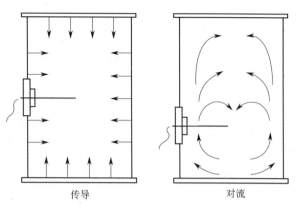

图 2-5 传导和对流时罐头的冷点位置

（二）评价热穿透的数据

测定热杀菌时传热的情况，应以冷点的温度变化为依据，采用将温度探头置于冷点位置的温度传感器测定和记录温度的变化，获得热穿透数据。

在评价热杀菌的效果时，需要应用热穿透的有关数据，这时应首先画出罐头内部的传热曲线（也称为热穿透曲线），求出其有关的传热特性值。

传热曲线是将测得罐内冷点温度（T_p）随时间的变化画在半对数坐标上所得的曲线。作图时以传热推动力，即冷点温度与杀菌锅内加热温度（T_h）或冷却温度（T_c）之差（T_h-T_p 或 T_p-T_c）的对数值为纵坐标，以时间为横坐标，得到相应的加热曲线或冷却曲线。为了避免在坐标轴上用温差表示，可将用于标出传热曲线的坐标纸上下倒转 180°，纵坐标标出相应的冷点温度值（T_p）。以加热曲线为例，纵坐标的起点为 $T_h-T_p=1$（理论上认为在加热结束时，T_p 可能非常接近 T_h，但 $T_h-T_p\neq0$），相应的 T_p 值为 T_h-1，即纵坐标上最高线标出的温度应比杀菌温度低 1℃，第一个对数周期坐标的坐标值间隔为 1℃，第二个对数周期坐标的坐标值间隔为 10℃，这样依次标出其余的温度值。典型的加热曲线和冷却曲线如图 2-6～图 2-8所示。

图 2-6 属于简单型加热曲线（simple heating curve），当产品出现先对流传热后传导传热时，如淀粉溶液开始糊化变稠，就产生转折型加热曲线（broken heating curve），如图 2-7 所示。图 2-8 为典型的冷却曲线（cooling curve）。

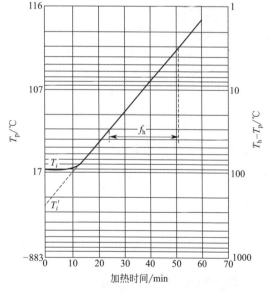

图 2-6 典型的简单型加热曲线

传热曲线有两个重要的特点：首先，为了能用数学的方法计算热杀菌过程的杀菌效果，必须将罐头食品冷点温度随时间的变化做成传热曲线，对于呈线性的传热曲线，可以用直线的斜率和截距等数据反映其传热特性；其次，理论上我们认为在整个传热过程中，罐头食品的冷点温度可能很接近杀菌温度，但实际上冷点温度难以等同杀菌锅内的杀菌温度，即 $T_h-T_p\neq0$。

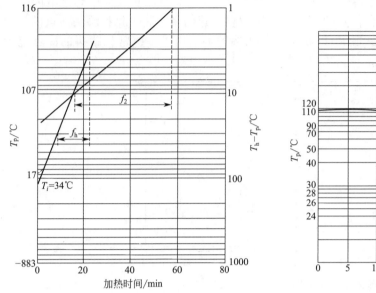

图 2-7 典型的转折型加热曲线　　　　　图 2-8 典型的冷却曲线

传热曲线的特性可以通过一些重要的特征参数来反映。其中最重要的是直线的斜率。我们将传热曲线的直线穿过一个对数周期所需的时间（以 min 计）定义为 f 值，对简单型加热曲线标记为 f_h，对转折型加热曲线转折点前的部分仍记为 f_h，转折点后的部分记为 f_2，对于冷却曲线则记为 f_c。可以看出，f 值愈小，传热的速率愈快。

直线的斜率与 f 值的关系为：

$$斜率 = \tan\theta = \frac{\Delta y}{\Delta x} = \frac{1}{f} \tag{2-14}$$

另一特征参数是直线的截距，做法是将传热曲线的直线部分向起点方向延长，使其与纵坐标相交，即传热时间为零时的冷点温度，为了便于区分，我们将传热曲线的真实初始温度记为 T_i，而将上述直线的截距点记为假初始温度 T'_i。

以简单型加热曲线为例，直线的方程式又可写为：

$$\lg(T_h - T_p) = (-t/f_h) + \lg(T_h - T'_i) \tag{2-15}$$

式（2-15）是以纵坐标为温度差的数值写出的，其中 t 为整个加热时间。尽管式（2-15）可以完整地描述传热曲线的线性部分，但它不能确定产品何时开始对数加热期，也就是说它无法显示滞后时间。我们引入滞后因子 j 来解决这一问题：

$$j = \frac{T_h - T'_i}{T_h - T_i}$$

记：

$$I = T_h - T_i$$

则：

$$T_h - T'_i = j(T_h - T_i) = jI$$

代入式（2-15）：

$$\lg(T_h - T_p) = (-t/f_h) + \lg jI \tag{2-16}$$

三、食品热加工条件的确定

为了知道食品热加工后是否达到热加工的目的，热加工后的食品必须经过测试，检验食品中微生物、酶和营养成分的破坏情况以及食品质量（色、香、味和质感）的变化。如果测试的结果表明热加工的目的已达到，则相应的热加工条件即可确定。现在也可以采用数学模型的方法通过计算来确定热加工的条件，但这一技术尚不能完全取代传统的实验法，因为计算法的误差需要通过实验才能校正，而且作为数学计算法的基础，热加工对象的耐热性和热加工时的传热参数都需要通过实验取得。下面以罐头食品的热杀菌为主，介绍热加工条件的确定方法。

（一）确定食品热杀菌条件的过程

确定食品热杀菌条件时，应考虑影响热杀菌的各种因素。食品的热杀菌以杀菌和抑酶为主要目的，应基于微生物和酶的耐热性，并根据实际热杀菌时的传热情况，确定达到杀菌和抑酶的最小热杀菌程度。确定食品热杀菌条件的过程如图 2-9 所示。

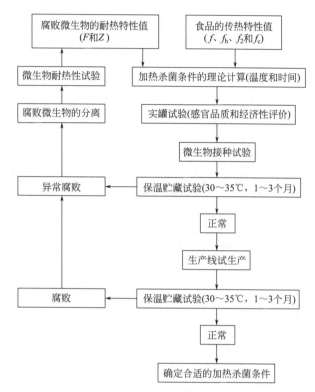

图 2-9 确定食品热杀菌条件的过程

（二）食品热杀菌条件的计算

食品热杀菌的条件主要是杀菌值和杀菌时间，目前广泛应用的计算方法有三种：改良基本法、公式法和列线图解法。

1. 改良基本法

1920 年比奇洛（Bigelow）首先创立了罐头杀菌理论，提出推算杀菌时间的基本法（the general method），又称基本推算法。该方法提出了部分杀菌率的概念，它通过计算包括升温和冷却阶段在内的整个热杀菌过程中的不同温度-时间组合时的致死率，累积求得整个热杀菌过程的致死效果。1923 年鲍尔（Ball）根据加热杀菌过程中罐头中心所受的加热效果用积分计算杀菌效果的方法，形成了改良基本法（improved general method）。该法提高了计算的准确性，成为一种广泛使用的方法。

在杀菌过程中，食品的温度会随着杀菌时间的变化而不断发生变化，当温度超过微生物的致死温度时，微生物就会出现死亡。温度不同，微生物死亡的速率不同。在致死温度停留一段时间就有一定的杀菌效果。可以把整个杀菌过程看成是在不同杀菌温度下停留一段时间所取得的杀菌效果的总和。比奇洛首先提出了部分杀菌量（partial sterility）的概念。

对罐头食品而言，在某一特定的温度 T 下，将罐内微生物全部杀死所需的热力致死时间为 τ min，那么罐头在该温度下加热 t min，所取得的部分杀菌量为 t/τ，将其记为 A，则：

$$A = t/\tau \tag{2-17}$$

我们将杀菌过程分为 n 个温度段，在每个温度段各自的平均温度为 T_i，对应的热力致死时间

为 τ_i min 在该温度段停留的时间分别为 t_i min，则在每个温度段取得的部分杀菌量为：

$$A_i = t_i / \tau_i \tag{2-18}$$

整个杀菌过程的总杀菌量则为：

$$A = \sum A_i = \sum t_i / \tau_i \tag{2-19}$$

当 $A = 100\%$ 时，表示整个杀菌过程达到了 100% 的杀菌量，罐内微生物被完全杀死。而当 $A < 100\%$ 时，表示杀菌不足，$A > 100\%$ 时，表示杀菌过度。由此可以推算出所需的杀菌时间。

上述的方法是根据一定的罐型、杀菌温度及罐头内容物的初始温度等条件下所得到的传热曲线推出的。它很难比较不同杀菌条件下的加热杀菌效果。为此，鲍尔引入了杀菌值（sterilizing value）或称致死值（leathality）的概念。

杀菌值又称 F 值，是指在一定的致死温度下将一定数量的某种微生物全部杀死所需的时间（min）。由于微生物的种类和温度均为特指，通常 F 值要采用上下标标注，以便于区分，即 F_T^z。一般将标准杀菌条件下的记为 F_0，罐头食品的标准杀菌条件如表 2-12 所示。

表 2-12　罐头食品的标准杀菌条件

杀菌类型	T/℃	Z/℃
常压杀菌	100（或 80~90）	8（微生物对象菌）
高温杀菌	121.1	10（微生物对象菌）
超高温杀菌	135	10.1（微生物对象菌），31.4（其他食品成分）

由于热杀菌时微生物的死亡按指数形式递减，人们提出了热力指数递减时间（thermal reduction time，TRT）的概念，它是指在一定的致死温度下将微生物的活菌数减少到某一程度如 10^{-n} 或 $1/10^n$（即原来活菌数的 $1/10^n$）所需的时间（min），记为 TRT_n，n 就是递减指数。很显然：

$$\mathrm{TRT}_n = nD \tag{2-20}$$

可以看出，TRT 值不受原始微生物活菌数影响，可以将它用作确定杀菌工艺条件的依据，这比用前述的受原始微生物活菌数影响的 TDT 值要更方便有利。

TRT_n 值像 D 值一样将随温度而异，当 $n = 1$，$\mathrm{TRT}_1 = D$ 时，以 D 的对数值为纵坐标，加热温度 T 为横坐标，根据 D 和 T 的关系可以得到一与拟热力致死时间曲线相同的曲线，也称为 TRT_1 曲线。

对于罐头的杀菌而言，要求达到的杀菌程度为商业无菌（commercial sterility）。经过试验，人们确定了罐头食品杀菌达到商业无菌的理论杀菌值：

$$F = \mathrm{TRT}_n = nD \tag{2-21}$$

上式中的递减指数 n 因不同的对象菌而不同，如对于低酸性食品在标准杀菌条件（121.1℃）下进行杀菌时，当对象菌是梭状芽孢杆菌（PA3679）时，$n = 5$；对象菌是嗜热脂肪芽孢杆菌时，$n = 6$；对象菌是肉毒梭状芽孢杆菌时，$n = 12$。

$F = nD$ 从概率学上说明了微生物死亡的情况。如 $F = 12D$ 表示经过 $12D$ 的时间（min）杀菌后罐内食品中肉毒梭状芽孢杆菌的活菌数（包括芽孢）降低了 10^{12} 数量级，对于一罐 1000g 装的罐头而言，若原来罐内食品中肉毒梭状芽孢杆菌的活菌数为 10^2 个·g^{-1}，经过杀菌后，罐内食品中肉毒梭状芽孢杆菌的活菌数减少到了 10^{-10} 个·g^{-1}，但这不是意味着每个罐内有 10^{-7} 个活菌存在，而从概率的角度来理解，它意味着每 10^7 个 1000g 装的罐头中才可能有一个罐头中有一个活菌存在。

在计算实际杀菌值时，鲍尔将杀菌过程中各温度下的致死值转换成标准温度（121.1℃）下的致死值，然后累计求出整个杀菌过程的杀菌值，以便和理论杀菌值比较，控制杀菌的程度。

根据拟热力致死时间曲线和式(2-5)可以得到：

$$\lg(\mathrm{TRT}_1 / \mathrm{TRT}) = \frac{T - T_1}{Z} \tag{2-22}$$

式中　TRT_1，TRT——对应于 T_1 和 T 的 TRT 值，min；

　　　　Z——D 值变化 90% 所对应的温度变化值，℃。

将式(2-22)的 TRT 换成 F，则有：

$$\lg \frac{F_i}{F_0} = \frac{121.1 - T_i}{Z} \tag{2-23}$$

式中　F_i，F_0——温度在 T_i、121.1℃时的 F 值，min；

　　　Z——D 值变化 90% 所对应的温度变化值，℃。

设 $F_0 = 1$，则式(2-23)变为：

$$\lg F_i = \frac{121.1 - T_i}{Z} \tag{2-24}$$

此处 F_i 表示在任何温度下达到相当于在标准杀菌条件（121.1℃）下加热 1min 的杀菌效果所需的时间（min）。

为了便于计算非标准杀菌温度下的杀菌效果，学者提出了致死率（lethal rate）L_i 的概念：

$$L_i = \frac{1}{F_i} \tag{2-25}$$

L_i 表示在任何温度下加热 1min 所取得的杀菌效果相当于在标准杀菌条件（121.1℃）下加热 1min 的杀菌效果的效率值。根据式(2-24)、式(2-25)可得：

$$L_i = \lg^{-1} \frac{T_i - 121.1}{Z} = 10^{\frac{T_i - 121.1}{Z}} \tag{2-26}$$

人们已将不同温度下的 F_i 值和 L_i 值制成表格（表2-13、表2-14），以便于查询。以 L_i 值为纵坐标、杀菌时间 t 为横坐标，还可以做出致死率曲线。

表 2-13　F_i 表 ($F_{121.1℃} = 1.000$)

杀菌温度 $T/℃$	$Z/℃$								
	6	7	8	9	10	11	12	13	14
100	3286	1033	434.5	220.8	128.8	82.79	57.28	41.98	32.14
101	2239	743.0	325.8	171.0	102.3	67.14	47.32	35.16	27.29
102	1524	535.8	244.3	132.4	81.28	54.45	39.08	29.44	23.12
103	1040	385.5	183.2	102.6	64.57	44.16	32.28	24.66	19.63
104	707.9	277.3	137.4	79.43	51.29	35.89	26.61	20.65	16.63
105	481.9	199.5	103.0	61.52	40.74	29.11	21.98	17.30	14.13
106	328.6	143.5	77.27	47.64	32.36	23.60	18.11	14.52	11.90
107	223.9	103.3	57.94	36.90	25.70	19.14	14.96	12.16	10.16
108	152.4	74.38	43.45	28.58	20.42	15.52	12.36	10.19	8.630
109	104.1	53.58	32.58	22.08	16.22	12.59	10.19	8.531	7.311
110	70.79	38.55	24.43	17.10	12.88	10.21	8.414	7.145	6.209
111	48.19	27.73	18.32	13.24	10.23	8.279	6.950	5.984	5.260
112	32.86	19.95	13.72	10.26	8.128	6.714	5.728	5.012	4.467
113	22.39	14.35	10.30	7.943	6.457	5.445	4.734	4.198	3.793
114	15.24	10.33	7.727	6.152	5.129	4.416	3.908	3.516	3.214
115	10.41	7.438	5.794	4.476	4.074	3.589	3.228	2.944	2.729
116	7.079	5.358	4.345	3.690	3.236	2.911	2.661	2.466	2.312
117	4.819	3.855	3.258	2.858	2.570	2.360	2.198	2.065	1.963
118	3.286	2.773	2.443	2.208	2.042	1.914	1.811	1.730	1.663
119	2.239	1.995	1.832	1.710	1.622	1.552	1.496	1.452	1.413
120	1.524	1.435	1.374	1.324	1.288	1.259	1.236	1.216	1.199
121	1.041	1.033	1.030	1.026	1.023	1.021	1.019	1.019	1.016
122	0.7079	0.7438	0.7727	0.7943	0.8128	0.8279	0.8414	0.8531	0.8630

续表

杀菌温度 T/℃	Z/℃								
	6	7	8	9	10	11	12	13	14
123	0.4819	0.5388	0.5794	0.6152	0.6457	0.6719	0.6950	0.7145	0.7311
124	0.3286	0.3855	0.4345	0.4764	0.5129	0.5145	0.5728	0.5984	0.6209
125	0.2239	0.2773	0.3258	0.3690	0.4074	0.4416	0.4732	0.5012	0.5260
126	0.1524	0.1995	0.2443	0.2858	0.3236	0.3589	0.3908	0.4198	0.4467
127	0.1041	0.1435	0.1832	0.2208	0.2570	0.2911	0.3228	0.3516	0.3793
128	0.0708	0.1033	0.1374	0.1710	0.2042	0.2360	0.2661	0.2944	0.3214
129	0.0482	0.0743	0.1030	0.1324	0.1622	0.1914	0.2198	0.2466	0.2729
130	0.0328	0.0536	0.0773	0.1026	0.1288	0.1552	0.1811	0.2065	0.2312

表2-14　L_i 表（$F_{121.1℃} = 1.000$，$Z = 10℃$）

T/℃	0.0	0.1	0.2	0.3	0.4	0.5	0.6	0.7	0.8	0.9
100	0.0078	0.0079	0.0081	0.0083	0.0085	0.0087	0.0089	0.0091	0.0093	0.0096
101	0.0098	0.0100	0.0102	0.0105	0.0107	0.0110	0.0112	0.0115	0.0117	0.0120
102	0.0123	0.0126	0.0129	0.0132	0.0135	0.0138	0.0141	0.0145	0.0148	0.0151
103	0.0155	0.0158	0.0162	0.0166	0.0170	0.0174	0.0178	0.0182	0.0186	0.0191
104	0.0195	0.0200	0.0204	0.0209	0.0214	0.0219	0.0224	0.0229	0.0234	0.0240
105	0.0245	0.0251	0.0257	0.0263	0.0269	0.0275	0.0282	0.0288	0.0295	0.0302
106	0.0309	0.0316	0.0324	0.0331	0.0339	0.0347	0.0355	0.0363	0.0371	0.0380
107	0.0389	0.0398	0.0407	0.0417	0.0427	0.0436	0.0447	0.0457	0.0468	0.0479
108	0.0490	0.0501	0.0513	0.0525	0.0537	0.0549	0.0562	0.0575	0.0589	0.0602
109	0.0617	0.0631	0.0646	0.0661	0.0676	0.0692	0.0708	0.0725	0.0741	0.0769
110	0.0776	0.0794	0.0813	0.0832	0.0851	0.0871	0.0891	0.0912	0.0933	0.0955
111	0.0978	0.1000	0.1023	0.1047	0.1071	0.1096	0.1133	0.1148	0.0075	0.1202
112	0.1230	0.1259	0.1288	0.1318	0.1349	0.1380	0.1413	0.1446	0.1479	0.1514
113	0.1549	0.1585	0.1622	0.1659	0.1698	0.1738	0.1778	0.1820	0.1862	0.1905
114	0.1950	0.1995	0.2042	0.2089	0.2138	0.2188	0.2239	0.2291	0.2344	0.2399
115	0.2455	0.2512	0.2571	0.2630	0.2692	0.2754	0.2818	0.2884	0.2952	0.3020
116	0.3093	0.3162	0.3236	0.3311	0.3436	0.3467	0.3549	0.3631	0.3715	0.3802
117	0.3891	0.3981	0.4073	0.4168	0.4266	0.4365	0.4466	0.4570	0.4677	0.4787
118	0.4897	0.5013	0.5128	0.5249	0.5371	0.5495	0.5624	0.5754	0.5889	0.6024
119	0.6165	0.6309	0.6456	0.6605	0.6761	0.6920	0.7077	0.7246	0.7413	0.7587
120	0.7764	0.7943	0.8130	0.8319	0.8511	0.8711	0.8913	0.9124	0.9328	0.9551
121	0.9775	1.000	1.023	1.047	1.071	1.096	1.122	1.148	1.175	1.202
122	1.230	1.259	1.288	1.318	1.349	1.380	1.413	1.446	1.479	1.514
123	1.549	1.565	1.622	1.659	1.698	1.738	1.778	1.820	1.862	1.905
124	1.950	1.995	2.042	2.089	2.138	2.188	2.239	2.291	2.344	2.399
125	2.455	2.512	2.571	2.630	2.692	2.754	2.818	2.884	2.952	3.020
126	3.090	3.162	3.236	3.311	3.436	3.467	3.549	3.631	3.715	3.802
127	3.891	3.981	4.073	4.168	4.266	4.365	4.466	4.570	4.677	4.786
128	4.891	5.013	5.128	5.249	5.371	5.495	5.624	5.754	5.869	6.024
129	6.165	6.309	6.456	6.605	6.761	6.920	7.077	7.246	7.413	7.587
130	7.764	7.943	8.130	8.319	8.511	8.711	8.913	9.124	9.328	9.551

可以采用积分的方法求整个杀菌过程的杀菌值：

$$F = \int_0^t L \, \mathrm{d}t \tag{2-27}$$

罐头食品杀菌过程中加热时间 t_i，t_{i+1}，t_{i+2}，…，t_{n-1}，在上述时间测得的罐内冷点温度相应地为：T_i，T_{i+1}，T_{i+2}，…，T_{n-1}，相应地可得到致死率 F_i，F_{i+1}，F_{i+2}，…，F_{n-1}，根据式(2-27)，F 值可以按照式(2-28) 求得：

$$F = \sum_{i=1}^{n-1} \frac{L_i + L_{i+1}}{2} \Delta t_i \tag{2-28}$$

式中　Δt_i——t_i 和 t_{i+1} 间隔的加热时间，min。

如果罐内的温度测定按照同一间隔时间 Δt 进行，则式(2-28) 可以简化为：

$$F = \left(\frac{L_1 + L_n}{2} + L_2 + L_3 + \cdots + L_{n-1} \right) \Delta t = \left(\frac{L_1 + L_n}{2} + \sum_{i=2}^{n-1} L_i \right) \Delta t \tag{2-29}$$

【例 2-1】 $4^{\#}$ 罐（$\phi 74.1\text{mm} \times 113\text{mm}$）装芦笋（大号条装、每罐 15 条）的杀菌过程中测得的时间、罐内温度如表 2-15 所示，其中升温时间为 17min，杀菌时间为 24min。根据温度计算或从致死率表确定其相应的致死率（选用 $Z = 10℃$ 作为计算或查表的依据），L_i 和 L_n 均为零。加热的时间间隔为 2min，根据式(2-29)，计算出 $\sum L_i$，结果见表 2-15，求出的 $\sum L_i$ 为 3.5552，故 $F_0 = \sum L_i \times \Delta t = 3.5552 \times 2 = 7.1\text{min}$。可将时间和罐内温度以及相应的 L_i 度值标绘在坐标纸上，结果如图 2-10 所示，可以求 t_i-L_i 曲线下的面积与单位面积 $F_0 = L_i t = 1.0$ 相比，比值即为整个杀菌过程的杀菌值。面积可以用求积仪求出，也可用称重法求得。

表 2-15　$4^{\#}$ 罐 （$\phi 74.1\text{mm} \times 113\text{mm}$) 装芦笋的杀菌过程中测得的时间、罐内温度和计算的致死效果

杀菌操作阶段	加热时间/min	罐内温度/℃	致死率 L_i	$\sum L_i$
升温阶段	0	34		
	2	34		
	4	34		
	6	36		
	8	41		
	10	52		
	12	65		
	14	79	0.0000	0.0000
	16	91	0.0010	0.0010
杀菌阶段	18	101.5	0.0110	0.0120
	20	108.0	0.0490	0.0610
	22	112.0	0.1230	0.1840
	24	114.0	0.1950	0.3790
	26	115.5	0.2754	0.6544
	28	116.0	0.3090	0.9634
	30	116.2	0.3236	1.2870
	32	116.4	0.3436	1.6306
	34	116.6	0.3549	1.9855（$F = 1.9855 \times 2 = 4.04\text{min}$）
	36	116.8	0.3715	2.3570
	38	117.0	0.3891	2.7461
	40	117.0	0.3891	3.1252
冷却阶段	42	117.0	0.3891	3.5243
	44	106.0	0.0309	3.5552（$F = 3.5552 \times 2 = 7.1\text{min}$）
	46	80	0.0000	
	48	60		
	50	47		
	52	37		

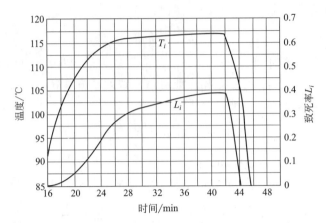

图 2-10 芦笋罐头杀菌时的传热和致死率曲线(F_0 值的计算)

通过上述的计算还可以计算杀菌时间，具体的做法是：求出的杀菌值必须和理论杀菌值一致，才能达到商业无菌和产品的安全要求。根据实际测定和计算的结果得到的杀菌值可能高于也可能低于理论杀菌值的要求。为此必须确定适宜的杀菌时间，找出适宜的杀菌值。这就要求在实测的数据中找出预期的和理论杀菌值相符的杀菌时间。以上例分析，杀菌时加热到 41min 才开始冷却，实际杀菌从 17min 开始算起为 24min，冷却 5min 后罐头温度下降到 80℃，计算所得的杀菌值为 7.1min。芦笋罐头杀菌时要求的杀菌值为 4min，从表 2-15 来看，加热时间减少到 34min 左右就可以开始冷却。那么它的 $\sum L_i$ 值为 1.9855＋0.0309（冷却）＝2.02，则其杀菌值 $F＝2.02×2＝4.04min$，即可达到要求。也就是说实际杀菌时间可以减少到 17min。若它要求的杀菌值提高到 10min 时，则原来的杀菌时间所得到的杀菌值达不到要求，需要延长时间以提高杀菌值。从表 2-15 中可以看出杀菌时间达到 41min 时罐内温度已达到 117℃，若延长杀菌时间 8min，则累积得杀菌值将增加 0.3891×8＝3.1128min，则总的杀菌值将为 7.1＋3.1128＝10.2min。这样可以达到 10min 的杀菌值要求。

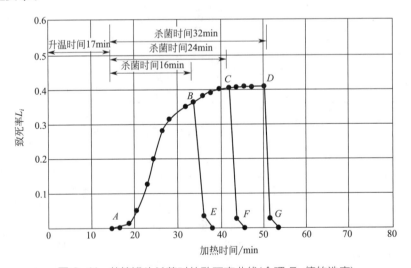

图 2-11 芦笋罐头杀菌时的致死率曲线(合理 F_0 值的选定)

同样也可采用做图法求出适宜杀菌所占的面积，并确定其相应的杀菌时间。如图 2-11 所示。面积为 ABE 的实际杀菌时间需要 16min，杀菌加热时间需 33min，$F＝4.1min$。面积为 ADG 的实际杀菌时间需要 32min，杀菌加热时间需 49min，$F＝10.1min$。

2. 公式法

此法由鲍尔（Ball）提出，后经美国制罐公司热工学研究组简化，用来计算简单型和转折型传热曲线上杀菌时间和 F 值。简化虽然会引入一些误差但影响不大。公式法根据罐头在杀菌过程中罐内容物温度的变化在半对数坐标纸上所绘出的加热曲线，以及杀菌结束冷却水立即进入杀菌锅进行冷却的曲线进行推算并找出答案。它的优点是可以在杀菌温度变更时算出杀菌时间，其缺点是计算烦琐、费时，还容易在计算中发生错误，又要求加热曲线必须呈有规则的简单型加热曲线或转折型加热曲线，才能求得较正确的结果。近几十年来许多学者对这种方法进行了研究，以达到既正确又简单，且应用方便的目的。随着计算机技术的应用，公式法和改良基本法一样准确，但更为快速、简洁。

拓展阅读 2-1
公式法计算杀菌值和杀菌时间

3. 列线图解法

列线图解法是将有关参数制成列线计算图，利用该图计算出杀菌值和杀菌时间。该法适用于简单型加热曲线，快捷方便，但不能用于转折型加热曲线的计算。

拓展阅读 2-2
列线图解法计算杀菌值和杀菌时间

（三）食品热杀菌条件的确定

1. 实罐试验

一般情况下罐头食品经热力杀菌后，其感官品质将下降，但是采用高温短时杀菌，可加速罐内传热速率，从而使内容物感官品质变化减小，同时还可提高杀菌设备的利用率。这是当前罐头工业杀菌工艺的趋势。

以满足理论计算的杀菌值（F_0）为目标，可以有各种不同的杀菌温度-时间组合，实罐试验的目的就是根据罐头食品质量、生产能力等综合因素选定杀菌条件，使食品热杀菌既能达到杀菌安全的要求，又能维持其高质量，同时在经济上也最合理。

某些食品选用低温长时间的杀菌条件可能更合适些。例如，属于传导传热型的非均质态食品，若选用高温短时杀菌条件，常会因为传热不均匀而导致有些个体食品中出现 F_0 值过低的情况，并有杀菌不足的危险。若杀菌结束时冷点温度和杀菌温度差超过 10℃，这说明传热速率很缓慢，靠近冷点的食品受热不足，而靠近罐壁的部分食品则受热过度。

2. 实罐接种杀菌试验

实罐试验可根据产品感官质量最好和经济上又最合理选定最适宜的温度-时间组合，在此杀菌条件基础上，为了确证所确定（理论性）杀菌条件的合理性，往往还要进行实罐接种杀菌试验。将常见导致罐头腐败的细菌或芽孢定量接种在罐头内，在所选定的杀菌温度中进行不同时间的杀菌，再保温检查其腐败率。根据实际商业上一般允许罐头腐败率为 0.01% 来计算，若检出的正确率为 95%，实罐试验数应达 29960 罐之多。当然实际上难以用数量如此大的罐头来做试验，经济上也不合理。因此，目前常采用将耐热性强的腐败菌接种于少量的罐头内进行杀菌试验，借以确证杀菌条件的安全程度。如实罐接种杀菌试验结果与理论计算结果很接近，表明所选定的杀菌条件在合理性和安全性有可靠的保证。此外，对那些用其他方法无法确定杀菌工艺条件的罐头也可用此法确定其合适的杀菌条件。

（1）试验用微生物　通常低酸性食品用耐热性高于肉毒杆菌的生芽孢梭状杆菌（*Clostridium sporogenses*）PA3679 芽孢，酸性食品用巴氏固氮梭状芽孢杆菌（*Clostridium pasteurianum*）或凝结芽孢杆菌（*Bacillus coagulans*）芽孢，高酸性食品则用乳酸菌、酵母菌作试验对象菌。

有时嗜热平酸菌也可用来作接种试验，它的培养时间可以缩短，只需 10～15d，取得试验结果较快，但是检验时要开罐检验，并测定 pH 值，工作量相对较大。

实罐接种杀菌试验用微生物或其芽孢，必须经标准的耐热性试验加以检定，通常用 M/15 磷酸缓冲液或蒸馏水作基质的 TDT 管法测定芽孢的耐热性。PA3679 菌芽孢在 M/15 磷酸缓冲液中的浓度为 1000 个·mL^{-1} 时，于 115.6℃需维持 12～16min 可全部致死，而肉毒杆菌芽孢在同样的磷酸缓冲液中浓度虽高达 $6×10^6$ 个·mL^{-1}，但在 115.6℃全部致死的时间为 16min，显然 PA3679 菌芽孢的耐热性强些。

（2）实罐接种方法　对流传热的产品可接种在罐内任何处，而传导传热的产品因其冷点在几何中心处，冷点的受热程度约低 10%，因此在实验时要注意接种在冷点位置。总的接种芽孢数是根据实际测定结果而确定的。

（3）试验罐数　如果每一组取试验罐 50 只（一般使用大罐），则正确率为 95% 时，可求得最小腐败率 5%～6%。若每组取试验罐 100 只或更多一些，则可求得更小的腐败率。另外应有空白对照样、品质鉴评样和传热测定用的试验罐 25～50 罐。

（4）试验分组　根据杀菌条件的理论计算，按杀菌时间的长短至少分为 5 组，其中 1 组为杀菌时间最短，试样腐败率达到 100%；1 组为杀菌时间最长，预计可达 0% 的腐败率；其余 3 组的杀菌时间将出现不同的腐败率，通常杀菌时间在 30～100min 之间时，每隔 5min 为 1 组；比较理想的是根据 F 值随温度提高时的对数递减规律进行分组，F 值可按 0.5、1.0、2.0、4.0、6.0，确定不同加热时间加以分组。每次试验要控制为 5 组，否则罐数太多，封罐前后停留时间过长，将影响试验结果。因此试验要求在一天内完成，并用同一材料。

对照组的罐头也应有 3～5 组，以便核对自然污染微生物的耐热性，同时用来检查核对二重卷边是否良好，罐内净重、沥干重和顶隙度等。还将用 6～12 罐供测定冷点温度之用。

（5）试验记录　试验时必须对以下内容进行测定并做好记录：接种微生物菌名和编号；接种菌液量、接种菌数和接种方法；各操作时间（如预处理时间、装罐时间、排气、封罐前停留时间等）；热烫温度与时间；装罐温度；装罐重量；内容物黏度（如果它为重要因子）；顶隙度；盐水或汤汁的浓度；热排气温度与时间；封罐和蒸汽喷射条件；真空度（指真空封罐）；封罐时内容物温度；杀菌前罐头初温；杀菌升温时间；杀菌过程中各阶段的温度和时间；杀菌锅上仪表（压力表、水银温度计、温度记录仪）指示值；冷却条件。

3. 保温贮藏试验

接种实罐试验后的试样要在恒温下进行保温试验。培养温度依据试验菌的不同而不同：如霉菌，21.1～26.7℃；嗜温菌和酵母，26.7～32.2℃；凝结芽孢杆菌，35.0～43.2℃；嗜热菌，50.0～57.2℃。

PA3679 菌的保温时间至少 3 个月，在最后 1 个月中尚未有胀罐的罐头不取出，继续保温，也有保温 1 年以上的。梭状厌氧菌、酵母或乳（酪）酸菌，至少保温 1 个月，如一星期内全部胀罐，可不再继续培养。霉菌生长也慢，要 2～3 周，也可能要 3 个月或更长一些时间。嗜热菌要10d～3 周，高温培养时间不宜过长，因可能加剧腐蚀而影响产品质量，FS1518 嗜热脂肪芽孢杆菌的芽孢如在其生长温度以下存放较长时间，可能导致其自行死亡，因此必须在杀菌试验后尽早保温培养。

保温试验样品应每天观察其容器外观有无变化，当罐头胀罐后即取出，并存放在冰箱中。保温试验完成后，将罐头在室温下放置冷却过夜，然后观察其容器外观，罐底盖是否膨胀，是否低真空，然后对全部试验罐进行开罐检验，观察其形态、色泽、pH 值和黏稠性等，并一一记录其结果。接种肉毒杆菌试样要做毒性试验，也可能有的罐头产毒而不产气。

当发现容器外观和内容物性状与原接种试验菌所应出现的症状有差异时，可能是漏罐污染或自然界污染了耐热性更强的微生物造成的，这就要进行腐败原因菌的分离试验。

4. 生产线上实罐试验

接种实罐试验和保温试验结果都正常的罐头加热杀菌条件，就可以进入生产线的实罐试验做最后验证。试样量至少 100 罐以上，试验时必须对以下内容进行测定并做好记录：热烫温度与时间；装罐温度；装罐量（固形物、汤汁量）；黏稠度（咖喱、浓汤类产品）；顶隙度；盐水或汤汁的温度；盐水或汤汁的浓度；食品的 pH 值；食品的水分活度；封罐机蒸汽喷射条件；真空度（指封罐机）；封罐时食品的温度；杀菌前的罐头初温；杀菌升温时间；杀菌温度和时间；杀菌锅上压力表、水银温度计、温度记录仪的指示值；杀菌锅内温度分布的均匀性；罐头杀菌时测点温度（冷点温度）的记录及其 F 值；罐头密封性的检查及其结果。此外，还应记录加热杀菌前食品每克（或每毫升）含微生物的平均数及其波动值，取样次数为 5～10 次；pH 3.7 以下的高酸性食品检验乳酸菌和酵母，pH 3.7～5.0 的酸性食品检验嗜温性需氧菌芽孢数（如果可能的话，嗜温性厌氧菌芽孢数也要检验），pH 5.0 以上的低酸性食品检验嗜温性需氧菌芽孢数、嗜热性需氧菌芽孢数（如果可能的话，嗜温性厌氧菌芽孢数也要检验），这对于保证杀菌条件的最低极限十分必要。

生产线实罐试样也要经历保温试验，希望保温 3～6 个月，当保温试样开罐后检验结果显示内容物全部正常，即可将此杀菌条件作为生产上使用，如果发现试样中有腐败菌，则要进行原因菌的分离试验。

过程检查 2-2
是否真正了解
F 值的意义及
其应用？

四、典型的热加工方法和条件

如前所述，食品热加工的作用因热加工种类的不同而异。而对于某种热加工，为达到同样的热加工目的，它也可以根据热加工的对象、加热介质和加热设备等而采取不同的热加工方法。

（一）工业烹饪

1. 焙烤

焙（baking）和烤（roasting）基本上是相同的单元操作，它们都以高温热来改变食品的食用特性。两者的区别在于烘焙主要用于面制品和水果，而烧烤主要针对肉类、坚果和蔬菜。焙烤也可达到一定的杀菌和降低食品表面水分活度的作用，使制品有一定的保藏性，但焙烤食品的贮藏期一般较短，结合冷藏和包装可适当地延长贮藏期。

焙烤过程中的传热存在着传导、对流和热辐射等多种形式。烤炉的炉壁通过热辐射向食品提供反射热能，远红外线辐射则通过食品对远红外线吸收以及远红外线与食品的相互作用产生热能。传导通常通过载装食品的模盘传给食品，模盘一般与烤炉的炉底或传送带接触，增加模盘与食品间的温度差可加快焙烤的速率。烤炉内自然或强制循环的热空气、水蒸气或其他气体则起到对流传热的作用。食品在烤炉中焙烤时，水分从食品表面蒸发逸出并被空气带走，食品表面与食品内部的湿度梯度导致食品内部的水分向食品表面转移，当食品表面的水分蒸发速率大于食品内部的水分向食品表面转移速率时，蒸发的区域会移向食品内部，食品表面会干化，食品表面的温度会迅速升高到热空气的温度（110～240℃），形成硬壳（crust）。由于烘焙通常在常压下进行，水分自由地从食品内部逸出，食品内部的温度一般不超过 100℃，这一过程与干燥相似。但当食品水分较低、焙烤温度较高时，食品的温度急升接近干球温度。食品表面的高温会导致食品成分发生复杂的变化，这一变化往往可以提高食品的食用特性。

食品焙烤时的加热方式有直接加热法和间接加热法。直接加热法通过直接燃烧燃料来加热食品，可通过控制燃烧的速率和热空气的流速来调节温度。此方法加热时间短，热效率高，容易控制，而且设备的启动时间短。但产品可能会受到不良燃烧产物的污染，燃烧室也需定期的维护以保持其高效运作。

间接加热法通过燃烧燃料加热空气或产生蒸汽，蒸汽也可由锅炉提供。空气或蒸汽通过加热管（走管内）加热焙烤室内的空气和食品。燃烧气体可以通过位于烘炉内的辐射散热器散热，也可在烘炉壁的夹层中通过来加热炉内的空气和食品。通过电加热管（板）加热也属于间接加热法。此法卫生条件好，安全性高。

焙烤设备有间歇式、半连续式和连续式的。在间歇设备中，炉壁的四周和底部通常被加热，而连续设备的加热管（板）一般位于传送带的上方和两边。间歇炉一般为多层结构，设备适应范围广，可用于包括肉类和饼食等多种食品。蒸汽加热的间歇炉可用于肉类食品的焙烤，在此基础上加上熏烟装置使其可用于烟熏肉类、乳酪和鱼类等。间歇设备的不足是操作的劳动力费用高，物料焙烤的时间由于物料进出时滞后时间不同以及物料在炉内的位置不同而有所不同，需要一定的经验。

半连续式的烤炉主要是各种盘式的烤炉，其物料的装卸一般仍是间歇式的，但炉内盛放食品物料的盘子在焙烤的过程中处于连续运动中，炉内可以设置风扇以加强热风循环。盛放食品物料的盘子在炉内的运动可以是平面式的旋转，也可以是以立体式的运动。在这种设备中，不同盘中食品物料所受到的加热程度较为均一，容易操作控制。

连续式的设备一般采用隧道式结构，食品物料被置于连续运动的输送带（板）之上，输送带（板）以电机通过链条带动。烤炉的热量一般由电加热管提供（也可由煤气燃烧器提供），电加热管多采用远红外加热管。电加热管分组交叉分布于炉带上、下方的适当位置，管与管之间的水平距离也有一定的要求。整个烤炉一般按温度分成几个区，各区的电加热管的分布有一定的差异。炉温的调节一般采用开关和电压控制。烤炉设计有通风装置，以便合理地排除蒸发的水蒸气和烟气。

烤炉的宽度可达 1.5m，长度由几十米到上百米，炉架一般采用钢结构，炉墙用定形砖或金属板加保温材料构成，钢带有张紧和调偏机构。连续式设备的生产规模大，生产效率高，控制精确，但设备的占地面积较大，投入费用较高。

焙烤温度和时间是影响焙烤制品质量的主要工艺因素，它一般随食品的品种、形状和大小而变化，温度高、时间长，食品表面的脱水快，容易烧焦；温度低、时间短，食品不易烤熟或上色不够。食品块形小，水分蒸发快，容易烤熟；而块形大时，食品内部水分不易蒸发，烘烤温度应略高、时间略长。对于同品种同块形的食品，如果焙烤的温度较高，则时间可以适当缩短；而温度偏低则时间可适当延长。

表 2-16 为饼干常见的焙烤炉温和时间。一般酥性饼干的烘烤温度较低，时间较短，而韧性饼干的烘烤温度较高，时间较长。

表 2-16　饼干常见的焙烤炉温和时间

饼干品种	炉温/℃	停留时间/min	成品含水量/%
韧性饼干	250～280	3.5～5	2～4
酥性饼干	240～260	3.5～5	2～4
曲奇饼干	220～250	3～4.5	2～4
苏打饼干	280～320	4～6	3～5.5
粗饼干	200～220	7～10	2～5

2. 油炸

油炸主要是为了提高食品的食用品质而采用的一种热加工手段。通过油炸可以产生油炸食品特有的色香味和质感。油炸也有一定的杀菌、灭酶和降低食品水分活度的作用。油炸食品的贮藏性主要由油炸后食品的水分活度所决定。

当食品被放入热油中，食品表面层的温度会很快升高，水分也会迅速蒸发。其传热传质的情况与焙烤时的情况相似，传热的速率取决于油和食品之间的温度差，热穿透的速率则由食品的导热特性决定。油炸后食品表面形成的硬壳呈多孔结构，里面具有大小不同的毛细管，油炸时水和水蒸气从较大的毛细管逸出，其位置被油取代。紧贴食品表面的边界层的厚度决定了传热传质的快慢，边界层的厚度又与油的黏度和流动速度有关。

食品获得完全油炸的时间取决于食品的种类、油的温度、油炸的方法、食品的厚度（大小）和所要达到的食用品质。对于一些有可能污染致病菌的食品（如肉类），如果要通过油炸取得杀菌的作用，油炸时必须使食品内部受到足够的热加工程度。

油炸温度的选择主要由油炸工艺的经济性和希望达到的油炸效果所决定。温度高时间一般较短，设备的生产能力也相对较高。但温度高会加速油脂降解成游离脂肪酸，这会改变油的黏度、风味和色泽，这样会增加换油的次数，加大油的消耗。另一经济方面的损失是食品在高温产生的一些不良变化，食品中的含油量也会提高。丙烯醛是高温时产生的降解物，它在油的上方产生蓝色的烟雾，造成空气污染。

油炸温度的选择还取决于油炸后食品希望达到的油炸效果。一些食品（如炸面圈、炸鱼和家禽等）油炸时油的温度较高，油炸的时间较短，油炸后食品表面形成硬壳，但食品内部水分含量仍较高，食品在贮藏过程中由于水分和油脂的扩散，食品表面很快会变软，因此不耐贮藏。这类食品主要在餐饮系统常见，结合适当的冷藏可延长其贮藏期。另一些食品（如马铃薯脆片、油炸小食品和挤压半成品）油炸时的温度并不太高，但炸的时间较长，食品表面不会很快形成硬壳，食品脱水较剧烈，这类食品的贮藏期相对较长。

油炸方法按照油和食品接触的情况可分为浅层油炸和油浴油炸两种。

浅层油炸（shallow frying）是一种接触式油炸，它通过浅盘加热加热面上的薄油层及食品，其传热主要为传导传热。适合于单位体积表面积较大且表面较为规则的食品，油炸时油层的厚度视食品表面的规则程度而定。由于油层和蒸汽气泡将食品托起于加热面，使油炸食品表面各处温度可能不同，食品表面褐变呈不规则状。此法的表面传热系数较高（$200\sim400\text{W}\cdot\text{m}^{-2}\cdot\text{K}^{-1}$）。

深层油炸，或称油浴油炸（deep-fat frying），食品浸没于加热油浴中进行油炸，其传热既有传导，也有对流。适合于各种形状的食品，但不规则状食品耗油较多。其传热系数在水分从食品表面蒸发出来之前为 $250\sim300\text{W}\cdot\text{m}^{-2}\cdot\text{K}^{-1}$，水蒸气从食品中逸出时的搅拌作用使传热系数可达到 $800\sim1000\text{W}\cdot\text{m}^{-2}\cdot\text{K}^{-1}$，但蒸发速率过大会在食品表面形成水蒸气膜而使传热系数降低。

按照油炸时的压力情况可将油炸方法分为常压油炸和真空油炸。通常的油炸是在常压下进行的，油炸时的油温一般在160℃以上，这时食品物料中的部分营养成分在高温下受到破坏；而且高温下反复使用炸油，油中成分发生聚合反应，导致炸油劣变，产生一些对人体有害甚至致癌的物质；此外常压油炸食品含油量相对较高；油炸食品加工范围受到很大的限制；油炸火候不易控制等。

真空油炸技术是近年来发展起来的一种新型油炸技术。真空油炸在真空条件中进行油炸，这种在相对缺氧的状况下进行的食品加工，可以减轻甚至避免氧化作用所带来的危害，例如脂肪酸败、色素褐变或其他氧化变质等。在真空度为 0.093MPa 的真空系统中（即绝对压力为 0.008MPa），纯水的沸点大约为40℃，在负压状态中，以油作为传热媒介，食品内部的水分（自由水和部分结合水）会急剧蒸发而喷出，使组织形成疏松多孔的结构。在含水食品的汽化分离操作中，真空是与低温密切相连的，从而可有效地避免高温加工给食品带来的问题。

目前的真空油炸设备已具有较高效率的抽真空性能，能在短时间内处理大量二次蒸汽，并能较快建立起真空度不低于 0.092MPa 的真空条件；设备可采用蒸汽加热或电加热，油炸过程中物料可实现自动搅拌；设备具有脱油装置，能在真空条件下进行脱油，可避免在真空恢复到常压过程中，油质被压入食品的多孔组织中，以确保产品含油量低于25%；油炸设备的温度、时间等参数可实现自动控制。

（二）热烫

热烫具有杀菌、排除食品物料中的气体、软化食品物料、便于装罐等作用。蔬菜和水果的热烫还可结合去皮、清洗和增硬等加工处理同时进行。

根据其加热介质的种类和加热的方式的情况，目前使用的热烫方法可分为：热水热烫（hot-water blanching）、蒸汽热烫（steam blanching）、热空气热烫（hot-air blanching）和微波热烫（microwave blanching）等。其中又以热水热烫和蒸汽热烫较为常用。

热水热烫采用热水作为加热和传热的介质，热烫时食品物料浸没于热水中或将热水喷淋到食品物料上面。这种方法传热均匀，热利用率较高，投资小，易操作控制，对物料有一定的清洗作用。食品中的水溶性成分（包括维生素、矿物质和糖类等）易大量损失，耗水量大，产生大量废水。

蒸汽热烫用蒸汽直接喷向食品物料，这种方法克服了热水热烫的一些不足。食品物料中的水溶性成分损失少，产生的废水少或基本上无废水。设备投资较热水法大，大量处理原料时可能会传热不均，热效率较热水法低，热烫后食品重量上有损失。

热空气热烫通常采用空气和蒸汽混合（沸腾床式）加热。热烫时间短，食品的质量较好，无废水，有一定的物料混合作用。设备较复杂，操作要求高，多处于研究阶段。

微波热烫则采用微波直接作用于食品物料并产生热能，其热效率高，时间短，对食品中的营养成分破坏小，无废水，和蒸汽结合使用可降低成本，缩短热烫时间。设备投资较大，成本高。

影响食品热烫的因素包括：蔬菜和水果的种类、食品物料的大小和热烫的方法。表 2-17 显示了部分蔬菜热烫的工艺条件。

表 2-17　部分蔬菜热烫的工艺条件

品种	温度/℃	时间/min	品种	温度/℃	时间/min
菜豆	95～100	2～3	花菜	93～96	1～2
豌豆	96～100	1.5～3	茎柳菜	93～96	1～2
蚕豆	95～100	1.5～2.5	芦笋	90～95	1.5～3
毛豆	93～96	1.5～2.5	蘑菇	96～98	4～6
青刀豆	90～93	1.5～2.5	马铃薯	95～100	2～3
胡萝卜	93～96	1～3	甜玉米	96～100	3～4

（三）热挤出

挤出过程中的热可以由挤出机和物料自身的摩擦和剪切作用产生，也可由外热导入。热能使物料的温度上升，发生"蒸煮"作用。它具有生产工艺简单、热效率高、可连续化生产、应用的物料范围广、产品形式多、投资少、生产费用低以及无副产物产生等特点。

图 2-12 显示了普通单螺杆挤出机的基本结构以及物料在单螺杆挤出机内的运动过程。根据挤出过程各阶段的作用和挤出食品的变化，挤出过程一般可分为：输送混合、压缩剪切、热熔均压和成型膨化等阶段，但每一段之间的变化有时很难分清楚。物料质构上的变化主要发生在压缩剪切、热熔均压和成型膨化等阶段。挤出过程中当食品物料进入压缩剪切段后，挤出机的螺杆直径逐渐增大，螺距逐渐变小，加之挤出机出料端模头的阻碍作用，物料在向前运动的过程中，受到的挤压压力愈来愈大，物料被压实，物料颗粒间的间隙减小到零，形成固体塞运动；同时物料由于受摩擦产生的热量或挤出机筒体加热的作用而急剧升温，部分物料由开始的固态粉粒状变成流体状，并与其他固态物料混合揉捏成面团状，热的"蒸煮"作用使物料成为可塑性的面团，并逐渐向熔融的状态过渡，故也有人将这一段称为过渡段。物料进入熔融段后，压力和温度急剧上升，挤出机的作用使物料各处均压、均温，熔融的物料呈均匀的流体向前运动，然后定量地从挤出机的模头挤出。物料从模头挤出时，由原来的高温高压状态一下子变成常压状态，物料内部的水分会发生闪蒸，水分的迅速蒸发可使熔融态的物料在蒸汽压力的拖带下膨胀、冷却并凝固。模头上模孔的间隙根据挤出机的大小而定，模孔的形状和大小决定了挤出物料的形状，挤出的物料经切刀切割成适当的长短。

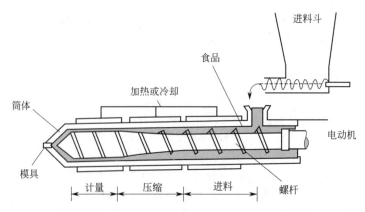

图 2-12　物料在单螺杆挤出机内的挤出过程示意

热挤出中的蒸煮作用使食品物料中的淀粉质组分发生水合、糊化和凝胶化，使蛋白质组分发生水合和变性，氨基酸和还原糖发生美拉德反应等作用，此外它还具有一般热加工的杀菌、灭酶以及对物料中的抗营养因子的破坏作用等。

高剪切力挤出机和低剪切力挤出机的性能比较见表 2-18。

表 2-18　高剪切力挤出机和低剪切力挤出机的性能比较

项目	低剪切力	高剪切力
进料水分/%	20～35	13～20
产品水分/%	13～15	4～10
挤出温度/℃	150 左右	200 左右
螺杆转速/r·min^{-1}	60～200	250～500
螺杆剪切率/s^{-1}	20～100	120～180
输入机械能/10^6J·kg^{-1}	0.072～0.18	0.504
适合产品类型	湿软产品	植物组织蛋白、膨化食品、饲料
产品形状	较复杂	较简单
成型率	高	低

　　影响挤出食品的两个主要因素是挤出的工艺操作条件和食品物料的流变学特性。最主要的工艺操作条件包括：温度、压力、挤出设备筒体的尺寸和剪切速率。剪切速率受筒体的设计、螺旋的转速和螺旋的几何形状等的影响。物料的特性是影响挤出物质构和色泽的主要因素，物料的主要特性包括物料的水分、物理状态和化学组成（特别是物料中蛋白质、脂肪和糖类的种类和比例）。

（四）杀菌

　　巴氏杀菌的食品物料一般贮藏期较短，通常只有几小时到几天，结合其他的贮藏条件可以延长其贮藏期。不同食品巴氏杀菌的目的和条件见表 2-19。

表 2-19　不同食品巴氏杀菌的目的和条件

食品	主要目的	次要目的	作用条件
pH≤4.6			
果汁	杀灭酶(果胶酶和聚半乳糖醛酸酶)	杀死腐败菌(酵母菌和霉菌)	65℃,30min;77℃,1min
啤酒	杀死腐败菌(野生酵母、乳杆菌和残存酵母)		88℃,15s;65～68℃,20min;72～75℃,1～4min;900～1000kPa
pH>4.6			
牛乳	杀死致病菌(流产布鲁氏杆菌、结核分枝杆菌)	杀死腐败菌及灭酶	63℃,30min;71.5℃,15s
液态蛋	杀死致病菌(沙门氏杆菌)	杀死腐败菌	64.4℃,2.5min;60℃,3.5min
冰淇淋	杀死致病菌	杀死腐败菌	65℃,30min;71℃,10min;80℃,15s

　　杀菌的方法通常以压力、温度、时间、加热介质和设备以及杀菌和装罐密封的关系等来划分，以压力划分可分为常压杀菌和加压杀菌；杀菌的加热介质可以是热水、水蒸气、水蒸气和空气的混合物以及火焰等。

　　常压杀菌主要以水（也有用水蒸气的）为加热介质，杀菌温度在 100℃或 100℃以下，用于酸性食品或杀菌程度要求不高的低酸性食品的杀菌。杀菌时罐头处于常压下，适合于以金属罐、玻璃瓶和软性包装材料为容器的罐头。杀菌设备有间歇式和连续式的。

　　加压杀菌通常用水蒸气，也可以用加压水作为杀菌介质。高压蒸汽杀菌利用饱和水蒸气作为加热介质，杀菌时罐头处于饱和蒸汽中，杀菌温度高于 100℃，用于低酸性食品的杀菌。杀菌时杀菌设备中的空气被排尽，有利于温度保持一致。在较高杀菌温度（罐直径 102mm 以上，或罐直径 102mm 以下温度高于 121.1℃）时，冷却时一般采用空气反压冷却。杀菌设备有间歇式和连续式的，罐头在杀菌设备中有静止的也有回转的。回转式杀菌设备可以缩短杀菌时间。

高压水煮杀菌则利用空气加压下的水作为加热介质，杀菌温度高于100℃，主要用于玻璃瓶和软性材料为容器的低酸性罐头的杀菌。杀菌（包括冷却）时罐头浸没于水中以使传热均匀，并防止由于罐内外压差太大或温度变化过剧而造成的容器破损。杀菌时需保持空气和水的良好循环以提高传热效率并使温度均匀。杀菌设备主要是间歇式的，但罐头在杀菌时可保持回转。软罐头杀菌时则需要特殊的托盘（架）放置软罐头以利于加热介质的循环。

空气加压蒸汽杀菌利用蒸汽为加热介质，同时在杀菌设备内加入压缩空气以增加罐外压力，减小罐内外压差。空气加压蒸汽杀菌主要用于玻璃瓶和软罐头的高温杀菌。杀菌温度在100℃以上，杀菌设备为间歇式。其控制要求严格，否则易造成杀菌时杀菌设备内温度分配不均。

火焰杀菌利用火焰直接加热罐头，是一种常压下的高温短时杀菌。杀菌时罐头经预热后在高温火焰（温度达1300℃以上）上滚过，短时间内达到高温，维持一段较短时间后，经水喷淋冷却。罐内食品可不需要汤汁作为对流传热的介质，内容物中固形物含量高。但由于灭菌时罐内压较高，一般只用于小型金属罐。此法的杀菌温度较难控制（一般以加入后测定罐头辐射出的热量确定）。

热装罐密封杀菌则对装罐前的食品进行热杀菌，然后趁热立即将食品装罐密封，利用食品的余热完成对密封后罐头的杀菌或进行二次杀菌，达到杀菌要求后再将罐头冷却，主要用于汁酱类酸性食品的杀菌。杀菌设备多用管式或片式，对装罐容器的清洁无菌程度要求较高，密封后多将罐头倒置，以保证对罐盖的杀菌。

预杀菌无菌装罐（包装）使食品在预杀菌过程中达到杀菌要求，然后冷却至常温，在无菌的状态下装入经灭菌处理的无菌容器中并进行密封（封罐），多用于液态和半液态食品的杀菌。预杀菌在热交换器中完成，时间短。无菌装罐可在无菌包装设备或系统中完成，是一种连续的高温短时或超高温瞬时杀菌方法。该法适用于软性包装材料和金属、塑料容器。

表2-20列出了乳制品常见的热杀菌方法。

表2-20　乳制品常见的热杀菌方法

方法	低温长时杀菌法(巴氏杀菌)	高温短时杀菌法(HTST)	超高温瞬时杀菌法(UHT)
杀菌效果	可杀死病原菌,不能破坏乳中所有的酶类	可杀死病原菌和大部分腐败菌,并破坏酶类。对乳中的营养成分破坏较小	几乎可杀死所有的微生物,对乳中的营养成分破坏小
适用产品	消毒乳、干酪	消毒乳、炼乳、乳粉、干酪、冰淇淋	消毒乳、炼乳、乳粉
杀菌设备	容器式杀菌缸	管式、片(板)式等连续杀菌器	管式、片(板)式等连续杀菌器,喷射式、注入式直接加热器

对于罐装的食品，根据食品的种类、包装的形式和大小，达到同样的杀菌目的可以有不同温度-时间的工艺组合。表2-21列出了部分罐头食品的热杀菌条件。

表2-21　部分罐头食品的热杀菌条件

罐头品种	罐型	净重/g	杀菌条件
午餐肉	306 或 756	198	15′—50′—反压冷却/121℃(反压:147kPa)
	304	340	15′—55′—反压冷却/121℃(反压:147kPa)
茄汁猪肉	860	256	15′—60′—15′/121℃,冷却
梅菜猪肉	962	397	15′—(50~60)′—15′/121℃,冷却
牛尾汤	6101	298	15′—70′—20′/118℃,冷却
浓汁牛肉	962	397	15′—85′—20′/121℃,冷却
咸羊肉	701 或 953	340	15′—80′—反压冷却/121℃(反压:98~117.6kPa)
咖喱鸡	781	312	(15~20)′—60′—反压冷却/121℃(反压:147kPa)
油浸鲭鱼	860	256	15′—80′—反压冷却/118℃
茄汁鳗鱼	946	256	10′—60′—15′/116℃,冷却

续表

罐头品种	罐型	净重/g	杀菌条件
茄汁沙丁鱼	603	340	$15'-80'-20'/118℃$，冷却
	604	198	$15'-75'-20'/118℃$，冷却
豆豉鲮鱼	510 或 953	227	$10'-60'-15'/115℃$，冷却
清蒸对虾	962	300	$15'-70'-20'/115℃$，冷却
糖水橘子(全去囊衣)	781	312	$5'-13'/100℃$，冷却
	9121	850	$5'-23'/100℃$，冷却
糖水菠萝(圆片)	7110	425	$5'-(15\sim20)'/100℃$，冷却
	8113	567	$5'-(20\sim25)'/100℃$，冷却
桃子酱	9116	1000	$5'-15'/100℃$，冷却
猕猴桃汁	5104	200	$5'-8'/100℃$，冷却
青刀豆	7116	425	$10'-25'-$反压冷却$/119℃$
	9124	850	$10'-30'-$反压冷却$/119℃$
蘑菇	6101	284	$10'-(17\sim20)'-$反压冷却$/121℃$
	9124	850	$15'-(27\sim30)'-$反压冷却$/121℃$
茄汁黄豆	7110	425	$15'-75'-15'/121℃$ 或 $10'-80'-10'/116℃$，冷却
	854	227	$15'-65'-15'/121℃$ 或 $10'-80'-10'/116℃$，冷却
番茄酱	668	198	$5'-25'/100℃$，冷却
	15267	5000	$7'-25'-7'/104℃$，冷却
芦笋	7116	425	$15'-15'-$反压冷却$/121℃$
琥珀核桃仁	889	200	空罐以75%酒精消毒，装罐后不杀菌
八宝斋	7103	383	$15'-70'-10'/121℃$，冷却

热杀菌技术的研究动向集中在热杀菌条件的最优化、新型热杀菌方法和设备开发方面。热杀菌条件的最优化就是协调热杀菌的温度时间条件，使热杀菌达到期望的目标，而尽量减少不需要的作用。常用的技术主要为两种：①分析或模型系统；②测量设备和控制系统。

完成分析或模型系统的方法有：营养成分保留的最优化（C 值）；数学模型和数学处理；一般最优化技术；开发半经验公式；过程的模拟；经验系统开发等。完成测量设备和控制系统的方法有：与致死率相关的在线调节；通过数据询问系统进行在线测量 F_0 值；半自动杀菌设备的半自动控制。

热杀菌的方法和工艺与杀菌的设备密切相关，良好的杀菌设备是保证杀菌操作完善的必要条件。目前使用的杀菌设备种类较多，不同的杀菌设备所使用的加热介质和加热的方式、可达到的工艺条件以及自动化的程度不尽相同。杀菌设备除了具有加热、冷却装置外，一般还具有进出料（罐）传动装置、安全装置和自动控制装置等。

立式杀菌锅是一种间歇式的杀菌设备，它可用于常压或加压杀菌，适用于批量小、品种多的情况。与立式杀菌锅相比，卧式杀菌锅也是一种间歇式的杀菌设备，但它一般只能用于加压杀菌，锅体的容量一般也较立式的大。这种设备适用于大中规模罐头生产。立式和卧式杀菌锅都应实现温度自动记录，加热介质为蒸汽或热水，并确保杀菌过程锅内任何一点传热均匀。

在卧式杀菌锅的基础上，人们开发了另一种间歇式的杀菌设备——回转式杀菌设备（图 2-13）。其锅体也呈平卧式，但其杀菌车（篮）在锅体内可以以锅体的轴线为轴心回转，从而加强了杀菌过程中锅内的传热过程。加热介质一般用过热水（以蒸汽加热），且过热水可以沿锅体轴线方向循环。

杀菌结束时，过热水可暂贮于杀菌锅上方的贮水锅中反复使用。杀菌过程中的压力、温度等可自动调节。该设备的杀菌时间短、热利用率高，且杀菌过程中罐头内外压力差变化小，杀菌时罐头的破损少、内容物品质高。

常用的常压连续杀菌设备是箱式的，罐头被置于链带上通过设备的加热和冷却区段，多以蒸汽加热水喷淋或浸泡来加热食品，以冷水冷却食品。设备有单层和多层形式，多层式设备的占地面积小、生产能力大，但链带传动机构较复杂，罐头运动中卡罐的可能性也增大。它适合于罐头食品的大规模连续化常压杀菌。

图 2-13　回转式杀菌设备

静水压式杀菌（图 2-14）是一种连续式的加压罐头杀菌，它靠一定高度的水柱所产生的压力来维持和调节杀菌室的压力，同时呈"U"形的水柱又可以对杀菌前后的罐头进行加热和冷却，杀菌室的蒸汽温度一般在 121～127℃，杀菌时间可以链带运动速率调节。该设备适用性广，蒸汽和水的消耗量少，控制调节较易，生产能力高，且杀菌过程中罐头的温度和压力变化均匀，品质较好。但该设备的外形高，造价也高，一般只适合于大规模连续化生产。

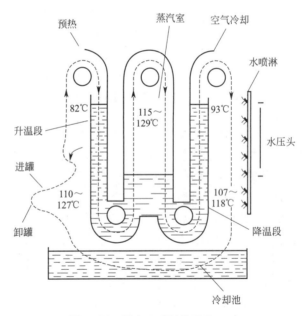

图 2-14　静水压式杀菌示意

管式和板（片）式热交换器是食品物料在装罐前常用的热杀菌设备，一般用于液态食品的高温短时或超高温瞬时杀菌。可以满足液态食品的高温短时或超高温瞬时杀菌的热杀菌设备还有套管式超高温杀菌设备、闪蒸杀菌设备等。套管式超高温杀菌设备体积小，传热效率和热利用率高，可自动控制，多用于牛乳、果蔬汁等液态食品装罐前的超高温杀菌。闪蒸杀菌设备为直接加热设备，主要用于液态乳的超高温瞬时杀菌。它直接将蒸汽注入乳中，或将乳喷入充满热蒸汽的加热室（罐）内，使乳的温度瞬间达到 140℃左右，并保持几秒钟，然后将乳泵入真空蒸发室闪蒸，使乳的温度迅速下降到 75℃左右（也可用其他冷却器将乳进一步冷却到所需的温度）。该设备加热食品物料的时间短，对食品物料的热损伤小，但其所用的加热蒸汽需确保干净，不对食品造成污染。此类设备可有多种形式。表 2-22 列出了一些超高温杀菌设备的特点。

拓展阅读 2-3 液体食品的超高温（UHT）瞬时杀菌技术和无菌包装技术

表 2-22　超高温（UHT）杀菌设备的特点

杀菌方法		适应黏度 /mPa·s	固形物情况	优点及缺点
直接式	喷射式	1～5000	不可	时间短，品质高；因局部加热，会产生热变性；同时因直接加热，加工制品会变薄
	输注式	1～100×10⁴	<15mm	高黏度，固体也可。因直接加热，加工制品会变薄
间接式	板式	1～500	不可	效率高，运转费低，降低物料黏度
	管式	1～1×10⁴	<5mm	以中黏度、小固体为对象；适用性广
	搅拌式	1～100×10⁴	可	高黏度，固体也可；但有时会产生滞留；设备投资大，运转费用高

拓展阅读 2-4
固体食品的高温短时（HTST）杀菌技术和无菌包装技术

第二章

第四节　新型食品热加工技术

一、欧姆加热

欧姆加热（Ohmic heating，OH）也称电阻加热、焦耳加热，它是利用食品本身的介电性质，当电流通过食品时可将电能转化为热能，使得食品温度升高，从而达到直接加热的效果。欧姆加热一般适用于含有足量的水和电解质以允许电流通过的食品材料。

欧姆加热装置一般由一对或几对施加电压的电极组成，食品在电极之间的空间流动，起到移动电阻的作用（图 2-15）。用于欧姆加热的电流多为交流电（50Hz 或 60Hz），以避免直流电引起的食品成分电解变质和电极电解腐蚀。研究显示，对某些产品，更高频率（在 kHz 和 MHz 范围内）的电流会使加热速率更快且对产品质地的损伤更少。

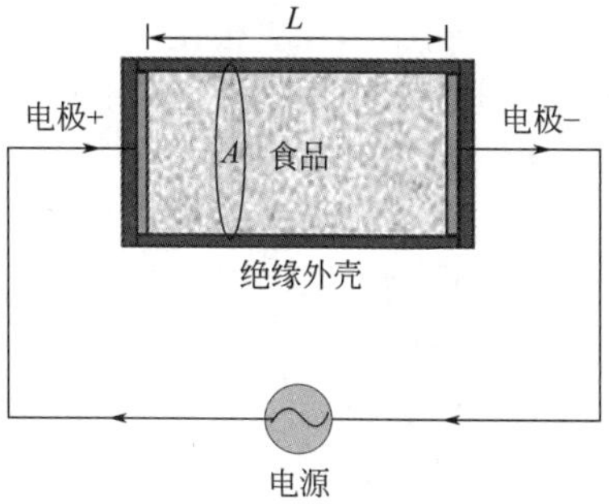

图 2-15　欧姆加热过程原理图

1. 理论基础

电阻加热是基于欧姆定律，欧姆定律可以写成：

$$I=\frac{V}{R} \text{或} R=\frac{V}{I} \tag{2-30}$$

式中　R——电阻，Ω；

　　　V——电压，V；

　　　I——电流，A。

食品作为导体，其电阻取决于其固有特性，即电阻率 ρ 及其几何形状。

$$R=\rho\left(\frac{L}{A}\right) \tag{2-31}$$

式中　ρ——食品的电阻率，Ω·m；

　　　L——电极之间的距离，m；

　　　A——电极的横截面积（参见图 2-15），m²。

一般，使用电导 G（电阻的倒数）更方便，它反映导体的导电性。它被写成：

$$G=\frac{1}{R}=\sigma\left(\frac{A}{L}\right) \tag{2-32}$$

式中　G——电导，S；

　　　σ——电导率，S·m⁻¹。

电流通过食品时因食品的电阻而将电能转化为热能，产生的能量速率（即功率 P，单位为 W）与电流 I 和电压 V 的关系遵循焦耳定律：

$$P = IV = I^2R = V^2/R \tag{2-33}$$

将式（2-32）代入式（2-33），可得：

$$P = V^2\sigma\left(\frac{A}{L}\right) \tag{2-34}$$

功率 P 在食品材料中耗散一段时间 t 后产生热量 Q，即：

$$Q = Pt \tag{2-35}$$

如果已知食品材料的比热容（C_p）和质量（m），则可以在不损耗的情况下估计食品的温升（ΔT）：

$$\Delta T = \frac{Q}{mC_p} \tag{2-36}$$

食品的导电性取决于它们的成分、离子强度和温度，如全脂牛奶、橙汁、苹果汁的电导率分别为 $0.55S \cdot m^{-1}$、$0.34S \cdot m^{-1}$、$0.26S \cdot m^{-1}$，而鸡肉和牛肉的分别为 $0.67S \cdot m^{-1}$、$0.49S \cdot m^{-1}$，草莓、苹果、土豆的电导率较低，分别为 $0.19S \cdot m^{-1}$、$0.07S \cdot m^{-1}$、$0.04S \cdot m^{-1}$，海水的电导率为 $4.95S \cdot m^{-1}$，而去离子水的电导率仅为 $5.72 \times 10^{-6}S \cdot m^{-1}$。为获得良好的加热效果，电导率建议在 $0.1\sim5S \cdot m^{-1}$ 范围内。通常，电导率低于 $0.01S \cdot m^{-1}$ 或高于 $10S \cdot m^{-1}$ 的材料不适合欧姆加热，因为它们需要非常高的电压或非常大的电流才能产生足够的热量。

2. 研究应用

与传统加热方法相比，欧姆加热不需要外部加热介质和传热表面，热量是在食品内部产生，可以实现接近 100% 的能量传递效率，具有能量利用率高、加热快而均匀、对食品品质影响小等特点。

在欧姆加热过程中，许多因素会影响食品的加热速度，包括电导率、比热容、与食品结构相关的元素（如颗粒大小、形状和电场中的取向）和溶质浓度。

关于食品欧姆加热技术的研究已相当广泛，在食品的杀菌、热烫和灭酶、解冻和成分提取等方面均具有很好的应用前景。欧姆加热特别适合于果汁、牛奶、豆浆和蛋液等液态食品的杀菌、钝酶，可实现高温瞬时加热，能很好地保留产品的营养和风味，并可实现连续生产。对于黏度较高、蛋白质含量较高、带固体颗粒的固液混合食品，如果酱、果冻、肉糜、香肠等，通过调整固液两者的电导率，可实现固体和液体的同步快速加热，加热均匀、防止焦煳、杀菌效果好并保持食品的质地、口感和营养。

欧姆加热杀菌还被认为有一定的非热效应。与常规加热相比，欧姆加热显示出更好地灭活嗜热细菌孢子的作用，这可能是因为在休眠孢子的热活化过程中，电流和温度的协同作用增加了从孢子壁释放的离子化合物，如 DPA 和变性孢子蛋白酶片段；此外，电场可以与这些离子相互作用，提高孢子的激活率，从而使其更容易受到额外的电热效应。由于孢子与营养细胞的结构差异，电穿孔与孢子无关。

欧姆加热用于油炸土豆片的热烫，对原料中过氧化物酶的钝化速率较传统方法提高约 82%；用于苹果块的热烫，对多酚氧化酶和过氧化物酶的钝化效果均优于传统热烫方式，维生素 C 损失也少；欧姆加热用于豆浆的钝酶，可促进豆浆中脲酶和脂肪氧化酶的钝化，电场频率和电压对钝化效果均有显著影响。

欧姆加热用于肉类的解冻，无论是接触式解冻或是浸泡式解冻，均可大大缩短解冻时间，肉质较一般水浸解冻的更好、更接近鲜肉品质；欧姆加热用于肉类的烹饪，加热速度快且均匀，肉的蒸煮损失显著低于水浴加热，烹饪后的出品率高、肉色好、嫩度高。

欧姆加热还可用于活性化合物和油脂的提取，果蔬在榨汁前进行欧姆加热，会导致细胞膜的电渗透和组织的热软化，从而改变传质特性，从而加速和增强果蔬汁的回收。与传统加热提取的样品相比，欧姆加热提取的样品中含有更高水平的生物活性化合物，如 β-胡萝卜素和番茄红素。将欧姆加热用于米糠蒸炒预处理，可在确保压榨毛油得率及品质不降低的前提下，显著缩减热处理时间。

将欧姆加热用于芝麻油的提取，油的提取率随保温时间的延长而增加；当电场强度和温度最高时，欧姆加热样品的出油率最大。

二、红外加热

红外（infrared，IR）辐射在 19 世纪被发现，是指物体以红外线的形式向外传递能量的过程。红外线是波长在 0.75 μm～1 mm 的电磁波，它具有与可见光相同的性质，能被反射、折射并能够形成干涉图案。红外线的穿透能力较强、加热效果明显，红外线也可被红外探测设备捕捉。目前，红外辐照已广泛被用于军事、天文、医疗、轻工食品等领域。

1. 理论基础

在电磁波谱中，红外线的波长在可见光的红光之外，介于可见光与微波之间。红外又可按波长分为短波（0.7～2μm）、中波（2～4μm）和长波（4μm～1mm）三部分，分别称为近红外（NIR）、中红外（MIR）和远红外（FIR）。红外辐射中短波出现在温度高于 1000℃时，长波出现在 400℃以下，中波出现在这两个温度之间。电磁辐射被广泛应用于食品工业，微波与射频加热、紫外与 γ 射线辐照将分别在本书的第七章、第八章中介绍。

红外加热系统中，首先由红外辐射器产生红外线，然后红外线照射到并穿透进被加热的物体，物体分子吸收红外线的能量引发分子共振并相互摩擦，进而产生热量。红外加热具有过程快、加热均匀、不加热周围空气等特点，是理想的加热方式。红外加热的效果取决于红外辐射器温度和效率、红外反射/吸收特性和红外穿透性能。

当物体的温度在 10K 以上时，其红外辐射是热的。当辐射能被吸收时，可被用来加热其他物体，传热速率取决于：辐射体和吸收体的表面温度、表面性能及两者的形状。

从一个完美的发射源（称为黑体）发出的热量可用斯忒藩-玻耳兹曼方程计算：

$$Q = \sigma A T^4 \tag{2-37}$$

式中　Q——黑体表面辐射出的能量，J·s^{-1}；

σ——斯忒藩-玻耳兹曼常量，5.67×10^{-8}J·s^{-1}·m^{-2}·K^{-4}；

A——表面积，m^2；

T——绝对温度，K。

不同温度下各种黑体辐射均有最佳辐射波长，在此波长下产生最大辐射。根据普朗克定律，黑体产生最大强度。

$$u_\nu(\nu, T) = \frac{8\pi h\nu^3}{c^3} \frac{1}{e^{\frac{h\nu}{kT}} - 1} \tag{2-38}$$

式中　u_ν——单位频率在单位体积内辐射的能量密度频谱，J·m^{-2}·Hz^{-1}；

h——普朗克常数，6.63×10^{-34}J·s；

ν——频率，Hz；

c——真空中的光速，3×10^8m·s^{-1}；

k——玻耳兹曼常量，1.38×10^{-23}J·K^{-1}；

T——绝对温度，K。

能量密度频谱也可写成波长的函数：

$$u_\lambda(\lambda, T) = \frac{8\pi hc}{\lambda^5} \frac{1}{e^{\frac{hc}{\lambda kT}} - 1} \tag{2-39}$$

维恩定律指出，如果 λ 以微米表示，则最大发射量对应的波长与黑体的发射温度的乘积是恒定的。

$$\lambda_{max} T = 2879 \mu m \cdot K \tag{2-40}$$

红外辐射器波长分布对于能量的穿透和传递都很重要，表 2-23 显示了不同波长红外辐射器的一些数据。实际上红外辐射器的波长可能并不是一个明确值。

表 2-23　不同波长红外辐射器的一些数据

红外辐射器	$\lambda_{max}/\mu m$	温度/K	最大能量密度/kW·m^{-2}	<1.25μm 辐射/%
超短波	1.0	2627	4010	41.1
短波 1	1.12	2316	2547	32.9
短波 2	1.24	2066	1697	25.8
中波	1.8	1338	1697	7.0
长波	3.0	694	50	0.2

　　食品也不是完美的吸收体，它只能吸收辐射能量的恒定部分。考虑到这一点，采用了灰体的概念，并将斯忒藩-玻耳兹曼方程修改为：

$$Q=\varepsilon\sigma AT^4 \tag{2-41}$$

式中　ε——灰体的辐射系数，其值在 0~1 之间，随灰体的温度和发射的辐射波长而变化。

　　当红外线照射物体表面时，会产生反射、透射或吸收。如果将灰体对辐射能的吸收率定义为 α，其在数值上等于发射率；不被吸收的辐射能被反射，反射率可表示为 $1-\alpha$。食品对辐射能的吸收率由食品的成分决定，如水分子在 3~7μm 和 14~16μm 有强吸收峰，故食品含水量高吸收率会大。而辐射源（热源）的温度决定了红外辐射的波长，更高的温度产生更短的波长和更大的穿透深度。因此，传递给食品的净能量等于吸收率减去发射率：

$$Q=\varepsilon\sigma A(T_1^4-T_2^4) \tag{2-42}$$

式中　T_1——发射体温度，K；

　　　　T_2——吸收体温度，K。

　　穿透性能对系统的优化具有重要意义，穿透深度被定义为未吸收辐射能的 37%。红外辐射的直接穿透能力使得在不燃烧表面的情况下增加能量密度成为可能，从而减少了传统加热方法所需的必要加热时间。研究显示，短波的穿透能力是长波的十倍；面包屑的穿透深度比面包皮的大；面包的穿透深度比土豆的大，土豆的又比猪肉的大。

2. 研究应用

　　红外辐照在食品工业被用于食品的烘焙，红外烤箱或连续式的红外烤炉用于饼干、面包、比萨等烘焙食品的生产，表面焦糖化时间缩短 30%。红外辐照还用于农产品的干燥脱水，如茶叶红外干燥效率比热风提高 40%，能耗降低 25%。远红外线干燥的鱼类产品比晒干的产品质量更高。红外辐照也被用作食品的杀菌，可在 90~120℃下 3~5min 完成肉类表面杀菌，且不影响口感。红外辐照用于解冻，可使速冻鱼的解冻时间较传统方法快 50%，汁液流失减少 70%。红外加热与空气对流相结合，可以控制烤炉内空气的温度和湿度，饼干产能提升 25%，色泽一致性达 95%。

　　在红外加热中，辐射的波长由辐射器的温度决定，温度越高，波长越短。红外辐射器目前多采用电加热形式，常见的有管状/扁平金属加热器（长波）、陶瓷加热器（长波）、石英管加热器（中波、短波）和卤素管加热器（超短波）。目前工业应用的波长多选择短波和中波，这样加热快也易控制。一些高强度辐射器需要水或压缩空气冷却，以避免过热。人们也设计了不同的反射器，以将辐射器射出的红外线反射到照射方向。红外设备可以是间歇式的也可以是连续式的，辐射器一般位于食品传送带的上方，也有在下方的；辐射器加热管可与传送带呈一定角度放置，以使红外线更加均匀地照射在食品上。红外加热设备的加热程度是由晶闸管系统控制的，通过智能调控不同产品的加热周期。

　　与传统加热方法比，红外加热具有以下特点：

　　① 高效节能：能量直接传递，热效率达 50%~70%（传统方法约 30%~40%），节能 20%~50%。

　　② 加热快速：如面包烘焙中，红外可在数秒内使表面温度达 200℃，形成脆皮。

③ 加热均匀：优化设备设计（如反射板）可提升加热均匀性，减少局部过热。

④ 利于食品品质保留：短时加热，减少营养损失，如蔬菜干燥中维生素 C 保留率提高 15%～20%。

随着信息和智能控制技术的发展，红外技术将突显其快速调节和快速传热的能力，在工业烹饪领域发挥更大的作用。

工程训练 2-1
某地研发一"椰子水"果汁饮料产品，应怎样选择热杀菌技术并确定杀菌条件？

知识归纳

1. 食品的热加工

食品的热加工具有杀菌、钝酶、改善食品感官品质和破坏食品中抗营养因子等作用，烹饪、热烫、热挤出和杀菌是常见的热处理形式，加热的能源有电、蒸汽、热水、热空气和辐照等。

2. 食品热加工反应的基本规律

热加工遵循一级反应方程，用半对数坐标反映了微生物（或其他食品成分）的热力致死曲线和热力致死时间曲线，定义 D 值、Z 值，可反映微生物的耐热性和对加热温度的敏感性。加热对微生物、酶和食品的影响从根本上解释了热加工的基本原理。

3. 食品热加工条件的选择与确定

热加工特别是热杀菌中食品的中心温度代表食品的受热情况，罐头热杀菌过程中的传热曲线反映传热特性；理论杀菌值是人们根据食品杀菌前微生物污染程度和杀菌后的无菌程度，以对象菌的减菌数量级定义了商业杀菌的杀菌程度 $F=12D$。实际杀菌过程中食品中心温度连续变化，可采用（改良）一般法计算杀菌过程中食品实际累计的 F 值，要求其必须满足到理论杀菌值的要求。实际杀菌条件的制定还需经过中试和生产线试验确认。优化的热杀菌条件应该是既达到杀菌的要求，又不至于过度而带来对食品的热损伤。典型的热加工方法与条件因热加工的类型和工艺设备而异。

4. 新型食品热加工技术

除了传统热加工技术在不断优化外，欧姆加热和红外加热作为新型热加工技术在食品工业有一定的应用，它们具有加热快、效率高和节能等特点。

知识图谱 2-1

复习思考题

1. 名词解释：D 值、Z 值、F 值、工业烹饪、热烫、热挤出、巴氏杀菌、商业杀菌、高温短时（HTST）杀菌、超高温（UHT）瞬时杀菌。
2. 试述食品热加工的种类和特点。
3. 试述食品热加工常用的加热源的种类、特点和加热方式。
4. 试述微生物的热致死反应的特点和规律。
5. 试述罐头食品内容物的 pH 对罐头杀菌条件的影响。
6. 什么是罐头食品热杀菌时的冷点温度？影响罐头食品传热的因素有哪些？
7. 试述食品热烫常用的方法及其特点。
8. 试述食品热挤压的作用及其特点。
9. 试述液体食品 HTST 和 UHT 杀菌的特点和理论依据。
10. 试述食品热杀菌常用设备的种类及其特点。
11. 试述欧姆加热的原理和特点。
12. 试述红外加热的原理、特点和应用方面。

第三章 食品的非热杀菌与除菌

○○ ——— ○○ ○ ○○ ————————

彩图 3-1

热烫菠菜　　　　　　　　　　　菠菜罐头

三文鱼生　　　　　　　　　　　三文鱼罐头

传统罐头热杀菌给食品带来的变化

热烫菠菜色泽翠绿、口感脆嫩，三文鱼生光泽诱人、嫩滑弹牙，但它们都需要现做现吃，保质期极短；而罐装菠菜与三文鱼虽然实现了长期贮存，却又普遍存在形态劣化、色泽暗沉及质地软化等品质缺陷。那针对这种传统罐头热杀菌工艺在兼顾食品品质和安全方面的技术局限性有没有解决方案？

为什么要学习"食品的非热杀菌与除菌"？

在食品加工保藏领域，传统热杀菌技术虽然能有效保障食品安全，却也存在着明显弊端。例如新鲜果蔬、肉类经热处理后，容易出现色泽劣变、风味流失与质地改变，热敏性成分如维生素、活性蛋白也会受到不可逆破坏。如何能在保障食品安全的同时，最大限度保留食品天然品质？非热杀菌和除菌技术给出了答案。这类技术能够在常温下实现杀菌灭酶、改善食品品质。通过本章学习，了解食品非热杀菌技术的主要类型、特点和应用，掌握典型非热杀菌技术（超高压杀菌、脉冲电场杀菌、低温等离子体杀菌）的技术原理和杀菌机制，空气和水净化除菌的主要手段及特点，为新型杀菌技术的开发应用和食品工业的绿色转型提供科学支撑。

👁 **学习目标**

○ 了解非热杀菌的主要类型、技术特点和系统组成，重点掌握非热杀菌机理和影响因素，了解非热杀菌技术的选择和应用。
○ 了解食品生产用空气和水的净化除菌种类、方法、原理和工业化处理流程，洁净厂房和洁净区的设计和要求。

第一节　食品的非热杀菌

一、食品非热杀菌技术的种类

由微生物污染引起的腐败变质是食品在加工和贮存过程中所面临的重要安全问题。杜绝或降低微生物污染的主要措施是杀菌和除菌。传统的热杀菌虽然能有效杀灭微生物、钝化酶活、改善食品品质特性，但同时也会不同程度造成食品营养物质和风味成分的改变，尤其是热敏性物质的损失。随着消费者对食品的新鲜度、营养、安全和功能的要求越来越高，非热杀菌作为一类新兴的食品"冷杀菌"技术开始受到越来越多的关注和重视。

食品的非热杀菌技术（nonthermal sterilization）是指采用非加热的方法杀灭食品中的致病菌和腐败菌，使食品达到特定无菌程度要求的杀菌技术。与传统的热杀菌相比较，非热加工具有杀菌温度低、保持食品原有品质好、对环境污染小、加工能耗与排放少等优点。自 2000 年以来，非热加工技术在发达国家已得到了快速的产业化应用。以超高压杀菌技术为例，美国、加拿大、法国、德国、日本等国家都已经通过超高压加工食品的安全评价，并批准该技术在果蔬、肉制品、水产品等领域进行商业应用。

非热杀菌技术按其作用的原理可分为化学杀菌和物理杀菌两大类（见表 3-1）。采用化学物质来杀灭和抑制微生物的属于化学杀菌技术，采用物理因子（如温度、压力、电磁波、光线等）进行杀菌的属于物理杀菌技术。

表 3-1　食品非热杀菌技术的主要种类

分类	具体作用形式
化学杀菌	使用或添加杀菌剂、抑菌剂和防腐剂等杀菌、抑菌
物理杀菌	采用电离辐照、紫外线、超高压、脉冲电场、振荡磁场、超声波、脉冲光、脉冲 X 射线、低温等离子体等杀菌

在食品工业中，人们使用化学（和生物）杀菌剂对食品生产的环境、设备、器械、水以及部分食品介质进行杀菌处理，使用食品防腐剂抑制食品中微生物的生长，延长食品的贮藏期等。化学杀菌的原理和技术等内容见本书的第九章和第十章。

一些物理杀菌技术已投入商业应用，如采用放射性同位素和电子束对食品进行辐照的杀菌技术和采用紫外线辐照的杀菌技术等。食品辐照的原理和技术见本书第八章。本节主要介绍近年来出现的一些新型非热物理杀菌技术，如超高压杀菌技术、脉冲电场杀菌技术、振荡磁场杀菌技术和脉冲光杀菌技术等。

拓展阅读 3-1
食品新型非热杀菌技术的发展方向

二、新型的食品非热杀菌技术

（一）超高压杀菌技术

1. 超高压杀菌技术的特点和发展

超高压（ultra high pressure，UHP）处理技术，也被称为超高静压（ultra high hydrostatic pressure，UHHP）处理技术、高静压（high hydrostatic pressure，HHP）处理技术或高压处理（high pressure processing，HPP）技术，它将 $100\sim1000MPa$ 的静态液体压力施加于食品物料上并保持一定的时间，起到杀菌、破坏酶及改善物料结构和特性的作用。超高压杀菌处理过程中物料可以是包装的或未包装的，通常采用能传递压力的柔性材料密封包装，处理过程一般在常温下进行，处理的时间可以从几秒钟到几十分钟。

食品超高压（UHP）处理技术被誉为食品加工业的一次重大革命，被列为 21 世纪食品加工领域十大尖端科技之一，它具备诸多技术优势：能在常温下进行，达到杀菌、灭酶的作用；与传统的热处理相比，超高压减少了高温引起的食品中活性、营养成分损失和色香味劣化；超高压对大分子的修饰使得它可能对制品的质构等品质有一定的改善作用；UHP 处理过程的传压速率快、均匀，在处理室内不存在压力梯度和死角，处理过程不受食品的大小和形状影响；制品各向受压均匀，只要制品本身不具备很大的压缩性，UHP 并不影响制品的基本外观形态和结构。此外 UHP 主要在短暂的升压阶段消耗能量（加压泵加压），而在恒压和降压过程一般不需要输入能量，因此整个过程耗能很少，UHP 的能耗仅为加热法的 1/10。

UHP 技术满足了人们对"最少加工（minimal process）"食品的需求，在处理时提供给物料的能量相对较低，一般只破坏对生物大分子立体结构有贡献的氢键、离子键和疏水键等非共价键，使蛋白质变性，淀粉糊化，酶灭活，微生物被杀死，而对形成蛋白质、淀粉等大分子物质的共价键没有影响，对维生素、色素和风味物质等小分子化合物的影响也很小。UHP 为人们提供既安全又方便食品的同时，能最大限度地延长食品货架期，保持食品的天然特性。

UHP 过程压力传递遵循帕斯卡定理（Pascal's law），即液体压力可以瞬间均匀地传递到整个物料，压力传递与物料的尺寸和体积无关。也就是说整个样品将受到均一的处理，传压速率快，不存在压力梯度。而压力对化学反应的影响遵循勒·夏托列原理（Le Chatelier's principle）（平衡移动原理），其反应平衡将朝着减小施加于系统的外部作用力（如热、产品或反应物的添加）影响的方向移动。这意味着高压处理将促使物料的化学反应以及分子构象的变化朝着体积减小的方向进行。

早在 1899 年，美国化学家 B. Hite 就首次发现了 450MPa 的高压能延长牛乳的保藏期。1914 年美国物理学家 P. W. Bridgeman 发表了关于白蛋白溶胶在 $500\sim700MPa$ 下凝固的报告。但是限于当时的条件，如高压设备、包装材料以及产品的市场需求等原因，这些研究成果并未引起足够的重视。1974 年 Wilson 在美国 IFT 年会上，重新提出将压力和温度结合作为食品保藏方法。1986 年，日本京都大学林力丸教授首先倡导在食品方面采用非热高压（$100\sim1000MPa$）加工方法，可有效地保留食品自然风味，避免热劣化，这正是食品界长期追求的目标。超高压食品处理技术开始引人注目，广泛应用于果蔬制品、肉制品、乳制品和水产品开发及商业化推广，超高压杀菌也逐步成为研究热点之一。未来研发可继续关注超高压工艺优化、设备创新和多技术联合。

2. 超高压处理系统和超高压的产生

超高压处理系统一般由加压系统、处理室（容器）、密封系统和控制系统等部分组成。一种加压方式是直接式的［图 3-1(a)］，首先加压泵通过液体将压力作用于变径活塞的大直径端，再通过活塞的移动，在小直径端将压力传递给处理室内的液态介质。由于活塞和处理室筒体内表面间的密封性要求高，使得这种加压方式一般只用在小型设备上。另一种方式为间接式的［图 3-1(b)］，它通过高压倍加器将液态压力介质泵送到密闭的压力处理室内产生高压，目前的工业化设备多采用这种加压方式。

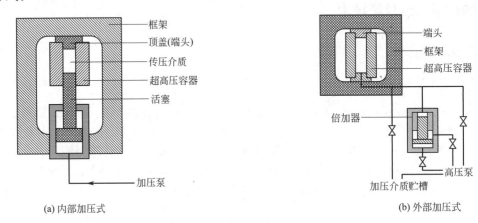

（a）内部加压式　　　　　　　　　　　　　　（b）外部加压式

图 3-1　超高压处理装置结构简图

UHP 常用的压强单位为 MPa，与其他单位的关系如下：
$$1MPa=9.869atm=10.197kgf \cdot cm^{-2}=145psi=9.87bar=7500mmHg$$

超高压设备的传压介质多是用水或油，最理想的介质为油，油的黏度不能太高，一般以变压器油与煤油按 3：1 比例混合为宜，既有一定黏度，对机器又有润滑作用，否则对活塞的磨损会较大。但用于食品等物料的处理时，油可能对物料造成污染，此时的传压介质可用水。水具有成本低，来源广，能耗小，无爆炸的危险等特点。当超高压设备的压力为 100～600MPa 时，一般可用水作为传压介质；但当压力超过 600MPa 以上时，一般宜采用油性传压介质。

3. 微生物的耐压性

关于超高压杀菌研究的目标微生物大致可分为 4 类：①非芽孢菌，如大肠杆菌、金黄色葡萄球菌、单核增生李斯特氏菌、副溶血性弧菌；②芽孢菌，如枯草芽孢杆菌及芽孢、蜡样芽孢杆菌及芽孢、凝结芽孢杆菌、嗜热脂肪芽孢杆菌及芽孢、肉毒梭状芽孢杆菌及芽孢；③真菌，如霉菌、酵母菌；④病毒，如嗜热链球菌噬菌体、诺瓦克病毒等。一般来讲，革兰氏阳性菌营养体对恶劣环境的抵抗能力强于革兰氏阴性菌营养体，它们对压力的耐性也是如此。此外耐热的细菌通常都比热敏性的细菌耐压。细菌耐压性的差异不仅在于种属的不同，而且由于来源不同，同一种属的菌株之间也可能有很大的差别。细菌的耐压性与处理时的温度有关，在常见的食品致病菌中，金黄色葡萄球菌、单核细胞增生李斯特氏菌、沙门氏菌和大肠杆菌等几种菌株的耐压能力随处理温度的升高而明显下降，这也为超高压与适当高温相结合的处理工艺提供了依据。

细菌芽孢不仅耐热，同时也很耐压，如何使芽孢灭活也是超高压杀菌所面临的最大挑战。研究显示，肉毒梭状芽孢杆菌（$C. botulinum$）的芽孢是目前已知的最为耐压的微生物之一。梭状芽孢杆菌 PA3679 的耐热性相当强，单独进行热处理，其芽孢在 110℃时热杀菌的 D 值为 13.3min。常温下单独的压力处理也很难杀灭其芽孢。压力和热处理的协同处理可以降低杀灭芽孢所需的压力和加热温度。一般认为，对于低酸性食品而言，除非压力超过 800MPa，否则超高压处理必须与热结合才能有效地杀灭细菌芽孢。

很早以前就有研究者提出芽孢开始发芽是芽孢压力灭活的先决条件。也就是说，只有芽孢发芽生成营养体，才有可能被超高压钝化。较低压力（300MPa左右）超高压具有活化芽孢杆菌芽孢的作用，从而为芽孢的同步发芽做准备，因此脉冲（重复）的高压处理具有较好的杀菌效果。提高温度也有利于芽孢发芽，进而增强其对压力的敏感性。

酵母和霉菌营养体细胞的耐压性不高，研究显示，在25℃、300MPa的条件下，只需处理几分钟就可灭活。但其子囊孢子的耐压性较强。

有关寄生虫的耐压性研究报道较少，有研究指出，寄生虫对压力的敏感性要高于细菌的芽孢和细胞。研究证实寄生虫旋毛形线虫（*Trichinella spiralis*）的幼虫经200MPa处理10min就可杀死。

研究表明大多数微生物在超高压杀菌时的死亡规律仍遵循一级反应动力学，即杀菌曲线在半对数坐标中大部分呈直线。表3-2和表3-3分别列出了一些细菌营养细胞和芽孢的超高压杀菌动力学参数。其中，D_p是指在一定处理环境中及一定致死压力和温度条件下，微生物的活菌数每减少90%所需要加压的时间（min）；k为杀菌动力学常数（min^{-1}）。

表3-2　细菌营养细胞超高压杀菌动力学参数（常温下）

微生物	介质	压力/MPa	D_p/min	k/min^{-1}
弯曲杆菌属（*Campylobacter*）	缓冲液	300	<2.5	>0.92
森夫顿堡沙门氏菌（*S. senftenberg*）	缓冲液	300	5.0	0.461
鼠伤寒沙门氏菌（*S. typhimurium*）	牛奶	350	3.0	0.768
小肠结肠炎耶尔森氏菌（*Y. enterocolitica*）	牛奶	275	3.0	0.768
大肠杆菌（*E. coli*）	缓冲液	300	7.5～15.0	0.154～0.307
大肠杆菌（*E. coli*）	肉类	400	2.5	0.92
大肠杆菌（*E. coli* O157∶H8）	缓冲液	600	6.0	0.384
金黄色葡萄球菌（*S. aureus*）	缓冲液	500	7.9	0.292
金黄色葡萄球菌（*S. aureus*）	缓冲液	700	3.0	0.768
单核细胞增生李斯特氏菌（*L. monocytogenes*）	缓冲液	350	1.5～13.3	0.173～1.556
单核细胞增生李斯特氏菌（*L. monocytogenes*）	缓冲液	500	<2.5	>0.92
单核细胞增生李斯特氏菌（*L. monocytogenes*）	肉类	400	3.5	0.658
无害李斯特氏菌（*L. innocua*）	液蛋	450	3.0	0.768

表3-3　细菌芽孢超高压杀菌动力学参数

微生物	基质	压力/MPa	温度/℃	D_p/min	k/min^{-1}
生孢梭菌（*C. sporogenes*）	缓冲液	600	90	16.77	0.138
		800	93	5.31	0.434
		600	100	3.50	0.658
		800	98	2.86	0.806
肉毒梭状芽孢杆菌（*C. botulinum* Type E Beluga）	蟹肉	758	35	3.38	0.681
		827		1.64	1.404
肉毒梭状芽孢杆菌（*C. botulinum* Type E Alaska）	蟹肉	758	35	2.00	1.152
		827		1.76	1.309
肉毒梭状芽孢杆菌（*C. botulinum* Type A 62-A）	缓冲液	758	75	9.19	0.251
		827		6.70	0.344

4. 超高压杀菌的作用机制

（1）改变微生物的细胞形态结构　极高的流体静压会影响细胞的形态，包括细胞体积缩小，外形变长，胞壁脱离细胞质膜，无膜结构细胞壁变厚等。由于细胞膜内外物质的构造、成分不同，压

过程检查 3-1
在食品热杀菌技术中，D值表示微生物的耐热性，而对于超高压杀菌技术而言，D_p值则表示微生物耐压性。请给出D值和D_p的具体定义。在同样的超高压处理条件下，测得两种菌（金黄色葡萄球菌、单核细胞增生李斯特氏菌）的D_p值分别是7.9min和2.5min，已知在该条件下金黄色葡萄球菌的耐压性高于单核细胞增生李斯特氏菌，请问金黄色葡萄球菌的D_p值是多少？

缩后的变形情况也不一致，在压力作用下就会产生断裂，受到损伤，细胞的结构受到破坏。上述现象在一定压力下是可逆的，但当压力超过某一点时，便不可逆地使细胞的形态发生变化。

（2）破坏微生物细胞膜　在高压下，细胞膜磷脂分子的横切面减小，双层结构的体积随之降低，膜磷脂发生凝胶化，膜内蛋白质也发生转移甚至相变。超高压造成细胞膜的物理性损坏，通透性变大是微生物失活的主要原因之一。细胞膜功能障碍不仅抑制了营养物的摄取，也导致了细胞内容物的流失。

（3）钝化酶的活性　高压导致微生物灭活的另一个原因是酶的变性，特别是细胞膜结合的ATP酶。酶的高压失活根本机制是：①改变分子内部结构；②活性部位上构象发生变化。高压通过影响微生物细胞内部的酶促反应，进而降低细胞的存活力。

（4）抑制生化反应　高压改变了细胞内化学反应的平衡，阻遏了细胞的新陈代谢过程，营养物质的分解与合成减缓，细胞分裂减慢，导致微生物生长滞后，甚至停止。

（5）影响DNA复制　虽然DNA和RNA能耐极高的压力，但由于高压会影响微生物细胞的酶的活性，酶促反应中DNA的复制和转录过程都会被破坏。此外，人们还发现超高压处理后的单核细胞增生李斯特氏菌（*Listeria monocytogenes*）和伤寒沙门氏菌（*Salmonella typhimurium*）菌体中，大量的细胞核物质发生凝结现象，这无疑有助于细菌的压致失活。

5. 影响超高压杀菌效果的因素

（1）微生物的种类和生长期培养条件　从表3-2可见，微生物的种类不同，其耐压性不同，超高压杀菌的效果也会不同。革兰氏阳性菌比革兰氏阴性菌对压力更具抗性。和非芽孢类的细菌相比，芽孢菌的芽孢耐压性很强。不同生长期的微生物对超高压的反应不同。一般而言，处于对数生长期的微生物比处于静止生长期的微生物对压力反应更敏感。食品加工中菌龄大的微生物通常抗逆性较强。

（2）压力大小和加压时间　在一定范围内，压力越高，灭菌效果越好。在相同压力下，灭菌时间延长，灭菌效果也有一定程度的提高。

（3）施压方式　超高压灭菌方式有连续式、半连续式、间歇式。对于芽孢菌，间歇式循环加压效果好于连续加压。第一次加压会引起芽孢菌发芽，第二次加压则使这些发芽而成的营养细胞灭活。因此，对于易受芽孢菌污染的食物用超高压多次重复短时处理，杀灭芽孢的效果比较好。

（4）温度　温度是微生物生长代谢最重要的外部条件，它对超高压灭菌的效果影响很大。由于微生物对温度敏感，在低温或高温下对食品进行超高压处理具有较常温下处理更好的杀菌效果。尤其对于芽孢菌的杀菌研究，更趋向于采用温压结合的压热杀菌（high pressure thermal sterilization）技术。

（5）pH值　在食品允许范围内，改变pH值，使微生物生长环境劣化，也会加速微生物的死亡，有助于缩短超高压杀菌的时间，或可降低所需压力。

（6）物料组成成分　超高压杀菌时，物料的化学成分对灭菌效果有明显影响。许多食品组分在压力环境中对微生物有潜在的保护功能，蛋白质、脂类、糖类对微生物有缓冲保护作用，而且这些营养物质还增强了处理后微生物的繁殖和自我修复功能。

（7）水分活度　低 a_w 产生的细胞收缩作用和对生长的抑制作用有可能使更多的细胞在压力中存活下来。

（8）生物抑菌剂　UHP与许多生物抑菌剂［如乳酸链球菌素（nisin）、乳酸片球菌素（pediocin）等］共同作用能提高对芽孢的灭活效果。经UHP处理后细菌芽孢受到一定的损伤，各种抑菌物质在贮藏期内继续抑制残留芽孢的萌发和生长。

（9）其他物理杀菌技术　UHP通过与超声波、高压脉冲电场（PEF）、紫外线、辐照等物理杀菌手段适当结合，可以降低UHP所需压力，提高杀菌效果，减少处理时间，节约成本。

拓展阅读 3-2
温压结合对芽孢菌的杀菌效果

（二）脉冲电场杀菌技术

1. 脉冲电场杀菌技术的特点和发展

脉冲电场（pulsed electric field，PEF）杀菌技术，又被称为高强度脉冲电场（high-intensity

PEF）或高强度电场脉冲（high intensity electric field pulses，HELP）杀菌技术，是通过高压脉冲电场瞬间施加于处于两个电极之间的样品上，达到杀灭物料中微生物的一种新型杀菌技术。该技术利用高电压（$15\sim100kV\cdot cm^{-1}$）脉冲作用于物料，处理过程在常温下进行，由于作用时间短（<1s），物料的温度仍在常温范围（可采用冷却的方法对处理过程中的物料进行冷却），加热造成的能量损失也降到最低程度。

由于 PEF 能最大限度地保持食品原有的营养成分和感官性状，且具有作用时间短、效率高、能耗低、环保无污染等优势，因此在杀菌、保鲜、延长食品保质期、强化切分/干燥、渗透、解冻和压榨提取等方面已逐步推广到工业化应用。

20 世纪 60 年代初，脉冲电场处理被用于细胞研究中对细胞的电击穿、电融合等破坏细胞结构上。实验发现，不同强度的均匀电场对微生物细胞的生长有不同程度的抑制作用。1967 年 Sale 和 Hamilton 第一次系统地研究了脉冲电场的杀菌作用，他们认为脉冲电场的场强达到 $25kV\cdot cm^{-1}$ 时就能使细菌死亡，微生物的死亡与其种类有关，电场强度和作用时间是影响电场灭菌效果的两个最主要因素，并通过实验证明了产生杀菌作用的既非电解产物也非热力学的原因。80 年代后，国外学者如 Zimmermann 等对 PEF 的杀菌机制进行了进一步探讨，提出了电崩解理论。1991 年 Tsong 提出了与电崩解理论相近的电穿孔理论。目前这两个理论被大部分学者所接受。

近年来 PEF 杀菌技术受到了很大的关注，目前有包括美国、德国、法国、英国、加拿大、日本和荷兰等十几个发达国家在内的数十个研究开发机构在进行脉冲电场杀菌技术的研究。除了系统研究影响 PEF 杀菌效果的各种因素外，对这一技术的研究热点还包括 PEF 对酶的灭活效果、PEF 杀菌的动力学研究、经 PEF 处理后的食品在成分和口感上的变化、货架时间的延长，以及 PEF 和其他的物理、化学方法联用灭菌等。大部分 PEF 灭菌体系中所用的电极材料都是不锈钢，但它存在着电解和电极腐蚀等问题，为了解决这些问题，寻找更好的电极材料，有些学者开展了对其他电极材料的研究，比如铂电极、金属氧化物电极和炭电极等。

国内外学者已设计开发了许多实验室及中试规模的 PEF 处理装置，成套的商业化 PEF 处理系统也已出现，主要用于处理一些新鲜的或浓缩产品，如牛奶、橙汁、苹果汁、凤梨汁以及其他果汁、脱脂乳、液态蛋等。脉冲电场（或放电）可以有效杀灭液体中的细菌，特别是果汁饮料中的黑曲霉、酵母菌。值得注意的是利用此技术时应综合考虑场强大小、杀菌时间、食品 pH 对杀菌的影响等因素，以确定杀菌最佳方案。

PEF 灭菌效果的好坏与电场强度、脉冲个数和脉冲宽度有关。要想得到好的灭菌效果，就要有足够强的场强和足够多的脉冲个数，这就对 PEF 设备提出了更高的要求。随着 PEF 杀菌技术的不断发展，处理室的设计经历了从间歇式到连续式，从平板电极到同轴（co-axis）电极再到同场（co-field）电极的过程，处理原料由液态物料延伸到非液态物料。假如处理室形状或者直径不同，其电场分布就会不同，将直接影响食品的杀菌效果，因此，处理室的设计在 PEF 处理过程中起着至关重要的作用。处理室设计所遵循的总体原则，大致可以归纳为：①电场分布均匀；②不易放电且适用于各种食品物料；③腔体直径的大小应尽量满足物料处理量的要求而不能造成负载过小。

2. 脉冲电场处理系统

PEF 技术将被处理的物料置于一定脉冲电场（场强、脉冲数、脉冲宽）下接受一定时间（几毫秒）的处理。由于处理时间短，处理的过程可以连续进行。PEF 处理系统主要由以下几部分组成：高压脉冲发生器、处理室、物料输送（泵）和冷却装置，电压、流量和温度测量装置和计算机控制系统。其中最重要的是脉冲发生器和物料处理室。处理室形状不同，则电场分布不同；食品流速不同，则处理时间不同，两者都直接影响食品灭菌的效果。典型的连续脉冲电场处理系统的组成和工作流程如图 3-2 所示。

高压脉冲发生器由高压电源和能量贮存电容器以及高压放电开关等形成的电路组成，通过位于处理室内的电极将高强度的脉冲电场作用于位于电极间隙间的物料上。脉冲电场处理过程中会有少量电能转化成热能，使物料温度升高，处理室本身可以带有冷却系统或处理后物料经过冷却系统来控制物料的温度。泵用于输送物料，通过流量控制使物料在处理室停留的时间达到要求的时间。处

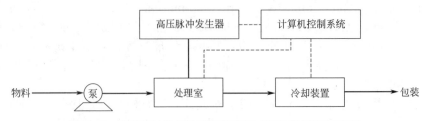

图 3-2　连续脉冲电场处理系统的组成和工作流程示意图

理后的物料可以采用无菌包装。整个系统可以通过计算机控制系统控制高压脉冲电场、物料的流量和处理温度等因素。

高压电源一般采用高压直流电源，它将普通交流电源通过变压器变成高压交流电，然后再通过整流变成高压直流电。另一种高压电源是将高频交流电通过电容充电提供指定电荷和重复速率，高压较直流电源高的高压电源。

脉冲电场处理是通过施加在物料上的脉冲电场将能量传输给物料的，所需的能量取决于处理的目的、物料量（处理室的体积、物料的流速）、物料的性质（电导/电阻特性、温度）、脉冲的特性（波形、脉冲宽、峰值电压和电流）、脉冲数和处理时间，以及系统的结构。杀菌用的高强脉冲电场的电场强度一般为 $15 \sim 100 \text{kV} \cdot \text{cm}^{-1}$，脉冲频率为 $1 \sim 100 \text{kHz}$，放电频率为 $1 \sim 20 \text{Hz}$。

3. 脉冲电场的杀菌机制

关于脉冲电场杀菌机制的解释，人们提出了好几种理论，其中有两种模型被认可的程度较高。

（1）细胞膜的电崩解（electric breakdown）　该理论假定微生物细胞为球形，细胞膜的磷脂双分子层结构为等效电容，它有一定的电荷，具有一定的强度和通透性。当细胞受到电场作用时，如图 3-3 所示，膜的内外表面间在固有的电势差（V'_m）基础上受到了一个外加电场（V）的作用，这个电场将使膜内外的电势差增大。细胞膜内的带电物质在电场作用下移动（即极化现象）。短时间内，带电物质分别移到细胞膜的两侧形成微电场，微电场之间的位差称为跨膜电位（trans-membrane potential，TMP）。由于细胞膜两表面堆积的异号电荷相互吸引，引起膜的挤压。随着电场强度的增大或处理时间的延长，TMP 不断变大，细胞膜的厚度则不断减小，当电场强度增大到一个临界值时，细胞膜被局部破坏，通透性剧增。此时细胞膜上出现可逆的穿孔，使膜的强度降低。但是当场强进一步增强，细胞膜上会产生更多更大不可修复的穿孔，使细胞组织破裂、崩溃，导致微生物失活。

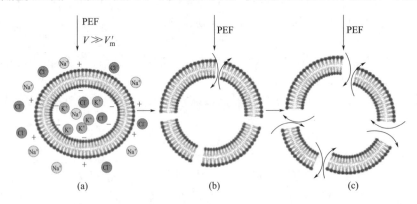

图 3-3　PEF 作用下细胞膜的电崩解机理示意图
(a)PEF 作用下，膜被挤压；(b)可逆的崩解孔；(c)不可逆崩解孔，细胞死亡

（2）细胞膜的电穿孔（electroporation）　电穿孔理论认为高压脉冲电场能改变细胞的磷脂双分子层结构，扩大细胞膜上的膜孔并产生新的疏水膜孔，进而最终转变为结构上更稳定的亲水性膜孔。亲水性膜孔可以导电并能使细胞膜的局部温度瞬间升高，导致磷脂双分子层从凝胶结构转变为液晶结构并削弱细胞膜的半通透性，使其变得对小分子呈通透性。由于细胞内的渗透压高于细胞外，通透性的增加导致细胞吸水膨胀，并最终导致细胞膜的破损。蛋白质通道的电压阈值通常在

50mV 之内，远低于跨膜电位值。但当外电场存在时，对电压敏感的蛋白质通道将会打开，并通过大量电荷，使蛋白质通道不可逆变性，导致细胞死亡。PEF 作用下细胞膜的电穿孔机理示意图见图 3-4。

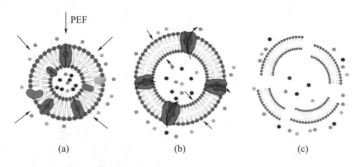

图 3-4　PEF 作用下细胞膜的电穿孔机理示意图
(a)电场作用下，细胞膜结构发生变化；(b)通透性改变，水和小分子物质通过小孔流入细胞内；
(c)细胞膨胀，细胞膜破裂，导致细胞溶解

4. 影响脉冲电场杀菌效果的因素

影响脉冲电场杀菌效果的因素主要有三方面。

（1）处理过程的控制参数　处理过程的控制参数包括电场强度、脉冲宽、处理时间和温度、脉冲波的波形。在临界场强以上时，电场强度愈高，杀菌效果愈好。物料在处理时经受的脉冲数和脉冲时间增加，杀菌效果增加。脉冲宽也会影响临界场强，脉冲宽愈大，临界场强愈小，杀菌的效果增强。脉冲电场中的脉冲波的波形可以是指数衰减波、矩形波、振荡波、双极性波和即时反向充电脉冲。矩形波的能量效率和杀菌效率要高于指数衰减波，振荡脉冲的杀菌效率最低。处理温度不仅影响杀菌效果，也对杀菌后微生物的复活有影响。添加乳酸链球菌素（nisin）和适量提高处理温度是研究的较多的和 PEF 联合使用杀菌的方式。多项研究结果表明 PEF 杀菌时适当提高处理温度（远低于热灭活所需的温度）可以减少细菌对 PEF 的抵抗度，使杀菌效果高于单独使用 PEF 或是单独采用加热灭菌。在脉冲电场杀菌过程中，脉冲电场会导致物料的温度有一定程度的升高，为了保证脉冲电场杀菌的非热杀菌优势，应采用适当的冷却系统对物料进行冷却，控制物料的温度低于热力巴氏杀菌的温度。

（2）微生物的特性　微生物的特性包括微生物的种类、浓度，和微生物的生长阶段。细菌中革兰氏阳性菌对脉冲电场处理的抵抗能力高于革兰氏阴性菌；酵母菌对脉冲电场处理的抵抗能力似乎高于革兰氏阴性菌，但就整体而言，酵母菌由于其细胞较大，对脉冲电场处理更为敏感。微生物的数量可能会影响脉冲电场杀菌的效果，研究表明，苹果汁中酵母菌数量的增加会导致杀菌效果的略微降低。这可能和酵母菌菌落的形成以及它在低电场强度范围内对酵母菌的掩蔽作用有关。处于对数生长期的微生物细胞比在缓慢期和稳定期的微生物细胞对脉冲电场处理更为敏感。

（3）物料（处理介质）的性质　物料的性质包括 pH、抗菌成分、离子化合物、导电性和离子强度等。物料具有大的导电性时可以导致处理室电极间电场电压峰值的降低，因此导电性太高的物料不适于进行脉冲电场处理。溶液离子强度较高时会降低杀菌率。有研究指出，酸化会增加杀菌率，但这种情况与微生物的种类有关。人们研究了某些带有颗粒物质的液态食品物料的脉冲电场杀菌情况，发现脉冲电场处理可以杀灭存在于颗粒物料内部的微生物，但要取得 5 个数量级以上的杀菌效果，需要更高的能量输入。当液态食品物料中存在有空气或蒸汽时，由于液体和气体的介电常数的差异，脉冲电场处理时会出现介电破坏现象。在含有固体颗粒的液体介质进行脉冲电场处理时，由于固体和液体界面介电常数上的差异，也会出现介电破坏。

（三）低温等离子体杀菌技术

1. 等离子体概念和分类

等离子体是物质的第四态。宇宙中 99% 以上的可见物质都是呈现等离子体态。各种物理能量，

包括力、声、热、电、光,都能产生等离子体。放电产生等离子体,将电能传给电子,电子进一步电离、激发原子和分子,从能效角度来说是最有效的一种产生等离子体的方法。等离子体是一种包含亚稳态原子或分子的电中性电离气体,当给气体提供足够能量时即可诱导产生(图3-5)。等离子体根据电子温度和粒子温度进一步分为热等离子体和低温等离子体。如果气体被加热到一定高的温度(一般达到$2 \times 10^4 K$),进而发生完全电离所产生的等离子体被称为热等离子体。在热等离子体中,重粒子和电子处于一种热力学平衡状态,即电子的温度与中性重粒子、离子的温度相当,因而等离子体整体温度较高(一般可达$10^4 \sim 10^5 K$)。大自然中所发生的极光、闪电等现象均属于热等离子体。而在低温等离子体中,离子和中性重粒子的温度远远低于电子的温度,处于非热力学平衡状态,整体温度相对较低(<50℃),因此,又被称为"冷等离子体"。

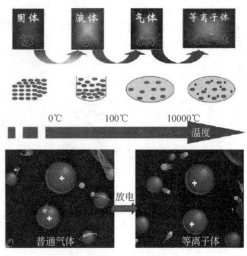

图 3-5 物质第四态示意图

2. 等离子体处理系统

(1)介质阻挡放电　介质阻挡放电(DBD)是一种非热平衡的交流放电和理想的处理大面积的等离子体处理系统。DBD的核心是在放电间隙中插入介电材料,以限制放电电流,从而防止完全击穿的形成。在DBD中,低温等离子体在两个平行电极之间产生,其中两个或至少一个电极被电介质层包裹,电介质层也可以悬浮在两个电极之间[图3-6(a)]。电极之间的距离从数十微米到几厘米取决于所用的工艺气体和工作电压。DBD处理室装置处理样品的时候,是将整个农产品置于低温等离子体区域内,能够处理被测样品的所有外表面。

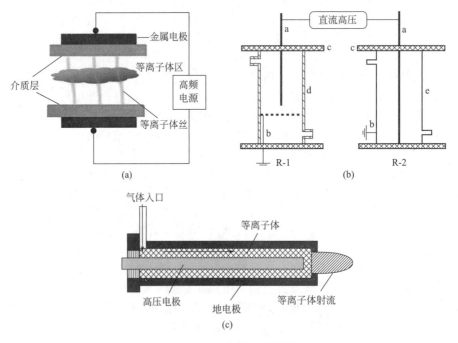

图 3-6 等离子体处理系统
(a)介质阻挡放电;(b)电晕放电;(c)大气压等离子体射流

(2)电晕放电　电晕放电通常是用直流高电压来启动,并将高电压加载在曲率半径很小的电极(如针状电极或细线状电极)上[图3-6(b)]。当针状电极(或细线状电极)上的电位升高到一定程度时，也就是电荷累积到一定浓度时，针尖附近的强电场就能使其周围的空气电离，从而产生局部放电现象，甚至产生晕光。

（3）大气压等离子体射流　大气压等离子体射流装置可以在周围大气中产生等离子体射流，其稳定、高活性、直接作于目标等特点被广泛应用于等离子体研究中。大气压等离子体射流的关键特征之一是等离子体射流产生在开放的空间中，而不是限制在狭窄的放电间隙内（如介质阻挡放电）。因此，大气压等离子体射流可被用于物品的直接处理，且对被处理物品形状没有任何限制。直接处理物品的方式使得等离子体中短寿命的活性粒子（如羟基自由基·OH等）能够到达被处理物品表面，大大增强了处理效果。典型的大气压等离子体射流装置由装有一个或两个电极的气体喷嘴组成，并通过气流在喷嘴外发出射流［图 3-6（c）］。大气压等离子体射流借助于气流和电场，可以将狭窄放电间隙中产生的大气压低温等离子体输送到外部以及要处理的物体上。

3. 低温等离子体技术杀菌机制

低温等离子体技术杀菌机制可以归纳为以下几个方面（图 3-7）。

（1）紫外辐射　紫外辐射（约 260nm）已被证明能够促使胸腺嘧啶和胞嘧啶在同一股 DNA 链上相互靠近并发生作用，形成一个二聚物。产生的嘧啶二聚物能够影响 DNA 的碱基配对以及导致 DNA 复制过程中发生突变。高强度的紫外线照射也会引发细胞修复系统蛋白质变性，破坏细胞自身的 DNA 修复系统，最终导致细胞死亡。

（2）氧化性效应　低温等离子体在空气中放电的过程会产生活性成分，主要是活性氧物质和活性氮化物。活性成分中的活性氮/氧物质在低温等离子体杀菌过程中发挥非常重要的作用。就革兰氏阴性菌而言，低温等离子体所产生的氧化性基团主要作用于细胞膜脂质，导致细胞膜破损而造成微生物死亡。而对于革兰氏阳性菌而言，低温等离子体所产生的氧化性基团主要是通过氧化胞内物质来实现对革兰氏阳性菌的灭活。

（3）静电力效应和电穿孔效应　在低温等离子体作用于细胞表面时，会有部分离子发生反射，并在细胞表面累积，而离子积累会导致胞内压力升高，而当胞内压力大于细胞表面临界张力时就会导致细胞破裂，造成微生物失活。此外，低温等离子体产生过程中也会存在静电场。在电场中，微生物细胞膜上会形成微小的孔状通道，导致内容物泄漏而引起微生物失活。

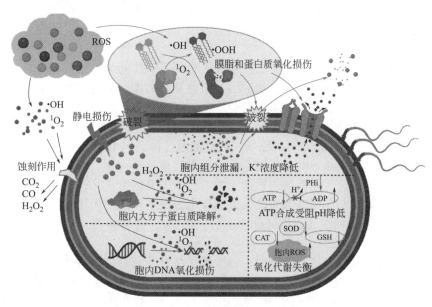

图 3-7　低温等离子体杀菌机制

4. 低温等离子体技术在食品杀菌领域中的应用

低温等离子体技术作为一种独特且有效的非热杀菌技术，近年来在食品工业中的应用得到了广泛关注，并逐步成为替代传统杀菌方法的潜在解决方案。

从固体食品到液态食品，再到食品加工设备的除菌，低温等离子体技术的应用范围逐渐扩大。在肉禽类产品中，低温等离子体能够有效灭活表面细菌和病原微生物，如沙门氏菌、大肠杆菌等，有助于提高食品的安全性。在鲜切果蔬中，低温等离子体能够延缓新鲜果蔬的氧化过程，减缓腐败变质，保持其营养价值和外观。此外，低温等离子体还可应用于水产食品、谷物面粉等固体食品以及果汁、牛奶等液态食品的处理，满足不同食品类别对杀菌技术的需求。除了食品本身，低温等离子体技术还在食品加工设备和包装材料的除菌方面展现出重要作用。通过对切肉刀具、食品运输带等食品接触面进行低温等离子体处理，可以有效减少交叉污染的风险，提高生产线的卫生水平。

此外，低温等离子体还可以应用于食品包装材料，尤其是在对聚对苯二甲酸乙二醇酯（PET）等常用包装材料表面的除菌处理中，具有良好的效果。这些应用不仅提升了食品的安全性，还延长了食品的保质期，为食品行业的生产和运输提供了可靠保障。未来，随着技术的不断优化与创新，低温等离子体将在更多领域中得到推广，进一步推动食品行业的安全性、质量和可持续发展。在面对全球日益严格的食品安全标准和消费者对高品质食品需求的背景下，低温等离子体技术无疑将成为食品工业中不可或缺的重要技术。

☁
拓展阅读 3-3
等离子体技术
发展历程

（四）其他新型非热杀菌技术

1. 振荡磁场杀菌技术

振荡磁场（oscillating magnetic fields，OMF）是相对静态磁场而言的，静态磁场的磁场强度是恒定的，不随时间而改变，一般由恒定磁体产生；而振荡磁场一般是以变化的电流产生的电磁场，磁场的强度随电流的频率和波的种类而发生周期性的变化。通常采用脉冲电路产生振荡磁场，其磁场强度通常以固定振幅或衰减振幅正弦波的形式变化，故这种振荡磁场又被称为脉冲磁场。利用振荡磁场对物料进行杀菌的技术即为振荡磁场杀菌技术。

将食品放置于磁场中，食品中的微生物有可能做切割磁感线运动，从而引起细胞磁通量变化，产生感应电流，此感应电流会对细胞产生生物效应。磁场杀菌主要是基于它的生物效应，磁场能够影响电子传递、自由基活动、蛋白质和酶的活性、遗传基因的变化和生物的代谢过程等。磁场通过对生物细胞内的磁性颗粒或带电粒子作用，改变生物细胞中生物大分子和细胞膜的取向，改变微生物细胞的运动方向，改变离子通过细胞膜的状态，改变 DNA 的合成速率，从而影响细胞的生长和繁殖速率。磁场可以减少恶性细胞的数量已被用于癌症的治疗，利用磁场进行杀菌则是利用磁场对微生物细胞生长和繁殖的影响来实现的。强磁场大大影响了生物的半导体效应，导致相关生命活动过程的剧烈变化，尤其是强烈的磁转矩、静磁力及洛仑兹力的作用会使细菌致死。

在磁通量密度或磁场强度较低时，磁场对微生物的影响并非都是抑制作用，当磁通量密度较高时，磁场才体现出明显的杀菌效果。一般达到杀菌要求的磁场的磁通量密度应在 5～50T（Tesla，特斯拉的简称），磁通量密度高于 30T 的磁场一般只能通过振荡磁场实现。

至今不同的研究显示振荡磁场对微生物生长的影响结果并不一致，在一些例子中，振荡磁场可以抑制或促进微生物的生长，但是在另一些例子中，对微生物的生长又没有任何影响。实际上磁场对微生物生长和繁殖的影响结果可分为三类：抑制作用、促进作用和无作用。磁场作用于食品中微生物的效果可能取决于磁场特性（强度、脉冲次数、频率）、物料特性（电阻系数、电导率、食品物料的厚度）和微生物的特性等。

使用振荡磁场对食品等物料进行杀菌时，一般要先将食品密封在塑料袋中，然后接受振荡磁场的冲击，大概 1～100 次，频率在 5～500kHz，温度范围在 0～50℃，处理时间为 25～100ms。频率超过 500kHz 时，杀菌的效果差，而且物料容易升温。作为一种非热杀菌的方法，振荡磁场处理通常都是在常温常压下进行的，处理过程中物料的温度一般仅增加 2～5℃。

2. 脉冲光杀菌技术

脉冲光（pulsed light）杀菌技术是采用持续时间短、光照强度较高的宽谱的"白"光脉冲照射被杀菌的对象以达到杀菌等目的的一种杀菌技术。脉冲光杀菌技术主要用于食品、药品、包装材料、包装和处理设备等的表面杀菌。

脉冲光杀菌采用的光波波长可以在紫外线到近红外线的宽谱区域内，其中至少有 70% 的电磁能量来自波长为 170~2600nm 的光，脉冲光杀菌大多采用全光谱的光，但杀灭有些微生物时也采用波长在一定范围内的过滤光。

脉冲光因处在长波范围，不会引起被照射物料（体）的小分子化合物发生电离。脉冲光处理可以有效地杀灭包括细菌及其芽孢、真菌及其孢子、病毒等在内的微生物以及食品物料中的内源酶，而对食品中原有营养成分破坏较少。脉冲光杀菌还具有作用时间短、效率高的特点，因而成为一种很值得研究开发的新的非热杀菌技术。

宽光谱和高峰值功率是脉冲光的特点，不同波长的光脉冲的作用效果也不同。光脉冲可以在物料中诱发光化学或者光热反应。一般认为，紫外线主要产生光化学效应，可见光和红外线主要产生光热效应。短波长的紫外线的光化学作用是微生物致死的主要原因，而其他波段的光起协同作用。脉冲光处理后的物料温度的上升不超过 1℃，可见光和红外线在脉冲光杀菌中还起着其他一些作用。不能简单地认为脉冲光杀菌可以用紫外线杀菌来代替，因为脉冲光照射和单纯的紫外光照射的效果还是不同的。高能量和高强度的脉冲光对细胞的破坏作用比单独某一波段的光强。宽谱的光能产生全面的、不可逆的破坏作用，使菌体细胞中的 DNA、细胞膜、蛋白质和其他大分子遭到破坏。

脉冲光一般是采用脉冲能量技术产生的。首先它将来自高压直流电源（交流电源转化而得）的电能贮存在高能量密度的电容中，然后以短时间、高强度的脉冲形式将电能释放出去，在这个过程中，能量（功率）被放大了若干倍。这样产生的高强度的脉冲电能可用于产生高强度的脉冲光或脉冲电场。短时间高强度的光脉冲可以通过脉冲充气闪光灯、狭缝瞬间放电装置或其他的脉冲光源产生。

利用脉冲光对物料进行杀菌时，物料表面的光强度可以是地球表面（海平面）阳光的几千到数万倍。物料至少要接受一个光脉冲的照射，持续时间一般为 $1\mu s \sim 0.1s$，典型的闪光频率为 $1 \sim 20$ 次·s^{-1}，物料表面接受的光能量一般为 $0.01 \sim 50J \cdot cm^{-2}$。在大部分的情况下，只需要几次的闪光，也就是说只需要几分之一秒的时间，就可以得到较好的灭菌效果。影响脉冲光杀菌效果的因素很多，包括光的性质、微生物的性质、被照射的物料和包装材料的性质等。对于液态食品，液体的透明度和深度也是重要的影响因素。

研究人员曾用脉冲光对焙烤食品、海产品、肉制品、蛋壳的表面及接触表面进行过处理，均达到了较好的灭菌效果。该技术可用于延长以透明物料包装的食品及新鲜食品的货架期。有研究表明它能杀死大多数的微生物，比传统的紫外灯有更高的效率。将面包用脉冲强光闪照 40 次后，其中的淀粉酶活力下降 70%，蛋白酶活力下降 90%，而食品的主要成分未受到破坏，面包保存期延长 1 倍以上。

3. 脉冲 X 射线杀菌技术

在比较脉冲 X 射线和连续 X 射线的杀菌效果时人们发现，在总辐照剂量相同的情况下，由于脉冲 X 射线在短时间可以产生高能量的 X 射线脉冲，这种高剂量速率的辐照所取得的杀菌效果较低剂量速率的要好，因此，脉冲 X 射线杀菌技术也成为近来研究者有兴趣研究的一种新型辐照杀菌技术。

脉冲 X 射线杀菌技术是采用脉冲 X 射线辐射源照射被处理的物料以达到杀菌目的的一种杀菌技术。轫致辐射 X 射线是通过加速电子转化成 X 射线的，即通过将高能电子束打击在重金属（如铅、钽等）转化板上实现的，由于 X 射线的穿透能力较强，例如 5MeV 的 X 射线在上述牛肉中的穿透深度可达 400cm，这样就大大减少了对被辐照物料厚度的限制。

脉冲 X 射线利用固体状态打开开关产生高强度的电子束 X 射线脉冲。采用新型的纳秒开关可以释放 100s、数千伏能量在数十亿瓦特的脉冲，并可反复运转，开启的时间从 30ns 到几纳秒，重复速率在爆发模式操作中最大可达每秒 5000 脉冲。

所有电离辐射的杀菌机制一般包括两种作用：一种是射线和细胞物质直接作用，另一种是辐照分解产物如水自由基、·H、·OH 和水化电子 $e^-_{水化}$ 造成的间接作用。尽管对细胞质膜也起一定作用，电离辐射的主要作用目标是染色体 DNA。染色体 DNA 和/或细胞质膜的变化能够导致微生物停止生长和出现死亡。许多研究表明离子、辐照中产生的激发原子和分子对人类没有毒副作用。但目前人们对有关脉冲 X 射线杀菌与一般电离辐射杀菌的机制差异还了解很少。

脉冲 X 射线的峰值剂量率比一般放射性同位素 γ 射线辐射的剂量率要高 $10^6 \sim 10^7$ 倍，剂量率可能不仅影响自由基形成的种类，还可能影响自由基的一、二级反应动力学。研究发现，脉冲 X 射线的致死率在每个数量级上要比钴 60γ 射线的高 6%，三个数量级后总的致死率高 21%～22%。

脉冲 X 射线的产生系统包括三大部分：高压脉冲发生器、发生器控制系统和 X 射线管。高压脉冲发生器有两种形式：一种是单脉冲马克斯发生器（SPMG），另一种是重复脉冲发生器（RPG）。单脉冲马克斯发生器是一种修饰的二级马克斯（Marx）发生器，两级分别由高压开关和电容组成。单脉冲马克斯发生器多用于材料科学的实验研究中。重复脉冲发生器由高压整流器（20kV，20mA）、充电电容（20nF）、氢闸流管（20kV，1000A）、脉冲形成线和脉冲转化器组成。重复脉冲发生器产生的脉冲最高峰值可达 300kV，升压时间小于 100ns，最大重复速率为 100Hz。

影响脉冲 X 射线杀菌效果的因素有：①脉冲 X 射线的性能，包括脉冲的能量、平均和峰值剂量率、脉冲宽、脉冲的频率等；②微生物的性质，不同的微生物对脉冲 X 射线作用的敏感性可能不同，但目前人们尚不知最具抵抗力的杀菌对象菌是哪一种菌和菌株，此外微生物的生长状态可能也会影响脉冲 X 射线的杀菌效果；③作用时的其他条件，包括作用时间、作用时的温度、介质的 pH、介质中的氧的含量等。

第二节　空气净化与除(杀)菌

一、空气净化的目的及应用

（一）空气中的微生物

空气中有大量的微生物，包括常见的细菌，以及真菌和病毒等。其中，约 66% 为球菌，25% 为芽孢菌，其他为真菌、放线菌、病毒、蕨类孢子、花粉、微球藻类、原虫及少量厌氧芽孢菌等。

空气中微生物的分布和传播，随环境不同而有很大的变化。一般来说，干燥寒冷的北方空气中含菌量较少，而潮湿温暖的南方含菌量较多，人口稠密的城市空气中含菌量比人口稀少的农村多，地平面空气中的含菌量比高空多，不同环境空气中微生物的数量见表 3-4。

表 3-4　不同环境空气中微生物的数量　　　　　　　　单位：个·m^{-3}

场所	畜舍	宿舍	城市街道	市区公园	海洋上空	北极(北纬 80 °)
微生物	$(100 \sim 200) \times 10^4$	2×10^4	5000	200	1～2	0～1

随着洁净技术的不断进步及生产过程卫生的规范管理，在不同食品工厂、各种不同生产环境中，空气中的微生物种类和数量有极大差异。一般情况下，室内最主要的外来污染源是人和物料。一个正常人在静止状态下每分钟可向空气排放 500～1500 个菌粒，人在活动时每分钟可向空气中排放数千至数万个菌粒，每次咳嗽或打喷嚏可排放高达 $10^4 \sim 10^6$ 个带菌粒子。影响人体细菌散发量的因素包括人的健康程度、服装、动作及场所等。

微生物个体细小且很轻，并常附着在尘埃粒子上，随着尘埃、雾滴及皮屑、毛发等传播。空气中的尘埃粒子越多，细菌附着在尘埃粒子上的机会越大，传播的机会也增加。因此，控制空气中尘粒的数量就可以控制附着在其上的微生物数量。

拓展阅读 3-4
人体带菌部位
及散发菌量

（二）空气净化的目的及应用

食品生产过程采用不同的除菌、杀菌技术，除去、杀灭空气中的微生物。如过滤除菌、紫外线杀菌、熏蒸灭菌等，其主要目的有以下几方面。

1. 创造一个卫生的生产环境

食品生产过程，尤其在生产作业区、冷却区和包装区（特别是无菌包装），对空气质量的要求最严格。随着 GMP 及洁净技术在食品工业中的不断推行，对空气的洁净要求越来越高，其净化技术术也得到不断发展。目前，主要应用的是以控制空气中的尘粒、防止微生物污染为目的的生物洁净室技术，在保健品、饮用水、即食食品等的生产中应用较多。一些卫生要求高的生产环节，如熟制品、即食食品的加工操作，冷却、包装等，也应用洁净室技术，要求控制空气的洁净度。

洁净度是指洁净环境中空气所含悬浮粒子量多少的程度，以每立方米空气中的最大允许粒子数来确定其空气洁净度。空气洁净度的等级有不同的划分标准，国家标准《洁净厂房设计规范》（GB 50073）中按洁净间（区）内空气中不同大小悬浮粒子的多少分为 9 个等级；《药品生产质量管理规范》（GMP）（2010 年修订）将无菌药品生产所需的洁净区空气洁净度级别分为 A、B、C 及 D 4 个等级，并规定了不同级别空气悬浮粒子的动态及静态测试标准。要求洁净区与非洁净区之间、不同级别洁净区之间的压差应当不低于 10Pa。必要时，相同洁净度级别的不同功能区域（操作间）之间也应当保持适当的压差梯度。

《食品生产通用卫生规范》（GB 14881）也要求厂房和车间应根据产品特点、生产工艺、生产特性以及生产过程对清洁程度的要求合理划分作业区，并采取有效分离或分隔。如：可划分为清洁作业区、准清洁作业区和一般作业区，或清洁作业区和一般作业区等。一般作业区应与其他作业区域分隔。

要达到所要求的空气洁净度，则需对空气进行净化。空气净化采取空气过滤技术，将室外空气洁净到生产、生活所需的要求，或达到某种洁净度。生产环境空气的净化，主要是对洁净室内送风的净化，包括空调送风系统、空气过滤净化系统、室内装修和维护管理等。

拓展阅读 3-5
保健食品生产
洁净间级别
要求

2. 提供大量的无菌空气

大多数发酵工业，其采用的微生物的生长和增殖、代谢产物的生物合成过程离不开氧。如谷氨酸、柠檬酸、抗生素等发酵过程都需要提供大量的无菌空气，无菌空气就是氧气的来源。如果空气中含有其他的微生物，这些微生物便会在发酵罐内大量繁殖，从而干扰纯种发酵过程的正常进行，甚至会造成发酵"倒罐"或减产、停产，导致严重的经济损失。因此，空气净化是好氧发酵过程的一个重要环节。

对于各种不同的发酵过程，由于所用菌种的生长能力强弱、生长速率的快慢、发酵周期的长短、发酵介质的营养成分和最适 pH 等方面存在差异，对所用无菌空气的无菌程度要求也不尽相同。例如，对于酵母而言，其培养基主要以糖源为主，有机氮比较少，它能利用无机氮源，要求的 pH 值较低。在这样的 pH 条件下，一般细菌较难繁殖，而酵母的繁殖速率又快，在繁殖的过程中能抵抗少量杂菌的影响，因而对无菌空气的要求不如氨基酸、抗生素发酵那么严格。

另外，在发酵过程中，为了维持一定的罐内正压和克服设备、管道、阀门、过滤介质等压力损失，供给的无菌空气必须具有一定的压力。压缩空气经冷却，空气中的水分及压缩机带来的油会影响介质过滤除菌的效率，需要在过滤前将空气中的水或油等杂质除去，这就需要利用空气净化处理系统来完成这项任务。

二、空气的过滤除菌

（一）过滤除菌机制

过滤除菌利用过滤介质阻截流过空气中的微生物、尘埃颗粒和其他杂质，以达到除尘、除菌等净化目的。虽然单个细菌尺寸很小，但在空气中它们通常以群体形式存在，并经常与为其提供养分和水分的尘粒共存。病毒比细菌更小，但它们常常寄生于各种微生物中。因此，空气过滤器对细菌和病毒有较高的过滤效率。

过滤法由于经济实用、过滤效果良好，是洁净室以及发酵工业广泛采用的空气净化处理方法。

通过过滤净化处理的空气可以达到不同洁净度的要求，甚至可以达到无菌，并有足够的压力和适宜的温度以供使用。

过滤除菌使用的过滤介质有棉花、玻璃纤维无纺布、化纤无纺布、聚丙烯超细纤维滤料及泡沫塑料等。过滤器内纤维的排列非常复杂，当空气中的微粒随气流通过滤层时，滤层纤维形成的网格会阻挡气流直线前进，使气流的运动速率和运动方向发生无数次改变，绕过纤维前进，这些改变会使粒子对滤层纤维产生惯性冲击、拦截、重力沉积、静电吸引等作用，从而把微粒滞留在介质表面。过滤层捕集微粒的作用主要包括下面五种效应。

1. 惯性冲击滞留效应

当空气中微粒质量较大或速率较大时，在气流方向改变时，微粒会由于惯性作用而仍沿直线方向运动，从而脱离气流而与介质发生碰撞。由于摩擦黏附作用，微粒就会滞留在介质表面而被拦截下来。微粒附着在介质上的数量取决于微粒运动的动量和介质的阻力。空气的流速和细菌的重量是影响惯性冲击的主要因素。空气流速越大，惯性冲击作用也就越大。因此，当空气的流速比较大时，这一效应显得尤为重要，它是介质过滤除菌的主要作用。

当气流速率降低到微粒不能因惯性冲击而滞留于介质纤维上时，除菌效率会显著下降。但随着气流速率的进一步降低，捕集除菌效率又有回升，这主要是另一种效应在起作用——拦截滞留效应。

2. 拦截滞留效应

当某一尺寸的微粒沿气流流线刚好运动到纤维表面附近时，如果从流线（也就是微粒的中心线）到纤维表面的距离等于或小于微粒半径（见图 3-8），微粒就在纤维表面被截留而沉积下来，这种作用称为拦截效应。筛子效应也属于拦截效应。

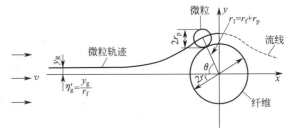

图 3-8 拦截效应示意图

当气流速率较低时，微粒也会随气流低速流动慢慢靠近介质纤维。另外，当气流流线受介质纤维阻碍时会在纤维的周边形成一层边界滞留层。滞留层内的气流速率更慢，进入滞留层的微粒会慢慢靠近并接触纤维而被黏附滞留。这种拦截作用对微粒的捕集效率与气流的雷诺准数和微粒与纤维的直径比有关。

3. 扩散效应

当气流流速很低时，由于气体分子热运动对微粒的碰撞而使微粒产生一种不规则的直线运动——布朗运动，对于粒径越小的微粒布朗运动越显著。常温下粒径为 $0.1\mu m$ 的微粒每秒钟扩散距离达 $17\mu m$，比纤维间距大几倍至几十倍，这就大大增加了微粒与介质纤维接触滞留的机会。扩散效应与微粒和纤维直径有关，并与流速成反比。对粒径大于 $0.3\mu m$ 的微粒其布朗扩散运动减弱，一般不足以靠布朗运动使其离开气流流线碰撞到纤维上面去。在气流流速较小时，扩散效应是介质过滤除菌的重要作用之一。

4. 重力沉降效应

当气流流速降得更低，以至于微粒所受的重力大于气流对它的拖带力时，微粒就容易沉降到介质纤维上。在单一的重力沉降情况下，大颗粒微粒比小颗粒作用显著，对于小颗粒只有在气流速率很慢时才能起作用。由于气流通过纤维介质，特别是过滤纸过滤器的时间远小于 1s，对粒径＜ $0.5\mu m$ 的微粒，当它还没有沉降到纤维表面时已通过了纤维层。一般地，重力沉降效应与拦截作用相配合，即在纤维的边界滞留层内，微粒的沉降作用提高了拦截滞留的捕集效率。

5. 静电吸附效应

由于种种原因，纤维或微粒表面都有可能带上电荷，产生相互吸引的静电效应。产生电荷的手段包括有意识地使微粒或介质带电，或在纤维处理过程中因摩擦带电，或因微粒感应而使纤维表面带电，或者干空气流过非导体介质表面时发生相对摩擦，产生电荷（纤维和树脂纤维，尤其是一些合成纤维更为显著）。上述后面三个原因产生的电荷不能长时间存在，且电场强度很弱，产生的吸引力很小。

过滤法除尘、除菌实际上是上述几种效应共同作用的结果。只是当气流流速不同时，起主要作用的机制不同。一般来说，惯性冲击截留效应、拦截效应及布朗扩散效应的作用较大，而重力沉降及静电吸附效应作用比较小，有时可忽略不计。

（二）空气过滤介质与过滤器种类

1. 过滤介质

用于空气过滤的过滤介质要求具有吸附性强、阻力小、空气流通量大、能耐干热等。常用的过滤介质有棉花（未脱脂）、活性炭、玻璃纤维、超细玻璃纤维、化学纤维、纤维板、滤纸等。上述介质中以棉花为最好，但棉花品种多，规格不一，过滤效率差异较大；维尼纶纤维是合成纤维，来源丰富，规格化一，力学性能好，耐热性高（能耐215℃），过滤效率高，但有蒸汽或水分存在时，会变性失效；玻璃纤维强度弱，易断碎，造成堵塞，增大阻力；超细玻璃纤维纸过滤效果较好，但力学性能较差，容尘量较小；纤维纸过滤效果也较好，但因纤维纸较薄，黏结性弱，机械强度差，尤其在含水气流冲击下容易穿孔失效。

拓展阅读 3-6
不同过滤介质
的过滤效率

2. 空气过滤器

工业上，供洁净室采用的空气过滤器种类很多，根据使用目的、过滤材料及过滤效率等不同而有不同的分类方法或不同的名称，其分类依据、名称及性能和用途分列于表 3-5 中。

表 3-5　空气过滤器的分类、名称、性能及用途

分类依据	过滤器名称	性能及用途
使用目的	新风处理用过滤器	用于净化空调系统的新风处理，据需要设化学过滤器
	室内送风用过滤器	用于净化空调系统的末端过滤
	排气用过滤器	防止室内空气对大气的污染，在洁净室排气管道上设置排气过滤器，排气达规定标准后才能排入大气
	洁净室设备内装过滤器	洁净室内通过内循环方式达到所需空气洁净度等级而使用的空气过滤器
	制造设备内装过滤器	与制造设备结合为一体的空气过滤器
	高压配管用过滤器	压力>0.1MPa 的气体输送过程用的过滤器
过滤材料	滤纸过滤器	滤纸常用玻璃纤维、合成纤维、超细玻璃纤维及植物纤维素等材料，可制成 0.3μm 级普通高效或亚高效过滤器，或制作成 0.1μm 级的超高效过滤器
	纤维层过滤器	采用天然纤维（如羊毛、棉纤维等）、化学纤维及人造纤维（物理纤维）填充制成过滤层的过滤器，是低填充率过滤器，阻力降较少，具有中等效率
	泡沫材料过滤器	过滤性能与其孔隙率有关，现较少使用
过滤效率	粗效过滤器	用于新风首道过滤，应截留大气中的大粒径微粒，过滤对象为 5μm 以上悬浮性微粒和 10μm 以上沉降性微粒以及各种异物，过滤效率一般以过滤 5μm 为准，一般采用无纺布滤料，易于清洗和更换
	中效过滤器	可作为空调系统的最后过滤器和净化空调系统中高效过滤器的预过滤器，用于截留 1～10μm 的悬浮性微粒，其效率以过滤 1μm 为准
	高中效过滤器	用于净化系统的末端过滤器，也可以用作中间过滤器，用于截留 1～5μm 的悬浮性颗粒，其效率以过滤 1μm 为准
	亚高效过滤器	可用于洁净室末端过滤器，也可用作高效过滤器的预过滤器，还可作为新风的末级过滤器，用于截留 1μm 以下的亚微米级微粒，其效率以过滤 0.5μm 为准
	高效过滤器	洁净室末级过滤器，其效率以过滤 0.3μm 为准，超高效过滤器以过滤 0.12μm 为准

拓展阅读 3-7
典型过滤器及
其特点

除上述分类外，根据过滤器的结构状况还可分为折叠形、管状、平板形、V 形等过滤器。

（三）影响空气过滤效率的因素

影响纤维过滤器过滤效率的主要因素有微粒直径、纤维粗细、过滤速率和填充率等。

1. 空气中微粒形状、大小的影响

多分散性微粒通过空气过滤器时存在各种效应。粒径较小的微粒在扩散效应的作用下在滤材上沉积，扩散效率随粒径的增大逐渐下降；粒径较大的微粒在拦截和惯性冲击效应的作用下在纤维上沉积，拦截、惯性效率随粒径的增大逐渐上升。因此，与微粒的粒径有关的效率曲线有一个最低点，在此点的总效率最低或穿透率最大，这一点被称为最易穿透粒径或最大穿透粒径（MPPS）或最低效率直径。过滤器的 MPPS 是一个十分重要的性能参数，得到 MPPS 效率的数据，使过滤器具有保证这点粒径的捕集效率，则对其余粒径的微粒就能可靠地捕集了。

微粒性质不同、纤维滤层不同、过滤速率不同，MPPS 是变化的。在大多数情况下，纤维过滤器的 MPPS 为 $0.1 \sim 0.4 \mu m$。纤维过滤效率与微粒粒径的关系见图 3-9。

通常空气中微粒的形状是不规则的。由于球形微粒与纤维滤料接触时的接触面积比不规则形状微粒要小，所以实际上不规则形状的微粒的沉积概率较大，球形粒子则具有较大的穿透率。

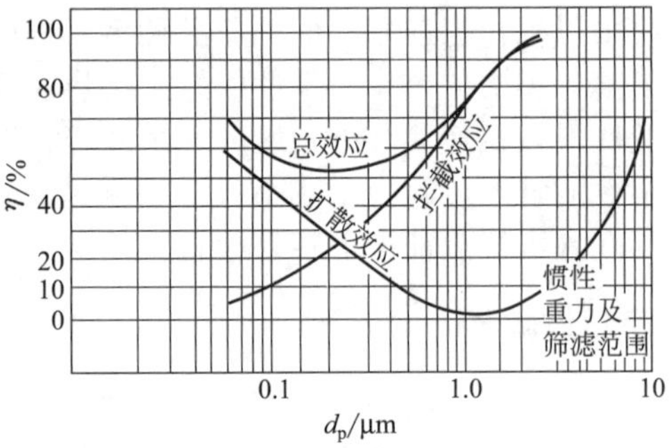

图 3-9　纤维过滤效率 η 与微粒粒径 d_p 的关系

2. 纤维尺寸和形状的影响

纤维直径小则捕集效率高。在选择滤料时一般都希望选用较细的纤维，但纤维直径越细，通过纤维滤层的气流阻力越大。通常认为纤维断面形状对过滤效率影响不大。

3. 空气通过过滤层速率的影响

每一种过滤器都具有最大穿透粒径，同样每一种过滤器在一定的使用周期内，也有自身的最大穿透滤速。一般随着过滤速率的增大，扩散效率下降，惯性和惯性效率增大，总效率则先下降而后上升。空气流速对过滤效率的影响比较复杂，根据过滤原理，空气流速的选择是依过滤介质、过滤层厚度、使用周期及空气用量等来设计的。各种不同直径的过滤介质都有其对应的空气流速范围，若在厚层过滤器的空气流速，通常取棉花 $0.05 \sim 0.15 m \cdot s^{-1}$；棉花活性炭 $0.05 \sim 0.3 m \cdot s^{-1}$；玻璃纤维 $0.05 \sim 0.5 m \cdot s^{-1}$。而在薄层过滤则选择较高的空气流速。

4. 过滤器纤维层填充率的影响

若增大纤维滤料的填充率，则纤维层的密实度随之增大，流过的气流速率将会提高，扩散效率下降，惯性和拦截效率增加，总效率得到提高，但过滤器阻力将增大。因此，一般不采用增大填充率来提高过滤效率。

（四）无菌空气制备的工艺设备流程

工业发酵所需的净化空气用量大，无菌要求高，常选择运行可靠、操作方便、不同功能净化设备的组合以减少动力消耗和提高除（灭）菌效果。过滤除菌是目前发酵工业获得大量无菌空气的常规方法。要保持过滤器有比较高的过滤效率，应维持一定的气流速率和不受油、水等杂质的干扰。气流速率可通过过滤面积设计和风量调节来控制；而要保持不受油、水干扰，则要有一系列空气冷却、分离、加热等设备来保证。下面介绍几个典型的设备流程。

1. 传统的空气净化系统

传统空气净化系统如图 3-10 所示，其主要特点是净化空气量大，适合不同的气候条件。该系统加强了进入深层过滤器空气的除油、除水环节，采用空气二次冷却与分离过程，确保过滤器在较长时间内有较高的过滤效率。空气经第一次冷却后，大部分的水、油都已结成较大的雾粒，故适宜用旋风分离器分离。第二次冷却使空气进一步降温后析出较小的雾粒，宜采用丝网分离器分离。通常第一级冷却到 30～35℃，第二级冷却到 20～25℃。除水后，在该温度下，空气的相对湿度可能还是 100%，需要用将空气加热到 30～35℃的办法把空气的相对湿度降到 50%～60%，以保证过滤器的正常运行。

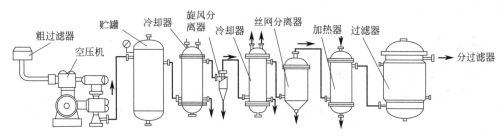

图 3-10 两级冷却与分离、加热除菌流程

2. 高效前置过滤除菌流程

高效前置过滤除菌流程如图 3-11 所示。

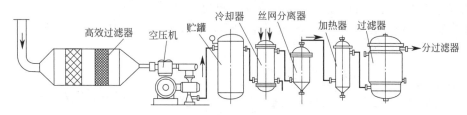

图 3-11 高效前置过滤除菌流程

该流程利用压缩机的抽吸作用使空气先经中效、高效过滤后，进入空气压缩机，降低主过滤器的负荷。经高效前置过滤器后，空气的无菌程度可达 99.99%，再经冷却、分离，进入主过滤器过滤后，空气的无菌程度就更高。高效前置过滤器采用泡沫塑料（静电除菌）、超细纤维纸为过滤介质，串联使用。其特点是空气经多次过滤，因而所得空气的无菌程度较高。但该流程成本较高，净化空气流量受限制，要求新鲜空气中的污染微粒少等条件，以保证经济效益。

3. 节能的空气净化流程

图 3-12 是利用压缩后的热空气与除水、除油后的冷空气进行热交换，使冷空气的温度升高，降低其相对湿度的空气净化流程，可节能。此流程对热能的利用比较合理，热交换器还可兼作贮气罐，但由于气-气换热的传热系数很小，加热面积要足够大才能满足要求。

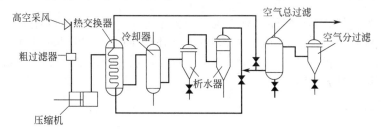

图 3-12 节能的空气净化流程

总的来说，无菌空气制备流程的选择应根据所在地的地理、气候环境和设备等条件而考虑。如在环境污染比较严重的地方，要考虑改变吸风的条件，如提高进风口高度，如图 3-13，以减少空气带来的微生物及其他微粒，延长压缩机使用寿命，降低过滤器的负荷，提高空气的无菌程度；在温暖潮湿的南方，要加强除水设施，以确保和发挥过滤器的最大除菌效率；在压缩机耗油严重的设备流程中则要加强消除油雾的污染或采用无油（少耗油）润滑空气压缩机等技术。

三、空气的杀菌技术

上述空气过滤方法利用过滤介质将空气中的微生物、灰尘拦截、除去，对微生物不是直接杀灭。而常用于空气杀菌的技术有以下几种。

（一）紫外线杀菌

紫外线是一种肉眼看不见的光波（电磁波）。紫外线的有效杀菌波长范围在 240～280nm 之间，最强杀菌波长为 253.7nm。紫外线照射可使微生物细胞内核酸、原浆蛋白和酶发生化学变化而死亡。紫外线有广谱杀菌作用，可杀死包括细菌、结核杆菌、芽孢和真菌在内的多种微生物，达到消毒和净化的目的。

紫外线的能量较低，其穿透固体的能力几乎为零，穿透液体的能力与透明度有关。在清水中可达 50mm，对于河水仅 10mm，对牛奶仅可深入 1～2mm，能量可被吸收 50%。因此紫外线多用于车间内操作台、设备上空空气的杀菌和净化水的最后杀菌。紫外线杀灭革兰氏阳性菌与革兰氏阴性菌的效率差不多，其致死剂量见表 3-6。一般细菌致死剂量范围在 $1\sim6mW \cdot s \cdot cm^{-2}$，而霉菌、细菌孢子和病毒对紫外线的耐性较强，需要较高的致死剂量。而且紫外线灭菌的效果与作用时间、温度、微生物所处的环境有很大的关系。黏附在有机体表面或悬浮液中的微生物对紫外线的抵抗力较强。

表 3-6　紫外线对几种细菌和病毒的致死量

微生物	类别	紫外线致死量/$mW \cdot s \cdot cm^{-2}$
细小芽孢菌(*Bacillus subtlis spore*)	细菌	22.0
噬菌体(bacteriophage)	病毒	6.6
柯萨奇病毒(coxsackie virus)	病毒	6.3
志贺氏菌芽孢(*Shigella spores*)	细菌	4.2
埃希氏大肠杆菌(*Escherichia coli*)	细菌	6.6
粪大肠杆菌(*Fecal coliform*)	细菌	6.6
甲肝病毒(hepatitis A virus)	病毒	8.0
感冒病毒(influenza virus)	病毒	6.6
嗜肺军团菌(*Legionella pneumopila*)	细菌	12.3
伤寒沙门氏菌(*Salmonella typhi*)	细菌	7.0
金黄色葡萄状菌(*Staphylococcus aureus*)	细菌	6.6
链球菌芽孢(*Streptococcus spores*)	细菌	3.8

对于生产车间的空气消毒，紫外线只有照射到物体表面且达到一定的照射强度才有杀菌效果，通常距离紫外灯光源 1.5m 以外的范围基本无效。紫外线照射杀菌在环境相对湿度达到 60% 以上时，消毒效果急剧下降，相对湿度达到 80% 以上时反而可诱使细菌复活。紫外线照射时生产人员必须离开现场，以确保人员的健康。

（二）臭氧消毒

臭氧（O_3）是氧的变体（即同素异形体），由三个氧原子组成，是一种蓝色、有特殊鱼腥味的气体，在水中分解成 O_2 和活泼的氧原子［O］，具有极强的氧化性和杀菌性能。臭氧的杀菌原理主要依赖活性氧原子［O］的强氧化活性，使酶失去活性并迅速导致微生物死亡。

臭氧消毒杀菌具有独特的优点：

① 杀菌能力与过氧乙酸相当，高于其他消毒剂。

② 杀菌具有广谱性，适合多种致病微生物，对大肠杆菌、沙门氏菌、金黄色葡萄球菌及甲乙型肝炎病毒、真菌等多种微生物都具有较好的杀灭作用，可破坏肉毒杆菌毒素。臭氧对空气中的微生物有明显杀灭作用，采用 $30mg \cdot m^{-3}$ 浓度的臭氧，作用 15min，对自然菌的杀灭率达到 90% 以上，可以除异味，净化环境，使空气清新。臭氧对表面上污染的微生物也有杀灭作用，但作用缓慢，一般要求 $60mg \cdot m^{-3}$，相对湿度 ≥70%，作用 60～120min 才能达到消毒效果。

③ 臭氧具有较高的扩散性，杀菌无死角，浓度分布均匀；利用大气制取，不需储藏设备；臭氧杀菌后多余的氧原子会自行重新结合成普通氧原子（O_2），没有有毒残留物。

但是，臭氧在水中的溶解度较低（3%），且稳定性差、易分解，所以臭氧不能瓶装贮备，只能现制现用。

（三）静电除菌

静电除菌法利用静电引力吸附带电粒子而达到除菌除尘的目的。静电除尘器可以除去空气中的水雾、油雾、尘埃，以及空气中的微生物。悬浮于空气中的微生物、微生物孢子大多带有不同的电荷，没有带电荷的微粒在进入高压静电场时也都会被电离成带电微粒。另外，静电源工作时在设备内形成的均匀电晕层及静电场，会使随空气进入圆孔通道的细菌、病毒电解、炭化，直接导致死亡。

对于一些直径很小的微粒，它所带的电荷很小，当静电产生的引力等于或小于气流对微粒的拖带力或微粒布朗扩散运动的动量时，微粒就不能被吸附而沉降，所以静电除尘对很小的微粒效率较低。因此，静电除菌的效率不是很高，一般在 85%～90% 之间，但由于它耗能少，空气的压头损失小，所需设备不多，因而常用于洁净工作台和洁净工作室所需无菌无尘空气的第一次除菌，配合高效过滤器使用。静电除菌的原理见图 3-13。

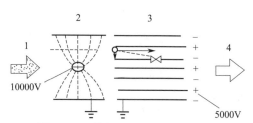

图 3-13　静电除菌除尘装置示意图
1—带微粒空气；2—电离部分；
3—除尘部分；4—清洁空气

（四）熏蒸消毒

熏蒸消毒利用消毒药物的气体或烟雾，在密闭空间内进行熏蒸而达到消毒目的。该方法既可用于室内空气的杀菌，也可用于与食品接触设备、器具表面的消毒。熏蒸试剂包括乳酸、过氧乙酸及甲醛等。目前，考虑到甲醛的毒性及对甲醛残留的要求，国内已逐渐减少使用此类熏蒸剂。

1. 乳酸熏蒸

乳酸是无色至浅黄色糖浆状液体，沸点 122℃，蒸发时需加热至 150℃ 左右。当乳酸在空气中浓度为 $0.04mg \cdot m^{-3}$ 时，经 40s 可杀灭绝大多数细菌。浓度低于 $0.003mg \cdot m^{-3}$ 时，杀菌效果降低。通常在 25～30m^3 的空间，用乳酸 4～5mL 加等量水，使用酒精灯加热蒸发，密闭 2～3h。消毒时最适相对湿度 60%～80%，低于 60% 效果会下降。该法适于室内范围不大的空气消毒。

2. 过氧乙酸熏蒸

过氧乙酸（过醋酸）为无色透明液体，有刺激性酸味，易挥发，沸点 110℃，腐蚀性强，有漂白作用，为高效灭菌剂。过氧乙酸熏蒸消毒适用于密封较好房间内污染表面的处理。过氧乙酸蒸气的产生方法是使用陶瓷或搪瓷或玻璃容器加热，使用环境宜在 20℃，相对湿度 70%～90%，使用

剂量为过氧乙酸 $1g \cdot m^{-3}$，熏蒸时间 $60 \sim 90min$，达到规定时间后，需通风排气。

第三节　食品生产用水的净化除(杀)菌

一、食品工厂用水要求

（一）不同水源及其特征

自然界中的水有淡水和海水（咸水）两种。海水虽量大，但由于其含盐量高、具腐蚀性等缺点，作为水源未被大量使用。大量用于食品工业的仍以淡水为主，其水源有以下几种。

1. 地表水

地表水是指江河、湖泊和水库（塘）的水。雨水降落到地面的过程中，会吸附大量的气体（如氮、氧、二氧化碳、氨、二氧化硫、硫化氢等），并吸附大气中的灰尘及微生物等污染物。江河水流经的地表面积广，会含有较多的杂质和污染物，包括悬浮物、胶体颗粒、有机物（天然腐殖质类有机物和人类活动产生的污染物）以及微生物。江河水的水质与季节、区域或流域等地理因素有关，人口密集区的江河水更易被人和动物污染，也易受工业污染的危害。湖泊、水库中的水主要由降雨及河流补给而成，其水质常受到河流水质、气候、地质、生物及湖泊或水库中水的更换周期的影响。

2. 地下水

地下水是地面水通过土壤和石灰岩渗入地壳和流集到地下或潜流河道中的水（包括井水、泉水、地下河水）。由于经过土壤和石灰岩的自然过滤作用，地下水较地表水清洁。水中的浑浊物、有机物和细菌一类悬浮杂质较少，但含有较多的矿物质，一般含盐量为 $100 \sim 5000mg \cdot L^{-1}$，硬度波动大。

☁
拓展阅读 3-8
不同水源的优缺点

国家标准《生活饮用水卫生标准》（GB 5749）要求以地表水为生活饮用水来源时应符合《地表水环境质量标准》（GB 3838）；以地下水为生活饮用水来源时应符合《地下水质量标准》（GB/T 14848）的要求。

（二）食品工厂用水对水质的要求

1. 生产用水水质要求

生产用水指直接加入食品中或作为食品主要成分的生产工艺用水（冰）；用于食品原料、半成品、包装容器、设备等的洗涤用水（也包括与食品有直接或间接接触的冷却水）；锅炉用水；用于生产过程的冷却水、冷凝水、水力喷射器或水环式真空泵用水等。

食品工厂生产用水的安全性是食品卫生操作规范（SSOP）八个基本内容中的首项，尤其是生产工艺用水和直接与食品表面接触的水或用于制冰的水是食品安全监控的重点。这类水起码应符合国家的《生活饮用水卫生标准》（GB 5749）。

生产工艺用水因直接进入产品，对食品尤其是饮料食品的外观、色泽、口味和品质有直接的影响。除要求水质符合饮用水外，对水的某些指标，如硬度、某些元素、微生物等指标有更高的要求，因此，饮料生产的工艺用水还要经过严格的处理。

至于不同水产品，瓶（桶）装饮用纯净水、瓶（桶）装饮用水、饮用天然矿泉水等水产品则按照各自产品标准要求控制水源及生产工艺。

2. 冷却循环水水质要求

冷却水容易引起的问题主要是腐蚀、结垢、污泥生成和微生物繁殖，尤其是循环使用的冷却用水。水中的氯离子、铜离子、铁离子和锰离子等是造成设备腐蚀的主要因子；钙离子、镁离子、铝离子、磷酸盐、硅酸盐、碱度等是结垢的主要因子；水中浊度（悬浮物等）是造成污泥沉积的主要来源。对上述问题的解决办法除了选择和控制水源外，目前在循环冷却水中主要靠添加药剂的化学处理方法。如用缓释剂控制腐蚀，用阻垢剂控制结垢，用抗污泥剂控制污泥沉积和用杀菌灭藻剂控制微生物繁殖。

3. 锅炉用水水质要求

一般工业锅炉对水质的硬度指标要求严格。硬度高的水可使锅炉结垢，降低热效率；锅炉受热面结垢容易造成局部过热，烧坏水管，影响安全运行；锅炉加热管积水垢后，水渣会堵塞管道，恶化锅炉的水循环。锅炉用水略带碱性（pH 7～8.5），当水中无氧气存在时，有防止锅炉腐蚀的作用。但若炉水碱度过大，会产生较严重的晶间腐蚀，对锅炉安全运行危害较大；还会使蒸汽中带有盐分，恶化蒸汽品质。水中残留油类杂质能黏附在锅炉金属管表面形成传热性极差的油垢而造成金属表面局部过热，而且油质也能使蒸汽品质恶化。因此，必须控制锅炉用水的水质。锅炉水质标准与锅炉类型、蒸汽品质、运行费用、使用寿命、锅炉排污、热损失等有关。

二、水的净化除（杀）菌技术

在水的质量控制过程中，微生物（包括细菌总数、病原微生物等）指标是优先考虑的控制因素。此外要求水的感官性状好，水中化学物、放射性物质等污染物不得危害身体健康。

（一）水的澄清净化

由于水中的微生物常常吸附在悬浮颗粒上，混凝沉淀过程中可通过去除水中的悬浮物以去除大部分微生物。但仍需要对水进行过滤除菌和消毒处理，以保证水的卫生和安全。对水进行澄清净化的目的是去除水中的悬浮物质、有机物和胶体，主要是 $10\mu m$ 以下的固体物质颗粒，包括绝大部分的黏土颗粒（粒度上限为 $4\mu m$）、大部分细菌（$0.2\sim80\mu m$）、病毒（$10\sim300nm$）和蛋白质（$1\sim50nm$）等。地表水中含有各种有机物质及无机物质，污染严重，需要进行严格的处理。无铁地下水的净化处理主要取决于水中的悬浮物含量，当原水中悬浮物小于 $20mg\cdot L^{-1}$ 时，可直接进行过滤；原水中悬浮物为 $20\sim100mg\cdot L^{-1}$ 时，可直接进行直流混凝过滤；如果原水中悬浮物在 $150mg\cdot L^{-1}$ 左右时，需采用双层滤料过滤设备进行直流混凝。自来水的浊度较低，但其中含有少量的游离性余氯，应注意除氯。

地表水的澄清净化处理常用以下三种方法。

1. 混凝

水中黏土等无机物属于憎水性胶体；有机物如蛋白质、淀粉和胶质等属于亲水性胶体。这些胶体物质具有保持分散的稳定性。为了破坏这种稳定性，使这些胶体颗粒下沉，需要在原水中添加混凝剂或同时添加混凝剂和助凝剂，中和水中胶体表面的电荷，破坏胶体的稳定性，使胶体颗粒发生混凝并包裹悬浮颗粒而沉降，通过混凝和静置的组合，使水中由微粒形成的悬浮物得到去除，从而使水得以澄清。

通常使用的混凝剂包括无机混凝剂和有机混凝剂两大类。无机混凝剂主要有无机盐、酸、碱等；有机混凝剂主要有水溶性天然高分子（如淀粉系、蛋白质系、胶体等）、水溶性合成高分子等。

2. 沉淀与澄清

让水在沉淀池中停留较长的时间，用缓慢沉淀的方法去除水中较大颗粒的杂质。澄清的效果与水流经澄清池的停留时间有很大关系。停留时间取决于澄清的目的和处理对象，如欲除去大颗粒的粗砂、黏土等，停留时间为几小时；如欲除去水中浊度等小颗粒杂质，水的停留时间需达几天；对于后续工序将进行过滤的水，则停留时间一般为 $2\sim4h$。

3. 过滤

过滤是利用一些多孔过滤介质从水中截留、筛滤和吸附不溶性固体物质的过程，从而得到澄清的水。水过滤常用的过滤介质有粒状介质（砂粒等）、织状介质（织布、人造纤维等）、多孔性固体介质（多孔陶瓷管等）和滤膜。有时为了加强过滤效果，防止胶体颗粒对滤孔的堵塞，需要使用助滤剂。依靠过滤介质和助滤剂，或过滤介质及其吸附物质的电的或物理的吸附作用，不仅微粒大于介质滤孔的物质被机械性地截留和分离，小于滤孔的微粒，如细小的悬浮物、胶体及细菌等也能被吸附滤除，可以获得较为理想的净水效果。

过滤一般以石英砂、无烟煤等粒状物料为粗过滤介质，也可使用过滤筛网或膜材料，去除水中包括各种浮游生物、细菌、滤过性病毒、漂浮油和乳化油等。影响过滤过程的因素包括滤层的厚度和粒度、滤层的有效粒径、滤料的层数、滤速、水力波动及水中的化学水质参数、悬浮固体的化学性质和过滤前的化学处理过程等。

常用的过滤方法包括砂滤、活性炭过滤、烧结管微孔过滤和精滤。一般过滤可以截留 $10\mu m$ 以上的不溶性固体物质，微滤可以去除 $10\sim 0.1\mu m$ 的微粒，超滤可以除去 $100\sim 1nm$ 的胶体、蛋白质和大分子物质，用于水的纯化。

（二）水的过滤除菌

水经过混凝澄清处理以后，大部分悬浮物已被除去，但这样的水质仍不能满足要求，仍需进一步过滤（或称精滤）去除水中悬浮的细小悬浮物和微生物。微孔过滤和膜过滤是常用的方法。

1. 微孔过滤

微孔过滤技术在水处理系统中具有重要的作用。根据过滤介质的不同，其过滤物质和效果也不相同。

（1）微孔过滤的基本原理　通常，微孔过滤的机制主要包括尺寸排除与碰撞拦截、黏附和静电吸附两种。前者是利用筛孔颗粒截留和滤饼效应颗粒截留两种效应，如图 3-14 所示。后者主要利用液体中许多小颗粒呈负电荷，能被带正电荷的滤膜捕获，如图 3-15 所示。

●筛孔颗粒截留　　●滤饼效应颗粒截留

图 3-14　尺寸排除与碰撞拦截过滤机制

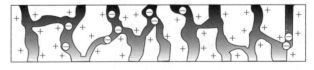

图 3-15　黏附和静电吸附机制

（2）微孔过滤器及过滤介质的种类　在工艺用水制备过程中，微孔过滤器按照其用途可分为除菌过滤器和一般性杂质过滤器。过滤器的滤材或介质多种多样，包括常见的砂芯棒过滤器（硅藻土、聚乙烯等材料）、玻璃棒过滤器、非石棉板框压滤器、微孔滤膜过滤器等。微孔薄膜过滤器在工艺用水制备过程中常作为反渗透等除盐设备的保安过滤器（孔径为 $0.4\sim 10\mu m$），以及用水终端的除菌过滤及纯化水贮罐的呼吸除菌过滤（孔径为 $0.22\mu m$）。根据过滤器的过滤方式还可分为压滤式和抽滤式两种，适用于各种用途。

2. 膜过滤

随着膜分离技术的不断推广和应用，食品工艺用水净化过程也逐渐采用膜分离技术，例如纳滤（NF）、超滤（UF）及微滤（MF）等技术。膜过滤可筛除粒度从亚纳米级的微观颗粒到微米级的宏观颗粒，并且根据颗粒的粒度可以准确划分颗粒可被截留及不可被截留。因此，膜过滤技术具有广谱性及绝对性水处理优势，过滤时间短（仅需 $10\sim20s$），近年来在水处理中得到广泛应用。如用膜截留分子量（MWCO）10×10^4 的纤维素衍生物空心纤维膜超滤，对病毒的去除率大于 6 个数量级，对贾第虫的去除率为 4 个数量级，对总大肠杆菌的去除率为 7 个数量级，在常规的过滤中这些病原体的去除率仅为 90%（1 个数量级）。

另外，在食品工业中常采用膜过滤技术对流体食品中的悬浮物质（包括菌体微生物）进行膜过滤分离或浓缩，见第六章。

（三）水的消毒与杀菌

水的消毒可以通过物理方法（加热、紫外线、超声波等）或化学方法（氯、臭氧、过锰酸钾及重金属离子等药剂消毒）杀死水中的各种微生物及病原菌和其他生物，使水的卫生指标符合要求。常用的消毒方法有氯消毒、二氧化氯消毒、紫外线和臭氧消毒。

1. 氯消毒

氯在水中反应生成次氯酸 HClO。次氯酸具有很强的穿透力，能迅速穿过微生物的细胞膜，进入微生物体内，破坏微生物体内的酶系统，使酶失活而致死。另外，次氯酸性质很不稳定，即容易放出新生态氧 [O]，新生态氧与铵盐、硫化氢、氧化亚铁、亚硝酸盐以及有机物腐败后产生的物质相结合，对水中有机物和一些无机物等起氧化作用，从而抑制了以这些物质为营养的大部分微生物的生长。

为了保证杀菌效果，必须确保有效氯的浓度。加氯量决定于微生物种类、浓度、水温和 pH 等因素，游离氯在水温 $20\sim25℃$、pH 7 时效果较佳。不同水源的水消毒时的加氯量可参见表 3-7。

表 3-7　不同水源氯消毒加氯量

水源类别	加氯量/$mg\cdot L^{-1}$
污染较少的深井水	$0.5\sim1.0$
水质浑浊的河水	$2.0\sim2.5$
污染较少的泉水	$1.5\sim2.0$
环境较好的塘水	$2.0\sim2.5$
环境较差的塘水	$2.5\sim3.0$
浑浊带色的池水	$3.0\sim4.5$

当水中同时含有氨时，可使水的 pH 升高，并与氯反应，形成化学性余氯（氯胺类化合物和氯化铵），也可实现对水的消毒。这种消毒称为氯胺消毒，消毒副产物较少，不易分解，因而抑菌时间较游离性余氯长。

2. 紫外线杀菌

紫外线用于食品工厂用水、透明液态食品的杀菌。紫外线杀菌设备简单，操作方便，比较经济，且杀菌能力强，不污染水质。因此这种杀菌方法得到广泛应用。紫外线杀菌的水可作为饮料用水，也可作为果蔬原料清洗和包装容器以及设备管道的清洗用水。但由于紫外线在水中的穿透深度有限，要求被照射的水的深度或灯管之间的间距不得过大。图 3-16 是饮料厂用紫外线杀菌的水处理流程，适用于碳酸饮料、果汁饮料和乳饮料等灌装线。

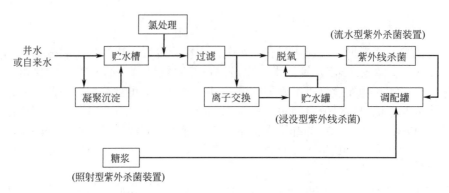

图 3-16　紫外线杀菌的水处理流程

3. 臭氧杀菌

　　臭氧具有很强的杀菌能力，其氧化能力次于氯，但杀菌效果却优于氯，可用于水的脱臭和洗涤以及食品饮料行业及矿泉水和纯净水等瓶装饮用水的制造。

　　臭氧的杀菌效果会因对象微生物的种类而有显著差异。臭氧对大肠杆菌、绿脓菌、荧光菌、乳酸菌的杀菌效果显著，在浓度 $0.3\sim0.7mg\cdot L^{-1}$ 时，接触 $10\sim30s$ 就可达到杀菌目的。金黄色葡萄球菌在臭氧浓度 $0.8\sim1.0mg\cdot L^{-1}$ 时，酒精酵母在臭氧浓度 $0.5\sim0.8mg\cdot L^{-1}$ 时，仅需 $20\sim30s$ 即致死，而枯草芽孢杆菌在臭氧浓度 $3.0\sim5.0mg\cdot L^{-1}$ 下需要 $5\sim10min$ 才能致死。除耐热性芽孢菌外，几乎所有微生物在与浓度 $0.3\sim1.0mg\cdot L^{-1}$ 的臭氧水接触 $20\sim30s$ 就可达到杀菌目的。臭氧水对于微生物的杀菌效果比较见表 3-8。

表 3-8　臭氧浓度 $0.3\sim0.5mg\cdot L^{-1}$，20℃，在不同环境杀灭
不同微生物需要的时间　　　　　　　　　　　　　　　　单位：min

微生物	水溶液中	空气中
巨大芽孢杆菌（*B. megaterium*）	30	—
枯草杆菌（*B. Subtilis*）	20	200
大肠杆菌（*E. coli*）	2	$10\sim30$
金黄色葡萄球菌（*S. aureus*）	2	$10\sim30$
热带假丝酵母（*C. tropicalis*）	5	100
米曲霉（*A. oryzae*）	20	150

　　臭氧杀菌后水中的残余臭氧能在较长时间（例如 24h）内保持水的杀菌状态，如水中残余臭氧浓度保持在 $0.1mg\cdot L^{-1}$ 以上时都能保持水的无菌状态。另外臭氧在水处理中，兼有脱臭、脱色作用，以及去除水中的铁、锰物质的作用。残余臭氧经一段时间后会自行转变为普通的氧，不会残留有害物质，但在水中有溴离子存在及臭氧浓度较高时，容易生成溴酸盐等有害物质，要引起重视。

📄 知识归纳

1. 食品非热杀菌技术

主要包含化学杀菌和物理杀菌技术，重点学习超高压、脉冲电场、低温等离子体杀菌技术。

（1）超高压（HPP）杀菌技术：能在常温或接近常温下实现杀菌灭酶，减少营养损失、改善质构，能耗远低于传统热处理，其杀菌效果受微生物种类和生长期培养条件、压力大小和加压时间、施压方式、温度、pH 值、物料成分、水分活度等多种因素影响。压力传递遵循帕斯卡定理，压力对化学反应的影响遵循勒·夏托列原理。

（2）脉冲电场（PEF）杀菌技术：通过高电压脉冲作用于处于电极间的物料，达到杀灭物料中微生物的目的，延长食品保鲜期。PEF处理系统由高压脉冲发生器、处理室、物料输送系统和测量及计算机控制系统等组成，杀菌机制包括细胞膜的电崩解和电穿孔，杀菌效果受微生物、电场参数和物料性质的影响。

（3）低温等离子体（LTP）杀菌技术：LTP作为第四种物质状态，具有电学、热学、力学、光学、化学等多种特性，其在食品工业的应用逐渐受到关注。LTP的产生主要包括介质阻挡放电、电晕放电和大气压等离子体射流，其杀菌机制归纳为紫外辐射、氧化效应、静电力效应和电穿孔效应。

2. 空气净化除菌

（1）净化目的：为食品生产创造良好的卫生环境，提供无菌空气。不同生产区域对空气洁净度有不同要求。

（2）除菌方法及机制：过滤除菌利用介质阻截微生物等杂质；紫外线杀菌在特定波长（如253.7nm）效果最佳，杀菌效果受到波长、液体透明度、杀菌时间、环境温湿度、悬浮物、有机物等多种因素影响；静电除菌利用静电引力吸附带电粒子达到除尘灭菌目的；臭氧消毒依赖活性氧原子；熏蒸消毒使用特定药物气体或烟雾（如乳酸、过氧乙酸、甲醛）。

3. 食品生产用水的净化除菌

（1）用水要求：水中微生物多样，水源有地下水和地表水，各有优缺点，需要根据实际生产需求进行选择。

（2）净化除菌方法：水的澄清净化包含混凝、沉淀与澄清、过滤等步骤。过滤除菌有慢速过滤、快速过滤和微孔过滤，各有特点和过滤机理。消毒杀菌可采用物理或化学方法，不同方法在使用剂量、接触时间、杀菌效率、优缺点和用途上存在差异。

知识图谱 3-1

✏ 复习思考题

1. 什么是非热杀菌技术？与传统的热杀菌技术相比，非热杀菌技术有何优势？
2. 试述超高压处理的技术特点和杀菌机制。
3. 从超高压杀菌的技术特点来看，为什么说同等杀菌效果下，该技术的能耗远低于传统热杀菌？
4. 试述脉冲电场杀菌的杀菌机制和影响杀菌效果的主要因素。
5. 谈谈低温等离子体杀菌技术的杀菌机制和影响杀菌效果的主要因素。
6. 低温等离子体环境下可以实现常规化学方法无法实现的化学过程，其物理原因何在？
7. 为什么要对空气进行过滤除尘？空气过滤除菌的机制是什么？影响过滤效率的因素有哪些？
8. 请简述臭氧用于空气杀菌的机理及其优缺点。
9. 试述水处理中微孔过滤技术的基本原理及特点。
10. 请列举几种膜过滤用于水的净化除菌应用实例，并说明处理效果。
11. 水处理中常用的杀菌方法有哪几类，有何特点？

第四章　食品的低温加工与保藏

彩图 4-1

先秦时期郑韩故城贮冰地窖遗址　　　西汉文献记录了硝石溶解吸热"夏造冰"

　　古代中国、古埃及、古希腊和古罗马时期，当时的人们开始利用天然冰雪来保存食物。随着制冷技术的发展，现在我们在家利用冰箱或冰柜的低温来贮藏食品。通常情况下，将苹果放在冰箱的冷藏区可以较好地维持苹果原有的外观和品质，但若将香蕉放入冰箱的冷藏区则其表面很快出现褐色斑点，于是，在生产实际中我们需要进一步理解其技术原理才能良好地发挥低温的作用。

为什么要学习"食品的低温加工与保藏"？

人类通过秋收冬藏、冬冰夏用很早就认识了低温保藏食品和加工食品的作用，随人工制冷技术的发展，冰箱进入普通百姓家庭，人们一般都知道冰箱有冷藏区和冻藏区。不同的食品应该如何冷冻保藏？保藏期有多久？贮藏过程中食品会发生什么变化？通过本章的学习，可以了解和掌握低温加工与保藏食品的基本原理，了解和掌握食品冷却冷藏、冻结冻藏以及解冻的规律及其控制，了解低温加工与保藏对食品的影响。

👁 学习目标

○ 了解低温加工与保藏在食品工业中的应用，低温保藏的温度区间划分。
○ 了解低温对微生物、酶和食品物料的影响，掌握低温保藏食品的基本原理。
○ 了解食品冷藏的一般工艺过程，掌握冷却的方法、冷藏的工艺控制，以及冷藏对食品的影响。
○ 了解食品冻藏的一般工艺过程，掌握冻结相关的重要概念、冻结规律、冻结方法、冻藏和解冻的工艺控制，以及冻结冻藏对食品的影响。

第一节　食品低温加工与保藏概述

一、低温加工与保藏在食品工业中的应用

食品的低温处理是指食品被冷却或被冻结，通过降低温度改变食品的特性，从而达到加工或贮藏目的的过程。

低温应用于食品加工主要包括：利用低温达到某种加工效果，如冷冻浓缩、冷却干燥和升华干燥等是为了达到食品脱水的目的；而果蔬的冷冻去皮，碳酸饮料在低温下的碳酸化等则是利用低温所导致的食品或物料物理化学特性的变化而优化加工工艺或条件；利用低温还能改善食品的品质，如乳酪的成熟、牛肉的嫩化和肉类的腌制等操作在低温下进行，则是利用低温对微生物的抑制和低温下缓慢进行物理化学反应来改善食品的品质；低温下加工是阻止微生物繁殖、污染，确保食品（尤其是水产品）安全的重要手段。此外冻结过程本身就可以产生一些特殊质感的食品，如冰淇淋、冻豆腐等。

食品低温保藏就是利用低温技术将食品温度降低并维持食品在低温（冷却或冻结）状态以阻止食品腐败变质，延长食品保存期的过程。低温保藏不仅可以用于新鲜食品物料的贮藏，也可用于食品加工品、半成品的贮藏。

二、食品低温加工与保藏的种类和一般工艺

根据低温保藏中食品物料是否冻结，可以将其分为冷藏（cold storage）和冻藏（frozen storage）。冷藏是指在低于常温且高于食品物料的冻结点的温度下进行的食品保藏，其温度范围一般为$15\sim-2℃$，而$0\sim4℃$则为常用的冷藏温度。根据食品物料的特性，冷藏的温度又可分为$15\sim2℃$（cooling）和$2\sim-2℃$（chilling）两个温度段，植物性食品的冷藏一般在前一温度段进行，而动物性食品的冷藏则多在后一温度段。冷藏的食品物料的贮藏期一般从几天到数周，随冷藏食品物料的

种类及其冷藏前的状态而异。新鲜的易腐食品物料如成熟的番茄的贮藏期只有几天，而耐藏食品物料的贮藏期可达几十天甚至几个月。供食品物料冷藏用的冷库一般被称为高温（冷藏）库。

冻藏是指食品物料在冻结的状态下进行的贮藏。一般冻藏的温度范围为−2～−30℃，常用的温度为−18℃。随着生食级水产品（如金枪鱼等）的发展，超低温（−55～−60℃）冻藏已经进入产业化。冻藏食品物料有较长的贮藏期，其贮藏期从十几天到几百天。供食品物料冻藏用的冷库一般被称为低温（冷）库。食品冷藏和冻藏温度范围和贮藏期见表 4-1。

表 4-1　食品冷藏和冻藏常用温度范围和贮藏期

低温保藏的种类	温度范围/℃	食品的贮藏期
冷藏	15～−2	几小时～十几天
冻藏	−2～−30	十几天～几百天

食品低温保藏的一般工艺过程为：食品物料→前处理→冷却或冻结→冷链运输→冷藏或冻藏→冷链运输→回热或解冻。不同食品物料的特性有所不同，具体的工艺条件不尽相同。

三、食品低温加工与保藏技术的发展

人类对低温可以延长食品贮藏期早已有认识和应用。我国周朝的诗经中记载有人们将冰放入地窖，可保持窖内的食物在夏季不腐。马可波罗的东方游记中也记载有我国古代用冰保存食物的方法。但通过人工制冷机制冷来大规模保存食品是在 1834 年英国人 Jacob Perkins 发明实用冷冻机之后，当时的冷冻机为压缩式制冷机，以乙醚作为冷媒。1860 年法国人 Carra 发明了氨压缩式制冷机，之后，美国和德国也相继发明了类似的制冷机。1877 年法国人 Charles Tellier 首先以氨压缩式制冷机冷冻牛、羊肉，出现了冷冻食品。1930 年出现了冷冻蔬菜，1945 年出现了冷冻果汁。20 世纪 50 年代在美国首先出现速冻食品，后来的发展非常迅速。生产和消费量最大的是美国，其次是欧洲国家，亚洲则首推日本。2023 年全球速冻食品行业市场规模近 2 万亿元，品种超过 3500 种。近几年其贸易量以年均 20%～30%的速度递增，已成为世界上发展最快的行业之一，是前景广阔的食品新兴产业。

我国的速冻食品则在 20 世纪 70 年代开始，80 年代末以来发展较迅速。自 90 年代以来，每年产量以超过 20%的速度增长，成为食品行业中的新星。2022 年我国速冻食品产量约为 1294.9 万吨，同比增长 5.5%。目前我国市场上速冻食品主要分为速冻畜禽肉类（如速冻牛排、肉饼、鸡腿等）、速冻水产品类（如速冻鱼片、虾仁、螺肉等）、速冻果蔬类（如速冻草莓、刀豆等）、速冻调制食品类 4 大类，形成了年产量超过 1500 万吨规模的食品产业。速冻调制食品是指以谷物及其制品、畜禽肉及其制品、蛋及其蛋制品、水产品及其制品、植物蛋白及其制品、果蔬及其制品等为主要原料，配以辅料（含食品添加剂），经调味制作加工，采用速冻工艺，在低温状态下（产品热中心温度≤−18℃）贮存、运输和销售的预包装食品。它包括花色面米制品、裹面制品、鱼糜制品、乳化肉制品、菜肴制品、汤料制品六类。

第二节　食品低温保藏的基本原理

一、低温对微生物的影响

从微生物生长的角度看，不同的微生物有一定的温度习性（见表 2-5）。一般而言，温度降低时，微生物的生长速率降低，当温度降低到−10℃时，大多数微生物会停止繁殖，部分出现死亡，只有少数微生物可缓慢生长。

低温抑制微生物生长繁殖的原因主要是：低温导致微生物体内代谢酶的活力下降，各种生化反

应速率下降；低温导致微生物细胞内的原生质体浓度增加，黏度增加，影响新陈代谢；低温导致微生物细胞内外的水分冻结形成冰结晶，冰结晶会对微生物细胞产生机械刺伤，而且由于部分水分的结晶也会导致生物细胞内的原生质体浓度增加，使其中的部分蛋白质变性，而引起细胞丧失活性，这种现象对于含水量大的营养细胞在缓慢冻结条件下容易发生。但冻结引起微生物死亡仍有不同说法。

影响微生物低温下活性降低的因素包括如下几点。①温度，温度愈低对微生物的抑制愈显著，在冻结点以下温度愈低水分活性愈低，其对微生物的抑制作用愈明显，但低温对芽孢的活力影响较小。②降温速率，在冻结点之上，降温速率愈快，微生物适应性愈差；水分开始冻结后，降温的速率会影响水分形成冰结晶的大小，降温的速率慢，形成的冰结晶大，对微生物细胞的损伤大。③水分存在状态，结合水多，水分不易冻结，形成的冰结晶小而且少，对细胞的损伤小；反之，游离水分多，形成的冰结晶大，对细胞的损伤大。④食品的成分也会影响微生物低温下的活性，pH愈低，对微生物的抑制加强。食品中一定浓度的糖、盐、蛋白质、脂肪等对微生物有保护作用，可使温度对微生物的影响减弱。但当这些可溶性物质的浓度提高时，其本身就有一定的抑菌作用。⑤此外冻藏过程的温度变化也会影响微生物在低温下的活性，温度变化频率大，微生物受破坏速率快。

二、低温对酶的影响

温度对酶的活性影响很大，高温可导致酶的活性丧失；低温处理虽然会使酶的活性下降，但不会使其完全丧失。一般来说，温度降低到−18℃才能比较有效地抑制酶的活性，但温度回升后酶的活性会重新恢复，甚至较降温处理前的活性还高，从而加速果蔬的变质，故对于低温处理的果蔬往往需要在低温处理前进行灭酶处理，以防止果蔬质量降低。

食品中酶的活性的温度系数 Q_{10} 为 2~3，也就是说温度每降低 10℃，酶的活性会降低至原来的 1/3~1/2。不同来源的酶的温度特性有一定的差异，来自动物（尤其是温血动物）性食品中的酶，酶活性的最适温度较高，温度降低对酶的活性影响较大，而来自植物（特别是在低温环境下生长的植物）性食品的酶，酶活性的最适温度较低，低温对酶的影响较小。

三、低温对食品物料的影响

低温对食品物料的影响因食品物料种类不同而不尽相同。根据低温下不同食品物料的特性，我们可以将食品物料分为三大类：一是植物性食品物料，主要是指新鲜水果蔬菜等；二是动物性食品物料，主要是指新鲜捕获的水产品、屠宰后的家禽和牲畜以及新鲜乳、蛋等；三是指其他类食品物料，包括一些原材料、半加工品和加工品、粮油制品等。

对于采收后仍保持个体完整的新鲜水果、蔬菜等植物性食品物料而言，采收后的果蔬仍具有和生长时期相似的生命状态，仍维持一定的新陈代谢，只是不能再得到正常的养分供给。只要果蔬的个体保持完整且未受损伤，该个体可以利用体内贮存的养分维持正常的新陈代谢。就整体而言，此时的代谢活动主要向分解的方向进行。植物个体仍具有一定的天然的"免疫功能"，对外界微生物的侵害有抗御能力，因而具有一定的耐贮存性，对于这些植物性食品原料，我们形象地称之为"活态"食品。

植物个体采收后到过熟期的时间长短与其呼吸作用和乙烯催熟作用有关。植物个体的呼吸强度不仅与种类、品种、成熟度、部位以及伤害程度有关，还与温度、空气中氧和二氧化碳含量有关。一般情况下，温度降低会使植物个体的呼吸强度降低，新陈代谢的速率放慢，植物个体内贮存物质的消耗速率也减慢，植物个体的贮存期限也会延长。因此低温具有保存植物性食品原料新鲜状态的作用。但也应注意，对于植物性食品原料的冷藏，温度降低的程度应在不破坏植物个体正常的呼吸代谢作用的范围之内，温度如果降低到植物个体难以承受的程度，植物个体便会由于生理失调而产生冷害（chilling injury），又称"机能障害"，它使植物个体正常的生命活动难以维持，"活态"植物性食品原料的"免疫功能"会受到破坏或削弱,食品原料也就难以继续贮存下去。

因此,在低温下贮存植物性食品原料的基本原则应是,既降低植物个体的呼吸作用等生命代谢活动,又维持其基本的生命活动,使植物性食品原料处在一种低水平的生命代谢活动状态。

对于动物性食品物料,屠宰后对动物个体进行低温处理时,其呼吸作用已经停止,不再具有正常的生命活动。虽然在肌体内还进行生化反应,但肌体对外界微生物的侵害失去了抗御能力。动物死亡后体内的生化反应主要是一系列的降解反应,肌体出现死后僵直、软化成熟、自溶和酸败等现象,其中的蛋白质等发生一定程度的降解。达到"成熟"的肉继续放置则会进入自溶阶段,此时肌体内的蛋白质等发生进一步的分解,侵入的腐败微生物也大量繁殖。因此,降低温度可以减弱生物体内酶的活性,延缓物料自身的生化降解反应过程,并抑制微生物的繁殖。

低温抑制微生物的活动,对其他生物如虫类也有类似的作用;低温降低食品中酶的作用及其他化学反应的作用也相当重要。不同食品物料都有其合适的低温处理要求。

第三节 食品的冷却和冷藏

一、冷藏食品物料的选择和前处理

植物性食品物料组织较脆弱,易受机械损伤;含水量高,冷藏时易萎缩;营养成分丰富,易被微生物利用而腐烂变质;此外它们又具有呼吸作用,有一定的天然抗病性和耐贮藏性等特点。

对于冷藏前植物性食品物料的选择应特别注意原料的成熟度。植物性食品物料采收后有继续成熟的过程,完成由"未熟"到"成熟",然后再到"过熟"的过程。冷藏的过程可以延缓这一继续成熟过程。一般而言,采收后、冷藏前食品物料的成熟度愈低,冷藏的贮藏时间相对愈长。此外,冷藏的食品物料还应无病虫害、无机械伤。同一批冷藏的食品物料的成熟度、个体大小等应尽量均匀一致。

动物性食品物料一般应选择动物屠宰或捕获后的新鲜状态进行冷藏。由于不同的动物性食品物料组织特性不同,其完成肉质成熟过程所需的时间不同,鱼贝类、家禽类原料的僵直期一般较短,而畜类的僵直期相对较长。

总之应尽量选择耐贮藏、新鲜、优质、污染程度低的食品物料作为冷藏的原料。

食品物料冷藏前的处理对保证冷藏食品的质量非常重要。通常的前处理种类包括:挑选去杂、清洗、分级和包装等。对于植物性食品物料,要去除水果和蔬菜中的杂草、杂叶、果梗、腐叶和烂果等及可能污染的生物和化学物。根据大小、成熟度等进行的分级可保证同一批食品物料质量一致。适当的果蔬包装既可增加保护作用,也可以减少果蔬在冷藏过程中的水分蒸发。通常的包装材料具有一定的透气性。对于动物性食品物料,冷藏前需要清洗去除血污以及其他一些在捕获和屠宰过程中带来的污染物,对于个体较大的原料,还可以将其切分成较小的个体,以便于冷藏、加工和食用。捕捞致死的鱼应迅速用清水冲洗干净或做必要的去内脏等清理。

由于食品物料的贮藏要求不同,前处理要确保物料的一致性,并编号以便管理;采用合适的(预)包装,防止交叉感染。

二、冷却方法及控制

冷却又称为预冷,是将食品物料的温度降低到冷藏温度的过程。为了及时地控制食品物料的品质,延长其冷藏期,应在植物性食品物料采收后、动物性食品物料屠宰或捕获后尽快地进行冷却,冷却的速率一般也应尽可能快。

就创造低温的方法而言,可分为自然降温和人工降温。自然降温是利用自然低气温来调节并维持贮藏库(包括各种简易贮藏和通风库贮藏)内的温度,在我国北方用于果蔬贮藏。但是,该法受自然条件的限制,在温暖地区或者高温季节就难以应用。人工降温贮藏方法主要采用机械制冷来创造贮藏低温，这样就能够不分寒暑，全年贮藏果蔬，是工业常用的方法。

食品物料的冷却降温过程一般在冷却间进行，冷却间与冷藏室之间的温度差应保持最小，这样由冷却间进入冷藏室的食品物料对冷藏室的温度影响最小，同时对维持冷藏室内空气的相对湿度也极为重要。表4-2列出了部分食品物料冷却的工艺控制条件。

（一）强制空气冷却法

空气冷却法采用空气作为冷却介质来冷却食品物料。空气来自制冷系统，进入冷却室。为了使冷却室内温度均匀，一般采用鼓风机使冷却室内的空气形成循环。在冷却食品物料的量和冷空气确定后，空气的流速决定了降温的速率。空气的流速愈快，降温的速率愈快。一般空气的流速控制在 $1.5\sim5.0m\cdot s^{-1}$ 的范围。用相对湿度较低的冷空气冷却未经阻隔包装的食品物料时，食品表面水分会一定程度地蒸发，空气的相对湿度和空气的流速会影响食品表面水分的蒸发引起食品干耗，应引起注意。

（二）真空冷却法

真空冷却法使被冷却的食品物料处于真空状态，并保持冷却环境的压力低于食品物料的水蒸气压，造成食品物料中的水分蒸发，由于水分蒸发带走大量的蒸发潜热使食品物料的温度降低，当食品物料的温度达到冷却要求的温度后，破坏真空以减少水分的进一步蒸发。很明显这种方法会造成食品物料中部分水分的蒸发损失。此法适用于蒸发表面大，通过水分蒸发能迅速降温的食品物料，如蔬菜中的叶菜类，对于这类食品物料，由于蒸发的速率快，所需的降温时间短（10~15s），造成的水分损失并不很大（2%~3%）。

（三）水冷却法

水冷却法将干净水（淡水）或盐水（海水）经过机械制冷或机械制冷与冰制冷结合制成冷却水，然后用此冷却水通过浸泡或喷淋的方式冷却食品。淡水制得的冷却水的温度一般在0℃以上，而盐水（海水）形成的冷却水的温度可在-2~-0.5℃。采用浸泡或喷淋的方式可使冷却水与食品物料的接触均匀，传热快，如采用-2~-0.5℃的冷海水浸泡冷却个体为80g的鱼时，所需的冷却时间只需要几分钟到十几分钟。采用水浸泡法冷却食品物料时，水的流速直接影响到冷却的速率，但流速太快可能产生泡沫，影响传热效果。目前冷海水冷却法在远洋作业的渔轮上应用较多，由于鱼的密度比海水低，鱼体会浮在海水之上，装卸时采用吸鱼泵并不会挤压鱼体，可提高工作效率，降低劳动强度。采用水冷却法时应注意，水与被冷却的食品物料接触可能对食品物料（即使对于水产品）的品质有一定的影响，如用冷海水冷却鱼体，可能使鱼体吸水膨胀、肉变咸、变色，也易污染。因此，一些食品物料采用水冷却法冷却时，需要有一定的包装。

（四）冰冷却法

冰冷却法采用冰来冷却食品，利用冰融化时的吸热作用来降低食品物料的温度。冷却用的冰可以是机械制冰或天然冰，可以是净水形成的冰，也可以是海水形成的冰。净水冰的熔化潜热为 $334.72kJ\cdot kg^{-1}$，熔点为0℃，海水冰的熔化潜热为 $321.70kJ\cdot kg^{-1}$，熔点为-2℃。冰冷却法常用于冷却鱼类食品。为了使传热均匀，并控制食品物料不发生冻结，冷却用的冰一般采用碎冰（≤2cm）。冰经破碎后撒在鱼层上，形成一层鱼一层冰，或将碎冰与鱼混拌在一起。前者被称为层冰层鱼法，适合于大鱼的冷却，后者为拌冰法，适合于中、小鱼的冷却。由于冰融化时吸热大，冷却用冰量不多，采用拌冰法鱼和冰的比例约为1:0.75，层冰层鱼法用冰量稍大，鱼和冰的比例一般为1:1。

为了防止冰水对食品物料的污染，通常对制冰用水的卫生标准有严格的要求。

三、食品冷藏工艺和控制

（一）冷藏的条件和控制要素

冷藏过程中主要控制的工艺条件包括冷藏温度、空气的相对湿度和空气的流速等。这些工艺条件因食品物料的种类、贮藏期的长短和有无包装而异。一般来说，贮藏期短，对相应的冷藏工艺要求可以低一些。

表 4-2　部分食品物料冷却的工艺控制条件

食品	冷却室温度/℃		冷却室湿度/%	最高风速/m·s⁻¹		食品温度/℃		冷却时间/h	冷却率因素②
	初温	终温		初期	末期	初温	终温		
菠萝	7.2	3.3	85	1.25	0.75	29.4	4.4	3	0.67
桃	4.4	0	85	0.75	1.30	29.4	1.1	24	0.62
鳄梨	4.4	0.56	85	1.25	0.45	26.7	3.9	22	0.67
李	4.4	0	80	1.25	0.45	26.7	1.1	20	0.67
浆果	4.4	0	85	0.75	0.30	26.7	1.1	20	0.67
杏	4.4	0	85	0.75	0.30	26.7	0.67	20	0.67
榅桲	4.4	0	85	0.75	0.30	26.7	0	24	0.67
苹果	4.4	−1.1	85	0.75	0.30	26.7	0	24	0.67
柠檬	15.6	12.8	85	1.25	0.45	23.9	13.9	20	1.0
葡萄柚	4.4	0	85	1.25	0.45	23.9	1.1	22	0.70
橙	4.4	0	85	1.25	0.45	23.9	0	22	0.70
梨	4.4	0	85	0.75	0.30	21.1	1.1	24	0.80
葡萄	4.4	0	85	1.25	0.75	21.1	1.1	20	0.80
香蕉	21.1	13.3	95~90①	0.75	0.45	15.6	13.3	12	0.10
番茄(青)	21.1	10.0	85	0.75	0.45	26.7	11.0	34	1.0
青刀豆	4.4	0.56	85	0.75	0.30	26.7	1.7	20	0.67
青豆	4.4	0.56	85	0.75	0.45	26.7	1.1	20	0.67
瓜类	4.4	0	85	1.25	0.75	26.7	1.1	24	0.90
孢子甘蓝	4.4	0.56	90	0.75	0.30	26.7	1.1	24	0.80
包菜	4.4	0	90	0.75	0.30	21.1	1.1	24	0.80
菜花	4.4	0	90	0.75	0.30	21.1	1.1	24	0.80
胡萝卜	4.4	0	90	0.75	0.30	21.1	1.1	24	0.80
大头菜	4.4	0	95	0.75	0.30	21.1	1.1	24	0.80
洋葱	4.4	0	75	1.25	0.75	21.1	1.1	24	0.80
猪肉	7.22	−11	90	1.25	0.75	40.6	1.7	18	0.67
羊肉	7.22	−1.1	90	1.25	0.45	37.8	4.4	5	0.75
牛肉	7.22	−1.1	87	1.25	0.75	37.8	6.7	18	0.56
家禽	7.22	0	85	0.75	0.45	29.4	4.4	5	1.00
内脏(心、肝)	4.4	0	85	0.75	0.45	32.2	1.7	18	0.70

① 最初相对湿度为95%，末期相对湿度为90%。

② 冷却率因素用于校正冷却设备热负荷分布不均匀性：冷却初期每小时热负荷量＝每小时平均冷却率/冷却率因素。

在冷藏工艺条件中，冷藏温度是最重要的因素。冷藏温度不仅指的是冷库内空气的温度，更重要指的是食品物料的温度。植物性食品物料的冷藏温度通常要高于动物性的食品物料，这主要是因为植物性食品物料的活态生命可能会受到低温的影响而产生低温冷害（chilling injury）。

冷藏室内的温度应严格控制，任何温度的变化都可能对冷藏的食品物料造成不良的后果。大型冷藏库内的温度控制要比小型冷藏库容易些，这是由于它的热容量较大，外界因素对它的影响较小。冷藏库内若贮藏大量高比热容的食品物料时，空气温度的变化虽然很大而食品物料的温度变化却并不显著，这是由于冷藏库内空气的比热容和空气的量均比食品物料的小和少。

冷藏室内空气中的水分含量对食品物料的耐藏性有直接的影响。冷藏室内的空气既不宜过干也不宜过湿。低温的食品物料表面如果与高湿空气相遇，就会有水分冷凝在其表面，导致食品物料容易发霉、腐烂。空气的相对湿度过低时，食品物料中的水分会迅速蒸发并出现萎缩。冷藏时大多数水果和植物性食品物料适宜的相对湿度在85%～90%，绿叶蔬菜、根菜类蔬菜和脆质蔬菜适宜的相对湿度可提高到90%～95%，坚果类冷藏的适宜相对湿度一般在70%以下。畜、禽肉类冷藏时适宜的相对湿度一般也在85%～90%，而冷藏干态颗粒状食品物料如乳粉、蛋粉等时，空气的相对湿度一般较低（50%以下）。若食品物料具有阻隔水汽的包装时，空气的相对湿度对食品物料影响较小，控制的要求相对也较低。

冷藏室内空气的流速也相当重要，一般冷藏室内的空气保持一定的流速以保持室内温度的均匀和进行空气循环。空气的流速过大，空气和食品物料间的蒸气压差也随之增大，食品物料表面的水分蒸发也随之增大，在空气相对湿度较低的情况下，空气的流速将对食品干缩产生严重的影响。只有空气的相对湿度较高而流速较低时，才会使食品物料的水分损耗降低到最低的程度。

（二）食品物料的冷藏工艺和技术

1. 果蔬的冷却、冷藏工艺

果蔬原料常用的冷却方法有空气冷却法、冷水冷却法和真空冷却法等。空气冷却可在冷藏库的冷却间或过堂内进行，空气流速一般在 $0.5\mathrm{m \cdot s^{-1}}$，冷却到冷藏温度后再入冷藏库。冷水冷却法中冷水的温度为0～3℃，冷却速率快，干耗小，适用于根菜类和较硬的果蔬。真空冷却法多用于表面积较大的叶菜类，真空室的压力为613～666Pa。为了减少干耗，果蔬在进入真空室前要进行喷雾加湿。冷却的温度一般为0～3℃。但由于品种、采摘时间、成熟度等多因素的影响，冷却温度差别很大。

完成冷却的果蔬可以进入冷藏库。冷藏过程主要控制的工艺条件包括：温度和空气的相对湿度。表4-3列出了美国部分果蔬的冷藏条件，仅供参考。

表4-3　美国部分果蔬的冷藏条件

果蔬品名	冷藏温度/℃	相对湿度/%	最高冰点/℃	备注
杏	−1.1～0	90～95	−2.22	
梨	−1.1～0	90～95	−2.22	
樱桃	−1.1～0	90～95	−2.22	
桃	−1.1～0	90～95	−2.22	
葡萄	−1.1～0	90～95	−2.22	
李	−1.1～0	90～95	−2.22	
大蒜	0	65	<−0.56	
葱	0	65	<−0.56	
蘑菇	0	90	<−0.56	
橙	0	90	<−0.56	
橘子	0	90	<−0.56	

续表

果蔬品名	冷藏温度/℃	相对湿度/%	最高冰点/℃	备注
芦笋	0	90	＜-0.56	
利马豆	0	95	＜-0.56	
甜菜	0	95	＜-0.56	
茎椰菜	0	95	＜-0.56	
抱子甘蓝	0	95	＜-0.56	
卷心菜	0	95	＜-0.56	
花菜	0	95	＜-0.56	
芹菜	0	95	-0.5	
杏	-1.1~0	90~95	-2.22	
甜玉米	0	95	＜-0.56	
荷兰芹	0	95	＜-0.56	
菠菜	0	95	-0.06	
胡萝卜	0	95	＜-0.56	
莴苣	0	95	-0.06	
萝卜	0	95	＜-0.56	
苹果	2.22	95	＜-0.56	
嫩菜豆	7.22	90	＜-0.56	低于7.22℃易受冷害
熟番茄	7.22	90	＜-0.56	低于7.22℃易受冷害
绿番茄	10	85	＜-0.56	低于10℃易受冷害
甜瓜	10	85	＜-0.56	低于10℃易受冷害
土豆	10	85	＜-0.56	低于10℃易受冷害
南瓜	10	85	＜-0.56	低于10℃易受冷害
黄瓜	10	90~95	＜-0.56	低于10℃易受冷害
茄子	10	90~95	＜-0.56	低于10℃易受冷害
甜椒	10	90~95	＜-0.56	低于10℃易受冷害
香蕉	14.5~15.6	85~90	＜-0.56	
柠檬	14.5~15.6	85~90	＜-0.56	
葡萄柚	14.5~15.6	85~90	＜-0.56	

采用气体调节与冷藏结合的方法贮藏果蔬时，由于气体成分的改变（氧气的降低）可以明显地抑制果蔬的呼吸作用，延长果蔬的贮藏期。

2. 肉类的冷却、冷藏工艺

肉类原料的冷却一般采用吊挂在空气中冷却，在冷却间吊挂的密度和数量因肉的种类、大小和肥瘦等级等而定。对于个体较大的畜肉胴体，冷却的方法有一段冷却法和两段冷却法。一段冷却法是指整个冷却过程在一个冷却间内完成的方法。冷却空气的温度控制在0℃左右，空气的流速在 $0.5~1.5\text{m} \cdot \text{s}^{-1}$ ，相对湿度在90%~98%，冷却结束时，胴体后腿肌肉最厚部的中心温度应达到4℃以下，整个冷却过程一般不超过24h。两段冷却法的冷却过程是通过不同冷却温度和空气流速的两个冷却阶段完成的，冷却过程可以在同一冷却间内完成，也可在不同的冷却间内完成。第一阶段的空气温度在-15~-10℃，空气的流速在 $1.5~3.0\text{m} \cdot \text{s}^{-1}$ ，冷却2~4h，使肉的表面温度降至-2~0℃，内部温度降至16~25℃。第二阶段的空气温度在-2~0℃，空气的流速在 $0.1\text{m} \cdot \text{s}^{-1}$

左右，冷却 10～16h。两段冷却法的优点是干耗小，微生物的繁殖和生化反应容易控制，目前应用较多。但此法的单位耗冷量较大。对于个体较小的禽肉，常用的冷却工艺条件为：空气温度在 2～3℃，相对湿度在 80%～85%，空气的流速在 1.0～1.2m·s^{-1}，冷却 7h 左右，可使鸭、鹅体的温度降低至 3～5℃，而冷却鸡的时间会更短些。若适当降低温度，提高空气流速，冷却的时间可进一步缩短。目前对于禽肉的冷却多采用水冷却法，冰水浸泡或喷淋法的冷却速率快，且没有干耗，但易被微生物污染。

肉类冷却后应迅速进入冷藏库，冷藏的温度一般控制在 −1～1℃，空气的相对湿度在 85%～90%。如果温度低，湿度可以增大一些，以减少干耗。贮藏过程应尽量减少冷藏温度的波动。表 4-4 是一些肉和肉制品的冷藏条件和贮藏期。

表 4-4　一些肉和肉制品的冷藏条件和贮藏期

种类	温度/℃	相对湿度/%	贮藏期/d
猪肉	0～1.1	85～90	3～7
牛肉	−1.1～0	85～90	21
羊肉	−2.2～1.1	85～90	5～12
兔肉	0～1.1	90～95	10
家禽	−2.2	85～90	10
腌肉	−0.5～0	80～85	180
烟熏肋肉	15.5～18.7	85	120～180
肠制品	鲜 1.4～4.4	85～90	7
	烟熏 0～1.1	70～75	180～240

3. 鱼类的冷却、冷藏工艺

鱼类原料的冷却一般采用冰冷却法和水冷却法，采用层冰层鱼法时，鱼层的厚度在 50～100mm，冰鱼整体堆放高度约为 75cm，上层用冰封顶，下层用冰铺垫。冰冷却法一般只能将鱼体的温度冷却到 1℃左右，冷却鱼的贮藏期一般为：淡水鱼 8～10d，海水鱼 10～15d，若冰中添加防腐剂可以延长贮藏期。应用冷海水冷却法时，冷海水的温度一般在 −2～−1℃，水的流速一般 ≤0.5m·s^{-1}，冷却时间几分钟到十几分钟。冷海水中的盐浓度一般在 2～3g·L^{-1}，鱼与海水的比例约为 7：3。如果采用机械制冷与冰结合的冷却方法时，应及时添加食盐，以免冷却水的盐浓度下降。若将 CO_2 充入海水中可使冷海水的 pH 值降低至 4.2 左右，可以抑制或杀死部分微生物，使贮藏期延长，如鲑鱼在冷海水中最多贮藏 5d，若去掉头和内脏也只能贮藏 12d，而经过在充入 CO_2 海水可贮藏 17d。表 4-5 列出了一些鱼和鱼制品的冷藏条件和贮藏期。

表 4-5　一些鱼和鱼制品的冷藏条件和贮藏期

种类	温度/℃	相对湿度/%	贮藏期
鲜鱼	0.5～4.4	90～95	5～20d
烟熏鱼	4.4～10	50～60	6～8 个月
腌鱼	−1.5～1.5	75～90	4～8 个月
罐装腌鱼子酱	−3～−2	85～90	>4 个月
其他腌鱼子	5～10	—	6 个月
牡蛎	0～3.3	85～90	15d

4. 其他食品物料的冷却、冷藏工艺

鲜乳应在挤出后尽早进行冷却，乳品厂在收乳后经过必要的计量、净乳后应迅速进行冷却。常

用冷媒（制冷剂）冷却法进行冷却，冷媒可以用冷水、冰水或盐水（如氯化钠、氯化钙溶液）。简易的冷水冷却法可以直接将盛有鲜乳的乳桶放入冷水池中冷却，地下水温度较低时可以直接利用，或加适量的冰块辅助解决。为保证冷却的效果，池中的水应 4 倍量于冷却乳量，并适当换水和搅拌冷却乳。冷排，即表面冷却器，是牧场采用的一种鲜乳冷却设备。其结构简单，清洗方便，缺点是鲜乳暴露于空气中，易受污染并混入空气、产生泡沫，影响下一工序的操作。现代的乳品厂均已采用封闭式的板式冷却器进行鲜乳的冷却。冷却后的鲜乳应保持在低温状态，温度的高低与乳的贮藏时间密切相关（见表 4-6）。

表 4-6　牛乳的贮藏时间及应冷却的温度

牛乳的贮藏时间/h	牛乳应冷却的温度/℃
6～12	10～8
12～18	8～6
18～24	6～5
24～36	5～4
36～48	2～1

鲜蛋的冷却一般采用空气冷却法，冷却开始时，冷却空气的温度与蛋体的温度不要相差太大，一般低于蛋体 2～3℃，随后每隔 1～2h 将冷却空气的温度降低 1℃左右，直至蛋体的温度达到 1～3℃。冷却间空气相对湿度在 75%～85%，空气流速在 0.3～0.5m·s^{-1} 之间。通常情况下冷却过程可在 24h 内完成。冷却后的蛋可在两种条件下进行冷藏（见表 4-7）。

表 4-7　鲜蛋冷藏条件

冷藏温度/℃	相对湿度/%	贮藏期/月
0～−1.5	80～85	4～6
−1.5～−2	85～90	6～8

拓展阅读 4-1
食品冷却冷冻
过程的数值仿
真计算

四、冷却过程中的制冷计算

冷却过程中的冷耗量是指冷却过程中食品物料的散热量。如食品物料内部无热源产生，冷却过程中冷却介质的温度稳定不变，食品物料中相应各点的温度也相同，也即冷却过程属于简单的稳定传热，冷却过程中的冷耗量可按下式计算：

$$Q_0 = GC(T_i - T_c) \tag{4-1}$$

式中　Q_0——冷却过程中食品物料的散热量，kJ；

G——被冷却食品物料的质量，kg；

C——冻结点以上食品物料的比热容，kJ·kg^{-1}·K^{-1}；

T_i——冷却开始时食品物料的温度，K；

T_c——冷却结束时食品物料的温度，K。

冻结点以上食品物料的比热容可根据其组分和各组分的比热容计算。当食品物料的温度高于冻结点时，食品物料的比热容一般很少会因温度的变化而发生变化。但含脂肪的食品物料则例外，这主要是因为脂肪会因温度的变化而凝固或熔化，脂肪相变时有热效应，对食品物料的比热容有影响。

对于低脂肪食品物料，比热容可按下式计算：

$$C = C_w W + C_d (1 - W) \tag{4-2}$$

式中　C——食品物料的比热容，kJ·kg^{-1}·K^{-1}；

C_w——水的比热容，4.184kJ·kg^{-1}·K^{-1}；

C_d——食品物料干物质的比热容，$kJ \cdot kg^{-1} \cdot K^{-1}$；

W——食品物料的水分比例，$kg \cdot kg^{-1}$。

食品物料干物质的比热容一般变化很小，一般的数值在 $1.046 \sim 1.674 kJ \cdot kg^{-1} \cdot K^{-1}$ 范围内，通常的取值为 $1.464 kJ \cdot kg^{-1} \cdot K^{-1}$。不同温度 T（K）下食品物料干物质的比热容还可以通过下式计算：

$$C_d = (1.4644 + 0.006)(T - 273) \tag{4-3}$$

对于含脂肪食品物料，如肉和肉制品，它们的比热容不仅因它们的组成成分而异（表 4-8），还跟食品物料温度有关。

表 4-8　不同肉组织的比热容

肉组织的种类	比热容/$kJ \cdot kg^{-1} \cdot K^{-1}$
牛肉条纹肌肉	3.4518
牛脂肪	2.979
密质骨骼	1.2552
疏松质骨骼	2.9706
肌肉干物质	$1.2552 \sim 1.6736$

肉的比热容与温度的关系可以按下式推算：

$$C = C_0 + b(T - 273) \tag{4-4}$$

式中　C——肉组织的比热容，$kJ \cdot kg^{-1} \cdot K^{-1}$；

C_0——温度 273K（0℃）时的比热容，$kJ \cdot kg^{-1} \cdot K^{-1}$；

b——温度系数；

T——热力学温度，K。

温度系数常因各种组织的不同而异，故实际上肉的比热容也很难按式（4-4）计算。为此人们提出一些经验公式，可以根据肉或肉制品干物质的主要成分计算不同温度下的比热容：

$$C = [1.255 + 0.006276(T - 273)](A_d - A_p - A_f) + [1.464 + 0.006276(T - 273)]A_p +$$
$$[1.674 + 0.006276(T - 273)]A_f + 4.184(1 - A_d)$$
$$= 4.184 + 0.2092A_p + 0.4184A_f + (0.006276A_d + 0.01464A_f)(T - 273) - 2.9288A_d \tag{4-5}$$

式中　　C——肉和肉制品的比热容，$kJ \cdot kg^{-1} \cdot K^{-1}$；

T——肉和肉制品的热力学温度，K；

A_d，A_p，A_f——肉和肉制品中的干物质、蛋白质、脂肪的含量，$kg \cdot kg^{-1}$。

温度在冷却的初温 T_i 和冷却的终温 T_c 之间的平均比热容可按下式推算：

$$C = 4.184 + 0.2092A_p + 0.4184A_f + (0.003138A_d + 0.007531A_f)(T_i - T_c) - 2.9288A_d \tag{4-6}$$

实际上在冷却过程中食品物料的内部有一些热源存在，如果蔬的呼吸作用会放出一定的热量，肉类也会因内部的一些生化反应产生一定的热量。果蔬的呼吸热与果蔬的种类、新陈代谢的强度等有关，而新陈代谢的强度与温度有关，因此不同果蔬在不同温度下的呼吸热有一定的差异（表 4-9）。

表 4-9　果蔬的呼吸热

果蔬的种类	呼吸热/$kJ \cdot kg^{-1} \cdot h^{-1}$		
	0℃	4~5℃	15~16℃
苹果	0.0418	0.0697	0.2789
杏	0.0535	0.0837	0.3952
香蕉	0.1604（贮藏,10℃）	0.4416（催熟,20℃）	1.1622（冷却,13~21℃）
樱桃	0.0074		0.5811
葡萄柚	0.0214	0.0511	0.1348

续表

果蔬的种类	呼吸热/kJ·kg⁻¹·h⁻¹		
	0℃	4~5℃	15~16℃
葡萄	0.0174	0.0325	0.1162
柠檬	0.0279	0.0395	0.1441
橙	0.0395	0.0674	0.2417
桃	0.0535	0.0837	0.3952
梨	0.3719		0.5346
李	0.0744		0.5811
草莓	0.1581	0.2789	0.8452
芦笋	0.0837	0.3952	
青刀豆	0.2301	0.3254	1.0925
甘蓝	0.1371	0.2208	0.6508
菜花	0.1371	0.2208	0.6508
胡萝卜	0.1046	0.1697	0.3952
芹菜	0.1371	0.2208	0.6508
甜玉米	0.0814	0.3952	
黄瓜	0.0651	0.0953	0.4068
蘑菇	0.3022	1.0692(10℃)	
洋葱	0.0418	0.090(10℃)	0.1743(21℃)
青豆	0.3951		0.7438
青椒	0.1325		0.4184
土豆	0.3254	0.0697(5~6℃)	
菠菜		0.4649	
甘薯		0.1627	
番茄		0.0628(成熟)	0.3022(青)

视频 4-1
利用 COMSOL 和物性参数实现叶菜类蔬菜真空冷却过程的数值模拟

由果蔬的呼吸热所需的冷耗量可以通过下式计算:

$$Q_{呼}=GHt \tag{4-7}$$

式中 $Q_{呼}$——冷却过程中果蔬呼吸热的散热量,kJ;

G——被冷却果蔬的质量,kg;

H——果蔬的呼吸热,kJ·kg⁻¹·h⁻¹;

t——冷却的时间,h。

肉组织的生化反应热所需的冷耗量可以通过下式计算:

$$Q_{呼}=GFt \tag{4-8}$$

式中 $Q_{呼}$——冷却过程中肉反应热的散热量,kJ;

G——被冷却肉的质量,kg;

F——肉的生化反应热,kJ·kg⁻¹·h⁻¹;

t——冷却的时间,h。

肉的生化反应热 F 可以用一些经验公式计算。如根据 24h 肌肉组织的散热量为 0.7531~1.5062kJ·kg⁻¹,则每小时每千克肌肉组织的平均散热量为 1.046kJ,一般肌肉组织占肉胴体的 60%,因此肉胴体的生化反应热 F 可取为 0.6276kJ·kg⁻¹·h⁻¹。

五、食品在冷却冷藏过程中的变化

（一）水分蒸发

水分蒸发也称干耗，在冷却和冷藏过程中均会发生。对于果蔬而言，通常水分蒸发会抑制果蔬的呼吸作用，影响果蔬的新陈代谢，当水分蒸发大于5%时，会对果蔬的生命活动产生抑制；水分蒸发还会造成果蔬的凋萎，新鲜度下降，果肉软化收缩，氧化反应加剧；水分蒸发还导致果蔬产生重量损失。肉类在冷却和冷藏过程中的水分蒸发会在肉的表面形成干化层，加剧脂肪的氧化。水分蒸发在冷却初期特别快，在冷藏过程的前期也较多。影响水分蒸发的因素主要有冷空气的流速、相对湿度、食品物料的摆放形式、食品物料的特性以及有无包装等。

（二）低温冷害与寒冷收缩

低温冷害（chilling injury）指当冷藏的温度低于果蔬可以耐受的限度时，果蔬的正常代谢活动受到破坏，使果蔬出现病变，果蔬表面出现斑点，内部变色（褐心）等。寒冷收缩是畜禽屠宰后在未出现僵直前快速冷却造成的。其中牛肉和羊肉较严重，而禽类肉较轻。冷却温度不同、肉体部位不同，寒冷收缩的程度也不相同。肉体的表面容易出现寒冷收缩，寒冷收缩后的肉类经过成熟阶段后也不能充分软化，肉质变硬，嫩度变差。

（三）成分发生变化

果蔬的成熟会使果蔬的成分发生变化，对于大多数水果来说，随着果实由未熟向成熟过渡，果实内的糖分、果胶增加，果实的质地变得软化多汁，糖、酸比更加适口，食用口感变好。此外，冷藏过程中果蔬的一些营养成分如维生素C等会有一定的损失。肉类和鱼类的成熟是在酶的作用下发生的自身组织的降解，肉组织中的蛋白质、ATP等分解，使得其中的氨基酸等含量增加，肉质软化，烹调后口感鲜美。

（四）变色、变味和变质

果蔬的色泽会随着成熟过程而发生变化，如果蔬的叶绿素和花青素会减少，而胡萝卜素等会显露。肉类在冷藏过程中常会出现变色现象，如红色肉可能变成褐色肉，白色脂肪可能变成黄色。肉类的变色往往与自身的氧化作用以及微生物的作用有关。肉的红色变为褐色是由肉中的肌红蛋白和血红蛋白被氧化生成高铁肌红蛋白和高铁血红蛋白造成的，而脂肪变黄是由脂肪水解后的脂肪酸被氧化造成的。

冷藏过程中食品物料中微生物的数量会增加，这是微生物繁殖的结果。

六、冷藏食品的回热

冷藏食品在冷藏结束后，一般应回到正常温度进行加工或食用。温度回升的过程称为冷藏食品的回热。回热过程可以被看成是冷却过程的逆过程。此时应注意以下两方面。

① 防止回热时食品物料表面出现冷凝水（冒汗现象）。回热时食品物料表面出现冷凝水的原因是回热的热空气的露点温度高于食品物料的品温，当热空气遇到冷的食品物料时，空气中的水分在低于露点温度之下会在食品物料表面冷凝析出。食品物料表面的冷凝水易造成微生物污染与繁殖。热空气的露点与空气的相对湿度有关，回热时应注意控制使空气的露点低于食品物料的温度。

② 防止回热时食品物料出现干缩。干缩是由热空气的相对湿度太低，使食品物料在回热时表面水分蒸发、收缩，形成干化层所致的。食品物料的干缩不仅影响食品物料的外观，而且会加剧氧化作用。

工程训练 4-1
为什么蘑菇可以采用真空冷却而苹果不能用真空冷却方式进行预冷？

第四节　食品的冻结与冻藏

一、食品冻结过程的基本规律

（一）冻结点和低共熔点

冻结点（freezing point）是指一定压力下液态物质由液态转向固态的温度点。图 4-1 为水的相图，图中 AO 线为液汽线，BO 线为固汽线，CO 线为固液线，O 点为三相点。从图中可以看出，压力对水的冻结点有影响，真空（610Pa）下水的冻结点为 0.0099℃。常压（1.01×10^5 Pa）下水中溶解有一定量的空气，这些空气使水的冻结点下降，冻结点变为 0.0024℃。但在一般情况下，水只有被冷却到低于冻结点的某一温度时才开始冻结，这种现象被称为过冷（subcooling，supercooling）。低于冻结点的这一温度被称为过冷点，冻结点和过冷点之间的温度差为过冷度。冻结点和过冷点之间的水处于亚稳态（过冷态），极易形成冰结晶。冰结晶的形成包括冰晶的成核和冰晶的成长过程。

对于水溶液而言，溶液中溶质和水（溶剂）的相互作用使得溶液的饱和水蒸气压较纯水的低，也使溶液的冻结点低于纯水的冻结点，此即溶液的冻结点下降现象。溶液的冻结点下降值与溶液中溶质的种类和数量（即溶液的浓度）有关。食品物料中的水是溶有一定溶质的溶液，只是其溶质的种类较为复杂。下面以一简单的二元溶液系统说明溶液的冻结点下降情况。

图 4-2 为蔗糖水溶液的液固相图。图中 AB 线为溶液的冰点曲线，也即冻结点曲线，BC 线为液晶线，也是蔗糖的溶解度曲线。可以看出从 A 到 B，随着蔗糖溶液浓度的增加，溶液的冻结点下降。一定浓度的蔗糖溶液经过过冷态开始冻结后，部分水分首先形成冰结晶，水分子形成冰结晶时会排斥非水分子的溶质分子，这样随着部分水分的冻结，原来溶解在这些水分中的溶质会转到其他未冻结的水分中，使剩余溶液的浓度增加。剩余溶液浓度的增加又导致这些溶液的冻结点进一步下降，故而溶液的冻结并非在同一温度完成的。我们一般所指的溶液或食品物料的冻结点是它（们）的初始冻结温度。溶液或食品物料冻结时在初始冻结点开始冻结，随着冻结过程的进行，水分不断地转化为冰结晶，冻结点也随之降低，这样直至所有的水分都冻结，此时溶液中的溶质、水（溶剂）达到共同固化，这一状态点（B）被称为低共熔点（eutectic point，cryohydric freezing point）或冰盐冻结点。

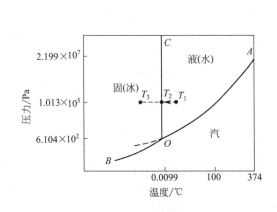

图 4-1　水的相图

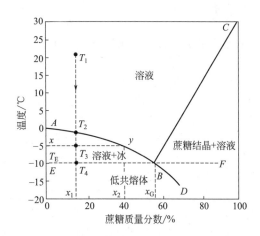

图 4-2　蔗糖水溶液的液固相图

食品物料由于溶质种类和浓度上的差异，其初始冻结点会不同。即使是同一类食品物料，由于品种、种植、饲养和加工条件等的差异，也使其初始冻结点不尽相同。实际上一些食品物料的初始冻结点多表现为一个温度范围。表 4-10 列出了一些常见食品物料的初始冻结点。表 4-11 则列出了一些溶液和食品物料的低共熔点。

表 4-10　一些常见食品物料的初始冻结点

食品物料种类	初始冻结点/℃
蔬菜	$-0.8\sim-2.8$
水果	$-0.9\sim-2.7$
鲜猪、牛、羊肉	$-1.7\sim-2.2$
鱼类	$-0.5\sim-2.0$
牛奶和鸡蛋	约-0.5

表 4-11　一些溶液和食品物料的低共熔点

种类	低共熔点/℃
葡萄糖溶液	-5
蔗糖溶液	-9.5
牛肉	-52
冰淇淋	-55
蛋清	-77

（二）冻结过程和冻结曲线

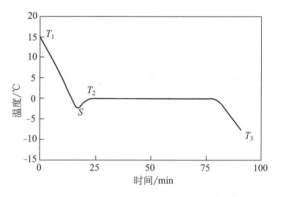

图 4-3　纯水的冻结曲线

食品物料的冻结过程是指食品物料降温到完全冻结的整个过程，冻结曲线（Freezing curve）就是描述冻结过程中食品物料的温度随时间变化的曲线。以纯水为例（见图 4-3），水从初温（T_1）开始降温，达到水的过冷点 S，由于冰结晶开始形成，释放的相变潜热使水的温度迅速回升到冻结点 T_2，然后水在这种不断除去相变潜热的平衡的条件下，继续形成冰结晶，温度保持在平衡冻结温度，形成一结晶平衡带，平衡带的长度（时间）表示全部水转化成冰所需的时间。当全部的水被冻结后，冰以较快的速率降温，达到最终温度 T_3。

蔗糖溶液的冻结曲线见图 4-4。质量分数 15% 的蔗糖溶液从初温 T_1 开始下降，经过过冷点 S 后，达到初始冻结点 T_2，T_4 为低共熔点温度。从 T_2 到 T_4 阶段的前期温度下降较慢，这是由于由大量的水形成冰结晶，因此这一阶段被称为最大冰结晶生成带（zone of maximum crystallisation）。对于 T_2 和 T_4 之间的任一给定温度点 T_3，可以根据图 4-2 确定液体的浓度和冰结晶/液体的比率。如图中 xy 线，则溶液平衡浓度 $y=41\%$，冰结晶/液体 $=T_3y/T_3x\approx25/15$，即 62.5% 的冰结晶，37.5% 的液体。经过饱和状态点 SS 达到理论低共熔点温度 T_4（相对应的低共熔浓度为56.2%），随着进一步的冻结达到低共熔体，在 T_4 后出现一小平衡带。小平衡带的长度表示去除冰和糖的水合物结晶形成所放出热量需要的时间。

图 4-5 为食品物料在不同冻结速率下的冻结曲线。图 4-5 中，$A\rightarrow S$：冷却过程，只除去显热，S 为过冷点，多数样品都有过冷现象出现，但不一定很明显。过冷点的测定取决于测温仪的敏感度、对时间反应的迅速程度以及测温仪在样品中的位置。样品组织表面的过冷程度较大，一般缓冻及测温仪深插难测出过冷点，若过冷温度很小或过冷时间很短，测定时需要用灵敏度很高的测温仪才能测得。$S\rightarrow B$：结晶放热，温度回升到初始冻结点 B。$B\rightarrow C$：大部分水（约 3/4）在此阶段冻结，需要除去大量的潜热，BC 段为有一定斜率的平衡带。在此段的初始阶段水分近乎以纯水的方

式形成冰结晶，后阶段则有复杂的共晶物形成。$C \rightarrow D$：由于大部分水分已冻结，此时去除一定量的热能将使样品的温度下降较多，样品中仍有一些可冻结的水分。只有当温度已达到低共熔点温度时，所有自由水分才全部冻结。表 4-12 反映了冰淇淋中冻结水分比例和温度的关系。

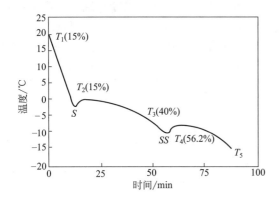

图 4-4　蔗糖溶液的冻结曲线

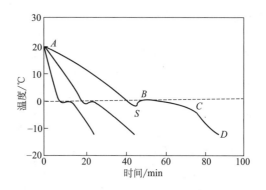

图 4-5　不同冻结速率的食品物料冻结曲线

表 4-12　冰淇淋中冻结水分比例和温度的关系

冻结水分/%	温度/℃	冻结水分/%	温度/℃
0	−2.5	40	−4.2
5	−2.6	45	−4.6
10	−2.7	50	−5.2
15	−2.9	55	−5.9
20	−3.1	60	−6.8
25	−3.3	70	−9.5
30	−3.5	80	−14.9
35	−3.9	90	−30.2

注：冰淇淋的成分为脂肪 12.5%，乳清固形物 10.5%，糖分 15%，稳定剂 0.3%，水 61.7%。

　　从图 4-5 可看到，冻结速率加大使冻结曲线各阶段变得不易区分，速率很大时，曲线几乎为一直线，显示不出稳定的平衡状态。有些样品的冻结曲线显得很不规则，曲线中出现了"第二冻结点"现象，如图 4-6 所示。图中箭头所指的即为"第二冻结点"，此现象在不少活态植物组织冻结时出现，而动物性食品物料则无此现象。关于此现象还无准确的解释，但多数理论认为这是由组织中各处的水分性质不同所造成的，如胞内水和胞外水、不同种类细胞中的水或胶体网内外的水等。图 4-6 中还有另一现象，样品重新冻结时的冻结温度一般高于第一次冻结，图中虚线所示为重新冻结的情况。重新冻结中不再出现"第二冻结点"现象。

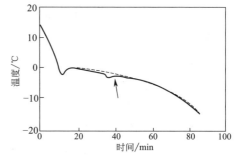

图 4-6　具有"第二冻结点"的冻结曲线

（三）冻结速率

　　冻结速率（freezing velocity）是指食品物料内某点的温度下降速率或冰峰的前进速率。我们经常谈到缓慢冻结（slow freezing）、快速冻结（quick，sharp，rapid freezing）和超快速冻结（ultra-rapid freezing）等概念。实际上冻结速率与冻结物料的特性和表示的方法等有关，现时用于表示冻结速率的方法有以下几种。

1. 时间-温度法

一般以降温过程中食品物料内部温度最高点，即热中心（thermal center）的温度表示食品物料的温度。但由于在整个冻结过程中食品物料的温度变化相差较大，选择的温度范围一般是最大冰结晶生成带，常用热中心温度从 $-1℃$ 降低到 $-5℃$ 这一温度范围的时间来表示。若通过此温度区间的时间少于 30min，称为快速冻结；大于 30min，称为缓慢冻结。这种表示方法使用起来较为方便，多应用于肉类冻结。但这种方法也有不足，一是对于某些食品物料而言，其最大冰结晶生成带的温度区间较宽（甚至可以延伸至 $-15～-10℃$）；二是此法不能反映食品物料的形态、几何尺寸和包装情况等，为此在用此方法时一般还应标注样品的大小等。

有人用样品在冻结过程的后期，即在冻结曲线中的冻结平衡带后近乎直线部分（图 4-5 中的 CD）的斜率来表示最大结晶生成带。这种方法用于食品物料也有其特点，因为对食品物料而言，冻结损害大多发生在冻结过程的后期。

2. 冰峰前进速率

冰峰前进速率是指单位时间内 $-5℃$ 的冻结层从食品表面伸向内部的距离，单位 $cm \cdot h^{-1}$。常称线性平均冻结速率，名义冻结速率。这种方法最早由德国学者普朗克提出，他以 $-5℃$ 作为冻结层的冰峰面，将冻结速率分为三级：快速冻结 $5～20cm \cdot h^{-1}$；中速冻结 $1～5cm \cdot h^{-1}$；慢速冻结 $0.1～1cm \cdot h^{-1}$。该方法的不足是实际应用中较难测量，而且不能应用于冻结速率很慢以至产生连续冻结界面的情况。

3. 国际制冷学会定义

根据国际制冷学会（IIR）的定义：食品表面与中心温度点间的最短距离（δ_0）与食品表面达到 0℃ 后食品中心温度降至比食品冰点（开始冻结温度）低 10℃ 所需时间（τ_0）之比，就是冻结速率（v），单位 $cm \cdot h^{-1}$。如食品中心与表面的最短距离（δ_0）为 5cm，食品冰点 $-5℃$，中心降至比冰点低 10℃，即 $-15℃$，所需时间为 10h，其冻结速率为：

$$v = \delta_0/\tau_0 = 5/10 = 0.5（cm \cdot h^{-1}）$$

当冻结速率大于 $0.5cm \cdot h^{-1}$ 时视为速冻。该划分规则考虑到食品外观差异、成分不同、冰点不同，故其中心温度计算值随不同食品的冰点而变，与上法 $-5℃$ 为下限温度低得多，对速冻条件要求更为严格。按照 IIR 的定义，一般通风冷库的冻结速率为 $0.2cm \cdot h^{-1}$ 左右，送风冻结器的冻结速率为 $0.5～3.0cm \cdot h^{-1}$；单体快速冻结（individual quick freezing，IQF）的冻结速率可达 $5～10cm \cdot h^{-1}$，超快速冻结的冻结速率达 $10～109cm \cdot h^{-1}$。

4. 其他方法

冻结食品物料的外观形态，包括冻结界面（连续或不连续）、冰结晶的大小尺寸和冰结晶的位置等，也可以反映冻结速率。快速冻结的冻结界面不连续，冻结过程中食品物料内部的水分转移少，形成的冰结晶细小而且分布均匀；缓慢冻结可能产生连续的冻结界面，冻结过程中食品物料内部有明显的水分转移，形成的冰结晶粗大而且分布不均匀。图 4-7 显示了不同冻结速率冻结的鳕鱼

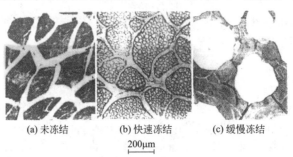

(a) 未冻结　　(b) 快速冻结　　(c) 缓慢冻结

200μm

图 4-7 不同冻结速率冻结的鳕鱼肉中冰结晶的情况

肉中冰结晶的情况。这种方法直观,但不能反映冻结速率上的细小变化,而且易受冻结速率之外其他因素的影响。

通过热力学的方法也可以相当准确地测定单位时间内单位食品物料中冰结晶的生成量,以此表示冻结速率。但这种方法不适于快速冻结或者是需要很多烦琐的测定步骤的情况。

二、冻结前食品物料的前处理

由于冻藏食品物料中的水分冻结产生冰结晶,冰的体积较水大,而且冰结晶较为锋利,易对食品物料(尤其是细胞组织比较脆弱的果蔬)的组织结构产生损伤,使解冻时食品物料产生汁液流失;冻藏过程中的水分冻结和水分损失使食品物料内的溶液增浓,各种反应加剧。因此食品物料在冻藏前,除了采用类似食品冷藏的一般预处理,如挑选、清洗、分割、包装等外,冻藏食品物料往往需采取一些特殊的前处理形式,以减少冻结、冻藏、运输和解冻过程中对食品物料质量的影响。

(1)热烫(blanching)处理 主要是针对蔬菜,又称为杀青、预煮。通过热处理使蔬菜等食品物料内的酶失活变性。常用热水或蒸汽对蔬菜进行热烫,热烫后应注意沥净蔬菜上附着的水分,使蔬菜以较为干爽状态进入冻结。

(2)加糖(syruping, sugaring)处理 主要是针对水果。将水果进行必要的切分后渗糖,糖分使水果中游离水分的含量降低,减少冻结时冰结晶的形成;糖液还可减少食品物料和氧的接触,降低氧化作用。渗糖后可以沥干糖液,也可以和糖液一起进行冻结,糖液中加入一定的抗氧化剂可以增加抗氧化的作用效果。加糖处理也可用于一些蛋品,如蛋黄粉、蛋清粉和全蛋粉等,加糖有利于对蛋白质的保护。

(3)加盐(salting)处理 主要针对水产品和肉类,类似于盐腌。加入盐分也可减少食品物料和氧的接触,降低氧化作用。这种处理多用于海产品,如海产鱼卵、海藻和植物等均可经过食盐腌制后进行冻结,食盐对这类食品物料的风味影响较小。

(4)浓缩处理 主要用于液态食品,如乳、果汁等。液态食品不经浓缩而进行冻结时,会产生大量的冰结晶,使液体的浓度增加,导致蛋白质等物质的变性、失稳等不良结果。浓缩后液态食品的冻结点大为降低,冻结时结晶的水分量减少,对胶体物质的影响小,解冻后易复原。

(5)加抗氧化剂处理 主要针对虾、蟹等水产品。此类产品在冻结时容易氧化而变色、变味,可以加入水溶性或脂溶性的抗氧化剂,以减少水溶性物质(如酪氨酸)或脂质的氧化。

(6)冰衣处理 在冻结、冻藏食品表面形成一层冰膜,可起到包装的作用,这种处理形式被称为包(镀)冰衣(ice-glazing)。净水制作的冰衣质脆、易脱落,常用一些增稠物质(如海藻酸钠、CMC等)作糊料,提高冰衣在食品物料表面的附着性和完整性,还可以在冰衣液中加入抗氧化剂或防腐剂,以提高贮藏的效果。

(7)包装处理 主要是为了减少食品物料的氧化、水分蒸发和微生物污染等,通常采用不透气的包装材料。

三、冻结方法

食品冻结的方法与介质、介质和食品物料的接触方式以及冻结设备的类型有关,一般按冷冻所用的介质及其和食品物料的接触方式分为空气冻结法、间接接触冻结法和直接接触冻结法三类。每一种方法又包括了多种冻结装置(见表4-13)。

(一)空气冻结法

空气冻结法(air freezing)所用的冷冻介质是低温空气,冻结过程中空气可以是静止的,也可以是流动的。静止空气冻结法在绝热的低温冻结室进行,冻结室的温度一般在$-40\sim-18℃$。冻结过程中的低温空气基本上处于静止状态,但仍有自然的对流。有时为了改善空气的循环,在室内加装风扇或空气扩散器,以便使空气可以缓慢流动。冻结所需的时间为3h~3d,视食品物料及其包装的大小、堆放情况以及冻结的工艺条件而异。这是目前唯一的一种缓慢冻结方法。

表 4-13　冻结方法分类

空气冻结法	间接接触冻结法	直接接触冻结法
静止空气冻结法	平板式	制冷剂接触式
搁架式	卧式、立式	液氮、液态 CO_2、R12
鼓风空气冻结法	回转式	载冷剂接触式
隧道式	钢带式	
小推车式、输送带式、吊篮式		
螺旋式		
流化床式		
斜槽式、一段带式、两段带式、往复振动式		

　　用此法冻结的食品物料包括牛肉、猪肉（半胴体）、箱装的家禽、盘装整条鱼、箱装的水果、5kg 以上包装的蛋品等。

　　鼓风冻结法（air-blast freezing）也属于空气冻结法之一。冷冻所用的介质也是低温空气，但鼓风冻结法采用鼓风，使空气强制流动并和食品物料充分接触，增强制冷的效果，达到快速冻结目的。冻结室内的空气温度一般为 $-29 \sim -46℃$，空气的流速在 $10 \sim 15 m \cdot s^{-1}$。冻结室可以是供分批冻结用的房间，也可以是用小推车或输送带作为运输工具进行连续隧道冻结的隧道。隧道式冻结适用于大量包装或散装食品物料的快速冻结。鼓风冻结法中空气的流动方向可以和食品物料总体的运动方向相同（顺流），也可以相反（逆流）。

　　采用小推车隧道冻结时，需冷冻的食品物料可以先装在冷冻盘上，然后置于小推车上进入隧道，小推车在隧道中的行进速率可根据冻结时间和隧道的长度设定，使小推车从隧道的末端出来时食品物料已完全冻结。温度一般在 $-45 \sim -35℃$，空气流速在 $2 \sim 3 m \cdot s^{-1}$，冻结时间为：包装食品 $1 \sim 4h$，较厚食品 $6 \sim 12h$。采用输送带隧道冻结时，食品物料被置于输送带上进入冻结隧道，输送带可以做成螺旋式以减小设备的体积，输送带上还可以带有通气的小孔，以便冷空气从输送带下由小孔吹向食品物料，这样在冻结颗粒状的散装食品物料（如豆类蔬菜、切成小块的果蔬等）时，颗粒状的食品物料可以被冷风吹起而悬浮于输送带上空，使空气和食品物料能更好地接触，这种方法又被称为流化床式冻结（fluid bed freezing）。散装的颗粒型食品物料可以通过这种方法实现快速冻结，冻结时间一般只需要几分钟，这种冻结被称为单体快速冻结。

（二）间接接触冻结法

　　板式冻结法（plate freezing）是最常见的间接接触冻结法。它采用制冷剂或低温介质冷却金属板以及和金属板密切接触的食品物料。这是一种制冷介质和食品物料间接接触的冻结方式，其传热的方式为热传导，冻结效率跟金属板与食品物料接触的接触状态有关。该法可用于冻结包装和未包装的食品物料，外形规整的食品物料由于和金属板接触较为紧密，冻结效果较好。小型立方体型包装的食品物料特别适用于多板式速冻设备进行冻结，食品物料被紧紧夹在金属板之间，使它们相互密切接触而完成冻结。冻结时间取决于制冷剂的温度、包装的大小、相互密切接触的程度和食品物料的种类等。厚度为 $3.8 \sim 5.0 cm$ 的包装食品的冻结时间一般在 $1 \sim 2h$。该法也可用于生产机制冰块。

　　板式冻结装置可以是间歇的，也可以是连续的。与食品物料接触的金属板可以是卧式的，也可以是立式的。卧式的主要用于冻结分割肉、肉制品、鱼片、虾及其小包装食品物料的快速冻结，立式的适合冻结无包装的块状食品物料，如整鱼、剔骨肉和内脏等，也可用于包装产品。立式装置不用贮存和处理货盘，大大节省了占用的空间，但立式的不如卧式的灵活。回转式或钢带式分别是用金属回转筒和钢输送带作为和食品物料接触的部分，具有可连续操作、物料干耗小等特点。

（三）直接接触冻结法

直接接触冻结法又称为液体冻结法（liquid freezing），它用载冷剂或制冷剂直接喷淋或（和）浸渍需冻结的食品物料，于是也被称为喷淋式冻结及浸渍式冻结（immersion freezing）。

常用的载冷剂有盐水、糖液和多元醇-水混合物等。所用的盐通常是 NaCl 或 $CaCl_2$，应控制盐水的浓度使其冻结点在 $-18℃$ 以下。盐水可能对未包装食品物料的风味有影响，目前主要用于海鱼类。盐水的特点是黏度小、比热容大和价格便宜等，但其腐蚀性大，使用时应加入一定量的防腐蚀剂。常用的防腐蚀剂为重铬酸钠（$Na_2Cr_2O_7$）和氢氧化钠。蔗糖溶液是常用的糖液，可用于冻结水果，但要达到较低的冻结温度所需的糖液浓度较高，如要达到 $-21℃$ 所需的蔗糖浓度（质量分数）为 62%，但在低温下黏度很高，传热效果差。丙三醇-水混合物曾被用来作冻结水果的载冷剂，67% 的丙三醇-水混合物（体积分数）的冻结点为 $-47℃$。60% 的丙二醇-水混合物（体积分数）的冻结点为 $-51.5℃$。丙三醇和丙二醇都可能影响食品物料的风味，一般不适用于冻结未包装的食品物料。

用于直接接触冻结的制冷剂一般有液态氮（LN_2）、液态二氧化碳（LCO_2）和液态氟里昂等。由于制冷剂的温度都很低（如液氮和液态 CO_2 的沸点分别为 $-196℃$ 和 $-78℃$），冻结可以在很低的温度下进行，故此时又被称为低温冻结（cryogenic freezing）。此法的传热效率很高、冻结速率极快、冻结食品物料的质量高、干耗小，而且初期投资也很低，但运转费用较高。采用液态氟里昂还要注意对环境的影响。

四、食品冻结与冻藏工艺及控制

（一）冻结速率的选择

一般认为，速冻食品的质量高于缓冻食品，这是由于：速冻形成的冰结晶细小而且均匀；冻结时间短，允许食品物料内盐分等溶质扩散和分离出水分以形成纯冰的时间也短；还可以将食品物料的温度迅速降低到微生物的生长活动温度以下，减少微生物的活动给食品物料带来的不良影响；此外，食品物料迅速从未冻结状态转化成冻结状态，浓缩的溶质和食品组织、胶体以及各种成分相互接触的时间也显著减少，浓缩带来的危害也随之下降到最低的程度。

至于多大的冻结速率才是速冻，目前尚没有统一的概念，实际应用中多以食品类型或设备性能划分。冻结的速率与冻结的方法、食品物料的种类、大小、包装情况等许多因素有关。一般认为冻结时食品物料从常温冻至中心温度低于 $-18℃$，果蔬类不超过 30min，肉食类不超过 6h 为速冻。

（二）冻藏的温度与冻藏的时间

冻藏温度的选择主要考虑食品物料的品质和经济成本等因素。从保证冻藏食品物料品质的角度看，温度一般应降低到 $-10℃$ 以下，才能有效地抑制微生物的生长繁殖；而要有效控制酶反应，温度必须降低到 $-18℃$ 以下，因此一般认为，$-12℃$ 是食品冻藏的安全温度，$-18℃$ 以下则能较好地抑制酶的活力，降低化学反应，更好地保持食品的品质，目前国内外基于经济与冻藏食品的质量，大多数的食品冻藏温度都在 $-18℃$，有的特殊产品也会低于 $-18℃$。但冻藏温度愈低，冻藏所需的费用愈高。

冻藏过程中由于制冷设备的非连续运转，以及冷库的进出料等的影响，冷库的温度并非恒定地保持在某一固定值，而是会产生一定的波动。过大的温度波动会加剧重结晶现象，使冰结晶增大，影响冻藏食品的质量。因此应采取一些措施，尽量减少冻藏过程中冷库的温度波动。除了冷库的温度控制系统应准确、灵敏外，进出口都应有缓冲间，而且每次食品物料的进出量不能太大。

冻藏食品物料的贮藏期与食品物料的种类、冻藏的温度有关，不同的食品物料、不同的冻藏温度，其贮藏期有所不同。冻藏的食品物料是食品加工的原辅材料，冻藏过程往往是在同一条件下完成的，而作为商品销售的冻藏食品，其冻藏过程是在生产、运输、贮藏库、销售等冷链（cold chain）环节中完成的，在不同环节的冻藏条件可能有所不同，其贮藏期要综合考虑各个环节的情况而确定。为此出现了冷链中的 TTT 概念。冷链是指从食品的生产到运输、销售等各个环节组成的一个完整的物流体系。TTT 是指时间-温度-品质耐性（time-Temperature-Tolerance），表示相对于品质的允许时间与温度的程度。用以衡量在冷链中食品的品质变化（允许的贮藏期），并可根据不同环节及条件下冻藏食品品质的下降情况，确定食品在整个冷链中的贮藏期限。

TTT 的计算依以下步骤进行：首先了解冻藏食品物料在不同温度 T_i 下的品质保持时间（贮藏期）D_i；然后计算在不同温度下食品物料在单位贮藏时间（如 1d）所造成的品质下降程度 $d_i = 1/D_i$；根据冻藏食品物料在冷链中不同环节停留的时间 t_i，确定冻藏食品物料在冷链各个环节中的品质变化 $t_i \times d_i$；最后确定冻藏食品物料在整个冷链中的品质变化 $\sum t_i \times d_i$，$\sum t_i \times d_i = 1$ 即是允许的贮藏期限。当 $\sum t_i \times d_i < 1$ 表示仍在允许的贮藏期限之内，当 $\sum t_i \times d_i > 1$ 表示已超出允许的贮藏期限。

图 4-8 是不同温度下冻藏食品 1d 的品质降低值和在冷链不同环节的停留（贮藏）时间得到的 TTT 曲线。表 4-14 是相应的计算数值。可以看出，按表中冷链各环节的条件，最终食品物料的品质已超过允许限度（1d 内的品质降低量×各环节时间≤1）。

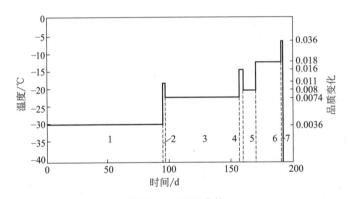

图 4-8　TTT 曲线

表 4-14　根据 TTT 曲线得到的相应计算数值

序号	冷链环节	温度/℃	时间/d	1d 内食品品质变化	该环节食品品质变化
1	生产者的冻结保藏	−30	95	0.0036	0.344
2	生产者到批发商的冻结输送	−18	2	0.011	0.022
3	批发商的冻结保藏	−22	60	0.0074	0.444
4	批发商到零售商的冻结输送	−14	3	0.016	0.048
5	零售商的冻结保藏	−20	10	0.008	0.080
6	零售商的冻结销售	−12	21	0.018	0.378
7	零售商到消费者的冻结输送	−6	1	0.036	0.036
	合计		192		1.352>1

（三）一些食品物料冻结与冻藏工艺及控制

1. 果蔬冻结与冻藏工艺及控制

果蔬的冻结、冻藏工艺与果蔬的冷却、冷藏工艺有较大的差别。果蔬采收后还有生命活动，但冻结与冻藏将使其失去生命的正常代谢活动，也不再具有后熟作用，果蔬由有生命体变为无生命体，这一点与果蔬冷却、冷藏截然不同。因此，要冻结、冻藏的果蔬应在适合食用的成熟度采收。果蔬的组织比较脆弱，细胞质膜均由弹性较差的细胞壁包裹，冻结所形成的大冰晶对细胞产生机械损伤，为使冻结形成的冰结晶小而均匀，一般采用速冻工艺。如采用流化床冻结小颗粒状的果蔬，也可采用金属平板接触式冻结，或低温液体的喷淋和浸渍冻结。冻结温度视种类等而定。

果蔬因种类、品种、组成成分和成熟度的不同，对低温冻结的承受力有较大的差别。质地柔软，含有机酸、糖类和果胶质较多的果蔬（如番茄），冻结点较低，需要较低的冻结与冻藏温度，而且解冻后此类果蔬的品质与新鲜物料相比有较大的差距；也有一些果蔬的质地较硬（如豆类），冻结与冻藏过程对其品质影响较小，解冻后的品质与新鲜、未经冻结的相差不大，这类果蔬比较适宜冻藏。果蔬冻结前处理（如热烫、渗糖等）对减小冻结、冻藏过程对果蔬品质的影响非常重要。

果蔬冻藏过程的温度愈低，对果蔬品质的保持效果愈好。经过热烫处理的果蔬，多数可在温度−18℃下实现跨季度冻藏，少数果蔬（如蘑菇）必须在−25℃以下才能实现跨季度冻藏。为减少冻藏成本，−18℃仍是广泛采用的冻藏温度。表 4-15 是国际制冷学会推荐的部分果蔬的冻藏条件。

表 4-15 部分果蔬的冻藏条件

速冻果蔬种类	冻藏期/月		
	−18℃	−25℃	−30℃
加糖的桃、杏、樱桃	12	＞18	＞24
不加糖的草莓	12	＞18	＞24
加糖的草莓	18	＞24	＞24
柑橘或其他果汁	24	＞24	＞24
豆角	18	＞24	＞24
胡萝卜	18	＞24	＞24
花椰菜	15	24	＞24
甘蓝	15	24	＞24
甜玉米棒	12	18	＞24
豌豆	18	＞24	＞24
菠菜	18	＞24	＞24

过程检查 4-1
热烫处理多用于蔬菜的冷却还是冻结工艺前处理？为什么？

2. 畜、禽肉类的冻结与冻藏工艺及控制

作为食品加工原料用的畜肉类的冻结多是将畜肉胴体或半胴体进行冻结，常采用空气冻结法经一次或两次冻结工艺完成。一次冻结工艺是指将屠宰后的畜肉胴体在一个冻结间内完成全部冻结的过程。两次冻结工艺将畜肉的冷却过程和冻结过程分开，先将屠宰后的畜肉胴体在冷却间内用冷空气冷却（或称预冷），温度一般从 37～40℃降至 0～4℃，然后将冷却后的畜肉移送到冻结间进行冻结，使畜肉的温度继续降低至冻藏的温度。两次冻结工艺比一次冻结工艺冻结的肉的质量好，尤其是对于易产生寒冷收缩的牛、羊肉更明显。但两次冻结工艺的生产效率较低、干耗大。而一次冻结工艺的效率高、时间短、干耗小。一般采用一次冻结工艺比两次冻结工艺缩短时间 45%～50%；每吨物料节约电 17.6W·h，节省劳力 50%；节省建筑面积 30%，减少干耗 40%～50%。为了改善肉的品质，也可以采用介于上两种工艺之间的冻结工艺，即先将屠宰后的鲜肉冷却至 10～15℃，然后再在冻结间冷却、冻结至冻藏温度。

畜肉冻藏中一般将冻结后的胴体堆叠成方形料垛，下面用方木垫起，整个方垛距离冷库的围护结构 40～50cm，距离冷排管 30cm，冷库内的空气的温度−20～−18℃，相对湿度 95%～100%，空气流速 0.2～0.3m·s^{-1}。如果是长期贮藏，冻藏的温度应更低些。目前许多国家的冻藏温度向更低的温度（−30～−28℃）发展，冻藏的温度愈低，贮藏期愈长。表 4-16 显示了畜肉的冻藏温度和冻藏期的关系。

表 4-16　不同温度下畜肉的冻藏期

畜肉种类	冻藏期/月					
	−12℃	−15℃	−18℃	−23℃	−25℃	−30℃
牛胴体	5～8	6～9	12		18	24
羊胴体	3～6		9	6～10	12	24
猪胴体	2		4～6	8～12	12	15

　　禽肉的冻结可用冷空气或液体冻结法完成，采用鼓风冻结法较多。禽肉的冻结视有无包装、整只禽体还是分割禽体，其冻结工艺略有不同。无包装的禽体多采用空气冻结，冻结后在禽体上包冰衣或用包装材料包装。有包装的禽体可用冷空气冻结，也可用液体喷淋或浸渍冻结。禽肉冻结时，冻结肉的温度一般为−25℃或更低一些，相对湿度在 85%～90% 之间，空气流速 2～3m・s^{-1}。冻结时间与禽类品种和冻结方式有关，一般是鸡比鸭、鹅等快些，装在铁盘内比在木箱或纸箱中快些。如鸡，在上述冻结条件下，装在铁盘内冻结时间为 11h，而装在箱内则需要 24h。

　　禽肉的冻藏条件与畜肉的相似，冷库的温度一般在−20～−18℃，相对湿度 95%～100%。冻藏库内的空气以自然循环为宜，昼夜温度波动应小于±1℃。在正常情况下小包装的火鸡、鸭、鹅在−18℃可冻藏 12～15 个月，在−30～−25℃可贮藏 24 个月，用复合材料包装的分割鸡肉可冻藏 12 个月。对无包装的禽肉，应每隔 10～15d 向禽肉垛喷冷水一次，使暴露在空气中的禽体表面冰衣完整，减少干耗等。

3. 鱼类的冻结与冻藏工艺及控制

　　鱼类的冻结可采用空气、金属平板或低温液体冻结法完成。空气冻结往往在隧道内完成，鱼在低温高速冷空气的直接冷却下快速冻结。冷空气的温度一般在−25℃以下，空气的流速在 3～5m・s^{-1}。为了减少干耗，相对湿度应大于 90%。金属平板冻结将鱼放在鱼盘内压在两块平板之间，施加的压力在 40～100kPa，冻结后鱼的外形规整，易于包装和运输。与空气冻结相比，平板冻结的干耗和能耗均比较少。低温液体冻结可用低温盐水或液态制冷剂进行，一般用于海鱼类的快速冻结，其干耗也小。

　　冻结后鱼体的中心温度在−18～−15℃，特殊的鱼类可能要冻结到−40℃左右。鱼在冻藏前也应进行包冰衣或加适当的包装，冰衣的厚度一般在 1～3mm。包冰衣时对于体积较小的鱼或低脂鱼可在约 2℃的清水中浸没 2～3 次，每次 3～6s。大鱼或多脂鱼浸没 1 次，浸没时间 10～20s。冻藏过程中还应定时向鱼体表面喷水。在冷库进出口、冷排管附近的鱼体的冰衣升华蒸发量较大，冰衣可以加厚一些。

　　鱼的冻藏期与鱼的脂肪含量有很大关系，对于多脂鱼（如鲭鱼、大马哈鱼、鲱鱼、鳟鱼等），在−18℃下仅能贮藏 2～3 个月；而对于少脂鱼（如鳕鱼、比目鱼、黑线鳕、鲈鱼、绿鳕等），在−18℃下能贮藏 4 个月。多脂鱼一般的冻藏温度在−29℃以下，少脂鱼在−23～−18℃，而部分肌肉呈红色的鱼的冻藏温度应低于−30℃。

五、食品在冻结与冻藏过程中的变化

（一）食品在冻结过程中的物理和化学变化

1. 体积的变化

　　0℃的纯水冻结后体积约增加 8.7%。食品物料在冻结后也会发生体积膨胀，但膨胀的程度较纯水小。但也有一些例外情况，如高浓度的蔗糖溶液冻结后体积会出现很小的收缩。影响这一变化的因素包括以下几方面。①成分，主要是物料的水分质量分数和空气的体积分数。食品物料中溶质和悬浮物的存在有一"替代"效应，也就是这些物质的存在相对减少了物料中的水分含量，而水是导致物料体积发生变化的原因，水分的减少使冻结时物料体积的膨胀减小；物料内的空气主要存在于细胞之间（特别是对于植物组织），空气可为冰结晶的形成与长大提供空间，因此空气所占的体积增大，会减小体积的膨胀。②冻结时未冻结水分的比例，食品物料中可以冻结的自由水分的减少意味着冻结时冰结晶的减少，溶质的种类和数量会影响到物料中结合水的量和形成过冷状态的趋势。冻结前后物料的体积在不同温度段的变化规律不同，这些温度段可以分为：冷却阶段（收缩）、冰结晶形成阶段（膨胀）、冰结晶的降温阶段（收缩）、溶质的结晶阶段（收缩或膨胀，视溶质的种类而定）、冰盐结晶的降温阶段（收缩）、非溶质如脂质的结晶和冷却（收缩）。多数情况下，冰结晶形成所造成的体积膨胀起主要作用。③冻结的温度范围。

2. 水分的重新分布

冰结晶的形成还可能造成冻结食品物料内水分的重新分布，这种现象在缓慢冻结时较为明显。因为缓冻时食品物料内部各处不是同时冻结，细胞外（间）的水分往往先冻结，冻结后造成细胞外（间）的溶液浓度升高，细胞内外由于浓度差而产生渗透压差，使细胞内的水分向细胞外转移。

3. 机械损伤

机械损伤（mechanical damage）也称冻结损伤，食品物料冻结时冰结晶的形成、体积的变化和物料内部存在的温度梯度等会导致产生机械应力并产生机械损伤。机械损伤对脆弱的食品组织，如果蔬等植物组织的损伤较大。一般认为，冻结时的体积变化和机械应力是食品物料产生冻结损伤的主要原因。机械应力与食品物料的大小、冻结速率和最终的温度有关。小的食品物料冻结时内部产生的机械应力小些。对于一些含水较高、厚度大的物料，表面温度下降极快时可能导致物料出现严重的裂缝，这往往是由物料组织的非均一收缩所导致的（物料外壳首先冻结固化，而当内部冻结膨胀时导致外壳破裂）。

4. 非水相组分被浓缩

由于冻结时物料内水分是以纯水的形式形成冰结晶的，原来水中溶解的组分会转到未冻结的水分中而使剩余溶液的浓度增加。浓缩的程度主要与冻结速率和冻结的终温有关，在冰盐结晶点之上时温度愈低，浓缩程度愈高。液态食品物料冻结时加以搅拌可以减少溶质在固-液界面的聚集，因此有助于纯冰结晶的形成，溶质的浓缩也将达到最大程度。缓慢冻结会导致连续、平滑的固-液界面，冰结晶的纯度较高，溶质的浓缩程度也较大；反之，快速冻结导致不连续、不规则的固-液界面，冰结晶中会夹带部分溶质，溶质的浓缩程度也就较小。冻结-浓缩现象可以用于液态食品物料的浓缩。

冻结浓缩现象会导致未冻结溶液的相关性质，如 pH、酸度、离子强度、黏度、冻结点（和其他依数性性质）以及表面和界面张力、氧化-还原势等的变化。此外，冰盐共晶混合物可能形成，溶液中的氧气、二氧化碳等可能被驱除。水的结构和水-溶质的相互作用也可能发生变化。冻结浓缩对食品物料产生一定的损害，如生化和化学反应加剧，大分子物质由于浓缩使分子间的距离缩小而可能发生相互作用使大分子胶体溶液的稳定性受到破坏等。由冻结浓缩造成的对食品物料的损害因食品物料的种类而有差异。一般来说，动物性物料组织所受的影响较植物性的大。冻结浓缩所造成的损害可以发生在冻结、冻藏和解冻过程中，损害的程度与食品物料的种类和工艺条件有关。人们研究过食品物料冻结后 pH 的变化，结果发现高蛋白质的食品物料，如鸡、鱼冻结后 pH 会增加（特别是当初始 pH 低于 6 时），而低蛋白质的食品物料如牛奶、绿豆冻结后 pH 会降低。

（二）食品在冻藏过程中的物理和化学变化

1. 重结晶

重结晶是指冻藏过程中食品物料中冰结晶的大小、形状、位置等都发生了变化，冰结晶的数量减少、体积增大的现象。人们发现，将速冻的水果与缓冻的水果同样贮藏在$-18℃$下，速冻水果中的冰结晶不断增大，几个月后速冻水果中冰结晶的大小变得和缓冻的差不多。这种情况在其他食品原料中也会发生。

导致重结晶的原因可能有几种，一般认为，任何冰结晶表面（形状）和内部结构上的变化有降低其本身能量水平的趋势，表面积/体积比大、不规则的小结晶变成表面积/体积比小、结构紧密的大结晶会降低结晶的表面能。这就是同分异质重结晶（iso-mass recrystallization）。

在多结晶系统中，当小结晶存在时，大结晶有"长大"的趋势，这可能是融化-扩散-重新冻结过程中冰结晶变大的原因，属于迁移性重结晶（migratory recrystallization）。在恒定温度和压力下，小结晶由于其很小的曲率半径，它对其表面分子的结合能力没有大结晶那么大，因此小结晶表现出相对熔点较高。在温度恒定的情况下，当物料中含有大量的直径小于$2\mu m$的结晶时，迁移性重结晶可以相当大的速率进行。在速冻果蔬等食品物料（甚至包括冰淇淋）中的冰结晶的大小一般远大于$2\mu m$，而在一些速冻的小的生物材料中可能有直径小于$2\mu m$的冰结晶。因此冻藏食品贮藏在恒定温度和压力下可以减少迁移性重结晶现象。冻藏中温度的波动以及与之相关的蒸气压梯度会促进迁移性重结晶，食品物料中低温（低蒸气压）处的冰结晶会在牺牲高温（高蒸气压）处的冰结晶的情况下长大。在高温（高蒸气压）处的最小的冰结晶会消失，较大的冰结晶会减小，当温度梯度相反时，较大冰结晶会长大，而由于结晶能的限制最小的冰结晶不会重新生成。

冰结晶相互接触也会发生重结晶，结晶数量的减少可导致整个结晶相表面能的降低，有人将此称为连生性重结晶（accretive recrystallization）。这也是造成冰结晶数量不断减少、体积不断增大的原因之一。

2. 冻干害

冻干害又称为冻烧（freezer burn）、干缩，这是由于食品物料表面脱水（升华）形成多孔干化层，物料表面的水分可以下降到$10\%\sim15\%$以下，使食品物料表面出现氧化、变色、变味等品质明显降低的现象。冻干害是一种表面缺陷，多见于动物性的组织。减少干缩的措施包括减少冻藏间的外来热源及温度波动，降低空气流速，改变食品物料的大小、形状、堆放形式和数量等，采取适当的包装等。

3. 脂类的氧化和降解

冻藏过程中食品物料中的脂类会发生自动氧化作用，结果导致食品物料出现油哈味。此外脂类还会发生降解，游离脂肪酸的含量会随着冻藏时间的增加而增加。乳和冰淇淋中的固形物含量与脂类氧化的敏感性有关：冰淇淋中脂肪含量在39.5%以上时，$-18℃$冻藏3个月不会发生变味，而脂肪含量低则易发生。浓缩乳（3∶1）的非脂固形物低于38%时，$-27.2℃$冻藏24个月亦无氧化味产生。脂类的氧化受少量的铜、铁催化，如冰淇淋中1.25×10^{-6}的铜即会导致氧化味的产生。浓缩乳中加入螯合剂可减少氧化味的产生。乳和乳制品冷冻前的加热和均质对抑制氧化有作用。加热对氧化的抑制主要由于硫氢基化合物的形成。而含硫化合物与乳或冰淇淋的加热味有关，一般欲冻藏的乳品应先进行加热处理，加热温度应稍高于市售牛乳和冰淇淋。均质的抑制效应与其可减少金属离子浓度有关。抗氧化剂对脂类氧化有抑制作用。此外冻藏的温度对稳定性也有一定的影响。

4. 蛋白质溶解性下降

冻结的浓缩效应往往导致大分子胶体的失稳，蛋白质分子可能会发生凝聚，溶解性下降，甚至会出现絮凝、变性等。冻藏时间延长往往会加剧这一现象，而冻藏温度低、冻结速率快可以减轻这一现象。成分（总固形物）不同的乳品长期贮藏（120d）后发生的变化明显不同。热处理可明显延长未变性贮期。均质对蛋白质的稳定性有降低作用，且浓缩前均质比浓缩后均质影响要小一些。冷冻前牛乳的冷藏和冷处理对蛋白质稳定性有不利的影响，但冷藏前的加热处理对减少此影响有好处，加热还可减少冷藏时乳糖结晶的形成。

5. 其他变化

冻藏过程中食品物料还会发生其他一些变化，如 pH、色泽、风味和营养成分等。图 4-9 显示了一些食品物料在冻结前和冻藏过程中的 pH 变化情况。pH 的变化一般是由于食品物料的成熟和未冻结部分溶质的浓缩所导致的，冻藏过程中食品物料 pH 变化的速率和程度与物料的缓冲能力、所含盐的组成、蛋白质和盐的相互作用、酶活性和贮藏温度有关。pH 的变化所引起的质量变化并不明显，但理论上可知 pH 会影响酶的活性和细胞的通透性。

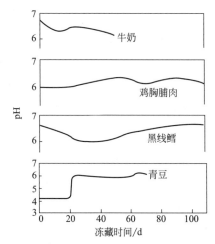

图 4-9 一些食品物料在冻结前和冻藏过程中的 pH 变化

果蔬在冻藏过程中会出现由叶绿素的减少而导致的褪色。表 4-17 显示了一些绿色蔬菜在不同冻藏温度下叶绿素减少 10% 所需的时间。

表 4-17 绿色蔬菜在冻藏时叶绿素减少 10% 所需的时间 单位：月

蔬菜品种	−18℃	−12℃	−7℃
青豌豆	43	12	2.5
菠菜叶	30	6	1.6
菠菜梗	14	3	0.7
青刀豆	10	3	0.7

果蔬中维生素 C 的含量也会由于氧化作用而减少，维生素 C 氧化的速率与冻藏的温度有很大的关系。上述的冻藏过程中的化学变化是由于食品物料发生了相应的化学反应的结果。从冻藏过程中非酶反应和酶促反应速率变化的角度看，温度的降低一般会导致反应速率降低，但冻藏过程中还有一些导致反应速率增加的因素。在冻藏过程中食品物料的非酶反应的速率往往会增加，这是由于冻结的浓缩效应导致食品物料中未冻结部分的反应物浓度提高。这种现象在浓度低的食品物料中尤为突出。所以整体的效果是非酶反应的速率一般会增加。酶活性受抑制的程度与温度有很大关系，一般在冻结点以下的 0～10℃ 的范围内，酶的活性可能降低也可能增加，温度再低时，酶的活性一般受到抑制。因此，在 −18℃ 以下的温度冻藏的食品物料，在冻藏过程中的酶促反应一般会减小。

六、冷链物流

食品冷链是指易腐食品原料、经过加工的食品或半成品，在产品加工、贮藏、运输、分销和零售直到消费者手中的过程中，各个环节始终处于产品所必需的低温环境下，以保证食品质量安全、减少损耗、防止污染的特殊供应链系统。冷链物流中商品的早期质量主要取决于下列因素：原料（product）、速冻前处理和速冻加工（processing）以及包装（package），通常称为"3P"理论。冷链物流中商品的最终质量取决于冷链的贮藏温度（temperature）、流通时间（time）以及产品本身的耐藏性（tolerance），即"3T 原则"。不同品种和品质的货物会随着时间和温度的变化而产生相应的品质变化，因此，对于冷链物流中的商品，要进行原产地和各种加工信息的实时跟踪与监控，必须要有相对应的产品温度监控、控制和贮藏时间的经济技术指标，并且需设置不同种类和品质的商品所应遵循的贮存放置规则。一般速冻食品的冷链物流流程及其温度要求见图 4-10。

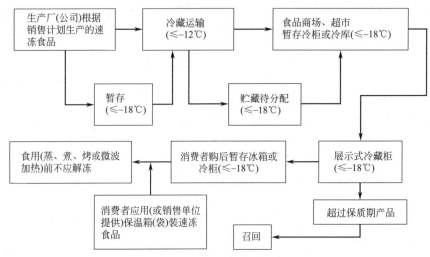

图 4-10 速冻食品的冷链物流流程

《食品安全国家标准 速冻食品生产和经营卫生规范》（GB 31646）规定了速冻食品原料采购、加工、包装、贮存、运输和销售等环节的场所、设施与设备、人员的基本要求和管理准则。该标准规定速冻食品是采用速冻的工艺生产，在冷链条件下进入销售市场的食品。产品应在冷冻仓库贮存。冷库温度不高于－18℃，波动应控制在±2℃以内。产品运输过程中最高温度不得高于－12℃，装卸后应尽快降至－18℃或以下。有特殊温度要求的产品按双方约定要求执行。

七、冻藏食品的解冻

（一）解冻过程的热力学特点

解冻过程是冻藏食品物料回温、冰结晶融化的过程。从温度时间的角度看，解冻过程似乎可以简单地被看作是冻结过程的逆过程。但由于食品物料在冻结过程的状态和解冻过程的状态的不同，解冻过程并不是冻结过程的简单逆过程。从时间上看，即使冻结和解冻以同样的温度差作为传热推动力，解冻过程也要比冻结过程慢。一般的传导型传热过程是由外向内、由表及里的，冻结时食品物料的表面首先冻结，形成固化层；解冻时则是食品物料表面首先融化（图 4-11）。解冻食品的热量由两部分组成：即冰点上的相变潜热和冰点下的显热。由于冰的热导率和热扩散率较水的大（图 4-12），因此冻结时的传热较解冻时快。低温时（－20℃）食品物料中的水主要以冰结晶的形式存在，其比热容接近冰的比热容，解冻时食品中的水分含量增加，比热容相应增大，最后接近水的比热容。解冻时随着温度升高，食品的比热容逐渐增大（在初始冻结点时达到最大值），升高单位温度所需的热量也逐渐增加。

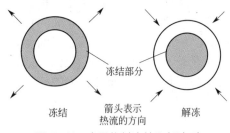

图 4-11 食品物料冻结和解冻时的状态与传热示意

图 4-13 显示了以冻结圆柱形样品的几何中心温度画出的解冻曲线，为了便于比较，图中还画出了相同温差下该样品的冻结曲线。从图中的解冻曲线可以看出，解冻开始的阶段样品的温度上升较快，因为此时样品表面还没有出现融化层，传热是通过冻结的部分进行的，而且由于冻结状态样品的比热容小，故传热较快，而当样品的表面出现融化层后，由于融化层中非流态的水的传热性差，传热的速率下降。而且由于相变吸收大量的潜热，样品的温度出现了一个较长的解冻平衡区。当样品全部解冻之后，温度才会继续上升。有趣的是对于速冻的样品，解冻平衡区的温度往往不在冻结

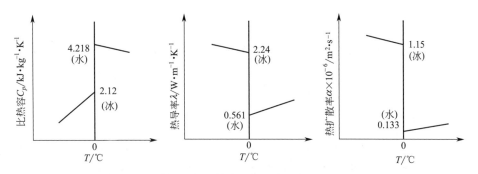

图 4-12 水和冰的比热容、热导率和热扩散率的比较

点，而是低于冻结点。

上述的解冻曲线只是针对解冻时的传热，是以热传导为主的情况，而不适合微波解冻，以及解冻后食品物料成为可流动的液态的情况。解冻速率和冻结速率的差异在含水量低的肉类以及空气含量高的果蔬中不太明显。另外，图 4-13 是在相同温度差下得出的，在实际情况中，冻结过程的温度差一般远较解冻过程的大。这一因素也大大降低了解冻速率。

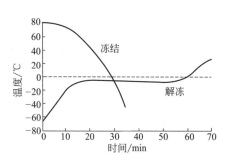

图 4-13 圆柱形样品的冻结和解冻曲线

由于解冻过程的上述特点，解冻中的食品物料在冻结点附近的温度停留相当长的时间，这时化学反应、重结晶，甚至微生物生长繁殖都可能发生。此外，有些解冻过程可能在不正确的程序下完成。因此可能成为影响冻藏食品物料品质的重要阶段。

（二）解冻方法

从能量的提供方式和传热的情况来看，解冻方法可以分为两大类。一类是采用具有较高温度的介质加热食品物料，传热过程从食品物料的表面开始，逐渐向食品物料的内部（中心）进行。另一类是采用介电或微波场加热食品物料，此时食品物料的受热是内外同时进行的。

1. 空气解冻法

空气解冻法采用温热的空气作为加热的介质，将要解冻的食品物料置于热空气中进行加热升温解冻。空气的温度不同，物料的解冻速率也不同，$0 \sim 4 \, ℃$ 的空气为缓慢解冻，$20 \sim 25 \, ℃$ 则可以达到较快速的解冻。由于空气的比热容和热导率都不大，在空气中解冻的速率不高。在空气中混入水蒸气可以提高空气的相对湿度，改善其传热性能，提高解冻的速率，还可以减少食品物料表面的水分蒸发。解冻时的空气可以是静止的，也可以采用鼓风。采用高湿空气解冻时，空气的湿度一般不低于 98%，空气的温度可以在 $-3 \sim 20 \, ℃$ 之间，空气的流速一般为 $3 \mathrm{m} \cdot \mathrm{s}^{-1}$。但使用高湿空气时，应注意防止空气中的水分在食品物料表面冷凝析出。

2. 水或盐水解冻法

水和盐水解冻都属于液体解冻法。由于水的传热特性比空气好，食品物料在水或盐水中的解冻速率要比在空气中快很多。类似液体冻结时的情况，液体解冻也可以采用浸渍或喷淋的形式进行。水或盐水可以直接和食品物料接触，但应以不影响食品物料的品质为宗旨，否则食品物料应有包装等形式的保护。水或盐水温度一般在 $4 \sim 20 \, ℃$，盐水一般为食盐水，盐的浓度一般为 $4\% \sim 5\%$，盐水解冻主要用于海产品。盐水还可能对物料有一定的脱水作用，如用盐水解冻海胆时，海胆的适度脱水可以防止其出现组织崩溃。

3. 冰块解冻法

冰块解冻法一般是采用碎冰包围欲解冻的食品物料，利用接近水的冻结点的冰使食品物料升温解冻，这种方法可以使食品物料在解冻过程中一直保持在较低的温度，减少了物料表面的质量下降，但该法解冻时间较长。

4. 板式加热解冻法

板式加热解冻法与板式冻结法相似，是将食品物料夹于金属板之间进行解冻的方法，此法适合于外形较为规整的食品物料，如冷冻鱼糜、金枪鱼肉等，其解冻速率快，解冻时间短。

5. 微波解冻法

微波解冻法是将欲解冻的食品置于微波场中，使食品物料吸收微波能并将其转化成热能，从而达到解冻的作用。由于高频电磁波的强穿透性，解冻时食品物料内外可以同时受热，解冻所需的时间很短。

6. 高压静电解冻法

高压静电解冻法用 $10\sim30kV$ 的电场作用于冰冻的食品物料，将电能转变成热能，从而将食品物料加热。这种方法解冻时间短，物料的汁液流失少。

除了上述的解冻方法外，近年来人们一直在寻找新的解冻方法，超声波解冻、高压解冻等。

（三）解冻过程的工艺控制

如前所述，解冻过程对冻藏食品物料的品质影响颇大。解冻食品物料出现品质下降现象主要是汁液流失（drip）。汁液流失是指冻藏食品物料解冻后，汁液从食品物料中流出的现象。流出的汁液中具有一定的营养成分和呈味成分，汁液流失会降低食品物料的营养、质地和口感等，而且汁液流失使食品物料的重量相对减少，也给物料的清洁处理带来不便。因此，汁液流失的多少成为衡量冻藏食品质量的重要指标。

对于冻藏食品物料来说，汁液流失的产生是较为常见的现象，它是食品物料在冻结冻藏过程中受到的各种冻害的体现。汁液流失的多少不仅与解冻的控制有一定关系，而且与冻结和冻藏过程有关，此外食品物料的种类、冻结前食品物料的状态等也对汁液流失有很大的影响。减少汁液流失的方法应从上述各方面采取措施，如采用速冻，减小冻藏过程的温度波动，对于肉类原料，控制其成熟情况，使其 pH 偏离肉蛋白质的等电点，以及采取适当的包装等都是一些有效的措施。

从解冻控制来看，缓慢的解冻速率一般有利于减少汁液流失，这是由于食品物料在冻结、冻藏过程中发生水分重新分布，缓慢解冻给发生转移的水分有较长的时间恢复原来的分布状态。但缓慢解冻往往意味着解冻的食品物料在解冻过程中长时间地处在较高的温度环境中，而这给微生物的繁殖、酶反应和非酶反应创造了较好的条件，对食品物料的品质也有一定的影响。因此当食品物料在冻结和冻藏过程中没有发生很大的水分转移时，快速解冻可能对保证食品物料的质量更为有利。

拓展阅读 4-2
利用 COMSOL
和物性参数实
现芝士蛋糕冷
冻过程的数值
模拟

八、食品冻结与冻藏和解冻过程中冷耗量和冻结时间的计算

食品在冻结过程中的冷耗量是指在整个冻结过程（包括冷却、冻结和冻结以后的降温）中食品物料所放出的热量，它的计算可以按照每个阶段分别进行。

（一）冷却阶段的冷耗量

食品物料在冷却阶段冷耗量的计算可以按照前述冷藏前冷却过程冷耗量的计算方法进行。只是此时的温度段是从食品物料开始冷却前的初始温度一直到食品物料的冻结点计算的。即：

$$Q_1 = GC(T_i - T_f) \quad (4\text{-}9)$$

式中　Q_1——冷却阶段食品物料的散热量，kJ；

　　　G——被冷却食品物料的质量，kg；

　　　C——冻结点以上食品物料的比热容，kJ·kg^{-1}·K^{-1}；

　　　T_i——冷却开始时食品物料的温度，K；

　　　T_f——食品物料的冻结点温度，K。

（二）冻结阶段的冷耗量

食品物料在冻结阶段的冷耗量主要是指由于水分的冻结而释放出的相变潜热：

$$Q_2 = GW\omega\gamma \quad (4\text{-}10)$$

式中　Q_2——冻结阶段食品物料的散热量，kJ；

　　　G——被冻结食品物料的质量，kg；

　　　W——食品物料中的水分含量，kg·kg^{-1}；

　　　ω——最终冻结温度下食品物料中冻结水分所占的比例，％；

　　　γ——水形成冰时所释放的相变潜热，334.72kJ·kg^{-1}。

不同食品的含水量不同，初始冻结点不同，在不同温度下的水分冻结比例也会不同。表4-18列出了一些食品物料在不同温度下的冻结水分比例。

表4-18　不同温度下各种食品物料中冻结水分的比例　　　　单位：％

温度/℃	瘦肉/74.5%水	鳕鱼/83.6%水	蛋清/86.5%水	蛋黄/50%水
0	0	0	0	0
−1	2	9.7	48	42
−2	48	55.6	75	67
−3	64	69.5	82	73
−4	71	75.8	86	77
−5	74	79.6	87	79
−10	83	86.7	92	84
−20	88	90.6	93	87
−30	89	92.0	94	89
−40	—	92.2	—	—

食品物料中冻结水分比例还可以通过经验公式计算得到：

$$w = \cfrac{A}{1 + \cfrac{B}{\lg(273-T) + [1-(273-T_f)]}} \quad (4\text{-}11)$$

式中　w——温度T（K）下食品物料中冻结水分所占的比例，kg·kg^{-1}；

　　　T——计算w时食品物料冻结的温度，K；

　　　T_f——食品物料的初始冻结点，K；

　　　A，B——经验常数，$A=110.5$，$B=0.31$。

式(4-11)适用于计算温度在243K（−30℃）以上食品物料的冻结水分比例，用于肉类、鱼类食品物料的效果较好。若食品物料的初始冻结点为−1±0.5℃，则式(4-11)可简化为：

$$w = \cfrac{A}{1 + \cfrac{B}{\lg(273-T)}} \quad (4\text{-}12)$$

不同温度下水形成冰时所释放的相变潜热有所不同，温度在0℃以下时，相变潜热会减小，具体可以按照下列经验公式计算：

$$\gamma=2.092(T-273)+334.72 \tag{4-13}$$

式中　γ——温度 T（K）时水形成冰时所释放的相变潜热，$kJ \cdot kg^{-1}$；

　　　T——食品物料的温度，K。

按照式(4-13)计算时宜用冻结过程的平均温度计算相变潜热，此冻结过程的平均温度并非是冻结点和最终冻结温度简单的算术平均值，而是根据冻结过程水分的冻结情况（多少、速率等）算出的。表4-19列出了不同温度范围的冻结过程中的平均温度值，其数据是按照温度和肉类水分冻结量的关系曲线用图解积分法推算得到的。

表 4-19　不同温度范围的冻结过程中的平均温度值

冻结初温/℃	冻结终温/℃										
	-2	-4	-6	-8	-10	-12	-14	-16	-20	-25	-30
	平均温度/℃										
-1	-1.50	-2.05	-2.65	-3.22	-3.88	-4.65	-5.25	-5.91	-6.77	-7.75	-9.45
-2	-2.00	-2.76	-3.76	-4.21	-4.97	-5.80	-6.71	-7.35	-8.25	-9.30	-11.25
-4		-4.00	-4.91	-5.56	-6.60	-7.65	-8.60	-9.45	-10.30	-11.55	-13.75
-6			-6.00	-6.91	-7.95	-9.02	-10.15	-11.10	-12.10	-13.40	-15.75
-8				-8.00	-9.10	-10.24	-11.42	-12.24	-13.55	-15.80	-17.50
-10					-10.00	-11.25	-12.35	-13.55	-14.92	-16.68	-19.50
-12						-12.00	-13.22	-14.45	-16.05	-18.06	-20.60
-14							-14.00	-15.25	-17.20	-19.22	-21.95
-16								-16.00	-18.18	-20.30	-23.10
-18									-19.15	-21.32	-24.20
-20									-20.00	-22.40	-25.20
-22										-23.25	-26.10
-24										-24.45	-27.08
-26											-28.05
-28											-28.95
-30											-30.00

（三）冻结后继续降温阶段的冷耗量

食品物料开始冻结后继续降温阶段的冷耗量计算可按下式进行：

$$Q_3=GC_f(T_f-T_s) \tag{4-14}$$

式中　Q_3——冻结后继续降温阶段食品物料的散热量，kJ；

　　　G——被冻结食品物料的质量，kg；

　　　C_f——冻结后继续降温阶段食品物料的平均比热容，$kJ \cdot kg^{-1} \cdot K^{-1}$；

　　　T_f——食品物料的初始冻结点，K；

　　　T_s——食品物料的最终冻结温度，K。

食品物料的比热容可根据食品物料中干物质、水分和冰的比热容及各部分在食品物料中的比例推算：

$$C=C_d(1-W)+C_i\omega W+C_w(1-\omega)W \tag{4-15}$$

式中　C——冻结食品物料的比热容，$kJ \cdot kg^{-1} \cdot K^{-1}$；

　　　C_d——冻结食品物料中干物质的比热容，$kJ \cdot kg^{-1} \cdot K^{-1}$，一般为 $1.046 \sim 1.6736 kJ \cdot kg^{-1} \cdot$

K^{-1}，通常取 $1.4644kJ \cdot kg^{-1} \cdot K^{-1}$；

C_i——冰的比热容，$2.092kJ \cdot kg^{-1} \cdot K^{-1}$；

C_w——水的比热容，$4.184kJ \cdot kg^{-1} \cdot K^{-1}$；

W——食品物料中的水分含量，$kg \cdot kg^{-1}$；

ω——各种温度下食品物料中冻结水分所占的比例，$\%$。

式(4-15) 表明冻结食品的比热容取决于它的水分冻结量，而式(4-12) 又说明食品的水分冻结量随温度而异，故冻结过程中冻结食品的比热容也和温度呈函数关系。温度愈低，水分冻结量愈大，食品比热容则愈小，而且低于开始冻结前的食品比热容（C_0）。如果食品开始冻结的温度为 $-1℃$ 或 $272K$ 左右，参照式(4-12)，冻结过程中各温度时的比热容也可以按照下式计算：

$$C = C_0 - \frac{4.184A_2}{1 + \dfrac{B_2}{\lg(273-T)}} \tag{4-16}$$

式中　C——冻结过程中各温度（K）下冻结食品物料的比热容，$kJ \cdot kg^{-1} \cdot K^{-1}$；

C_0——冻结开始时食品物料的比热容，$kJ \cdot kg^{-1} \cdot K^{-1}$；

T——冻结过程中冻结食品的温度，K；

A_2，B_2——经验常数，牛肉 $A_2=0.394$，$B_2=0.343$，鱼 $A_2=0.415$、$B_2=0.369$。

冻结过程同一温度差内的各热力学特性参数一般应取平均值，也可按照冻结过程的平均温度计算出。与比热容相似，冻结食品的其他热力学特性参数也和温度呈函数关系，可以用类似式(4-12) 和式(4-16) 的经验公式计算。表 4-20 列出了一些食品的热力学参数。

热导率：

$$\lambda = \lambda_0 - \frac{1.162A_3}{1 + \dfrac{B_3}{\lg(273-T)}} \tag{4-17}$$

式中　λ——冻结过程中各温度（K）下冻结食品物料的热导率，$W \cdot m^{-1} \cdot K^{-1}$；

λ_0——冻结开始时食品物料的热导率，$W \cdot m^{-1} \cdot K^{-1}$；

T——冻结过程中冻结食品的温度，K；

A_3，B_3——经验常数，肉 $A_3=0.938$、$B_3=0.186$，鱼 $A_3=0.699$、$B_3=0.148$。

λ_0 可通过下式计算：

$$\lambda_0 = \lambda_w W + \lambda_d(1-W) \tag{4-18}$$

式中　W——食品的水分含量，$kg \cdot kg^{-1}$；

λ_w——水的热导率，$0.54W \cdot m^{-1} \cdot K^{-1}$；

λ_d——食品干物质的热导率，$0.26W \cdot m^{-1} \cdot K^{-1}$。

热扩散系数：

$$\alpha = \alpha_0 - \frac{1.162A_4}{1 + \dfrac{B_4}{\lg(273-T)}} \tag{4-19}$$

式中　α——冻结过程中各温度（K）下冻结食品物料的热扩散系数，$m^2 \cdot h^{-1}$；

α_0——冻结开始时食品物料的热扩散系数，$m^2 \cdot h^{-1}$；

T——冻结过程中冻结食品的温度，K；

A_4，B_4——经验常数，肉 $A_4=0.0224$、$B_4=0.445$，鱼 $A_4=0.00045$、$B_4=0.482$。

表 4-20　一些食品物料的热力学参数

食品	水/%	冻结点/℃	比热容/kJ·kg⁻¹·K⁻¹ 冻结点以上	比热容/kJ·kg⁻¹·K⁻¹ 冻结点以下	热导率 /W·m⁻¹·K⁻¹	潜热 /kJ·kg⁻¹
鳕(冻)	70	−2.2	3.180	1.720	—	235
鲭鱼片	57	—	2.760	1.550	—	—
牡蛎	80.0	−3	3.480	1.840	—	270
扇贝	80.3	—	3.520	1.840	—	270
小虾	70.8	−2.2	3.480	1.880	—	277
肋条肉(瘦)	68	−1.7	3.220	1.680	—	233
鲜、肥牛肉	—	−2.2	−2.510	1.470	—	184
鲜羊肉	60~70	−2.2	2.8~3.2	1.5~2.2	0.41~0.48	194~276
鲜猪肉	60~75	−2	2.85	1.6	0.44~0.54	201
鲜香肠	65	−3.3	3.4~3.7	2.35	—	—
熏香肠	60	−3.9	3.60	2.35	—	200
鲜、冻小牛肉	74	−2.8	3.31	1.55	—	247
苹果	84	−2	3.60	1.8~1.9	0.4153	280~282
杏	85.4	−2	3.68	1.93	—	284
芦笋	93.0	−1.2	3.94	2.01	—	310~312
香蕉	74.8	−2.2	3.35	1.76	—	251~255
青刀豆	88.9	−1.3	3.81	1.97	—	298
胡萝卜	88.2	−1.3	3.6~3.8	1.8~1.9	—	293
花椰菜	91.7	—	3.89	1.97	—	307
冰淇淋	58~86	−3~18	3.3	1.88	—	222
蛋	—	−3	3.2	1.67	0.33~0.97	276
无花果(鲜)	78	−2.7	3.43	1.80	—	261
辣根	73.4	−3.1	3.27	1.76	—	247
柠檬	89.3	−2.2	3.85	1.93	—	295
芒果	93	0	3.77	1.93	—	312
西瓜	92.1	−1.6	4.06	2.01	—	307
牛奶	87.5	−0.6	3.89	2.05	—	288
蘑菇	91.1	−1	3.77	1.97	—	302
橙	87.2	−2.2	3.77	1.93	0.415	288
橙汁	89	−1.2	3.89	—	0.544	—
桃	86.9	−1.4	3.77	1.93	—	288
梨	83.5	−1.9	3.60	1.88	—	275
菠萝	85.3	−1.4	3.68	1.88	0.5486	284
土豆	77.8	−1.7	3.43	1.80	0.42~1.1	258
菠菜	85~93	−1	3.94	2.01	—	307
马铃薯	68.5	−2	3.14	1.68	—	226
番茄	94	−1	3.98	2.01	0.46~0.53	312

知识归纳

1. 食品低温加工与保藏

人类自古代就掌握了利用低温保藏食品的方法，人工制冷技术大大推进了食品的低温加工与保藏，低温保藏分冷藏和冻藏，冷冻技术的进步推高了冷冻食品市场。

2. 食品低温保藏的基本原理

低温保藏食品的原理可以从低温对微生物、酶和食品的影响来理解。冷却和冷冻带来的影响不同，带来的产品及其保质期也不同。冷藏果蔬需了解其采后的品质变化规律和特点。

3. 食品的冷却与冷藏

冷藏食品的加工工艺过程主要包括前处理、冷却、冷藏等，不同食品的冷却和冷藏因冷却方法、食品种类和保质期的不同而异，了解食品在冷却冷藏过程中的变化规律才能得到高品质的冷藏食品。

4. 食品的冻结与冻藏

食品的冻结点、冻结规律决定了食品的冻结过程，冻藏食品的加工工艺过程主要包括前处理、冻结、冻藏和解冻等，速冻可以使食品内部产生细小而均匀的冰结晶，对保护冻藏食品的品质有利；不同温度的冻藏带来不同的保质期，冷链环节中的温度稳定有利于得到高品质的冷冻食品；解冻也是影响冻藏食品品质的最后环节。

知识图谱 4-1

复习思考题

1. 试述低温保藏食品的基本原理。
2. 试分析不同食品物料冷藏的方法和特点。
3. 试述食品物料在冷却和冷藏过程中的变化。
4. 请画出典型的食品物料冻结曲线，举例说明速冻食品的生产工艺过程及应控制的工艺因素。
5. 试述常见的食品物料的冻结方法及其特点。
6. 如何理解食品冻结速率定义及其对食品的影响？
7. 解冻过程和冻结过程的控制有何不同？冻藏食品物料的解冻过程应控制哪些因素？
8. 食品物料的冻藏过程应控制的因素有哪些？

第五章　食品的干燥

○○ ── ‧ ○○ ○ ○○ ────────

彩图 5-1

　　干燥是食品加工保藏的重要手段之一。随着现代食品工业的发展，干燥技术装备在各种食品加工中的应用愈来愈广泛，基本上所有的食品原辅料都可以有干制品。

为什么要学习"食品的干燥"？

干燥是食品加工保藏的重要手段之一，千百年来已经在人们的生活中普遍使用。随着现代食品工业的发展，干燥技术装备在各种食品加工中的应用愈来愈广泛，基本上所有的食品原辅料，比如果蔬、肉类、水产、乳制品、咖啡、茶、蛋制品、谷物、酶制剂等，都可以有干制品。然而，同样是脱水干燥操作单元，面对不同的原料，放在不同的工序，所起的作用和选择的工艺参数往往是不同的。通过本章学习，引导学生分析食品干燥过程中的湿热传递特性和影响因素，了解各种食品干燥方法特点及其选择原则，掌握食品干燥保藏基本原理和品质控制要点，为科学合理地应用脱水干燥技术提供指引。

学习目标

○ 了解食品脱水和干燥的目的和作用，分析干燥时食品发生的物理变化和化学变化；熟悉各种食品干燥方法特点及其选择原则，干制品水分活度、包装与贮存期的关系，以及包装前干制品的处理方法。
○ 了解食品浓缩的目的和主要方式，掌握蒸发浓缩、冷冻浓缩和膜浓缩的基本原理、优缺点及影响因素。
○ 掌握食品干燥过程的湿热传递特性，食品干燥保藏基本原理和品质控制要点。

第一节　食品干燥的目的与原理

一、食品干燥的目的

食品干燥脱水是指采用人工方法从食品或食品物料中除去水分的过程，不会导致或者几乎不引起食品性质的其他变化（水分除外）。由于食品中最终含水量及产品性质的不同，可以将食品的脱水分为浓缩和干燥。浓缩是指终产品保持液态的脱水过程，干燥的终产品则为固体。干燥包括自然干燥（如晒干、风干等）和人工干燥（如热空气干燥、真空干燥、冷冻干燥、能量场干燥等）。

干燥后的食品水分活度较低，有利于在常温条件下长期保存，以延长食品的市场供给，并且重量减轻、容积缩小，便于包装、贮藏和运输。干制食品也是救急、救灾和战备用的重要物资。食品干燥主要应用于果蔬、粮谷类及肉禽等物料的脱水干制，以及颗粒状食品的生产，如奶粉、咖啡、淀粉、速溶茶等，是方便食品生产的最重要方式。

食品干燥是一个复杂的物理化学变化过程，干燥的目的不仅要将食品中的水分降低至达到干藏的水分要求，还需要控制食品品质的变化最小，甚至达到改善食品品质的目的。食品干燥过程涉及热和物质的传递，外界将能量传递给食品，促使食品物料中水分向表面转移并排放到物料周围的外部环境中，因此热量的传递（传热过程）和水分的外逸（传质过程）是食品干燥原理的核心问题。

视频 5-1
食品干燥的作用和应用

二、湿物料与湿空气

（一）湿物料

1. 湿物料的状态与水分含量

大多数被加工的食品物料是含有一定水分的湿物料。按照湿物料的外观状态和物理化学性质分为两大类：湿固态食品物料和液态食品物料。

湿固态食品物料包括块状物料，如马铃薯、切块胡萝卜等；条状物料，如刀豆、马铃薯条、香肠等；片状物料，如叶菜、肉片、饼干等；晶体物料，如葡萄糖、味精、柠檬酸等；散粒状物料，如谷物、油料种子等；粉末状物料，如淀粉、面粉、乳粉等。

液态食品物料包括膏糊状物料，如麦乳精浆料、冰淇淋混料等；液体物料，如各种溶液、抽提液、悬浮液、乳浊液和胶体溶液等。液态物料都具有流动性和不同的黏稠度，在干燥过程中其流动性和可塑性随浓度和温度的变化而发生变化。

湿物料的状态与物料的温度和含水量密切相关，它们有不同的物理特性（比热容、热导率、温度传导系数等）。但从宏观看，湿物料可以看成是水分和其他成分（不论是固态或液态，统称干物质）的混合物。在工程应用上，表示湿物料含水量的方法有两种。

一种是以湿物料为基准的水分含量——湿水分含量（质量分数 $W_湿$）：

$$W_湿 = \frac{g_水}{g_干 + g_水} \times 100\% = \frac{g_水}{g_湿} \times 100\% \tag{5-1}$$

式中　$g_水$——湿料中水分质量，kg；

$g_干$——湿料中绝干物质质量，kg；

$g_湿$——湿料的总质量，kg。

另一种是以干物质为基准的水分含量——干基水分含量（质量分数 $W_干$）：

$$W_干 = \frac{g_水}{g_干} \times 100\% \tag{5-2}$$

两种水分含量换算式为：

$$W_干 = \frac{W_湿}{1 - W_湿} \quad 或 \quad W_湿 = \frac{W_干}{1 + W_干} \tag{5-3}$$

通常所指的物料水分含量多指湿基水分含量（也称为湿度）。而干基水分含量常用于干燥过程物料衡算。

2. 湿物料的水分活度与吸附等温线

（1）水分活度与平衡相对湿度　有几个物理量常用于研究食品稳定性与水的关系：水分含量、溶液浓度、渗透压、平衡相对湿度（equilibrium relative humidity，ERH）和水分活度（water activity，a_w）。游离水和结合水可用水分子的逃逸趋势（逸度）来反映，我们把食品中水的逸度（f）与纯水的逸度（$f_纯$）之比称为水分活度。水分活度最能反映出食品中水与食品成分的结合状态，微生物、酶的活动及其他化学物理变化都与水分活度密切相关。水分逃逸的趋势通常可以近似地用水的蒸汽压来表示，水分活度（a_w）定义为溶液的水蒸气分压 p 与同温度下溶剂（常以纯水）的饱和水蒸气分压（$p_饱$）的比：

$$a_w = \frac{p}{p_饱} \tag{5-4}$$

在低压或室温时，$f/f_纯$ 和 $p/p_饱$ 之差非常小（<1%），故用 $p/p_饱$ 来定义 a_w 是合理的。在

平衡条件下，平衡相对湿度（ERH）＝a_w×100％。纯水的水分活度为1.00，即其ERH为100％。水分活度与平衡相对湿度的数值相等关系仅仅在平衡状态下才成立。食品的水分活度是由食品中水分的结合状态与食品成分等决定的；ERH实际上是指相平衡时食品周围空气的一种状态特征。

食品的水分活度值通常由各种实验方法进行测量。

可采用水分活度测定仪。其工作原理是把被测食品置于密闭的空间内，在保持恒温的条件下，使食品与周围空气的蒸气压达到平衡，这时就可以以气体空间的水蒸气分压作为食品水蒸气压力的数值。同时，在一定温度下纯水的饱和蒸气压是一定的，所以可以应用上述水分活度定义的公式，计算出被测食品的水分活度。

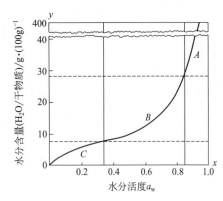

图 5-1　典型食品物料水分吸附等温线

（2）吸附等温线　在一定温度下，反映食品物料中水分活度与水分含量关系的平衡曲线称为吸附等温线（moisture sorption isotherm，MSI）（一般呈S形，非线性）。图5-1是典型食品物料水分吸附等温线。等温线上的区域A、B、C代表食品物料中不同结合状态的水分。

区域C段的曲线凸向水分含量坐标轴（y轴），其水分为受到束缚的水分，通过固体分子（常为极性分子）相互作用形成BET（brunauer-emmet-teller的缩写）单分子层或多分子层水分，水分含量的变化较显著影响到水分活度的变化。这部分水较紧密结合在食品特定部位，与物料的化学结构有密切关系。这些部位包括多聚糖的羧基、蛋白质的羰基和氨基，而另一些水分可由氢键、偶极离子键或进行其他反应而结合在一起，故也被称为结合水。这部分水不能作为溶剂，且难以冻结，可作为固体的一部分（如结晶水），其与物质的结合能最大、最稳定，只有在化学作用或在特别强的热处理下（煅烧）才能脱去。通常脱水干燥过程不易将其除去。

区域B段的曲线凸向水分活度坐标轴（x轴），有较大的水分活度范围。水分与食品成分的结合不如C区稳定，会发生多层吸附。可溶性成分及不溶性固形物对其水分活度影响较大，因此不同食品物料在同样水分活度下可能有不同的水分含量（即等温吸附曲线变化大），在同样的干燥条件下的干燥速率也有较大的差异。

介于C、B区域之间的是吸附在胶体微粒内外表面力场范围内的水，胶体微粒有较大的表面自由能将水吸附结合。其中与胶粒表面结合的第一层水分吸附最牢固，随着分子层增加，吸附力逐渐减弱。要将这部分水去除，除了供给汽化热外，还需供给脱吸附所需的吸附热。另一些胶体溶液凝结成凝胶时以胶体物质为骨干所形成结构内保留的水分，或封闭在细胞内的水，常称为渗透压或结构维持水。这种水与物质的结合力较小，属于物体内的游离水分，可作为溶剂。但这种水分又受到溶质的束缚，使其蒸气压降低，这部分水远多于前者。

区域A段曲线凸向刚好与C曲线相反，在较小的水分活度范围内有极显著的水分含量，曲线所包含的水分为游离态水，主要由充满在食品物料内毛细管中和附着在食品物料外表面上的水构成。

毛细管大小，对水的吸附作用影响较大。毛细管水在物料中既可以液体形式移动，又可以蒸汽形式移动，毛细管水的脱去将产生物料的收缩和毛细管的变形。

3. 湿物料的热物理性质

湿物料的热物理性质主要指其比热容、热导率和温度传导系数。

（1）湿物料的比热容　湿物料的比热容$C_物$（J·kg⁻¹·K⁻¹），通常以物料干物质比热容$C_{干物}$与水的比热容$C_水$之间的平均值（取水的比热容为4.19kJ·kg⁻¹·K⁻¹）来表示：

$$C_物 = C_{干物} + \frac{C_水 - C_{干物}}{100}W \tag{5-5}$$

如果把湿物料的比热容认为是 1kg 干物质，则获得对比比热容 $C'_物$（J·kg^{-1}·K^{-1}）：

$$C'_物 = C_{干物} + \frac{C_水 W}{100-W} \tag{5-6}$$

式中　W——物料的水分含量，%。

式(5-5)、式(5-6) 常用于干燥器的计算。

（2）湿物料的热导率　湿物料的传热与干物料的传热本质区别在于：

① 由于在固体间架的孔隙中存在水，而对固体间架的热导率有影响；

② 热的传递与物料内部水的直接迁移密切相连。

热量可以通过内含气体和液体在孔隙间以对流方式传递，也可靠孔隙壁与壁间的辐射作用传递，故有真正热导率和当量热导率之分。

真正热导率 λ（W·m^{-1}·K^{-1}）是傅里叶方程中的比例系数：

$$q = -\lambda \nabla^Q \tag{5-7}$$

式中　q——各向同性固体中的热流密度，W·m^{-2}；

　　　∇^Q——温度梯度，K·m^{-1}。

当量热导率，也称有效热导率 $\lambda_当$，表示湿物料以上述各种方式传递热量的能力：

$$\lambda_当 = \lambda_固 + \lambda_传 + \lambda_对 + \lambda_迁 + \lambda_辐 \tag{5-8}$$

式中　$\lambda_固$——物料固体间架的热导率，W·m^{-1}·K^{-1}；

　　　$\lambda_传$——物料孔隙中稳定状态存在的液体和蒸气混合物的热导率，W·m^{-1}·K^{-1}；

　　　$\lambda_对$——靠物料内部空气对流的热导率，W·m^{-1}·K^{-1}；

　　　$\lambda_迁$——靠物料内部水分质量迁移产生的热导率，W·m^{-1}·K^{-1}；

　　　$\lambda_辐$——辐射热导率，W·m^{-1}·K^{-1}。

当量热导率 $\lambda_当$ 直接受物料水分、不同物料的结合方式、物料孔隙直径 d 和孔隙率（或物料密度 ρ）等因素影响。当物料水分含量 W 很小时，体系主要由空气孔和固体间架组成，随 w 的增加，$\lambda_当$ 线性增加，且颗粒越大，它的增长速率越大；当物料水分 W 很大时，水充满所有颗粒中间孔隙，并使其饱和，$\lambda_当$ 的增加逐渐停止（对大颗粒）；或者仍在线性增长（中等分散物料）；或者其速率明显增加（小颗粒物料）。物料的密度越大，$\lambda_当$ 越高；孔隙越大，$\lambda_当$ 越大；组成粒状物料间架的颗粒越大，$\lambda_当$ 越大。

在干燥过程，随着食品的水分降低，空气代替水进入物料的孔隙中，空气的热导率比液体的热导率小得多，故物料的热导率将不断下降。

湿物料的热导率 λ 与温度的关系也和干物料一样：随着温度的提高，λ 值增加。气体的热导率也会随压力增加而增加，故压力也会影响到物料的热导率。

（3）湿物料的温度传导系数　温度传导系数 α 是决定物料热力性质的重要特性参数；α 越高，物料加热或冷却进行得越快。

$$\alpha = \frac{\lambda}{C\rho} \tag{5-9}$$

式中　λ——物料的热导率，W·m^{-1}·K^{-1}；

　　　C——比热容，J·kg^{-1}·K^{-1}；

　　　ρ——密度，t·m^{-3}。

$C\rho$ 的乘积是单位体积物料的热容量，它表示物料的蓄热能力。$C\rho$ 越大，在同样 λ 值下系数 α 越小。即蓄热能力大的物料加热升温较慢，冷却降温也慢。影响热导率 λ 和比热容 C 的因素都会改变温度传导系数。

（二）湿空气

热干燥过程是物料中的水分变成蒸汽状态后再排到外部周围介质中的过程，通常这种介质（工作体）是气体与湿空气或空气与燃料燃烧产物的混合物。空气经预热或与烟道气混合，使其具有很高的温度，因此它能向物料提供蒸发水分所必需的能量。可见，空气既是热载体，又是吸湿剂，或称为干燥剂。

实际上，供给干燥的热空气都是干空气（即绝干空气）同水蒸气的混合物，常称为湿空气（含湿气体）。湿空气对水蒸气的吸收能力（吸湿能力）是由湿空气的状态特性决定的，属于这些特性参数的有湿空气的压力、绝对湿度、相对湿度、湿含量、密度、比热容、温度和热焓等。从热力学观点看，干燥是一个自然的不可逆过程。因为物料表面上的蒸气压高于周围空气的蒸气分压，水分由湿物料转移到干燥剂（湿空气）中。随着时间的延续，物料上的蒸气分压与周围空气的蒸气分压趋于相等，湿交换越来越缓慢，湿物料-气体体系接近或达到平衡状态。干物料贮藏时，则可能出现相反的过程，从周围空气中吸附水蒸气使物料吸湿。

湿空气的状态特性在干燥过程中不断变化，根据这种变化的特点可达到不同的干燥结果。因此，研究湿空气参数及探讨其在干燥过程中的状态变化，掌握物料湿热平衡状态参数，按水分与物料结合形式来选择干燥条件和干物质贮藏条件极为重要。根据湿空气的状态参数及其之间的相互关系，在一定的压力下，只要已知两个独立的参数，其他参数便可以计算出来，但过程比较烦琐。在工程设计中，为方便应用，将湿空气各状态参数之间的关系绘成图直接查取，称为湿度图（humidity chart）。常用的湿度图有两种，一种是以焓-湿度为坐标的 $I\text{-}H$ 图（mollier chart），另一种是以温度-湿度为坐标的 $T\text{-}H$ 图（psychrometric chart）。

☁
拓展阅读 5-1
湿空气的性质
图（焓湿图）

三、物料与空气间的湿热平衡

任何物料与周围空气的相互作用可沿两个方向进行：

① 如果物料的表面蒸气分压 $p_物$ 大于空气中的蒸气分压 $p_蒸$（$p_物 > p_蒸$），则物料会脱水干燥，称解吸作用；

② 如果 $p_物 < p_蒸$，则物料将从周围空气中吸收蒸汽而吸湿，称吸附作用。

当 $p_物 = p_蒸$，出现动力学平衡状态。处于平衡状态的物料水分叫平衡水分（$W_平$）。平衡水分值取决于空气中的蒸气分压 $p_蒸$ 或者取决于空气的相对湿度 $\varphi = p_蒸/p_饱$（$p_饱$ 为该温度下空气的饱和蒸气压）。即在平衡状态下，物料表面的相对蒸气压 $p_物/p_饱$（也即 a_w）等于空气的相对湿度值（φ）。

如果 $p_蒸$ 和 $p_物$ 间的平衡状态是由湿物料中蒸发水分达到的，则这种 $a_w(\varphi)$ 与 $W_平$ 的关系曲线称为解吸等温线（脱水等温线），如果曲线是由物料吸湿形成的，则称为吸附等温线。图 5-2 是鸡肉在不同温度下的吸附与解吸等温线。

许多食品的吸附与解吸等温线并不重复，出现吸附滞后（hysteresis）现象。当食品的水分活度是来自湿物料的解吸时，平衡水分常会高于干制品的吸附平衡水分，这种差异构成了滞后环。滞后环常在接近单分子层水分活度结束，另一端在 $a_w = 1$ 时，吸附等温线与解吸等温线重复。不同温度下滞后现象不一样。如图 5-2 所示，鸡肉在 5℃滞后最明显，60℃却没有滞后环。滞后现象说明，如果物料干燥之后重新吸湿，在同样的平衡水分下，吸附的相对湿度 φ > 解吸的相对湿度 φ。

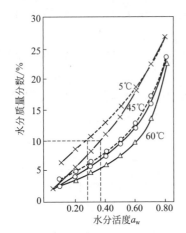

图 5-2　鸡肉在不同温度下的吸附与解吸等温线

—— 吸附等温线；----- 解吸等温线

吸附滞后现象尚未有合理的解释。可能是毛细管水脱去后，空气进入物料毛细管中，且被吸附在管壁上，当随后吸湿时，发生不完全的润湿作用，致使克服空气的阻力，必须增加蒸气分压，即增加 φ。

吸附滞后现象受不同食品材料及其结构的影响。对于具有明显滞后曲线的物料干燥，可以利用滞后特征，将需要长期贮存的物料干燥到吸附平衡水分 $W_{吸平}$ 以下，当贮存在 $W_{吸平}$ 相对应的相对湿度下，就不必担心干物料从周围介质吸附湿气而引起质量下降。

四、干燥过程的湿热传递

（一）干燥过程物料水分的变化与解吸等温线

根据干燥过程解吸等温线图（平衡水分曲线）可了解干燥过程物料水分的变化与干燥空气相对湿度的关系。图 5-3 是面包干干燥的平衡水分曲线。面包的初始水分（干燥前）$W_1 = 49\%$，面包干的最终水分等于平衡水分 $W_{平}$（即 $W_2 = 11\%$），此时相当于空气湿度 $\varphi = 70\%$（水分活度 0.70），面包的吸湿水分 $W_{吸}$ 为 25%。

从图 5-3 可看出，面包的吸湿水分值是一重要的界限值。低于吸湿水分值的区域为物料吸湿状态区，其吸（解）湿特征由物料的水分及空气相对湿度决定，等温线上方为吸附区，下方为解吸区（干燥区）。因此，物料水分大于平衡水分的条件下，不管物料处于什么状态，干燥都能进行。而高于吸湿水分值的区域为物料潮湿状态区，此时物料表面上水蒸气压已达饱和（$p_物 = p_饱 = p_蒸 = $ 常数），通常只有物料直接和水接触，它的水分才会超过吸湿水分，物料处于潮湿状态时，其表面有水分附着，形成自由水分（或称润湿水分），在干燥过程中这部分水分最先在表面蒸发。

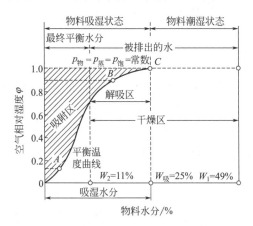

图 5-3 面包干干燥过程物料平衡水分曲线

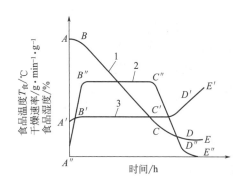

图 5-4 食品干燥过程曲线
1—干燥曲线；2—干燥速率曲线；3—食品温度曲线

从图中可知道，干燥过程自物料中脱去的水分为 $W_脱 = W_1 - W_平$（或 W_2），它包括游离水分和部分结合力弱的水分。$W_吸 \sim W_平$（W_2）范围称为解吸区（脱湿区），脱去的水分为与物料有不同结合力的水分。

（二）食品干燥过程的特征

食品干燥过程的特征可由干燥曲线，干燥速率曲线和食品温度曲线的变化反映出来，见图 5-4。

干燥曲线是干燥过程食品物料的平均水分 $W_脱$ 和干燥时间（τ）间的关系曲线，即 $W_脱 = f(\tau)$，是图 5-4 中的曲线 1。

干燥速率曲线是干燥过程单位时间内物料水分的变化（$dW_脱/d\tau$），与该时间物料水分 $W_脱$ 的关系曲线，即 $dW_{脱}/d\tau = f(W_{脱})$。在干燥曲线上各点切线所得的斜率即为该点食品物料水分下相应的干燥速率，图5-4中曲线2为按 $dW_{脱}/d\tau = f(\tau)$ 关系做出的干燥速率曲线。

食品温度曲线是干燥过程食品物料温度（$T_{食}$）和干燥时间（τ）的关系曲线，即 $T_{食} = f(\tau)$，见图5-4中曲线3。

从图5-4可清楚地看出食品干燥过程各阶段（AB、BC、CD、DE）的特点。

干燥开始（AB），物料水分稍有下降，此时是物料加热阶段，物料表面温度提高并达到湿球温度，干燥速率由零增到最高值。这段曲线的持续时间和速率取决于物料厚度与受热状态。

BC 段称为第一干燥阶段，物料水分呈直线下降，干燥速率稳定不变，因而又称为恒速干燥阶段，是干燥控制的关键阶段。在这阶段内向物料提供的热量绝大部分用于水分的蒸发，干燥空气温度控制合理，物料表面温度基本保持不变。若为薄层材料，其水分以液体状态转移，物料温度和液体蒸发温度（即湿球温度 T_{m}）相等；若为厚层材料，部分水分也会在物料内部蒸发，则此时物料表面温度等于湿球温度，而它的中心温度会低于湿球温度，故在恒速干燥阶段，物料内部也会存在温度梯度。

食品干燥过程中，物料内部水分扩散（决定其导湿性）大于食品表面水分蒸发或外部水分扩散，则恒速阶段可以延长。若内部水分扩散速率低于表面水分扩散，就不存在恒速干燥阶段。如苹果（水分75%～90%）干燥过程需经历恒速与降速阶段，而花生米（水分9%）干燥过程仅经历降速干燥阶段。

食品干燥到某一水分量（CD 段），水分下降速率减慢，进入第二干燥阶段，常称为降速干燥阶段。干燥进入末期，物料水分渐向平衡湿度靠拢。干燥速率下降，物料温度提高。

当物料水分达到平衡水分值（DE 段），物料干燥速率为零，物料温度上升至空气的干球温度（$T_{干}$）。

（三）干燥过程湿物料的湿热传递

上述干燥过程湿物料与空气的参数变化反映的是干燥过程的湿热传递。当湿物料受热后，其表面水分首先由液态转变为气态（水蒸气）并向外界转移，结果造成物料表面水分含量低，内部水分含量高，故逐渐形成从内部到表面的水分梯度，促使物料内部水分不断向表面扩散和向外界转移，从而使湿物料的含水量逐渐降低。因此，整个湿热传递过程实际上包括了水分从食品表面向外界蒸发转移和内部水分向表面扩散转移两个过程，前者称作给湿过程，后者称为导湿过程。

1. 物料给湿过程

给湿过程与自由液面蒸发水分相类似，当物料表面始终保持湿润水分进行蒸发时，表面水分的蒸发强度可用道尔顿公式来表示：

$$M = c(p_{物饱} - p_{空蒸}) \times 760/B \tag{5-10}$$

式中　M——物料表面水分蒸发强度或给湿强度，$kg \cdot m^{-2} \cdot h^{-1}$；

　　$p_{物饱}$——与物料表面湿球温度相应的饱和水蒸气压，kPa；

　　$p_{空蒸}$——热空气的水蒸气压，kPa；

　　B——当地的大气压，kPa；

　　c——物料表面的给湿系数，$kg \cdot m^{-2} \cdot h^{-1} \cdot kPa^{-1}$。

其中给湿系数反映食品表面水分蒸发的能力，主要取决于干燥介质（热空气）的流速及流向。恒速干燥阶段，由于 c、$p_{物饱}$ 和 $p_{空蒸}$ 可视作不变，所以 M 是一个恒定值，其大小取决于热空气的温度、相对湿度、流速，以及湿物料的蒸发面积、形状大小等与水分蒸发相关的特性。而在降速阶段，由于存在着不稳定的水交换条件，物料表面的给湿系数随时都在变化，使得测定水分蒸发强度比较困难。此阶段物料表面和周围介质的湿含量差、物质的干态密度等都对水分蒸发强度有直接影响。

2. 物料导湿过程

导湿过程存在两种物料内部水分扩散的推动力：一个是水分梯度，也称为导湿性，推动水分从高水分区向低水分区转移或扩散；另一个是温度梯度，推动水分从高温处向低温处转移，也称为导湿温性。

固态物料干燥时会出现蒸汽或液体状态的分子扩散性水分转移，以及在毛细管势（位）能和其内挤压空气作用下的毛细管水分转移。这样的水分扩散转移常称为导湿现象，也可称它为导湿性。

导湿性所引起水分转移量则可按照下述公式求得：

$$i_{水} = -K\gamma_0 \frac{\partial W_{绝}}{\partial n} = -K\gamma_0 \nabla W_{绝} \tag{5-11}$$

式中　$i_{水}$——物料内水分转移量，单位时间内单位面积上的水分位移量，$\mathrm{kg \cdot m^{-2} \cdot h^{-1}}$；

K——导湿系数，$\mathrm{m^2 \cdot h^{-1}}$；

γ_0——单位湿物料容积内绝对干物质质量（以干物质计），$\mathrm{kg \cdot m^{-3}}$；

$\partial W_{绝}/\partial n$——物料水分（以干物质计）梯度，$\mathrm{kg \cdot kg^{-1} \cdot m^{-1}}$。

导湿系数 K 在干燥过程并非稳定不变，随物料温度和水分而异。正如雷科夫所证实那样，它的特性将随水分和物料结合形式而异。物料水分不同时，导湿系数变化的特点表示在图 5-5 中。如图所示，K 值的变化极为复杂。当物料处于恒速干燥阶段时，排除的水分基本上为渗透吸收水分，以液体状态转移，导湿系数因而始终稳定不变（DE 线段）。待进一步排除毛细管水分时，水分以蒸汽状态或以液体状态扩散转移，导湿系数也就下降（CD 线段）。再进一步排除的水分则为吸附水分，基本上以蒸汽状态扩散转移，先为多分子层水分，后为单分子层水分。而后者和物料结合又极牢固，故导湿系数先上升而后下降。

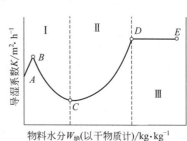

图 5-5 物料水分和导湿系数间的关系
Ⅰ—吸附水分；Ⅱ—毛细管水分；
Ⅲ—渗透水分

温度对物料导湿系数也有明显的影响。对硅酸盐类物质导湿性的研究结果，显示导湿系数和绝对温度 14 次方成正比。

$$K \times 10^2 = \left(\frac{T}{290}\right)^{14} \tag{5-12}$$

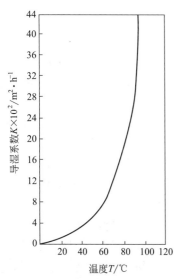

图 5-6 温度和导湿系数的关系

它们的关系表示在图 5-6 中。这种关系提供了新的启示，如将导湿性小的物料在干制前加以预热，就能显著地加速干制过程。为此，常在饱和湿空气中加热，以免物料表面水分蒸发，同时可以增大导湿系数，以加速水分转移。

导湿温性。在对流干燥中物料表面受热高于它的中心，因而在物料内部就会建立起一定的温度差。雷科夫首先证明温度梯度将促使水分（不论液态或气态）从高温处向低温处转移，这种现象称为导湿温性。导湿温性是在多种因素影响下产生的复杂现象。高温将促使液体黏度和它的表面张力下降，但将促使蒸气压上升。此外，物料的导湿温性还将受到其内挤压空气扩张的影响。在温度差的影响下，毛细管内挤压空气扩张的结果就会使毛细管水分顺着热流方向转移。导湿温性引起水分转移的流量将和温度梯度成正比。它的流量（$i_{温}$）可用下式计算求得：

$$i_{温} = -K\gamma_0 \delta \frac{\partial t}{\partial n} \tag{5-13}$$

式中　$i_温$——物料水分转移量，$kg \cdot m^{-2} \cdot h^{-1}$；

K——物料导湿系数，$m^2 \cdot h^{-1}$；

γ_0——单位湿物料容积中绝干物质质量（以干物质计），$kg \cdot m^{-3}$；

$\dfrac{\partial t}{\partial n}$——温度梯度，$℃ \cdot m^{-1}$；

δ——湿物料的导湿温系数（以干物质计），$℃^{-1}$ 或 $kg \cdot kg^{-1} \cdot ℃^{-1}$。

导湿温系数 δ 就是温度梯度为 $1℃ \cdot m^{-1}$ 时物料内部能建立的水分梯度，像导湿性一样，因物料水分而异（见图 5-7）。

即：

$$\delta = \frac{\partial W}{\partial n} \bigg/ \frac{\partial t}{\partial n} = \frac{\partial W}{\partial t}$$

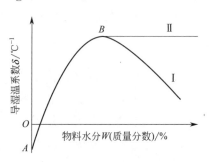

图 5-7　导湿温性和物料水分的关系

导湿温系数最初随物料水分增加而有所上升，但到最高值后或沿曲线Ⅰ下降，或沿曲线Ⅱ停留不变。这是因为低水分时物料水分以气态扩散（主要为吸附水分），而在高水分时则以液态转移。最高的 δ 值实为吸附水分和自由水分（毛细管水分和渗透水分）的分界点。渗透水分在渗透压下和毛细管水分在毛细管势（位）能作用下总是以液体状态流动的，因而导湿温性就不再因物料水分而发生变化（图5-7 中曲线部分Ⅱ），但也会因受物料内挤压空气的影响，以致导湿温性有了变化（图 5-7 中曲线部分Ⅰ）。

就图 5-7 中曲线 AB 部分来说，多孔性物料水分愈少，孔隙内空气量随之增加，蒸汽扩散愈受阻，故导湿温性也随之下降。物料水分进一步下降时，多层分子吸附水分以蒸汽状态逆着热流方向扩散，分子较水蒸气大的气体如空气总是顺着热流方向扩散，于是导湿温性会出现负值。这样，$\delta = f(W_绝)$ 的曲线不仅能反映出物料和水分结合状态的变化，而且也反映了它扩散的机制。

对于任何一种干燥过程，湿物料内部同时会有水分梯度和温度梯度存在，因此，水分的迁移是导湿性和导湿温性共同作用的结果。对于热风干燥和一般的辐射干燥，物料内部的温度梯度通常与水分梯度方向相反。当导湿性比导湿温性强，水分将按照物料水分减少方向转移；若导湿温性比导湿性强，水分则随热流方向转移，并向物料水分增加方向发展，延长干燥时间，还有可能导致食品表面硬化。对于接触式干燥和微波加热干燥，则两种梯度方向一致，水分由内向外传递速度加快，从而缩短干燥时间。

（四）影响湿热传递及干燥的主要因素

不管采用何种干燥方法，干燥都涉及两个过程，即将热（能）量传递给物料以及从物料中排走水。加速热与湿（水分）的传递速率，提高干燥速率是干燥的主要目标。影响物料干燥速率的主要因素有食品物料本身性质的影响以及干燥条件的影响。

1. 食品物料性质的影响

由于构成食品物料的成分以及在干燥过程变化的复杂性，如食品成分定向、溶质类型和浓度、结合水的状态及细胞结构等都会极大地影响热与水分的传递，结果影响干燥速率及最终产品的质量。

（1）食品成分定向　从分子组成角度，真正具有均一组成成分结构的食品物料并不多。一块肉有肥有瘦，许多纤维性食物都具有方向性，因此正在干燥的一片肉，肥瘦组成不同部位将有不同的干燥速率，特别是水分的迁移需通过脂肪层时，对速率影响更大。故肉类干燥时，将肉层与热源相对平行，避免水分透过脂肪层，就可获得较快的干燥速率。同样原理也可用到肌肉纤维层。食品成分在物料中的位置对干燥速率的影响也发生于乳状食品，油包水乳浊液的脱水速率慢于水包油型乳浊液。

（2）溶质类型和浓度　溶质的存在，尤其是高糖分食品物料或低分子量溶质的存在，会提高溶液的沸点，影响水分的汽化。因此溶质浓度愈高，维持水分的能力愈大，相同条件下干燥速率下降。

（3）结合水的状态　与食品物料结合力较低的游离水分首先蒸发，最易去除，靠物理化学结合力吸附在食品物料固形物中的水分相对较难去除，如进入胶质内部（淀粉胶、果胶和其他胶体）的水分去除更缓慢，最难去除的是由化学键形成水化物形式的水分，如葡萄糖单水化物或无机盐水合物。

（4）细胞结构　天然动植物组织具有细胞结构的活性组织，在其细胞内及细胞间维持着一定的水分，具有一定的膨胀压（turgor），以保持其组织的饱满与新鲜状态。当动植物死亡，其细胞膜对水分的可透性加强。尤其受热（如漂烫或烹调）时，细胞蛋白质发生变性，失去对水分的保护作用。因此，经热处理的果蔬与肉、鱼类的干燥速率要比其新鲜状态快得多。

（5）物料的表面积　为了加速湿热交换，被干燥湿物料常被分割成薄片或小条（粒状），再进行干燥。物料切成薄片或小颗粒后，缩短了热量向物料中心传递和水分从物料中心外移的距离，增加了物料与加热介质相互接触的表面积，为物料内水分外逸提供了更多途径及表面，加速了水分蒸发和物料的干燥过程。物料表面积愈大，干燥效率愈高。

2. 干燥条件的影响

（1）空气的相对湿度　空气常用作干燥介质，依据物料解吸等温线，物料水分能下降的程度是由空气相对湿度所决定的。

干燥过程水分由内部向表面转移，经从表面外逸都靠物料的水蒸气分压与空气中水蒸气分压差为推动力。当物料表面水蒸气分压大于空气水蒸气分压，表面干燥进行，内部由于水分迁移势，不断向表面转移，完成整个干燥过程。反之，当空气的水蒸气分压高于物料表面水蒸气分压，则物料吸湿。空气的湿度达到平衡湿度，物料既不吸湿也不解湿（脱水）。

（2）空气温度　传热介质和物料内的温差愈大，热量向食品传递的速率也愈大，物料水分外逸速率因而加速。温度与空气相对湿度密切相关，空气温度愈高，它在饱和前所能容纳的蒸汽量愈多，其携湿能力增加，还有利于干燥进行。但温度提高将使相对湿度下降，因此改变其相对应的平衡湿度，这在干燥控制时极为重要。

（3）空气流速　加速干燥表面空气流速，不仅有利于发挥热空气的高效带湿能力，还能及时将积累在物料表面附近的饱和湿空气带走，以免阻止物料内水分的进一步蒸发。同时与物料表面接触的热空气增加，有利于进一步传热，加速物料内部水分的蒸发，因此，空气速率愈快，食品干燥也愈迅速。

由于物料脱水干燥过程有恒速与降速阶段，为了保证干燥品的品质，空气流速与空气温度在干燥过程要互相调节控制，才能发挥更大的作用。

（4）大气压力或真空度　当大气压力达 101.3kPa 时，水的沸点为 100℃；当大气压力达 19.9kPa 时，水的沸点为 60℃。可见干燥温度不变，气压降低，则沸腾愈易加速，在真空室内加热，干燥就可以在较低的温度条件下进行。如，在真空条件下采用 100℃干燥，则可加速物料内部水分的蒸发，使干制品具有疏松的结构。麦乳精就是在真空室内用较高温度（加热板加热）干燥成的质地疏松的成品。对于热敏性食品物料的脱水干燥，低温加热与缩短干燥时间对制品的品质也极为重要。

（5）干燥温度　水分从食品物料表面蒸发，会使表面变冷，即温度下降。这是水分由液态转化成蒸汽时吸收相变热所引起的。物料的进一步干燥需供给热量，热量来自热空气或加热面，也可来自热的物料。如用热空气加热，不管干燥空气或加热表面上方空气温度多高，只要有水分蒸发，块片状或悬滴状物料的温度实际上不会高于空气的湿球温度。例如在喷雾干燥室中，进口热空气可能达到 204℃，干燥塔内空气温度也可达 121℃，但物料颗粒干燥时的温度一般不会超过 71℃。

随着物料颗粒水分降低，蒸发速率减慢时，颗粒温度随之升高，会逐步接近环境的干球温度（204℃）。

因此，对于热敏性食品物料，通常在物料尚未达到这么高温之前，就要使它们及时从高温干燥塔内取出，或者设计一种设备，使物料仅仅在极短的时间内接触高温。

除非预先对物料进行预热杀菌，从干燥室出来的干燥食品并非无菌。虽然物料中大部分微生物在某些干燥操作（高温）中可以被杀死，但多数细菌孢子并未被杀灭。在决定食品干燥方法时，会较多地考虑采用较温和的干燥方法，以保证食品具有高品质和优良风味。例如，冷冻干燥方法，相对来说被杀死的微生物较少，而且深度冷冻就是一种保持微生物活力的方法。食品干燥过程不能完全达到灭菌的目的也适于食品中某些天然酶类，这些酶类在食品干燥过程可能依然具有活力（决定于干燥条件）。因此干燥品的卫生指标也要引起重视，并在工艺过程中加以控制。

在热干燥中，对热敏性食品物料，常要求最大可能提高干燥速率又要保持食品的高品质，因此，两者必须合理加以统一。多数干燥采用高温短时的方法比低温长时间干燥对食品的破坏性小。

（五）食品干燥的保藏原理

拓展阅读 5-2
水分活度范围
与食品变性
反应

食品的腐败变质通常是由微生物作用和生化反应造成的，任何微生物进行生长繁殖以及多数生化反应都需要以水作为溶剂或介质。食品的干燥保藏就是通过对食品中水分的脱除，进而降低食品的水分活度，从而限制微生物活动、酶的活力以及化学反应的进行，达到长期保藏的目的。图 5-8 揭示了水分活度与水分含量及各种食品变性反应之间的关系。

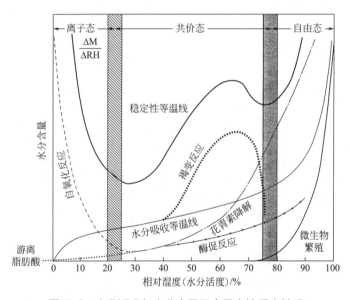

图 5-8　水分活度与水分含量及食品变性反应关系

水分活度与微生物、酶等生物、物理、化学反应的关系已被微生物学家、食品科学家所接受，水分活度概念广泛应用于食品脱水和干燥、冻结过程的控制以及食品法规标准。在 HACCP 关键控制点监测系统中明确说明"可通过限制水分活度来控制病原体的生长"。美国 FDA 对低酸罐头食品划分，除定出 $pH > 4.6$ 外，还定出其水分活度（a_w）界限（$a_w > 0.85$）。欧美及日本等先进国家，已制定了法规要求某些食物制品必须标明产品的水分活度。a_w 值已成为指导腌菜、发酵食品和酸化食品品质控制的基础数据，也成为食品贮藏稳定性的重要参数。它通过关注产品的物理属性、变质反应的速度和微生物成长来预知其稳定性。

食品中的 a_w 可以影响食品中微生物的繁殖、代谢（包括产毒）、抗性及生存，因此，a_w 不仅与引起食品腐败的有害微生物相关，而且对发酵食品所需要的有益微生物也同样有影响。降低 a_w

值可以使微生物的生长速度降低，进而食品腐败速度、食物毒素生成速率以及微生物代谢活性也会降低。此外，环境因素也会影响微生物生长所需的 a_w 值，如营养成分、pH 值、氧气分压、二氧化碳浓度、温度和抑制物等，这些因素愈不利于微生物生长，微生物生长所需的最低 a_w 值愈高。反之，微生物所处的环境条件越有利于其生长，则其能耐受的 a_w 愈低。

大多数生化反应都必须有水分子参与才能进行，降低食品水分活度，食品中结合水比例增加，自由水比例减少，可延缓酶促反应、非酶褐变的进行，减少食品营养成分的破坏。若水分活度过低，则加速脂肪氧化酸败，也会引起非酶褐变。食品化学反应的最大反应速度一般发生在具有中等 a_w（0.7～0.9）的食品中。要使食品具有较好的品质稳定性，应把 a_w 保持在结合水范围。这样既让化学变化难以发生，同时又不会使食品丧失吸水性和复原性。

对于鱼、肉类等干制品，仅依靠降低水分活度难以达到长期常温保藏。干燥到较低水分含量的肉制品虽有较好的保藏性，但会带来食用品质（如硬度、风味）问题。因此这类制品的干制过程，常结合其它保藏工艺，如盐腌、烟熏、热处理、浸糖、降低 pH、添加亚硝酸盐等，以达到一定保质期而又能保持其优良食用品质。多数脱水肉制品的贮藏性，水分活度并不是唯一的控制因素，加工过程的卫生控制以及包装贮藏条件仍相当重要。

第二节　食品的干燥方法及控制

食品干燥方法分为自然干燥法和人工干燥法。自然干燥法是指在自然环境条件下干燥食品的方法，比如晒干和风干。晒干是指直接利用太阳光的辐射能进行干燥的过程。风干是指利用湿物料的平衡水蒸气压与空气中的水蒸气压差进行干燥的过程。晒干过程常包含风干的作用。自然干燥法简单，费用低廉，不受场地限制，虽然干燥时间长、受气候条件限制、干燥过程难以控制，干制品易被灰尘、蝇、鼠等污染，容易变色、品质不稳定，但仍是某些水产品、粮食谷物和传统菜干、果干、肉干制品的常用干燥方法。人工干燥法则是利用特殊的装置来调节干燥工艺条件，脱除食品中水分的方法。

大多数食品材料，其性质是胶体或具有毛细管多孔性的结构，其中水分与固体间结合比较牢固，这类常以固态形式存在的且含水量较高的食品，则直接进入干燥过程，或经预处理（热烫等）以降低水分与物料的结合力，再进入干燥，其大部分水分应该在干燥中去除。

机械脱水是比热干燥更经济和有效的脱水方法，机械脱水过程物料有效成分损失较少。从物料脱水的效率和经济性考虑，当物料含有大量水分时（如悬浮液或含颗粒的物料），采用机械脱水去除大部分游离态水是合理的；如果要提高含水体系（如溶液）的干物质浓度，则采用蒸发浓缩（尤其是多效真空蒸发浓缩）的方法要比汽化干燥过程更经济。汽化干燥通常是湿物料脱水工艺过程的最后阶段，在这个阶段中必须脱去物料中的游离水和各种结合力的水，达到制品的保质要求。干燥方法的合理选择，应根据被干燥食品物料的种类、特性，干燥制品的品质要求及干燥成本综合考虑。干燥按照操作方式可分为间歇式和连续式干燥；按操作压力可分为常压和真空干燥；按照工作原理又可分为空气对流干燥、传导干燥、冷冻干燥和能量场干燥，其中应用最广泛的是空气对流干燥。

一、空气对流干燥

空气对流干燥又称热风干燥，是在湿物料干燥过程中，利用热气体作为热源去除湿物料所产生蒸汽的干燥方法。对流干燥是在变化的环境条件下进行的。提高空气的温度会加速热的传递和提高干燥速率，但在降速阶段，空气温度直接影响干制品的品质。因此，要根据物料的导湿性和导湿温性来选择控制干燥条件。

热空气的流动靠风扇、鼓风机和折流板加以控制。空气的量和速率会影响干燥速率。由于干燥的产品会变得很轻，可被空气带走，因此空气的静压力控制也很重要。空气的加热可以用直接或间接加热法：直接加热空气靠空气直接与火焰或燃烧气体接触；间接加热靠空气与热表面接触，如将空气吹过蒸汽、加热油、火焰等加热管或电加热的管（或区间）。间接加热的优点是避免空气加热过程受污染，而直接加热易受燃料不完全燃烧带来的各种气体和微量煤烟的影响。由于水分是燃烧的产物之一，空气直接加热过程会使空气湿度增加，但直接加热空气比间接加热空气成本低。

（一）箱式干燥

箱式干燥按气体流动方式有平行流式、穿流式及真空式。在图 5-9（a）平行流箱式干燥器中，物料盘放在小车上，小车可以方便地推进推出，箱内安装有风扇、空气加热器、热风整流板、空气过滤器、进出风口等。经加热排管和滤筛清除灰尘后的热风流经载有食品的料盘，直接和食品接触，并由排气口排出箱外。根据干燥物料的性质，风速在 $0.5\sim3\mathrm{m\cdot s^{-1}}$ 间选择，物料在料盘的堆积厚度一般几厘米，适用于各种状态物料的干燥。

为了加速热空气与物料的接触，提高干燥速率，可在料盘上穿孔，或将盘底用金属网、多孔板制成，便于空气穿过料层，称为穿流箱式干燥器 ［图 5-9（b）］。由于物料容器底部具有多孔性，故常用于颗粒状、块片状物料干燥。热风可均匀地穿流物料层，保证热空气和物料充分接触。穿流箱式干燥的料层厚度常高于平行流箱式干燥，且前者的干燥速率为后者的 $3\sim10$ 倍，但前者的动力消耗比后者大，要使气流均匀穿过物料层，设备结构相对复杂。

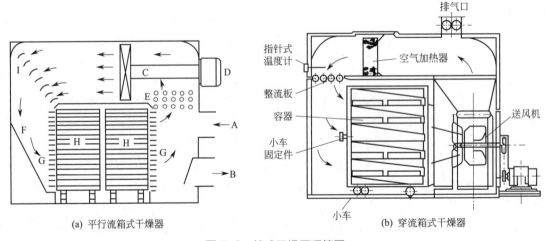

图 5-9　箱式干燥原理简图

A—空气进口；B—废气出口及调节阀；C—风扇；D—风扇电机；E—空气加热器；F—通风道；
G—空气分配器；H—料盘及小车；I—整流板

（二）隧道式干燥

隧道式干燥设备实际上是箱式干燥器的扩大加长，其长度可达 $10\sim15\mathrm{m}$，可容纳 $5\sim15$ 辆装满料盘的小车，实现连续或半连续操作。干燥介质多采用热空气，隧道内也可以进行中间加热或废气循环，气流速率一般 $2\sim3\mathrm{m\cdot s^{-1}}$。

根据物料与气流接触的形式常有顺流式、逆流式和混流式隧道干燥，其干燥原理简图见图 5-10。高温低湿空气进入的一端为热端，低温高湿空气离开的一端为冷端。湿物料进入的一端称为湿端，干物料离开的一端称为干端。

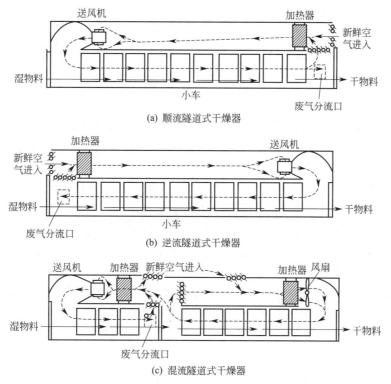

图 5-10　三种不同流程的隧道式干燥原理图

1. 顺流干燥

顺流隧道式干燥器见图 5-10(a)。空气流方向和湿物料前进方向一致，热端是湿端，冷端是干端。在物料入口的湿端，湿物料和高温低湿的空气接触，其水分蒸发就异常迅速，物料的湿球温度下降也比较大，这就允许入口使用较高的空气温度，以加速水分蒸发而不至于发生焦化。不过，物料表面水分蒸发过速，湿物料内部水分梯度增大，物料表面容易造成硬化、收缩，进一步干燥时，物料内部容易开裂并形成多孔结构。在物料出口的干端，即将干燥完毕的物料与低温高湿的空气接触，水分蒸发极其缓慢，干制品平衡水分较高，即使延长干燥通道，也难以使干制品水分降到 10%以下。因此吸湿性较强的物料不宜选用顺流干燥方法。此法较适宜于要求制品表面硬化、内部干裂和形成多孔性的食品干燥。

加大空气流速或减少水分蒸发量（如放慢进料速率、减少料盘内湿料载量等），可改善顺流隧道干燥带来的缺陷。为了提高热量利用率和避免干燥初期因干燥速率过大而出现软质水果内裂和流汁现象，可循环使用部分吸湿后的空气，以增加热空气中的湿度。

2. 逆流干燥

与顺流隧道干燥相反，冷端是湿端，热端是干端。在逆流隧道干燥室［图 5-10(b)］内，湿端的湿物料所接触的是低温高湿的空气，由于湿物料含有较高水分，水分蒸发速率比较慢。逆流干燥不易出现表面硬化或收缩现象，即使物料脱水造成收缩，也比较均匀，不易发生干裂。这对于干燥软质水果，不会产生干裂流汁。在干端，干燥物料与高温低湿空气接触，有利于湿热传递，加速水分蒸发，平衡水分可低于 5%。但由于干物料水分较低，若停留时间过长，容易焦化，因此干端的热空气温度不宜过高。

逆流干燥的湿物料负载也不宜过多。因为干燥初期，水分蒸发速度比较缓慢，若大量低温的湿物料和接近饱和的低温高湿空气接触，则物料表面有可能出现水分冷凝（增湿），若在适宜微生物生长的温度中停留时间过长，还会造成物料腐败变质。因此，适当减少逆流干燥的湿物料负载，以减少干燥室内总的水分蒸发量，减少干燥过程中空气温度的下降程度，有利于提高湿物料的初期干燥速率，而且可避免湿物料表面有冷凝水析出。是否提高空气的温度，增加空气流速或减少设备干燥负荷，需对物料性质、产品质量及经济性综合考虑。

3. 混流干燥

混流干燥［图 5-10(c)］吸取了顺流式湿端水分蒸发速率高和逆流式后期干燥能力强的优点，形成了湿端顺流和干端逆流的两段式组合。这种方式两端长度可以相等，但一般湿端顺流比干端逆流短。

混流干燥生产能力高，干燥比较均匀，制品品质较好。该法各干燥段的空气温度可分别调节，顺流段则可采用较低的温度。这类干燥设备广泛用于果蔬干燥。干燥洋葱、大蒜等一类食品物料时，需按密闭系统要求设计隧道式干燥设备，以减轻异臭味外逸。这就需将吸湿后的空气部分脱水（冷凝），重新送入鼓风机的吸气道内再循环使用。在密闭循环系统内也可采用无氧惰性气体作为干燥介质，但会使生产成本增加。

现在也有将多个干燥阶段（3～5 个）组合的多阶段隧道式干燥设备，该类设备便于控制各阶段的干燥温度和速率，第一干燥段的空气温度可提高到 110℃。

（三）输送带式干燥

输送带式干燥装置中除载料系统由输送带取代装有料盘的小车外，空气控制原理基本上和隧道式干燥相同。湿物料堆积在钢丝网或多孔板制成的水平循环输送带上进行的移动通风干燥（故也称穿流带式干燥），物料不受振动或冲击，破碎少；对于膏状物料可在加料部位进行适当成型（如制成粒状或棒状），有利于增加空气与物料的接触面，加速干燥速率；在干燥过程中，采用复合式或多层带式可使物料松动或翻转，改善物料通气性能，便于干燥；使用带式干燥可减轻装卸物料的劳动强度和费用；操作便于连续化、自动化，适于生产量大的单一产品干燥，如苹果、胡萝卜、洋葱、马铃薯和甘薯等，以取代原来采用的隧道式干燥。

输送带干燥装置按输送带的层数多少可分为单层带型、复合型、多层带型；按空气通过输送带的方向可分为向下通风型、向上通风型和复合通风型。图 5-11 是二段连续输送带式小食干燥流程简图。第一段为逆流带式干燥，第二段为多层交流带式干燥。干燥室内各区段的空气温度、相对湿度和流速可各自分别控制，有利于品质控制并获得最高产量。如用两段连续输送带式干燥设备干燥蔬菜，第一干燥第一区段的空气温度可用 93～127℃，第二区段则用 71～104℃；第二干燥阶段则采用 54～82℃。

（四）气流干燥

气流干燥就是将粉末或颗粒食品物料悬浮在热气流中进行干燥的方法。由于热空气与湿物料直接接触，且接触面积大，强化了传热与传质过程，干燥时间短。气流干燥也属流态化干燥技术之一，其主要特点是颗粒在气流中高度分散，使气固相间的传热传质的表面积大大增加，再加上有比较高的气速（10～20m·s⁻¹），气体与物料的给热系数高达 840～420kJ·m⁻²·h⁻¹·℃⁻¹，因此干燥时间短（0.5～2s）。由于采用气固相间的并流操作，可使用高温干燥介质（湿淀粉干燥可使用 400℃热空气），使高温低湿空气与湿含量大的物料接触。同时物料表面积大，汽化迅速，物料温度为空气的湿球温度，保持较低料温。设备结构简单，占地面积小，处理量大，适应性广。对散粒状物料，最大粒径可达 10mm；对块状、膏糊状及泥状物料，可选用粉碎机与干燥器串联的流程，使湿物料同时进行干燥和粉碎，表面不断更新，有利于提高干燥速率。

气流干燥一般仅适用于物料的恒速干燥过程，物料所含水分应以润湿水、孔隙水或较大管径的

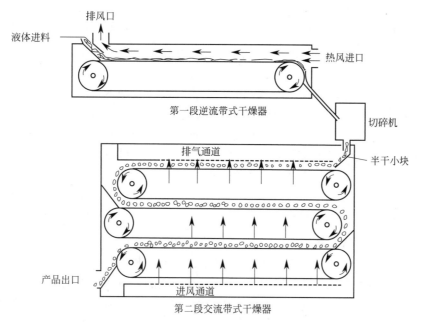

图 5-11　二段连续输送带式小食品干燥流程简图

毛细管水为主。对于水分在物料内部的迁移以扩散为主的湿物料，容易黏附于干燥管的物料或粒度过细的物料，则不适用于气流干燥。此外，由于高速气流使颗粒与颗粒、颗粒与管壁间的碰撞和磨损机会增多，难以保持完好的结晶形状和光泽。

（五）流化床干燥

　　流化床干燥是另一种气流干燥法。流化床干燥原理见图 5-12，与气流干燥最大不同是，流化床干燥物料由多孔板承托。干燥过程物料呈流化状态，即保持缓慢沸腾状，故也称沸腾床干燥。

　　干燥过程物料颗粒与热空气在湍流喷射状态下充分混合和分散，气固相间的传热传质系数及相应的表面积均较大，使物料床温度均匀、易控制，干物料颗粒大小均匀。物料在床层内的停留时间可任意调节，故对难干燥或要求干燥产品含水量低的物料比较适用。热效率较高，可达 60%～80%。设备设计简单，造价较低，维修方便。

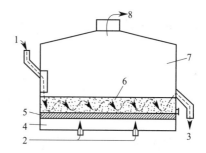

图 5-12　流化床干燥原理图
1—湿颗粒进口；2—热空气进口；3—干颗粒出口；
4—强制通风室；5—多孔板；6—流化床；
7—绝热风罩；8—湿空气出口

　　流化床干燥主要用于干态颗粒食品物料干燥，不适于易黏结或结块的物料。由于干燥过程风速过高，容易形成风道，致使大部分热空气未充分与物料接触而经风道排出，造成热量浪费；高速气流也容易将细颗粒物料带走，因此在设计上要加以注意。

（六）喷动床干燥

　　喷动床又称喷泉床，其工作原理见图 5-13。

　　物料从窄截面处加入，被进口气体夹带并输入干燥室内，并在室内形成循环运动。物料循环频率与气速有关。在干燥器的扩大部分物料呈沸腾状态进行干燥。产品由干燥器圆柱体侧卸料口排出，或者由气体带出后进行分离。气流喷出在料层中间形成一个快沟道。在中央沟道中，颗粒的浓度随喷动的高度而增加，沟道的轮廓也变得愈来愈模糊。中央通道中固体颗粒与气体的比例，与典型稀相流化系统中的固气比例同属一个数量级。在沟道的顶部，固体颗粒沿径向溢流进入环形空间，该空间为下降的固体粒子所充满，它们的相对位置基本不变，床的空隙率及固体颗粒的运动流型与充气移动床相似。向上的稀相流化和向下的充气移动这一两相移动的组合形成了喷动床的流动特征。

喷动床技术可用于干燥、造粒、冷却、混合、粉碎以及反应等过程。喷动床干燥器可用于干燥 1~8mm 的大颗粒物料，如小麦、豆类、玉米等农产品，此类大颗粒物料若应用流化床，则需很高流化速率而不经济。喷动流化床又可用于干燥 40~80 目或更细一些的粉体物料，但此时需用较高的喷动速率去分散这些成团物料。

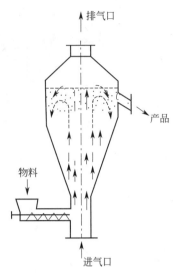

图 5-13　喷动床干燥原理简图

（七）喷雾干燥

喷雾干燥是采用雾化器将料液分散为雾滴，并用热空气干燥雾滴而完成干燥过程，常用于各种乳粉、大豆蛋白粉、蛋粉等粉体食品的生产，是粉体食品生产最重要的方法。用于喷雾干燥的料液可以是溶液、乳浊液或悬浮液，也可以是熔融液或膏糊液。干燥产品可根据生产要求制成粉状、颗粒状、空心球或团粒状。

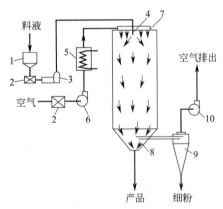

图 5-14　喷雾干燥工艺流程

1—料液槽；2—过滤器；3—泵；4—雾化器；
5—空气加热器；6—风机；7—空气分布器；
8—干燥室；9—旋风分离器；10—排风机

图 5-14 是一个典型的喷雾干燥设备流程。料液送到喷雾干燥塔，空气经过滤和加热后作为干燥介质进入喷雾干燥室内。在喷雾干燥塔内，热空气与雾滴接触，迅速将雾滴中的水分带走；物料变成小颗粒下降到干燥室（塔）的底部，并从底部排出塔外。干热空气则变成湿空气，用鼓风机或风扇从塔内抽出。整个干燥过程是连续进行的。

喷雾干燥过程主要包括：料液雾化为雾滴；雾滴与空气接触（混合和流动）；雾滴干燥（水分蒸发）；干燥产品与空气分离。

物料雾化为雾滴后具有极大的表面积，有利于传热传质过程，因此物料干燥时间短（几秒至 30s）；在高温气流中，表面湿润的颗粒温度不超过周围空气湿球温度，由于干燥迅速，最终产品温度也不高，适于热敏性物料的干燥。常用的雾化器有三种：气流式喷雾、压力喷雾和离心喷雾。气流式喷雾动力消耗太大，较少用于大生产。在食品干燥中主要采用压力喷雾与离心喷雾。

在喷雾干燥室内，雾滴与空气的接触方式有并流式、逆流式和混流式三种。图 5-15 是这三种接触方式干燥室内物料与空气的流动情况。可以通过改变粒度分布、最终湿含量等来调控产品的质量指标。喷雾干燥是一种连续化生产方式，可在密闭环境下进行，相对来说操作的劳动强度较小，生产能力较大，有利于保持食品卫生，减少污染。主要缺点是空气动力消耗量大，热利用率低，要求有较高分离效率的气-固混合物分离设备，所需设备较庞大，总的设备投资和运行费用较高。

食品中常用的二级喷雾干燥系统（图 5-16），实际上是将喷雾干燥和流化床干燥相结合的系统，又称直通速溶系统，常用于速溶化粉体的生产。在该系统中，喷雾干燥为第一级，物料被干燥到一定含水量，如脱脂乳粉，常干燥到水分含量 5%~10%，这种湿而热的细粉之间容易相互黏附而产生多孔的团粒结构，然后进入第二级振动流化床干燥器中干燥到最终湿含量。二级干燥便于分级和附聚颗粒以达到产品的粒度要求，生产的乳粉颗粒平均直径可达 300~400μm，显著增加产品的速溶性。

拓展阅读 5-3
喷雾干燥制备
超细氯化钠助
力健康减盐

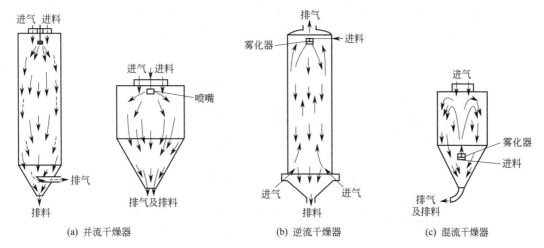

(a) 并流干燥器　　　　(b) 逆流干燥器　　　　(c) 混流干燥器

图 5-15　喷雾干燥室内物料与空气的流动情况

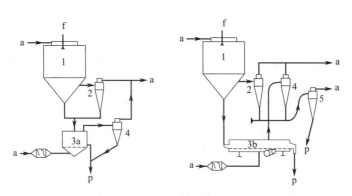

图 5-16　二级(多段)喷雾干燥流程

a—空气；f—进料；p—干料

1—喷雾干燥器；2—旋风分离器（或其他干料收集器）；3a—固定式流化床
（来回混合或耙式推进）；3b—振动式流化床；4—流化床的旋风分离器
（或其他干料收集器）；5—送料用旋风分离器（或其他干料收集器）

动画 5-1
速溶乳粉喷雾
干燥设备流程

二、传导干燥

传导干燥是指湿物料贴在加热表面上（炉底、铁板、滚筒及圆柱体等）进行的干燥，热的传递取决于温度梯度的存在。传导干燥和传导-对流联合干燥常结合在一起使用。这种干燥的特点是干燥强度大，相应能量利用率较高。

传导干燥的加热面常常不是水分的蒸发面，且随着物料厚度及物料状态有不同的热物理特性。从温度分布来说，靠近接触面的料层有更高的温度，而物料的开放面温度最低，物料中的水分梯度主要取决于接触面和开放面的汽化作用，而汽化强度取决于加热面的温度和物料厚度。为了加速热的传递及湿气的迁移，传导干燥过程都尽量使物料处于运动（翻动）状态，因此有各种不同的干燥方式。

（一）回转干燥

回转干燥又称转筒干燥，是由稍作倾斜而转动的长筒所构成的。由于回转干燥处理量大，运转的安全性高，多用于含水分比较少的颗粒状物料干燥。加热介质可以是热气流与物料直接接触方式（类似对流干燥），也可以是由蒸汽等热源来加热圆筒壁。图 5-17 是一种带蒸汽加热管的回转干燥设备简图。它适于黏附性低的粉粒状物料、小片物料等堆积密度较小的物料干燥。由于回转干燥设备占地大，耗材多，投资也大，目前不少逐渐由沸腾床（流化床）等所取代。

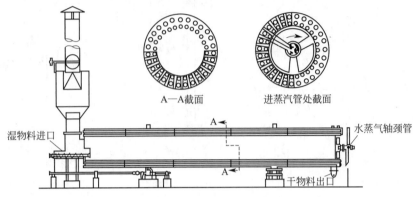

A—A截面　　　　进蒸汽管处截面

湿物料进口　　　　　　　　　　　　　　　　　　　　　　　水蒸气轴颈管

干物料出口

图 5-17　带蒸汽加热管的回转干燥设备简图

（二）滚筒干燥

滚筒干燥是将浆状、泥状、糊状、膏状等黏稠状湿物料沾涂或喷洒在热滚筒表面进行干燥。湿物料在缓慢转动和不断加热（用蒸汽加热）的滚筒表面上形成薄膜，滚筒转动（一周）过程便完成干燥过程，用刮刀把产品刮下，露出的滚筒表面再次与湿物料接触并形成薄膜继续进行干燥。

滚筒干燥根据干燥压力可分为真空及常压滚筒干燥，根据滚筒数量可分为单滚筒、双滚筒或对装滚筒干燥；按照布膜方式，有浸泡进料、滚筒进料和顶部进料等。不管是何种形式的滚筒干燥，物料在滚筒上形成的薄膜厚度要均匀，膜厚为 0.3～5mm。图 5-18 是三种不同进料方式的滚筒干燥原理简图。对于液态物料，最简单的方法是把滚筒的一部分表面浸到料液中［图 5-18(a)］，让料液粘在滚筒表面上，也可采用溅泼或喷雾的供料方式，并用刮刀保证物料层的均匀性。对于泥状物料，可通过小圆辊把它贴附在滚筒上［图 5-18(b)］。顶部进料的双滚筒干燥设备由对向运转和相互连接的双滚筒构成，其表面上物料层厚度可由双滚筒间距离加以控制［图 5-18(c)］。

该方式不适用热塑性食品物料（如果汁类）的干燥。因为在高温状态下的干制品会发黏并呈半熔化状态，难以从滚筒表面刮下，并且还会卷曲或黏附在刮刀上。对于不易受热影响的物料，滚筒干燥是一种费用低的干燥方法。滚筒干燥可用于婴儿食品、酵母、马铃薯泥、海盐、各类淀粉、乳制品、水溶胶、动物饲料及其它各种化学品的脱水干燥。

（三）真空干燥

真空干燥是指在低气压条件下进行的干燥，常在较低温度下进行，因此有利于减少热对热敏性成分的破坏和热物理化学反应的发生，制品有优良品质，但真空干燥成本通常较高。

真空干燥过程食品物料的温度和干燥速率取决于真空度、物料状态及受热程度。根据操作方式可分为间歇式真空干燥和连续式真空干燥。

1. 间歇式真空干燥

搁板式真空干燥器是最常用的间歇式真空干燥设备，也称为箱式真空干燥设备。常用于各种果蔬制品的干燥，也用于麦乳精、豆乳精等产品的发泡干燥。搁板（也称夹板）在干燥过程既可支撑料盘，也是加热板（在麦乳精类食品干燥中还起冷却板作用），搁板的结构及搁板之间的距离要依干燥食品类型认真设计。

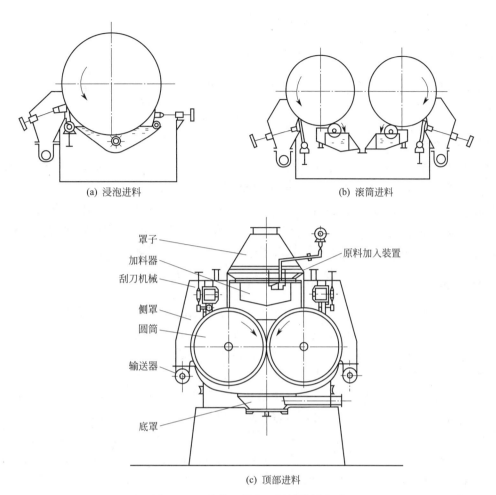

(a) 浸泡进料　　　　　　　　　(b) 滚筒进料

罩子
加料器
刮刀机械
侧罩
圆筒
输送器
底罩
原料加入装置

(c) 顶部进料

图 5-18　滚筒干燥中不同的进料方式

2. 连续式真空干燥

实际上，连续式真空干燥是真空条件下的带式干燥。图 5-19 是连续真空干燥原理图。为了保证干燥室内的真空度，干燥室专门设计有密封性连续进出料装置。干燥室内不锈钢输送带由两只空心滚筒支撑着并按逆时针方向转动。

浓液物料用泵送入供料盘内，供料盘位于开始回走的输送带下面，通过供料滚筒连续不断地将物料涂布在下层输送带表面上形成薄料层。下部红外线热源以辐射、传导方式将热传给输送带

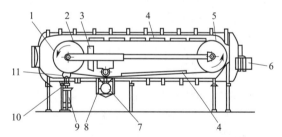

图 5-19　连续输送带式真空干燥原理图
1—冷却滚筒；2—输送带；3—脱气器；4—辐射热；5—加热滚筒；6—接真空泵；7—供料滚筒检修门；8—供料滚筒和供料盘；9—制品收集槽；10—气封装置；11—刮板

及物料层，并在料层内部产生水蒸气，膨化成多孔状态，再经加热滚轮，上部热辐射管进一步加热，完成干燥。干物料经冷却滚筒降温脆化后，由刮刀刮下，经集料器通过气封装置排出室外。输送带继续运转，重复上述干燥过程。有的真空干燥设备内还装有多条输送带，物料转换输送带时的翻动，有助于带上颗粒均匀加热干燥。有的真空干燥设备则采用加热板形式。这种连续真空干燥设备可用于果汁、全脂乳、脱脂乳、炼乳、分离大豆蛋白、调味料、香料等材料的干燥。不过设备费用却比同容量的间歇式真空干燥设备高得多。

采用真空干燥设备一般可制成不同膨化度的干制品，若要生产高膨化度产品。可采用充气

（N$_2$）干燥方式或控制料液组成及干燥条件来获得。

（四）冷冻干燥

冷冻干燥又称升华干燥，是食品干燥方法中物料温度最低的方式。干燥时物料的水分直接由冰晶体蒸发成水蒸气。

1. 冷冻干燥的特点

冷冻干燥是在真空度较高的状态进行的，可避免物料中成分的热破坏和氧化作用，较高程度保留食品的色、香、味及热敏性成分；干燥过程对物料物理结构和分子结构破坏极小，能较好保持原有体积及形态，制品容易复水恢复原有性质与状态；冷冻干燥的设备投资及操作费用较高，生产成本较高，为常规干燥方法的2～5倍，由于干燥制品的优良品质，冷冻干燥仍广泛应用于食品工业，如用于果蔬、蛋类、速溶咖啡和茶、低脂肉类及制品、香料及有生物活性的食品物料干燥。

2. 冷冻干燥的方法

根据水的相平衡原理，在一定的温度和压力条件下，水的3种相态之间可以相互转化。当水的压力低于三相点压力（611Pa），或温度低于三相点温度（0.01℃）时，改变环境温度或压力，就可以使冰直接升华成水蒸气，这实际上就是冷冻干燥的原理。因此，冷冻干燥过程，被干燥的物料首先要进行预冻，然后在高真空状态下进行升华干燥，物料内水的温度必须保持在三相点以下。

冻结方法主要有自冻法和预冻法。自冻法是利用物料在真空下闪蒸吸收汽化潜热，使食品温度降到冰点以下而自行冻结的方法。如将预煮过的蔬菜放入真空干燥室内，迅速形成高真空状态，则物料水分就会瞬间大量蒸发而吸收大量的热量，快速降温完成冻结过程。不过自冻法容易出现物料变形或发泡等现象，因此不适合于外观形态要求较高的食品物料。预冻法是干燥前采用常规方法将物料预先冻结的方法。冻结方法包括高速冷空气循环法、低温盐水浸渍法、低温金属板接触法、载冷剂（如液氮、液态二氧化碳）喷淋或浸渍法等，有关冻结方法及控制可参阅第四章。冻结速度对干制品的多孔性有一定的影响。冻结速度愈快，物料内形成的冰晶体愈微小，其孔隙愈小，干燥速度愈慢。冷冻速度还会影响物料的弹性和持水性。缓慢冻结时形成颗粒较大的冰晶体，会破坏干制品的质地并引起细胞膜和蛋白质变性。

3. 冷冻干燥的过程

冷冻干燥过程包括升华和解吸，可以在同一干燥室中进行，也可在不同干燥室进行。冻结物料中的水分在真空条件下要达到纯粹的、强烈的升华。要注意三个主要条件：干燥室绝对压力、热量供给和物料温度。在真空室内的绝对压力（总压力）应保持低于物料内冰晶体的饱和水蒸气压，保证物料内的水蒸气向外扩散。因此冻结物料温度的最低极限不能低于冰晶体的饱和水蒸气（等于真空室内的压力）相平衡的温度。如真空室内绝对压力为0.04kPa，物料内冰晶体的饱和水蒸气压和它平衡时相应的温度为－30℃，因此冻结物料的温度必然高于－30℃。热量的提供可来自不同的系统，有板式加热、红外线加热和微波加热等。应用较多的是接触式冷冻干燥设备。装有物料的浅盘位于两块加热板之间。加热板一般用蒸汽或其它热介质通入板内加热。允许干燥的最高温度取决于物料、所需时间及加热系统状况，一般控制在38～65℃。解吸所要求的绝对压力低于升华压力。

4. 冷冻干燥的设备

冷冻干燥设备按操作方式可分为间歇式与连续式。间歇式设备适用于多品种、小批量生产，物料干燥时的温度和真空度易于控制；缺点是装卸料操作都需要单独占时间，设备利用率低。连续式设备便于实现自动化，产能高，尤其适合浆液状、颗粒状食品物料的干燥，但设备复杂、庞大、投资费用高。目前食品工业采用的冷冻干燥设备多为箱式或圆筒形。冻结与干燥设备可以分开或合二为一。

　　连续式冷冻干燥常见的有以下几种形式：旋转平板式干燥器［图 5-20(a)］；振（摆）动式干燥器［图 5-20(b)］；带式冷冻干燥器［图 5-20(c)］，其结构原理类似连续真空干燥器。旋转式平板冷冻干燥器的加热板绕轴旋动，转轴上有刮板将物料从板的一边刮到下一板的另一边，逐板下降，完成干燥。振动式冷冻干燥器内物料的运动靠板的来回振动（水平面上稍倾斜）。此外还有沸腾床干燥器和喷雾冻结干燥器，干燥过程物料颗粒被空气、氮气等气体悬浮，且需在真空条件下干燥，其工业应用成本仍比较高。

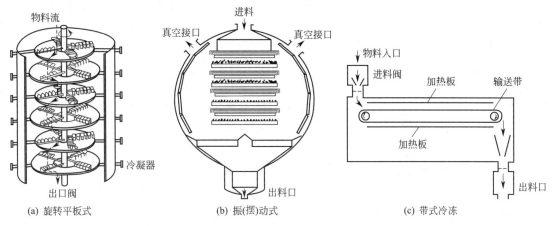

图 5-20　几种连续式冷冻干燥器示意图

　　冷冻干燥完毕，由于冻结干燥产品具有多孔性又极易吸湿，如果真空遭破坏，接触一般空气，产品易吸湿，吸入空气，降低其贮藏稳定性，因此要有控制地消除真空。目前有两种方法：对于吸湿高度敏感的产品，用通入惰性气体如氮气消除真空；对于不太敏感的产品用相对湿度 10%～20% 干空气消除真空。

　　冷冻干燥产品应采用隔绝性能良好的包装材料或容器，并采用真空包装或抽真空充气包装，以便较好地保持制品的品质。

拓展阅读 5-4
芦笋冷冻干燥
过程的水分和
温度变化

三、能量场作用下的干燥

　　能量场作用下的干燥指电磁场和声波场中的干燥。湿物料中的水分对不同能量场中的能量有特殊的吸收作用，可促进物料中水分汽化，提高干燥速率。虽然在能量场中能量的传输依然有对流、传导与辐射，但也有其特殊的形式和要求，因此单独分开讨论。

（一）电磁场中的干燥

　　电磁场中的干燥主要是利用电磁辐射能作为干燥能源的干燥。电磁辐射具有粒子波的双层性质，以电磁波形式传播，不同波长（频率）的电磁波都具有一定的能级和对食品材料的吸收穿透性。常用于食品干燥的电磁波有红外线、远红外线和微波。

1. 红外及远红外干燥

　　红外及远红外干燥也称热辐射干燥，是由红外线（包括远红外线）发生器提供的辐射能进行的干燥。红外线发生器有红外线灯泡、金属加热管、碳化硅电热管、煤气红外辐射管等高温辐射器，它们可以发出有不同波长范围及密度的电磁波。红外线是指波长 $0.72～1000\mu m$ 的电磁波，红外线波长范围介于可见光和微波之间。尽管对红外线有各种不同的名称及其相应的波长，工业上常分为近红外线（指 $0.72\sim2.5\mu m$ 的波长）和远红外线（指 $2.5\sim1000\mu m$）。红外干燥之所以受重视，是因为水分等物质在红外区具有一部分吸收带，故可用作诸物质的加热源。

远红外线通常选用热辐射率接近黑体的物质作为热源材料，故热辐射效率高。远红外线辐射热在空气中传播，不存在传热界面，故传播热损失小。多数食品湿物料为有机物，在远红外区具有更高的吸收带。远红外线的光子能量级比紫外线、可见光都要小，因此一般只会产生热效果，而不会引起物质的变化，且由于传热效率高、加热时间短，可减少热对食品材料的破坏作用。

2. 微波干燥

一般物料干燥如对流、传导和热辐射干燥，是由外露表面向内部进行的，即温度梯度指向物料表面，因此湿热传导率阻碍水分从物料中脱去。微波在食品材料中的穿透性、吸收性，使食品电介质吸收微波能（详细原理参阅第七章），在内部转化为热能。因此，被干燥物料本身就是发热体，且由于物料表层温度向周围介质的热损失常可低于内部温度，因此微波干燥有较高的干燥速率。微波加热速率快，且可同时在内部加热，因此微波干燥加热时间短，对比较复杂形状的物料有均匀的加热性，且容易控制。不同水分物料在微波场中，对微波吸收性不同，含水分高的物料有较高的吸收性，因此微波干燥有利于保持制品水分含量一致，具有干燥食品水分的调平作用。

微波加热与物料表面的热辐射或对流加热结合起来的联合干燥，有利于控制物料表面的加热或冷却，可改变物料中的温度梯度，使其中水分得到最均匀分布，保证被干燥物料的最佳质量。在升华干燥过程中，液态水具有远大于冰的介电损耗系数，因此，采用微波升华干燥，微波能量主要被物料中未冻结部分吸收，然后通过间架的传导和液体与固体的直接接触把能量传给冰，引起冰的升华。另外，速冻时形成的冰的细小晶格，也会夹杂着液态水，这也有利于对微波能的吸收，保证冰升华所需的能量。虽然微波升华干燥可使干燥时间可大大缩短，但由于干燥室空间内供能均匀性问题，干燥过程难以监控物料温度以及介质的离子化产生真空（电冕）放电现象，仍有许多技术问题需在工业化中加以解决。

（二）声波场中的干燥

声波场干燥也称超声波干燥，超声波是指频率 $20\sim10^6\,kHz$ 的电磁波。即使对超声波干燥的特殊机制仍未统一认识，但声波场作用于湿物料，可使物料温度有所提高，并可强化传质过程，使物料干燥速率提高的实验结果，却显示其在某些物料的干燥中有特殊的作用。

干燥对象中声波的吸收和声能在其中的穿透深度对声学干燥有很大影响。超声波在辐射介质中的吸收，会放出一定热量，使介质（尤其是油脂类物料）温度相应提高。不同介质对超声波的吸收不同，各种介质的最大吸收声波频率也有差异。因此，声学干燥研究不仅要研究开发有较大声波发射能力的超声波发生器，还要选择适合的频率，保证有关安全技术规程条件下设备运行费用较低。

四、组合干燥

每一种干燥方法都有自己的优缺点，如将不同的干燥方法结合起来，扬长避短，就可建立起新的、高效率的干燥装置，这就是组合干燥装置。根据组合干燥的原则，主要有以下几种。

（1）结合各种干燥方法的组合干燥装置　即利用两种不同的干燥设备组合起来，先利用第一干燥器使物料的含水量降至一定值后，再经第二种干燥器，使物料水分及其他指标达到产品要求，以提高设备生产效率，改善产品质量。如喷雾干燥方法中速溶奶粉生产的二段法生产工艺。

（2）结合各种热过程的联合干燥装置　把干燥、脱水、冷却等过程组合起来，除可实现一机多用的目的外，还可以合理地利用能源，实现生产的连续化。

（3）结合其他过程的联合干燥装置 干燥器附带搅拌机和粉碎机的联合装置，可大大改善干燥物料流的流体力学状态，有利于破碎结块和消除粘壁现象，提高干燥速率。

第三节 食品在干燥过程发生的变化

食品在干燥过程中，随着水分的不断脱除，食品自身的特性，比如外观性状、组织结构、营养组成、色泽风味等也在发生变化。这些变化可归纳为物理变化和化学变化。

一、干燥过程食品的物理变化

食品干燥常出现的物理变化有干缩、干裂、表面硬化、多孔性形成和热塑性出现等。

（一）干缩和干裂

弹性良好并呈饱满状态的新鲜食品物料全面均匀地失水时，物料将随着水分消失均衡地进行线性收缩，即物体大小（长度、面积和容积）均匀地按比例缩小、重量减少，物料组织细胞的弹性部分或全部丧失，这种现象称为干缩。果品干燥后体积为原料的20%～35%，重量为原料的6%～20%；蔬菜干制后体积为原料的10%左右，重量为原料的5%～10%。实际上被干燥物料不是完全具有弹性的，干制时食品块、片内的水分也难以均匀地排除，故物料干燥时均匀干缩比较少见。食品物料不同，干制过程它们的干缩也各有差异。胡萝卜丁脱水干制时的典型变化如图5-21所示。图5-21（a）为干制前胡萝卜丁的切粒形态；图5-21（b）为干制初期食品表面的干缩形态，胡萝卜丁的边和角渐变圆滑，成圆角形态的物体。继续脱水干制时水分排出愈向深层发展，最后至中心处，干缩也不断向物料中心进展，遂形成凹面状的干胡萝卜，见图5-21（c）。

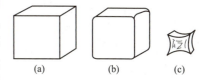

图5-21 脱水干燥过程中胡萝卜丁形态的变化

高温快速干燥时食品块（片）表面层远在物料中心干燥前就已干硬。其后中心干燥和收缩时就会脱离干硬膜而出现内裂、孔隙和蜂窝状结构，这种现象称为干裂。此时，表面干硬膜并不会出现如图5-21那样的凹面状态。而缓慢干燥则使物料具有深度内凹的表面层和较高的密度。比较而言，快速干制品表面干硬、内部密度较大，食用时复水性较差，但包装材料和贮运费用较为节省；慢速干制品质地疏松，复水性较好，但包装和贮运费用较高，内部多孔易于氧化，贮存期短。

（二）表面硬化

表面硬化实际上是食品物料表面收缩和封闭的一种特殊现象。引起表面硬化的原因主要有两方面。一方面是物料干燥时，其内部的溶质成分随水分不断向表面迁移和积累而在物料表面形成结晶。这种现象常见于一些含糖或含盐量高的食品的干燥，尤其是一些含有高浓度糖分和可溶性物质的物料。

食品内部水分在干燥过程中有多种迁移方式：生物组织食品内有些水分常以分子扩散方式流经细胞膜或细胞壁。食品内水分也可以因受热汽化而以蒸汽分子向外扩散，并让溶质残留下来。块片状和浆质态食品内还常存在有大小不一的气孔、裂缝和微孔，其孔径可细到和毛细管相同，故食品内的水分也会经微孔、裂缝或毛细管上升，其中有不少能上升到物料表面蒸发掉，以致它所带的溶质（如糖、盐等）残留在表面上。干制过程某些水果表面上积有含糖的黏质渗出物，其原因就在于此。这些物质就会将干制时正在收缩的微孔和裂缝加以封闭。在微孔收缩和被溶质堵塞的双重作用下终于出现了表面硬化。此时若降低食品表面温度使物料缓慢干燥，或适当"回软"，再干燥，通常能减少表面硬化的发生。另一方面是物料表面干燥过于强烈，表面水分汽化速度很快，而内部水分未能及时转移至表面，使物料表面迅速形成一层干燥薄膜或干硬膜。干硬膜的渗透性极低，以致将大部分残留水分阻隔在食品内，同时还使干燥速率急剧下降。这种现象与干燥条件有很大关系，可以通过降低干燥温度、提高相对湿度或减小风速来加以控制。

（三）多孔性的形成

快速干燥时物料表面硬化及其内部蒸气压的迅速建立会促使物料成为多孔性制品。膨化马铃薯正是利用外逸的蒸汽促使它膨化的。添加稳定性能较好的发泡剂并经搅打发泡可形成稳定泡沫状的液体或浆质体，经干燥后也能成为多孔性制品。真空干燥过程提高真空度也会促使水分迅速蒸发并向外扩散，从而制成多孔性的制品。

干燥前经预处理促使物料能形成多孔性结构，以便有利于水分的传递，加速物料的干燥率。不论采用何种干燥技术，多孔性食品能迅速复水或溶解，提高其食用的方便性，但也带来保藏性的问题。

（四）热塑性的出现

不少食品具有热塑性，即温度升高时会软化甚至有流动性，而冷却时变硬，具有玻璃体的性质。糖分及果肉成分高的果蔬汁就属于这类食品。例如橙汁或糖浆在平锅或输送带上干燥时，水分虽已全部蒸发掉，残留固体物质却仍像保持水分那样呈热塑性黏质状态，黏结在带上难以取下，而冷却时它会硬化成结晶体或无定形玻璃状而脆化，此时就便于取下。为此，大多数输送带式干燥设备内常设有冷却区。

二、干燥过程食品的化学变化

食品干燥过程，除物理变化外，同时还会发生一系列化学变化，这些变化对干制品及其复水后的品质，如色泽、风味、质地、黏度、复水率、营养价值和贮藏期会产生影响。这种变化还因各种食品而异，不过其变化的程度却常随食品成分和干燥方法而有差别。

（一）干燥对食品营养成分的影响

干燥后食品失去水分，故每单位重量干制食品中营养成分的含量反而增加。若将复水干制品和新鲜食品相比较，则和其他食品保藏方法一样，它的品质总是不如新鲜食品。

高温干燥引起蛋白质变性，使干制品复水性较差，颜色变深。脂肪在干燥过程发生的主要变化是氧化问题，含不饱和脂肪酸高的物料，干燥时间长，温度高时氧化变质较严重。通过干燥前添加抗氧化剂可将氧化变质程度明显降低。糖类干燥过程的变化主要是降解和焦化，但主要取决于温度和时间，以及糖类的构成。按照常规食品干燥条件，蛋白质、脂肪和糖类的营养价值下降并不是干燥的主要问题。

水果含有较丰富的糖类，而蛋白质和脂肪的含量却极少。果糖和葡萄糖在高温下易于分解，高温加热糖类含量较高的食品极易焦化；而缓慢晒干过程中初期的呼吸作用也会导致糖分分解。还原糖还会和氨基酸发生美拉德反应而产生褐变等问题。动物组织内糖类含量低，除乳蛋制品外，糖类的变化就不至于成为干燥过程中的主要问题。高温脱水时脂肪氧化就比低温时严重得多。若事先添加抗氧化剂就能有效地控制脂肪氧化。

干燥过程会造成部分水溶性维生素被氧化。维生素损耗程度取决于干制前物料预处理条件及选用的脱水干燥方法和条件。维生素 C 和胡萝卜素易因氧化而遭受损失，核黄素对光极其敏感。硫胺素对热敏感，故干燥处理时常会有所损耗。胡萝卜素在日晒加工时损耗极大，在喷雾干燥时则损耗极少。水果晒干时维生素 C 损失也很大，但升华干燥却能将维生素 C 和其他营养素大量地保存下来。

日晒或人工干燥时，蔬菜中营养成分损耗程度大致和水果相似。加工时未经钝化酶的蔬菜中胡萝卜素损耗量可达 80%，用最好的干燥方法它的损耗量可下降到 5%。预煮处理时蔬菜中硫胺素的损耗量达 15%，而未经预处理其损耗量可达 3/4。维生素 C 在迅速干燥时的保存量则大于缓慢干燥。通常蔬菜中维生素 C 将在缓慢日晒干燥过程中损耗掉。

乳制品中维生素含量取决于原乳中的含量及其加工条件。滚筒或喷雾干燥有较好的维生素 A 保存量。虽然滚筒或喷雾干燥中会出现硫胺素损失，但若和一般果蔬干燥相比，它的损失量仍然比较低。核黄素的损失也是这样。牛乳干燥时维生素 C 也有损耗，若选用升华和真空干燥，制品内维生素 C 保留量将和原乳大致相同。

通常干燥肉类中维生素含量略低于鲜肉。加工中硫胺素会有损失，高温干制时损失量就比较大。核黄素和烟酸的损失量则比较少。

（二）干燥对食品色素的影响

新鲜食品的色泽一般都比较鲜艳。干燥会改变其物理和化学性质，使食品反射、散射、吸收和传递可见光的能力发生变化，从而改变食品的色泽。

高等植物中存在的天然绿色是叶绿素 a 和叶绿素 b 的混合物。叶绿素呈现绿色的能力和色素分子中的镁有关。湿热条件下叶绿素将失去镁原子而转化成脱镁叶绿素，呈橄榄绿，不再呈草绿色。微碱性条件能控制镁的转移，但难以改善食品的其他品质。

干燥过程温度越高，处理时间越长，色素变化量也就越多。类胡萝卜素、花青素也会因干燥处理有所破坏。硫处理会促使花青素褪色，应加以重视。

酶或非酶褐变反应是促使干燥品褐变的原因。植物组织受损伤后，组织内氧化酶活动能将多酚或其他如鞣质（单宁）、酪氨酸等一类物质氧化成有色色素。这种酶褐变会给干制品品质带来不良后果。为此，干燥前需进行钝化酶处理以防止变色。可用预煮等措施对果蔬进行热处理。钝化酶处理应在干燥前进行，因为干燥过程物料的受热温度常不足以破坏酶的活性，而且热空气还具有加速褐变的作用。

糖分焦糖化和美拉德反应（maillard reaction）是脱水干制过程中常见的非酶褐变反应。前者反应中糖分首先分解成各种羰基中间物，而后再聚合反应生成褐色聚合物。后者为氨基酸和还原糖的相互反应，常出现于水果脱水干制过程。脱水干制时高温和残余水分中的反应物质的浓度对美拉德反应有促进作用。美拉德褐变反应在水分下降到 20%～25% 时最迅速，水分继续下降则它的反应速率逐渐减慢，当干制品水分低于 1% 时，褐变反应可减慢到甚至于长期贮存时也难以觉察的程度；水分在 30% 以上时褐变反应也随水分增加而减缓，低温贮藏也有利于减缓褐变反应速率。

（三）干燥食品风味的变化

食品失去挥发性风味成分是脱水干燥常见的一种现象。如果牛乳失去极微量的低级脂肪酸，特别是硫化甲基，虽然它的含量仅亿分之一，但其制品却已失去鲜乳风味。即使低温干燥也会发生化学变化，出现食品变味的问题。例如奶油中的脂肪有 δ-内酯形成时就会产生像太妃糖那样的风味，这种风味物质也存在在乳粉中。通常加工牛乳时所用的温度即使不高，蛋白质仍然会分解并有挥发硫放出。

要完全防止干燥过程风味物质损失是比较难的。解决的有效办法是在干燥过程，通过冷凝外逸的蒸汽（含有风味物质），再回加到干制食品中，尽可能保持制品的原有风味。此外，也可从其他来源取得香精或风味制剂再补充到干制品中；或干燥前在某些液态食品中添加树胶或其他包埋物质将风味物微胶囊化以防止或减少风味损失。

总之，食品脱水干燥设备的设计应当根据前述各种情况加以慎重考虑，尽一切努力在干制速率最高，食品品质损耗最小，干制成本最低的情况下找出最合理的脱水干燥工艺条件。

第四节　干燥食品的贮藏与运输

一、干燥食品的贮运水分要求

干燥食品的耐藏性主要取决于干燥后的水分活度（a_w）或水分含量，只有将食品物料中的自由水降低到一定程度，才能抑制微生物的生长发育、酶的活动、氧化反应和非酶褐变，保持其优良品质。图 5-22 显示了水分活度和水分含量与食品反应之间的关系。

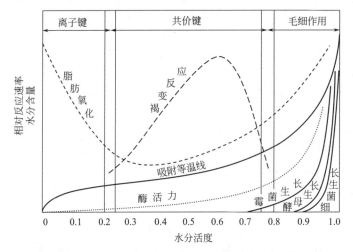

图 5-22　水分活度和水分含量与食品反应之间的关系

各种食品的成分和性质不同，对干燥程度的要求也不一样。例如花生油含水量（湿基）超过 0.6％时就会变质，而淀粉的水分含量（湿基）在 20％以下则不易变质。还有一些食品具有相同水分含量，但腐败变质的情况是明显不同的，如鲜肉与咸肉、鲜菜与咸菜水分含量相差不多，但保藏状况却不同。所以按水分含量多少难以判断食品的保存性，只有测定和控制 a_w 才是食品干藏的核心。

（一）粮谷类和豆类

植物种子的水分含量在成熟过程虽然会减少，但采收时仍有较高的水分活度。如带壳鲜花生（湿花生）的 a_w 超过 0.90，若不迅速将其 a_w 降低到 0.85 以下，就易受到霉菌的侵害而引起变质。对付某些耐旱霉菌，a_w 还需降至 0.70 以下。主要的耐旱产毒霉菌为棕曲霉，其最低生长 a_w 限值为 0.76，产生青霉素酸和棕曲霉素的最低 a_w 分别为 0.80 和 0.85。黄曲霉在 a_w 为 0.78 以下不能生长，在 a_w 为 0.83 以上则会产生黄曲霉毒素，故对干制品的水分活度控制极为重要。

一般种子类在水分活度 0.60～0.80 范围内，其水分变化曲线的斜率很平，1％水分变化可引起 0.04～0.08 a_w 的变化。

（二）鱼干、肉干类

仅依靠降低水分活度常难以达到鱼、肉类干制品的长期常温保藏。干燥到较低水分含量的肉制品虽有较好的保藏性，但会带来食用品质（如硬度、风味）问题。因此这类制品的干制过程，常结合其他保藏工艺，如盐腌、烟熏、热处理、浸糖、降低 pH、添加亚硝酸盐等，以达到一定保质期而又能保持其优良食用品质的目的。

腌肉生产中，若仅靠添加食盐抑制 A、B 型肉毒芽孢杆菌的生长与产毒素，则分别需要达到 8％和 10％的盐浓度，此时 a_w 仍然有 0.95 和 0.94。但这种盐浓度在感官上已经难以接受了。罐藏腌肉的盐含量一般不会超过 6％，因此，亚硝酸盐等防腐剂成为这类制品生产常用的食品添加剂。

为了抑制嗜盐细菌的生长，a_w 需低于 0.75，此时，盐溶液的浓度需达到饱和。肉类尤其是鱼类腌制多采用干盐分层腌制方式，以降低肉中水分，增加盐分的渗入，然后再沥干干燥或烟熏，贮藏过程肉中的盐浓度保持饱和状态（如咸鱼）。但也有发现，即使 a_w 降至 0.75，在 20℃ 贮藏 2～3 个月后仍有微生物腐败现象，而此时只要将贮藏温度降到 10℃ 以下，则几年内都不会产生微生物腐败问题，但鱼体将变软，酸败发生，食用品质也下降，可见温度的影响也很重要。多数烟熏鱼（a_w 大约 0.85）应该贮藏在 0℃ 以下。

对于多数脱水肉制品的贮藏性，水分活度并不是唯一的控制因素，加工过程的卫生控制以及包装贮藏条件也相当重要。

（三）脱水乳制品

干乳制品如全脂、脱脂乳粉，通常干燥至水分活度 0.2 左右。由于乳粉易吸湿，发生乳糖结晶而结块，故其最高水分含量不宜超过 5％。贮藏过程发生的变质腐败也主要是产品吸湿所致。

甜炼乳是另一种脱水乳制品，其糖含量（质量分数）可达到 45.5％，a_w 在 0.85～0.89。这种水分活度范围仍不能完全抑制霉菌及某些耐渗酵母生长，因此甜炼乳生产过程的热处理及卫生条件将是决定制品贮藏期的重要因素。

干酪的品种比较复杂，其 a_w 一般在 0.92～0.93，这种水分活度只在贮藏初期有一些抑菌作用，其表面容易受到霉菌的侵染。因此这类制品需在加工过程涂蜡包装以控制卫生。

（四）脱水蔬菜和水果

脱水蔬菜，如洋葱、豌豆和青豆等，最终残留水分 5％～10％，相当于水分活度 0.10～0.35，这种干制品在贮藏过程吸湿会引起变质，采用合适包装才有较好的贮藏稳定性。蔬菜原料通常携带较多的微生物，尤其是芽孢细菌，因此脱水前的预处理（清洗、消毒或热烫漂）是保证制品微生物指标合格的重要环节，有效的预处理可杀灭 99.9％的微生物。

多数脱水干燥水果 a_w 在 0.65～0.60。在不损害干制品品质的前提下，含水愈少，保存性愈好。干果果肉较厚、韧，可溶性固形物含量多，干燥后含水量较干蔬菜高，通常 14％～24％。为了加强保藏性，要掌握好预处理条件。例如适当的碱液去皮或浸洗可减少水果表面微生物量。各种脱水干燥食品的最终水分（a_w）要求，常由食品成分、加工工艺、贮藏条件等来决定。

（五）中湿食品

长期生产实践的经验证明，将食品水分降低到足以抑制微生物生长活动的程度就可有效地保藏食品，食品的干藏也是控制低水分活度（低水分含量）来达到目的的。有部分食品的水分含量达 40％以上，却也能在常温下长期保藏，这就是中湿食品（intermediate moisture foods，IMF），也称半干半湿食品，其水分含量比新鲜食品原料（果蔬肉类等）低，又比常规干燥产品水分高，按重量计一般为 15％～50％。

多数细菌在水分活度 0.91 以下不能生长繁殖，但霉菌的生长 a_w 下限可达 0.80，个别霉菌、酵母要在 a_w 低于 0.65 时才被抑制。而多数中湿食品水分活度在 0.60～0.90，单靠控制水分活度仍难以达到常温保藏的目的。若将其进一步脱水，降低水分活度以达到常规保藏要求，则会影响制品的口感品质。"半干半湿"食品之所以有较好的保藏性，除了水分活度控制外，尚需结合其他抑

过程检查 5-1
食品干藏过程影响微生物存活的因素有哪些？由于干燥能够抑制微生物的生长发育，那么是否可以去除蔬菜干制前的预煮、烫漂等预处理工序，直接对新鲜果蔬原料进行干燥处理？

制微生物生长的方法，即在食品保藏中设置多种微生物生长或食品腐败变质的阻碍因子，如温度、水分活度、氧化还原电位、pH 值、添加剂等，这些阻碍因子又被称为栅栏因子，可以单独或加和作用，通过"栅栏效应"形成多重防护来保藏食品。例如，用干燥去除水分，提高可溶性固形物的浓度以束缚住残留水分，降低水分活度；添加可溶性固形物（多糖类、盐、多元醇等）以降低食品水分活度；依靠热处理或化学作用抑制杀灭微生物及酶类；添加防霉剂、抗氧化剂、螯合剂、乳化剂等增强制品的贮藏稳定性。

中湿食品由于较多地保留食品中的营养成分（无需强力干燥），口感好，又能在常温下有较好的保藏性，包装简便，食用前无需复水，生产成本较低，成为颇有发展前途的产品，其生产技术也获得不断发展。

二、干燥食品包装与贮运前的处理

（一）均湿处理

由于不同批次干制品所含水分及其分布并不完全均匀一致，因此常需经均湿处理，也称回软。目的是使制品各部分的含水量均衡，呈现适宜的柔软状态，以便进一步处理和包装贮运。均湿方法是将干制品放在一密闭室内或贮仓内进行短暂贮藏，以便水分在干制品内及干制品之间进行扩散和重新分布，最后达到均匀一致的目的。均湿处理过程合理控制空间空气的相对湿度，有利于加速干制品吸附与解吸之间的平衡，达到回软或进一步脱水目的。不同干制果蔬均湿所需时间不同，少则需 1～3d，多则需 2～3 周。

（二）分级除杂

包装前需按产品要求进行分级处理，如采用振动筛等分级设备进行筛选分级，以提高产品质量档次。粉体的生产，尤其是速溶产品，对颗粒大小有严格的要求，筛分过程是质控的重要环节。对一些无法筛分分级除杂的产品，还需进行人工挑选，以剔除杂质和残缺不良干制品。金属杂质常用磁铁吸除。

（三）防虫处理

对于果蔬干制品，常会有虫卵混杂其间，特别是采用自然干燥的产品。一般来说，包装干制品用容器密封后，处在低水分环境下的虫卵较难生长，但是一旦包装破损泄漏，只要有针眼大的缝隙，昆虫就能自由出入，并在适宜条件下（如干制品的回潮）成长，侵袭干制品，有时会造成大量损失。因此防治虫害是不容忽视的重要问题。防虫处理主要包括清洁卫生防治、物理防治和化学防治。

清洁卫生防治：这是预防虫害的基础措施，通过保持生产环境和储存环境的清洁卫生，减少虫害的滋生和繁殖条件。

物理防治：利用物理方法如热力杀虫、低温杀虫、气调防虫或电离辐射防虫等，直接杀灭或驱赶虫害。例如，热力杀虫可以通过高温、蒸气、日光暴晒等来杀虫；低温杀虫则是利用低温环境使害虫的生理代谢、体内组织受到干扰破坏而进入休眠状态或死亡；气调防虫是通过改变贮存环境中的气体成分，如降低氧气浓度或增加二氧化碳浓度，来抑制害虫的生长和繁殖；电离辐射防虫则是利用射线引起生物机体组织和生理过程发生各种变化，导致生物死亡或停止生长发育来杀灭害虫。

化学防治：使用有毒的化学药剂直接杀灭害虫。这种方法通常是在清洁卫生防治和物理防治无法完全控制虫害时采用的。化学药剂的类型很多，应用于干制品防虫的主要是一些熏蒸剂。需要注意的是，化学药剂的使用应严格遵循相关法规和标准（GB2760），避免对人体和环境造成危害。

（四）压块处理

干制品的压块是指在不损伤（或尽量减少损伤）制品品质下将干制品压缩成密度较高的块砖的过程。经压缩的干制品可有效地节省包装与贮运容积；降低包装与贮运过程总费用；成品包装更紧密，包装袋内含氧量低，有利于防止制品氧化变质。

蔬菜干制品一般在水压机中用块模压块；蛋粉可用螺旋压榨机装填；流动性好的汤粉也可用轧片机轧片。块模表面宜镀铬或镀镍，并需抛光处理。使用新模时表面应涂上食用油脂作为润滑剂，以减轻压块时的摩擦，保证压块受力均匀。压块时还需注意物料破碎和碎屑的形成，压块的密度、形状、大小和内聚力；制品的贮藏性、复水性等要求。蔬菜干制品水分低，质脆易碎，压块前需经回软处理（如用蒸汽直接加热 20～30s），以便压块并减少破碎率。

（五）干燥食品的复水性和复原性

许多干燥品一般都要经复水（重新吸回水分，恢复原状）后才食用。复水（rehydration）是指干制品为了复原而在水中浸泡的过程。但有些品种无须复水，如采用真空膨化的果蔬休闲脆片便是其中一种。干制品复水后恢复原来新鲜状态的程度是衡量干制品品质的重要指标，称为复原性。干制品重新吸收水分后在重量、大小和形状、质地、颜色、风味、成分、结构等方面应该类似新鲜或脱水干燥前的状态。衡量这些品质因素，有些可用吸水量或复水比，复重系数来表示；有些只能用定性方法表示；对于粉体类则常用溶解分散在水中的状态，即速溶指标来表示。

复水比（$R_复$）是物料复水后沥干重（$G_复$）和干制品试样重（$G_干$）的比值。

$$R_复 = \frac{G_复}{G_干} \tag{5-14}$$

干燥比（$R_干$）是物料干燥前后质量比：

$$R_干 = \frac{G_原}{G_干} \tag{5-15}$$

复重系数（$K_复$）是复水后制品的沥干量（$G_复$）和同样干制品试样量在干制前的相应原料重（$G_原$）之比。

$$K_复 = \frac{G_复}{G_原} \times 100\% \tag{5-16}$$

食品物料干制过程，常会发生不可逆变化（如化学反应、蛋白质的变性、淀粉糊化等）造成复水难以完全复原。作为食品加工制造者，应该选用和控制干制工艺，尽可能减少不必要的物理、化学变化造成的损害。如冷冻干燥制品复水迅速，基本上能恢复原来物料状态和性质，制品品质远远高于其他热干燥产品。目前已有不少提高脱水果蔬快速复水的预处理或中间处理方法，即所谓的速化复水处理（instantization process）。

其中一种是压片法。将水分低于 5% 的颗粒果干经过相距为 0.025mm 的转辊（300r·min⁻¹）轧制，因辊压品具有弹性并有部分恢复原态趋势，可制成一定形状的制品，如厚度达 0.25mm 的圆形或椭圆形薄片，若需要增大厚度仅需调整辊轴间距。薄片只受挤压，其细胞结构未遭破坏，故复水后能迅速恢复原来大小和形状。另一种方法是将干燥至水分 12%～30% 的果块经速率不同和转向相反的转辊轧制后，再将部分细胞结构遭破碎的半制品进一步干燥至水分 2%～10%。块片中部分未破坏的细胞复水后迅速复原，部分已破坏的细胞则有变成软糊的趋势。

刺孔法是另一种速化复水方法，含水量 16%～30% 的半干果片（如苹果片）先行刺孔再干制到 5% 的最终水分。此法不仅可加速成品复水，还可进一步加速后干燥速率。

粉体的速溶化（如奶粉），除控制干燥过程（如热杀菌）的加热程度，减少蛋白质变性外，喷雾干燥条件的选择与控制也相当重要，增大粉体颗粒是速溶乳粉的主要目标。比较有效的办法是采用颗粒附聚工艺；喷涂表面活性剂（如卵磷脂）也是增强全脂乳粉速溶的常用工艺，具体过程及要求参考本章第二节一、（七）喷雾干燥。

三、干燥食品包装与贮运

从理论上讲，所包装的物料与环境之间有四种关系：①决定品质的物料特性取决于物料的原始条件以及能在所经历的时间内改变这些特性的反应，这些反应又取决于包装的内部环境；②产品品质能接受的最大变化可以通过消费者认可或与食品安全性标准有关的分析试验法来鉴定；③包装内的各种成分取决于物料性质、包装隔绝层的特性和外部环境；④包装隔绝层的特性与内外部环境有关。从上述四种关系可得贮藏时间的预测值，并对给定的贮藏条件提出所需的包装要求。

根据食品物料吸附等温线可知，干燥食品的水分含量只有与环境空气相对湿度平衡时（即在吸附等温线上）才能稳定，环境空气湿度的改变将会改变食品的水分含量。干燥食品吸湿常是引起变质的主要因素，为了维持干燥品的干燥品质，需用隔绝材料（容器）将其包装防止外界空气、灰尘、虫、鼠和微生物的污染，也可阻隔光线的透过，减轻食品的变质反应。经过包装不仅可延长干制品的保质期，还有利于贮运、销售、提高商品价值。关于干燥品的包装技术等可参考第十一章。

干制品贮运过程维持其品质的条件上面已讨论过。对于单独包装的干制品，只要包装材料、容器选择适当，包装工艺合理，贮运过程控制温度，避免高温高湿环境，防止包装破坏和机械损伤，其品质就可获控制。许多食品物料，其干燥后采用的是大包装（非密封包装）或货仓式贮存，这类食品的贮运条件就显得更为重要。

干燥谷物与种子常常采用散装贮藏或用透气（半透气）包装，霉变与虫害是贮运过程主要变质因子。为防止霉菌生长，贮藏环境相对湿度需低于 62.5%（水分活度 0.625）。散装物料贮仓及大包装干食品，其物料的平衡水分将受外界温度变化而改变。当外界温度降低时，物料中间与贮仓壁形成温度差，将会在物料内产生水分向低温点迁移，造成在冷点位置空气湿度增加或有水蒸气冷凝，给霉菌及其他微生物生长繁殖创造条件。防止这种情况发生的办法有：

① 控制干制品贮藏前的水分活度低于 0.70 或控制装料仓内物料的水分残留量。

② 避免贮运过程有较大的温差，采用有效的保温隔温措施。

③ 控制贮藏中的温度与顶部相对湿度，尽量减少仓内外的温差。

工程训练 5-1 结合本章所学，分析影响挂面干燥速率的原因，提出解决思路。

📋 知识归纳

1. 食品干燥脱水的目的和原理

食品干燥脱水是去除水分的过程，旨在降低水分活度，抑制微生物生长和酶活力，延长贮藏期，便于流通与加工。干燥过程涉及传热和传质，其中湿热的转移是核心。湿物料和湿空气的特性，如物料的状态、水分含量、水分活度，空气的湿度、温度等，以及物料与空气的湿热平衡，都对干燥效果有重要影响。

干燥保藏的原理在于水分活度对微生物生长、酶活性和化学反应的影响。多数细菌在水分活度低于 0.91 时难以生长，霉菌在 0.8 以下受到抑制。降低水分活度可延缓酶促反应和非酶褐变，但过低会加速脂肪氧化。控制水分活度是食品干藏的核心。

2. 食品的干燥方法及控制

自然干燥包括晒干、风干，成本低但受气候限制。人工干燥方法多样，便于控制。空气对流干燥如箱式、隧道式、输送带式、喷雾干燥等，以热空气为介质；传导干燥有回转干燥、滚筒干燥等，靠加热表面传热；冷冻干燥通过升华快速脱水，能较好保留食品性状和品质，但设备和运行成本高；能量场作用下的干燥则是利用电磁、声波场促进水分汽化。通过组合干燥可以结合多种方法的优势，选择干燥方法需要综合考虑物料特性、制品品质要求和成本。

现代食品干燥方法中，隧道式、输送带式、喷雾干燥应用广泛。隧道式干燥设备可连续或半连续操作，适用于大量物料的长时间干燥。它依据物料与气流接触形式分为逆流、顺流和混流，各有优劣，空气温度、流速、物料装载量等会影响干燥效果。输送带式干燥利用输送带承载物料，通风干燥，物料破碎少，通过复合或多层设计加速干燥，适用于多种形状物料，空气温湿度、流速、输送带速度及物料堆积厚度是主要影响因素。喷雾干燥则将料液雾化后用热空气干燥，常用于粉体食品生产，具有干燥快、温度低、产品指标易调的优势，但成本较高，料液性质、雾化效果和热空气参数对其干燥质量影响较大。

3. 食品在干燥脱水过程发生的变化

物理变化有干缩、干裂、表面硬化和多孔性形成等，会影响食品外观和复水性。化学变化涉及营养成分损失、色素改变、风味变化等，如高温干燥使蛋白质变性、脂肪氧化，还可能引发美拉德反应导致褐变。

4. 干燥脱水食品的贮藏与运输

不同食品对干燥后的水分活度要求不同，如粮谷类需控制在一定范围防霉变，鱼干、肉干常结合其他保藏工艺。干燥食品包装前要进行均湿、分级、除虫等处理，包装可防止吸湿和污染。贮运时需控制温度和湿度，避免变质。

知识图谱 5-1

复习思考题

1. 试述食品干燥的目的，并举 1 例说明该技术在乳制品生产（果蔬制品生产、水产品生产、肉制品生产、调味品生产）中的应用。

2. 什么是吸附（解吸）等温线，其在食品干燥及保藏中有何作用？

3. 试说明对流干燥过程的湿热传递过程及其影响因素。

4. 请结合导湿性和导湿温性，谈谈面包焙烤出现"湿瓤芯"的原因。

5. 试述食品干燥保藏的基本原理和品质控制要点。

6. 谈谈水分活度的概念以及它在食品工业生产中的重要意义。

7. 什么是表面硬化现象？食品干制过程的表面硬化是如何形成的？采用什么措施可以避免或减弱表面硬化？

8. 简述干燥对食品主要营养成分（蛋白质、脂肪、碳水化合物）的影响。

9. 试述引起果蔬干制品褐变的主要原因及其预防和控制措施。

10. 隧道式干燥主要有顺流式、逆流式和混流式三种不同的流程，请谈谈不同干燥方式对干制品品质的影响，以及其适合干燥的食品类型。

11. 结合某种湿物料，试述采用气流干燥的优势和不足。（如以湿淀粉的气流干燥为例）

12. 试列举采用喷雾干燥方法生产的粉体食品品种，并谈谈喷雾干燥的热空气温度可高达 $180\sim200℃$，为什么还说喷雾干燥适于热敏性物料的干燥。

13. 论述冷冻干燥的原理、优缺点及其在食品工业中的应用。

14. 谈谈根据哪些原则来合理地选择食品的干燥方法。

15. 干制条件主要有哪些？如何影响湿热传递的过程？如果要加快干燥速率，如何控制干制条件？

16. 什么是中湿食品？为什么很多中湿产品的水分含量很高，水分活度也不低，却也能在常温下有较长的保藏期？

17. 干制品变质的主要因素是什么？可以采取什么措施来维持贮运过程中的干制品品质？

第五章

第六章 食品的提取、分离、浓缩与纯化

彩图 6-1

白砂糖　　　　　　　细白糖　　　　　　　单晶冰糖

黄冰糖　　　　　　　红糖　　　　　　　冰片糖

方糖

蔗糖的各种形态

　　蔗糖的命名与其原料之一——甘蔗有关，是用甘蔗压榨出蔗汁，经一系列处理后得到的纯糖产品。在生活中糖品有很多种——白砂糖、细白糖、冰糖、红糖、冰片糖、方糖，它们的组成、颜色和形态各不相同，这与其生产方式和条件密切相关。

🌼 为什么要学习"食品的提取、分离、浓缩与纯化"？

食品的提取、分离、浓缩与纯化分别是食品加工生产中重要的单元操作，其目的是富集、纯化以获得单一或复合食品组分。许多重要的食品原辅料、调味料、添加剂均是经过相应的提取、分离和纯化处理得到的。例如，植物油料经压榨、过滤、精炼后得到纯净的植物油，淀粉通常是经水洗法提取、分离得到。食物中的保健、功能性成分也多是经过提取、分离和/或纯化制取，用于制备保健品或功能性食品。因此，关于食品中活性成分的提取、分离及纯化新技术成为当前的研发热点。通过本章的学习，掌握多个提取、分离和纯化的传统和新技术原理或机制、影响因素等，可以为选择合适的制备技术、探索最优的生产条件、解决生产实际问题、提高产品质量奠定基础。

👁 学习目标

○ 掌握压榨及萃取提取的原理、机制，了解压榨方法与萃取流程。
○ 掌握过滤、沉降、离心、膜分离的基本理论、分类及影响因素。
○ 掌握蒸发浓缩和冷冻浓缩的基本原理，了解浓缩分离的基本过程及工艺控制。
○ 掌握结晶原理及过程控制，了解食品工业常用的结晶技术；了解离子交换、凝胶色谱分离过程及基本原理。

第一节　食品的提取

一、压榨

压榨（squeezing）是通过物理压力将食品物料中的液相从液固两相混合物中分离开来的一种方法。在压榨过程中，多采用机械压缩力进行压榨。因受到压缩力的作用，液体物质从被压缩的物料中流出而固体物质被截留。传统的油脂制取多采用压榨法取油，甘蔗榨汁制糖及食品中果汁制取也多采用压榨取汁。

压榨的目的是实现食品物料中的固、液相混合物分离，但如果固、液混合物流动性好、易于泵送则可采用过滤分离，不易用泵输送的物料才采用压榨分离。另外，如果过滤时滤饼中液体需要去除得更彻底时，就需用到压榨操作。在某些生产过程中，压榨效果与干燥相似，但由于这种机械脱水法较热处理法耗能少且更经济，对物料组分的破坏作用也小，因此在食品加工中应用广泛。

（一）压榨原理

压榨过程中，将固、液混合物料或含有液体的固体物质置于两个压榨表面之间，然后对物料加压以使液体与固体物料分离释出。流出的液体在物料内部及物料间的空隙内流动，最终流向无阻挡的边缘或表面而被收集。压榨是一项复杂的操作过程，主要表现为固体颗粒的集聚和半集聚过程，也涉及液体从固体中的分离过程。

压榨的加工对象是不易流动或不能泵送的固、液混合物。虽然有些物料也可以采用打浆、粉碎等手段将其转化为固、液混合物后再用过滤等方法加以分离，比如果汁制备等，但不如压榨简便、直接，尤其有些物料液体部分含量少、不易打浆，如大多数的油料物料。此外，压榨操作不会与空气过多接触，减少了组分的氧化等变化。

（二）压榨操作的基本方法

压榨的加压与分离方法有以下三种：

（1）平面压榨式　将预先经过成型或以滤布包裹的物料置于两个平面间，其中一个平面固定不动，另一个靠所施的压力发生相对移动而实现物料压榨。该法可在一次处理中利用一组沿垂直方向的压榨单元，叠合并共用一个排液设备。加压可采用水力，方便、灵活且操作压力高。

（2）螺旋式压榨法　利用一个多孔的圆筒表面和另一个螺距逐渐减少的旋转螺旋面之间的空间进行压榨。此时加压采用机械力，圆筒表面适当钻孔，使液体连续排出，因此可实现连续压榨。该方法采用的螺旋压榨机具有设备结构简单、体积小、出汁率高和操作方便等特点，常用于榨油、水果榨汁及鱼肉磨碎物的压榨脱水。图 6-1 为螺旋压榨机的结构简图，设备的主要部分是榨腔，由榨笼和在榨笼内旋转的榨轴（螺旋轴）组成，螺旋轴类似螺旋输送器，沿物料流动方向螺旋轴与榨笼壁间的间隙尺寸逐渐变窄，榨腔工作空间也逐渐变小。物料由螺旋轴尺寸较大的一端进入，随着螺旋轴的转动向另一端移动，同时逐渐被挤紧缩小体积，再加上物料与榨笼、物料与螺旋面之间的摩擦力，使液体从物料中分离出来，在出口处排出残渣（榨饼）。

（3）辊式压榨法　物料进入旋转的辊子间，借助机械碎解作用力与压榨压力实现固、液分离。该方法主要用于甘蔗榨汁制糖工业。图 6-2 为三辊式压榨机结构示意图，由三个辊筒组成，两个辊之间互相排成 30°，三辊位置倾斜。在压榨甘蔗时，1、2 辊间榨出的原蔗汁由辊 2 下方的原汁收集槽收集，2、3 辊间榨出的稀蔗汁则由辊 3 下方的稀汁收集槽收集，而蔗渣由压榨机下方的刮板刮下后排出压榨机。

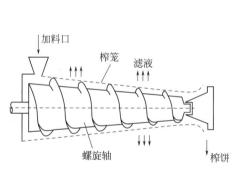

图 6-1　螺旋压榨机结构示意图

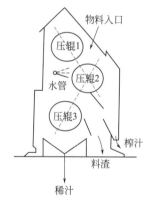

图 6-2　三辊式压榨机结构示意图

二、萃取

萃取（extraction）是利用溶质在互不相溶的两相之间分配系数的不同而使溶质得到纯化或浓缩的操作过程。萃取溶剂一般是液体，待萃取物料为固体或液体。

（一）萃取相平衡关系与三角形相图

萃取至少包括三个组分：溶质 A、原溶剂 B 及萃取剂 S。萃取是根据溶质 A 在原溶剂 B 和萃取剂 S 中的溶解度（或分配）差异而实现。因此，萃取平衡即为溶质 A 在原溶剂 B 及萃取剂 S 中的分配平衡或溶解平衡，是萃取过程的基础。

（二）萃取系统的杠杆规则

在萃取操作计算中，平衡各相之间的相对数量需要通过杠杆规则来确定。若设点 M 为三组分混合物的总组成点，M 与料液 F 和萃取剂 S 之间，M 与萃取相 E 和萃余相 R 之间符合杠杆规则，如图 6-3 所示。

杠杆规则表达式即为：

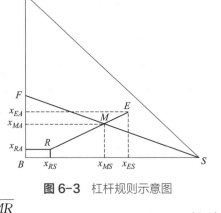

$$\frac{E}{M}=\frac{E}{F+S}=\frac{x_{MA}-x_{RA}}{x_{EA}-x_{RA}}=\frac{\overline{MR}}{\overline{ER}} \tag{6-1}$$

$$\frac{R}{M}=\frac{R}{F+S}=\frac{x_{EA}-x_{MA}}{x_{EA}-x_{RA}}=\frac{\overline{EM}}{\overline{ER}} \tag{6-2}$$

图 6-3 杠杆规则示意图

$$\frac{E}{R}=\frac{E}{F+S}=\frac{x_{MA}-x_{RA}}{x_{EA}-x_{MA}}=\frac{\overline{MR}}{\overline{EM}} \tag{6-3}$$

式（6-1）～式（6-3）中的 x 均为对应状态下物质的质量分数，而各式反映了萃取系统中料液、萃取剂、萃取相及萃余相的量及其组成间的定量关系。

（三）萃取过程

液-液萃取过程主要分两类：单级及多级萃取过程，为非连续接触萃取；微分逆流萃取过程，为连续接触萃取。

1. 单级平衡萃取过程

如图 6-4，向混合槽中通入由溶质 A 和溶剂 B 组成的原料液 F，并加入新鲜萃取剂 S。原料液与萃取剂在混合槽中充分混合，进行液-液接触传质，溶质 A 将从原料液扩散进入萃取剂。一定时间后溶质 A 在溶剂 B 和萃取剂 S 两相间达到平衡。然后将混合物送入澄清器中，经静置沉降分层，得到萃取相 E 和萃余相 R，这两相经脱除萃取剂后得萃取液 E′ 和萃余液 R′，溶质 A 得到初步分离。

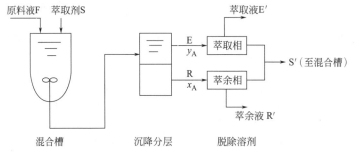

图 6-4 单级平衡萃取流程

2. 多级错流萃取过程

多级错流萃取流程实际是将若干个单级接触萃取器串联使用（图 6-5），并在每一级中加入新鲜萃取剂 S，前一级的萃余相作为后级的原料。由最后级引出的萃余相 R 中溶质 A 的含量已降低至符合要求。将各级排出的萃取相 E_1、E_2、…、E_n 汇集，得到的混合萃取相 E 中含大量的萃取剂，经溶剂回收装置脱除萃取剂后可获得纯度较高的溶质。在此流程中，各级所加萃取剂都是新鲜的，萃取传质推动力大，萃取效果较好。但萃取剂用量大，溶剂回收费用高。

3. 多级逆流萃取过程

在多级逆流萃取流程（图 6-6）中，原料液 F 自左端进入第 1 级，逐级右流，最后的萃余相 R

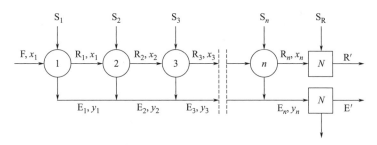

图 6-5 多级错流萃取流程

从右端的第 n 级排出。萃取剂 S 从末级进入，然后逐级逆向左流，与原料液逆流并逐级与料液接触，最后的萃取相 E_1 从左端的第 1 级排出。萃取相逐级向左流动中，溶质 A 浓度逐级增高，但因逐级与浓度更高的萃余相接触，所以每级仍能保持一定的萃取推动力，且在流至第 1 级时，因与浓度最高的原料液接触，产生的最终萃取相 E_1 中溶质的浓度较高。随着萃余相向右流动，溶质 A 浓度逐级降低，到最末级时与新鲜萃取剂接触，故最终的萃余相中溶质浓度可以降至很低。该过程一般为连续操作，其优点为分离效率高、萃取剂用量较少及萃取液溶质浓度高。

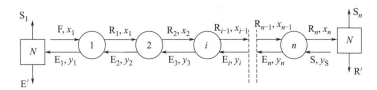

图 6-6 多级逆流萃取流程

4. 微分接触逆流萃取过程

微分接触逆流萃取通常在塔式、柱式萃取设备（如喷淋塔、填料塔、转盘塔等）内进行。原料液和萃取剂分别由塔底和塔顶加入，在密度差作用下二者在塔内逆向流动并发生物理传递，连续接触进行质量传递。两相中的溶质组成沿塔高呈微分变化。

第二节　食品的分离

食品是多组分的混合或复合物，食品组分的分离是制备食品配料或富集有效成分的必要步骤。本部分主要讨论食品混合溶液的固液分离过程。针对食品中的非均相混合物，食品工业上一般采用机械分离的方式使分散相与连续相之间发生相对运动。其中，利用重力、压强差或惯性离心力，使连续相（流体）相对分散相（颗粒）运动而实现固、液分离的过程称为过滤；利用重力或惯性离心力使分散相（颗粒）相对连续相（流体）运动的过程则称为沉降分离。离心按照其形式可分为离心分离、离心沉降和离心过滤等。

一、过滤

在食品工业中，过滤（filtration）主要是为了分离非均匀混合流体（液体或气体）中的悬浮固体颗粒物，是使非均匀混合流体通过布、网等多孔材料分离出固体颗粒的单元操作。

（一）过滤方式

1. 深床过滤

当悬浮液中的固体颗粒小于床层孔道直径且含量很少（0.1% 以下）时，悬浮液中的颗粒随液

过程检查 6-1
简述压榨和萃取操作的区别。

体在床层内的孔道中流过，靠静电及分子间作用吸附在过滤介质上。这种过滤在过滤介质内部进行，且介质床层上无滤饼形成，因此称为深床过滤［图6-7(a)］。适用于生产能力大而悬浮液中颗粒小、含量甚微的场合。如自来水厂饮水的净化，酒和某些饮料、色拉油的澄清等均采用这种过滤方法。

2. 滤饼过滤

当悬浮液中的固体颗粒含量较多（大于1%）时，固体颗粒沉积于介质表面形成滤饼层［图6-7(b)］。悬浮液中部分颗粒尺寸小于过滤介质中微细孔道的直径，过滤开始时有少量细小颗粒穿过介质而使滤液浑浊，但也有部分颗粒堆积在孔道中和孔道口，形成"架桥"现象［图6-7(c)］，使小于孔道直径的细小颗粒被拦截，并逐渐形成滤饼。滤饼形成后，滤液即变澄清，过滤有效进行。因此，在滤饼过滤中是滤饼层发挥拦截作用，而不是过滤介质。

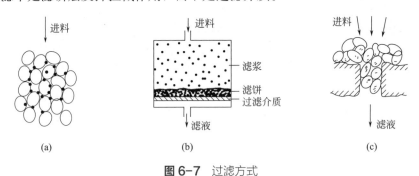

图 6-7　过滤方式
（a）深床过滤;（b）滤饼过滤;（c）架桥现象

（二）过滤的基本理论

1. 过滤推动力和阻力

过滤推动力是指施加在由滤饼和过滤介质所组成的过滤层两侧的压力差 Δp。增加过滤层上游的压力和降低滤液流出空间的压力都会使推动力增大。工业过滤的推动力来源有四种：悬浮液本身的液柱差（重力）、悬浮液表面加压、过滤介质下抽真空及离心力。过滤按其推动力的来源划分也有相应的四类：重力过滤、加压过滤、真空过滤及离心过滤。

过滤阻力是指滤液通过滤饼和过滤介质时的流动阻力。当悬浮液中含有少量固体颗粒而采用粒状过滤介质时，滤饼阻力可忽略不计；采用织物介质时，过滤介质的阻力仅在过滤开始时相对显著，当滤饼形成相当厚度时，介质阻力可忽略不计，滤饼阻力则成为过滤主要阻力。滤饼阻力的大小取决于滤饼的性质和厚度。

2. 过滤基本方程

过滤过程的研究以流体力学理论为基础，且遵循一般传递过程的普遍规律：过滤速度与推动力成正比，与过滤阻力成反比。

（1）过滤速度与滤饼阻力　滤液通过滤饼层时处于层流状态，其流动速度可以式（6-4）表示：

$$u = \frac{d_1^2 \Delta p_c}{32 \mu L} \tag{6-4}$$

式中　u——滤液在滤饼孔道中的平均流速，$m \cdot s^{-1}$；

　　　d_1——滤饼孔道的平均直径，m；

　　Δp_c——滤液在滤饼层上下游间压力差，Pa；

　　　μ——滤液黏度，$Pa \cdot s$；

　　　L——滤饼孔道的平均长度，m。

滤液的过滤速度 $\dfrac{\mathrm{d}V}{A\,\mathrm{d}t}$ 可以用式（6-5）表示。

$$\frac{\mathrm{d}V}{A\,\mathrm{d}t}=\frac{\Delta p_{\mathrm{c}}}{r'\mu L} \tag{6-5}$$

式中 V——滤液体积，m^3；

A——过滤面积，m^2；

t——过滤时间，h；

r'——滤饼参量，m^{-2}；$\dfrac{1}{r'}=K'\dfrac{d_1^{\,2}}{32}$，反映滤饼的阻力特性，与滤饼的孔隙率及滤渣颗粒因素有关系；

K'——比例因数。

（2）过滤速度与介质阻力 考虑到过滤介质阻力，过滤速度可以用式（6-6）表示。

$$\frac{\mathrm{d}V}{A\,\mathrm{d}t}=\frac{\Delta p_{\mathrm{m}}}{r'\mu L_{\mathrm{e}}} \tag{6-6}$$

式中 Δp_{m}——滤液经过过滤介质后的压力降，Pa；

L_{e}——过滤介质的当量厚度，m。

（3）过滤基本方程 考虑到过滤过程中的滤饼阻力及介质阻力的综合影响，滤液的过滤速度可以用式（6-7）表示。

$$\frac{\mathrm{d}V}{\mathrm{d}t}=\frac{A^2\Delta p}{r\mu x(V+V_{\mathrm{e}})} \tag{6-7}$$

式中 $\Delta p=\Delta p_{\mathrm{c}}+\Delta p_{\mathrm{m}}$；

x——获得单位体积滤液所形成的干滤饼的质量，kg；

V_{e}——过滤介质的当量滤液体积，m^3；

r——滤饼比阻，$\mathrm{m\cdot kg^{-1}}$。

（三）过滤介质及助滤剂

1. 过滤介质

过滤介质的作用是使液体通过而截留悬浮固体，促使滤饼形成并支承滤饼。因此，工业用过滤介质应满足以下要求：

① 化学稳定性好，有适当的表面特性，使形成的滤饼易卸除；

② 具有多孔性结构，孔径适中，使滤饼易形成，阻力小；

③ 具有一定的机械强度，不易穿破，支承滤饼并能承受一定的操作压力。

食品加工中使用的过滤介质还应无毒、不易滋生微生物、易清洗消毒且耐腐蚀。

过滤介质的选择要根据悬浮液中固体颗粒的含量及粒度范围，介质所能承受的温度、稳定性及机械强度等因素来考虑。常用的过滤介质有以下几类：

① 织物介质包括天然纤维及合成纤维织成的各种形式滤布和由耐腐蚀不锈钢丝、铜丝和镍丝等织成的各种形式的金属滤布，是应用最广泛的介质。

② 多孔固体介质包括多孔陶瓷、多孔玻璃及多孔塑料等。该类材料耐腐蚀性好、孔隙小，用于含有少量微粒的悬浮液过滤。

③ 粒状介质包括石砾、细砂、动植物活性炭和酸性白土等，主要用于深床过滤。

2. 助滤剂

当过滤含有极细固体颗粒或具有很大压缩性胶体微粒的悬浮液时，过滤介质的孔隙很容易被其堵塞，形成的滤饼孔隙很小，渗透性差，过滤阻力很大。为了提高过滤速度，在这类滤浆中加入一定比例的助滤剂，使之构成滤饼的骨架以生成疏松滤饼；或在滤布上预先涂上一层助滤剂作为过滤介质，则可使情况大大改善，提高过滤速度。工业上只限于以获得清净滤液为目的的场合下使用助滤剂。

助滤剂通常是一些不可压缩的粉状、粒状或纤维状固体物质。食品生产中常采用的助滤剂有硅藻土、珍珠岩、石棉、活性炭和锯屑等，其中以硅藻土助滤剂使用最为广泛。

（四）过滤程序

典型的过滤操作一般包括如下四个阶段。

1. 过滤阶段

工业上，过滤有两种不同的操作方式：恒速过滤和恒压过滤。恒速过滤时过滤速度保持恒定，速度较低，以避免颗粒穿过滤布使滤液浑浊。在多数情形下，初期采用恒速过滤，等压力升至某一数值后再转而采用恒压过滤，直到滤饼积聚较厚，过滤速度很慢，此时应将滤饼卸除，再重新开始过滤。

2. 滤饼洗涤

由于滤饼的孔隙中积存滤液，若滤饼为产品，为了保证其纯度，应将此滤液除去，例如食品晶体制备；若滤液为有价值的产品，如酒或澄清果汁的制备，则应将此部分滤液回收，在卸饼前对滤饼进行洗涤。洗涤时，将清水或其他洗液在过滤相同的压力下流过毛细孔道。先以置换方式将滤饼中残留的滤液置换出来，然后借扩散作用将黏附在微粒表面的薄层滤液稀释，由洗液带走。如果要求大致洗净，则只需少量洗水即可；而要完全洗净，则必须消耗大量洗水。

3. 滤饼去湿

洗涤完毕后，有时还要去除滤饼多余的水分。可利用空气吹过滤饼，将空隙中留存的洗液排出。也可采用热空气或机械压榨法去湿。

4. 滤饼卸除

过滤结束后，需要将滤饼从滤布上卸除下来。卸除滤饼要求尽可能彻底干净，以便最大限度回收滤饼，减少下一循环过滤的阻力。卸除滤饼时，可先从过滤层后倒吹压缩空气，使滤饼松动，再用刮刀或其他方法使之落下。

上述四个阶段可以以间歇式或连续式的方式进行。间歇式过滤中各阶段在相继不同的时间内依次进行，而连续式过滤，则各阶段在设备的不同部位上同时进行。

二、离心分离

离心（centrifugation）沉降和分离均是利用惯性离心力实现物料中各相间分离的操作。惯性离心力的产生方法有两种：通过离心机的高速旋转产生惯性离心力，如各种离心机；将高速流动的非均相物系切向导入圆筒形容器内，使其高速旋流运动而产生惯性离心力，如旋风分离器和旋液分离器。

（一）离心分离理论

1. 离心力及离心分离因数

颗粒或液滴在回旋运动过程中产生的离心力 F_c 与颗粒或液滴的质量 m、旋转半径 R 和等角速度 ω 的关系如式（6-8）所示。

$$F_c = mR\omega^2 \tag{6-8}$$

另外，颗粒或液滴在离心分离过程中还受到重力的作用。同一颗粒或液滴的离心力 F_c 与其重

力 F_g 的比值称为离心分离因数，以 K_c 表示，用以表示离心分离强度的大小。

$$K_c = \frac{F_c}{F_g} = \frac{R\omega^2}{g} \tag{6-9}$$

设离心机的转速为 n，则式（6-9）可写成：

$$K_c = \frac{4\pi^2}{g}rn^2 = 4.024rn^2 \tag{6-10}$$

由式（6-10）可知，在离心力场中，微粒可以获得比在重力场中大 K_c 倍的作用力。增大转鼓半径（r）和转速都有利于提高离心机的分离因数，尤其是转速的提高。但由于设备强度等限制，两者不能无限增大。对于在重力场中极为稳定的食品悬浮液和乳浊液，分离时最好采用高速离心机。

2. 离心沉降速度

依靠离心力的作用使连续介质中的分散介质产生沉降运动的分离过程即为离心沉降。颗粒在径向方向上相对于流体的速度 dR/dt 就是其在该位置上的离心沉降速度，可用式（6-11）计算得到。

$$\frac{dR}{dt} = \sqrt{\frac{4d(\rho_p - \rho)}{3\zeta\rho}R\omega^2} \tag{6-11}$$

式中 ρ_p——颗粒密度，$g \cdot mL^{-1}$；

     d——颗粒直径，mm；

     ζ——阻力系数；

     ρ——流体密度，$g \cdot mL^{-1}$。

式（6-11）表示离心沉降速度随着颗粒在半径方向上的位置 R 不同而不同。

3. 乳状液的离心分离

由于乳状液组分间的密度有差异，因离心所产生的离心力不同而分层。密度大的重组分聚集在转鼓壁附近形成外层，密度小的轻组分形成内层，两层液体具有相界面。

分层界面半径为：

$$R_i = \sqrt{\frac{\varphi R_2^2 + R_1^2}{1 + \varphi}} \tag{6-12}$$

式中 φ——转鼓内轻液体积 V_l 和重液体积 V_h 的比；

     R_1——液体内表面半径，m；

     R_2——转鼓内半径，m。

为了导出轻、重两液层，转鼓上方应设置挡板和溢流堰。溢流堰的半径 R_3 可用下式计算：

$$R_3 = \sqrt{R_i^2 - \frac{\rho_l}{\rho_h}(R_i^2 - R_1^2)} \tag{6-13}$$

式中 ρ_l——轻液相密度，$kg \cdot m^{-3}$；

     ρ_h——重液相密度，$kg \cdot m^{-3}$。

可见溢流堰半径与 R_2 无关。

4. 离心过滤

悬浮液通入到离心机中，液体穿过离心机转鼓上的滤孔而固体颗粒被截留在过滤介质上形成滤饼，实现固、液分离，该方法称为离心过滤。

若悬浮液表面至轴心距离为 R_1，转鼓半径为 R_2，则离心压力为：

$$p = \frac{1}{2}\rho\omega^2(R_2^2 - R_1^2) \tag{6-14}$$

该方法的过滤基本方程为：

$$\frac{V+V_e}{A}=K_c(t+t_e) \tag{6-15}$$

离心过滤机的生产能力为：

$$Q=\frac{V}{\sum t} \tag{6-16}$$

式中　ρ——流体密度，$kg \cdot m^{-3}$；

ω——离心机转速，$r \cdot min^{-1}$；

V——滤液体积，m^3；

V_e——过滤介质的当量滤液体积，$m^3 \cdot m^{-2}$；

A——转鼓流通截面积，m^2；

K_c——离心分离因数；

t_e——过滤介质的当量过滤时间，s；

t——操作时间，s；

$\sum t$——操作总时间，s。

（二）离心机的分类

沉降式离心机按分离因数、操作原理或操作方式的不同而有不同分类。

1. 按分离因数分类

（1）常速离心机　该类离心机的 $K<3000$，一般为 $600\sim1200$，转鼓直径较大，转速较低，适用于含当量直径 $0.01\sim1.0mm$ 的较小颗粒悬浮液及物料的脱水。根据转鼓是否带孔分为过滤式和沉降式两种。

（2）高速离心机　该类离心机 $3000<K<5000$，转鼓直径较小，长度较大，通常都是沉降式或分离式，用于极细颗粒的稀薄悬浮液及乳浊液的分离。

（3）超高速离心机　该类离心机 $K>5000$，用于处理较难分离的超微粒悬浮系统和高分子胶体悬浮液。

2. 按操作原理分类

（1）沉降式离心机　该类离心机转鼓壁无孔，用于分离不易过滤的悬浮液。悬浮液经离心后密度较大的颗粒沉积于转鼓内壁而液体集于中央引出，如螺旋卸料离心机。

（2）分离式离心机　该类离心机转鼓壁无孔，转速极大（一般为 $4000r \cdot min^{-1}$），分离因数在3000 以上，主要用于乳浊液的分离和悬浮液的增浓或澄清。乳浊液离心后液体按轻、重分层，分别从不同径向位置导出。

3. 按操作方式分类

（1）间歇式离心机　卸料时须停机或减速，可根据物料最终湿含量要求延长或缩短离心时间，如三足式离心机、上悬式离心机、卧式刮刀卸料离心机等。

（2）连续式离心机　整个离心分离操作连续化进行，如螺旋卸料沉降离心机、活塞脉冲卸料离心机及奶油分离机等。

此外，还可根据转鼓轴线的方向将离心机分为立式与卧式。

三、沉降

沉降（sedimentation）是在力场中使混合物中密度不同的分散相和连续相获得分离的单元操作，在气-固和液-固两相分离中广泛应用。沉降的推动力是密度差，而力则是重力或惯性离心力，相应的沉降方式有重力沉降和离心沉降两种。沉降根据分散相集态的不同，可分悬浮液沉降、乳浊液沉降及气溶胶沉降。沉降在食品工业中主要用于液体的澄清，例如果汁、饮料、酒类的澄清，以除去悬浮液的浑浊杂质；废水的澄清，以除去有机质、微生物等有害杂质。还可以用于悬浮液的增稠，例如淀粉制造过程中利用沉降使得淀粉悬浮液的沉淀增浓，再进行干燥等加工。溶液中颗粒的分级或分离也可以通过沉降过程得以实现，以将同一物质按粒径不同或不同物质按密度不同进行分离。

（一）颗粒在流体中的流动

固体颗粒在流体中的沉降是食品固体颗粒在流体中运动的常见现象。固体颗粒沉降时，起重要作用的特征参数是雷诺数（Re）。

1. 固体颗粒沉降过程的作用力

当固体颗粒密度大于流体时，单个球形颗粒在重力（或离心力）作用下将沿重力方向（或离心力方向）做自由沉降运动。此时颗粒受到以下三方面的作用力。

（1）场力 F

$$重力场 \ F_g = mg \tag{6-17}$$

$$离心力场 \ F_c = mr\omega^2 = mu_t^2/r \tag{6-18}$$

式中　　　　　r——颗粒做圆周运动的旋转半径；

ω、u_t 和 m——分别为颗粒的旋转角速度、切向速度和质量，对球形颗粒 $m = \pi d_p^3 \rho_p / 6$，其中 d_p 为颗粒直径，ρ_p 为颗粒的密度。

（2）浮力 F_b　颗粒在流体中所受的浮力在数值上等于同体积流体在力场中所受到的场力。设流体的密度为 ρ，则有：

$$重力场 \ F_b = m\rho g / \rho_p \tag{6-19}$$

$$离心力场 \ F_b = m\rho r\omega^2 / \rho_p = m\rho (u_t^2/r) / \rho_p \tag{6-20}$$

（3）曳力 F_d　曳力 F_d 为固体颗粒在流体中相对运动时所产生的阻力。

$$F_d = \zeta A_p \frac{\rho u^2}{2} \tag{6-21}$$

式中　F_d——颗粒所受的总曳力，N；

A_p——颗粒在流体流动方向上的投影面积，m^2；

ρ——流体的密度，$kg \cdot m^{-3}$；

ζ——曳力系数；

u——颗粒相对于流体的运动速度，$m \cdot s^{-1}$。

对于光滑球形颗粒，影响曳力的因素包括球形颗粒的直径 d、流体的黏度 μ 和密度 ρ 以及流体与颗粒间的相对速度 u，具体公式如下所示。

$$\zeta = \phi \left(\frac{d\rho u}{\mu} \right) = \phi Re_t \tag{6-22}$$

$$Re_t = \frac{d\rho u}{\mu}$$

式中　ϕ——颗粒的三维球形因子。

由公式（6-22）可以看出，ζ 是颗粒与流体相对运动时雷诺数 Re_t 的函数。由实验测得的 ζ-Re_t 关系如图 6-8 所示。

对于球形颗粒，$\phi_s = 1$，在不同的雷诺数范围内计算公式如下：

当 $Re_t < 2$ 时，为斯托克斯（Stokes）定律区，即层流区，此时：

$$\zeta = \frac{24}{Re_t} \tag{6-23}$$

当 $2 \leqslant Re_t < 500$ 时，为阿仑（Allen）区，即过渡区，此时：

$$\zeta = \frac{18.5}{Re_t^{0.6}} \tag{6-24}$$

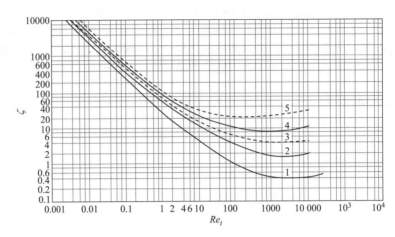

图 6-8 曳力系数 ζ 与颗粒雷诺数 Re_t 的关系

1—ϕ_s= 1; 2—ϕ_s= 0.806; 3—ϕ_s= 0.6; 4—ϕ_s= 0.220; 5—ϕ_s= 0.125

当 $500 \leqslant Re_t < 2 \times 10^5$ 时，为牛顿（Newton）定律区，即湍流区，此时：

$$\zeta \approx 0.44 \tag{6-25}$$

由式（6-23）可以看出，在斯托克斯定律区，曳力与速度成正比，服从一次方定律。随着 Re_t 的增大，球面上的边界层开始脱体，此时在球的后部形成许多涡，称为尾流。尾流区的压强降低，使形体曳力增大。当 $Re_t > 500$ 以后，形体曳力占重要地位，表面曳力可以忽略。此时，曳力与流速的平方成正比，即服从平方定律。当 Re_t 值达 2×10^5 时，边界层内的流动自层流转为湍流，形体曳力突然下降，值由 0.44 突然降至 0.1 左右。

2. 固体颗粒的自由沉降速度及影响因素

（1）颗粒的自由沉降 单个颗粒在空间中的沉降或气态非均相物系中颗粒的沉降都可视为自由沉降。表面光滑的球形颗粒在重力场中降落，会受到重力 F_g 浮力 F_b 及阻力 F_d 的共同作用。其中前两个力为恒定的，而阻力则会随颗粒降落速度而变。设颗粒的直径为 d、密度为 ρ_s，流体的密度为 ρ，根据牛顿第二运动定律：

$$F_g - F_b - F_d = \frac{\pi}{6}d^3\rho_s g - \frac{\pi}{6}d^3\rho g - \zeta\frac{\pi}{4}d^2\rho\frac{u^2}{2} = ma \tag{6-26}$$

颗粒的沉降过程可分为加速沉降阶段和等速（或匀速）沉降阶段。在沉降开始阶段，颗粒与流体的相对速度尚小，流体对颗粒的阻力也小，颗粒产生加速度 a，为加速沉降阶段；随着下降速度的不断增加，式（6-26）右侧第三项（流体对颗粒的阻力）也随之增大，乃至运动产生的阻力与颗粒的净重力（重力与浮力之差）相等时，三力达到平衡，加速度为 0，此时固体颗粒下降速度保持不变，为等速（或匀速）沉降阶段。该匀速沉降速度称为颗粒的沉降速度或终端速度，以 u_t 表示，计算公式见式（6-27）。此阶段时间较长，对沉降计算有重要意义。对于小颗粒，沉降的加速阶段很短，加速段所经历的距离也很小。因此，小颗粒沉降的加速阶段可以忽略，而近似认为颗粒始终以 u_t 下降。

由于在等速阶段加速度 $a = 0$

$$\frac{\pi}{6}d^3\rho_s g - \frac{\pi}{6}d^3\rho g = \zeta\frac{\pi}{4}d^2\rho\frac{u_t^2}{2}$$

整理得到 u_t 的计算式为：

$$u_t = \left[\frac{4gd(\rho_s - \rho)}{3\rho\zeta}\right]^{\frac{1}{2}} \tag{6-27}$$

（2）影响颗粒自由沉降的因素 上面的讨论都是针对表面光滑、刚性球形颗粒在流体中做自由沉降的简单情况，忽略了其他颗粒的干扰以及容器壁的影响。如果分散相的体积分数较高，颗粒间有显著的相互作用，容器壁对颗粒沉降的影响不可忽略，则称干扰沉降或受阻沉降。液态非均相物系中，当分散相浓度较高时，往往发生干扰沉降。

① 颗粒的浓度效应　当颗粒浓度较高时，颗粒间会相互摩擦、碰撞等，且大颗粒也会拖曳着小颗粒下降，从而发生干扰沉降。颗粒直径 d 越大，沉降越快；反之越慢。因此均质乳化可以降低沉降速度，使制品稳定，不致沉淀或分层。此外，采用加热、添加絮凝剂等方法使悬浮液产生絮凝作用，可增大粒径，从而使颗粒迅速沉降而达到澄清。

② 容器的壁效应　容器尺寸远远大于颗粒尺寸（100 倍以上）时，器壁效应可忽略。但实际容器是一个有限的流体空间，当颗粒直径与壁直径相比差值较小时，容器的壁面和底面均增加了颗粒沉降时的曳力，使颗粒的实际沉降速度较自由沉降速度低，称为壁效应。

③ 颗粒形状的影响　工业生产中的粒子都是不规则的，可用球形度 ϕ_s 表征。同一种固体物质，一般 ϕ_s 越小，在同一 Re_t 下 ζ 就越大，也就是球形或近球形颗粒比同体积非球形颗粒的沉降要快一些。

也可以将当量直径作为非球形粒子的直径，按球形粒子的计算方法求得沉降速度后再乘以一校正系数 λ_p，即：

$$u_t' = \lambda_p u_t$$

λ_p 的值随颗粒形状而变化，如圆形颗粒，$\lambda_p = 0.77$；筒形，$\lambda_p = 0.66$；细长形，$\lambda_p = 0.58$；薄片形，$\lambda_p = 0.43$。

④ 分散介质黏度 μ_f 的影响　食品中有些悬浮液难以沉降分离，主要是因为黏度过大。可以用加酶、加热等方法降低黏度，快速沉降，但加热也会产生干扰沉降。

⑤ 两相密度差 $\rho_s - \rho$ 的影响　两相密度差大则沉降速度就快，反之则慢。但对一定的悬浮液沉降而言，差值很难改变。

⑥ 流体分子运动的影响　当颗粒直径小到与流体分子的平均自由程相近时，颗粒可穿过流体分子的间隙，其沉降速度比理论值大。另外，细粒的沉降将受到流体分子碰撞的影响，当 $d < 0.1\mu m$ 时，布朗运动的影响大于重力影响。

3. 颗粒的离心沉降及沉降速度

当流体带着颗粒旋转时，颗粒在径向受到惯性离心力 F_c、向心力 F_b 和阻力 F_d 三个力的作用。若颗粒为球形，则由式（6-18）、式（6-20）、式（6-21）及三力平衡得：

$$u_r = \sqrt{\frac{4 d_p (\rho_p - \rho) u_t^2}{3 \zeta \rho r}} \tag{6-28}$$

式中　u_r——颗粒在离心作用下的沉降速度，$m \cdot s^{-1}$。

该式与式（6-27）的不同之处是用离心加速度 a（$= r\omega^3 = u_t^2 / r$）取代了式（6-27）中的重力加速度 g。若颗粒与流体的相对运动属于滞流，阻力系数也符合斯托克斯公式，则离心沉降速度可用式（6-29）计算。

$$u_r = \frac{d_p^2 (\rho_p - \rho)}{18\mu} \times \frac{u_t^2}{r} = \frac{d_p^2 (\rho_p - \rho)}{18\mu} r\omega^2 \tag{6-29}$$

同一颗粒的离心分离因素 K_c 按如下计算：

$$K_c = r\omega^2 / g = u_t^2 / (gr) \tag{6-30}$$

K_c 值是反映离心分离设备性能的重要指标。K_c 越大，设备沉降分离效率越高。

（二）沉降设备

1. 重力沉降

重力沉降依靠地球引力场的作用而进行沉降，很早就应用于工业除尘中。依靠颗粒本身重力的沉降常用于直径 0.1mm 以上的颗粒，可应用于气体除尘预处理、悬浮液增稠、固体物料分级以及分类等方面。

（1）降尘室　利用重力沉降从气流中分离出尘粒所用设备为降尘室，也叫除尘室。这类设备结构简单、造价低、阻力小；通常操作压力为 50～150Pa；运行可靠，没有磨损部件；可处理高温气体。主要缺点包括分离效率低，一般只用于捕集 50～100μm 的粒子，占地面积大。

常见的降尘室如图 6-9（a）所示，假设入口处含尘气流内的颗粒沿入口截面分布均匀，进入降尘室后，因流道截面积扩大而速度减慢，只要颗粒能够在气体通过的时间内降至室底，便可从气流中分离出来。颗粒在降尘室内的运动如图 6-9（b）所示。

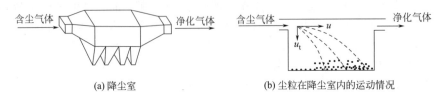

(a) 降尘室　　　　　　　(b) 尘粒在降尘室内的运动情况

图 6-9 降尘室示意图

理论上，降尘室的生产能力只与其沉降面积及颗粒的沉降速度 u_t 有关，与降尘室的高度无关。因此，降尘室应设计成扁平形或多层隔板式，构成多层降尘室。气体在降尘室内的速度不应过高，一般应保证气体流动的雷诺数处于层流区，以免干扰颗粒的沉降或把已沉降下来的颗粒重新扬起。

（2）沉降器　实现重力沉降分离的设备称为沉降器（槽）。沉降器通常为圆形、方形或锥形的沉降槽、沉淀池或长槽。其操作方式有间歇式、半连续式和连续式。处理悬浮液的沉降器可以从悬浮液中分离出清液和沉渣。

① 半连续式沉降器。常见的半连续式沉降器是矩形横截面的长槽，如图 6-10 所示。料液不断加入槽内，随流动不断沉降分离，清液连续从设备中流出，但沉淀物间歇清除。

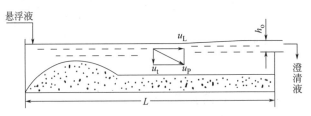

图 6-10 半连续式沉降器示意图

② 连续式沉降器。该设备的进料以及清液和沉淀物的卸出均为连续。如图 6-11 所示，沉降器是一个底部稍带锥形的大直径浅槽，悬浮液由中央进料口进入，上部有溢流堰供清液流出，底部有中央口供浓液排出。在增浓区可用搅拌器搅拌，有利于压缩沉渣而挤出较多的液体。

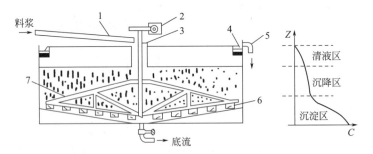

图 6-11 连续沉降器示意图

1—进料槽道；2—转动机构；3—料井；4—溢流堰；5—溢流管；6—叶片；7—转耙

连续式与半连续式沉降器的生产能力均等于沉降面积与沉降速度的乘积，与沉降器的高度无关。因此，将沉降器制作成多层沉降器可成倍增加沉降面积，提高生产能力。

2. 离心沉降

与重力沉降相比，离心沉降具有生产能力大、分离效果好、制品纯度高等特点，其应用也日益广泛，特别适合于食品工业中含结晶（或颗粒）的悬浮液和乳浊液的分离，如蔗糖、味精、酵母、鱼肉制品、果汁、牛奶、啤酒、饮料等的分离处理。典型的有气体旋风分离和悬浮液的离心分离（包括离心沉降和离心过滤）。

（1）旋风分离器　旋风分离器利用惯性离心力的作用进行气溶胶分离。在食品工业上常用于奶粉、蛋粉等干制品后期的分离，也可用于气流干燥等。图 6-12（a）为标准型旋风分离器，其主体上部为圆筒形，下部为圆锥形。图 6-12（b）显示了含尘气体在旋风分离器中的大致运动轨迹。含尘气体由圆筒上部的进气管沿切向进入，受器壁约束而旋转向下做螺旋形运动。在惯性离心力作用下，颗粒被甩向器壁与气流分离，再沿壁面落至锥底的排灰口，经净化后的气体在中心轴附近范围内由下向上做旋转运动，最后由顶部排气管排出。下行的螺旋形气流称为外旋流，上行的螺旋形气流称为内旋流，内外旋流气体的旋转方向是相同的。实际上，气体在旋风分离器内的双层螺旋运动很复杂，在器内任何位置上气流都有三个方向的速度，即切向速度、径向速度与轴向速度。

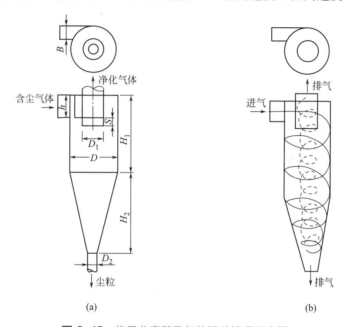

（a）　　　　　　　　　（b）

图 6-12　旋风分离器及气体运动情况示意图

（a）标准型旋风分离器；（b）气体在旋风分离器内的运动情况

一般地，颗粒密度大、粒径大、进口气速高及粉尘浓度高等均有利于旋风分离。通常并联的分离效率优于串联，并且设备小、投资省，工业生产中一般采用多台旋风分离器并联操作的方法。

旋风分离器具有结构简单、造价低廉、没有活动部件、可用多种材料制造、操作条件范围宽广、分离效率较高等优点。但旋风分离器一般用来除去气流中直径 $5\mu m$ 以上的颗粒，而不适用于处理黏性粉尘、含湿量高的粉尘及腐蚀性粉尘。直径 $200\mu m$ 以上的粗大颗粒，最好先用重力沉降法除去，以减少颗粒对分离器器壁的磨损。直径 $5\mu m$ 以下的颗粒，需用袋滤器或湿法扑集。此外，气量的波动对除尘效果及设备阻力的影响较大。

（2）离心机　离心机可按其分离因数 K_c 大小分为常速离心机（$K_c < 3000$）、高速离心机（$3000 < K_c < 5000$）和超高速离心机（$K_c > 5000$），用于分离溶液中不同大小的颗粒。

转鼓式离心机的工作原理如图 6-13 所示。中空的转鼓以 $1000 \sim 4500 r \cdot min^{-1}$ 的转速旋转，转鼓的壁上无孔，悬浮液自转鼓的中间加入，固体颗粒因离心力作用沉至转鼓内壁，澄清的液体则由转鼓端部溢出。间歇操作的离心机转鼓一般为立式，沉渣层用人工卸除。连续操作的离心机转鼓常为卧式，设有专门的卸渣装

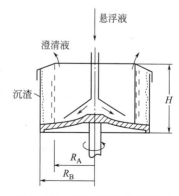

图 6-13　转鼓式离心机示意图

置，连续排出沉渣。

　　沉降式离心机主要用于回收动、植物蛋白，分离可可、咖啡、茶等滤浆，以及鱼油去杂和鱼肉制取等。管式（超速）分离式分离机常用于动、植物油和鱼油的脱水，果汁、苹果浆、糖浆的澄清；倒锥式（超速）分离式分离机则广泛用于牛奶的净化和奶油的分离，动物脂肪、植物油、鱼油脱水和澄清，果汁澄清等。

四、膜分离

　　膜分离（membrane seperation）是利用具有一定选择透过性的过滤介质，以浓度差、压力差及电位差为推动力，利用混合物中各组分在过滤介质中的迁移速率不同而实现物质的分离、提纯或富集的单元操作。由于膜分离不涉及加热，不存在相变，能耗少，操作比较经济，且易于连续进行，十分适合食品工业领域使用。

（一）膜分离的种类及操作原理

　　膜分离的推动力除压力差以外，还可以采用电位差、浓度差、温度差等。目前在工业上应用较成功的膜浓缩主要有以压力为推动力的反渗透（reverse osmosis，RO）和超滤（ultra filtration，UF），以及以电位差为推动力的电渗析（electrodialysis，ED）。

1. 反渗透

　　反渗透是利用反渗透膜选择性地透过溶剂（通常是水）的性质，对溶液施加压力以克服溶液的渗透压，使溶剂通过半透膜而得以分离。其原理如图 6-14 所示。

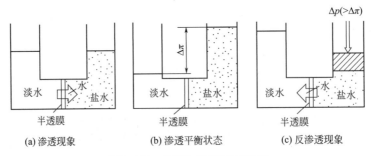

图 6-14　渗透与反渗透原理图

　　反渗透过程的推动力为 $\Delta p - \pi$，其中 Δp 为溶液侧和透过液侧的压力差，一般在 $1 \sim 10\mathrm{MPa}$ 范围；π 为溶液侧的渗透压。但在反渗透过程中，由于半透膜不可能对溶质具有 100% 的截留特性，故实际上，透过液并非纯水，而是含有溶质的稀溶液。此时，过程的推动力为 $\Delta p - \Delta \pi$，其中 $\Delta \pi$ 为溶液侧与透过液侧的渗透压差。

　　反渗透进行时溶剂的透过速率（J_w）可表示为：

$$J_w = A(\Delta p - \Delta \pi) \tag{6-31}$$

式中　A——溶剂对膜的渗透系数，$\mathrm{kg \cdot m^{-2} \cdot s^{-1} \cdot Pa^{-1}}$；

　　　Δp——压力差，Pa；

　　　$\Delta \pi$——渗透压差，Pa。

　　溶质在压力差的作用下通过膜的透过速率为：

$$J_s = B(c_R - c_P) \tag{6-32}$$

式中　B——溶质对膜的渗透系数，$\mathrm{kg \cdot m \cdot kmol^{-1} \cdot s^{-1}}$；

　　　c_R、c_P——溶质在高、低压侧的浓度，$\mathrm{kmol \cdot m^{-3}}$。

2. 超滤

应用孔径为 1.0～20.0nm（或更大）的半透膜来过滤含有大分子或微细粒子的溶液，使大分子或微细粒子在溶液中得到分离或浓缩的过程称为超滤。超滤的推动力也是压力差，在溶液侧加压，使溶剂和小分子透过膜而使大分子溶质得以分离和浓缩的过程。

超滤膜对大分子的截留机理主要是筛分作用，即符合所谓的毛细-孔流模型。决定截留效果的主要是膜的表面活性层上孔的大小和形状。除了筛分作用外，粒子在膜表面微孔内的吸附和在膜孔中的阻塞也使大分子被截留。在超滤过程中，小分子溶质将随同溶剂一起透过超滤膜，如图 6-15 所示。

超滤所用的膜一般为非对称性膜，其表面活性层有孔径为 $10^{-9}\sim2\times10^{-8}$ m 的微孔，能够截留分子量 500 以上的大分子和胶体微粒，所用压差一般只有 0.1～0.5MPa。

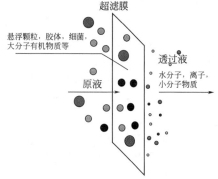

图 6-15　超滤原理

3. 电渗析

在外电场的作用下，含离子溶液在通电时发生离子迁移，利用离子交换膜对离子具有不同的选择透过性而使溶液中阴、阳离子与其溶剂分离，即为电渗析。图 6-16 为电渗析原理图。

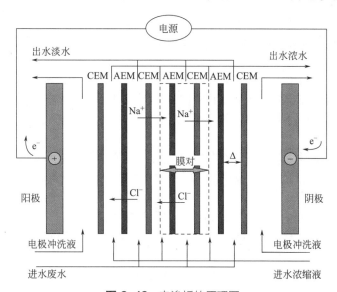

图 6-16　电渗析的原理图

当原水用电渗析器进行脱盐时，水溶液即导电，水中各种离子即在电场作用下发生迁移，阳离子向负极运动，阴离子向阳极运动。电渗析器两极间交替排列多组的阳、阴离子交换膜，阳膜（C）只允许水中的阳离子透过而排斥阻挡阴离子，阴膜（A）只允许水中的阴离子透过而排斥阻挡阳离子。因而在外电场作用下，阳离子透过阳离子交换膜向负极方向运动，阴离子透过阴离子交换膜向正极方向运动。这样就形成了称为淡水（稀溶液）室的去除离子的区间和称为浓水（浓缩液）室的浓离子的区间，在靠近电极附近则称为极水室。在电渗析器内，淡水室和浓水室多组交替排列，水流过淡水室，并从中引出，即得脱盐的水。

（二）影响膜分离的因素

1. 影响反渗透和超滤分离的因素

（1）膜材料的种类和性能　按物料的性质（包括分子量的大小、颗粒大小、胶体含量、悬浮物含量、黏度、固体物质含量、pH 值、成分、温度等）选择与之相适应的膜。良好的膜要求孔径分布均匀，大小一致，同时应具有低的溶质透过率，较强的透水性、抗压性、耐热性和耐有机溶剂性能，化学性质稳定耐用，再生容易，适用 pH 值范围较大，操作压力较低等优点。

（2）溶质的特性　物料中溶质的种类、解离情况、电荷数量、分子结构、分子质量等特性显著影响反渗透和超滤的浓缩及截留效果。

（3）溶液的性质　黏度较高的溶液，溶质扩散和溶剂的渗透速率低，浓差极化形成后不易消除。有些膜在酸性条件下使用透水率较高，可用硫酸进行调整，因为硫酸盐有较高的截留率，但在某些条件下会生成不溶性的硫酸盐，此时可用盐酸溶液调节。有些膜在酸性条件下会出现降解。假如在碱性条件下使用，常用 NaOH 调节。进料液中的悬浮物、胶体和可溶性有机物和无机物杂质会聚集在膜的表面，使膜受到污染，在浓缩过程中形成浓差极化现象。微生物会在膜面产生黏液，侵蚀膜。

为提高透水速率并保持其稳定性，一般需对进料液进行某些物理与化学的预处理。如加入乳化剂可防止沉淀聚结，加入络合剂以防止可能形成的污染物沉淀析出，调节 pH 使聚电解质处于比较稳定的状态等。此外，还可以用过滤、沉淀等进行预处理。

（4）操作条件

① 操作压力　在稳定状态下，操作压力与透水速率呈线性关系。但随着压力增加至靠近临界值时会出现膜的压实现象，这时透水速率与压力的线性关系会受到破坏。因此，应采取有效措施确保膜处于稳定的操作压力下。

② 操作温度　操作温度升高，溶液的黏度下降，可提高溶质扩散和溶剂渗透的速率，溶质扩散速率的提高还有助于减轻浓差极化。但对热敏性物质的浓缩，温度升高是有限的。另外，温度的升高还要考虑膜的耐热性问题。

③ 操作时间　随着浓缩过程的进行，由于浓差极化在膜的表面形成了浓缩的凝胶层，使透水速率逐渐降低。透水速率随时间的衰减周期因物料的种类不同而不同，在食品、制药工业中衰减周期约为 20h 或更少，随后需进行清洗或消毒。

（5）膜的维护

① 膜的压实　当操作压力较高时，会使膜产生变形，不透过物在膜表面沉积而被压实，影响透过的通量。改进的方法为提高膜的机械强度，减少膜的变形，同时定期进行反冲洗，恢复膜原有的空隙。

② 膜的降解　膜的降解包括化学降解和微生物降解两种。可通过选用化学性能稳定的膜材料解决化学降解问题。微生物降解是微生物在膜上繁殖的结果，可用清洗或消毒方法处理，如用甲醛溶液对膜进行消毒。

③ 膜的结垢　结垢主要由悬浮物、离子化合物或盐类物质构成。悬浮物可通过预处理除去，离子化合物或盐类物质可通过添加螯合剂除去。

> ☁
> 过程检查 6-2
> 请介绍反渗透
> 和超滤膜分离
> 的异同点。

2. 影响电渗析操作的因素

（1）膜的极化　膜的极化是指在离子交换膜的表面发生水解的现象。极化的不良后果是使膜的电阻加大；浓差膜的电位升高，使电压-电流曲线变徙；引起稀室阴膜侧 pH 值下降，浓室阴膜侧的 pH 值升高，易引起 Ca^{2+}、Mg^{2+} 等氢氧化物沉淀，发生结垢，最后导致分离效率下降。

（2）电解质的浓差扩散　在浓度差的推动下，电解质会从浓缩室向稀室扩散，并且这种扩散随浓缩室浓度增加而增大。

（3）水的渗透　在渗透压的作用下，溶剂（水）会向浓缩室渗透，并随浓度和温度的升高而增大。

（4）压差渗漏　当膜两侧存在压力差时，溶液就会从压力大的一边向压力小的一边渗漏。

（5）膜的污染和中毒　膜的污染物有多种，污染后会造成膜的极化。如从海水浓缩制盐时，阴膜受到污染后，其对盐的截留率会从 98% 下降至 30%。

第三节　食品的浓缩

浓缩（concentration）是从溶液中除去部分溶剂（通常是水）的操作过程，也是溶质和溶剂均匀混合液的部分分离过程。依据浓缩原理，可将浓缩方法分为平衡浓缩和非平衡浓缩两种。平衡浓缩是利用两相在分配上的某种差异而获得溶质浓缩液和溶剂的浓缩（分离）方法，如蒸发浓缩和冷冻浓缩。非平衡浓缩则是利用半透膜的选择透过性来达到分离溶质与溶剂（水）的过程，也称为膜浓缩或膜分离。

一、蒸发浓缩

（一）蒸发浓缩的原理及分类

1. 蒸发浓缩的原理

蒸发过程中，食品溶液受饱和蒸汽（加热）的加热而温度升高，当温度达到沸点后形成蒸汽气泡，并从沸腾溶液液面散逸而与溶液分离，实现浓缩。保证蒸发持续进行需要不断供给热能和不断排除二次蒸汽。

2. 影响热传递速率的因素

（1）加热蒸汽和沸腾溶液的温差　加热蒸汽和沸腾溶液的温差是传热的推动力，温差越大，传热越快。有两种方法可以增加此温差：提高加热蒸汽的压力和温度或者部分真空以降低沸腾溶液的沸腾温度。后者在工业上更常用。

（2）热传递表面的结垢　蒸发器表面的污垢会降低热传递速率。蒸发器蒸汽侧发生金属腐蚀也会降低热传递速率，使用抗腐蚀化学物质及处理可减少此类影响。

（3）边界膜　蒸发器壁表面的一层静止液膜常常会阻碍热传递。促进食品内部的对流或加强机械挠动可减小边界膜的厚度。

3. 提高汽化速率的方法

有三种方法可以提高汽化速率：沸点进料，料液经预热至沸点温度，进入蒸发器后可以使料液一直处于恒速率浓缩；增大蒸发面积；及时排除二次蒸汽。

4. 蒸发浓缩的分类

蒸发可以在常压、真空或加压下进行。常压蒸发采用开放式设备，真空或加压蒸发采用密闭设备。在食品工业中，多采用真空蒸发。根据蒸发操作的方式，可以将蒸发浓缩分为间歇式、连续式和循环式三种。

另外，根据二次蒸汽利用与否可将蒸发浓缩分为单效蒸发和多效蒸发。蒸发过程汽化的二次蒸汽直接冷凝不再利用的蒸发操作称为单效蒸发。多效蒸发是将几个蒸发器连接起来，前一个蒸发器内蒸发所产生的二次蒸汽用作后一个蒸发器的加热蒸汽，以充分利用热能。几个蒸发器连接就称为几效。

（二）蒸发浓缩过程中食品物料的变化

1. 食品成分的变化

食品物料中蛋白质、脂肪、糖类、维生素以及其它成分在高温或长时间受热时会受到破坏或发生变性、氧化等作用，因此蒸发时要充分考虑加热温度和时间的影响。

2. 黏稠性

随着浓度增高及受热变性，其黏度显著增大，流动性下降，大大妨碍加热面的热传导。蒸发过程随着料液浓度的升高，物料的热导率和总传热系数都会降低。

3. 结垢性

蛋白质、糖、盐类和果胶等受热过度会产生变性、结块、焦化现象。这种现象在传热面最易发生。结垢随着时间增长而变得严重，不仅影响传热，甚至会带来设备运转的安全性问题。

4. 起泡性

溶液的组成不同，发泡性也不同。含蛋白质胶体的物料有比较大的表面张力，蒸发沸腾时泡沫较多，且较稳定，容易发生料液随二次蒸汽冲入冷凝器，造成料液的流失。

5. 结晶性

某些物料在浓缩过程中，当其浓度超过饱和浓度时，会出现溶质的结晶。结晶不仅造成料液流动状态的改变，大量结晶的沉积更会妨碍加热面的热传递。

6. 风味形成与挥发

料液在高温下较长时间加热蒸发，会产生烧煮味和颜色变褐（黑）。但某些浓缩过程（如焦香糖果生产）有意将糖、奶混合物在高温下反应及蒸发，产生焦香风味及颜色。

7. 腐蚀性

酸性食品物料（如某些果蔬汁）的浓缩，设计或选择蒸发器时应根据料液的化学性质、蒸发温度，选取既耐腐蚀又有良好导热性的材料及适宜的型式。

（三）蒸发器的类型及选择

食品蒸发浓缩过程最主要的设备是蒸发器。蒸发器主要由加热室（器）和分离室（器）两部分组成。加热室的作用是利用水蒸气为热源来加热被浓缩的物料。蒸发器分离室的作用是将二次蒸汽中夹带的雾沫分离出来。为了使雾沫中的液体回落到料液中，分离室须具有足够大的直径和高度以降低蒸汽流速，并有充分的机会使雾沫返回液体中。

选择、设计蒸发器，要以料液的特性（热敏性、黏度等）作为重要依据，全面衡量。通常选用的蒸发器要满足以下基本要求：

① 符合工艺要求，溶液的浓缩比适当；
② 传热系数高，有较高的热效率，能耗低；
③ 结构合理紧凑，操作、清洗方便，卫生、安全可靠；
④ 动力消耗低，设备便于检修，有足够的机械强度。

表 6-1 是常用的浓缩蒸发器的类型及应用。

表 6-1　蒸发器的类型及应用

物料热敏性	制品黏度	适用的蒸发器类型	说明
无	低或中等	管式、板式、固定圆锥式	水平管式不适于结垢制品
无或小	高	真空锅、刮板膜式、离心式	琼胶、明胶、肉浸出液的浓缩可采用间歇式
热敏	低或中等	管式、板式、固定圆锥式	包括牛奶、果汁等含适度固形物的制品
	高	刮板膜式、离心式	包括多数果汁浓缩液、酵母浸出液及某些药品，对浆状制品只能用刮板膜式
高热敏	低	管式、板式、固定圆锥式	要求单效蒸发
	高	离心式、板式	要求单效蒸发，包括橙汁浓缩液、蛋白质和某些药物

蒸发器最初采用的是夹层式和蛇（盘）管式加热室，其后有各种管式、板式等换热器形式。为了强化传热，采用强制循环替代自然循环，也有采用带叶片的刮板薄膜蒸发器和离心薄膜蒸发器等。目前工业上多采用膜式蒸发器进行浓缩，例如升膜式蒸发器、降膜式蒸发器、刮板式薄膜蒸发器、离心式薄膜蒸发器和板式蒸发器。这些蒸发器可以使料液形成薄膜状，加热和蒸发速率快，生产效率高，但各类蒸发器中料液成膜的作用力和加热特点各不相同。

拓展阅读 6-1
典型的膜式蒸发器

（四）多效蒸发浓缩过程

1. 多效真空蒸发浓缩

蒸发过程汽化的二次蒸汽直接冷凝不再利用的蒸发操作称为单效蒸发。如将二次蒸汽（或经压缩后）引入另一蒸发器作为热源的蒸发操作，称为多效蒸发。理论上，1kg 生蒸汽可蒸发 1kg 水，产生 1kg 二次蒸汽。若将二次蒸汽全部用做第二效的加热蒸汽，同样应该可蒸发产生 1kg 的蒸汽。但实际上，由于汽化潜热随温度降低而增大，且效间存在热量损失，蒸发 1kg 水所消耗的加热蒸汽量常高于理论上的消耗量。从总的蒸发效果看，随着效数的增加，蒸发所需的蒸汽单耗愈小（见表 6-2）。

表 6-2　蒸发效数与蒸汽耗量的关系　　　　　　　　单位：kg·kg^{-1}

效数	理论耗汽量	实际耗汽量	
		无蒸汽压缩	有蒸汽压缩
1	1	1.10～1.20	0.50～0.60
2	0.5	0.50～0.64	0.35～0.40
3	0.33	0.33～0.40	0.25～0.28
4	0.25	0.25～0.30	0.20～0.22
5	0.20	0.20～0.25	—

2. 多效蒸发的温差分配与效数

多效真空蒸发器内的绝对压力依次下降，因此每一效蒸发器中的料液沸点都比上一效低。任何一效蒸发器中的加热室和蒸发室之间都有热传递所必需的温度差和压力差。

拓展阅读 6-2
多效蒸发的温差分配计算与效数

3. 多效蒸发过程的节能措施

相较于其他浓缩方式，蒸发浓缩耗能高。为了适应社会高质量发展及节能降碳的需求，节能降耗成为蒸发浓缩非常重要的问题。现在已有各种不同的途径以提高蒸发过程效率、降低能耗，包括蒸发器的革新、二次蒸汽再压缩蒸发及预热物料或用于其它加热目的等。

拓展阅读 6-3
多效蒸发过程的节能措施

（五）蒸发浓缩过程香味的保护与回收

果蔬香味成分主要是由各种有机化合物如酯、醇、酸、醛、内酯等组成，具挥发性，因此香味回收是蒸发浓缩过程必须考虑的措施。对果蔬香味的保留和回收可以用低温蒸发浓缩，减少香味成分的挥发，也可以采用短时蒸发浓缩、蒸馏法回收或浆液浓缩工艺等。

拓展阅读 6-4
蒸发浓缩过程香味的保护与回收措施

二、冷冻浓缩

冷冻浓缩是利用冰和水溶液之间固液相平衡原理的一种浓缩方法。由于过程不涉及加热，所以它适用于热敏性食品物料的浓缩，可避免芳香物质因加热造成的挥发损失。冷冻浓缩制品的品质比蒸发浓缩和反渗透浓缩法高，目前主要用于原果汁、高档饮品、生物制品、药品、调味品等的浓缩。

冷冻浓缩的主要缺点是：①浓缩过程微生物和酶的活性得不到抑制，制品还需进行热处理或冷冻保藏；②冷冻浓缩最终的浓度有一定限制，且取决于冰晶与浓缩液的分离程度，一般来说，溶液黏度愈高，分离就愈困难；③有溶质损失；④成本高。

（一）冷冻浓缩的基本原理

1. 冷冻浓缩过程中的固液相平衡

对于简单的二元系统（仅有一种溶质和一种溶剂），如蔗糖水溶液在不同温度与浓度的相平衡关系见图 6-17。

图 6-17 中 B 为低共熔点，与低共熔点相对应的温度称为低共熔温度（TE，约 $-9.5℃$），浓度为低共熔浓度（TG，约质量分数 56.2%）。当溶液的浓度低于低共熔浓度时，温度 T_1 的溶液降温到 T_2 以下，溶剂（水）成晶体（冰晶）析出；随着冰晶体的形成及分离，溶液就获得了浓缩。溶液的冷冻浓缩只能在 ABE 区域内进行。

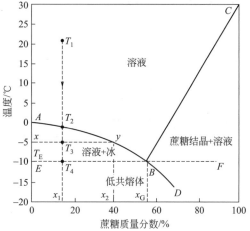

图 6-17　不同温度与浓度下蔗糖水溶液的相平衡

2. 冷冻浓缩过程中溶液的冰点

纯水的冰点为 $0℃$。在纯水中加入溶质形成溶液时，冰点就下降，温度下降多少，视溶质的量与组成成分，即形成的溶液浓度高低，溶液浓度越高，冰点下降就越多。

冷冻浓缩过程，随着水分结成冰，溶液浓度不断升高，冰点则不断下降。冰点下降的计算式为：

$$\Delta T_i = \frac{-RT_0 \ln(1-x)}{\Delta S} \tag{6-33}$$

式中　ΔT_i——冰点下降，K；

R——通用气体常数，$8.314 \text{kJ} \cdot \text{kmol}^{-1} \cdot \text{K}^{-1}$；

x——溶液的浓度，$\text{kmol} \cdot \text{m}^{-3}$；

ΔS——水转化为冰时的熵变，$\text{J} \cdot \text{K}^{-1}$；

T_0——未添加溶质时溶液的冰点，K。

3. 冷冻浓缩过程中的冰结晶量和浓缩液量

如图 6-17 所示，温度为 T_1、浓度为 x_1（15%）的蔗糖溶液经降温到 T_3，部分水冷冻成冰，蔗糖溶液获得浓缩，浓度增加至 x_2（40%）。设原蔗糖溶液的总量为 M kg，生成冰晶量为 F kg，蔗糖浓缩液量为 P kg，根据溶质的物料衡算应有：

$$\frac{F}{P} = \frac{x_2 - x_1}{x_1} \tag{6-34}$$

从图 6-17 也可看出，冰晶量与蔗糖浓缩液量之比为线段 $T_3 y$ 与线段 $x T_3$ 长度的比值，即 $(40-15)/15 = 25/15$。这个关系称冷冻浓缩操作中的杠杆法则，据此可计算冷冻浓缩操作过程的冰晶量或浓缩液量。

4. 冷冻浓缩过程中的溶质夹带和损失

实际上，冷冻浓缩过程中会有溶质夹带现象，包括内部夹带和表面附着两种。内部夹带与冷冻浓缩过程中溶质在主体溶液中的迁移速度和迁移时间有关。表面附着量与冰晶的比表面积成正比。溶质夹带不可避免地会造成溶质的损失。

5. 浓缩终点

理论上，冷冻浓缩过程可持续进行至低共熔点。但实际上，多数液体食品没有明显的低共熔点，而且在此点远未到达之前，浓缩液的黏度已经很高，其体积与冰晶相比甚小，此时就不可能很好地将冰晶与浓缩液分开。因此，冷冻浓缩的浓度在实践上是有限度的。

（二）冷冻浓缩的过程与控制

1. 冰晶生成及控制

冷冻浓缩中的结晶为溶剂的结晶，同常规的溶质结晶操作一样，料液中的水分是靠冷却除去结晶热的方法使其结晶析出。冷冻浓缩中，要求冰晶大小适当。最优的冰晶尺寸取决于结晶形式、结晶条件、分离器形式和浓缩液价值等。影响冰晶大小的因素主要有：

（1）冰晶体生成速率　冰晶体生成速率取决于冻结速度、冻结方法、搅拌、溶液浓度及黏度和食品成分等条件。

（2）冰晶生成的方式　冷冻浓缩过程的结晶有两种形式：一种是在管式、板式、转鼓式以及带式设备中进行，称为层状冻结；另一种发生在搅拌的冰晶悬浮液中，称为悬浮冻结。

层状冻结又称为规则冻结。冻结过程结晶层依次沉积在先前由同一溶液所形成的晶层之上，是一种单向冻结。冰晶长成针状或棒状，带有垂直于冷却面的不规则断面。在受搅拌的冰晶悬浮液中进行的冰晶成长过程称为悬浮冻结。悬浮冻结过程中冰晶成长速率与溶液主体过冷度成正比，当晶体大于某一尺寸时，冰晶成长速率不随晶体的大小而变。对于连续搅拌结晶槽生产的晶体，当溶液主体过冷度和溶质浓度不变时，则平均晶体粒度与晶体在结晶槽内的停留时间成正比。

2. 冰晶与浓缩液的分离

冰晶分离有压榨、过滤式离心和洗涤等方法。采用压榨法时，冰晶易被压实，后续的洗涤难以进行，易造成溶质损失，只适用于浓缩比为1时的冷冻浓缩。采用离心式过滤机时，所得的冰床空隙率可达0.4~0.7，可以用洗涤水或冰融化后来洗涤冰饼，分离效果比用压榨法好，但易造成浓缩液稀释和挥发性芳香物质的损失。分离操作也可以在洗涤塔内进行分离，分离比较完全，而且没有稀释的现象，并可避免芳香物质的损失。后两种方法适用于悬浮冻结过程中冰晶的分离。

在分离操作中，生产能力与冰晶粒度的平方成正比，与浓缩液的黏度成反比。

3. 冰晶的洗涤

可采用稀溶液、冰晶融化后的水及清水对冰晶进行洗涤。冰晶的洗涤在洗涤塔内进行。根据晶体沿塔移动的动力不同，洗涤塔有浮床式、螺旋式和活塞推动式三种类型。

三、膜浓缩

膜浓缩就是利用半透膜的性能，有选择地透过溶剂，把溶质截留下来，使溶质在溶液中的相对浓度提高的方法，也是一种分离溶质及溶剂的方法，也称为膜分离。由于膜浓缩不涉及加热，所以特别适合于热敏性食品成分的浓缩。与蒸发浓缩和冷冻浓缩相比，膜浓缩不存在相变，能耗少，操作比较经济，且易于连续进行，目前已成功地应用于牛乳、咖啡、果汁、明胶、乳清蛋白等的浓缩。膜分离的种类及基本原理见本章第二节的相关内容。

第四节　食品的纯化

一、食品的结晶

结晶（crystallization）是指物质从液态（溶液或熔融状态）或气态形成晶体的过程，是物质因浓度超过平衡溶解度后析出的过程。食品工业上的结晶主要包括通过溶剂蒸发溶质形成结晶，如蔗糖的结晶；通过降温使得水分或熔融状态的物质（如脂肪等）形成结晶。

（一）结晶的基本原理

1. 晶体的结构和形状

　　结晶体是规则排列的质点（原子、离子、分子）所组成的固体。组成空间点阵的基本单位称为晶胞，晶体是由许多晶胞并排密集堆砌而成。每种晶体都有其基本的晶形，结晶的形状则完全依赖于结晶物质的化学结构和结晶的晶系。按晶体的构形，通常把晶体分为七个晶系，如图 6-18 所示，为立方、四方、正交、单斜、三斜、六方和三方晶系。

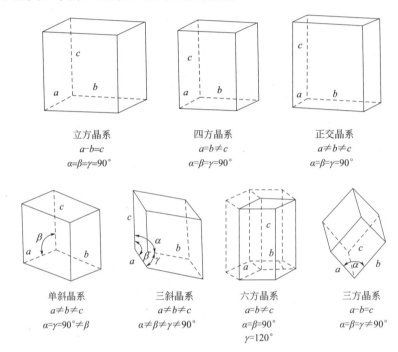

图 6-18　7 种晶系

2. 溶解度和溶液中的相平衡

　　（1）物质的溶解度特征　要使溶质结晶出来，必须首先设法使溶液变成过饱和溶液，或者说必须设法产生一定的过饱和度作为结晶的推动力。而溶液饱和度及过饱和度与溶质在溶液中的溶解度密切相关。

　　物质的溶解度与它的化学性质、溶剂的性质及温度等有关。有些物质的溶解度随温度的升高而迅速增大，如 $NaAc$、$Na_2CO_3 \cdot 10H_2O$、$C_5H_8O_4NNa \cdot H_2O$（谷氨酸钠）、$C_6H_8O_7 \cdot H_2O$（柠檬酸）等在水中的溶解，就属于这种类型。有些物质的溶解度随温度的升高，以中等速度增大，如 KCl、$NaNO_3$、$NaHCO_3$ 及多数氨基酸等。还有一类物质随温度的升高其溶解度只有微小的增加，如 $NaCl$ 等。另有一类物质，其溶解度随温度的升高反而降低。

　　许多物质的溶解度曲线是连续的，中间没有断折；但有些可形成水合物晶体的物质，它们的溶解度曲线却有断折点（变态点）。例如柠檬酸的溶解度曲线转变温度为 36.6℃，在此温度以上结晶时，柠檬酸不带结晶水；在此温度下结晶时，带一个分子结晶水。

　　物质的溶解度特征对选择结晶方法有相当大的作用，是决定物质结晶方法的理论依据。根据在不同温度下的溶解度数据还可算出结晶的理论产量。

　　（2）过饱和度与结晶的关系　饱和溶液仅仅是在溶解度曲线上才能存在，沿着溶解度曲线向高浓度移动，就进入过饱和区域内，此溶液称为过饱和溶液（即溶液含有超过饱和量的溶质）。溶液的过饱和度与结晶的关系可用图 6-19 表示。

图 6-19 中的 AB 线为溶解度曲线，CD 线代表溶液过饱和而能自发地产生晶核的浓度曲线，也称过饱和曲线或过溶解度曲线，它与平衡溶解度曲线大致平行。这两根曲线将浓度-温度图分割为三个区域。在 AB 曲线以下是稳定区，在此区中溶液尚未达到饱和，因此没有结晶的可能。AB 线以上为过饱和溶液区，此区又分为两部分：在 AB 与 CD 线之间称为介稳区，在这个区域中，不会自发地产生晶核，但如果溶液中已加了晶种（溶质晶体的小颗粒），这些晶种就会长大，称长晶；CD 线以上是不稳区，在此区域中，溶液能自发地产生晶核。若原始浓度为 E 的洁净溶液在没有溶剂损失的情况下冷却

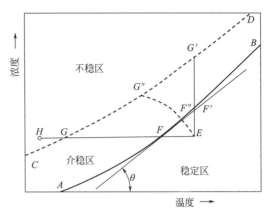

图 6-19 溶液的过饱和度与结晶的关系

到 F 点，溶液刚好达到饱和，但不能结晶，因为它还缺乏作为推动力的过饱和度。从 F 点继续冷却到 G 点，溶液经过介稳区，虽已处于过饱和状态，但仍不能自发地产生晶核（但却可以长晶）。只有冷却到 G 点以下温度后，溶液中才能自发地产生晶核，越深入不稳区（例如达到 H 点），自发产生的晶核也越多。由此可见，溶解度曲线及介稳区、不稳区这些概念对于结晶过程有重要意义。把溶液中的溶剂蒸发一部分，也能使溶液达到过饱和状态，图 6-19 中 $EF'G'$ 线代表此恒温蒸发过程。在工业结晶中往往结合使用冷却和蒸发，此过程可由 $EF''G''$ 线代表。

拓展阅读 6-5
工业起晶方法

3. 晶核的形成

（1）形成晶核的方法　晶核的形成是过饱和溶液中溶质的析出，简称为成核，工业上也称为起晶。工业结晶有自然起晶法、刺激起晶法和晶种起晶法三种起晶方法。

（2）晶核的形成速率及影响因素　晶核的形成速率为单位时间内在单位体积的晶浆中或溶液中生成新粒子的数目，通常由式（6-35）表示。

$$j = \frac{\mathrm{d}N}{\mathrm{d}Q} = K_{\mathrm{n}} \Delta C_{\max}^{m} \tag{6-35}$$

式中　j——晶核形成速率，粒数 $\cdot$ m^{-3} $\cdot$ s^{-1}；

　　　Q——时间，s；

　　　N——单位体积的晶核数目，粒数 $\cdot$ m^{-3}；

　　　K_{n}——成核速率常数，粒数 $\cdot$ m^{-3} $\cdot$ s^{-1} $\cdot$ (ΔC^{m})$^{-1}$；

　　$\Delta C_{\max}$——允许使用最大浓度过饱和度，kg $\cdot$ kg^{-1}；

　　　m——晶核形成动力学的反应级数。

成核速率是决定晶体产品粒度分布的首要动力学因素，成核速率过高，必然导致晶体产品细碎，粒度分布范围宽，产品质量差。

成核速率决定于过饱和度、温度、杂质以及其它多种因素，如溶液的黏度、化学组成和晶体的结构特点及结晶的流体动力条件等。

拓展阅读 6-6
影响晶核形成
的因素

4. 晶体的生长

（1）晶体的生长速率　在过饱和溶液中已有晶核形成或加入晶种后，以过饱和度为推动力，晶核（或晶种）将长大，这种现象称为晶体生长（或长晶）。

根据菲克扩散定律，扩散量与浓度差、扩散面积和时间成正比，而与扩散行程成反比。故有结晶公式：

$$G = \frac{K_{1}(C - C^{*})}{d} AQ \tag{6-36}$$

式中　G——结晶量（扩散量），mg；

　　　A——结晶面积（扩散面积），m^{2}；

Q——结晶时间，min；

C、C^*——料液过饱和浓度和饱和浓度，$kg \cdot kg^{-1}$；

d——界膜厚度，m；

K_1——溶质的扩散系数。

将单位时间（min）内在单位面积（m^2）上结晶的溶质（mg）称为结晶速率（度）J_t，计算公式见下式：

$$J_t = \frac{K_1(C-C^*)}{d} \tag{6-37}$$

由此可见，结晶速率与浓度差（$C-C^*$）成正比。

对于低纯度极黏稠的溶液，据因斯坦对扩散系数 K_1 的研究，可由下式表示：

$$K_1 = \frac{KT}{\eta} \tag{6-38}$$

式中　T——绝对温度，K；

η——介质黏度，$Pa \cdot s$；

K——常数，与温度无关。

将式（6-38）带入式（6-36）和式（6-37）中可得：

$$G = \frac{KT(C-C^*)}{\eta d}AQ \tag{6-39}$$

可见，结晶的量与浓度差、结晶面积、时间、绝对温度成正比，与黏度、不动液层的厚度成反比。晶体生长速率受扩散速率的影响，也受晶体表面溶质长入晶面、使晶体增大的表面反应推动力的影响。

⊙
工程训练 6-1
谷氨酸生产中如何通过工艺调控来获得希望的 α 型晶体？请解释其中的原因。

（2）影响晶体生长的因素　晶体生长速率受扩散控制，有时是受表面反应控制。晶体生长速率既可表示晶体质量随时间的变化（质量速率），也有用各晶面的生长线速度表示，但它们都与溶液的过饱和度、温度、压力、液相的搅拌强度和特性、各种场的作用、杂质的存在等有关。

（二）食品工业常用的结晶技术

人们常把在溶液中产生过饱和度的方式作为结晶工艺技术分类的依据，将结晶方法分成如下三种：

1. 冷却法结晶

冷却法结晶过程基本上不去除溶剂，而是使溶液冷却降温或控制其它条件，使溶液过饱和而析出结晶。此法主要适用于溶解度随温度降低而显著下降的物质的结晶，如硝酸钠、硫酸镁、硫酸钠（$Na_2SO_4 \cdot 10H_2O$）、钾矾等无机盐和谷氨酸等。

2. 蒸发法结晶

蒸发法是使溶液在常压或减压下蒸发浓缩而形成过饱和溶液的方法。此法尤其适用于溶解度随温度的降低变化不大的物质（如氯化钠）或具有逆溶解度的物质的结晶［如无水硫酸钠和碳酸钠（$Na_2CO_3 \cdot H_2O$）］。蔗糖和味精也采用蒸发法结晶。

3. 真空结晶法

真空结晶法也称真空冷却法，是指热的饱和（或接近饱和）溶液引入用绝热材料保温的密闭容器后，立即发生闪蒸效应，瞬间把蒸汽抽走，随后就开始继续降温而完成结晶过程。因此，这类结晶器既有蒸发又有冷却作用。此法适用于中等溶解度物质的结晶。由于该方法主体设备较简单、操作稳定、生产效率较高、便于工业化生产而应用较多。许多食品物料结晶多采用该法，如葡萄糖、葡萄糖酸、苹果酸、柠檬酸等。

⊙
拓展阅读 6-7
影响晶体生长的因素

（三）食品结晶过程及品质控制

结晶的主要目的是生产出符合质量要求、有一定的晶体粒度及粒度分布均匀的晶体，获得最大的结晶产量。

1. 加晶种的控制结晶

在工业结晶过程中，为了便于控制晶体的数目和大小，为晶核的形成创造条件，往往在结晶将要开始之前，在溶液中加入溶质的微细晶粒，即为加晶种的控制结晶。加晶种的控制结晶有两种机理：一种是靠投入的晶种作为晶核，让其晶体长大，结晶过程要严格控制新晶核的形成，这种投种结晶便于控制结晶的晶体大小和晶粒数量，常用于大颗粒的晶体结晶，如味精结晶。另一种是投入晶种［通常较上一种方法有较小的晶种，投种时溶液的过饱和度（介稳区）较上法低］，溶液由于受到晶种的刺激（也可能是晶粒的部分溶解或晶粒的投入），使晶核的形成提早（其所需的过饱和度远较自然起晶的过饱和度低），投入的晶种既有刺激长晶作用也可以作为晶核。多数工业结晶在重视产量而对晶形、粒度无需严格控制时多采用此法，如谷氨酸的等电点结晶、味精结晶、砂糖结晶等。

（1）晶种的量　　晶种的加入量，取决于结晶过程析出的结晶量、晶种的粒度及所希望得到的产品粒度。

（2）投种时的过饱和度　　从理论上分析，晶种的投入应该在溶液处于介稳区，即投入的晶种即使部分溶解，也不至于使溶液达到不稳状态而析出新的晶核为好。过饱和度受多种因素影响，在蒸发结晶过程中，饱和度靠蒸发浓缩来控制，而在冷却结晶过程可通过降温及其他因素进行控制。

（3）细晶的消除　　结晶过程中须尽早将过量的晶核消除。间歇式的蒸发结晶过程（如味精煮晶），可采用加水稀释、提高料液温度、降低真空度等方法消除细晶。连续结晶通常采用淘析原理消除细晶。

（4）晶垢的去除　　在结晶器的操作中，经常会有大量溶质沉淀出来，并聚集成大块晶垢，成片地附着在管壁表面及容器壁上。可用晶浆加以稀释，或提高温度，或两者兼用，最终将晶垢溶解。有时需把晶浆放空，采用向结晶器内通入蒸汽或喷入稀释剂等方法加以清洗。

2. 结晶的分离、洗涤和干燥

（1）晶体的分离　　结晶结束，晶体仍分散在溶液（为区分结晶前的溶液，常称为母液）中，需采用离心分离操作分离母液获得晶体。

（2）晶体的洗涤　　从结晶器取出的晶体，其表面附着少量母液，靠离心力尚不可能将这层母液彻底分离（有时尚可残留高达5%的母液）。为了彻底排除晶粒表面残留的母液，需对晶体加以洗涤。洗涤时离心机转速可比分离时慢些。

洗涤有水洗和汽洗两种方式。如蔗糖结晶，由于对产品质量要求不同，洗糖要求也有差异。通常三级砂糖不经水洗，二级砂糖只用水洗，一级砂糖用水洗和汽洗，也有不用汽洗而采用无汽一次水洗法。结晶味精的离心分离过程需用50℃温水淋洗一次，用水量约为晶体的6%～10%。柠檬酸晶体常用冷的去离子水或蒸馏水洗涤。

（3）晶体干燥与包装　　经过离心分离后，晶体中尚含有少量的水分，不利于产品的储运，需经过干燥、过筛包装才成为产品。由于晶体的水分及结合特性不同，常采用不同的干燥方法。

干燥完毕的结晶，经筛分并冷却至室温后，迅速采用合适的包装材料包装，减少外来物质污染，防止结晶吸湿，有利于储运或销售。

二、离子交换

（一）离子交换及其过程

离子交换（ion exchanging）是利用溶液中各种带电粒子与离子交换剂之间结合力的差异进行

拓展阅读 6-8
不同食品晶体
的干燥方法

拓展阅读 6-9
中国蔗糖业的
"世界之最"

第六章

物质分离的操作。这个过程实质上是可交换离子与溶液中同性电荷离子进行置换反应的过程。离子交换法必须使用离子交换剂，一般由一个大分子量的带电基团和一个可置换离子组成。带电粒子与离子交换剂间的作用力是静电力。它们结合是可逆的，即在一定的条件下能够结合，条件改变后又可以被释放出来。

离子交换剂由惰性的不溶性载体、功能基团和平衡离子组成。平衡离子带正电荷的为阳离子交换树脂，平衡离子为负离子者称阴离子交换树脂。若以 A^+ 表示树脂相上可交换的平衡离子，以 B^+ 表示溶液中的被交换离子，且 A^+、B^+ 同价，则交换过程可表示为：

$$R^-A^+ + B^+ \rightleftharpoons R^-B^+ + A^+$$

离子交换为可逆反应，即正反应和逆反应同时进行。当正反应速率大于逆反应速率时，过程表现为生产中所需的离子交换；当正、逆反应速率相等时，各离子浓度在树脂相和溶液相中达到平衡浓度，离子交换过程达到终点。平衡时，其平衡浓度与树脂的交换选择性及操作条件有关。影响平衡及平衡浓度的主要因素包括交换离子的性质、离子交换树脂的性质以及溶液的性质等。

离子交换的机理如图 6-20 所示。

离子交换包括如下五个步骤：

① 交换离子由溶液主体扩散至树脂表面。

② 交换离子由外表面经颗粒中的微孔扩散到活性基团上。

③ 交换离子与树脂活性基团上的反离子进行交换。

④ 交换下来的反离子由树脂内部经微孔扩散至树脂外表面。

⑤ 交换下来的反离子由树脂表面扩散至溶液主体。

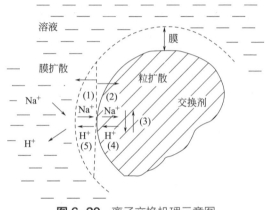

图 6-20　离子交换机理示意图

其中，步骤①和⑤为互逆步骤，属外扩散；步骤②和④为互逆步骤，属内扩散。实验证明，一般稀溶液中交换速率受外扩散速率控制，浓溶液中交换速率受内扩散速率控制。

除无机离子外，食品中的大分子有机物，如氨基酸、蛋白质、核酸等大多是"两性"物质，在水溶液中也带有电荷，且在特定的介质中可带电荷种类或密度不同，为采用离子交换方法进行分离纯化提供了依据。因此离子交换法在食品分离及浓缩、生物化学和生物制药领域中的用途十分广泛。如在食品工业中，离子交换常用于水的软化及纯化、产品的提纯精制和制品的浓缩分离等。

拓展阅读 6-10 影响平衡及平衡浓度的主要因素

（二）离子交换速率

1. 外扩散速率

离子交换是离子与反离子的双向扩散。若离子交换为等价交换，则离子交换的外扩散速率可以用吸附的外扩散速率公式表示，即：

$$\rho_a \frac{d\overline{w}'}{dt} = k_L a (c' - c_i') \tag{6-40}$$

式中　a——单位体积离子交换树脂的比表面积，$m^2 \cdot m^{-3}$；

ρ_a——树脂的装载密度，$kg \cdot m^{-3}$；

c'——交换前液相主体的交换离子浓度，$kg \cdot m^{-3}$；

c_i'——交换后液相主体的交换离子浓度，$kg \cdot m^{-3}$；

$\overline{w}'$——树脂相中交换离子的质量分数，$kg \cdot kg^{-1}$；

k_L——液相中传质膜系数，$m \cdot s^{-1}$；

　　　t——离子交换时间，s。

　　固定床中离子交换的 k_La 可用下式计算：

$$\frac{k_Lad_p}{u}=KRe^{-m}Sc \tag{6-41}$$

式中　Re——溶液在交换柱中流动的雷诺数；

　　　Sc——溶液的施密特数；

　　　d_p——树脂的粒径，m；

　K、m——常数；

　　　u——溶液的流速。

2. 内扩散速率

　　在多孔性颗粒内，具有大量的毛细孔，孔内充满液体，离子在孔内扩散，其扩散情况类似于吸附的内扩散。离子交换内扩散速率为：

$$\rho_a\frac{d\overline{w}}{dt}=k_sa(\overline{w_i'}-\overline{w'}) \tag{6-42}$$

式中　$\overline{w}$——树脂内交换离子质量分数，$kg\cdot kg^{-1}$；

　　　t——离子交换时间，s；

　　　$\overline{w_i'}$——界面处树脂的交换离子质量分数，$kg\cdot kg^{-1}$；

　　　$\overline{w'}$——树脂相主体交换离子的平均质量分数，$kg\cdot kg^{-1}$；

　　　k_s——树脂相中传质膜系数，$kg\cdot m^{-2}\cdot s^{-1}$。

　　若树脂是直径为 d_p 的球体，树脂相内浓度分布呈线性，$\overline{w'}$ 与 c' 平衡线斜率 K_{AB}，则：

$$a=\frac{6}{d_p\rho_s} \tag{6-43}$$

$$k_s=\frac{2\pi^2D_i}{3K_{AB}d_p} \tag{6-44}$$

　　由式（6-44）可见，k_s 与 d_p 成反比。若要减小内扩散阻力提高内扩散速率，减小颗粒直径 d_p 是有效的方法之一。上式中 ρ_s 指溶液密度（$kg\cdot m^{-3}$），内扩散系数 D_i 一般比液体中外扩散系数 D 小得多，D_i/D 一般在 0.1～0.2 范围内。D_i 因树脂种类和交联度而异，随着离子水化半径增大而减少，随离子电荷增加而减小。

3. 总传质速率和总传质系数

　　若设定：①等价交换；②两相浓度分布呈直线；③界面处于平衡状态。用当量分数 x、y 分别替代 c'、$\overline{w'}$ 表示浓度，则：

$$\frac{dy}{dt}=\frac{x-x^*}{\dfrac{w_0'}{c_0'k_L}+\dfrac{1}{mk_sa}} \tag{6-45}$$

令　　　　

$$\frac{1}{k_La}=\frac{1}{k_La}+\frac{c_0'}{w_0'}\times\frac{1}{mk_sa} \tag{6-46}$$

$$\frac{dy}{dt}=\frac{x-x^*}{\dfrac{w_0'}{c_0'}\times\dfrac{1}{k_La}} \tag{6-47}$$

式中　m——y-x 平衡线的斜率；

　　　K_L——液相总传质系数。

三、凝胶色谱

凝胶色谱（gel chromatography）是一种新型的分离方法，是将样品混合物通过一定孔径的凝胶固定相（填料颗粒），利用各组分流经体积的差异而将不同分子量的组分分离的色谱方法，也称为分子筛色谱、排阻色谱、凝胶扩散色谱或限制扩散色谱等。该方法操作简便、设备简单，分离效果好、回收率高，条件温和、不改变分离物质特性等特点，因此应用范围很广，分离的分子量范围也很宽泛，可用于各种生化物质（蛋白质、多糖、多肽、激素、核酸）等的分离纯化、脱盐、浓缩和分析测定等。

（一）凝胶色谱的分离过程及基本原理

凝胶色谱分离过程如图 6-21 所示。

分离步骤如下：

① 不同大小的分子进入凝胶色谱柱内时，不同大小的溶质分子通过色谱柱，每个分子都要向下移动，同时还做无定向的扩散运动。

② 比凝胶色谱填料介质大的分子不能进入凝胶过滤介质的孔内，只能通过凝胶过滤介质颗粒之间的空隙，随流动相一起向下移动，首先从色谱柱中流出，在分离图谱上是最先出现的峰。

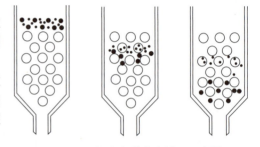

图 6-21　凝胶色谱分离过程示意图
○ 表示多孔填料颗粒；● 表示大分子；· 表示小分子

③ 比凝胶过滤介质孔径小的分子，有的能进入凝胶过滤介质的部分孔道，更小的分子则能自由地扩散进入孔道内，这些小分子由于扩散效应，不能直接通过凝胶过滤介质的空隙而流出，其流出色谱柱的速率滞后于大分子，且依据分子的大小依次流出色谱柱，其在谱图上出现的色谱峰在大分子峰的后面。

由上所述，由于不同分子大小物质的扩散速率不同，它们在凝胶柱内停留时间也不相同，较小分子的物质在柱内的停留时间较长，使得不同分子大小的物质在凝胶内部向柱下流动的速率也不同。因而，凝胶过滤色谱实际上就是按照待分离物质的分子尺寸大小不同，依次流出色谱柱而达到分离的目的。

多聚物分子的流出体积由在宏观流动相和微观孔体积中的平衡分配系数 K 所决定，其计算公式如式（6-48）所示。

$$K = \frac{V_{i,\text{ace}}}{V_i} \tag{6-48}$$

式中　$V_{i,\text{ace}}$——某种大小的溶质分子可以渗透进入的填料介质孔体积；

　　　V_i——填料中总的孔体积。

"排阻系数"或"分配系数"K_d，表征不同物质之间的分离行为，是物质在凝胶柱中洗脱特性的参数。它与被分离物质的分子量和分子形状、凝胶过滤介质颗粒的间隙和网孔大小有关，而与色谱柱的粗细长短无关。

$$K_d = \frac{V_e - V_0}{V_i} \tag{6-49}$$

式中　V_e——淋出体积；

　　　V_0——凝胶颗粒间体积。

当 $K_d = 1$ 时，洗脱体积 $V_e = V_0 + V_i$，为全渗入。

当 $K_d = 0$ 时，洗脱体积 $V_e = V_0$，为全排阻。

$0 < K_d < 1$ 时，洗脱体积 $V_e = V_0 + K_d V_i$，为部分渗入。

在特殊情况下，某些物质的 K_d 值可以大于1，这是因为该种物质分子与凝胶之间有吸附作用。

对一定种类规格的凝胶，物质的 K_d 值为该物质的特征常数，见表 6-3 所示。

表 6-3 部分常见物质的 K_d 值

物质名称	凝胶				
	G-25	G-50	G-75	G-100	G-200
纤维蛋白原	0	0	0	0	0
血清白蛋白	0	0	0	0.2	0.4
血红蛋白	0	0	0.1	0.3	0.5
卵清蛋白	0	0	0	0.2	
胰蛋白酶	0	0	0.3	0.5	0.7
糜蛋白酶	0	0	0.3	0.5	0.7
细胞色素 C	0	0	0.4	0.7	
甘氨酸	0.9		1.0		
苯丙氨酸	1.2	1.0			
酪氨酸	1.4	1.1			
色氨酸	2.2	1.6	1.2		
硫酸铵	0.9				
氯化钾	1.0	1.0			
氯化钠	0.8				
葡萄糖	0.9				

（二）凝胶色谱介质的分类及选用

1. 凝胶色谱介质及其分类

凝胶色谱介质简称凝胶，是不带电荷的具有三维空间的多孔网状结构、呈珠状颗粒的物质。可用作凝胶色谱的凝胶包括交联聚苯乙烯、多孔玻璃、多孔硅胶和交联葡聚糖、琼脂糖凝胶等。每个凝胶颗粒的细微结构及筛孔的直径均匀一致，像筛子有一定的孔径和交联度，凝胶颗粒不溶于水，但在水中有较大的膨胀度，具有良好的分子筛功能。这些凝胶可分离的分子大小范围广，分子量在 $10^2 \sim 10^8$。凝胶是凝胶色谱过滤的核心，是分离的基础。要达到分离的要求必须选择合适的凝胶。

目前已商品化的凝胶过滤色谱介质有很多种，按材料来源可把凝胶分成有机凝胶与无机凝胶两大类；按机械性能可分成软胶、半硬胶和硬胶三类；根据凝胶对溶剂的适用范围，可分为亲油性胶、亲水性胶和两性胶；按照凝胶过滤色谱介质的骨架可分为天然多糖类和合成高聚物类；按凝胶过滤色谱能达到的柱效和分辨率，又可将凝胶分为标准凝胶和高效凝胶。

2. 凝胶色谱介质的要求

对用于凝胶色谱的凝胶有如下要求。
（1）化学惰性 凝胶和待分离物质之间不能起化学反应，否则会改变待分离物质的化学性质。
（2）化学性质稳定 凝胶应能长期使用而保持化学稳定性。应能在较大的 pH 值和温度范围内使用。
（3）含离子基团少 凝胶上没有或只有少量的离子交换基团，以避免离子交换效应。
（4）网眼和颗粒大小均匀 凝胶颗粒大小和网眼大小合适，可选择的范围宽。
（5）机械强度好 凝胶必须具有足够的机械强度，防止在液流作用下变形。

3. 凝胶色谱介质的选用

在选择使用凝胶时应注意以下问题。

① 混合物的分离程度主要取决于凝胶颗粒内部微孔的孔径和混合物分子量的分布范围。

凝胶孔径决定了被排阻物质分子量的下限。与凝胶孔径有直接关系的是凝胶的交联度。移动缓慢的小分子物质，在低交联度的凝胶上不易分离，大分子物质同小分子物质的分离宜用高交联度的凝胶。

② 凝胶的颗粒粗细与分离效果有直接关系。

一般来说，细颗粒分离效果好，但流速慢；而粗颗粒流速快，但会使区带扩散，使洗脱峰变平而宽。因此，如用细颗粒凝胶宜用大直径的色谱柱，用粗颗粒凝胶时用小直径的色谱柱。在实际操作中，要根据工作需要，选择适当的颗粒大小并调整流速。

③ 选择合适的凝胶种类以后，再根据色谱柱的体积和干胶的溶胀度，计算出所需干胶的用量，考虑到凝胶在处理过程中会有部分损失，计算得出的干胶用量应再增加 10%～20%。

📝 知识归纳

1. 食品的提取
压榨通过物理压力（多为机械压缩力）将食品物料中的液相从液固两相混合物中分离开来。萃取则是利用溶质在互不相溶的两相之间分配系数的不同而使溶质得到纯化或浓缩。

2. 食品的分离
过滤操作利用重力、压强差或惯性离心力，使连续相（流体）相对分散相（颗粒）运动而实现固、液分离。过滤速率与推动力成正比，与过滤阻力成反比。

离心沉降、分离及过滤操作均是利用惯性离心力实现物料中各相间的分离，涉及的参数包括离心力、离心分离因数、离心沉降速度、分离界面半径等。

沉降是在力场中使混合物中密度不同的分散相和连续相获得分离的单元操作，主要用于气-固和液-固两相分离。

膜分离利用半透膜选择地透过溶剂，把溶质截留下来，使溶质与溶剂分离。食品中常用的膜分离包括反渗透、超滤和电渗析。

3. 食品的浓缩
蒸发浓缩是通过蒸发食品溶液中的溶剂（水分）而使溶质浓度提高的过程。可以通过沸点进料、增大蒸发面积及不断排除二次蒸汽的方法加快蒸发浓缩。蒸发浓缩也是一个比较耗能的过程，采用多效真空蒸发浓缩等方法可以实现节能。

冷冻浓缩是利用冰和水溶液之间固液相平衡原理而实现浓缩的方法。当溶液温度降到冻结点以下，溶剂（水）成晶体（冰晶）析出，冰晶体分离后溶液获得浓缩。

4. 食品的纯化
食品结晶操作与溶质的溶解度特征及溶液的过饱和度密切相关。晶体的生长与溶液的过饱和度、温度、压力、液相的搅拌强度和特性、各种场的作用、杂质的存在等有关。

离子交换法利用溶液中各种带电粒子与离子交换剂之间静电结合力的差异进行物质分离。影响离子交换过程平衡及平衡浓度的主要因素包括交换离子的性质、离子交换树脂的性质以及溶液的性质等。

凝胶色谱法利用混合物中各组分流经凝胶固定相的体积差异而将不同分子量的组分分离，可用于各种生化物质等的分离纯化、脱盐、浓缩和分析测定等。

知识图谱 6-1

复习思考题

1. 概念题：过滤阻力，离心分离因数，曳力，过饱和溶液，起晶，成核，长晶。
2. 请列举 2~3 种采用压榨分离提取的产品，并指出其采用的压榨方法。
3. 请简述萃取过程的分类及其优缺点。
4. 请指出增加过滤推动力、降低过滤阻力的方法或手段。
5. 请比较过滤、离心分离、沉降及膜分离几种分离方法的分离作用力、适用的食品物料、优缺点等。
6. 请介绍超滤技术在食品工业中的应用。
7. 请给出 2~3 种食品晶体物质的生产流程、工艺条件及发展概况。
8. 请介绍几种水的净化及纯化方法。
9. 请简述凝胶色谱分离的原理和步骤。

第七章　食品的微波与射频加热

微波爆米花

微波蛋糕

家庭烹饪小助手——微波炉

微波炉可以用来加热饭菜，简捷便利。微波炉还能用于烹制菜肴、制作蓬松的蛋糕、膨爆香喷喷的爆米花……微波如何实现"隔空"加热制作的?

> 🌿 **为什么要学习"食品的微波与射频加热"？**
>
> 相比于传统的传导加热、对流传热，微波和射频加热技术具有加热速度快、穿透性强、能量利用率高、绿色高效等特点。目前已成功用于食品烹饪、焙烤、干燥、杀菌、萃取等多个领域，取得优良效果。学习和应用微波和射频加热技术，可以实现食品加工高效生产、节能减耗，赋能食品工业绿色加工，符合当前国家要求工业生产"提质增效"的倡导，助力食品工业高质量发展。

> 👁 **学习目标**
>
> ○ 了解微波和射频的概念及传输特点，掌握其在不同材料中的反射、吸收和穿透特性。
> ○ 掌握微波加热原理、介质介电特性和穿透深度及其影响因素，了解微波加热的特点及微波能加热系统。
> ○ 掌握微波和射频加热技术在食品处理中的作用原理及特点；列举 3~5 个微波和射频加热的应用实例。

　　微波加热应用于工业开始于 20 世纪 70 年代末。由于能源成本的提高，促使人们寻找更有效的工业加热和干燥的方法。微波作为热源，具有加热速率快，能量利用率高的特点，因此微波加热技术和微波炉应用获得迅速发展。随着微波应用于食品加热问题的解决，微波在食品工业的应用愈来愈普遍。微波已成功用于食品发酵、膨化、干燥、烹调、焙烤、解冻、杀菌、萃取、灭虫等目的，以微波能应用为主要手段的微波食品也应运而生。

　　微波加热与其他能源相比，其工业应用仍处于不断发展中。能源成本，技术难度，以及某些综合性因素仍是目前推广应用微波能的主要障碍，缺乏对材料物性及加热技术与设备的基础性研究也是主要原因之一。工业上的微波加热技术有它的特殊性，人们只有充分了解这一特性后，才能有效利用这一技术，更好地为人类服务。

☁
拓展阅读 7-1
波西·斯潘塞
博士（Dr. Percy
Spencer）和
微波炉的发明

　　射频波是一种频率介于 10~300MHz 的电磁波，射频能量可穿透至物料内部，属于非接触式加热，产生整体加热效应，使物料内外同步受热。与微波或红外加热相比，射频波较长，穿透深度更大，针对大尺寸物料加热更为均匀，可穿透纸或塑料等常规食品包装材料，特别适合于包装食品的加热与杀菌。

第一节　微波与射频的性质

一、微波的性质

（一）微波及其特性

　　微波（microwave，MW）是指波长 1m~1mm 的电磁波，频率在 300MHz~300GHz 之间，介于无线电频率（超短波）和远红外线频率（低频端）之间。微波的频率接近无线电波的频率，并重叠雷达波频率，会干扰通信。因此，国际上对工业、科学及医学（ISM）使用的微波频带范围都有严格要求，见表 7-1。目前工业上只有 915MHz（英国用 896MHz）和 2450MHz 两个频率被广泛应用。

表 7-1　允许用于工业、科学及医学的微波频率

频　　率		中心波长/m	使用国家
中心频率/MHz	变动范围(±)		
433.92	0.20%	0.691	奥地利、荷兰、德国、瑞士、前南斯拉夫、葡萄牙
896	10MHz	0.335	英国
915	25MHz[①]	0.328	全世界
2375	50MHz	0.126	阿尔巴尼亚、保加利亚、匈牙利、罗马尼亚、捷克、苏联
2450	50MHz	0.122	全世界
3390	0.60%	0.088	荷兰
5800	75MHz	0.052	全世界
6780	0.60%	0.044	荷兰
24125	125MHz	0.012	全世界

① 美国允许变动范围为13MHz。

　　微波具有电磁波的波动特性，如反射、透射和干涉、衍射、偏振以及伴随电磁波的能量传输等波动特性，在自由空间以光速传播，自由空间微波波长与频率有如下关系：

$$\lambda_0 = \frac{c}{f} \tag{7-1}$$

式中　λ_0——自由空间波长，m；

　　　c——光速，$3 \times 10^8 \text{m} \cdot \text{s}^{-1}$；

　　　f——频率，Hz。

　　微波像光一样直线传播，受金属反射，可通过空气及其他物质（如各种玻璃、纸和塑料），并可被不同食品成分（包括水）所吸收。当微波被物质反射，并不增加物质的热；物质吸收了微波的能量，则引起该位置变热。

　　微波能量具有空间分布性质，在微波能量传输方向上的空间某点，其电场能量的数值大小与该处空间的电场强度的二次方成正比，微波电磁场总能量为该点的电场能量与磁场能量叠加的总和。

（二）微波与介电物质

　　微波辐射是非电离性辐射。当微波在传输过程中遇到不同的材料时，会产生反射、吸收和穿透现象，这取决于材料本身的几个主要特性：介电常数（dielectric constant，常用 ε_r 表示）、介质损耗（$\tan\delta$，也称介质损耗角正切）、比热容、形状和含水量等。

　　在微波应用系统中，常用的材料可分为导体、绝缘体、介质等几类。大多数良导体，如铜、银、铝之类的金属，能够反射微波。因此在微波系统中，导体以一种特殊的形式用于传播以及反射微波能量。如微波装置中常用的波导管，微波加热装置的外壳，通常是由铝、黄铜等金属材料制成的。

　　绝缘体可部分反射或渗透微波，通常它吸收的微波能较少，大部分可透过微波，故食品微波处理过程用绝缘材料作为包装和反应器的材料，或作为家用微波炉烹调用的食品器具。常见的材料有玻璃、陶瓷、聚四氟乙烯、聚丙烯塑料等。

　　介质材料又称介电物质（dielectric material），它的性能介于导体和绝缘体之间。它具有吸收、穿透和反射微波的性能。在微波加热过程，被处理的介质材料以不同程度吸收微波能量，因此又称为有耗介质。特别是含水、盐和脂肪的食品以及其他物质（包括生物物质）都属于有耗介质，在微波场下都能不同程度地吸收微波能量并将其转变为热能。

二、射频波的特性

　　射频波（radio frequency，RF）是指 10～300MHz 的电磁波，为避免干扰通信，美国联邦通信

委员会规定仅 13.56MHz、27.12MHz 和 40.68MHz 三个射频频率可用于工业、科学和医学领域。有别于依靠内部传导、表面对流和辐射的传统加热（如热风/水和蒸汽），射频能量可穿透至物料内部，产生整体加热效应，使物料内外同步受热。此外，有别于欧姆加热，射频属于非接触式加热，可穿透纸或塑料等常规食品包装材料，避免包装时产生二次污染。而与微波或红外加热相比，射频波较长，穿透深度更大，针对大尺寸物料加热更为均匀。

第二节　微波与射频的加热原理及特点

一、微波加热原理及特点

（一）微波加热原理

食品微波处理主要是利用微波的热效应。食品中的水分、蛋白质、脂肪、糖类等都属于有耗介质。有耗介质吸收微波能使介质温度升高，这个过程称为介电加热。微波在介电材料产生热主要有两种机制：离子极化和偶极子转向。

溶液中的离子在电场作用下产生离子极化。离子带有电荷从电场获得动能，相互发生碰撞作用，可以将动能转化为热。溶液的浓度（或密度）愈高，离子碰撞的概率愈大，在微波高频率（如 2450MHz）下产生的交变电场会引起离子无数次的碰撞，产生更大的热，引起介质温度升高。存在毛细管中的液体也能发生这种离子极化，但与偶极子转向产生的热相比，离子极化的作用较小，其产生热量的多少主要取决于离子的迁移速率。

有些介电物质，分子的正负电荷中心不重合，即分子具有偶极矩，这种分子称偶极分子（极性分子），由这些极性分子组成的介电物质称极性介电物质。极性介电物质在无外电场作用时，其偶极距在各个方向的概率相等，因此宏观上，其偶极矩为零。当极性分子受外电场作用时，偶极分子就会产生转矩，从整体看，偶极矩不再为零，这种极化称偶极子转向极化，见图 7-1。

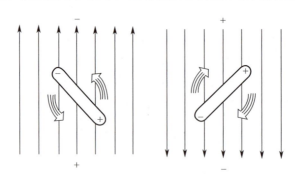

图 7-1　交变电场引起偶极子转向

水分子是最普通的极性分子，广泛分布在食品及生物组织中。当食品处于交变电场中时，电场方向改变就会引起水分子极性转动。水分子转动的快慢受频率影响，在高频电场中 1s 内极性分子要进行上亿次的换向"变极"运动。如使用的微波的频率为 2450MHz，就相当于可使水分子在 1s 内要发生 180°来回转动 24.5 亿次，使分子之间产生强烈振动，引起摩擦发热，使物料温度升高，达到加热目的。

由于介质吸收微波能而发热，具有"热点"效应，且会在加热介质中产生多个"热源"。因此，微波加热速率快，其加热效果是传导和对流方式加热达不到的。但另一方面，微波电磁场的空间分布特点和加热速率过快，致使微波加热控制不当可能会出现局部过热现象。

（二）食品材料的介电特性

1. 介质对微波能的吸收

介质吸收微波能并将其能量转变为热能，微波的场强和功率就被衰减，即微波透入介质后将进入衰减状态。不同的介质对微波能的吸收衰减程度是不同的，随介质的介电特性而定。衰减状态决定微波对介质的穿透能力。

拓展阅读 7-2 影响微波穿透深度的因素

（1）穿透深度　微波进入介质时，介质表面的能量密度最大，随着微波向介质内部的穿透，其能量呈指数衰减，此时，微波的能量释放给介质。穿透深度可以表示介质对微波能的衰减能量的大小。常有两种表示法，即功率穿透深度 D_e 和半功率穿透深度 $D_{0.5}$。

功率穿透深度是指功率从材料表面衰减至表面值的 $1/e$（大约 37%）时的距离，用 D_e 表示，微波功率衰减方程（Lambert's law）如下：

$$P = P_0 e^{-2\alpha D_e} \tag{7-2}$$

式中　P_0——入射功率，W；

　　　D_e——穿透距离，cm；

　　　P——在穿透深度 D_e 时的功率，W；

　　　α——衰减系数；

　　　e——2.718282。

如果 $P/P_0 = e^{-1}$，则

$$D_e = \frac{1}{2\alpha} \tag{7-3}$$

穿透深度也可以用功率衰减一半时的距离（$D_{0.5}$）来表示，也称半功率穿透深度，此时 $P/P_0 = 1/2$，则：

$$D_{0.5} = \frac{1}{2.885\alpha} \tag{7-4}$$

衰减系数 α 可用下列方程计算：

$$\alpha = \frac{2\pi}{\lambda_0} \left[\frac{\varepsilon_r}{2} \left(\sqrt{1 + \tan^2\delta} - 1 \right) \right]^{0.5} \tag{7-5}$$

对于低损耗介质，$\tan\delta \ll 1$，微波的穿透深度近似为：

$$D_e = \frac{\lambda_0}{2\pi \sqrt{\varepsilon_r} \tan\delta} \tag{7-6}$$

$$D_{0.5} = \frac{3\lambda_0}{8.686\pi \sqrt{\varepsilon_r} \tan\delta} \tag{7-7}$$

从式(7-6)与式(7-7)可知，微波能在介质中的穿透深度，不管用何表示方法，对于同样介质，穿透深度都与微波波长成正比，与频率成反比。

穿透能力差的加热方式对物料只能进行表层加热。由于微波的波长远高于红外线、远红外线，故微波有穿透力强的特点。在物料的微波穿透深度（$D_{0.5}$）2 倍距离以内，微波能深入物料内部加热，使物料表里几乎同时吸热升温形成"体热状态加热"。

（2）介质吸收微波的功率　在微波场中，介质吸收微波能转变为热，可用以下方程表示：

$$P_m = 0.556 \times \varepsilon_r \times \tan\delta \times f \times E^2 \times 10^{-12} \tag{7-8}$$

式中　P_m——功率密度，W·cm^{-3}；

　　　ε_r——介质的介电常数；

　　$\tan\delta$——介质损耗；

　　　f——微波频率，Hz；

　　　E——电场强度，V·cm^{-1}。

从式(7-8)可看出：f 和 E 为微波场的性能参数；而 $\varepsilon_r \tan\delta$ 为每种介质所固有的介电特性，称为介电损耗因子（dielectric loss factor）、有效损耗因子或介电损耗（用 ε'' 表示）。因此介电物质单位体积内的放热量（单位介电功率损耗）取决于微波场的参数 E 和 f，以及材料的介电常数 ε_r 和介质损耗 $\tan\delta$。

在食品加工中，材料的介电损耗因子（ε''）与电场强度（E）及频率（f）一起决定了能被一定体积材料所耗散的功率。对于给定的耗散功率，ε'' 决定材料温度上升的速率。介电损耗因子愈大，材料愈容易吸收入射的微波能。一般来说，介电损耗因子少于 10^{-2}，为了在材料中有合适的温度上升率，就需有很高的电场强度；而当介电损耗因子大于 5 时，可能会出现穿透密度问题，这时由于材料对微波的强烈吸收，入射能量的大部分被吸收在数毫米厚的表层里，而其内部则影响较小，因而造成加热不均匀，因此在微波应用设计中介电损耗因子被限制在 $10^{-2} < \varepsilon'' < 5$ 范围内。

不同物料的介电常数及介电损耗有很大差别，在同样微波场中会有不同的吸收微波能力，这就使得微波加热物料具有一定的选择性。

☁
过程检查 7-1
为什么说微波
加热具有选
择性？

2. 影响材料介电特性的因素

食品的介电性质随微波场频率、温度、水分含量、盐含量和组分、物理状态不同而变化。

（1）微波频率　微波频率对食品材料介电特性的影响比较复杂。食品含水分不同，频率变化对其影响也有差异。一般地，介电常数及介电损耗因子随水分含量增加而增加，随频率的增加而下降。

（2）温度的影响　对于食品来说，介电特性随温度的变化依赖于微波的频率、自由水和束缚水的比例、离子导电性及物料的组分。例如，在食品工业使用的微波频率条件下，由于食品中束缚水的极化引起的介电常数及介质损耗因子会随着温度的升高而升高。而自由水的上述两种介电特性则会随着温度的升高而降低。对许多食品的介电常数与温度及频率关系的研究，发现由于多数食品都含有一定水分，其介电特性规律类似于水，见图 7-2。从图中可见，在冰点以下与冰点以上食品介电常数（ε_r）和介电损耗因子（ε''）与温度关系很大。

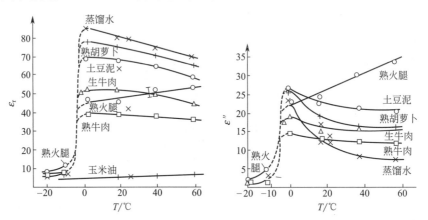

图 7-2　各种食品在 2.8GHz 时介质特性与温度的关系

当冻结食品融化前，ε_r 和 ε'' 随温度升高而增大；融化后，除了含盐食品（熟火腿）继续增大外，其他食品的 ε_r 和 ε'' 则随温度升高而减少。食品材料在水的冰点附近发生的介电常数和介电损耗因子的突变，是微波解冻工艺要特别注意的问题。因为只要在解冻过程产生几滴水，微波能就首先耗散在液态水中，易引起解冻不均匀及局部食品升温的加热效果（称热失控现象），因此对于高水分食品，通常解冻到 -2℃可避免这现象出现。

含盐量较高的食品，由于离子极化，在冻结点以上其介电常数及介质损耗因子会随着温度的升高而升高，这种变化趋势与取决于自由水偶极子极化的介电特性随温度的变化趋势相反。低盐食品的介质损耗因子随温度升高而降低的好处是具有"温度平衡"效应，就是说，当食品某一部位过热后，此部位的介质损耗因子减小，导致吸收微波能转化的热能减少，有助于减轻温度分布的不均匀性。

（3）食品水分含量和状态　由于水分子的极化特性，食品中的水分含量决定了食品的介电特性。一般来说，水分含量越高，食品的介电常数及损耗因子越大。在冻结点以上时，食品中的水分有两种存在状态——自由水和束缚水。自由水的介电特性类似于液体水，而束缚水则类似于冰的介电特性。食品的介电特性会随着水分含量的降低而迅速降低直到一个临界水分含量。低于此临界水分含量时，食品中的水分为束缚水，损耗因数的减少不明显。微波干燥过程中，食品较湿的部位吸收更多的微波能，可以平衡不均匀的水分分布。当水分含量低于临界水分含量时，上述的水分均衡效应不明显。

拓展阅读 7-3
部分食品的介电特性与水分的关系

（4）材料的组成成分　材料的组成成分不同，就会有不同的介电特性。

食品物料组成复杂，常常由多种介电性质不同的介质复合而成，包括干物质（纤维素、蛋白质、淀粉、脂肪、矿物质等）和水（束缚水、自由水等），因此其介电特性应是复合的，也称为复合介电特性。

大部分食品材料的介电损耗因子（ε''）和介电常数（ε_r）都大于陶瓷、纸、玻璃、塑料等。因此在同样的微波场中，食品材料吸收的微波能大；而陶瓷、纸、玻璃、塑料等吸收微波能较小，也即其微波穿透性好，适于在食品微波处理中作为食品的容器或包装材料。

拓展阅读 7-4
部分食品和材料的介电性质

（5）物料的密度　物料的密度也会影响其介电性质。被磨成粉状的物料由于其粉体中含有大量的空隙，所以其介电常数及介电损耗因子都比密实的原料小。空气的介电常数较低，在微波场中，空气是完全的微波透过体，故在食品物料中，空气的存在量将直接影响物料的介电常数。在疏松的物料（如面包团）中，空气成为微波的绝缘体，在焙烤过程中，面包团的密度进一步降低，其绝热性增加，使常规热量传递到物体内部就十分困难且缓慢，此时采用微波烘烤则可使时间大大缩短。

（三）微波加热特点

微波能不仅对含水物质能进行快速均匀的加热作用，而且对许多有机溶剂、无机盐类也呈现不同程度的微波热效应，微波加热的主要特点如下。

1. 加热效率高，节约能源

微波可直接使食品内部介质分子产生热效应。微波只作用于被加热体，不需要传热介质，甚至连容器或载体都因为选择微波穿透性材料而不被加热。因此微波能的加热效率比其他加热方法要高，仅消耗部分能量在电源及产生微波的磁控管上。

2. 加热速率快，易控制

微波能不仅能在食品表面加热，而且能够穿透进入食品内部，并在内部某一体积迅速产生热量，使食品整体升温快。微波加热一般只需常规法 1/100～1/10 的时间就可完成整个加热过程。微波加热有自动平衡的性能，可避免加热过程出现表面硬化及不均匀现象；而且只要切断电源，马上可停止加热，控制容易。

3. 利用食品成分对微波能的选择吸收性，用于不同微波干燥目的

如干制食品的最后干燥阶段，应用微波作为加热源最有效。用微波干燥谷物，由于谷物的主要成分淀粉、蛋白质等对微波的吸收比较小，谷物本身温升较慢。但谷物中的害虫及微生物一般含水分较多，介质损耗因子较大，易吸收微波能，可使其内部温度急升而被杀死。如果控制适当，既可达到灭虫、杀菌的效果，又可保持谷物原有性质。微波还可用于不同食品（干制品）的水分调平作用，保证产品质量一致。

第七章

4. 有利于保证产品质量

微波加热所需的时间短，无外来污染物残留，因此能够保持加工物品的色、香、味等，营养成分破坏较小。对于外形复杂的物品，其加热均匀性也比其他加热方法好。

微波加热设备体积较小，占用厂房面积小。即使一次投资费用较大，但从长期生产考虑，却可节省劳动力，提高工效，改善工作环境及卫生条件。而且微波加热结合其他加工工艺（如真空干燥）还能获得更佳的效益。

5. 加热不均匀性

食品材料对微波的选择吸收性，可有效地用于食品加工，但也会带来一些工艺控制的困难。影响食品材料介电特性的因素较多，即使相同的材料，在加热过程随着温度、水分含量的改变，其吸收特性也发生改变。因此，如缺乏控制，也易造成加热不均匀（尤其是大块食品材料的加热及冻结食品的解冻操作）。在应用微波能时，要根据食品的介电特性、微波穿透深度、使用频率及电场强度来决定加工食品的大小、厚度以及处理量和时间等，才能避免出现加热过度或不足或不均匀的缺陷。

另外，微波加热的均匀性与食品的形状密切相关。球形最利于微波聚集及加热。柱形材料在20～35cm 直径区域范围内为最大受热中心区，在 45～50cm 直径时，只有表面发热。方形或有尖角的食品在角上的位置会产生"尖角效应"或"棱角效应"，导致过热。

微波加热作为一种加热手段，为了达到高效节能的目的，在工业应用中常结合其他的技术。如微波与热空气组合系统用于干燥速率缓慢的食品，不仅可降低成本，缩短干燥时间，还有利于控制食品中污染的生物；微波真空干燥，更有利于保证制品质量。

（四）微波能的产生及微波加热设备

1. 微波能的产生

微波能通常由直流或50Hz 交流电通过一特殊的器件来获得。可以产生微波能量的器件主要有两大类：电真空器件和半导体器件。

电真空器件是利用电子在真空中运动来完成能量变换的器件，也称为电子管。在电真空器件中能产生大功率微波能的有磁控管，多腔速调管，微波三、四极管，行波管及正交场器件等。目前在微波加热应用较多的是磁控管及速调管。磁控管的输出功率高，效率也高，频率稳定以及价格低廉，在工业应用较广泛。在频率要求较高、功率较大的场合，用磁控管已经不能满足要求，这时常采用多腔速调管（多个谐振腔）。

2. 微波加热设备

（1）微波加热系统的组成　工业微波加热系统主要由高压电源、微波管（微波发生器）、连接波导、加热器及冷却系统和保障系统等几个部分组成，见图 7-3。微波管由直流电源（交流电源变压整流）提供高电压并转换成微波能量。微波能量通过连接波导（圆波导或矩形波导）传输到加热器，对被加热物料进行加热。冷却系统用于对微波管的腔体及阴极部分进行冷却。冷却方式主要有风冷与水冷。保障系统用于设备的安全操作和防护。

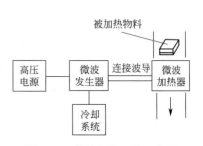

图 7-3　微波加热系统示意图

（2）微波加热器的种类及其结构特点　微波加热器按照被加热物和微波场作用的形式，可分为驻波场谐振腔加热器（箱型）、行波场波导加热器（波导型）、辐射型加热器、慢波型加热器等几大类。表 7-2 列出食品工程中各种类型微波加热器的特点。

表 7-2　食品工程中各种类型微波加热器的特点

加热器类型	微波功率在加热器内的分布情况	功率密度	适用的被加热物料	对磁控管的负载特性	适用的加热方式
箱型	分散	弱	大件、块状	差	分批/连续
隧道式箱型	集中	强	线状、条状	差	连续
波导型	集中	强	粉状、片状、柱状	好	连续
慢波型	集中	强	片状、薄膜状	较好	连续

拓展阅读 7-5
四种微波加热器及选择

拓展阅读 7-6
影响微波频率选择的因素

拓展阅读 7-7
微波源选择注意事项

（3）微波频率的选择　目前用于工业微波加热的频率主要有 915MHz 和 2450MHz。选定工作频率主要取决于物料的体积和厚度、物料的含水量及介电损耗因子、生产量及成本和设备体积等因素。

（4）微波源的选定　选择微波源主要考虑所需功率、磁控管和配制系统。要选择稳定性好的磁控管作为微波发生器，配置有数字电路、模拟电路和可编程控制器相结合的电气控制系统和完备的微波传输系统，使微波源性能完善、功能多、通用性强、稳定性高，可用于各种微波处理目的。

二、射频加热原理及特点

（一）射频加热原理

射频加热系统的基本原理可简化为上下两极板所构成的平行板式电容器，当将农产品样品放置在射频场中时，两种现象会同时发生。第一种是空间电荷极化，即样品中的带电离子在外电场作用下的迁移过程；第二种是极性分子旋转，例如样品中的水分子不断旋转以使自身与不断变化的电场极性一致（图 7-4），这些离子和极性分子在电磁场的影响下连续高速运动产生热能，从而引起样品内部和表面的温度升高。虽然离子极化和极性分子旋转并存，通常认为离子去极化是射频处理过程中产生热量的主要因素。

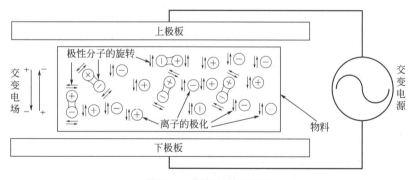

图 7-4　射频加热原理图

农产品置于射频电磁场后，样品中吸收的电磁能量密度（Q，$W \cdot m^{-3}$）可由式（7-9）计算：

$$Q = 2\pi f \varepsilon_0 \varepsilon'' |\vec{E}|^2 \tag{7-9}$$

式中　$\vec{E}$——样品中的电场强度，$V \cdot m^{-1}$；

ε_0——等于 $8.86 \times 10^{-12} F \cdot m^{-1}$；

ε''——相对介电损耗因子；

f——频率，Hz。

基于式（7-9），农产品很容易吸收射频能并快速升温。如果忽略热损失，置于射频电磁场中的样品的加热速率与 Q 成正比，与样品的比热容和密度成反比。

介电特性（DP）对了解电磁能与样品相互作用的方式至关重要。大多数农产品可等效为电容器将电能存储，也可等效为电阻将电能转换为热能进而提高样品温度。介电特性的复数形式表达式为：

$$\varepsilon = \varepsilon' - j\varepsilon'' \tag{7-10}$$

式中 ε' 和 ε''——分别为相对介电常数和损耗因子，前者表示物料对电磁能的储存能力，后者反映物料对电磁能的吸收或将电磁能转换为热量的能力；

j——代表虚数单位，$j = \sqrt{-1}$。

介电特性受很多因素的影响，包括测试频率和样品的水分含量。射频能量在样品中的穿透深度（d_p）可由式（7-11）计算：

$$d_p = \frac{C}{2\pi f \sqrt{2\varepsilon'} \sqrt{\sqrt{1 + (\tan\delta)^2} - 1}} \tag{7-11}$$

式中 d_p——射频能量在样品中的穿透深度，m；

C——波在真空中的传播速度，$3 \times 10^8 \, \mathrm{m \cdot s^{-1}}$；

$\tan\delta$——材料的损耗角正切，对于给定的材料，这相当于 ε'' 和 ε' 的比值。

根据式（7-11），当介电特性的参数固定时，穿透深度随电磁波频率的增加而减小。因此，与其他加热方法相比，射频加热大体积的农产品时具有更快的加热速率与更大的穿透深度。

（二）射频加热特点

射频加热的特点主要体现在以下三个方面：

1. 快速、整体加热

热风和水浴等传统加热常借助对流、热传导和热辐射的方式从外到内加热物料，但受制于物料体积，升温过程缓慢，这会造成物料内外温差过大。射频波可穿透至物料内部，使物料内外同时快速受热，能有效避免物料表面温度远高于中心温度的现象发生。

2. 选择性加热

大多数农产品属于电介质，其在射频场中的温度变化与介电特性有关，并且介电常数和介电损耗因子常与物料的水分含量成正相关，这就导致了水分含量高的样品加热快。通常农产品中微生物的水分含量远高于产品本身，当微生物与农产品置于同一射频场中时，农产品的加热速率小于微生物，在加热相同时间后，微生物达到致死温度而农产品温度较低，此时农产品的品质不会因为温度过高而下降，这就达到了在有效灭菌的同时还不损害农产品的品质。

3. 穿透深度大

穿透深度与波长成正比，射频波的穿透深度是微波的数十倍，例如，在湿基水分含量为11.9%的巴旦木中，室温下射频波的穿透深度达到微波的20倍。

射频发生器最高功率通常为微波发生器数十倍，使得建立一套工业化规模的射频加热系统投资较少。但是射频加热存在边角局部过热、热偏移和物料加热形状效应等缺点。

（三）射频加热系统

典型的射频加热系统主要分为三种。

1. 自激振荡射频加热系统

自激振荡射频加热系统在食品加工研究中应用最广泛，其中射频能量由三极管形成的标准振荡电路产生，电磁波的功率由流经三极管的直流电表示，高压变压器的输出电路为系统的初级电路，工作电路的射频施加器（即向产品施加高频场的系统）形成变压器的次级电路。因此，射频施加器可被视为射频功率发生器电路的一部分，并用于控制功率发生器提供的射频功率。在传统的功率振荡器系统中，通常通过改变极板的间距或者调整工作电路可变电感的长度，保证工作回路从谐振回路耦合得到的射频功率保持在设定范围内。典型的自激振荡射频加热系统电路图如图 7-5 所示。

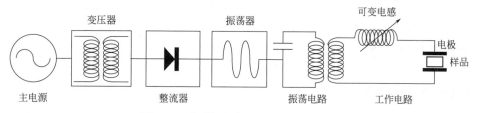

图 7-5 自激振荡射频加热系统电路图

2. 自适应匹配射频加热系统

由于安装和维护的复杂性，50Ω 射频系统成本较高，尚未在工业中广泛应用。图 7-6 展示了典型的 50Ω 射频加热系统示意图。50Ω 射频发生器的工作频率由晶体振荡器控制，基本上固定在 13.56MHz 或 27.12MHz（很少使用 40.68MHz）。频率固定后，选择 50Ω 作为射频发生器的输出阻抗值，以便使用高功率电缆和射频功率计等标准设备。为了有效地传输功率，发生器必须连接到阻抗为 50Ω 的负载。因此，系统中必须包括阻抗匹配网络，将射频施加器的阻抗转换为 50Ω。

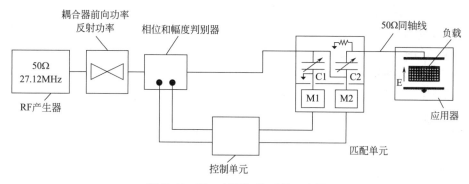

图 7-6 50Ω 射频加热系统示意图

3. 固态射频系统

与上述 2 种加热系统不同，固态射频技术是近年来提出的一种新型射频技术，被认为最有可能取代传统的磁控管微波炉。磁控管仅在一个电磁场频率（例如 915MHz 或 2450MHz）下产生能量，该能量在烘箱中产生驻波，并且不会在整个腔体中迁移而导致不均匀的加热。而固态射频技术使用固态晶体管产生可变频率的电磁能量。此外，与磁控管中的开环系统不同，固态射频系统是一根由一根或多根天线组成的闭环，这些天线监测腔中电磁能量的吸收率，并通过反馈回路实时调整射频能量输出。这些调整有可能消除腔体中的驻波，从而实现比微波烤箱更精确的食物烹饪。固态射频系统示意图如图 7-7 所示。

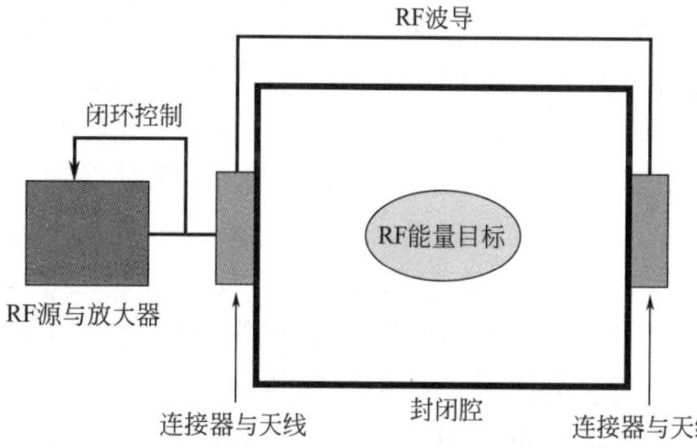

另外，在射频加热系统中，不论是传统射频振荡式系统还是 50Ω 系统，都需要通过射频电容器对物料进行干燥或加热。在现在的研究和工业应用中，射频系统常用三种类型的射频系统电极，主要包括平行板电极、交错式电极、偏置式电极。

图 7-7 固态射频系统示意图

过程检查 7-2
微波和射频的加热原理及特点

第三节　微波技术的应用与控制

一、微波加热与食品干燥、烘烤

（一）微波加热脱水的功率消耗

传统的干燥方法，物料的加热是由表面向中心内部进行的，因而湿热传导率阻碍水分从物料中脱去，而过长时间加热或过高的表面温度易造成物料表面结皮、硬化、烧焦及内部干燥不均匀的缺陷。湿物料中的水分在微波场中有较高的选择吸收微波能的特性，可使物料内部某一体积产生强烈加热，以至于物料内部蒸汽的形成速率超过它的迁移速率，既有利于增加传质与传热速率，还可引起物料膨化或发泡（水蒸气由内向外逸出形成），使干燥物达到最佳质量。

根据公式(7-8)，功率密度 P_m 与物料介电特性和微波场参数的关系，实际上，许多食品的介电常数并不容易获得，而物料加热耗用微波功率常用下式进行计算：

$$P = \frac{\Delta TCW}{860t} \tag{7-12}$$

式中　P——耗用微波的功率，kW；

ΔT——物料温升，℃；

C——物料比热容，$kJ \cdot kg^{-1} \cdot ℃^{-1}$；

W——物料量，kg；

t——微波作用时间，h。

物料干燥需耗用的微波功率：

$$P = \frac{\Delta TCW + QW'}{860t} \tag{7-13}$$

式中　Q——液体蒸发潜热或汽化潜热，$kJ \cdot kg^{-1}$；

W——物料量，kg；

W'——蒸发水量，kg。

（二）微波干燥与膨化

用微波加热达到干燥目的的方法应用最广泛，主要利用湿物料的快速体积加热而产生的附加显热，诱导湿气向表面扩散，有利于用较经济的常规技术来抽走和排除湿气。微波干燥最大的优点是在干燥后期降速干燥阶段可提高干燥速率，避免传统干燥方法干燥后期干燥速率低、干燥时间长的缺点。因此，为了提高微波能使用效率，降低成本，微波干燥常与传统热干燥技术配合使用。如微波/热空气干燥果蔬，微波/真空干燥果汁粉，后者生产成本比等效的冷冻或喷雾干燥低，生产效率得以提高，产品色泽、质构及复水性好。微波用于升华干燥也可将干燥时间大大缩短。

微波干燥另一应用是中等水分物料的最后干燥，每种湿料干燥速率曲线上都有一临界水分，当低于此水分值时，采用常规的干燥方法速率慢，效率低，而此时用微波加热的组合系统（即先用常规加热，再用微波加热），在运行费用和能量利用等方面被认为是最佳的加热方式。微波真空干燥已被成功地应用在固体颗粒果汁饮料的生产上，产品品质优于喷雾干燥、冷冻干燥，运转费也比它们低。

微波膨化利用微波加热的特性（内部加热），使食品内部水分快速升温汽化、增压、膨胀，当蒸气压力达到一定程度时，包裹蒸汽的物料薄层破裂，蒸汽散逸出去，物料结构固化，形成网状多孔结构。这一过程伴随着水分的蒸发与物料的干燥过程。微波膨化快速，安全，产品色泽、品质优于高温油炸或高压膨化。如以淀粉为主的小食品微波膨化工艺：先将豆、谷类和薯类等原粉加水调浆，加热使其 α 化，加入必要的食品添加物，成型，预干燥，再用微波加热膨化。微波膨化也可以应用于各类高蛋白质小食品的膨化。为加强膨化效果，适当加入膨化剂是必要的。面制品、水果、蔬菜类等均可利用微波和其他膨化工艺制成方便食品。如微波即爆玉米花，将经调味后的爆裂玉米放入特制的加热袋内，放入微波炉加热 2~4min，即可制成一包香脆可口的爆玉米花。

（三）微波烘烤

1966 年，美国人费蒂（Fetty）首次报道采用2450MHz微波进行面包醒发与烘烤可增加面包膨胀率50％，使醒发与烘烤同在一个炉内完成。20 世纪 70 年代，微波烘烤面包研究不断证实用微波能（896MHz）快速发酵及随后高温烘烤（320℃）可使低蛋白小麦粉制出高质量的面包。此外，在咖啡和可可的烘烤上国外也已有了微波处理设备。

（四）微波烹调

微波可用于某些肉制品或其他食品的烹调或预加工。例如：采用微波装置预烘熏肉，可快速处理大量的熏肉，保持75％的长度（而常规预烤只能达到原料熏肉的 40％~50％），产量则可增加30％~40％，并可改善及提高熏肉的风味和质量。同时，烤出的油脂品质高，可作为高价值的副产品出售。与常规预烤制相比，可节约75％的能量和50％的加工空间。对一些无销路的残次肉食品在切块装罐前利用微波处理可提高质量，因微波处理可使碎肉凝聚成块。

二、微波杀菌与灭酶

微波加热可以获得较高的杀菌效率，而且微波作为一种加热能源的优点是其他加热方式所无法比拟的，因此微波杀菌技术有广阔的应用前景。

微波能的穿透性使食品表里同时加热，附在食品中的生物都含有较高的水分，会吸收微波能，发生自身的热效应和食品成分的有耗介质的热效应，通过热传导共同作用于微生物，使其快速升温，导致菌体细胞中蛋白质变性，活体死亡，或受到严重干扰，无法繁殖。微波能可导致细胞膜破裂，使生理活性物质发生变性作用，而失去生理功能。微生物生长繁殖与食品中的水分（尤其是水分活性）密切相关，水分的一些性能改变影响细胞对营养物质的吸收，从而破坏生物的生存繁殖条件而导致死亡。

微波对食品的灭菌作用显著。由于微波对塑料和玻璃的透过性较强，微波对塑料及玻璃瓶密封包装后的食品进行杀菌可以避免二次污染。

应用微波能进行灭酶，常用于食品速冻或脱水干燥的前处理过程。常规热水烫漂，易造成营养成分损失等问题；采用热空气或蒸汽又会出现受热不均匀问题；而用微波能，则可解决物料外形复杂，料层中间的传热问题。

三、微波解冻

利用微波能在低温下的穿透力较强及冰的介电特性特点，工业上用微波进行冻肉的解冻和调温，可获得新鲜肉般的质量，利于更好地利用肉原料，也利于解冻后的进一步加工。另外，微波解冻还具有解冻时间短，表里解冻均匀，工作环境清洁，并可连续化批量生产的优点。

冷冻食品的微波解冻工艺包括融化和调温。融化是将冻结食品进行微波快速解冻的过程，一般原料的解冻操作在输送带上完成。调温是根据解冻工艺要求将冻制品从冷冻条件下的某一温度升温到零下某一温度，以方便后加工处理（如冻结肉的切块）的过程。表 7-3 反映出微波解冻与自然解冻的时间要求。

表 7-3　微波解冻与自然解冻比较

物料	质量/g	解冻时间/min		解冻脱水/%	
		微波	自然	微波	自然
猪大排		5	155	1.39	1.03
牛腿肉		6	235	0.29	0.20
鸡大腿		6	160	2.16	0.40
冻虾仁	500	12	305	6.40	3.80
鳝鱼片		7	210	3.50	0.05
猪小排		5	215	0.88	0
猪肉糜		3	150	0	0.39

从表 7-3 可见，微波解冻造成的脱水率稍高于自然解冻，这主要是解冻工艺条件的控制问题。微波在冰中的穿透深率比水大，但水的吸收速率比冰快，并且对受热而言，吸收的作用大于穿透的作用。因此，已融化解冻的区域吸收的能量多，容易在已解冻的区域造成过热效应。因此解冻的速率不宜过快，可采用间断微波解冻或合理控制调温过程。

由于冰与水的损耗因子差异，使其对微波能吸收能力不同，为了防止解冻过程产生的热失控现象，常控制解冻品的温度在冰点以下（−4～−2℃），也可采用微波解冻/吹风方式，防止表面局部过热，保证产品质量。

四、微波辅助萃取

微波辅助萃取效率高，纯度高，能耗小，产生废物少，操作费用少，符合环境保护要求。目前在我国微波萃取已经用于多项草药和香辛料的浸取生产线中，如葛根、茶叶、银杏等。

微波辅助萃取的机制包括两方面：细胞破碎机制，微波加热导致细胞内的极性物质，尤其是水分子吸收微波能，产生热量使胞内温度迅速上升，液态水汽化产生的压力将细胞膜和细胞壁冲破，形成小孔洞，以致出现裂纹。孔洞或裂纹的存在使胞外溶剂容易进入细胞内，溶解并释放出胞内物质。另一方面，微波所产生的电磁场加速被萃取部分成分向萃取溶剂界面扩散速率。用水作溶剂时，在微波场下水分高速转动成为激发态，这是一种高能量不稳定状态；或者水分子汽化，加强萃取组分的驱动力；或者水分子本身释放能量回到基态，所释放的能量传递给其他物质分子，加速热运动，缩短萃取组分的分子由物料内部扩散到萃取溶剂界面的时间，从而使萃取速率提高，同时还降低了萃取温度要求，最大限度保证萃取的质量。

拓展阅读 7-8
微波辅助萃取的优势

五、微波技术的其他应用

家用微波炉已广泛用于家庭与餐馆（宾馆）中烹调等目的。用微波炉加热，烹调食品具有省时、节能、卫生、方便等优点，微波炉的普及对适合微波炉加热的预制调理食品、冷冻食品等方便性食品的发展有极大的促进作用。

采用微波陈化白酒在我国极受重视，微波对白酒的催陈作用，是微波能被酒吸收后产生的热效应和化学效应的共同结果。微波使白酒中各成分的分子处于激发状态，有利于各种氧化还原和酯化反应的进行。微波还可将酒精分子及水分子团切成单分子，再促进其重新缔合，加强醇化过程。微波在酒体中转换为热能，提高酒体温度，造成加速醇化的物理环境。表 7-4 是微波催陈白酒的工艺条件。经微波处理 1～2min 后的白酒可相当于自然醇化 3～6 个月的效果，不仅可改善酒质，还可提高生产效率。目前不仅有大功率（5kW），也有中等功率（800W）的老熟设备。这对酿酒行业来说，在节省存坛厂房或仓库面积和设备方面有着巨大的经济效益，而且还能减少存坛期的挥发损失。

表 7-4　微波催陈白酒工艺参数

酒　体	微波功率/kW	流量/L·h⁻¹	起始温度/℃	终温/℃
高粱酒	4~4.5	120	25~35	42~53
薯干酒、玉米酒	4~4.5	100	30~40	45~55
三曲酒	4	200	25~35	42~50

利用微波能可以使溶剂在低温下脱除，该技术常用于物质的分离提取（如高黏度壳聚糖、植物香油等）。

六、微波应用中的安全问题

拓展阅读 7-9
影响微波人体
伤害作用的
因素

（一）微波对人体的影响

在大能量及长时间的照射下，微波会对人体的健康带来不利的影响。高强度微波的辐射，对人体器官造成的主要危害是：中枢神经系统出现神经衰弱症候群和器质性损伤；人体组织极易吸收微波能，引起局部温度升高。不同频率微波对人体各部位的影响不同，见表 7-5。功率密度是微波对人体伤害的关键指标，人体一般暴露于 $100mW \cdot cm^{-2}$ 以上功率密度时，才产生明显的不可逆病理变化。此外，微波的伤害作用与温度、湿度、时间、部位及微波特性等因素有关。

表 7-5　微波对生物体的主要效应

频率/MHz	波长/cm	受影响的主要组织	主要的生物效应
<150	>200		透过人体，影响不大
150~1000	200~30	体内器官	由于体内组织过热，引起各器官损伤
1000~3000	30~10	眼睛水晶体，睾丸	组织的加热显著，特别是眼睛的水晶体
3000~10000	10~3	眼睛水晶体，表皮肤	有皮肤加热的感觉
>10000	<3	皮肤	表皮反射，部分吸收微波而发热

动物实验已证明，微波对眼睛及睾丸的影响较明显。许多研究指出，只要微波的功率密度小于 $10mW \cdot cm^{-2}$，正常人体暴露在这种功率密度下，会引起体温缓慢升高，但可通过人体自身的调节系统进行调整，因此认为长期承受这种剂量对人体没有任何有害的影响。但是，为了保证从事微波加工工作人员的身体健康，微波应用中必须合理选择微波频率及控制泄漏的微波功率密度（泄漏标准）。

（二）微波辐射的安全标准及防护措施

1. 微波辐射的安全标准

各国微波辐射安全剂量的标准见表 7-6。

我国对微波辐射暂行卫生标准规定，微波设备出厂前，在设备外壳 5cm 处漏能值不得超过 $1mW \cdot cm^{-2}$（915MHz）和 $5mW \cdot cm^{-2}$（2450MHz）；工作人员一日 8h 连续辐射时，辐射强度不应超过 $50\mu W \cdot cm^{-2}$，日最大允许量为 $400\mu W \cdot h \cdot cm^{-2}$。考虑微波的生物效应，对脉冲波日最大允许量为 $250\mu W \cdot h \cdot cm^{-2}$。某些工种，仅是肢体受到微波辐射的与全身受到辐射的情况相比，其日最大允许量可比全身受辐射剂量大 10 倍。与固定方向微波辐射相比，非固定方向微波辐射在同等条件下，其允许强度可比固定情况大一倍。特殊情况，需在大于 $1mW \cdot cm^{-2}$ 环境工作时，必须使用个人防护用品，但日剂量不得超过 $400\mu W \cdot h \cdot cm^{-2}$。一般不允许在超过 $5mW \cdot cm^{-2}$ 的辐射环境下工作。

第七章

表 7-6　各国微波辐射的安全剂量标准

国家	频率/MHz	工作条件	允许最大照射平均功率密度/mW·cm⁻²
美国(1971 年)	100~10000	一天 8h 以内	10
		一天 8h 间断照射,每小时内不超过 10min	10~25
		不容许受到照射	>25
苏联(1958 年)	300~300000	每天 15~20min(戴防护眼镜)	1.0
		每天 2~3h	0.1
		整天工作	0.01
波兰(1971 年)	300~300000	每天 8h	0.1
		整天工作	0.01
法国(1965 年)	300~300000	1h 以上(军用标准)	10
		1h 以下	10~100
英国(1965 年)	30~300000	整天连续照射	10

2. 微波应用中的安全技术措施

减少微波辐射的泄漏源,不仅可减少对人们健康的伤害,还可减少功率浪费,从而提高微波的总利用率。依据工业使用设备的特点,应采用不同的安全措施。

(1) 批量系统(间接式装置)　电炉式加热器及其磁控管微波源组成的批量系统(如家用微波炉)的唯一泄漏点是门封。采用 1/4 波长的抗流系统可以很好地把泄漏降低到可接受的极限。此外,在炉门设计上采用可靠的互锁装置,当炉门没有完全关闭,夹紧或锁住时,电源就断开。在观察窗上装有冲孔金属板,防止微波从窗口泄漏;以及多层的密封垫,防止从门四周泄漏。

(2) 连续生产系统　连续操作的高频系统比批量系统的泄漏要大得多,这是因为在线系统必须在设计中引入一个物料进出口,这些进出口必须适当地抗流以及吸收从加热室中辐射出来的剩余能量。通常进出口应尽量小至刚好让处理物料通过。在必要的场合,可采取对微波设备做封闭性屏蔽的方法来避免微波辐射的伤害,也可采用遥控等方法减少对操作人员的危害。

为了正确有效应用微波能,减少不必要的伤害,微波系统的设计及使用都需按严格的规定程序及标准进行。

拓展阅读 7-10
工业微波设备
的安全措施

第四节　射频技术的应用与控制

一、射频干燥

传统热风干燥温度一般较高,在食品表面易形成硬壳,品质劣变,且伴随着巨大的能量消耗。采用射频联合热风干燥具有更高的干燥速率,能更好保持食品物料的营养成分。同时,如果直接利用射频干燥食品,虽然干燥时间明显比传统方法短,但局部易出现过热,导致食品微观结构被破坏,产生褐变,影响复水率,利用射频辅助其他技术加工食品,可有效改善这些问题。

二、射频杀虫

相比于微波加热,射频具有穿透深度长的优势,可缓解针对体积较大的食品物料加热过程中热逃逸的问题，为解决加热均匀性并提高产品质量提供参考。在粮食及其制品的储藏过程中，害虫不仅直接取食造成粮食品质损失，还促进霉菌生长并产生毒素引发食品安全问题。射频凭借其快速加热、整体加热和选择性加热等优势已被广泛用于储粮害虫的杀灭研究，并成为最具潜力工业化应用的新型杀虫技术。由于储藏和加工阶段的粮食及其制品含水量较低，因此在射频杀虫处理过程中具有更好的加热均匀性且通常对品质无显著性影响。随着介电特性、害虫与粮食的耐热特性等基础研究的发展，射频杀虫技术逐渐扩展到不同粮食及其制品的工业规模研究中。

三、射频解冻

常用的传统解冻方法是空气自然解冻和水解冻。空气自然解冻极慢，易发生微生物污染；水解冻效率较高，但水和肉类直接接触，也极易发生微生物污染。水产品的新型解冻方式有微波、射频解冻等，其中微波解冻最流行，但冷冻水产品多为复合物质，加之微波穿透深度浅，易出现解冻不均匀、局部水溶解现象。有研究选用 1kW、13.56MHz 的射频解冻系统将冷冻金枪鱼从 -40℃解冻至 -3℃，耗时相当于传统解冻时间的 1/3，且低脂金枪鱼末态温度分布较均匀。在肉类解冻方面，研究发现当冻肉在射频系统的电极中移动时，冻肉表面及角落的高温进一步降低。

四、射频灭菌

射频加热灭菌与传统灭菌方法（如高温灭菌、高压灭菌等）相比，具有速度快，能有效降低食品营养成分的流失，且能够较好保持食品物料的感官品质的特点。射频作为一种介电加热技术，已经被证明对各种低水分食品的巴氏杀菌是非常有效的。类似于射频干燥的特点，射频杀菌也是由于微生物与农产品介电特性差异较大从而引起选择性加热。相关研究比较了射频加热法和传统的热巴氏杀菌法对猕猴桃果泥各种性质的影响。射频处理可完全灭活猕猴桃果泥中的微生物，总需氧菌数（TAC）下降 4.81lg CFU/mL，酵母和霉菌数（YMC）下降 2.62lg CFU/mL，与传统巴氏杀菌处理相似。在 7 周的储存过程中，射频处理的果泥显示出微生物生长迟缓，样品的维生素 C、总酚类化合物和抗氧化能力显著高于传统巴氏杀菌处理样品，射频处理的样品在整个储存过程中比传统巴氏杀菌处理的样品保持了更好的颜色。

五、射频技术的其他应用

射频也被应用于食品的蒸煮加工工艺，对比研究了射频蒸煮和蒸汽加热对牛肉品质的影响。射频蒸煮后的牛肉在弹性、咀嚼性等质构品质及维生素 B_1 和维生素 B_2 含量同蒸汽加热无显著性差异，但经射频蒸煮后的牛肉可有效抑制脂肪氧化速率，射频加热大幅缩短蒸煮时间，是传统水浴加热速度的 30 余倍，且射频蒸煮后的牛肉具有较好的均匀性。另外，射频加热速度快，能在短时间内对物料进行整体性加热，从而达到有效的钝酶效果。其钝酶作用主要是热效应引起的。在高温作用下，蛋白质氢键和离子键等分子作用力会被破坏，蛋白质的二、三、四级结构会发生改变，由催化活性结构转变为无规则的卷曲结构，导致蛋白质的不可逆失活，从而导致酶活性丧失。

六、射频加热技术的影响因素与控制

1. 频率

频率越高，波长越短，即电磁能量的穿透深度越小。此外，材料的介电常数和介电损耗因子随

着频率的增加而降低，尤其是在低射频频率下，也会影响样品的射频加热过程。27.12MHz 的射频波是食品加工研究中使用最多的，其自由空间波长约为 11.06m，可以满足大多数食品加工的要求。

2. 输出功率

中试规模射频系统的输出功率范围从几百瓦到几十千瓦不等。对于大多数工业规模的射频加热系统，输出功率可以超过 10kW，而对于实验室规模的系统，通常小于 10kW，特别是对于 50Ω RF 系统。输出功率是射频处理中的一个关键因素。通常，输出功率越高，射频加热速率越大，导致处理时间更短，但较大的加热速率通常会对加热均匀性产生负面影响。

3. 极板间距

对于给定的射频系统，极板间距通常决定耦合到样品中的射频功率，并导致不同的加热速率。通常，极板间距越小，输出功率和加热速率越高，但有时会导致负面影响，尤其是加热不均匀时，而较大的极板间距有利于加热均匀性。

 ## 知识归纳

1. 微波的性质

微波的频率和波长分别为 300MHz～300GHz、1mm～1m。微波介质材料具有吸收、穿透和反射微波的性能，具有不同的介电吸收特性——介电常数和介电损耗因子，能不同程度地吸收微波能量转变为热能，包括含水、盐和脂肪的食品以及其他物质（包括生物物质）。

2. 微波的加热原理

微波在介电材料中产生热主要有两种机制：离子极化和偶极子转向。微波产生的振荡电场可以使食品中的离子发生极化、碰撞及偶极分子转向、摩擦，引起发热，达到加热目的。

微波加热与食品材料的介电损耗因子、微波电场强度及频率有关。微波加热物料具有选择性和透过性，穿透深度与介质材料的介电特性、微波的频率或波长有关。我国食品工业中常用的加热器频率有 915MHz 和 2450MHz。

3. 微波技术的应用与控制

微波作为一种新型的加热方式，以其快速加热等特性广泛用于食品干燥脱水、烘烤、烹调、杀菌与灭酶、解冻、辅助萃取等过程中，可以提高生产效率、改善产品品质，但也有相应的缺陷，需加以控制以适应生产的需要。

4. 微波应用中的安全问题

在高能量及长时间的照射下，微波会对人体的健康带来不利的影响，造成很多危害，影响最大的是眼睛和睾丸。世界各国微波辐射安全剂量标准不同。针对工业中微波批量处理和连续生产系统，采用不同的安全措施以减少微波辐射的泄漏源。

5. 射频技术的应用与控制

射频可用于干燥食品，但单独的射频加热易出现局部过热，采用射频联合热风干燥具有更高的干燥速率，能更好地保持食品物料的营养成分。射频由于穿透深度大，可用于粮食及其制品的储藏过程中的杀虫。

知识图谱 7-1

射频还可用于烹饪、杀菌、灭酶、解冻等方面。

复习思考题

1. 解释概念：介电加热、偶极分子、穿透深度、介电常数、介质损耗（tanδ）和介电损耗因子（ε″）。

2. 请列举 2~3 种食品工业中常用的微波导体、绝缘体、介质材料。

3. 试介绍食品中水分子在微波场中的运动情况，解释微波偶极子加热机制。

4. 影响微波介电特性的因素有哪些？如何影响？

5. 为什么说微波加热具有选择性？如何克服由于微波穿透特性引起的加热不均匀现象？

6. 请举例介绍微波加热在食品干燥中的应用及效果。

7. 射频加热与微波加热相比，有哪些优势与不足？

8. 简述射频加热的原理和特点。

9. 试述射频技术在食品方面的应用及其控制。

第八章　食品的辐照

彩图 8-1

静态γ射线辐照装置　　　电子直线加速器辐照装置

　　我们在日常生活或工作中容易接触到食品多采用热加工或低温加工技术，对于食品辐照技术却较为陌生，或感到神秘。食品辐照是利用具有特定能量范围的射线照射食品（包括食品原料、半成品）来达到特定的加工保藏的目的。那么辐照技术是什么样的技术？辐照技术或辐照食品的安全性如何？

为什么要学习"食品的辐照"？

人类很早就学会利用太阳光（紫外线）的辐照杀菌作用，随着现代科技的发展，利用高能粒子射线辐照来保藏食品成为非常有效的手段。通过本章的学习，可以了解和掌握辐照的特点及应用，辐照保藏的原理、影响因素和工艺控制；了解食品辐照的安全与法规。

学习目标

- 了解食品辐照的特点及应用。
- 了解和掌握食品辐照保藏的基本原理。
- 了解和掌握影响辐照效果的因素、食品辐照的工艺及控制。
- 了解食品辐照的安全与法规。

第一节　食品辐照的特点及应用

一、食品辐照的定义及特点

食品辐照（food irradiation）是指利用射线照射食品（包括食品原料、半成品），抑制食物发芽和延迟新鲜食物生理成熟过程的发展，或对食品进行消毒、杀虫、杀菌、防霉等加工处理，达到延长食品保藏期，稳定、提高食品质量的处理技术。用钴60（^{60}Co）、铯137（^{137}Cs）产生的γ射线或电子加速器产生的低于10MeV电子束照射的食品为辐照食品。

食品辐照不仅用于保鲜保藏、防疫、医疗等目的，而且已用于提高食品质量等加工目的，成为一种新型的、有效的食品保藏加工技术。食品辐照技术具有以下主要特点。

① 与传统热加工相比，辐照处理过程食品温度升高很小，故有"冷杀菌"之称，而且辐照可以在常温或低温下进行，因此经适当辐照处理的食品在质构和色、香、味等方面变化较小，有利于保持食品的原有品质。

② 辐照保藏方法能节约能源。据国际原子能组织（IAEA）报告，冷藏食品能耗324MJ·t^{-1}，巴氏消毒能耗828MJ·t^{-1}，热杀菌能耗1080MJ·t^{-1}，辐照灭菌只需要22.68MJ·t^{-1}，辐照巴氏灭菌能耗仅为2.74MJ·t^{-1}。冷藏法保藏马铃薯（防止发芽）300d，能耗1080MJ·t^{-1}，而马铃薯经辐照后常温保存，能耗为67.4MJ·t^{-1}，仅为冷藏的6%。

③ 射线（如γ射线）的穿透力强，可以在包装及不解冻情况下辐照食品，杀灭深藏在食品内部的害虫、寄生虫和微生物。

④ 与化学保藏相比，经辐照的食品不会留下残留物，不污染环境，是一种较安全的物理加工过程。

⑤ 辐照处理可以改进某些食品的工艺和质量。如酒类的辐照陈化，经辐照处理的牛肉更加嫩滑，经辐照的大豆更易于消化等。

食品辐照也有其弱点：辐照灭菌效果与微生物种类密切相关，细菌芽孢比植物细胞对辐照的抵抗力强，灭活病毒通常要用较高的剂量；为了提高辐照食品的保藏效果，常需与其他保藏技术结合，才能充分发挥优越性；食品辐照需要较大的投资及专门设备来产生辐射线（辐射源），电子加速器辐照装置需要强大和稳定的电源，运行成本较高；各类辐照装置都需要提供安全防护措施，确保辐射线不对人员和环境带来危害；对不同产品及不同辐照目的需要严格选择控制好合适的辐照剂量，才能获得最佳的经济效益和社会效益。由于各国的历史、生活习惯及法规差异，目前世界各国允许辐照的食品种类及进出口贸易限制仍有差别，多数国家要求辐照食品在标签上要加以特别标示。

二、紫外照射的原理及应用

（一）紫外照射的原理

紫外线（ultraviolet，UV）是电磁波谱中波长 10～400nm 的非电离型不可见光，位于电磁波谱（EM）中可见光和 X 射线之间的部分。根据波长的不同，该波长范围包括四个不同的波段：①UVA 波段（315～400nm），具有最长的波长和最低的能量；②UVB 波段（280～315nm），具有中等波长，可导致皮肤晒黑、晒伤和皮肤癌；③UVC 波段，也称为紫外线杀菌照射区域（200～280nm），具有适合微生物灭活的高能量；④真空紫外线波段（100～200nm），可以被几乎所有物质吸收，但只能在真空中传输。其中，UVC 波段的紫外线具有杀菌能力，因为它能穿透微生物的细胞膜，诱导 DNA 基因表达发生变化，形成称为环丁烷嘧啶二聚体（CPD）和嘧啶 6-4 嘧啶酮（6-4PP）等光产物。其中，在同一 DNA 链上的相邻嘧啶分子之间形成的嘧啶二聚体最为重要，它可破坏 DNA 转录和复制，导致细胞死亡。紫外线处理是一种非热处理方法，对食品工业来说具有成本低廉、对环境友好等优点。

（二）紫外照射的应用

UVC 波段的紫外线具有较强的杀菌能力，可以用于空气、水和物体表面的消毒。在医疗领域，紫外线被用于手术室和病房的空气及表面消毒，以减少感染风险。在食品加工行业，紫外线照射可以消灭食品表面的微生物，保障食品安全。水处理设施也利用紫外线消毒，确保供水安全。紫外线空气净化器通过释放紫外线来破坏空气中的病毒、细菌和微生物的 DNA，从而达到净化空气的目的，在保护公共卫生和提高室内空气质量方面起着重要作用。但是，UVC 辐射的杀菌作用的有效性取决于许多因素，包括使用的辐射剂量、暴露时间、食品中微生物的位置、接种时间、微生物的类型和数量、微生物的再生能力以及产品的表面特性。另外，波长和紫外线剂量也是影响微生物灭活效果的主要参数。

第二节　食品辐照及保藏原理

辐射（radiation）是一种能量传输的过程，根据辐射对物质产生的效应，辐射可分为电离辐射（ioning radiation）和非电离辐射（non-ioning radiation）。在食品辐照中采用的是电离辐射，包括电磁辐射（γ 射线和 X 射线）和电子束辐射。在食品辐照中采用的是电离辐射，包括 γ 射线、X 射线和电子束。食品的辐照装置包括辐射源、防护设备、辐照工艺输送系统、源升降联锁装置、剂量安全监测装置及通风系统。

一、辐射源与食品辐照装置

食品的辐照装置包括辐射源、防护设备、被辐照物输送系统、源升降联锁装置、剂量安全监测装置及通风系统等。

（一）辐射源

辐射源是食品辐照处理的核心部分，辐射源有人工放射性同位素和电子加速器。按辐照食品通用标准（CDDEX STAN 106—1983，Rev. 1—2003），可以用于食品辐照的辐射源有：来自^{60}Co γ 射线（1.17MeV 和 1.33MeV）或^{137}Cs 的 γ 射线（0.662MeV）；X 射线（能级≤5MeV）；电子束（能级≤10MeV）。

1. 放射性同位素 γ 辐射源

食品辐照处理上用得最多的是^{60}Co γ 辐射源，也有采用^{137}Cs γ 辐射源的。

（1）钴 60（^{60}Co）辐射源　^{60}Co 辐射源在自然界中不存在，是人工制备的一种同位素源。制备^{60}Co 辐射源的方法：将自然界存在的稳定同位素^{59}Co 金属根据使用需要制成不同形状（如棒形、长方形、薄片形、颗粒形、圆筒形），置于反应堆活性区，经中子一定时间的照射，少量^{59}Co 原子吸收一个中子后即生成^{60}Co 辐射源。其核反应是：

$$^{59}_{27}\text{Co} + \gamma \text{ 光子} \longrightarrow ^{60}_{27}\text{Co}$$

^{60}Co 的半衰期为 5.27 年，故可在较长时间内稳定使用；^{60}Co 辐射源可按使用需要制成不同形状，便于生产、操作与维护。

^{60}Co 辐射源在衰变过程中每个原子核放射出一个 β 粒子（即 β 射线）和两个 γ 光子，最后变成稳定同位素镍。由于 β 粒子能量较低（0.306MeV），穿透力弱，对被辐照物质不起作用，而放出的两个 γ 光子能量较高，分别为 1.17MeV 和 1.33MeV，穿透力很强，在辐照过程中能引起物质内部的物理和化学变化。图 8-1 为 4.44×10^{15}Bq ^{60}Co 辐射源辐射室示意图。

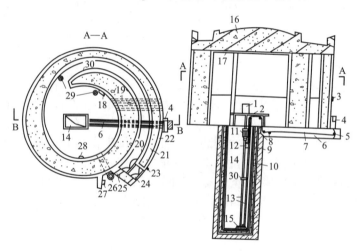

图 8-1　4.44×10^{15}Bq ^{60}Co 辐射源辐射室示意

1—冷却源罩筒；2—照射台；3—钟；4—操纵台；5—滑轮；6—地沟；7—升降源钢丝绳；8—钢筋混凝土；
9—钢板；10—白水泥与瓷砖；11—^{60}Co 源蓄盒；12—上下小车；13—小车道轨；14—水井；15—^{60}Co 源
贮藏架；16—源室顶；17—工字钢；18—水斗；19—实验管道；20—强迫退源按钮；21—混凝土
（防护墙）；22—砖墙（防护墙）；23—源工作指示灯；24—铁门；25—送风口；26—排风口；
27—配电箱；28—电源；29—排水孔；30—导轨上抱圈

全世界使用的^{60}Co 辐射源主要产自加拿大，其他的来自俄罗斯、中国、印度和南非等。

（2）铯 137（^{137}Cs）辐射源　^{137}Cs 辐射源由核燃料的渣滓中抽提制得。一般^{137}Cs 中都含有一定量的^{134}Cs，并用稳定铯作载体制成硫酸铯 137 或氯化铯 137。为了提高它的放射性比度，往往把粉末状^{137}Cs 加压制成小弹丸，再装入不锈钢套管内双层封焊。

^{137}Cs 的显著特点是半衰期长（30 年）。但是^{137}Cs 的 γ 射线能量为 0.66MeV，比^{60}Co 弱，因此，欲达到^{60}Co 相同的功率，需要的贝可数为^{60}Co 的 4 倍。尽管^{137}Cs 是废物利用，但分离麻烦，且安全防护困难，装置投资费用高，因此^{137}Cs 的应用远不如^{60}Co 的辐射源广泛。

2. 电子加速器

电子加速器（简称加速器）是用电磁场使电子获得较高能量，将电能转变成射线（高能电子射

过程检查 8-1
^{137}Cs 的半衰期为 30 年而^{60}Co 的半衰期为 5.27 年，但食品辐照处理为什么多选择^{60}Co 为 γ 辐射源？

线，X 射线）的装置。加速器的类型和加速原理有多种，用于食品辐照处理的加速器主要有静电加速器（范德格拉夫电子加速器）、高频高压加速器（地那米加速器）、绝缘磁芯变压器、微波电子直线加速器、高压倍加器、脉冲电子加速器等。电子加速器可以作为电子射线和 X 射线的两用辐射源。

（1）电子射线 电子射线又称电子流、电子束，其能量越高，穿透能力就越强。电子穿透能力用电子的射程来表示，它是能量的函数：

$$R=0.542E-0.133（适于电子能量 E 在 0.8～3MeV） \tag{8-1}$$

$$R=0.407E^{1.38}（适于 E 在 0.15～0.8MeV） \tag{8-2}$$

式中 E——电子的能量，MeV；

R——电子的射程，用质量厚度表示，$g \cdot cm^{-2}$。

电子在样品中穿透深度 H（cm）为：

$$H=\frac{R}{\rho} \tag{8-3}$$

式中 ρ——样品的密度，$g \cdot cm^{-3}$。

样品吸收加速电子的辐射能（吸收剂量）可用下式表示：

$$D=\frac{EIt}{w}\times10 \tag{8-4}$$

式中 E——电子束能量，MeV；

I——电子束流强，μA；

t——照射时间，s；

w——样品质量，g；

D——全吸收剂量，Gy。

由于样品的不同深度吸收剂量不同，当样品厚度少于 $\frac{2}{3}H$ 时，平均吸收剂量公式近似为：

$$D_{平均}=\frac{1.3EIt}{SR}\times10 \tag{8-5}$$

式中 S——样品面积，cm^2。

当样品移动照射时：

$$D_{平均}=\frac{1.3EIt}{bvR}\times10 \tag{8-6}$$

式中 b——样品宽度，cm；

v——移动速率，$cm \cdot s^{-1}$。

照射过程中可用测量电子束流强来监测剂量，也可用酸敏变色片、带色玻璃纸或变色玻璃来监测剂量。用于食品辐照的电子束能量级应该控制在 10MeV 以下。

电子加速器产生的电子流强度大，电子加速器的电子密度大，剂量率高，聚焦性能好，并且可以调节和定向控制，便于改变穿透距离、方向和剂量率。加速器可在任何需要的时候启动与停机，停机后即不再产生辐射，电子加速器产生的射线不对环境带来任何污染，使用、运行安全；便于检修，不像 ^{60}Co 需要补充放射源及处理废放射源；投资低，产出高。一台能量为 10MeV，束流功率为 4kW 的加速器的辐照能力等效于一台 30 万居里钴源的辐照能力，但其造价仅是钴源的 80%。电子束（射线）射程短，穿透能力差，一般适用于食品表层的辐照，需要转成 X 射线来穿透较大的食品物料，例如畜类的胴体。

（2）X 射线 快速电子在原子核的库仑场中减速时会产生连续能谱的 X 射线，加速器产生的高能电子打击在重金属靶子上同样会产生能量从零到入射电子能量的 X 射线，所产生的 X 射线的强度正比于 EZ^2/M_0^2，其中 E 为入射电子的能量，Z 为靶物质的质子序数，M_0 为入射电子的静止质量。

电子加速器转换 X 射线的效率比较低，当入射电子能量更低时转换效率更小，绝大部分电子的能量都转为热，因此要求靶子能耐热，并加以适当的冷却。

在入射电子能量很低时，所产生的 X 射线是向四面八方发射的，各方向分布几乎差不多，随着电子能量增大，逐渐倾向前方。在有效地利用或屏蔽 X 射线时必须注意这一特点。

X 射线具有高穿透能力，可以用于食品辐照处理，能量级限制在 5MeV 以下。但由于电子加速器作 X 射线源效率低，而且能量中已含大量低能部分，难以均匀地照射大体积样品，故没有得到广泛应用。

（二）防护设备

辐射对人体的危害作用有两种途径：一种是外照射，即辐射源在人体外部照射；另一种是内照射，放射性物质通过呼吸道、食道、皮肤或伤口侵入人体，射线在人体内照射。食品辐照一般使用的是严格密封在不锈钢的 ^{60}Co 辐射源和电子加速器，辐照对人体的危害主要是外辐射造成的。

电离辐射对人体的作用有物理、化学和生物三种效应，在短期内受到很大剂量辐射时，会产生急性放射病；长期受小剂量辐射会产生慢性病。人体对辐射有一定的适应能力和抵御能力，目前一般规定全身每年最大允许剂量值为了 5×10^{-2}Sv（相当于每周 0.001Sv）。

为了防止射线伤害辐射源附近的工作人员和其他生物，必须对辐射源和射线进行严格的屏蔽，如图 8-1 的各种安全结构。最常用的屏蔽材料是铅、铁、混凝土和水。

铅的相对密度（11.34）大，屏蔽性能好，铅容器可以用来储存辐射源。在加工较大的容器和设备中常需用钢材作结构骨架。铁用于制作防护门，铁钩和盖板等。用水屏蔽的优点是具有可见性和可入性，因此常将辐射源（如 ^{60}Co、^{137}Cs 等）储存在深井内。混凝土墙，既是建筑结构又是屏蔽物，混凝土中含有水可以较好地屏蔽中子。各种屏蔽材料的厚度必须大于射线所能穿透的厚度，屏蔽材料在施工过程要防止产生空洞及缝隙过大等问题，防止 γ 射线泄漏。

辐照室（照射样品的场所）防护墙的几何形状和尺寸的设计，不仅要满足食品辐照工艺条件的要求，还要有利于 γ 射线的散射，使铁门外的剂量达到自然本底。由于辐照室空气的氧经 ^{60}Co γ 射线照射后会产生臭氧（O_3），臭氧生成的浓度大小与使用的辐射源强度成正比例关系，为防止其对照射样品质量的影响及保护工作人员健康，在辐照室内需有送排风设备。

（三）输送与安全系统

工业应用的食品辐照装置是以辐射源为核心，并配有严格的安全防护设施和自动输送、报警系统。图 8-2 是由我国自主设计和制造的 SQ（F）工业钴源辐照装置示意图。

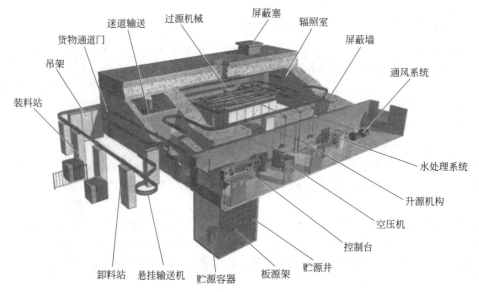

图 8-2 我国自主设计和制造的 SQ (F) 工业钴源辐照装置示意图

所有的运转设备、自动控制、报警与安全系统必须组合得极其严密。如在^{60}Co 辐射装置中，一旦正常操作中断，有相应的机械、电器、自动与手动应急措施，使辐射源能退回到安全贮存位置。只有在完成某些安全操作手续，确保辐照室不再有任何射线，工作人员才能进入辐照室。

食品经射线照射会发生一系列的辐照效应，主要有物理学效应、化学效应和生物学效应。辐照保藏食品，通常是用 X 射线、γ 射线、电子射线照射食品，这些高能带电或不带电的射线照射食品会引起食品及食品中的微生物、昆虫等发生一系列物理化学反应，使有生命物质的新陈代谢、生长发育受到抑制或破坏，达到杀菌、灭虫，改进食品质量，延长保藏期的目的。

二、食品辐照的物理学效应

（一）α射线和γ射线与物质的作用

α 射线、γ 射线都是高能电磁辐射线，它们又常被称为"光子"，当与被照射物（如食品、微生物、昆虫和包装材料）原子中的电子相遇，光子有时会把全部能量（$h\nu$）交给电子（光子被吸收），使电子脱离原子成为光电子（e^-）：

$$h\nu \longrightarrow M \longrightarrow M^+ + e^-$$

式中，$h\nu$ 代表 X 射线和 γ 射线的光子；M 和 M^+ 代表物质的原子和离子；e^- 代表光电子。如果射线的光子与被照射物的电子发生弹性碰撞，当光子的能量略大于电子在原子中的结合能时，光子把部分能量传递给电子，自身的运动方向发生偏转，朝着另一方向散射，获得能量的电子（也称次电子，康普顿电子），从原子中逸出，上述过程称康普顿散射（Compton scattering），见图 8-3。散射光子和电子分别以不同角度射出，它们各自具有的动能均小于入射光子，若被散射的光子具有足够的能量，则它可以连续产生更多的康普顿散射。

用 ^{60}Co γ 射线辐射，射出的康普顿电子平均能量为入射光子一半，射出电子沿其轨迹，不加选择激发或电离分子而失去自身能量。对 ^{60}Co γ 射线产生的电子，这一轨迹平均为 1mm 左右，每一康普顿散射产生的电子可产生上万次的激发和电离。

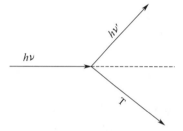

图 8-3 康普顿散射

$h\nu$—射线的光子；$h\nu'$—散射后的光子；T—康普顿电子

当射线的光子能量较高时，光子在原子核库仑场的作用下会产生电子和正电子对，正电子和一个电子结合而消失，产生湮没辐射，这种湮没辐射含有两个光子，每个光子能量为 0.51MeV。电子对的形成必须在射线能量大于 1.02MeV 时才产生，即光子的能量必须大于正电子和电子的静止质量所相当的能量。能量愈大，电子对的形成愈显著。

光电子，康普顿电子和电子对形成的多少，与辐照食品的 X 射线、γ 射线的能量有关。当射线能量低时，以形成光电子为主；射线能量高时，则几乎全部形成电子、正电子对；射线能量中等时，主要形成康普顿电子。

如果 γ 射线和 X 射线的能量大于某一阈值时，能量和某些原子核作用而射出中子或其他粒子，因而使被照射物产生了放射性（radioactivity）。能否产生这种放射性（也称感生放射性），取决于射线的能量和被照射物质的性质，如稳定同位素 ^{14}N 在能量为 10.5MeV 的 γ 射线照射下会射出中子同时产生氮的放射性同位素；^{12}C 在能量为 18.8MeV 的 γ 射线照射下可被诱发产生放射线；^{16}O 也在能量为 15.5MeV 的 γ 射线照射下可产生放射线。为了严防辐照食品诱发放射线，必须谨慎选用不产生诱发放射线的辐射源。

（二）电子射线的作用

辐射源射出的电子射线（高速电子流）通过被照射物时，受到原子核库仑场的作用，会发生没有能量损失的偏转，称库仑散射。库仑散射可以多次发生。甚至经过多次散射后，带电粒子会折返回去，发生所谓的"反向散射"。

能量不高的电子射线能把自己的能量传递给被照射物质原子中的电子并使之受到激发。若受到激发的电子已达到连续能级区域，它们就会跑出原子，使原子发生电离。电子射线能量愈高，在其电子径迹上电离损耗能量比率（物理学称线性能量传递）愈低；电子射线能愈低，在其电子径迹上电离损耗能量比率反而愈高。

电子射线在原子核库仑场作用下，本身速率减慢的同时放射出光子，这种辐射称韧致辐射。韧致辐射放出的光子，能量分布的范围较宽，能量很大的相当于 γ 射线的光子，能量较大的就相当于 X 射线光子，这些光子对被照射物的作用如同 X 射线与 γ 射线。若放射出的光子在可见光或紫外线范围，就称之为契连科夫（Cerenkov）效应。契连科夫效应放出的可见光或紫外线，对被照射物的作用就如同日常可见光或紫外线。

电子射线经散射、电离、韧致辐射等作用后，消耗了大部分能量，速率大为减慢，有的被所经过的原子俘获，使原子或原子所在的分子变成负离子；有的与阳离子相遇，发生阴、阳离子湮灭，放出两个光子，其光子对被照射物的作用与上述的光子一样。

为了防止被照射物质诱发产生放射性，食品辐照采用的电子加速器的能量水平一般不超过 10MeV。

三、食品辐照的化学效应

辐照的化学效应是指被辐照物质中的分子所发生的化学变化。食品经辐照处理，可能发生化学变化的物质，除了食品本身及包装材料以外，还有附着在食品中的微生物、昆虫和寄生虫等生物体与酶。

食品辐照引起食品中各成分物质发生化学变化比较复杂，一般认为电离辐射包括初级辐射与次级辐射。初级辐射使物质形成离子、激发态分子或分子碎片，由激发分子可进行单分子分解产生新的分子产物或自由基，内转化成较低的激发状态。次级辐射是初级辐射产物的相互作用，使生成与原始物质不同的化合物。

辐照化学效应的强弱常用 G 表示。它是指介质中每吸收 100eV 能量而分解或形成的物质（分子、原子、离子和原子团等）的数目，即辐射产额。如麦芽糖溶液经过辐照发生降解的 G 值为 4.0，则表示麦芽糖溶液每吸收 100eV 的辐射能，就有 4 个麦芽糖分子发生降解。不同介质的 G 值可能相差很大。G 值大，辐照引起的化学效应较强烈；G 值相同者，吸收剂量大者引起的化学效应较强烈。

食品及其他生物有机体的主要化学组成是水、蛋白质、糖类、脂类及维生素等，这些化学物分子在射线的辐照下会发生一系列的化学变化。

（一）水

大多数食品均含丰富的水分，水也是构成微生物、昆虫等生物体的重要成分，食品经辐照引起的水分子变化十分复杂，由 γ 射线和 X 射线产生的快电子能够沿着它们的径迹无区别地激发和电离分子，因此通常水分子的激发作用和电离作用远较食品的其他成分多。主要的反应有下列几种。

① 辐照引起水分子的电离和激发：

$$H_2O \longrightarrow H_2O^+ + e^-$$
$$H_2O \longrightarrow H_2O^*$$

② 离子、分子反应生成自由基和氢离子（H_3O^+）：

$$H_2O^* + H_2O \longrightarrow H_3O^+ + \cdot OH$$

③ 激发分子分解也产生自由基：

$$H_2O^* \longrightarrow H \cdot + \cdot OH$$
$$H_2O^* \longrightarrow H_2 + O \cdot$$

④ 电子水化后，一部分水化电子与正离子中和也生成了自由基：

$$e_{水化}^- + H_3O^+ \longrightarrow H\cdot + H_2O$$

⑤ 自由基相互反应，生成分子产物：

$$H\cdot + \cdot OH \longrightarrow H_2O$$

$$H\cdot + H\cdot \longrightarrow H_2$$

$$\cdot OH + \cdot OH \longrightarrow H_2O_2$$

⑥ 水化电子之间，水化电子和自由基之间反应，生成分子和离子：

$$e_{水化}^- + e_{水化}^- \xrightarrow{2H_2O} H_2 + 2OH^-$$

$$e_{水化}^- + \cdot OH \longrightarrow OH^-$$

$$e_{水化}^- + H\cdot \xrightarrow{H_2O} H_2 + OH^-$$

纯水辐照的化学效应可概括为：

$$H_2O \longrightarrow 2.7\cdot OH + 0.55H\cdot + 2.7e_{水化}^- + 0.45H_2 + 0.71H_2O_2 + 2.7H_3O^+ \tag{8-7}$$

式(8-7)右边的各组阿拉伯数字是能量大于约 0.1MeV 辐照时的 G 值。不同能级的射线照射纯水时产生的自由基和分子产物的 G 值不同（见表 8-1）。

表 8-1　辐照纯水（无氧）时自由基和分子产物的 G 值

射线	H_2	H_2O_2	$H\cdot$	$\cdot OH$	H_2O[1]
5.3MeV α 射线	1.70	1.65	0.55	0.65	3.95
10keV α 射线	0.65	1.00	2.90	2.20	4.20
^{60}Co γ 射线	0.39	0.78	3.70	2.92	4.48

① 受辐照作用的水分子总数。

水分子经辐照后，其数量的减少可能没有什么重要性，但是水分子激发和电离而形成的某些中间产物，如水化电子（$e_{水化}^-$）、羟基自由基（$\cdot OH$）和氢原子自由基（$H\cdot$）等都是高度活性的，会导致食品和其他生物物质发生变化（称水的间接作用），对稀水溶液，间接作用可能是化学变化的唯一重要原因，甚至在水含量低的体系中，间接作用仍然是主要的影响因素。

辐照水的主要产物羟基自由基可以加到芳香族化合物和烯烃化合物上；也可以从醇类、糖类、羧酸类、酯类、醛类、酮类、氨基酸类脂肪族化合物的碳-氢键上抽除氢原子（其速率略小于加成反应）；羟基自由基从硫化化合物的硫-氢键上抽除氢原子（这一反应有很高的速率常数）。当化合物既含有芳香族部分，也含有脂肪族部分时，如蛋白质或核酸，则某些羟基自由基起加成反应，而一些则起去除反应，不论是哪一种情况，反应产物都是一种"有机"自由基。

水化电子（$e_{水化}^-$）由相关电子产生，它比羟基自由基具有更多的选择性。它可非常快地加成到含低位空轨道的化合物上，如大部分芳香族化合物、羧酸、醛、酮、硫代化合物以及二硫化物。它们和脂肪醇或糖类反应不显著，与蛋白质反应时可加成到组氨酸、半胱氨酸和胱氨酸残留物上，也可加到其他氨基酸上，其反应最初产物是简单电子加合物。由于大多数化合物含有成对电子，这种电子加合物通常是一种自由基。水化电子与羟基自由基不同，它们不是必须与体系中的主要组分起反应，而是可以和较少的组分如维生素、色素等反应。

在水的辐照中，即使氢原子产额低但也可以由某些有机化合物的直接激发或电离产生。在水溶液中，氢原子的反应介于羟基自由基和水化电子的反应之间，其加成到芳香族化合物或烯属化合物的速率常数为羟基自由基的几分之一，仍可以从醇、糖等脂肪族化合物的碳-氢键中抽除氢原子；它们在与硫代化合物的每一次碰撞中抽去氢原子，但氢原子也可以迅速地加到二硫化物上，分裂—S—S 键为—S·和 HS⁻；与蛋白质的反应主要可能是含硫氨基酸和芳香族氨基酸。

对于含水量很小的食品，有机分子的辐照直接作用是化学变化的主要原因。

（二）蛋白质和酶

蛋白质由于它具有多级结构而具有独特的性质。射线辐照的结果会使某些蛋白质中二硫键、氢键、盐键和醚键等断裂，从而蛋白质的三级结构和二级结构遭到破坏，导致蛋白质变性。辐照也会促使蛋白质的一级结构发生变化，除了—SH氧化外，还会发生脱氨基作用、脱羧作用和氧化作用。α-氨基在蛋白质分子中能作为端基而存在，辐照脱氨正是发生在这个基团上的。氨基酸的α-羧基，在蛋白质分子中也是作为端基而存在的，在射线的作用下则发生脱羧反应。

蛋白质水溶液经射线照射会发生辐照交联，其主要原因是由于巯基氧化生成分子内或分子间的二硫键，交联也可以由酪氨酸和苯丙氨酸的苯环偶合而发生，辐照交联导致蛋白质发生凝聚作用，甚至出现一些不溶解的聚集体。用X射线照射血纤维蛋白，会引起部分裂解，产生较小的碎片。卵清蛋白在等电点照射发现黏度减小，这证明发生了降解。蛋白质辐照时降解与交联同时发生，而往往是交联大于降解，所以降解常被掩盖而不易察觉。

实际上，含蛋白质食品在辐照过程所发生的变化更复杂，因为很可能这种食品的全部成分都吸收电离辐射线，因此降低了对某种成分（如蛋白质）的作用，而且全部成分的辐射产物之间也可能发生相互作用。

高剂量辐照含蛋白质食品，如肉类及禽类、奶类，常会产生变味（辐照味）。已鉴定出的各种挥发性辐解产物，它们大部分是通过间接作用产生的，在低于冻结点的温度下进行辐照可减少辐照味的形成。

由于酶的主要组分是蛋白质，因此辐照对酶的效应与辐照蛋白质效应基本一致。纯酶的稀溶液对辐照很敏感，若增加其浓度也必须增加辐照剂量才能产生钝化作用。酶存在的环境条件对辐照效应有保护作用：水溶液中酶的辐照敏感性随温度的升高而增加；酶还会因有—SH基团的存在而增加其对辐照的敏感性；介质的pH值及含氧量对某些酶影响也大，如辐照干燥胰蛋白酶时，有氧存在下极易钝化，并有可能形成过氧化物。总的来说，酶所处的环境条件越复杂，酶的辐照敏感性越低。酶通常存在于食品复杂的系统中，因此需大剂量才能将其钝化，已发现多数食品酶对辐射的阻力甚至大于肉毒芽孢杆菌孢子，其D_{10}达50kGy，这给食品的辐照灭酶保藏带来一定的限制。但从另一个角度考虑，在食品工业中用辐照处理酶制剂却有着重要意义，利用酶对射线的稳定性，用以杀死污染酶制剂的微生物，则具有比热处理方法优越的特点。

（三）糖类

纯态糖类经辐照后发现有明显的降解作用和辐解产物形成，低聚糖或单糖的降解产物有羰基化合物、酸类、过氧化氢，降解作用还会产生气体，如氢气、二氧化碳及痕量甲烷、一氧化碳和水等。降解所形成的新物质，会改变糖类的某些性质，如辐照能使葡萄糖和果糖的还原能力下降，但提高了蔗糖、山梨糖醇和甲基α-吡喃葡糖的还原能力，这些变化是辐照剂量的函数。实际上，辐照对还原能力的影响低于热处理。从表8-2可看出，50kGy的辐照剂量产生的还原力变化与100℃加热10h的变化相似。10kGy辐照100g葡萄糖一水合物释放出0.8mg的H_2和2.6mg的CO_2，但辐照果糖和蔗糖时，则没有CO_2产生。辐照固态糖类多有降解产物甲醛，辐照葡萄糖还会有葡萄糖酸、葡糖醛酸与脱氧葡糖酸等产物检出。在5kGy的剂量下辐照产生的降解产物浓度小于$10mg \cdot g^{-1}$。辐照固态糖类时降解作用的G值（6~60）比辐照糖溶液时的G值要大得多，因此固态糖降解的百分数要更小。

表8-2　辐照和加热对糖类还原力的影响

糖　类	还原物质[①]		
	对　照	在50kGy下辐照	100℃加热10h
葡萄糖	8.6	7.5	7.9
果　糖	7.8	7.1	5.1
蔗　糖	0.0	0.067	0.32
山梨糖醇	0.0	0.059	0.00

①　每毫克糖液中含有的铜，其量以浓度为0.005mol时的毫升数来表示。

　　水对纯糖的辐解作用的影响是复杂的。在辐照固态糖时，水有保护作用，这可能是由于通过氢键的能量转移，或者是由于水和被辐照糖的自由基反应重新形成最初产物所致的。辐照糖溶液时，除辐照对糖和水有直接作用外，还有水的羟基自由基等与糖的间接作用，通常辐解作用随辐照剂量的增加而增加。就商业辐照剂量而言，关于糖类辐照后的熔点、折射率、旋光度和颜色等物理变化是微小的。

　　辐照会引起多糖链的断裂，产生链长不等的糊精碎片，同时形成不同的辐解产物。表 8-3 说明马铃薯直链淀粉辐照后的聚合度和黏度变化。直链淀粉用 20kGy 辐照后，平均聚合度由 1700 降到 350，而支链淀粉平均长度不大于 15 个葡萄糖单位。辐照 $2g \cdot L^{-1}$ 玉米淀粉溶液，在剂量 1kGy 时相对黏度 41.7（对照 54.1）；在 15kGy 下辐照相对黏度 4.6；而 140℃加热 30min，相对黏度 30.7。可见，高剂量辐照淀粉浆，辐照降低黏度比加热降低的多。辐照小麦淀粉所形成的糖有葡萄糖、麦芽糖、麦芽三糖、麦芽四糖和麦芽五糖，各种糖的含量基本上随辐照量的增大而增加。混合物的存在对辐照降解作用影响很大，特别是蛋白质和氨基酸对糖类辐解的保护作用是值得注意的。混合物的降解效应通常比单个组分的辐解效应小。虽然在辐照纯淀粉时，观察到有大量的产物形成，但在更复杂的食物中不一定会产生同样的结果。

表 8-3　辐照对马铃薯直链淀粉的聚合度和黏度的影响

剂量/kGy	特性黏度/mL·g^{-1}	聚合度
0	230	1700
0.5	220	1650
1	150	1100
2	110	800
5	95	700
10	80	600
20	50	350
50	40	300
100	35	250

（四）脂类

　　食品中脂类成分辐照分解所产生的化学物质和从天然脂肪或脂肪模拟体系辐照所形成的化学物质在性质上是相似的。主要是辐照诱导自氧化产物和非氧化的辐照产物，因而饱和脂肪酸比较稳定，不饱和脂肪酸容易氧化，出现脱羧、氢化、脱氨等作用。辐照过程和随后的贮存中，有氧存在，也会促使自动氧化作用。辐照促进自动氧化过程可能是由于促进了自由基的形成和氢过氧化物的分解，并使抗氧化剂遭到破坏所致的，辐照诱发的氧化变化程度主要受剂量和剂量率影响，此外非辐照的脂肪氧化中的影响因素（温度、有氧与无氧、脂肪成分、氧化强化剂、抗氧化剂等）也影响脂肪的辐照氧化与分解。

　　比较辐照和加热处理形成的分解产物，性质基本相似（见表 8-4）。但在某些成分上存在一些定性与量的差别。从甘油三己酸酯的研究中看，辐照产生的主要烷烃（戊烷）的量差不多是由加热所形成的 2 倍，而在加热处理中产生的主要烯烃（丁烯）的量较多。低剂量（0.5～10kGy）辐照含不饱和脂肪的食物表明，过氧化物的形成随剂量的增加而增加，用 60kGy 辐照猪肉，辐照产物烃类产量每千克脂肪中烃的质量（mg）如下：十七碳烯 90；十六碳二烯 89；十七烷 34；十六碳烯 22；十五烷 55；十四烯 38。所产生的主要烃类的数字也随剂量和辐照温度而直线增加。有人估计 30kGy 辐照产生的烃量相当于 170℃，24 小时加热所产生的烃量。当辐照剂量大于 20kGy，"辐照脂肪"气味可察觉，在较高剂量时变得更强烈。

表8-4　在辐照和加热的甘油三己酸酯中鉴定到的某些化合物的浓度

鉴定到的化合物	浓度/mmol · kg^{-1}	
	加热(270℃，15h)	辐照(25℃，60kGy)
甲烷	未测定	0.15
乙烷	0.03	0.20
乙烯	0.014	0.14
丙烷	0.104	0.12
丙烯	0.072	0.04
丁烷	0.020	0.10
1-丁烯	0.627	0.39
戊烷	1.00	1.81
1-戊烯	0.045	0.14
己醛	0.08	1.72
己酸甲酯	0.04	0.39
己酸	43.96	12.20
2-氧代丙基己酸酯	2.37	0.25
6-十一烷酮	4.49	0.70
2-氧代戊基己酸酯	0.60	0.30
1,2-丙烷二醇二己酸酯	0.09	3.24
1,3-丙烯二醇二己酸酯	0.44	0.45
2,3-丙烯二醇二己酸酯	0.35	0.32
2-氧代-1,3-丙烷二醇二己酸酯	0.02	未测定
二甘油己酸酯	29.39	2.95

（五）维生素

不同维生素对射线的敏感性不同，见表8-5。一般认为，维生素 A 和维生素 E 是脂溶性维生素中对辐照最敏感的维生素。牛肉在氮气中经 20kGy 剂量辐照，维生素 A 破坏率达 66%，维生素 E 则没有损失；禽肉在氮气中分别经 10kGy、20kGy 和 40kGy 的辐照，其维生素 A 的降解率分别达 58%、72%、和 95%；全脂牛奶经 2.4kGy 的辐照，维生素 E 损失 40%；食物中的维生素 D 对辐照似乎相当稳定，鲑鱼油经几万戈瑞剂量辐照，都没有发现维生素 D 的破坏。

表8-5　各种维生素对不同影响因素的敏感性

维生素		热	氧	光	电离辐射
水溶性维生素	抗坏血酸(C)	○	++	+	++
	硫胺素(B$_1$)	++	○或+	○或+	++
	核黄素(B$_2$)	○	○	++	○
	烟酸	○	○	○	○或+
	泛酸	+	○	○	○
	维生素 B$_6$	○	○或+	+	+
	维生素 H	+	○	○	○
	叶酸	+	+	+	○
	维生素 B$_{12}$	○	+	+	++
	胆碱	○	+	○	○

续表

维生素		热	氧	光	电离辐射
脂溶性维生素	维生素 A	○或+	+	+	++
	β-胡萝卜素	○或+	+	+	+
	维生素 D	○	○或+	○	○
	维生素 E	○	++	○或+	++
	维生素 K	○	○	+	+或++

注：○ 稳定；＋ 稍敏感；＋＋ 十分敏感。

在水溶性维生素中，虽然维生素 B_1 和维生素 C 对辐照最敏感，但在辐照剂量低于 5kGy 时，维生素 C 通常的损失很少超过 20%～30%。

低剂量和高剂量的 γ 射线对全脂乳粉中维生素 B_1 含量的影响的研究表明，0.45kGy 辐照不引起感觉变化或维生素含量损失的剂量阈值，而 0.5～10kGy 剂量则产生 5%～17% 损失。用 1.47kGy 剂量辐照全脂牛奶证明维生素 B_1 含量损失 35%，而 20kGy 剂量则使甜炼乳维生素 B_1 产生 85% 的损失。但也有报道，27.9kGy 和 55.8kGy 剂量辐照奶粉其维生素 B_1 含量没有损失。即使是相同剂量，不同食品维生素 B_1 损失量也不同。例如，30kGy 剂量辐照瘦牛肉其维生素 B_1 损失 53%～84%，瘦羊肉 46%，瘦猪肉 84%～95%，猪肉香肠 89%。在氧中比在氮中辐照有较多的维生素 B_1 被破坏，而在 −75℃ 辐照的肉中没有维生素 B_1 被破坏。

维生素辐照损失数量受剂量、温度、氧气存在与食品类型等影响。一般来说，在无氧或低温条件下辐照可减少食品中维生素的损失。

（六）食品包装材料

选择高分子材料作为辐照食品的包装时，除考虑包装材料的性能和使用效果外，还应考虑到在辐照剂量范围内包装材料本身的化学、物理变化，以及与被包装食品的相互作用。

某些高分子材料对辐照作用很敏感，介质吸收辐照能后，会引起电离作用而发生各种化学变化。如发生降解、交联、不饱和键的活化、析出气体（主要是氢气）、促使氧化反应并形成氧化物（在有氧存在时）。根据各剂量真空条件下辐照包装材料，检测到的气体降解产物的量，常用包装材料的辐照稳定性依次为：PS＞PET＞PA＞PE＞PP。高分子量聚合物真空条件下辐照，PE、PA 主要降解产物为烃；在有空气条件下，PP、PE 的挥发性产物除烃类外，还有酸、醛、酮和羧酸等，可检测出 100 多种物质。一般降解产物的量随剂量增大而增加，但某些产物的量可能在某一剂量下达到峰值。发生辐照降解的聚合物，如纤维素酯类等，在剂量超过 50kGy 时，其冲击强度和抗撕强度等指标明显降低，气渗性增加；对于辐照交联为主的聚乙烯、尼龙，辐照剂量超过 100～1000kGy，弹性模数增加，交联度过高会使聚合物变得硬且脆；在绝氧下辐照剂量达 1MGy，可使偏二氯乙烯共聚物薄膜游离出氯化物，使 pH 值降低，辐照处理引起的薄膜变化见表 8-6。辐照巴氏灭菌条件下（10～30kGy），所有用于包装食品的薄膜的性质基本上未受到影响，对食品安全也未构成危害。美国 FDA 批准用于 10kGy 剂量辐照灭菌的食品包装材料，有硝酸纤维涂塑玻璃纸、涂蜡纸板、聚丙烯薄膜、乙烯-烯烃-1 共聚物、聚乙烯薄膜、聚苯乙烯薄膜、氯化橡胶、偏二氯乙烯-氯乙烯共聚物薄膜、聚烯烃薄膜、或偏二氯乙烯涂塑、聚酯、尼龙 11、偏二氯乙烯涂塑玻璃纸；可在 60kGy 剂量下使用的包装材料（供军队使用），有植物羊皮纸、聚乙烯薄膜、尼龙 6、乙烯-醋酸乙烯共聚物等。复合软包装材料近年来也大量用于辐照食品包装，如聚酯（12.7μm）/铝（12.7μm）/其他塑料薄膜，这些薄膜可以是尼龙 11（76.8μm）、异丁烯改性的聚乙烯（76.2μm）或聚乙烯与聚酯复合膜（63.5μm）。除了塑料包装材料外，金属、玻璃也是良好的辐照食品包装，但大多数聚合物（包括玻璃）在辐照下颜色由黄色（无色）变为褐色（最后变为黑色）。在大气条件下，如果 γ 射线剂量达 100kGy，则聚氯乙烯变为深绿色，聚甲基丙烯酸甲酯（有机玻璃）变为黄绿色，聚苯乙烯变为淡黄色，而聚乙烯保持不变。多数环氧树脂在 10^2MGy 剂量下变成深褐色。硅酸盐玻璃的变色通过加热能够得到恢复。

表 8-6 辐照处理 $(5.8×10^{10}$MeV·cm$^{-2})$ 引起的薄膜变化

薄膜种类	变化程度/%			
	刚性	弯曲强度	拉伸强度	最终伸长
聚乙烯[密度 0.920g·cm^{-3},熔融指数 0.2g·(10min)$^{-1}$]	−31	+12	−45	−99
聚乙烯[密度 0.920g·cm^{-3},熔融指数 2.0g·(10min)$^{-1}$]	−16	−6	−29	−99
聚乙烯(密度 0.947g·cm^{-3})	−20	+13	+11	−97
聚乙烯(密度 0.950g·cm^{-3})	−63	−24	−43	−98
聚乙烯(密度 0.960g·cm^{-3})	−58	−40	+8	−99
聚丙烯(低灰分)			−96	−87
聚丙烯(高灰分)			−93	−96
尼龙 6	+181	+136	+107	−92
尼龙 66	+54	+111	+80	−95
尼龙 610	+52	+62	+49	−92
聚苯乙烯(通用型)	−13	−24	−50	−45
聚苯乙烯-丁二烯(高冲击强度)	+99	+51	−35	−92
聚苯乙烯-丙烯腈(SAN)	−5	−28	−34	−47
丙烯腈-丁二烯-苯乙烯(ABS)	−49	+5	−58	−93
聚氨酯	+176	+111	−59	−99

四、食品辐照的生物学效应

食品辐照的生物学效应与生物机体内的化学变化有关，对生物物质的辐照效应有直接的和间接的作用。由机体内含有的水分而产生的间接效应是辐照总反应的重要部分，在干燥和冷冻组织中就很少有这种间接的效应。

辐照对活体组织的损伤与其代谢反应有关，并视其机体组织受辐照损伤后的恢复能力而异，也取决于使用剂量的大小。不同物质达到各种生物效应所必需的剂量见表 8-7。

表 8-7 用 β 和 γ 辐射线达到各种生物效应所必需的剂量

效应	剂量/Gy	效应	剂量/Gy
植物和动物的刺激作用	0.01~10	食品辐照选择杀菌	10^3~10^4
植物诱变育种	10~500	药品和医疗设备的灭菌	$(1.5~5)×10^4$
通过雄性不育法杀虫	50~200	食品阿氏杀菌	$(2~6)×10^4$
抑制发芽(马铃薯、洋葱)	50~400	病毒的灭活	10^4~$1.5×10^5$
杀灭昆虫及虫卵	250~10^3	酶的失活	$2×10^4$~10^5
辐照巴氏杀菌	10^3~10^4		

生物体细胞在高活性的代谢状态对辐照的敏感性比在休眠期时要大得多。用低于致死剂量的照射所造成的损伤，取决于生物在接受照射时所处的发育阶段，如辐照处于生长阶段的生物将影响细胞组织的成熟、新陈代谢和生殖等。

辐照微生物，引起其新陈代谢紊乱，特别是细胞核活动紊乱，又引起核蛋白形成推迟而阻碍细胞核的增殖。因此微生物细胞受辐照后，过一段时间才死亡。

某些食品本身就是活的生物体，如新鲜果蔬都有一定的生理活动（如呼吸作用及成熟等），在其表面还会依附着其他生物体，如微生物、害虫、病毒等。它们不仅会影响食品的品质，造成食品腐败变质，还会影响人体健康，但它们对辐照的敏感性也有差异。

（一）微生物

辐照保藏主要利用辐照直接控制或杀灭食品中的腐败性微生物及致病微生物达到延长保藏期的目的。电离辐射对微生物的作用受下列因素的影响：辐照量、微生物的种类及状态、菌株浓度（细菌数）；培养介质化学成分和物理状态及辐照后的贮藏条件等。

电离辐射杀灭微生物一般以杀灭 90% 微生物所需的剂量（Gy）来表示，即残存微生物数下降到原菌数 10% 时所需用的剂量，并用 D_{10} 值来表示。当知道 D_{10} 值时，就可以按下式确定辐照灭菌的剂量（D 值）。

$$\lg \frac{N}{N_0} = -\frac{D}{D_{10}} \tag{8-8}$$

式中　N_0——最初微生物数；

　　　N——使用 D 剂量后残留微生物数；

　　　D——辐照的剂量，Gy；

　　　D_{10}——微生物残存数减少到原数 10% 时的剂量，Gy。

1. 细菌

细菌种类不同，对辐照敏感性也各不相同。辐照剂量愈高，对细菌的杀灭率愈强。常见几种病原微生物的 D_{10} 值见表 8-8。

表 8-8　一些重要食品致病菌的 D_{10} 值

致病菌	D_{10} 值/kGy	悬浮介质	辐照温度/℃
嗜水产气单胞菌（*A. hydrophila*）	0.14～0.19	牛肉	2
空肠弯曲杆菌（*C. jejuni*）	0.18	牛肉	2～4
大肠杆菌 O157：H7（*E. Coli* O157：H7）	0.24	牛肉	2～4
单核细胞杆菌（*L. monocytogenes*）	0.45	鸡肉	2～4
沙门氏菌（*Salmonelia spp.*）	0.38～0.77	鸡肉	2
金色链霉菌（*S. aureus*）	0.36	鸡肉	0
小肠结肠炎菌（*Y. enterocolitica*）	0.11	牛肉	25
肉毒梭状芽孢杆菌孢子［*C. botulinum*（*sports*）］	3.56	鸡肉	—30

注：摘自 Dennis G Olson. Irradiation of Food. J Food Tech, 1998, 52 (1)：56～61。

从表 8-8 中可见，沙门氏菌是非芽孢菌中最耐辐照的致病微生物，平均 D_{10} 值 0.6kGy。对禽肉辐照 1.5～3.0kGy，可杀灭 99.9%～99.999% 的致病菌，除了肉毒芽孢杆菌，在这个剂量下，其他致病菌都可获得控制。

肉毒芽孢杆菌中能引起食物中毒且耐热性特强的 A 型和 B 型，其抗辐射性也强，其 D_{10} 值在 1.9～3.7kGy。肉毒芽孢杆菌的 D_{10} 值可因菌型和菌株而异，且与被辐照时介质的状态关系很大，按照微生物学安全性需求，经辐照后残存菌数减少 10～12 个数量级（即 $12D_{10}$），可以计算出杀菌所需的最小辐照剂量（MRD），MRD 值的大小主要决定于辐照对象微生物种类、被辐照的食品种类和辐照时的温度等。通常条件下，带芽孢菌体比无芽孢者对辐照有较强的抵抗力。

沙门氏菌是常见污染食品的致病菌。工业中常用热处理杀灭该菌，但热处理会使食品的形状和组织发生变化。例如对鲜蛋的杀菌，热处理就受到限制，用 4.5～5.0kGy 剂量辐照冻蛋，可杀灭污染的沙门氏菌，又可使其风味和制成的蛋制品不发生改变。常污染鱼贝类的假单胞菌（是一种低温菌），对辐射线抵抗力也较弱，低剂量辐照即可将其杀灭，保持产品的鲜度。

2. 酵母与霉菌

酵母与霉菌对辐照的敏感性与非芽孢细菌相当。种类不同，其辐照敏感性也有差异。杀灭引起水果腐败和软化的霉菌所需的剂量常高于水果的耐辐照量，对酵母也有类似状况，通过热处理或其他方法再结合低剂量辐照则可克服上述缺陷。

3. 病毒

病毒是最小的生物体，并且是一种具有严格专一性的细胞内寄生生物，自身没有代谢能力，但进入细胞后能改变细胞的代谢机能，产生新的病毒成分。

脊髓灰质炎病毒和传染性肝炎病毒，通过食品会传播给人体，后者还可以通过饮水而污染水源和某些动物。口蹄疫病毒能侵袭许多动物，这种病毒只有使用高剂量辐照（水溶液状态 30kGy，干燥状态 40kGy）才能使其钝化，但使用过高的剂量时对新鲜食品的质量有影响，因此常用加热与辐照并举的方法，降低辐照剂量及抑制病毒的活性。

（二）虫类

1. 昆虫

辐照是控制食品中昆虫传播的一种有效手段，正如其他生物体一样，辐照对昆虫的效应与其组成细胞的效应密切相关。成虫的性腺细胞对射线相当敏感，因此，低剂量照射能引起成虫绝育或引起配子在遗传上的紊乱，稍高剂量就可将昆虫杀死。

辐照对昆虫总的损伤作用是：致死、"击倒"（貌似死亡，随后恢复）、缩短寿命、推迟换羽、不育、减少卵的孵化、延迟发育、减少进食量和抑制呼吸。这些作用都在一定的剂量水平发生，而在某些剂量（低剂量）下，甚至可能出现相反的效应，如延长寿命、增加产卵、增进卵的孵化和促进呼吸。

用 0.13～0.25kGy 剂量辐照，可使卵和幼虫有一定的发育能力，但能够阻止它们发育到成虫阶段；用 0.4～1kGy 剂量辐照，能阻止所有卵、幼虫和蛹发育到下一阶段。成虫甲虫需达 0.13～0.25kGy 剂量才能达到不育，而蛾需要 0.45～1kGy，蛹需用 0.25～0.45kGy 剂量辐照才能达到不育。

为了防止食品中昆虫的传播，立即将其杀死所需剂量范围是 3～5kGy；1kGy 辐照足以使昆虫在数日内死亡；0.25kGy 可使昆虫在数周内死亡，并使存活昆虫不育。一次给予足够的剂量比分次逐步增加的杀灭效果好。对某些昆虫辐照前升高温度，可增加它们对辐照的敏感性；而降低大气氧压，将会增加昆虫的耐辐照性。

2. 寄生虫

使猪旋毛虫（Trichinosis）不育的剂量为 0.12kGy，抑制其生长需 0.2～0.3kGy，致死量需 7.5kGy；牛肉绦虫（Beef tapeworm）致死剂量为 3～5kGy。

（三）果蔬

根据果蔬的生理特征，对于有呼吸高峰的果实，在高峰开始出现前夕，体内乙烯的合成明显增加，从而促进成熟的到来。若在高峰出现前对果实进行辐照处理，由于辐照干扰了果实体内乙烯的合成，就可抑制其高峰的出现，延长果实的贮存期。

辐照能使水果中的化学成分发生变化，如维生素 C 的破坏，原果胶变成果胶质及果胶酸盐，纤维素及淀粉的降解，某些酸的破坏及色素的变化等。

辐照对新鲜蔬菜代谢反应的影响，与蔬菜种类和辐照剂量有关。辐照可以改变蔬菜的呼吸率，防止老化，改变化学成分。如辐照马铃薯，在辐照后的短期内能快速且大量的增加其摄氧率，但随后又下降。若采用极低或很高的剂量并不产生这种效应。

　　马铃薯、洋葱等经辐照后可抑制发芽，辐照使组织内脱氧核糖核酸（DNA）和核糖核酸（RNA）受到损伤，干扰了 ATP 的合成，植物体生长点上的细胞不能发生分裂，从而抑制植物体发芽。辐照蘑菇可防止开伞，延长保鲜期。

第三节　辐照的工艺控制

一、食品辐照的分类与辐照工艺

（一）食品辐照的分类

　　根据食品辐照的目的及所需的剂量，食品辐照分为下列三类，见表 8-9。

表 8-9　辐照在食品中的应用

类型	辐照目的	采用剂量/kGy	应用范围
低剂量 （1kGy 以下）	抑制发芽	0.05～0.15	马铃薯、大葱、蒜、姜、山药等
	杀灭害虫、寄生虫	0.15～0.5	粮谷类、鲜果、干果、干鱼、干肉、鲜肉等
	推迟生理反应（熟化作用）	0.25～1.0	鲜果蔬
中剂量 （1～10kGy）	延长货架期	1.0～3.0	鲜鱼、草莓、蘑菇等
	减少腐败微生物和降低致病菌数量	1.0～7.0	新鲜和冷冻水产品，生和冷冻畜、禽肉等
	食品品质改善	2.0～7.0	增加葡萄产汁量、降低脱水蔬菜烹调时间等
高剂量 （10～50kGy）	工业杀菌(结合温和的热处理)	30～50	肉、禽制品，水产品等加工食品、医院病人食品等
	某些食品添加剂和配料的抗污染	10～50	香辛料、酶的制备，天然胶等

1. 低剂量辐照

　　这种辐照处理主要目的是降低食品中腐败微生物及其他生物数量，延长新鲜食品的后熟期及保藏期（如抑制发芽等）。一般剂量在 1kGy 以下。

2. 中剂量辐照

　　这种辐照处理使食品中检测不出特定的无芽孢的致病菌（如沙门氏菌）。包括通常的辐照巴氏杀菌（5～10kGy），延长食品保质期及改善食品品质等目的的辐照（所使用的辐照剂量范围为 1～10kGy）。

3. 高剂量辐照

　　所使用的辐照剂量可以将食品中的微生物减少到零或有限个数，达到杀菌目的。经过这种辐照处理后，食品在无再污染条件下可在正常条件下达到一定的贮藏期，剂量范围 10～50kGy。

（二）食品辐照工艺

1. 食品辐照保藏

　　食品受到射线的照射，食品中的营养成分、微生物和昆虫、寄生虫等，都会吸收能量和产生电荷，使其构成原子、分子发生一系列的变化。这些变化对食品中有生命的生物物质的影响较大。水、蛋白质、核酸、脂肪、糖类等分子的微小变化，都可能导致生物酶的失活，生理生化反应的延缓或停止，新陈代谢的中断，生长发育停顿，生命受到威胁，甚至死亡。而且食品辐照时，微生物或昆虫一般多集中在食品的表层，故它们和食品表层最先接受射线的作用。从食品整体来说，在正常的辐照条件下发生变化的食品成分较小，而对生命活动影响较大。因此，食品辐照应用于保藏（尤其是新鲜食品）有着重要的意义和实用价值。

(1) 果蔬类　果蔬辐照的目的主要是：防止微生物的腐败作用；控制害虫感染及蔓延；延缓后熟期，防止老化。

辐照延迟水果的后熟期，对香蕉等热带水果十分有效，对绿色香蕉辐照剂量常低于 0.5kGy，但对有机械伤的香蕉一般无效。用 2kGy 剂量即可延迟木瓜的成熟。对芒果用 0.4kGy 剂量辐照可延长保藏期 8d，用 1.5kGy 可完全杀死果实中的害虫。水果的辐照处理，除可延长保藏期外，还可促进水果中色素的合成，使涩柿提前脱涩和增加葡萄的出汁率。

通常引起水果腐败的微生物主要是霉菌，杀灭霉菌的剂量依水果种类及贮藏期而定。生命活动期较短的水果，如草莓，用较小的剂量即可停止其生理作用；而对柑橘类要完全控制霉菌的危害，剂量一般要在 0.3～0.5kGy 以上。但若剂量过高（2.8kGy），则会在果皮产生锈斑。化学防腐和辐照相结合也可有效延长水果贮藏期，复合处理的协同效应可以降低化学处理的药剂量和辐照剂量，把药物残留量和辐照损伤率降到最低程度，既可延长保藏期，又可保证食品的质量和卫生安全。

蔬菜的辐照处理主要是抑制发芽，杀死寄生虫。低剂量 0.05～0.15kGy 对控制根茎作物如马铃薯、洋葱、大蒜的发芽是有效的。为了获得更好的贮藏效果，蔬菜的辐照处理常结合一定的低温贮藏或其他有效的贮藏方式。如收获的洋葱在 3℃ 暂存，并在 3℃ 的低温下辐照，照射后可在室温下贮藏较长时间，又可以避免内芽枯死、变褐发黑。

(2) 粮食类　造成粮食耗损的重要原因之一是昆虫的危害和霉菌活动导致的霉烂变质。杀虫的效果与辐照剂量有关，0.1～0.2kGy 辐照可以使昆虫不育，1kGy 可使昆虫几天内死亡，3～5kGy 可使昆虫立即死亡；抑制谷类霉菌的蔓延发展的辐照剂量为 2～4kGy，小麦和面粉杀虫的剂量为 0.20～0.75kGy，焙烤食品为 1kGy。王传耀等研究证实 0.6～0.8kGy 剂量辐照玉米象成虫，照后 15～30d 内象成虫全部死灭。经 0.2～2.0kGy 剂量辐照玉米、小麦、大米，其营养成分未发生明显变化。

(3) 畜、禽肉及水产类　沙门氏菌是最耐辐照的非芽孢致病菌，1.5～3kGy 剂量可获得 99.9%～99.999% 的灭菌率，而对 O157：H7 大肠杆菌，1.5kGy 可获得 99.9999% 的灭菌率（$D_{10} = 0.24$kGy）。革兰氏阴性菌对辐照较敏感，1kGy 辐照可获得较好效果，但对革兰氏阳性菌作用较小。Lambert 等（1992）报告，充 N_2 包装的块状猪肉在 1kGy 辐照后在 5℃ 可存放 26d。

由于在通常的辐照量下不能使肉的酶失活（酶失活的剂量高达 100kGy），所以用辐照方法保藏鲜肉，可结合热方法。如用加热方式使鲜肉内部的温度升高到 70℃，保持 30min，使其蛋白分解酶完全钝化后才进行辐照。高剂量辐照处理肉类（已包装），可达到灭菌保藏的目的，所用的剂量要能杀死抗辐射性强的肉毒芽孢杆菌；对低盐、无酸的肉类（如鸡肉）需用剂量 45kGy 以上。肉类的高剂量辐照灭菌处理会使产品产生异味，此异味随肉类的品种不同而异，牛肉产生的异味最强。目前防止异味最好的方法是在冷冻温度 −80～−30℃ 下辐照，因为异味的形成大多数是间接的化学效应。在冰冻时水中的自由基的流动性减少，可以防止自由基与肉类成分的相互反应发生。辐照可引起肉颜色的变化，在有氧存在下更为显著。

目前用辐照处理冷藏或冷冻的家禽以杀灭沙门氏菌和弯曲杆菌（Campylobacter）为主，处理猪肉使旋毛虫幼虫失活所带来的卫生效益最为明显，剂量 2～7kGy 被认为足以杀死上述病原微生物和寄生虫，对大部分食品不会造成感官特性不利的影响。美国农业部食品安全检验局规定，冷却、冷冻肉的最大吸收剂量分别是 4.5kGy 和 7.0kGy，对禽肉最大剂量是 3kGy。

水产品辐照保藏多数采用中低剂量处理，高剂量处理工艺与肉禽类相似，但产生的异味低于肉类。为了延长贮藏期，低剂量辐照鱼类常结合低温（3℃ 以下）贮藏。不同鱼类有不同的剂量要求，如淡水鲈鱼在 1～2kGy 剂量下，延长贮藏期 5～25d；大洋鲈 2.5kGy 延长保贮期 18～20d；牡蛎在 20kGy 剂量下，延长保藏期达几个月。加拿大批准商业辐照鳕鱼和黑线鳕鱼片，以延长保质期的剂量为 1.5kGy。

（4）香辛料和调味品　天然香辛料容易生虫长霉，未经处理的香辛料，霉菌污染的数量平均为 $10^4 \cdot g^{-1}$ 以上。传统的加热或熏蒸消毒法不但有药物残留，且易导致香味挥发，甚至产生有害物质。例如环氧乙烷和环氧丙烷熏蒸香辛料能生成有毒的氧乙醇盐或多氧乙醇盐化合物。而辐照处理可避免引起上述的不良效果，既能控制昆虫的侵害，又能减少微生物的数量，保证原料的质量。全世界至少已有 15 个国家批准对 80 多种香辛料和调味品进行辐照。

（5）蛋类　蛋类辐照主要采用辐照巴氏杀菌剂量，以杀灭沙门氏菌为对象。一般蛋液及冰蛋液辐照灭菌效果较好。带壳鲜蛋可用 β 射线辐照，剂量 10kGy，高剂量会使蛋白质辐解而使蛋液黏度降低或产生 H_2S 等异味。

工程训练 8-1
与低温贮藏相比，辐照处理抑制大蒜发芽具有什么优势？

2. 辐照改变食品品质

食品中某些成分的辐照化学效应，有时可产生有益的辐照加工效果。目前，各国都在这个领域展开研究，有些已投入商业应用。如黄豆发芽 24h 后，用 2.5kGy 剂量辐照，可减少黄豆中棉籽糖和水苏糖（肠内胀气因子）等低聚糖的含量；小麦经杀虫剂量辐照，其面粉制成面包体积增大，柔软性好，组织均匀，口感提高；葡萄经 4～5kGy 辐照可提高出汁率 10％～12％；空气干燥过的黄豆辐照后，煮熟时间仅为未处理过的 66％；脱水蔬菜，如春豆、芹菜，用 10～30kGy 处理，可使复水时间大大缩短，仅为原来的 1/5。

我国在白酒的辐照催陈（陈化）方面已取得显著成绩。辐照处理薯干酒，使酒中酯、酸、醛有所增加，酮类化学物减少，甲醇、杂醇含量降低，酒口味醇和，苦涩辛辣味减少，酒质提高。关学雨等用 ^{60}Co γ 射线辐照白兰地酒，证明用 0.888kGy 和 1.331kGy 剂量辐照的两种白兰地酒，经存放 3 个月品尝鉴定，其酒质相当于 3 年老酒，辐照酒的总酸、总酯均有不同程度的增加，辛酸乙酯和癸酸乙酯等酯的气相色谱的谱峰显著提高，且证明饮用辐照酒是安全的。

3. 辐照的其他应用

食品辐照的另一重要应用是对果蔬的进口检疫处理。国际贸易法及各国的安全法规常要求对进口的果蔬进行安全处理（特别是热带和亚热带果蔬）。以杀灭果蝇等传染性病虫害，常用的熏蒸剂，如二溴乙烷、溴甲烷和环氧乙烷等气体，由于涉及环境和操作人员的健康，已受到使用限制。美国环境保护署 1984 年 9 月 1 日通令禁用二溴乙烷，目前辐照是这方面最可行的替代方法。满足检疫条例，杀灭果蝇所需辐照剂量（0.15kGy）并不改变大多数水果和蔬菜的物理化学性质和感官特性。0.1kGy 的低剂量辐照可以防止大多数种类的果蝇卵发育成为成虫。辐照是杀灭在羽化为成虫之前留居种子之内的芒果种子象鼻虫的唯一的一种技术，0.25kGy 的剂量足以阻止虫害羽化为成虫，国际上已确立防止所有昆虫虫害的检疫可靠性保证剂量为 0.3kGy。

二、影响食品辐照效果的因素

（一）辐照剂量

根据各种食品辐照目的及各自的特点，选择最适辐照剂量范围是食品辐照的首要问题。剂量等级影响微生物、虫害等生物的杀灭程度，也影响食品的辐照物理化学效应，两者要兼顾考虑。一般来说，剂量越高，食品保藏时间越长。

剂量率也是影响辐照效果的重要因素。同等的辐照剂量，高剂量率辐照，照射的时间就短；低剂量率辐照，照射的时间就长。通常较高的剂量率可获得较好的辐照效果。如对洋葱的辐照，每小时 0.3kGy 的剂量率比每小时 0.05kGy 的剂量率有更明显的辐照保藏效果。但要产生高剂量率的辐照装置，需有高强度辐照源，且要有更严密的安全防护设备。因此，剂量率的选择要根据辐照源的强度、辐照品种和辐照目的而定。

（二）食品接受辐照时的状态

由于食品种类繁多，同种食品其化学成分及组织结构也有差异。污染的微生物、害虫等种类与数量以及食品生长发育阶段、成熟状况、呼吸代谢的快慢等，对辐照效应影响很大。如大米的品质、含水量不仅影响剂量要求，也影响辐照效果。同等剂量，品质好的大米，食味变化小；品质差的大米，食味变化大。用牛皮纸包装的大米，若含水量在15％以下，2kGy剂量可延长保藏期3～4倍；若大米含水量在17％以上，剂量低于4kGy，就不可能延长保藏期。上等大米的变味剂量极限是0.5kGy；中、下等大米的变味剂量极限只有0.45kGy。

辐照抑制洋葱发芽，在采收后40d内，辐照效果很好，但到了包芽期（40d后）再辐照，50％的洋葱仍会发芽。

食品的种类及水分活性不同，杀灭其中的腐败菌和致病菌所需的最小辐照剂量也不同。平均剂量为2.5kGy辐照可灭活水分活性0.87～0.90的即食食品中的所有腐败菌；而灭活水分活性0.85～0.89的即食鱼中腐败菌所需的最小剂量为2.5kGy，水分活性为0.93～0.94即食猪肉的最小剂量为10kGy。

产品的含水量也直接影响合适辐照剂量和保质期。如含水分18％的熟制半干猪肉，经6kGy辐照，保质期可以延长150d；含水量36％的半干小虾经4kGy辐照，保质期可延长49d；中等水分的口利左香肠经10kGy辐照，肠道链球菌的D_{10}为1.25kGy，好氧菌减少4个对数级；而经7～11kGy剂量处理的烟熏鱼块等，保质期可延长84d。

（三）辐照过程环境条件

氧的存在可增加微生物对辐照的敏感性2～3倍，对辐照化学效应生成物也有影响，因此辐照过程维持氧压力的稳定是获取均匀辐照效果的条件之一。

适当提高辐照时食品的温度（加热或热水洗），达到同样的杀菌、杀虫效果，常可降低辐照剂量，因此可减少对果蔬的损伤；适当加压、加热，使细菌孢子萌发，再使用较小的剂量，可以把需要高剂量辐照杀灭的孢子杀死。冻结点以下的低温辐照，则可大大减少肉类辐照产生的异味（辐照味）及减少维生素的损失。

（四）辐照与其他保藏方法的协同作用

高剂量辐照会不同程度地引起食品质构改变，维生素破坏，蛋白质降解，脂肪氧化和产生异味等不良影响。因此在辐照技术研究中，比较注意筛选食品的辐照损伤保护剂和提高、强化辐照效果的物理方法。如低温下辐照，添加自由基清除剂，使用增敏剂，与其他保藏方法并用和选择适宜的辐照装置。

用1～3kGy^{60}Co、^{137}Cs的γ射线辐照桃，能促进乙烯生成和成熟。若先用CO_2处理，再用2.5kGy剂量辐照，在（4±1）℃下贮藏一个月，可保持桃的新鲜度。橘类辐照保藏，先用53℃温水浸5min，再在橘子表面涂蜡，最后用1～3kGy剂量的0.1～1MeV电子射线照射，可减少橘类果皮的辐照损伤，使果肉不变味，延长保藏期。腌制火腿若辅以辐照处理，可以将火腿中硝酸盐的添加量，从156mg·kg^{-1}降到25mg·kg^{-1}，减轻产生致癌物质亚硝胺的危险，且不影响火腿的色、香、味，又有助于消除火腿上的梭状芽孢杆菌，明显提高火腿的质量。

此外，在食品辐照过程，辐照装置的设计效果，食品在辐照过程剂量分布的均匀性等都会影响辐照食品的质量。

作为一种食品加工保藏方法，食品辐照并不是解决所有食品保藏问题的万能药方。它既不可能取代传统良好的加工方法，也不是适用于所有食品。如牛奶和奶油一类乳制品经辐照处理时会变味。许多食品，如鸡肉、鱼等都有一剂量阈值，高于此剂量就会发生感官性质的变化。

第四节　食品辐照的安全与法规

一、辐照量单位与吸收剂量

（一）放射性强度与放射性比度

1. 放射性强度

放射性强度（radioactivity），也称辐射性活度，是度量放射性强弱的物理量，国际单位为贝可勒尔（Becqurel，简称贝可，Bq）。曾采用的单位有居里（Curie 简写 Ci）和克镭当量。

1Bq 表示放射性同位素每秒有一个原子核衰变，即：

$$1Bq=1s^{-1}=2.073\times10^{-11}Ci$$

若放射性同位素每秒有 3.7×10^{10} 次核衰变，则它的放射性强度为1Ci。实验测定，1g 镭 1s 就有 3.71×10^{10} 个原子核衰变。此外，放射性强度也有用 mCi（毫居里）或 μCi（微居里）表示的。

辐射 γ 射线的放射性同位素（即 γ 辐射源）和 1g 镭（密封在 0.5mm 厚铂滤片内）在同样条件下所起的电离作用相等时，其放射性强度就称为 1g 镭当量（或是 1000mg 镭当量）。γ 辐射源的放射性强度的毫居里数（居里数）与毫克镭当量（克镭当量）之间可通过常数 K_γ 进行换算。常数 K_γ 表示每毫居里的任何 γ 辐射源在 1h 内给予相距离 1cm 处的空气的剂量数。知道某一 γ 辐射源的常数（K_γ）值后，并用 1mCi 镭辐射源（包有 0.5mm 铂滤片）在 1h 中给予相距 1cm 处的空气的剂量为基准除之，就可求出任何 1mCi 或 1Ci 的不同能量的 γ 辐射源相当于毫克镭当量或克镭当量强度的值。如 ^{60}Co 辐射源的 $K_\gamma=13.2$，^{137}Cs 的 $K_\gamma=3.55$，镭辐射源的 $K_\gamma=8.25$。则 1mCi（或 1Ci）^{60}Coγ 辐射源相当于毫克镭当量（或克镭当量）值是：$\dfrac{13.2}{8.25}=1.60$。同理，1mCi（或 1Ci）^{137}Cs 辐射源相当于毫克镭当量（或克镭当量）值是 0.43。

2. 放射性比度

一个放射性同位素常附有不同质量数的同一元素的稳定同位素，此稳定同位素称为载体，因此将一个化合物或元素中的放射性同位素的浓度称为"放射性比度"，也用以表示单位数量的物质的放射性强度。

（二）照射量

照射量（exposure）是用来度量 X 射线或 γ 射线在空气中电离能力的物理量，以往使用的单位为伦琴（Roentgen，简写 R），现改为 SI 单位库仑·千克$^{-1}$（C·kg^{-1}），$1R=2.58\times10^{-4}$C·kg^{-1}。在标准状态下（101325Pa，0℃），1cm^3 的干燥空气（0.001293g）在 X 射线下或 γ 射线照射下，生成正负离子电荷分别为 1 静电单位（esu）时的照射量即为 1R。一个单一电荷离子的电量为 4.80×10^{-10}esu，所以 1R 能使 1cm^3 的空气产生 2.08×10^{-9} 离子对。

（三）吸收剂量

1. 吸收剂量单位

被照射物质所吸收的射线能量称为吸收剂量（absorbeddose），其单位为戈瑞（Gray，简称 Gy），1Gy 是指辐照时 1kg 食品吸收的辐照能为 1J（Joule，简称 J）。曾使用拉德（rad）作为吸收剂量的单位。

戈瑞与拉德的关系是：

$$1Gy=100rad=1J\cdot kg^{-1}$$

1g 任何物质若吸收的射线的能量为 100erg 或 $6.24\times10^{13}eV$，则吸收剂量为 1rad，即：

$$1rad = 100erg \cdot g^{-1} = 6.24 \times 10^{13} eV \cdot g^{-1}$$

剂量当量用来度量不同类型的辐照所引起的不同的生物学效应，其单位为 Sv［希］（沃特）。rem（雷姆）是以往的常用单位，$1Sv = 100rem$。剂量当量（H）与吸收剂量（D）的关系为：

$$H = DQN \tag{8-9}$$

式中　Q——品质因数，不同辐射的 Q 值可能不同，例如 X 射线、γ 射线和高速电子为 1，而 α 射线为 10；

$\quad\quad$ N——修正因子，通常指由于沉积在体内的放射性物质分布不均匀，应在空间和时间上对生物效应进行修正的分布因子，对外源来说，N 目前被定为 1。

当 $QN = 1$ 时，$1Sv = 1J \cdot kg^{-1}$。

单位时间内的剂量当量称为剂量当量率，以往用 $rem \cdot s^{-1}$ 或 $rem \cdot h^{-1}$ 等来表示其单位，现均改为 $Sv \cdot s^{-1}$ 或 $Sv \cdot h^{-1}$。

拓展阅读 8-1
辐照剂量测量
体系

2. 吸收剂量测量

食品辐照过程物质吸收剂量是将剂量计暴露于辐射线之下而测得的，然后从剂量计所吸收的剂量来计算被食品所吸收的剂量。常用的剂量测量体系有量热计、液体或固体化学剂量计及目视剂量标签。各种剂量计的特性见表 8-10。

表 8-10　某些高剂量测量体系与其特性

剂量计材料	分析方法	吸收剂量范围/kGy	精密度/%
石墨	量热	$0.1 \sim 1 \times 10^2$	$< \pm 1$
硫酸亚铁(Fricke)	紫外分光光度	$0.04 \sim 0.4$	± 1
重铬酸钾(银)	可见分光光度	$4 \sim 40$	± 1
重铬酸银	可见分光光度	$0.4 \sim 4$	± 1
硫酸铈-亚铈	紫外分光光度或电位法	$4 \sim 25$	± 1
氯苯乙醇	滴定或高频示波	$1 \sim 1 \times 10^2$	± 3
丙氨酸	电子自旋共振	$0.01 \sim 1 \times 10^2$	± 3
谷氨酰胺	晶熔发光	$0.1 \sim 40$	± 3
红色有机玻璃	可见分光光度	$5 \sim 40$	± 3
无色透明有机玻璃	紫外分光光度	$1 \sim 50$	± 5
三醋酸纤维素	紫外分光光度	$10 \sim 4 \times 10^2$	± 5
辐射显色薄膜	可见分光光度	$0.1 \sim 1 \times 10^2$	± 5
氟化锂	热释光	$1 \times 10^{-2} \sim 10$	± 5
	分光光度	$0.1 \sim 1 \times 10^4$	± 5
聚乙烯	紫外分光光度	$10 \sim 1 \times 10^3$	± 5
目视剂量标签	目视	$0.1 \sim 50$	± 40

为了保证食品辐照过程获得均匀的定量的辐照剂量（吸收剂量），便于对食品辐照装置系统进行准确可靠的剂量监测，确保全国吸收剂量量值准确一致，目前我国已建立起吸收剂量基准，传递标准剂量测量体系和常规剂量计等剂量测量体系。

拓展阅读 8-2
食品辐照安全
性研究的历史
过程

二、辐照食品的安全性

安全性试验是整个辐照保藏食品研究最早进行，且研究最深入的问题。辐照食品可否食用，有无毒性，营养成分是否被破坏，是否致畸、致癌、致突变等所涉及的毒理学、营养学、微生物学和辐照分解许多学科领域的研究广度和深度是任何其他食品加工方法所没有的。研究结果已确认，只要用合理要求的剂量和在确能实现预期技术效果的条件下对食品进行辐照的辐照食品是安全的食品。

食品经电离辐射处理后，能否产生感生放射性核素取决于：辐照的类型，所用的射线能量，核素的反应截面，引起放射性的食品核素的丰度百分率及产生的放射性核素的半衰期。

要使组成食品的基本元素，碳、氧、氮、磷、硫等变成放射性核素，需要 10MeV 以上的高能射线照射（见表 8-11），而且它们所产生的放射性核素的寿命（半衰期）多数都是非常短暂的，故辐照一天后在食品中的剂量已可忽略不计。虽然中子或高能电子射线照射食品可感生放射性化合物，但食品的辐照保藏，不用中子进行照射，一般采用 ^{60}Co γ 射线（能量为 1.33MeV 和 1.17MeV）和 ^{137}Cs γ 射线（能量 0.66MeV），最大能量水平为 10MeV 的电子加速器或最大能量水平为 5MeV 的 X 射线机，来自这些辐射源的电离能用于食品辐照都不可能在食品中感生放射性。

表 8-11　食品基本元素感生核反应和所需的临界能

元素种类	核反应	临界能/MeV	生成物的半衰期
^{12}C（碳 12）	γ/n	18.8	20.39min
^{16}O（氧 16）	γ/n	15.5	2.1min
^{14}N（氮 14）	γ/n	10.5	9.961min
^{31}P（磷 31）	γ/n	12.35	2.5min
^{32}S（硫 32）	γ/n	14.8	2.61s
^{9}Be（铍 9）	γ/n	1.67	极短
^{2}H（氢 2）	γ/n	2.2	—
^{7}Li（锂 7）	γ/n	9.8	0.85min
^{39}K（钾 39）	γ/n	13.2	7.636min
^{40}Ca（钙 40）	γ/n	15.9	0.88s
^{54}Fe（铁 54）	γ/n	13.9	8.53min
^{23}Na（钠 23）	γ/n	2.6	2.6 年
^{127}I（碘 127）	γ/n	9.3	13d
^{53}Cu（铜 53）	γ/n	10.9	10min
^{24}Mg（镁 24）	γ/n	16.2	11.26s
^{25}Mg（镁 25）	γ/n	11.5	14.8h
^{26}Mg（镁 26）	γ/n	14.0	62s

注：γ—γ 射线；n—中子。

为了确保辐照食品的品质，人们一直研究探讨辐照食品的检测方法。2001 年，CAC 第 24 届会议上批准了国际标准《辐照食品鉴定方法》。该标准提出了五种辐照食品的鉴定方法，利用脂质和 DNA 对电离辐射特别敏感的特性，对于含脂肪的辐照食品，可采用气相色谱测定糖类或用气质联用检测 2-烷基环丁酮（是一种成环化合物，蒸煮条件下难形成），其检测率达 93%；DNA 碱基破坏、单链或双链 DNA 破坏及碱基间的交联是辐照的主要效应，可检测并量化这些 DNA 变化；对于含有骨头以及含纤维素的食品采用电子自旋共振仪（ESR）分析方法；对于可分离出硅酸盐矿物质的食品采用热释光方法。

20 世纪 90 年代中期，世界卫生组织（WHO）回顾了辐照食品的安全与营养平衡的研究，得出如下结论：

① 辐照不会导致对人类健康有不利影响的食品成分的毒性变化；

② 辐照食品不会增加微生物学的危害；

③ 辐照食品不会导致人们营养供给的损失。

联合国粮农组织、国际原子能机构与世界卫生组织在 50 多年的研究基础上也得出结论：在正常的辐照剂量下进行辐照的食品是安全的。2003 年 CAC 在辐照处理的安全剂量修订稿中规定，在能解释说明 10kGy 以上的辐照是安全而且合理的情况下，可以使用 10kGy 以上的辐照剂量进行食品辐照处理。我国赞同此意见，但欧盟、日本、韩国等组织或国家不同意去掉 10kGy 辐照剂量上限。

目前全世界已 500 多种辐照食品投放市场。有比利时、菲律宾、智利、匈牙利、挪威、孟加拉国、中国、巴西、丹麦、叙利亚、泰国、阿根廷、古巴、芬兰、印度尼西亚、韩国、以色列、波兰、墨西哥、巴基斯坦、越南、伊朗、印度、英国等 52 个国家批准允许一种以上辐照食品商业化，超过 33 个国家允许辐照食品国际贸易。其中马铃薯、洋葱、大蒜、冻虾、调味品等十几种已经实现大型商业化，取得明显的经济效益与社会效益。辐照抑制马铃薯发芽，有 28 个以上国家获得批准，洋葱、天然香料等也是获较多国家批准食用的产品。其他获批准食用的产品有鳕鱼片、虾、去内脏禽肉、谷类、面粉、芒果、草莓、蘑菇、芦笋、大蒜等新鲜果蔬、调味品等品种。

CAC 已批准七大类辐照食品，如谷类、豆类及其制品；干果果脯类；熟畜禽肉类；冷冻包装畜、禽肉类；香辛料类；新鲜水果、蔬菜类及水产品类。我国已经批准了除水产品之外和其他七大类辐照食品，见表 8-12。

表 8-12　中国已允许辐照的食品及剂量

类别	品种	目的	允许吸收剂量≤/kGy
豆类、谷类及其制品	绿豆、红豆、大米、面粉、玉米渣、小米	灭虫	0.2（豆类） 0.4～0.6（谷类）
干果果脯类	空心莲、桂圆、核桃、山楂、大枣、小枣	灭虫	0.4～1.0
熟畜禽肉类	六合脯、扒鸡、烧鸡、盐水鸭、熟兔肉	灭菌，延长保质期	8.0
冷冻包装畜禽肉类	猪、牛、羊、鸡肉	杀灭沙门氏菌及腐败菌	2.5
香辛料类	五香粉、八角、花椒等	灭菌，防霉，延长保质期	<10
新鲜水果、蔬菜	土豆、洋葱、大蒜、生姜、番茄、荔枝、苹果	抑制发芽，延缓成熟	1.5
其他	方便面固体汤料	灭菌，防霉，延长保质期	8
	鲜猪肉	杀灭旋毛虫	0.65
	薯干酒	改善品质	4.0
	花粉	灭菌，防腐，延长保质期	8.0

三、辐照食品的管理法规

1979 年食品法典委员会（CAC）发布了《食品辐照加工推荐性国际操作规范》（CAC/RCP 19—1979，Rev. 2—2003），规范将辐照食品的加工过程分为辐照前、辐照及辐照后三部分管理，对辐照前后所有可能影响辐照效果的因素都提出了要求，这些因素包括：①待辐照食品的采收、处理、贮存、运输、包装；②辐照设施的设计和控制；③辐照场的设计和布局；④辐照源的种类；⑤操作程序；⑥操作人员的卫生；⑦设计剂量；⑧过程控制；⑨剂量检测；⑩危害控制；⑪辐照标签。规范引进了《危害分析关键控制点系统》（HACCP）和《推荐性国际操作规范-食品卫生通用原则》（RCP 01—1969，Rev. 3—1997，Amd 1—1999）。这个标准是食品辐照机构的操作运行规范，2003年这个规范重新修订。

1983 年食品法典委员会颁发了《辐照食品通用标准》（CODEXSTAN 106—1983）。标准规定了可以用于食品辐照的辐照源、10kGy 的剂量限制、重复辐照的限制、辐照后的验证方法以及辐照标签的细则，标准还要求辐照过程的控制应符合《食品辐照加工推荐性国际操作规范》的要求，辐照食品的卫生控制应符合推荐性国际操作规范-食品卫生通用原则（CAC/RCP 1—1969，Rev. 3—1997）的规定的要求。这个标准管理辐照食品市场的标准，2003 年这个标准重新修订。CAC 在《预包装食品标签通用标准》中规定，经电离辐照处理食品的标签上，必须在紧靠食品名称处用文字指明食品经辐照处理；配料中有辐照食品也必须在配料表中指明。

2005 年 9 月国际标准化组织发布了 ISO 22000《食品安全管理体系-食品链中各组织的要求》，标准的附录中给出了不同食品加工企业的操作规范，其中包括《食品辐照加工推荐性国际操作规范》和《辐照食品通用标准》。2010 年 ISO 组织通过了标准 ISO14470—2010《食品辐照-食品电离辐照过程的发展、验证和常规控制要求》，标准要求在食品辐照机构建立质量管理体系，定义产品和加工过程，提出了对辐照装置和剂量检测系统的要求，也规定了对技术合同、常规控制、过程验证、辐照加工的有效性保持的要求。这个标准是开展食品辐照机构质量认证的依据。

我国为了加强对辐照加工业的监督管理，先后发布了有关法规和标准，使辐照加工业逐步走向法制化和国际化。1986年中国卫生部发布了《辐照食品卫生管理暂行规定》，这个规定被1996年卫生部颁布47号令《辐照食品卫生管理办法》替代。《辐照食品卫生管理办法》要求：食品辐照机构应取得食品卫生许可证和放射工作许可证，辐照食品的累计剂量不得大于10kGy，增加新的辐照食品种类应申请并得到批准。

《食品辐照通用技术要求》（GB/T 18524）规定了食品（包括食品原料）的辐照加工必须按照规定的生产工艺进行，并按照辐照食品卫生标准实施检验，凡不符合卫生标准的辐照食品，不得出厂或者销售。严禁用辐照加工手段处理劣质不合格的食品。一般情况下食品不得进行重复照射。辐照食品包装上必须有辐照标识，散装的必须在清单中注明"已经电离辐照"。

2003年我国先后颁布并实施了《中华人民共和国放射性污染防治法》，2005年国务院发布《放射性同位素与射线装置安全和防护条例》指出国务院环境保护主管部门对全国放射性同位素、射线装置的安全和防护工作实施统一监督管理。国务院公安、卫生等部门按照职责分工和本条例的规定，对有关放射性同位素、射线装置的安全和防护工作实施监督管理。

《^{60}Co辐照装置的辐射防护与安全标准》（GB 10252），《放射性物质安全运输规程》（GB 11806），《放射性物品运输安全管理条例》和《放射性废物安全管理条例》等一系列部门规章、导则和标准等文件，为保障核安全奠定了良好基础。按照《放射事故管理规定》的要求，当地卫生行政部门在接到严重和重大放射事故报告后，应当在24h内逐级上报卫生部；放射事故调查结束后，结案报告应逐级上报卫生部。放射源退役时，放射工作单位应当及时送交放射性废物管理机构处置或者交原供货单位回收，对闲置的放射源，也要建立档案，严格管理。对已处置或回收的放射源，卫生部门应当办理注销手续，并及时通报同级环保、公安部门。凡购买放射性同位素及含放射性同位素设备的单位，应当按规定向当地省级卫生行政部门申请办理准购批件。

《预包装食品标签通则》（GB 7718）也明确规定，经电离辐射线或电离能量处理过的食品，应在食品名称附近标明"辐照食品"，经电离辐射线或电离能量处理过的任何配料，应在配料清单中标明。

拓展阅读8-3
我国发布的其他相关食品辐照国家标准

知识归纳

1. 食品辐照的特点及应用

辐照分电离辐照和非电离辐照，高能粒子射线照射能用于杀菌、抑制发芽等，具有穿透能力强、不使食品升温和无残留等特点；紫外照射也被用于空气、水和物体表面的消毒。

2. 食品辐照及保藏原理

γ射线和加速电子是最常用的辐照源，辐照具有物理学、化学和生物学的效应，辐照导致的化学物质电离、杀菌、杀虫及对DNA和RNA的损伤使其具有保藏食品的作用。

3. 辐照的工艺控制

按照食品辐照的剂量将辐照分低、中和高三类，剂量、食品的状态、辐照时的环境条件等是影响食品辐照效果的因素。辐照可以和其它方法联合使用。

4. 食品辐照的安全与法规

国际上和主要国家都制定了保证辐照安全的法规，照射剂量与吸收剂量的准确测定和控制显得特别重要。

知识图谱8-1

复习思考题

1. 简述食品的辐照保藏机制及特点。
2. 试解释"G值"的含义。
3. 食品辐照常用的辐射源有哪些？安全使用辐照技术应该注意哪些问题？
4. 辐照的能量单位是什么？食品辐照应用中剂量的控制与哪些因素有关？

第九章　食品的发酵、腌渍与烟熏

○○ —— ○○ ○ ○○ ————————————————•

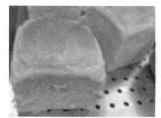

彩图 9-1

面包　　　　　　　　　　　　　　　　　　　　　　　　家庭制作的泡菜

面包

在面包制作的过程中，主要是酵母的生长，产生酒精和二氧化碳，使产品具有了特殊的香气和膨松的结构。

家庭制作的泡菜

在泡菜坛中加入清洗干净并已晾干的萝卜片、切碎的大白菜、黄瓜片、生姜片、大蒜粒、辣椒等，再加入盐水、适量白酒和香辛料等，倒扣碗在坛口上，水封。腌制过程中，乳酸菌会在坛中进行发酵，经过两周左右，最终会生产出咸酸爽口的泡菜制品。

> ❋ **为什么要学习"食品的发酵、腌渍与烟熏"？**
>
> 发酵、腌渍与烟熏也是人类掌握的加工和保藏食品的技术，世界各地都有用这些技术加工和保藏的食品，它们极富特色又很受欢迎。通过学习本章内容可以弄清楚食品发酵、食品腌渍，以及食品烟熏等基本概念、原理与加工技术，弄清楚这些技术可以用在食品加工的哪些方面。例如，可以搞清楚牛奶是怎样变成酸奶的；为什么用盐或糖腌渍食品时，可以防止食品腐败；还有食品经过烟熏为什么能获得特殊的风味，并保存较长时间等系列问题。

> 👁 **学习目标**
>
> ○ 了解什么是食品发酵。说明有哪些因素会影响食品发酵过程；至少举 3 例说明在实际生产中的食品发酵过程。
> ○ 阐明食品腌渍过程中加盐和加糖后可以防止食品腐败的原因。
> ○ 了解食品烟熏过程、常用的烟熏方法。

第一节　食品的发酵

微生物用于食品生产在我国已有数千年的历史，并已成为现代食品工业不可少的一部分。如柠檬酸、氨基酸类等工业发酵；酒类、酱菜、酱油等调味料生产；干酪、乳酸饮料等的生产都是利用微生物的发酵过程。微生物菌体（细胞）具有高营养特性和生物活性，既可作为食品成分，也是一种重要的食品辅料。经发酵的含乙醇或乳酸等有机酸的发酵产品，例如酒和酸牛乳不仅有利于保藏，还给人类带来了新的风味食品。食品发酵既可作为一种生产方法，也是一种重要的保藏技术，还具有改善食品营养成分和风味的作用。

☁ 拓展阅读 9-1
神农氏传说

一、食品发酵及类型

人类在几千年前就会酿造酒类、生产调味品以及面包，但对微生物的作用原理并未有足够认识。随着现代微生物及生物技术的发展，人们才认识到其中微生物的存在和它们扮演的角色、所起的作用，这就是微生物的发酵。

☁ 拓展阅读 9-2
"酉"字的来历

（一）发酵概念及应用

"发酵"（fermentation）原来指的是轻度发泡或沸腾状态，一千多年前用来表示酿酒的过程，当时对其反应原理并不了解，仅知道发泡是糖转化时形成气体的缘故。经盖·吕萨克（Joseph Louis Gay-Lussac）的研究，人们才清楚：发酵是糖转化成乙醇和二氧化碳的过程。法国科学家巴斯德（Louis Pasteur）经研究，终于分离到了许多引起发酵的微生物，并证实酒精发酵是由酵母菌引起的。1857 年，巴斯德首次发现了乳酸菌，1863 年又发现了醋酸菌。

以往人们认为发酵为缺氧条件下糖类的分解。随着科学技术的发展，发酵的定义还在进一步发展和充实，人们把借助微生物在有氧和无氧条件下的生命活动来制备微生物细胞本身，或直接代谢产物或次级代谢产物的过程都称为发酵。因此，发酵不仅仅是指微生物对糖类的作用，还包括微生物和酶对糖、蛋白质、脂肪等营养物质的作用。

微生物发酵在食品中的应用主要有三种方式。

1. 利用微生物发酵生产发酵食品

人类在生产实践中，最早学会利用自然界中的有益微生物，借助微生物的活动来生产多种传统食品和饮料，包括酿酒、酿醋、制酱、泡菜、酸奶、干酪、面包和各种调味品，通常称为发酵食品。这类食品发酵，微生物利用与转化的物质尤为复杂，可以将糖类、蛋白质、脂肪等营养物质适当转化（降解）。其最主要的特点是产生特有的风味和代谢物，而且微生物细胞也通常成为食品的成分之一。

2. 利用微生物的代谢产物

有些早期的发酵食品，如制酱、泡菜、酸奶、面包等都涉及微生物的代谢活动，但真正利用微生物代谢产物的传统发酵技术是指酒精、醋酸和乳酸发酵。随着对微生物代谢途径和代谢调控研究的不断深入，人们已经能够通过人工方法突破微生物自我调控机制，使微生物能够按照人们的要求大量积累某些代谢产物或中间代谢产物，从而能生产多种发酵产品，如氨基酸、核苷酸、有机酸、酶制剂、维生素及各种抗生素类等。现代生物技术的发展，使微生物发酵产物的品种和发酵产量有重大的飞跃。

3. 利用微生物菌体细胞及其活性

微生物菌体是含蛋白质等营养素较高的食物资源。食用菌为人类提供丰富多彩的食用原料，微生物单细胞蛋白的生产可为人类提供大量的蛋白资源，已在饲料工业和医药工业发挥其作用。面包酵母、啤酒酵母、乳酸菌发酵制剂等活性细胞的生产和供给，有效地促进和保证发酵工业和其他食品工业的稳定发展。随着人们对微生物的认识与研究不断加深，微生物菌体细胞的利用已不再停留在其营养成分上，而重视其活细胞对人体健康的贡献。乳酸菌、双歧杆菌等肠内益生菌对人体健康的研究成果，带来了益生菌与益生元产业的快速发展就是一个典型的例子。

（二）食品发酵的类型及机制

根据微生物作用物对象的不同，可将食品发酵的微生物分为肮解菌、脂解菌和发酵微生物（菌）三类。

肮解菌是指分解蛋白质及其他含氮物质的微生物，主要是通过分泌出蛋白酶等来作用于蛋白质等含氮物质，代谢产物主要有蛋白、蛋白胨、多肽、氨基酸、胺类、硫化氢、甲烷、氢气等。通常肮解菌侵袭食品后，如果没加控制，容易产生腐臭味，不利于食品保藏。这类微生物包括细菌中的黄色杆菌属（*Flavobacterium*）、变形杆菌属（*Proteus*）、芽孢杆菌属（*Bacillus*）、梭状芽孢杆菌属（*Bacterclosrridium*）、假单胞菌属（*Pseudomonas*）和霉菌中的毛霉（*Mucor*）等。选择好肮解菌并控制酶解条件，可用于生产各种调味品或风味食品。

脂解菌是指作用于脂类和类脂的微生物，通过分泌出脂肪酶等，把脂肪、磷脂、固醇等类脂物质降解成脂肪酸、甘油、醛、酮类、CO_2 和水等物质，引起油脂哈败，产生哈味和腥味等异味，造成食品变质。脂解菌主要有假单胞菌属（*Pseudomonas*）、无色杆菌属（*Achromobacter*）、芽孢杆菌属（*Bacillus*）和一些霉菌（*mould*）。

发酵微生物（菌）作用对象大部分为糖类及其衍生物，代谢产物有乙醇、有机酸和二氧化碳。在控制合适的条件下，不少发酵菌的发酵作用对食品加工与保藏的贡献，主要得益于发酵菌代谢所产生的风味物质，以及乙醇和有机酸的抑菌作用。但某些发酵菌污染食品，也会引起食品变质。

由于微生物种类繁多，可以在不同条件下对不同物质或对基本相同的物质进行不同的发酵。不同微生物对不同物质发酵时可以得到不同的产物，不同的微生物对同一种物质进行发酵，或同一种微生物在不同条件下进行发酵都可得到不同的产物，这些都取决于微生物本身的代谢特点和发酵条件。下面以在食品发酵保藏中有代表性的微生物及其发酵途径做简单介绍。

1. 醋酸发酵

参与醋酸发酵的微生物主要是醋酸细菌。它们之中既有好氧性的醋酸细菌，例如纹膜醋酸杆菌（*Acetobacter aceti*），氧化醋酸杆菌（*Acetobacter oxydans*），巴氏醋酸杆菌（*Acetobacer pasteurianus*），氧化醋酸单胞菌（*Acetomonas oxydans*）等；也有厌氧性的醋酸细菌，例如热醋酸梭菌（*Clostriolium themoacidophilus*），胶醋酸杆菌（*Acetobacter xylinum*）等。

好氧性的醋酸细菌进行的是好氧性的醋酸发酵，在有氧条件下，醋酸细菌能将乙醇直接氧化为醋酸，其氧化过程是一个脱氢加水的过程：

$$CH_3CH_2OH \xrightarrow{-2H} CH_3CHO \xrightarrow{+H_2O} CH_3CH(OH)_2 \xrightarrow{-2H} CH_3COOH$$

脱下的氢最后经呼吸链和氧结合形成水，并释放出能量：

$$4H+O_2 \longrightarrow 2H_2O+489.5kJ$$

总反应式为：

$$CH_3CH_2OH+O_2 \longrightarrow CH_3COOH+H_2O+489.5kJ$$

厌氧性的醋酸细菌进行的是厌氧性的醋酸发酵，其中热醋酸梭菌能通过 EMP 途径发酵葡萄糖，产生醋酸。研究证明该菌会分泌丙酮酸脱羧酶、乙酸激酶和 CoM（辅酶 M），能利用 CO_2 作为受氢体生成乙酸，发酵结果如下。

EMP 途径：

$$C_6H_{12}O_6+2ADP+2Pi \longrightarrow 2CH_3COCOOH+4H+2ATP$$

$$2CH_3COCOOH+2H_2O+2ADP+2Pi \xrightarrow{丙酮酸脱羧酶和乙酸激酶} 2CH_3COOH+2CO_2+4H+2ATP$$

$$2CO_2+8H \xrightarrow{CoM} CH_3COOH+2H_2O$$

总反应式：

$$C_6H_{12}O_6+4(ADP+Pi) \longrightarrow 3CH_3COOH+4ATP$$

好氧性的醋酸发酵是制醋工业的基础。制醋原料或酒精接种醋酸细菌后，经发酵生成醋酸，发酵液进一步精制，可制成各种食用醋；醋酸发酵液还可以经提纯制成一种重要的化工原料——冰醋酸。厌氧性的醋酸发酵则是我国食醋酿造的主要途径。

2. 柠檬酸发酵

柠檬酸发酵途径曾有多种论点，但目前大多数学者认为柠檬酸并非单纯由 TCA 循环所积累的，而是由葡萄糖经 EMP 途径形成丙酮酸，再由两分子丙酮酸之间发生羧基转移，形成草酰乙酸和乙酰辅酶 A，草酰乙酸和乙酰辅酶 A 再缩合成柠檬酸，其反应途径如下。

$$淀粉 \xrightarrow{糖化} 葡萄糖 \xrightarrow{EMP途径} 磷酸烯醇式丙酮酸 \xrightarrow[CO_2]{} 丙酮酸 \longrightarrow 草酰乙酸+乙酰辅酶A \longrightarrow 柠檬酸$$

由葡萄糖生成柠檬酸的总反应式：

$$2C_6H_{12}O_6+3O_2 \longrightarrow 2C_6H_8O_7+4H_2O$$

能够累积柠檬酸的霉菌以曲霉属（*Aspergillus*）、青霉属（*Penicillium*）和橘霉属（*Citromyces*）为主。其中以黑曲霉（*Asp.niger*）、米曲霉（*Asp.oryzae*）、灰绿青霉（*Pen.glaucum*）、淡黄青霉（*Pen.luteum*），光橘霉（*Citromycesglaber*）等产酸量最高。

早期的柠檬酸发酵是以青霉和曲霉进行的表层发酵，自 20 世纪 50 年代开始，是以黑曲霉深层发酵为主，并进行表层和固体发酵工艺。柠檬酸发酵液经一系列提取工艺，如"钙盐法"、离子交换或膜分离法获得柠檬酸（通常含一个结晶水）。柠檬酸是重要的食品酸味调节剂和化工原料。

3. 酒精发酵

酒精发酵是酿酒工业的基础，它与酿造白酒、果酒、啤酒以及酒精的生产等有密切关系。进行酒精发酵的微生物主要是酵母菌，如啤酒酵母（*Saccharomyces cerevisiae*）等，此外还有少数细菌如发酵单胞菌（*Zymononas mobilis*）、嗜糖假单胞菌（*Pseudomonas Saccharophila*）、解淀粉欧文氏菌（*Eruinia amylovora*）等也能进行酒精发酵。

酵母菌在无氧条件下，将葡萄糖经 EMP 途径分解为 2 分子丙酮酸，然后在酒精发酵的关键酶——丙酮酸脱羧酶的作用下脱羧生成乙醛和 CO_2，最后乙醛被还原为乙醇。

$$C_6H_{12}O_6 \xrightarrow{\text{EMP 途径}} 2CH_3COCOOH \longrightarrow 2CO_2+2CH_3CHO \xrightarrow[\ NADH_2\ \ NAD]{} 2CH_3CH_2OH$$

总反应式：

$$C_6H_{12}O_6+2ADP+2Pi \longrightarrow 2CH_3CH_2OH+2CO_2+2ATP$$

酒精发酵是酵母菌正常的发酵形式，又称第一型发酵，如果改变正常的发酵条件，可使酵母进行第二型和第三型发酵而产生甘油。第二型发酵是在有亚硫酸氢钠存在的情况下发生的。亚硫酸氢钠和乙醛起加成作用，生成难溶的结晶状亚硫酸氢钠加成物——磺化羟乙醛：

$$NaHSO_3+CH_3CHO \longrightarrow CH_3C(OH)(OS_2Na)OH$$

由于乙醛和亚硫酸氢钠发生了加成作用，致使乙醛不能作为受氢体，而迫使磷酸二羟丙酮代替乙醛作为受氢体生成 α-磷酸甘油：

$$CH_2(OH)COCH_2OPO_3H+NADH_2 \longrightarrow CH_2(OH)CH(OH)CH_2OPO_3H_2+NAD$$

α-磷酸甘油在 α-磷酸甘油磷酸酯酶催化下被水解，除去磷酸而生成甘油：

$$CH_2(OH)CH(OH)CH_2OPO_3H_2+H_2O \longrightarrow CH_2(OH)CH(OH)CH_2OH+H_3PO_4$$

总反应式为：

$$C_6H_{12}O_6+NaHSO_3 \longrightarrow CH_2(OH)CH(OH)CH_2OH+CH_3CH(OS_2Na)OH+CO_2$$

第三型发酵是在碱性条件下进行的，碱性条件可促使乙醛不能作为正常的受氢体，而使两分子乙醛之间发生歧化反应，一分子乙醛被氧化成乙酸，另一分子乙醛被还原为乙醇：

$$CH_3CHO+CH_3CHO \xrightarrow[H_2O]{NADH_2\ \ NAD} CH_3COOH+CH_3CH_2OH$$

这样又迫使磷酸二羟丙酮作为受氢体而最终形成甘油。总反应式为：

$$2C_6H_{12}O_6 \longrightarrow 2\text{甘油}+\text{乙酸}+\text{乙醇}+2CO_2$$

由此可以看出，酵母菌的第二型和第三型发酵过程中，都不产生能量，因此只能在非生长情况下进行。如用此途径生产甘油，必须在第三型发酵液中不断地加入碳酸钠以维持其碱性，否则由于酵母菌产生酸而使发酵液 pH 降低，这样就又恢复到正常的第一型发酵而不累积甘油。这说明酵母菌在不同条件下发酵结果是不同的，因而可以通过控制环境条件来利用微生物的代谢活动生产目标产品。

4. 乳酸发酵

乳酸是细菌发酵最常见的最终产物，一些能够产生大量乳酸的细菌称为乳酸菌。在乳酸发酵过程中，发酵产物中只有乳酸的称为同型乳酸发酵；发酵产物中除乳酸外，还有乙醇、乙酸及 CO_2 等其他产物的，称为异型乳酸发酵。

（1）同型乳酸发酵 引起同型乳酸发酵的乳酸菌，称为同型乳酸发酵菌，有双球菌属（*Diplococcus*）、链球菌属（*Streptococcus*）及乳酸杆菌属（*Lactobacillus*）等。其中工业发酵中最常用的菌种是乳酸杆菌属中的一些种类，如德氏乳酸杆菌（*L. delhruckii*）、德氏乳酸杆菌保加利亚亚种（*L. bulgaricus*）、干酪乳酸杆菌（*L. casei*）等。真菌中的米根霉（*Rhizopus oryzae*）也是生产 L-乳酸的良好菌种。

同型乳酸发酵的基质主要是己糖，其发酵过程是葡萄糖经 EMP 途径降解为丙酮酸后，不经脱羧，而是在乳酸脱氢酶的作用下，直接被还原为乳酸。

总反应式：

$$C_6H_{12}O_6+2ADP+2Pi \longrightarrow 2CH_3CH(OH)COOH+2ATP$$

（2）异型乳酸发酵 异型乳酸发酵基本都是通过磷酸解酮酶途径（即 PK 途径）进行的。其中肠膜明串球菌（*Leuconostoc mesentewides*）、葡萄糖明串球菌（*Leuconostoc dextranicum*）、短乳杆菌（*Lactabacillus brevis*）和番茄乳酸杆菌（*Lactobacillus lycopersici*）等通过戊糖解酮酶途径将

1 分子葡萄糖发酵产生 1 分子乳酸，1 分子乙醇和 1 分子 CO_2，并且只产生 1 分子 ATP。

总反应式如下：

$$C_6H_{12}O_6 + ADP + Pi \longrightarrow CH_3CH(OH)COOH + CH_3CH_2OH + CO_2 + ATP$$

双叉乳酸杆菌（*Lactobacillus bifidus*）、两歧双歧乳酸菌（*Bifidobacterium bifidus*）等通过己糖磷酸解酮酶途径将 2 分子葡萄糖发酵为 2 分子乳酸和 3 分子乙酸，并产生 5 分子 ATP，总反应式为：

$$2C_6H_{12}O_6 + 5ADP + 5Pi \longrightarrow 2CH_3CH(OH)COOH + 3CH_3COOH + 5ATP$$

乳酸发酵被广泛地应用于乳酸菌饮料、酸牛奶、乳酪、泡菜、酸菜以及青贮饲料的生产。由于乳酸细菌活动的结果，积累了乳酸及其他代谢物，抑制其他微生物的发展，使牛奶，蔬菜及饲料得以保存。近代发酵工业有采用淀粉为原料，先经糖化，再接种乳酸菌进行乳酸发酵生产乳酸的。

可以看出，食品发酵种类繁多，在生产发酵食品和利用发酵作用保藏食品时，应根据对食品发酵的要求，有效控制发酵条件，以获得预期的效果。

二、影响食品发酵的因素及控制

如前所述，食品发酵类型众多，若不加以控制，就会导致食品腐败变质。控制食品发酵过程的主要因素有菌种的选用、温度、通氧量和加盐量、酸度、乙醇含量等。这些因素同时还决定着发酵食品后期贮藏中的微生物的生长。

（一）菌种的选用

如果在发酵开始时加入大量预期菌种，那么它们就可以迅速地生长繁殖，并抑制其他杂菌的生长，从而促使发酵过程向着预定的方向进行。例如面包、馒头的发酵，酿酒以及酸奶发酵就是采用了这种技术。随着科学技术的发展，发酵前加入的预期菌种已可以用纯培养方法制得，这种纯培养菌种称为酵种（starter），它可以是单一菌种，也可以是混合菌种。

（二）温度

各种微生物都有其适宜生长的温度，因而发酵食品中不同类型的发酵作用可以通过温度来控制。

以酿造醋为例，在酿造过程中有两种主要微生物即酵母和醋酸杆菌参与。其中酵母适宜生长和发酵的温度较低（28～33℃），醋酸杆菌的适宜生长和发酵的温度较高（33～41℃）。如果前期酒精发酵阶段的温度控制太高，就会影响酵母的生长，降低糖到酒精转化率，甚至造成其他微生物的污染。到了醋酸发酵阶段，发酵温度提高，则有利于醋酸杆菌生长，将酒精氧化成醋酸。这充分说明了发酵过程中如何运用发酵温度以控制适宜菌种生长的重要性。

再以卷心菜为例，在腌制过程中有三种主要菌种参与将卷心菜汁液中的糖分转化为醋酸、乳酸及乙醇等代谢产物。它们是肠膜状明串珠菌、黄瓜发酵乳杆菌和短乳杆菌。其中肠膜状明串珠菌适宜生长和发酵的温度较低（21℃），黄瓜发酵乳杆菌和短乳杆菌能忍受较高的温度。如果发酵初期温度超过 21℃，乳杆菌类极易生长，使得肠膜状明串珠菌的生长受到抑制，这样就不可能形成由肠膜状明串珠菌代谢所产生的醋酸、乙醇和其他预期的产物，影响产品的风味。所以说卷心菜腌制初期发酵温度应控制低些，到了发酵后期发酵温度可适当升高。这同样说明了发酵过程中如何运用发酵温度以控制适宜菌种生长的重要性。

过程检查 9-1
为什么温度会影响食品发酵过程及结果？

（三）氧的供给量

霉菌是完全需氧性的，在缺氧条件下不能存活，控制缺氧条件则可控制霉菌的生长。酵母是兼性厌氧菌，氧气充足时，酵母会大量繁殖，缺氧条件下，酵母则进行乙醇发酵，将糖分转化成乙醇。细菌中既有需氧的，也有兼性厌氧的和专性厌氧的品种。例如醋酸菌是需氧的，乳酸菌则为兼性厌氧，肉毒杆菌专性厌氧。因此供氧或断氧可以促进或抑制某种菌的生长活动，同时可以引导发酵向预期的方向进行。

（四）酸度

不论是食品原有成分，还是外加的或发酵后生成的，酸都有抑制微生物生长的作用，即含酸食品有一定的防腐能力。高浓度的氢离子，一方面可以降低细菌菌体表面原生质膜外与输送溶质通过原生质膜相关的蛋白质以及催化导致合成被膜组分反应的酶的活性，从而影响菌体对营养物的吸收；另一方面高浓度的氢离子还会影响微生物正常的呼吸作用，抑制微生物体内酶系统的活性，因此控制酸度可以控制发酵作用。

（五）乙醇含量

乙醇与酸一样也具有防腐作用。这是由于乙醇具有脱水的性质，可使菌体蛋白质因脱水而变性。另外乙醇还可以溶解菌体表面脂质，起到一定的机械除菌作用。乙醇的防腐能力的大小取决于乙醇浓度，按容积计12%～15%的发酵乙醇就能抑制微生物的生长，而一般发酵饮料乙醇含量仅为9%～13%，防腐能力不够，仍需经巴氏杀菌。如果在饮料酒中加入乙醇，使其含量（按体积计）达到20%，则不需经巴氏杀菌就可以防止腐败和变质。

（六）食盐

各种微生物的耐盐性并不完全相同，细菌鉴定中就常利用它们的耐盐性作为选择和分类的一种手段。在其他因素相同的条件下，加盐量不同即可控制微生物生长及它们在食品中的发酵活动。一般在蔬菜腌制品中常见的乳酸菌都能忍受浓度为10%～18%的食盐溶液，而大多数朊解菌和脂解菌则不能忍受2.5%以上的盐液浓度。所以通过控制腌制时食盐溶液的浓度完全可以达到防腐和发酵的目的。

三、典型的食品发酵工艺及特点

1. 食醋

食醋酿造在我国已有三千多年的历史，目前我国食醋生产工艺有固态发酵法、液体深层发酵法和酶法液化通风回流法等，不同工艺从原料利用率、产酸速率、产品风味、生产效率和成本等方面各有差异。全国各地生产的食醋品种较多。著名的有山西老陈醋、镇江香醋、四川麸醋、东北白醋、江浙玫瑰米醋、福建红曲醋等。食醋按产品工艺与特征分为酿造食醋和配制食醋。酿造食醋是单独或混合使用各种含有淀粉、糖的物料或酒精，经微生物发酵酿制而成的液体调味料，其主要成分除醋酸外，还含有氨基酸、有机酸、糖类、维生素、醇和酯等营养成分及风味成分，具有独特的色、香、味。

（1）生产原料　目前酿醋生产用的主要原料有：薯类，如甘薯、马铃薯等；粮谷类，如玉米、大米等；粮食加工下脚料，如碎米、麸皮、谷糠等；果蔬类，如黑醋栗、葡萄、胡萝卜等；野生植物，如橡子、菊芋等；其他，如酸果酒、酸啤酒、糖蜜等。生产食醋除了上述主要原料外，还需要疏松材料如谷壳、玉米芯等，使发酵料通透性好，有利于好氧微生物的生长。

（2）酿造微生物　传统工艺酿醋是利用自然界中的野生菌制曲、发酵的，因此涉及的微生物种类繁多。新法制醋均采用人工选育的纯培养菌株进行制曲、酒精发酵和醋酸发酵，因而发酵周期短、原料利用率高。

① 淀粉液化、糖化微生物　淀粉液化、糖化微生物能够产生淀粉酶、糖化酶。使淀粉液化、糖

化的微生物很多，而适合于酿醋的主要是曲霉菌。常用的曲霉菌种有：甘薯曲霉 AS 3.324，适合于甘薯及野生植物等酿醋；东酒一号，它是 AS 3.758 的变异株，培养时要求较高的湿度和较低的温度；黑曲霉 AS 3.4309（UV-11），该菌糖化能力强、酶系纯，最适培养温度为 32℃；宇佐美曲霉 AS 3.758，这是日本在数千种黑曲霉中选育出来的，糖化力极强，耐酸性较高的糖化型淀粉酶菌种，菌丝黑色至黑褐色，能同化硝酸盐，产酸能力很强。

此外，还有米曲霉菌株：沪酿 3.040、沪酿 3.042（AS 3.951）、AS 3.863 等；黄曲霉菌株：AS 3.800，AS 3.384 等。

② 酒精发酵微生物　发酵酒精生产一般采用子囊菌亚门酵母属中的酵母。不同的酵母菌株，其发酵能力不同，产生的滋味和香气也不同。北方地区常用 1300 酵母，上海香醋选用工农 501 黄酒酵母。K 字酵母适用于以高粱、大米、甘薯等为原料酿制普通食醋。AS2.109、AS2.399 适用于淀粉质原料，而 AS2.1189、AS2.1190 适用于糖蜜原料。

③ 醋酸发酵微生物　醋酸菌是醋酸发酵的主要菌种，醋酸菌具有氧化酒精生成醋酸的能力。目前国内外在生产上常用的醋酸菌有：奥尔兰醋杆菌（A. orleanense），该菌能产生少量的酯，产酸能力较弱，但耐酸能力较强，许氏醋杆菌（A. schutzenbachii），它是有名的速酿醋菌种，该菌产酸高达 11.5%，对醋酸没有氧化作用；恶臭醋杆菌（A. rancens），该菌在液面处形成菌膜，并沿容器壁上升，菌膜下液体不浑浊，一般能产酸 6%~8%，有的菌株副产 2% 的葡萄糖酸，并能把醋酸进一步氧化成二氧化碳和水；AS1.41 醋酸菌，该菌耐受酒精浓度（体积分数）为 8%，最高产醋酸为7%~9%，产葡萄糖酸力弱，能氧化分解醋酸为二氧化碳和水；沪酿 1.01 醋酸菌，该菌由酒精生成醋酸的转化率平均高达 93%~95%。

（3）固态法食醋生产工艺流程

薯干（或碎米、高粱等）→粉碎→加麸皮、谷糠混合→润水→蒸料→冷却→接种→入缸糖化发酵→拌糠接种—
（接种处上方：麸曲、酵母）
成品←包装←灭菌←配兑←贮存陈醋←淋醋←加盐后熟←翻醅←醋酸发酵←
（醋酸发酵处上方：醋酸菌）

（4）液体深层发酵制醋　液体深层发酵制醋是利用发酵罐进行液体深层发酵生产食醋的方法，通常是将淀粉质原料经液化、糖化发酵后先制成酒醪或酒液，然后在发酵罐里完成醋酸发酵。液体深层发酵法制醋具有机械化程度高、操作卫生条件好、原料利用率高（可达 65%~70%）、生产周期短、产品的质量稳定等优点。缺点是醋的风味较差。

① 工艺流程

碎米→浸泡→磨浆→调浆→液化→糖化→酒精发酵→酒醪→醋酸发酵→醋醪→压滤→配兑→灭菌→陈醋→成品
（糖化处上方：麸曲　酒母；醋酸发酵处上方：醋酸菌）

② 生产工艺特点　在液体深层发酵制醋过程中，到酒精发酵为止的工艺均与酶法液化通风回流制醋相同。不同的是从醋酸发酵开始，采用发酵罐进行液体深层发酵，需通气搅拌，醋酸菌种子为液态（即醋母）。

醋酸液体深层发酵温度为 32~35℃，通风量前期每分钟为 1:0.13（发酵液与无菌空气体积比）；中期为 1:0.17；后期为 1:0.13。罐压维持 0.03MPa。连续进行搅拌，醋酸发酵周期为65~72h。经测定已无酒精，残糖极少，测定酸度不再增加说明醋酸发酵结束。

液体深层发酵制醋也可采用半连续法，即当醋酸发酵成熟时，取出 1/3 成熟醪，再加 1/3 酒醪继续发酵，如此每 20~22h 重复一次。目前生产上多采用此法。

2. 发酵乳

1992 年国际乳品联合会（IDF）发布的标准，发酵乳为：乳或乳制品在特征菌的作用下发酵而成的酸性凝乳状产品。在保质期内，该类产品中的特征菌必须大量存在，并能继续存活和具有活性。我国标准 GB 19302—2010《食品安全国家标准　发酵乳》中定义：发酵乳是以生牛（羊）乳或乳粉为原料，经杀菌、发酵后制成的 pH 值降低的产品。分为发酵乳和风味发酵乳，习惯上又称为凝固型酸奶产品。市售产品如各种老酸奶、酸奶制品等。

发酵乳产品生产工艺如下：

全脂奶粉、白砂糖等→称量→加水→加热搅拌溶解→复原奶

杀菌 → 冷却 → 接种

原料乳→验收→过滤→标准化→加糖→加热溶解→均质

成品←喷码←贴标←包装←检验←冷藏←发酵←封口←灌装

由于发酵乳原料可以是全脂、脱脂和部分脱脂乳（乳粉），因此，成品可以是全脂、脱脂和部分脱脂发酵乳。

3. 面包

面包是以面粉为主要原料，以酵母菌、糖、油脂和鸡蛋为辅料生产的发酵食品，经发酵好的面团还需经焙烤等熟化过程，故又归类焙烤食品。

（1）面包酵母　面包酵母是一种单细胞生物，学名为啤酒酵母。面包酵母是生产面包必不可少的生物松软剂。

面包生产应用的酵母主要有鲜酵母、活性干酵母或即发干酵母。鲜酵母是酵母菌种在培养基中经扩大培养和繁殖、分离、压榨而制成的。鲜酵母发酵力较低，发酵速率慢，不易贮存运输，0～5℃可保存两个月，其使用受到一定限制。活性干酵母是鲜酵母经低温干燥而制成的颗粒酵母，其发酵活力及发酵速率都比较快，且易于贮存运输，使用较为普遍。即发干酵母又称速效干酵母，是活性干酵母的换代产品，其使用方便，一般无需活化处理，可直接生产。

（2）面包生产工艺　面包生产有传统的一次发酵法、二次发酵法和新工艺快速发酵法等。我国生产面包多用一次发酵法及二次发酵法。近年来，快速发酵法应用也较多。

① 一次发酵法　一次发酵法的工艺流程如下：

活化酵母

原料处理→面团调制→面团发酵→分块、搓圆→整形→醒发→烘烤→冷却→包装

一次发酵法的特点是生产周期短，所需设备和劳力少，产品有良好的咀嚼感，有较粗糙的蜂窝状结构，但风味较差。该工艺对时间相当敏感，大批量生产时较难操作，生产灵活性差。

② 二次发酵法　二次发酵法的工艺流程如下：

部分面粉、部分水、全部酵母　加入剩下的原辅料

原辅料处理→第一次和面→第一次发酵→第二次和面→第二次发酵→整形→醒发→烘烤→冷却→成品

二次发酵法即采取两次搅拌、两次发酵的方法。第一次搅拌时先将部分面粉（占配方用量的1/3）、部分水和全部酵母混合至刚好形成疏松的面团。然后将剩下的原料加入，进行二次混合调制成成熟面团。成熟面团再经发酵、整形、醒发、烘烤制成成品。

二次发酵法生产出的面包体积大、柔软，且具有细微的海绵状结构，风味良好，生产容易调整，但周期长、操作工序多。

4. 葡萄酒

葡萄酒是由新鲜葡萄或葡萄汁通过酵母的发酵作用而制成的一种低酒精含量的饮料。葡萄酒质量的好坏和葡萄品种、葡萄质量及酒母有着密切的关系。因此在葡萄酒生产中葡萄的品质、酵母菌种的选择是相当重要的。

（1）葡萄酒酵母的特性　葡萄酒酵母（*Saccharomyces ellipsoideus*）在植物学分类上为子囊菌纲的酵母属，啤酒酵母种。该属的许多变种和亚种都能对糖进行酒精发酵，并广泛用于酿酒、酒精、面包酵母等生产中，但各酵母的生理特性、酿造副产物、风味等有很大的不同。

葡萄酒酵母除了用于葡萄酒生产以外，还广泛用在苹果酒等果酒的发酵上。我国张裕 7318 酵母、法国香槟酵母、匈牙利多加意（Tokey）酵母等是具有特色的葡萄酒酵母的亚种和变种。

优良葡萄酒酵母具有以下特性：能产生良好的果香与酒香；对糖转化能力强，发酵残糖低（在 $4g \cdot L^{-1}$ 以下）；对二氧化硫有较高的抵抗力；具有较高发酵能力，一般可使酒精含量达到16%以上；有较好的凝聚力和较快沉降速率；能在低温（15℃）下进行发酵，以保持果香和新鲜清爽的口味。

（2）红葡萄酒生产工艺　酿制红葡萄酒一般采用红葡萄品种。我国红葡萄酒生产主要以酿造干红葡萄酒为原酒，然后按标准调配成半干、半甜、甜型葡萄酒。

① 干红葡萄酒生产工艺流程　干红葡萄酒的生产工艺流程如下（"---→"表示副产物工艺）：

```
          梗    SO₂         酒母  皮渣
红葡萄分选→除梗破碎→含SO₂葡萄浆→前发酵→压榨→调整成分→后发酵→添桶→

第一次换桶→干红葡萄酒原料→陈酿→第二次换桶→均衡调配→澄清处理→葡萄酒→包装灭菌→干红葡萄酒

（酒脚→蒸馏→白兰地）                        （酒脚→蒸馏→白兰地）
```

② 发酵特点　根据葡萄酒的酿造工艺特点，其发酵分两个阶段，即前发酵与后发酵。

由于酿酒用的葡萄汁在发酵前不进行灭菌处理，有的发酵还是开放式的，因此，为了消除细菌和野生酵母对发酵的干扰，在发酵前添加一定量的 SO_2，SO_2 具有杀菌、澄清、抗氧化、增酸、溶解作用。为了加大色素或芳香物质的浸提率和葡萄汁的出汁率，葡萄浆中还需添加果酸酶。发酵过程除控制温度等条件外，还要促使葡萄汁的循环。

前发酵结束后，原酒中还残留 $3\sim5g \cdot L^{-1}$ 的糖分，这些糖分在酵母作用下继续转化成酒精与 CO_2。在较低温度（18～25℃）缓慢地发酵中，酵母及其他成分逐渐沉降，使酒逐步澄清。新酒在后发酵过程中，进行缓慢的氧化还原作用，并促使醇酸酯化、乙醇和水的缔合排列，使酒的口味变得柔和，风味更趋完善。

后发酵的原酒应避免与空气接触，工艺上常称为隔氧发酵。后发酵的隔氧措施一般在容器上安装水封。前发酵的原酒中含有糖类物质、氨基酸等营养成分，易感染杂菌，影响酒的质量。搞好卫生是后发酵的重要管理内容。

5. 酱类

酱类包括大豆酱、蚕豆酱、面酱、豆瓣酱、豆豉及其加工制品，通常由一些粮食和油料作物为主要原料，利用以米曲霉为主的微生物经发酵酿制。

用于酱类生产的霉菌主要是米曲霉（*Asp. oryzae*），常用的有沪酿3.042、黄曲霉Cr-1菌株（不产生毒素）、黑曲霉（*Asp. Niger* f-27）等。曲霉具有较强的蛋白酶、淀粉酶及纤维素酶的活力，它们可以将原料中的蛋白质分解为氨基酸，淀粉变为单糖，在其他微生物的共同作用下生成醇、酸、酯等，形成酱类特有的风味。

市场上的豆酱种类繁多，生产采用的原辅料差异较大，其生产酿造工艺也不尽相同。一般要完成制曲，让微生物产生一定的水解酶类，再进行制酱。如大豆酱的生产工艺如下。

（1）制曲工艺流程　大豆曲生产的工艺流程如下：

```
     水    水       面粉等辅料  种曲
大豆→洗净→浸泡→蒸煮→冷却→混合→接种→厚层通风培养→大豆曲
```

（2）制酱工艺　制酱工艺流程如下：

```
盐水配制→澄清→盐水加热(60～65℃)──────────────┐
                    │14.5°Bé              │24°Bé
大豆曲→发酵容器→自然升温(至40℃左右)→加第一次盐水→酱醅保温发酵(45℃)→加第二次盐水及盐→翻酱→成品
```

6. 酱油

我国酱油酿造历史有数千年，是自古以来居家不可缺少的调味品。酱油传统酿制方法是以黄豆去尘洗净后，经添加麸皮进行蒸料，晾凉后加面粉、米曲霉拌料制曲，再经加盐水露晒发酵，淋油调配灭菌等而成。

传统酱油的生产工艺如下：

```
                      米曲霉种曲              酱渣
                        ↓                    ↑
黄豆、麸皮→润水→蒸料→冷却→拌料→制曲→制醅→露晒→淋油→陈酿→沉淀→调配─┐
                        ↑              ↑                              │
                      面粉            盐水                             │
                        成品←灌装←检验←澄清←过滤←灭菌────────────────┘
```

第二节　食品的腌渍

让食盐或糖渗入食品组织内，降低其水分活性，提高其渗透压，或通过微生物的正常发酵降低食品的 pH 值，从而抑制腐败菌的生长，防止食品腐败变质，获得更好的品质，并延长食品保质期的加工方法称为食品的腌渍。腌渍是人类最早采用的一种行之有效的食品保藏方法。用该法加工的制品统称为腌渍食品。其中加盐腌制的过程称为腌制；加糖腌制的过程称为糖渍。

盐腌的制品有腌菜、腌肉、腌禽蛋等。腌菜也称果蔬腌制品（pickles），可分为两大类：发酵性和非发酵性的腌制品。发酵性腌制品的特点是腌制时食盐用量较小，腌渍过程中有显著的乳酸发酵，并用醋液或糖醋香料液浸渍，如四川泡菜、酸黄瓜、酸萝卜、荞头等。非发酵性腌制品的特点就是腌制时食盐用量较高，使乳酸发酵完全受到抑制或只能极其轻微地进行，其间还加用香料，这类产品可再分成三类：腌菜（干态、半干态和湿态的盐腌制品）；酱菜（加用甜酱或咸酱的盐腌制品）；糟制品（腌制时加用了米酒糟或米糠），如咸白菜、腌雪菜、酱瓜、什锦菜、榨菜等。腌肉（curing）包括鱼、肉类腌制品。如咸猪肉、咸牛肉、咸鱼、金华火腿、风肉、腊肉、板鸭等。腌禽蛋是用盐水浸泡，含盐泥土粘制，或添加石灰、纯碱等辅料的方法制得的产品，如咸鸡蛋、咸鸭蛋和皮蛋。

糖渍品（preserves）也称蜜饯，按我国 GB 14884—2016《食品安全国家标准　蜜饯》定义，蜜饯是指以干鲜果品、瓜蔬等为主要原料，经糖渍蜜制或盐腌渍加工而成的蜜饯食品。蜜饯食品按其性状特点、加工方法不同分为六类：糖渍蜜饯、返砂蜜饯、果脯、凉果、甘草制品和果糕。

一、腌渍的保藏原理

腌渍品之所以有较长的食品保质期，是因为食品在腌渍过程中，无论是采用食盐还是糖进行腌渍，食盐或糖都会使食品组织内部的水渗出，而自身扩散到食品组织内，从而降低了食品组织内的水分活性，提高了渗透压。正是在高渗透压的作用下，加上辅料中酸及其他组分的杀（抑）菌作用，微生物的正常生理活动受到抑制。

（一）溶液的浓度与微生物的关系

1. 溶液的浓度

溶液的浓度就是单位体积的溶液中溶解的物质（溶质）质量，可以用体积、质量或物质的量浓度来表示。在一般工业生产中常使用体积分数或质量分数表示。为了便于生产实践中更容易掌握，人们也常用 100g 水中应加溶质质量（g）来表示，它和质量分数的换算关系如下：

$$C=\frac{g}{100+g}\times100 \text{ 和 } g=\frac{C}{100-C}\times100 \tag{9-1}$$

式中　C——每 100g 溶液中含有溶质的质量，即质量分数，%；

　　　g——每 100g 水中应加的溶质质量，g。

溶液的浓度也可用密度来表示，即用密度计测定。工业生产中盐水的浓度常用波美密度计（Baume 或°Bé）测定；糖水的浓度则用糖度计（Sacchrometer）、波林糖度计（Balling）或白利糖度计（Brix）测定。其中最常用的是白利糖度计，波林糖度计则主要在欧洲使用。为了使用方便，测定糖液用的三种密度计的标度完全一致，均直接表明了糖液浓度的质量分数。

相对密度是任何溶液的质量和同容积水的质量的比值，它随温度变化而变化，因此测定时必须校正温度。波美密度计、三种糖度计在使用时也必须校正温度。

波美密度计种类繁多，我国市场出售的是在15℃标准温度下标刻的"合理"密度计。所谓"合理"即它的0°Bé和15℃时水的密度相当，66°Bé和浓硫酸的密度1.8429相当，而食盐浓度（质量分数，本章均以此表示）为10%时，它的标度正好为10°Bé，因此在0～10°Bé间等分成十格，每格大致相当于1%食盐溶液。

波美密度计常用于测定盐水浓度，其读数可以转换成相对密度值。在标准温度20℃时，它们之间的转换关系如下：

$$d(20℃/20℃)=\frac{144.15}{144.3-c} \tag{9-2}$$

式中　$d(20℃/20℃)$——相对密度；

　　　　c——波美度。

各种糖液密度计上每一表度相当于1%蔗糖溶液的质量分数。即使糖的种类不同，只要浓度相同，它们各自的相对密度就会非常接近。例如每100mL含糖量为10g的糖液，相对密度（20℃/4℃）几乎都等于1.0386，因此，糖液密度计可用于测定任何糖溶液的浓度。不过为了准确起见，每支糖度计的标度范围以10°糖度（即浓度变化为10%）为宜。波美计标度由于能转化为浓度读数，所以也可用以检测糖水浓度，但从该表上不能直接读得糖液浓度，需要进行转换。

现在也常用折光仪测定糖液可溶性固形物的含量。纯糖溶液内可溶性固形物全为糖类，故能测定糖液浓度。它和密度计一样，使用时同样要注意温度的校正。

2. 溶液浓度与微生物的关系

微生物细胞实际上是有细胞壁保护及原生质膜包围的胶体状原生浆质体。细胞壁是全透性的，原生质膜则为半透性的，它们的渗透性随微生物的种类、菌龄、细胞内组成成分、温度、pH值、表面张力的性质和大小等各因素变化而变化。根据微生物细胞所处的溶液浓度的不同，可把环境溶液分成三种类型，即等渗溶液（isotonic）、低渗溶液（hypotonic）和高渗溶液（hypertonic）。

等渗溶液就是微生物细胞所处溶液的渗透压与微生物细胞液的渗透压相等。例如，0.9%的食盐溶液就是等渗溶液（习惯上称为生理盐水）。在等渗溶液中，微生物细胞保持原形，如果其他条件适宜，微生物就能迅速生长繁殖。低渗溶液指的是微生物所处溶液的渗透压低于微生物细胞的渗透压。在低渗溶液中，外界溶液的水分会穿过微生物的细胞膜向胞内渗透，渗透的结果使微生物的细胞呈膨胀状态，如果内压过大，就会导致原生质胀裂（plasmoptis），微生物无法生长繁殖。高渗溶液就是外界溶液的渗透压大于微生物细胞的渗透压。处于高渗溶液的微生物，细胞内的水分会透过原生质膜向外界溶液渗透，其结果是细胞的原生质脱水，结果使细胞变形，微生物的生长活动受到抑制，脱水严重时还会造成微生物死亡。腌渍就是利用这种原理来达到保藏食品的目的的。在用糖、盐和香料等腌渍时，当它们的浓度达到足够高时，就可抑制住微生物的正常生理活动，并且还可赋予制品特殊风味及口感。

在高渗透压下，微生物的稳定性决定于它们的种类，其脱水的程度决定于原生质的渗透性。如果溶质极易通过原生质膜，即原生质的通透性较高，细胞内外的渗透压就会迅速达到平衡，不再存在脱水的现象。因此微生物的种类不同时，由于其原生质膜也不同，对溶液浓度反应也就不同。

（二）盐在腌渍中的作用

1. 食盐的防腐机制

无论是蔬菜还是肉、禽、鱼在腌制时，食盐是腌制剂中最重要的一种成分，它不仅起着调味的作用，而且还发挥着重要的防腐功能。

（1）食盐溶液对微生物细胞的脱水作用　食盐的主要成分是氯化钠，在溶液中完全解离为钠离子和氯离子，其质点数比同浓度的非电解质溶液要高得多，以至于食盐溶液具有很高的渗透压。例如1%食盐溶液就可以产生约0.62MPa的渗透压，腌制蔬菜食盐含量在10%以上，可以产生相当于约6.2MPa的渗透压，而通常大多数微生物细胞能耐受的渗透压只有0.35～1.69MPa，因此，食盐溶液会对微生物细胞产生强烈的脱水作用。

（2）食盐溶液对微生物的生理毒害作用　食盐溶液中的一些离子，如钠离子、镁离子、钾离子和氯离子等，在高浓度时能对微生物发生毒害作用。钠离子能和细胞原生质的阴离子结合产生毒害作用，而且这种作用随着溶液pH值的下降而加强。例如酵母在中性食盐溶液中，盐液的浓度要达到20%时才会受到抑制，但在酸性溶液中时，浓度为14%就能抑制酵母的活动。另外还有人认为食盐对微生物的毒害作用可能来自氯离子，因为食盐溶液中的氯离子会和细胞原生质结合，从而促使细胞死亡。

（3）食盐对酶活力的影响　食品中溶于水的大分子营养物质，必须先在微生物分泌的酶作用下，降解成小分子物质之后才能被利用。有些不溶于水的物质，更需要先经微生物酶的作用，转变为可溶性的小分子物质。不过微生物分泌出来的酶的活性与所处环境的离子强度有关，而食盐会改变环境的离子强度，再加上Na^+和Cl^-可分别与酶蛋白的活性基团相结合，因此，食盐可使酶失去其催化活力。例如变形菌（*Proteus*）处在浓度为3%的食盐溶液中时就会失去分解血清的能力。

（4）食盐溶液降低微生物环境的水分活度　食盐溶于水后，离解出来的Na^+和Cl^-与极性的水分子通过静电引力的作用，在每个Na^+和Cl^-周围都聚集了一群水分子，形成水化离子$[Na(H_2O)_n]^+$和$[Cl(H_2O)_m]^-$，食盐浓度越高，Na^+和Cl^-的数目就越多，所吸附的水分子就越多，这些水分子因此由自由状态转变为结合状态，导致了水分活度的降低。例如欲使溶液的水分活度降低到0.850，若溶质为非理想的非电解质，其质量摩尔浓度需达到$9.80mol \cdot kg^{-1}$，而溶质为食盐时，其质量摩尔浓度仅需为$4.63mol \cdot kg^{-1}$。

溶液的水分活度与渗透压是相关的，水分活度越低，其渗透压必然越高。食盐溶液浓度与水分活度、渗透压之间的关系可参见表9-1。

表9-1　食盐溶液浓度与水分活度和渗透压之间的关系

盐液浓度/%	0	0.857	1.75	3.11	3.50	6.05	6.92	10.0	13.0	15.6	21.3
水分活度(a_w)	1.000	0.995	0.990	0.982	0.980	0.965	0.960	0.940	0.920	0.900	0.850
渗透压/MPa	0	0.64	1.30	2.29	2.58	4.57	5.29	8.09	11.04	14.11	22.40

从表9-1可以看出，随着食盐溶液浓度的增加，水分活度逐渐降低。饱和盐溶液（在20℃时，浓度为26.5%，即100g水仅能溶解36g盐）的水分活度约0.75，在这种条件下细菌、酵母等微生物都难以生长。

（5）食盐溶液中氧气浓度的下降　氧气在水中具有一定的溶解度，食品腌制时，由于食盐渗入食品组织中形成的盐液浓度较高，氧气难以溶解在其中，形成了缺氧的环境，在这样的环境中，需氧微生物就难以生长。

2. 不同微生物对食盐溶液的耐受力

微生物不同，其细胞液的渗透压也不一样，因此它们所要求的最适渗透压，即等渗溶液也不同，而且不同微生物对外界高渗透压溶液的适应能力也不一样。微生物等渗溶液的渗透压越高，它所能忍耐的食盐溶液浓度就越大，反之就越小。

一般来说，食盐溶液浓度在1%以下时，微生物的生理活动不会受到任何影响。当浓度为1%～3%时，大多数微生物就会受到暂时性抑制。当浓度达到6%～8%时，大肠杆菌、沙门氏菌和肉毒杆菌停止生长。当浓度超过10%后，大多数杆菌便不再生长。球菌在食盐溶液浓度达到15%时被抑制，其中葡萄球菌则要在浓度达到20%时，才能被杀死。酵母在10%的食盐溶液中仍能生长，霉菌必须在食盐溶液浓度达到20%～25%时才能被抑制。所以腌制食品易受到酵母和霉菌的污染而变质。

蔬菜腌制过程中，几种微生物所能忍受的最高的食盐溶液的浓度见表9-2。

表 9-2　几种微生物能耐受盐的最高浓度

微生物	所属种类	能耐受食盐的最高浓度/%
Bact. brassicae fermentati	乳酸菌	12
Bact. cueumeris fermentati	乳酸菌	13
Bact. aderholdi fermentati	乳酸菌	8
Bact. coli	大肠杆菌	6
Bact. amylobacter fermentati	丁酸菌	8
Bact. proteus vulgare	变形杆菌	10
Bact. botulinus	肉毒杆菌	6

上表中前两种乳酸菌是蔬菜腌制中引起乳酸发酵的主要乳酸菌，对食盐的忍耐力较强，而一些有害的细菌对食盐的忍耐力较差，所以掌握适当的食盐溶液就可以抑制这些有害细菌的活动，达到防腐的效果，同时并不影响正常的乳酸发酵。

腌制食品时，微生物虽不能在浓度较高的食盐溶液中生长，但如果只是经过短时间的食盐溶液处理，那么当微生物再次遇到适宜环境时仍能恢复正常的生理活动。

3. 腌制食品和食盐质量之间的关系

食盐的主要成分为 $NaCl$，还含有其他一些组分，如 $CaCl_2$、$MgCl_2$、$FeCl_3$、$CaSO_4$、$MgSO_4$、$CaCO_3$ 以及沙土和一些有机物等。其中一些组分的溶解度可参见表 9-3。

表 9-3　几种盐类在不同温度下的溶解度　　　　单位：g·(100g 水)$^{-1}$

温度/℃	NaCl	CaCl$_2$	MgCl$_2$	MgSO$_4$
0	35.5	49.6	52.8	26.9
5	35.6	54.0	—	29.3
10	35.7	60.0	53.5	31.5
20	35.9	74.0	54.5	36.2

由上表可以看出 $CaCl_2$ 和 $MgCl_2$ 的溶解度远远超过 $NaCl$ 的溶解度，而且随着温度的升高，这种差异越大，因此当食盐中含有这两种成分时，会降低 $NaCl$ 的溶解度。

另外 $CaCl_2$ 和 $MgCl_2$ 还具有苦味，水溶液中 Ca^{2+} 和 Mg^{2+} 浓度达到 0.15%～0.18%，在食盐中达到 0.6% 时，就可觉察出有苦味。

食盐中杂质除了 $CaCl_2$、$MgCl_2$ 之外还可能会有钾盐。钾盐则会产生刺激咽喉的味道，量多时还会引起恶心、头痛等现象。钾盐一般在岩盐中含量稍高，海盐中较少。可见食盐中所含的一些杂质会引起腌制食品的味感变化，因此腌制食品时要考虑到食盐中杂质的含量及种类。我国 GB 2721—2015《食品安全国家标准　食用盐》规定了食用盐的卫生指标。强化碘的食用盐碘含量应符合 GB 26878—2011《食品安全国家标准　食用盐碘含量》的规定。

我国另一国家标准 GB/T 5461—2016《食用盐》又将食盐分类为：精制盐、粉碎洗净盐、日晒盐。根据其等级分为优级、一级和二级。

拓展阅读 9-3
常用盐主要指标（湿基）

（三）糖在腌渍中的作用

1. 糖溶液的防腐机制

食糖是糖渍食品的主要原料，也是蔬菜和肉类腌制时经常使用的一种调味品，我国食糖品种有原糖、白砂糖、赤砂糖和绵白糖。腌渍食品多使用白砂糖，其作用主要有以下几个方面。

（1）产生高渗透压　蔗糖在水中的溶解度很大。25℃时饱和溶液的浓度可达 67.5%，该溶液的渗透压很高，足以使微生物脱水，严重地抑制微生物的生长繁殖，这是蔗糖溶液能够防腐的主要原理。

（2）降低水分活度　蔗糖作为砂糖中主要成分（含量在 99％以上），是一种亲水性化合物。蔗糖分子中含有许多羟基和氧桥，它们都可以和水分子形成氢键，从而降低溶液中自由水的量，水分活度也因此而降低。例如浓度为 67.5％的饱和蔗糖溶液，水分活度可降到 0.85 以下，这样在糖渍食品时，可使入侵的微生物得不到足够的自由水分，其正常生理活动受到抑制。

（3）使溶液中氧气浓度降低　与盐溶液类似，氧气同样难溶于高浓度糖溶液中，这不仅可防止维生素 C 的氧化，还可抑制有害的好气性微生物的活动，对腌渍品的防腐有一定的辅助作用。

拓展阅读 9-4 蔗糖溶液的渗透压

2. 不同微生物对糖溶液的耐受力

糖的种类和浓度决定其加速或抑制微生物生长的作用。浓度为 1％～10％的蔗糖溶液会促进某些微生物的生长，浓度达到 50％时则阻止大多数细菌的生长，而要抑制酵母和霉菌的生长，则其浓度要达到 65％～85％，浓度升高抑制作用加强。一般为了达到保藏食品的目的，糖液的浓度至少要达到 65％～75％，以 72％～75％为最适宜。对糖的种类来说，在同样百分浓度下葡萄糖、果糖溶液的抑菌效果要比乳糖、蔗糖好，这是因为葡萄糖和果糖是单糖，相对分子质量为 180；蔗糖和乳糖是双糖，相对分子质量为 342，所以在同样的浓度时，葡萄糖和果糖溶液的质量摩尔浓度就要比蔗糖和乳糖的高，故其渗透压也高，对微生物的抑制作用也相应加强。例如抑制食品中葡萄球菌需要的葡萄糖浓度为 40％～50％，而蔗糖则为 60％～70％。

3. 砂糖质量与腌渍食品的关系

GB 13104—2014《食品安全国家标准　食糖》规定了原糖、白砂糖、绵白糖和赤砂糖的卫生指标。白砂糖主要理化指标见 GB/T 317—2018《白砂糖》。可见即使是精制的白砂糖中也会存在少量的灰分和还原糖等物质。砂糖中也会混有微生物，这些微生物的存在会引起某些食品的腐败变质。尤其是在低浓度糖溶液中最易发生。

拓展阅读 9-5 白砂糖的主要理化指标

（四）微生物的发酵作用

微生物发酵在食品的腌渍过程中起着十分重要的作用。它不仅对腌渍品风味有影响，而且也能抑制有害微生物的活动，从而有利于产品的贮存。腌渍过程中微生物的发酵作用多种多样，但主要的发酵作用是乳酸发酵、酒精发酵和醋酸发酵作用。具体可参见上一节食品的发酵。

（五）蛋白质的分解作用

腌渍食品中除了有糖外，还有蛋白质和氨基酸。在腌渍过程中，蛋白质在微生物及原料自身所含蛋白质水解酶的作用下，逐渐被分解为氨基酸，氨基酸本身具有一定的鲜味和甜味。蛋白质的变化在腌制过程和制品的后熟期是十分重要的，也是腌渍品产生一定的色泽、香气和风味的主要原因，但其变化是缓慢和复杂的。

二、食品腌渍过程的扩散与渗透作用

食品在腌渍过程中，除了会发生一系列的物理化学和生物化学变化及微生物的发酵现象外，还始终贯穿着腌渍剂的扩散和渗透现象。

（一）腌渍中的扩散渗透

1. 扩散

扩散是分子或微粒在不规则热运动下浓度均匀化的过程。扩散一般发生在溶液浓度不平衡的情况下，扩散的推动力就是浓度差，因此扩散的方向总是由浓度高朝着浓度低的方向进行的。扩散的过程通常较缓慢。

爱因斯坦假设扩散物质的粒子为球形时，扩散系数 D 的表达式可以写成：

$$D = \frac{RT}{N \times 6\pi r\eta}$$ (9-3)

式中　D——扩散系数，在单位浓度梯度的影响下，单位时间内通过单位扩散面积的溶质量；

　　　R——气体常数，$8.314J \cdot K^{-1} \cdot mol^{-1}$；

　　　T——热力学温度，K；

　　　N——阿伏加德罗常数，6.023×10^{23}；

　　　r——溶质微粒（球形）直径，应比溶剂分子大，并且只适用于球形分子，m；

　　　η——介质黏度，$Pa \cdot s$。

式中的 R、N、π 均为常数，令 $K_0 = R/(6N\pi)$，则上式可简写为：

$$D = K_0 \frac{T}{r\eta}$$ (9-4)

式（9-4）表明，温度（T）越高，粒子的直径（r）越小，介质的黏度（η）越低，则扩散系数（D）就越大。在浓度梯度和扩散面积相同的情况下，扩散系数增大，物质的扩散速率和扩散量也就增大。由此可见食盐和不同糖类在腌渍食品的过程中，其扩散速率是各不相同的。例如，不同糖类在溶液中的扩散系数可比较如下：葡萄糖＞蔗糖＞饴糖中的糊精（5.21∶3.80∶1.00）。另外它们的扩散系数还随温度升高而增大，这是由于温度增加，分子运动加快，溶剂黏度降低，溶质分子容易从溶剂分子间通过的缘故。一般来说，温度每增加1℃，各种物质在水溶液中的扩散系数平均增加2.6%（2%～3.5%）。

2. 渗透

渗透是溶剂从低浓度溶液经过半透膜向高浓度溶液扩散的过程（见图9-1）。半透膜就是只允许溶剂（或小分子）通过而不允许溶质（或大分子）通过的膜。细胞膜就属于一种半透膜。从热力学观点来看，溶剂只从外逸趋势较大的区域（蒸气压高）向外逸趋势较小的区域（蒸气压低）转移，由于半透膜孔眼非常小，所以对液体溶液而言，溶剂分子只能以分子状态迅速地从低浓度溶液中经半透膜孔眼向高浓度溶液内转移。

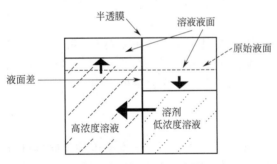

图9-1　渗透现象示意图

活细胞不仅能让水渗透进去，还能让电解质和非离子化有机分子渗透通过。这些现象在死细胞内同样可以观察到，但无规律性。细胞能渗水是由于在渗透压差的影响下发生的。同样，在渗透压差的影响下，电解质也能渗透通过，不过和水相比，它们通过细胞膜的速率相对较缓慢。活细胞由于具有较高的电阻，离子进出细胞也就相对比较困难，电解质则易出入死细胞，而且随着细胞死亡程度的加深，细胞膜的通透性也随之增加。

食品腌渍过程，相当于将细胞浸入食盐或食糖溶液中，腌渍不但阻止了微生物对食品营养物质的利用，也使微生物细胞脱水，正常生理活动被抑制。

渗透压取决于溶液溶质的浓度，和溶液的数量无关。范特·霍夫（Van't Hoff）经研究推导出稀溶液（接近理想溶液）的渗透压值计算公式如下：

$$\Pi = cRT$$ (9-5)

式中　Π——溶液的渗透压，kPa；

　　　c——溶质物质的量浓度，$mol \cdot L^{-1}$。

若将许多物质特别是 NaCl 分子会离解成离子的因素考虑在内，上式还可进一步改为：

$$\Pi = icRT$$ (9-6)

式中　i——包括物质离解因素在内的等渗系数（物质全部解离时 $i=2$）。

之后布尔（БУПП）又根据溶质和溶剂的某些特性进一步将范特·霍夫公式改变成下式：

$$\Pi = (\rho/100W)c_1RT \tag{9-7}$$

式中　ρ——溶剂的密度，$g \cdot L^{-1}$；

　　　c_1——溶液浓度 ［100g 或 100kg 溶剂中溶质的质量（g 或 kg）］；

　　　W——溶质相对分子质量，g。

　　式(9-7) 对理解食品腌渍保藏中的渗透过程（盐腌、糖渍、烟熏等）甚为重要。前面已提到过腌渍速率取决于渗透压，而根据式(9-7)来看，渗透压和温度及浓度成正比，因此为了加快腌渍过程，腌渍应尽可能在高温（T）和高浓度溶液（c）的条件下进行。从温度来说，每增加 1℃，渗透压就会增加 0.30％～0.35％。所以糖渍常在高温条件下进行。盐腌则通常在常温下进行，有时采用较低温度，如 2～4℃。渗透速率还和溶剂密度 ρ 及溶质相对分子质量 W 有一定关系。不过，溶剂密度对腌渍过程影响不大，因为腌渍食品时，溶剂选用范围极为有限，一般总是以水为溶剂。至于溶质相对分子质量则对腌渍过程有一定影响，因为对建立一定渗透压来说，溶质的相对分子质量越大，需用的溶质质量也就越大。又由式(9-7)可见，若溶质能离解为离子，则能提高渗透压，用量显然可以减少些。例如选用相对分子质量小并能在溶液中完全解离成离子的食盐时，当它的溶液浓度为 10％～15％时，就可以建立起与 101.325～303.975kPa（1～3atm）相当的渗透压，而改用食糖时，溶液的浓度需达到 60％以上才行。这说明糖渍时需要的溶液浓度要比用盐腌时高得多，才能达到保藏的目的。

（二）扩散、渗透平衡

　　食品腌渍过程实际上是扩散和渗透相结合的过程。这是一个动态平衡过程，其根本动力就是浓度差的存在。当浓度差逐渐降低直至消失时，扩散和渗透过程就达到平衡。

　　食品在腌渍时，食品外部溶液和食品组织细胞内部溶液之间借助溶剂的渗透过程及溶质的扩散过程，浓度会逐渐趋向平衡，其结果是食品组织细胞失去大部分自由水分，溶液浓度升高，水分活性下降，渗透压得以升高，从而可抑制微生物的侵袭造成的腐败变质，延长食品的保质期。

三、食品的腌渍工艺与控制

过程检查 9-2
食品的腌渍过程中，为什么在产生同样的渗透压时，蔗糖的用量要比食盐多？

（一）食品的腌制

　　食品的腌制又称为盐腌、盐藏。动物性食品原料如肉类、禽类、鱼类及植物性食品原料中的蔬菜等常采用腌制的方法进行保藏，并改善其质构、色泽和风味。

　　食品腌制时常用的腌制剂是食盐。腌肉时除用食盐外，还加用糖、硝酸钠、亚硝酸钠及磷酸盐、抗坏血酸盐或异抗坏血酸盐等混合制成的混合盐，以改善肉类色泽、持水性、风味等。其中硝酸钠、亚硝酸钠除了可改善色泽及风味外，还具有抑制微生物尤其是肉毒杆菌的作用，但亚硝酸钠具有致癌作用，因此要严格控制用量，具体参见 GB 2760—2024《食品安全国家标准　食品添加剂使用标准》。

　　为了保证盐腌过程顺利进行和腌制品的质量，腌制时，食品原料应符合盐腌工艺的要求，加工所用水须达到国家饮用水标准，食盐则要求氯化钠含量高，其他无机盐类和杂质含量少，符合食用盐国家标准规定，并按照各类腌制食品的要求确定用盐量或盐水的浓度。

　　食品腌制的方法有多种，按照用盐方式的不同，可分为干腌、湿腌、肌肉或动脉注射腌制、滚揉腌制、高温腌制和混合腌制等，其中干腌和湿腌为两类基本方法。

1. 干腌法

　　干腌法是用干盐（结晶盐）或混合盐或盐腌剂，擦透食品表面，使之有汁液外渗现象（腌鱼时则不一定先擦透），然后层堆在腌制架上或层装在腌制容器内，各层间还均匀地撒上食盐，依次压实，在外加压力或不加压力的条件下，依靠外渗汁液形成盐液进行腌制的方法。由于开始腌制时仅加食盐不加盐水，故称干腌法。我国传统的金华火腿、咸肉和风干肉等多采用这种方法腌制。

干腌法的优点是简单易行，操作方便，用盐量较少，腌制品含水量低，利于贮藏，同时食品营养成分流失较少（肉腌制时蛋白质流失量为 0.3%～0.5%）。其缺点是食品内部盐分分布不均匀，失重大，味太咸，色泽较差，而且由于盐卤不能完全浸没原料，使得肉、禽、鱼暴露在空气中的部分容易引起"油烧"现象，蔬菜则会出现生醭和发酵等劣变。

干腌法的腌制设备一般采用水泥池、陶瓷罐或坛等容器及腌制架。腌制时，采取分次加盐法，并对腌制原料进行定期翻倒（倒池、倒缸，以保证食品腌制均匀和促进产品风味品质的形成）。翻倒的方式因腌制品种类别不同而异，例如，腌肉采取上下层依次翻倒；腌菜则采用机械抓斗倒池，工作效率高，节省大量劳动力和费用。我国的名特产品火腿则是采用腌制架层堆方法进行干腌的，并须翻倒七次，覆盐四次以上才能达到腌制要求。

干腌法的用盐量因食品原料和季节而异。腌肉的食盐用量，一般为每千克原料用盐 0.17～0.20kg，冬季用盐量可以少一些，为 0.14～0.15kg，夏季尚需添加发色剂硝酸钠，以亚硝酸钠计其含量不得超过 $30mg \cdot kg^{-1}$。生产西式火腿肠制品及午餐肉时，常采用混合盐，并要求在冷藏条件下进行，以防止微生物的污染。混合盐由数种辅料组成，其配方一般为每千克原料包括食盐 0.06kg、食糖 0.025kg、硝酸钠 1.56g、亚硝酸钠 0.16g。

干腌蔬菜时，一般用盐量为菜重的 7%～10%，夏季增加至 14%～15%。腌制酸菜时，由于需要乳酸发酵产酸，其食盐用量可低至 2.0%～3.5%。为了利于乳酸菌繁殖，需将蔬菜原料以干盐揉搓，然后装坛、捣实和封坛，防止好气性微生物繁殖造成的产品劣变。这种干腌法（如冬菜）一般不需倒菜，除非腌制 2～3d 后无卤水时才必须翻缸、倒坛。果蔬干腌法主要分为加压干腌法和不加压干腌法两种。

2. 湿腌法

湿腌法又称为盐水腌制法。它是将食品原料浸没在盛有一定浓度食盐溶液的容器设备中，利用溶液的扩散和渗透作用使腌制剂均匀地渗入原料组织内部，直至原料组织内外溶液浓度达到动态平衡的一种腌制方法。分割肉、鱼类和蔬菜均可采用湿腌法进行腌制。此外，果品中的橄榄、李子、梅子等加工凉果所采用的坯料也是采用湿腌法来保藏的。

湿腌法的优点是食品原料完全浸没在浓度一致的盐溶液中，既能保证原料组织中的盐分分布均匀，又能避免原料接触空气而出现"油烧"现象。其缺点是制品色泽和风味不及干腌法，且用盐多，易造成原料营养成分较多流失（腌肉时，蛋白质流失 0.8%～0.99%），并因制品含水量高，不利于贮藏。

湿腌法的腌制操作因食品原料而异。肉类多采用混合盐液腌制，盐液中食盐含量与砂糖量的比值对腌制品的风味影响较大。表 9-4 为肉类湿腌时常用的混合盐液的配方。其中采用浸渍法的盐腌液，按人们的嗜好不同可分为甜味和咸味两类，前者盐糖比值低，在 7.5～2.8 之间，后者盐糖比值高，可达 42～25，相应的盐水浓度则分别为 12.9%～15.6% 和 17.2%～19.6%。

表 9-4　肉类盐腌液的配方　　　　　　　　　　　单位：kg

材　料	浸渍用量		肌肉注射用量
	甜味式	咸味式	
水	100	100	100
食盐	15～20	21～25	24
砂糖	2～7	0.5～1.0	2.5
硝酸钾	0.1～0.5	0.1～0.5	0.1
亚硝酸盐	0.05～0.08	0.05～0.08	0.1
香辛料	0.3～1.0	0.3～1.0	0.3～1.0
其它调味料	—	—	0.2～0.5

用湿腌法腌肉一般在冷库（2～3℃）中进行，先将肉块附着的血液洗去，再堆积在腌渍池中，注入约肉重量1/2的盐腌液，盐液温度2～3℃，在最上层放置格形木框，再压重石，避免腌肉上浮。腌制时间随肉块大小而定，一般每千克肉块腌制4～5d即可，肉块大者，在腌制中尚需翻倒，以保证腌肉质量。

鱼类湿腌时，常采用饱和食盐溶液，由于鱼体内水的渗出会使得盐水浓度降低，因此需经常搅拌并补充食盐以加快盐液渗入鱼肉的速率。采用高浓度盐液可缩短腌制过程。

果蔬湿腌时，盐液浓度一般为5%～15%，有时可低至2%～3%，以10%～15%为宜。果蔬湿腌的方法有多种：①浮腌法，即将果蔬和盐水按比例放入腌制容器，使果蔬悬浮在盐水中，定时搅拌并随着日晒水分蒸发使菜卤浓度增高，最终腌制成深褐色产品，菜卤越老品质越佳；②泡腌法，即利用盐水循环浇淋腌池中的果蔬，能将果蔬快速腌成；③低盐发酵法，即以低于10%的食盐水腌制果蔬，该方法乳酸发酵明显，腌制品咸酸可口，除直接食用外还可作为果蔬保藏的一种手段。

至于用盐腌法贮藏，即制盐果胚时，由于食盐是唯一的防腐剂，为了抑制微生物生长，食盐溶液浓度须高达15%至饱和，在进一步加工时，盐胚须先经脱盐处理。

3. 腌晒法

腌晒法是一种腌晒结合的方法，即单腌法盐腌，晾晒脱水成咸坯。盐腌是为了减少果蔬坯中的水分，提高食盐的浓度，有利于装坛贮藏。进行晾晒，是为了去除原料中的一部分水分，防止在盐腌时果蔬营养成分过多的流失，影响制品品质。有些品种如榨菜、梅干菜，在腌制前先要进行晾晒，去除部分水分，而有些品种如萝卜头、萝卜干等半干性制品，则要先腌后晒。

4. 烫漂盐渍法

新鲜的果蔬先经沸水烫漂2～4min，捞出后用常温水浸凉，再经盐腌而成盐渍品或咸坯。烫漂处理，可以除去原料中的空气，使果蔬体显出鲜艳的颜色，并可钝化果蔬中影响产品品质的氧化酶类，另外，还可以杀死部分果蔬表面所带有的害虫卵和微生物。

5. 动脉或肌肉注射腌制法

注射腌制法是进一步改善湿腌法的一种措施，为了加速腌制时的扩散过程，缩短腌制时间，最先出现了动脉注射腌制法，其后又发展了注射腌制法。注射法目前在生产西式火腿、腌制分割肉时使用较广。

（1）动脉注射腌制法　动脉注射法是用泵及注射针头将盐水或腌制液经动脉系统送入分割肉或腿肉内的腌制方法。由于一般分割胴体时并没有考虑原来动脉系统的完整性，所以此法仅用于腌制前后腿。

该法在腌制肉时先将注射用的单一针头插入前后腿的股动脉切口内，然后将盐水或腌制液用注射泵压入腿内各部位上。实际上腌制液是同时通过动脉和静脉向各处分布的，故它的确切名称应为"脉管注射"。

注射盐液一般用16.5～20°Bé的，工业生产上最常用16.5°Bé或17°Bé的。盐液中通常还加入一定量的糖，用量为2.4～3.6kg·L^{-1}，一般用蔗糖。此外盐液中还要添加亚硝酸钠，添加量为150mg·L^{-1}。

动脉注射法的优点是腌制速度快，产品得率高。缺点是只能用于腌制前后腿，胴体分割时要注意保证动脉的完整性，并且腌制品易腐败变质，需冷藏。

（2）肌肉注射腌制法　肌肉注射法又分为单针头和多针头注射法两种，目前多针头注射法使用较广，主要用于生产西式火腿和腌制分割肉。

肌肉注射法与动脉注射法基本相似，主要的区别在于，肌肉注射法不须经动脉而是直接将腌制液或盐水通过注射针头注入肌肉中。

6. 滚揉腌制法

这属于肉类快速研制方法中的一种。将预先适当腌制（如3～5℃下15h左右）后的肉料放入滚揉机内连续或间歇地滚揉，或肉料与腌制剂混合在滚揉机内连续或间歇滚揉，滚揉时间可控制在 $5\sim24h$，温度 $2\sim5℃$，转速 $3.5r\cdot min^{-1}$。肉块在滚揉机内上下翻滚，从而起到促进腌制液的渗透和盐溶蛋白的提取以及肉块表面组织的破坏的作用，以缩短腌制周期，提高保水性和黏结性。此法常与肌肉注射法及湿腌法结合使用。

7. 高温腌制法

该方法是使腌制液在腌制罐和贮液罐内循环，贮液罐可进行加热，从而使腌制液保持在 $50℃$ 左右进行腌制的方法。高温可缩短腌制的时间，还可使腌制肉料嫩而风味好，但该方法操作时要注意防止微生物污染造成肉料的变质。

8. 混合腌制法

这是一项由两种或两种以上的腌制方法相结合的腌制技术，常用于鱼类（特别适用于多脂鱼）。例如，先经湿腌后，再进行干腌；或者加压干腌后，再进行湿腌；或者以磷酸调节鱼肉的 pH 值至 $3.5\sim4.0$，再湿腌；或者采用减压湿腌及盐腌液注射法等。此法若用于肉类，可先干腌，然后放入容器内堆放 3d，再加 $15\sim18°Bé$ 盐水（硝酸钠用量 1%）湿腌半个月。另外用注射法腌肉时，也总和干腌或湿腌相结合，这也是混合腌制法。还有果蔬中的非发酵性腌制品同样采用的是混合腌制法，即先经过低盐腌制，然后脱盐或不脱盐，按照产品用料配比加入含有食用有机酸的汤液进行酸渍。

混合腌制法的优点对肉制品来说，制品色泽好、营养成分流失少（蛋白质流失量 0.6%）、咸度适中，并且因为干盐及时溶解于外渗水内，可避免因湿腌时食品水分外渗而降低盐水的浓度。对果蔬制品来说，咸酸甜味俱有，制品风味独特，同时腌制时不像干腌那样会使食品表面发生脱水现象。该方法的缺点是生产工艺较复杂，周期长。图 9-2 是真空盐水注射滚揉机系统示意图。

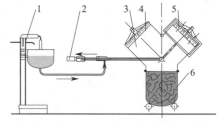
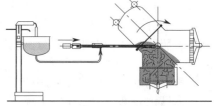

图 9-2　真空盐水注射滚揉机系统
1—盐水自动秤；2—活塞泵；3—密闭筒体；
4—注射针；5—揉搓器；6—肉车

（二）食品的糖渍

用于糖渍的果蔬原料应选择适于糖渍加工的品种，且具备适宜的成熟度，加工用水应符合国家饮用水标准。糖渍前还要对原料进行各种预处理，砂糖要求蔗糖含量高，水分及非蔗糖成分含量低，符合砂糖国家标准规定。

食品糖渍法按照产品的形态不同可分为两类。

1. 保持原料组织形态的糖渍法

采用这种方法糖渍的食品原料虽经洗涤、去皮、去核、去心、切分、烫漂、浸硫或熏硫以及盐腌和保脆等预处理，但在加工中仍在一定程度上保持着原料的组织结构和形态。

有些蜜饯的糖渍在原料经预处理后，还需经糖制、（烘晒）、上糖衣、整理和包装等或其中某些工序方能制成产品。其中糖制是生产中的主要工序。糖制又可分为糖煮和糖腌两种操作方法，其中糖煮用于果脯的生产，糖腌用于糖渍蜜饯的生产。

（1）糖煮法　糖煮是将原料用热糖液煮制和浸渍的操作方法，多用于肉质致密的果品。其优点是生产周期短，应用范围广，但因经热处理，产品的色、香、味不及蜜制产品，而且维生素 C 损失较多。按照原料糖煮过程的不同，糖煮又分为常压糖煮和真空糖煮，其中常压糖煮可再分为一次煮成法和多次煮成法。

一次煮成法将预处理后的原料放入锅内，加糖液一次煮成。该方法适用于我国南方地区的蜜桃片、蜜李片及我国北方地区的蜜枣、苹果脯、沙果脯等产品。操作时随原料拌入砂糖，当糖液浓度达到 60% 左右时，加热熬煮使糖液的浓度达到 75% 后，即将产品捞出，淋去糖液即为成品。一次煮成法的优点是加工迅速，生产效率高；缺点是加热时间长，原料易被煮烂，产品的色、香、味变化大，维生素 C 损失多，如果原料中的糖液渗透不均匀还会造成产品收缩。

多次煮成法是将原料经糖液煮制与浸渍多次交替进行的糖煮方法。该方法适用于果肉柔软细嫩和含水分高的果品，如桃脯、杏脯、梨脯等。有的产品须经三次糖煮和两次浸渍，糖液的浓度逐渐由开始的 30%～40% 增至 65%～70% 而制成。多次煮成法的优点是糖液渗透均匀，产品质量好；缺点是生产周期长，难于实行连续化生产，若采用速煮法或连续扩散法则可避免上述缺点。

真空糖煮是在真空条件下煮制的，温度低、渗透快，对提高产品质量缩短生产周期大有好处。

（2）糖腌法　糖腌即果品原料以浓度为 60%～70% 的冷糖液浸渍，不需要加热处理，适用于肉质柔软而不耐糖煮的果品。例如我国南方地区的糖制青梅、杨梅、枇杷和樱桃等均采用此种操作进行糖腌。糖腌产品的优点是冷糖液浸渍能够保持果品原有的色、香、味及完整的果形，产品中的维生素 C 损失较少。其缺点是产品含水量较高，不利于保藏。

（3）糖渍法　凉果又称为香果干或香果。它是以梅、橄榄、李等果品为原料，先腌成盐胚贮藏，再将果胚脱盐，添加多种辅助原料，如甘草、精盐、食用有机酸及天然香料（如丁香、肉桂、豆蔻、茴香、陈皮、山柰、降香、杜松、厚朴、排草、檀香、蜜桂花和蜜玫瑰花等），采用拌砂糖或糖液蜜制而成的半干态产品。

2. 破碎原料组织形态的糖渍法

采用这种糖渍法，食品原料组织形态被破碎，利用果胶质的凝胶性质，加糖熬煮浓缩使之形成黏稠状或胶冻状的高糖高酸食品。如山楂糕、果丹皮等果糕食品。

糖煮及浓缩是果糕类产品糖制加工的关键工序。果品原料含有 1% 左右的果胶质和 1% 以上的果酸，糖煮时还要根据产品种类掌握原料与砂糖用量比例，促使果浆形成凝胶，便于成型和干燥。

由于越来越多的研究表明高糖食品对某些人群的健康有一定的危害，因此作为糖渍类食品中的蜜饯食品正面临着如何降低成品含糖量的问题。

第三节　食品的烟熏

肉类的烟熏保藏有着悠久的历史，这可以追溯到公元前。食品的烟熏保藏是在腌制的基础上利用木材不完全燃烧时产生的烟气熏制食品的方法。它可赋予食品特殊风味并能延长其贮藏期。食品的烟熏主要用于动物性食品的制作，如肉制品、禽制品和鱼制品，某些植物性食品也可采用烟熏，如豆制品（熏干）和干果（乌枣）。

一、烟熏的目的及作用

烟熏的目的主要是为了提高肉制品的保存期和形成该类食品的风味。食品烟熏所起主要作用包括：形成特种烟熏风味；防止腐败变质；加工新颖产品；发色；预防氧化等。因此，烟熏也成了食品保藏的一种手段。

1. 防腐作用

食品在烟熏时由于和加热相辅并进，当温度达到 40℃ 以上时就有抑菌、灭菌作用，可降低微生物的数量。由于烟熏及热处理，食品表面的蛋白质与烟气成分之间互相作用发生凝固，形成一层蛋白质变性薄膜，这层薄膜既可以防止制品内部水分的蒸发和风味物质的逸散，又可以在一定程度上阻止微生物进入制品内部。

另外在烟熏过程中，食品表层往往产生脱水及水溶性成分的转移，这使得表层食盐浓度大大增加，再加上烟熏中的甲酸、醋酸等附着在食品表面上，使表层的 pH 值下降，可有效地杀死或抑制微生物。

2. 烟熏的发色和呈味作用

（1）烟熏的发色作用　食品的良好色泽与可口的滋味、诱人的香气一样，都能增进人们的食欲，三者是形成食品感官品质的重要因素。在食品的烟熏加工过程中，色泽的变化和形成主要通过下述途径。

① 褐变形成色泽　鱼、肉烟熏的一个重要目的就是在制品表面形成特有的棕褐色。这一色泽的形成是美拉德反应的结果，它是原料的蛋白质或其他氨基化合物与羰基化合物发生的羰氨反应，其中的羰基化合物是木材产生熏烟过程中形成的。制品的色泽与木材的种类、烟气的浓度、树脂的含量、熏制的温度以及肉品表面的水分等因素有关。例如以山毛榉为燃料，则肉呈金黄色；以赤杨、栎树为燃料，则肉呈深黄色或棕色。而若肉表面干燥、温度较低时色淡，肉表面潮湿、温度较高时则色深。又如肠制品先用高温加热再进行烟熏，则表面色彩均匀而且鲜明，熏烟时因脂肪外渗还可使烟熏制品带有光泽。

② 发色剂形成的色泽　肉制品的烟熏是以腌制为基础的，肉在腌制时往往要加入发色剂硝酸盐和亚硝酸盐，其目的是产生一氧化氮，使之与肌红蛋白（myoglobin，Mb）或高铁肌红蛋白（met-myoglobin，MMb）发生反应，生成鲜红色的亚硝基肌红蛋白（nitroso myoglobin，NOMb）。

a. 硝酸盐　硝酸盐在硝酸还原菌或还原物质的作用下，还原成亚硝酸盐，然后与肉制品中的乳酸产生复分解作用形成亚硝酸，亚硝酸再分解产生一氧化氮，一氧化氮与肌红蛋白或血红蛋白结合，产生鲜红色的亚硝基肌红蛋白（nitroso myoglobin，NOMb）或亚硝基血红蛋白（nitroso hemoglobin，NOHb），使肉具有鲜艳的玫瑰红色。

$$NaNO_3 \xrightarrow{\text{硝酸还原菌}} NaNO_2 + H_2O$$

$$NaNO_2 + CH_3CH(OH)COOH \xrightarrow{H^+} HNO_2 + CH_2CH(OH)COONa$$

$$2HNO_2 \longrightarrow H^+ + NO_3^- + NO + H_2O$$

$$NO + 肌红蛋白（血红蛋白）\longrightarrow NO—肌红蛋白（血红蛋白）$$

b. 亚硝酸盐　亚硝酸盐的发色结果与硝酸盐基本相同，但其原理却不尽相同。硝酸盐还原时需要细菌的存在，而亚硝酸盐无需还原，因此，无需细菌的存在，故亚硝酸盐可以在卫生条件很好的情况下使用，且发色时间短。

亚硝酸盐在酸性条件下，如肉制品中有乳酸存在时，生成亚硝酸：

$$NaNO_2 + CH_3CH(OH)COOH \longrightarrow HNO_2 + CH_2CH(OH)COONa$$

亚硝酸水溶液不稳定，常温下即发生歧化反应生成一氧化氮：

$$2HNO_2 \longrightarrow H^+ + NO_3^- + NO + H_2O$$

一氧化氮能够提供孤对电子与肌红蛋白分子中的中心离子 Fe^{2+} 配位，原来的配位体 H_2O 被 NO 取代，形成共价键络合物——亚硝基肌红蛋白（NOMb）：

（肌红蛋白）　　（亚硝基肌红蛋白）
紫红色　　　　　鲜红色

亚硝基肌红蛋白很不稳定，必须经过加热或烟熏，并在盐的作用下，珠蛋白变性转变成一氧化氮肌血原（nitric oxide myochromogen），才能成为稳定的粉红色：

$$一氧化氮肌红蛋白（NOMb）\xrightarrow[\text{热}]{\text{烟熏}} NO\text{-}肌血原$$

鲜红　　　　　　　　　　　稳定的粉红色

（2）烟熏的呈味作用　香气和滋味是评定烟熏制品的重要指标。香气和滋味的形成是一系列复杂的物理、化学变化及微生物的作用的结果。

① 原料成分及烟熏过程中形成的风味　肉类食品烟熏时由于加热和烧烤而发出美好的香气，这

是由于产生了由多种化合物混合组成的复合香味。据分析其中主要的化合物类别有醛、酮、内酯、呋喃、吡嗪和含硫化合物。这些肉香物的前体是肉的水溶性抽提物中的氨基酸、肽、核酸、糖类和脂质等，它们在加热过程中因为发生多种反应而产生一系列香味物质。主要反应有脂质的自动氧化、水解、脱水及脱羧等反应；糖、氨基酸的分解反应、氧化反应以及糖与氨基酸之间的美拉德反应。这些反应产生许多挥发与不挥发性物质，各种产物之间又发生反应，形成多种香气成分。

② 吸附作用产生的香气和滋味　烟熏制品能获得特殊的风味与烟气成分被制品吸附有密切关系。在熏烟成分中，虽然有酸味、苦味等成分，但更重要的是香气成分，即所谓的"熏香"。烟熏加工时，产品通过吸附作用吸附了这些"熏香"成分，加上自身反应生成的香气成分形成了烟熏制品独特的风味。

二、熏烟的成分及其对食品的影响

熏烟是由气体、液体和固体微粒组合而成的混合物。熏烟的成分复杂，从木材产生的熏烟中已分离出 200 多种化合物，且常因燃烧温度、燃烧室的条件、形成化合物的氧化反应等许多因素的变化而有差异。一般认为熏烟中对制品风味形成和防腐有重要作用的成分有酚、酸、醇、羰基化合物和烃类。

（一）酚

从木材熏烟中分离出来并经过鉴定的酚类达 20 种之多，其中愈创木酚、4-甲基愈创木酚、酚、4-乙基愈创木酚、邻位甲酚、间位甲酚、对位甲酚、4-丙基愈创木酚、香兰素、2,6-二甲氧基-4-甲基酚、2,6-二甲氧基-4-乙基酚以及 2,6-二甲氧基-4-丙基酚等对熏烟"熏香"的形成起重要作用。

酚及其衍生物是由木质素裂解产生的，木质素分解最强烈的温度为 400℃左右。

在肉、鱼等烟熏腌制品中，酚主要有四种作用：抗氧化作用；抑菌防腐作用；形成特有的"熏香"味；促进烟熏色泽的产生。

（二）醇

木材熏烟中醇的种类繁多，甲醇是最简单和最常见的。由于它是木材分解蒸馏中的主要产物之一，故又称为木醇。熏烟中还含有伯醇、仲醇和叔醇等。它们常被氧化成相应的酚类。

在烟熏过程中醇的主要作用是作为挥发性物质的载体，对风味的形成并不起任何作用。醇的杀菌作用极弱。

（三）有机酸

熏烟中还含有碳数小于 10 的简单有机酸，其中含 1～4 个碳的有机酸主要存在于蒸气相内，含 5～10 个碳的有机酸则附着在固体载体微粒上。

有机酸来自木材中纤维素和半纤维素的分解。纤维素分解最强烈的温度为 300℃左右。半纤维素分解最强烈的温度为 250℃左右。

有机酸对制品的风味影响极为微弱。酸类本身的杀菌作用很强，但它们在烟熏制品中的杀菌作用也只有当它们积聚在制品表面，以至酸度有所增长的情况下，才显示出来。在烟熏加工时，有机酸最重要的作用是促使肉制品表面蛋白质凝固，形成良好的外皮。

（四）羰基化合物

熏烟中存在有大量的羰基化合物，同有机酸一样，它们分布在蒸气相内和熏烟内的固体颗粒中。现已确定的有 20 种以上，含量差异很大，其中包括有：2-戊酮、戊醛、2-丁酮、丁醛、丙酮、丙醛、丁烯醛、乙醛、异戊醛、丙烯醛、异丁醛、丁二酮（双乙酰）、丁烯酮等。存在于蒸气相内的羰基化合物具有非常典型的烟熏风味，且多可以参与美拉德反应，与形成制品色泽有关，因此对烟熏制品色泽、风味的形成极为重要。

（五）烃类

从烟熏食品中能分离出不少的多环芳烃（简称 PAH），其中有苯并（a）蒽 [benz（a）anthracene]，二苯并（a，h）蒽 [dibenz（a，h）anthracene]，苯并（a）芘 [benz（a）pyrene]，苯并（g，h，i）芘 [benz（g，h，i）perylene]，芘（pyrene）以及 4-甲基芘（4-methylpyrene）等。研究证明，三环以下的芳烃无致癌作用，四环芳烃致癌作用也很弱，五环以上的才具有较强的致癌作用，其中 3,4-苯并芘污染最广、含量最多、致癌性最强，它们是熏烟中安全控制的重要指标。

多环烃对烟熏制品并不起重要的防腐作用，也不会产生特有风味，研究表明它们多附着在熏烟的固相上，因此可以去除掉。

目前，减少 3,4-苯并芘的方法有以下几种。

① 控制生烟温度。苯并芘和苯并蒽是由木质素分解产生的，温度在 400℃以下时生成量极微，400～1000℃时 3,4-苯并芘的生成量随温度上升而急剧增加，可从每 100g 木屑产生 5μg 增加到 20μg，因此，控制燃烧温度在 400℃以下可减少这类物质的产生。

② 多环芳烃因相对分子质量大，大多附着在固定相上，可通过过滤或淋水的方式除去，过滤可用棉花。

③ 使用烟熏液。现已研制出不含 3,4-苯并芘等的液体烟熏制剂，使用时就可以避免食品因烟熏而含有致癌物质。

④ 食用时剥去外皮。一般的动物肠衣和人造纤维肠衣对苯并芘均有不同程度的阻隔作用，大约 80%在表层，食用时除去肠衣可大大减少这类物质的摄入量。

三、烟熏方法及控制

（一）烟熏的方法

1. 按制品的加工过程分类

（1）熟熏　烟熏前已经熟制的产品称为熟熏。如酱卤类、烧鸡等的熏制都是熟熏。一般熏制温度高，时间短。

（2）生熏　熏制前只是对原料进行整理、腌制等处理过程，没有经过热加工，称为生熏。这类产品有西式火腿、培根（bacon）、灌肠等。一般熏制温度低，时间长。

2. 按熏烟的生成方法分类

（1）直接火烟熏　这是一种原始的烟熏方法，在烟熏室内直接燃烧木材进行熏制。烟熏室下部燃烧木材，上部垂挂产品。这种方法不需要复杂的设备，烟熏的密度和温湿度均分布不均匀，熏制后的产品质量也不均一。

（2）间接发烟法　用发烟装置（熏烟发生器）将燃烧好的一定温度和湿度的熏烟送入烟熏室与产品接触后进行熏制，熏烟发生器和烟熏室分别是两个独立结构。这种方法不仅可以克服直接火烟熏时熏烟的密度和温湿度不均匀的问题，而且可以通过调节熏材燃烧的温度和湿度以及接触氧气的量，来控制烟气的成分，现在使用较广泛。

3. 按熏制过程中的温度范围分类

（1）冷熏法　制品周围熏烟和空气混合的温度不超过 25℃（一般为 15～20℃）的烟熏过程称为冷熏。冷熏所需时间较长，一般为 7～20d，最长的可达 20～35d。食品采用冷熏时，水分损失量大，制品含水量低（40%以下），含盐量和烟熏成分聚积量相对提高，保藏期增长。冷熏产品主要是干制的香肠。

（2）温熏法　制品周围熏烟和空气混合气体的温度在 30～50℃ 的烟熏过程称为温熏。温熏法熏制时间为 1～2d，熏制后或食用前食品需要经过水煮。这种产品水分含量较高，风味好，但贮藏性差。有些西式火腿、培根采用这种方法生产。

（3）热熏法　制品周围熏烟和空气混合气体的温度在 50～80℃ 的烟熏过程称为热熏。热熏法熏制时间一般在 1d 以内。因为熏制的温度较高，短时间内就能形成较好的色泽。但熏制的温度必须缓慢上升，如升温过急，会产生发色不均匀的现象。培根、西式灌肠类产品常采用这种方法。

（4）焙熏法　熏制温度在 90～120℃ 的称为焙熏。由于熏制的温度较高，熏制和熟制同时完成。焙熏法熏制时间短，一般为 2～12h。但是采用了焙熏法的烟熏食品，因为温度高，表层蛋白质会迅速凝固，以致制品的表面上很快形成干膜，妨碍了制品内的水分外渗，延缓了干燥过程，同时也阻碍了熏烟成分向制品内部渗透，故制品的含水量高（50%～60%），盐分及熏烟成分含量低，且脂肪因受热容易熔化，不利于贮藏，一般只能存放 4～5d。

4. 电熏法

电熏法是应用静电进行烟熏的一种方法。

日本田野等人的方法如图 9-3(a) 所示。将制品以 5cm 间隔排开，相互连上正负电极，一边送烟，一边施加 15～30kV 的电压使制品本身作为电极进行电晕放电，这样烟的粒子就会急速吸附于制品表面，烟的吸附速率大大加快，烟熏时间仅需以往的 1/20。

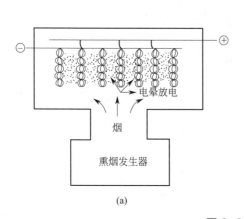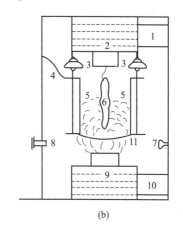

图 9-3　电熏法

1—排烟管；2—集烟装置；3—绝缘子；4—高压电线；5—离子化板；6—制品(培根)；
7—光源；8—光量计；9—放烟装置；10—烟道；11—高压电线

J. W. Hanley 等人提出的方法是在相互对应的电极上施加高压电，将制品放在中央，如图 9-3（b）所示，其最合适的条件为：电极和制品表面的距离为 10cm，使用电压 40kV，烟熏时间为 3min，烟的流速为 24m·min^{-1}，烟的浓度为 3.2 照度仪单位。

电熏法的优点：可提高烟熏速度，而且烟的粒子可以更深入地进入制品内部，从而可以提高制品风味，延长贮藏期。若使用直流电，烟分更易渗入。

电熏法的缺点：制品甲醛含量相对高一些，烟熏不均匀，产品尖端部分沉积物较多。

5. 液熏法

液熏法又称为湿熏法或无烟熏法，它是利用木材干馏生成的木醋液或用其他方法制成烟气成分相同的无毒液体，浸泡食品或喷涂食品表面，以代替传统烟熏的方法。和前两种烟熏方法相比，液熏法具有以下优点：第一，它不需要熏烟发生装置，节省了大量的设备投资费用；第二，由于烟熏剂成分比较稳定，便于实现熏制过程的机械化和连续化，可大大缩短熏制时间；第三，用于熏制食品的液态烟熏制剂已除去固相物质及其吸附的烃类，致癌危险性较低；第四，工艺简单，操作方便，熏制时间短，劳动强度降低，不污染环境。

工程训练 9-1
采用烟熏方法加工食品时存在将致癌物带入食品的风险，实际生产中如何克服？

目前世界上不少国家已配制成烟熏液的系列产品，用于腊肉、火腿、家禽肉制品、鱼类制品、干酪及点心类食品的熏制。例如美国，约 90％的烟熏食品是采用该方法加工的，烟熏液用量每年达 1000t。日本烟熏液用量也达到 700t。国产烟熏液研究始于 1984 年，1987 年全国食品添加剂标准化技术委员会审定为允许使用。目前国内每年需求量在 800～1000t。

不过由于采用液熏法的食品，其风味、色泽和保藏性能尚不及传统的烟熏法制品，因此仍有待于进一步探索和改进（比如采用液熏和蒸煮加热相结合的方法就可以获得较好的烟熏色泽及风味，保藏性能也有所提高），但总的说来液熏法是食品烟熏方法的发展趋势，液态烟熏剂的使用有着光明的前途。

液熏法有四种方式：直接添加法、喷淋浸泡法、肠衣着色法和喷雾法。液熏均在制品煮制前进行。

（1）直接添加法　烟熏液可通过注射、滚揉或以其他方式，作为一种食品添加剂直接添加到产品中，这种方式主要偏重于产品风味的形成，但不能促进产品色泽的形成。

（2）喷淋浸泡法　在产品表面喷淋烟熏液或者将产品直接放入烟熏液中浸渍一段时间，然后取出干燥。这种方法有利于产品表面色泽及风味的产生。烟熏液使用前要预先稀释。一般来说，20～30 份的烟熏液用 60～80 倍的水稀释。不同产品的稀释倍数在市售烟熏液的使用说明书中均有标注。

烟熏色泽的形成与烟熏液的稀释浓度、喷淋和浸泡的时间、固色和干燥过程等有关。在浸渍时加入 0.5％左右的食盐可提高制品的风味。

烟熏液可循环使用，但应根据浸泡产品的频率和浸泡量及时补充以达到所需浓度。在生产去肠衣的产品时，常在稀释后的烟熏液中加入 5％左右的柠檬酸或醋，以便于形成外皮。

（3）肠衣着色法　在产品包装前利用烟熏液对肠衣或包装膜进行渗透着色或进行烟熏，煮制时由于产品紧挨着已被处理的肠衣，烟熏色泽就被自动吸附在产品表面，同时具有了一定的烟熏味。这种方法是目前流行的一种新方法。

（4）喷雾法　喷雾法是将烟熏液雾化后送入烟熏炉对产品进行熏制的方法。为了节省烟熏液常采用间歇喷雾形式。一般是产品先进行短时间的干燥，烟熏液被雾化后送入烟熏炉，使烟雾充满整个空间，间隔一段时间后再喷雾，根据需要重复 2～3 次。间隔时间不要超过 5～10min，以保证整个熏制过程中均匀的烟雾浓度。也可将烟熏过程分两次进行，即在两次喷雾间干燥 15～30min，干燥过程中打开空气调节阀，干燥的气流有助于烟熏色泽的形成。

采用喷雾式液熏法时色泽的变化主要与烟熏液的浓度、喷雾后烟雾停留的时间、中间干燥的时间、炉内的温度和湿度等参数有关。这种方法虽然要在熏烟室进行，但设备容易保持清洁状态，不会有焦油或其他残渣沉积。

采用烟熏液制成的制品质量均一稳定，卫生安全性高，但产品的风味、色泽及贮存性能均比直接采用熏烟熏制的产品差。

（二）熏烟产生的方法

1. 燃烧法

燃烧法将木屑倒在电热燃烧器上使其燃烧产烟。燃烧温度通过控制空气的流通速率和木屑的湿度进行调节。但有时很难控制在 800℃以内。

2. 摩擦发烟法

摩擦发烟法采用摩擦产热的原理通过硬木棒（熏材）与带有摩擦刀刃的高速转轮之间的剧烈摩擦产生的热，使削下的木片热分解产烟（图 9-4）。

3. 湿热分解法

湿热分解法将水蒸气和空气适当混合并加热到 300～400℃，之

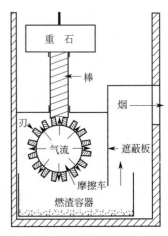

图 9-4　摩擦发烟装置

后使热气通过木屑使其产生热分解（图9-5）。因为烟和蒸汽是同时流动的，故产生的烟气很潮湿，因此，使用前要除湿。一般送入烟熏室内的熏烟温度约为80℃。制品熏制前要进行冷却，以便于烟气在制品上凝缩，故也称作凝缩法。

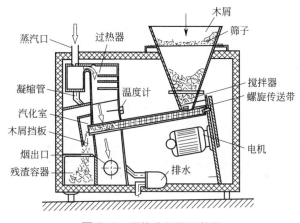

图9-5 湿热分解烟熏装置

4. 流动加热法

流动加热法用压缩空气将木屑吹入反应室内与300~400℃的过热空气混合，使浮游于反应室内的木屑热分解。产生的烟随气流进入烟熏室。由于气流速率较快，灰化后的木屑残渣很容易混入其中，需通过分离器将其分离。

后两种方法可将燃烧温度控制在400℃以内，有效地避免多环芳香族化合物的产生。

5. 炭化法

炭化法将木屑装入管子内，用调整为300~400℃的电热炭化装置使其炭化产烟。由于空气被排除了，因此产生的烟气状态与低氧下的干馏一样，可得到干燥浓密的烟雾。

6. 两步法

烟气成分及其含量取决于热分解时的温度和以后的氧化条件，为了得到石炭酸及有机酸含量较高而不含多环烃类致癌物质的安全烟，将产烟过程分为两步。第一步是将氮气或二氧化碳等不活泼气体加热至300~400℃，使木屑产生热分解；第二步是将200℃的烟与加热的氧气或空气混合，使其氧化、缩合、重合，最后送入烟熏室。

（三）烟熏材料

烟熏食品常采用阔叶树硬木木材，如柞、槲、榛、枫、核桃、胡桃、山毛榉、榆、白桦、青岗栎、樱桃、赤杨、白杨、法国梧桐、苹果、李和梅等作为发烟材料，其中以胡桃为标准优质烟熏材料。一般不采用针叶树木材如松、杉、枞、柏等及桧、桐等软木。因为前者树脂少，后者树脂多。含树脂多的木材发烟时容易产生大量的炭化固体颗粒，影响食品色泽，并产生苦味，不过采用液态烟熏法时则上述木材都可使用。我国的烟熏食品多采用木炭加阔叶树的木屑（硬木木屑）、玉米穗轴（玉米棒子）和谷壳等作为发烟材料。有些地方特产也使用松柏熏制，如河北柴沟堡熏肉用当地的柏木作熏材，山东济南的熏火腿用松木作熏材，河北饶阳熏肠则采用松柏树的劈柴和锯末进行熏烤。

（四）烟熏过程的控制

1. 熏烟产生的温度

熏烟是植物性材料缓慢燃烧或不完全氧化产生的蒸气、气体、液体（树脂）和微粒固体的混合物。要做到缓慢燃烧或不完全氧化就必须控制较低的燃烧温度和适当的空气供应量。当木材在缓慢燃烧或不完全氧化时，首先是脱水，在脱水过程中，燃料外表面温度稍高于 $100℃$ ，发生氧化反应，而内部则进行水分的扩散和蒸发，温度低于 $100℃$ ，这时会产生 CO、CO_2 和挥发性短链有机酸等产物。当木材或木屑内部水分接近零时，温度迅速升高，可达 $300\sim400℃$ ，在这样高的温度下，燃料中的组分发生热分解，并出现熏烟。实际上大多数木材在 $200\sim260℃$ 的温度范围内已有熏烟发生，温度达到 $260\sim310℃$ 时，产生焦木液和一些焦油，温度再上升到 $310℃$ 以上时则木质素裂解产生酚和它的衍生物，而苯并芘和苯并蒽等致癌物质多在 $400\sim1000℃$ 时产生。考虑到烟气中的有益成分如酚类、羰基化合物和有机酸等在 $600℃$ 时形成最多，所以将熏烟产生温度一般控制在 $400\sim600℃$ ，再结合一些处理方法排出致癌物，如过滤、冷水淋洗及静电沉降等，这样就可以产生高质量的熏烟，还可以避免致癌物质在食品中积累。发烟温度与烟气成分可参见表 9-5。

表 9-5　发烟温度与烟气中酚类、羰基化合物、有机酸含量的关系

发烟温度/℃	总酚类/mg·(100g 木屑)$^{-1}$	总羰基化合物/mg·(100g 木屑)$^{-1}$	总有机酸/mg·(100g 木屑)$^{-1}$
380	998	9996	2506
600	4858	14952	6370
760	2632	7574	2996

2. 熏烟的浓度

烟熏时，熏房中熏烟的浓度一般可用 40W 电灯来确定，若离 7m 时可看见物体，则熏烟不浓，若离 60cm 时就不可见，则说明熏烟很浓。

3. 熏烟方法的选择

高档产品、非加热制品最好采用冷熏法，而热熏肉制品时，以不发生脂肪熔融为宜。例如烟熏火腿以接受的热量足以杀死肉内旋毛虫为限，肉内部最后达到的温度为 $60℃$ 。各种肠制品和方形肉制品的最终肉中心温度则为 $68.5℃$ ，洋火腿为 $65\sim68℃$ 。

4. 熏烟程度的判断

熏烟程度判断的主要根据是烟熏上色程度。这可以通过分析化学方法，从制品表面一定深度（5mm 或 10mm）采样测定其中所含的酚醛量来确定。

📄 知识归纳

1. 食品发酵概念
食品发酵可被理解为有氧或缺氧条件下，糖类或近似糖类物质被微生物分解，进一步可被理解为微生物和/或酶对食物的作用过程。
2. 影响食品发酵的因素
（1）菌种的选用；（2）温度；（3）氧的供给量；（4）酸度；（5）乙醇含量；（6）食盐。
3. 盐、糖的防腐作用
食盐的防腐作用包括：（1）对微生物细胞的脱水作用；（2）对微生物的生理毒害作用；（3）对酶活力的影响；（4）降低微生物环境的水分活度；（5）降低溶液中氧气浓度。
食糖的防腐作用：（1）产生高渗透压；（2）降低水分活度；（3）降低溶液中氧气浓度。
4. 食品腌渍方法
让食盐或糖渗入食品组织内，降低其水分活性，提高其渗透压，或通过微生物的正常发酵降低食品的 pH 值，从而抑制腐败菌的生长，防止食品腐败变质，获得更好的品质，并延长食品保质期的加

工方法称为食品的腌渍。用该法加工的制品统称为腌渍食品。其中加盐腌制的过程称为腌制，加糖腌制的过程称为糖渍。

5. 烟熏作用及熏烟成分对食品的影响

食品烟熏所起主要作用包括：形成特种烟熏风味；防止腐败变质；加工新颖产品；发色；预防氧化等。熏烟中对制品风味形成和防腐有重要作用的成分有酚、酸、醇、羰基化合物和烃类。

6. 食品熏制方法

根据不同的分类方法有不同的食品熏制方法。生产中常用的方法有间接发烟法、液熏法等。

知识图谱 9-1

✐ 复习思考题

1. 试述食品工业中发酵的概念及典型产品发酵特点。
2. 试述腌制和糖渍的原理。
3. 什么是食品腌渍过程中的扩散和渗透？
4. 腌渍过程中食盐和糖的作用有哪些？
5. 烟熏的目的和作用是什么？

第九章

第十章　食品的化学保藏

彩图 10-1

防腐剂

抗氧化剂

脱氧剂

防腐剂、抗氧化剂

防腐剂和抗氧化剂属于食品添加剂，它们是添加到食品中来起作用的，从食品上是看不出来的。添加它们后，可以防止食品的腐败或氧化。

脱氧剂

打开糕饼、月饼等包装，常看到包装容器内放着一个小袋，上面写着脱氧剂。

> ✿ **为什么要学习"食品的化学保藏"？**
>
> 食品的化学保藏效果明显、经济方便，但食品防腐剂的不当使用也经常成为产品不合格的原因。了解和掌握食品化学保藏概念及特点，以及国家相关法规对食品添加剂使用的规范就显得特别重要。通过本章的学习，不仅可以掌握食品化学保藏概念及特点，还可了解食品防腐剂、食品抗氧化剂和食品脱氧剂的特点及其使用，了解化学保藏方法和食品添加剂是否安全。

> 👁 **学习目标**
>
> ○ 掌握食品化学保藏概念及特点。
> ○ 了解常用的食品防腐剂及特点。
> ○ 了解常用的食品抗氧化剂及特点。
> ○ 了解常用的食品脱氧剂及特点。

食品化学保藏有着悠久的历史。从广义上说，上一章所述的盐腌、糖渍、酸渍和烟熏都属于化学保藏方法，因为它们实际上就是利用盐、糖、酸及熏烟等化学物质来保藏食品的。随着化学工业和食品科学的发展，天然提取的和化学合成的食品保藏剂逐渐增多，食品化学保藏技术也获得新的进展，成为食品保藏不可缺少的方法之一。

第一节　食品化学保藏的定义及要求

一、食品化学保藏及其特点

食品化学保藏就是在食品生产和贮运过程中使用化学保藏剂来提高食品的耐藏性的方法。可以添加到食品中的化学保藏剂都要按照食品添加剂进行管理，并要符合 GB 2760《食品安全国家标准 食品添加剂使用标准》的要求，以保证消费者的身体健康。

化学保藏的特点在于，往食品中添加少量的食品添加剂，如防腐剂、抗氧化剂等物质之后，就能较有效地延缓食品的腐败和氧化变质。与其他食品保藏方法，如罐藏、冷（冻）保藏、干藏等相比，化学保藏简便而又经济。

化学保藏的方法并不是全能的，它只能在一定的范围和时期内减缓或防止食品变质，这主要是由于添加到食品中的化学制品的量通常仅仅起延缓微生物的生长或食品内部的化学变化的作用。而且，化学保藏的方法需要掌握好保藏剂添加的时机，控制不当就起不到预期的作用。

二、食品添加剂及其使用要求

食品添加剂是指为改善食品的品质和色、香、味，以及为防腐和加工工艺的需要而加入食品中的化学合成或天然物质。随着食品工业的发展，食品添加剂已成为食品保藏和加工时不可缺少的物质。

我国食品安全法规定，食品生产、经营者应当依照食品安全标准关于食品添加剂的品种、使用范围、用量的规定使用食品添加剂；不得在食品生产中使用食品添加剂以外的化学物质和其他可能危害人体健康的物质。食品添加剂使用时应符合以下基本要求：

① 不应对人体产生任何健康危害；

② 不应掩盖食品腐败变质；

③ 不应掩盖食品本身或加工过程中的质量缺陷，不得以掺杂、掺假、伪造为目的而使用；

④ 不应降低食品本身的营养价值；

⑤ 在达到预期的效果下尽可能降低在食品中的用量。

按照食品添加剂的生产原料和加工工艺，食品添加剂可分为天然食品添加剂和人工合成食品添加剂。

食品化学保藏中使用的食品添加剂种类繁多，它们的理化性质和保藏机制各不相同。有的食品添加剂直接参与食品的组成，有的则以改变或控制食品内外环境因素对食品起保藏作用。

过去，化学保藏仅局限于防止或延缓由于微生物引起的食品腐败变质。随着食品科学技术的发展，化学保藏已不只满足于单纯抑制微生物的活动，还包括了防止或延缓因氧化作用、酶作用等引起的食品变质。换句话说，添加到食品中和保藏有关的保藏剂已不只是食品防腐剂，还有抗氧化剂、脱氧剂、酶抑制剂、干燥剂等。化学保藏已应用于食品生产、运输、贮藏等方面，例如在饮料、果蔬制品、肉制品、面糖制品、调味品、快餐食品等食品的生产中都用到了该方法。

按照化学保藏使用的食品添加剂的保藏机制的不同，大致可以分为三类，即防腐剂、抗氧化剂和保鲜剂，其中抗氧化剂又分为抗氧化剂和脱氧剂，保鲜剂通常由防腐剂、抗氧化剂等组成。

第二节　食品的防腐

一、食品防腐剂的作用与特点

从广义上讲，凡是能抑制微生物的生长活动，延缓食品腐败变质或生物代谢的物质都称为防腐剂。狭义的防腐剂仅指可直接加入食品中的山梨酸（盐）、苯甲酸（盐）等化学物质，即常称为食品防腐剂。广义的防腐剂除包括狭义的防腐剂物质外，还包括通常认为是食品配料而且有防腐作用的食盐、醋、蔗糖、二氧化碳等（见第九章），以及通常不能直接加入食品中的，只在食品贮运过程中应用的防腐剂（antimold agent）和用于食品容器、管道及生产环境的杀菌剂（disinfectants）。有些国家将防腐剂、防霉剂、杀菌剂等统称为抗菌剂（antimicrobial food additives）。

按照防腐剂对微生物的作用程度，可以将其分为杀菌剂和抑菌剂。具有杀菌作用的物质称为杀菌剂（与用量有关，用量少时，可能只起到抑菌作用），而仅具有抑菌作用的物质称为抑菌剂。

抑菌剂在使用限量范围内，其抑菌作用主要是通过改变微生物生长曲线（见图 10-1），使微生物的生长繁殖停止在缓慢繁殖的缓慢期（即图 10-1 中的 *AB* 段），而不进入急剧增殖的对数期（即图 10-1 中的 *CD* 段），从而延长微生物繁殖一代所需要的时间，即起到所谓的"静菌作用"。微生物的生长繁殖之所以受到阻碍，是与抑菌剂控制微生物生理活动，特别是呼吸作用的酶系统有密切关系。有的抑菌剂能抑制微生物酶系统活性，有的抑菌剂能与微生物酶系统中的某些酶的一些基团相结合，

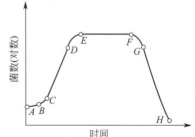

图 10-1　微生物生长曲线

有的抑菌剂同时还能阻碍或破坏微生物细胞膜的正常功能等，从而起到对微生物的"静菌作用"。

一种化学或生物制剂的作用是杀菌或抑菌，通常是难以严格区分的。同一种抗菌剂，浓度高时可杀菌，而浓度低时只能抑菌；又如作用时间长可以杀菌，短时间作用只能抑菌；由于各种微生物的生理特性不同，同一种防腐剂对某一种微生物具有杀菌作用，而对另一种微生物仅具有抑菌作用。所以两者并无绝对严格的界限。

杀菌剂按其杀菌特性可分为三类：氧化型杀菌剂、还原型杀菌剂和其他杀菌剂。

氧化型杀菌剂的作用就在于它们的强氧化作用。例如在食品生产中常用的氧化型杀菌

剂——过氧化物和氯制剂，都是具有很强氧化能力的化学物质。过氧化物在分解时会释放出具有强氧化能力的新生态氧［O］，使微生物被其氧化致死；而氯制剂则是利用其释放出的有效氯［OCl］成分的强氧化作用杀灭微生物的。有效氯渗入微生物细胞后，会破坏微生物酶蛋白及核蛋白的巯基或者抑制对氧化作用敏感的酶类，从而使微生物死亡。

在食品保藏中二氧化硫、亚硫酸及其盐类具有双重作用，其杀菌机制是利用亚硫酸的还原性消耗食品中的氧使好气性微生物缺氧致死，同时还能抑制微生物生理活动中酶的活性并破坏其蛋白质中的二硫键等从而控制微生物的生长繁殖。亚硫酸属于酸性杀菌剂，其杀菌作用除与其浓度、温度和微生物种类等有关以外，pH 值的影响尤为显著。因为此类杀菌剂的杀菌作用是由未电离的亚硫酸分子来实现的，如果发生了电离则会丧失其杀菌作用。亚硫酸的离解程度取决于食品的酸度，只有当食品的 pH 值低于 3.5，保持在较强的酸性条件下时，亚硫酸才能保持分子状态不发生电离，此时杀菌效果最佳。例如在 pH3.5 时，0.03%～0.08% 二氧化硫浓度就能抑制微生物生长活动，而 pH 值为 7.0 时，就无抑制作用。亚硫酸与其浓度和温度的关系则表现为随着浓度加大和温度升高，杀菌作用也会增强，但是，考虑到高温会加速食品质量变化和促使二氧化硫挥发损失，所以在实际生产中多在低温下使用还原性杀菌剂。有一点需注意的是亚硫酸对细菌杀灭作用强，对酵母杀灭作用弱。此外还原型杀菌剂还具有漂白和抗氧化作用，可能会引起某些食品褪色，同时也能阻止某些食品褐变。

除了上述两大类型杀菌剂之外，还有醇、酸等其他杀菌剂，它们的杀菌机制既不是利用氧化作用也不是利用其还原性，例如醇类可以通过和蛋白质竞争水分，使蛋白质因脱水而变性凝固，从而导致微生物死亡。

二、常用的食品防腐剂

世界各国常用的食品防腐剂约 50 多种。我国允许在食品中使用的防腐剂近 30 种。人工合成的食品防腐剂种类较多，包括无机类的和有机类的防腐剂，其中主要有苯甲酸钠、山梨酸钾、对羟基苯甲酸酯、丙酸盐及脱氢醋酸和脱氢醋酸钠等。我国国标 GB 2760《食品安全国家标准　食品添加剂使用标准》中规定了各种食品防腐剂的使用范围以及最大使用量或残留量。

1. 苯甲酸及其盐类

苯甲酸和苯甲酸盐又称为安息香酸和安息香酸盐。苯甲酸及其盐类的分子式和结构式分别如下。

苯甲酸：$C_7H_6O_2$　　　　　　　　　　苯甲酸钠：$C_7H_5O_2Na$

　　　　　　　—COOH　　　　　　　　　　　　　　—COONa

Salkowski 于 1875 年发现苯甲酸及其钠盐有抑制微生物生长繁殖的作用，其抑菌机制是阻碍微生物细胞的呼吸系统，使三羧酸循环（TCA 循环）中乙酰辅酶 A→乙酰醋酸及乙酰草酸→柠檬酸之间的循环过程难以进行。

苯甲酸为白色鳞片状或针状晶体，无臭或略带安息香味。性质稳定，但有吸湿性。苯甲酸溶于酒精和乙醚，难溶于水，17.5℃时在水溶液中的溶解浓度仅达 0.21%。苯甲酸钠则溶于水，20℃时在水中的溶解度为 61%；100℃时则为 100%。由于苯甲酸难溶于水，食品防腐时一般都使用苯甲酸钠，但实际上它的防腐作用仍来自苯甲酸本身，为此，保藏食品的酸度极为重要。一般在低 pH 范围内苯甲酸钠抑菌效果显著，pH 值高于 5.4 则失去对大多数霉菌和酵母的抑制作用。

苯甲酸及其钠盐作为广谱抑菌剂，相对较安全，摄入体内后经肝脏作用，大部分在 9～15h 内与甘氨酸反应生成马尿酸（$C_6H_5CONHCH_2COOH$）排出体外，剩余的部分可与葡萄糖酸反应从而被解毒。实验证明在体内无积累，但对肝功能衰弱者不太适宜。

使用该类抑菌剂时需要注意下列事项：

① 苯甲酸加热到 100℃时开始升华，在酸性环境中易随水蒸气一起蒸发，因此操作人员需要有防护措施，如戴口罩、手套等；

过程检查 10-1
接近中性 pH 值的食品，用苯甲酸钠或山梨酸钾作为防腐剂是否可行？为什么？

② 苯甲酸及其钠盐在酸性条件下防腐效果良好，但对产酸菌的抑制作用却较弱，所以该类防腐剂最好在食品 pH 值为 2.5～4.0 时使用，以便充分发挥防腐剂的作用。苯甲酸的 ADI 值为 0～5mg·kg^{-1}（FAO/WHO，1994）。

2. 山梨酸及其盐类

山梨酸及其盐类又称为花楸酸和花楸酸盐，常用的是山梨酸钾。山梨酸及其盐类的分子式和结构式分别如下所示。

山梨酸：$C_6H_8O_2$ 　　　　　　　　山梨酸钾：$C_6H_7O_2K$

Gooding 于 1645 年发现山梨酸对微生物的抑制作用。其抑菌机制为抑制微生物尤其是霉菌细胞内脱氢酶系统活性，并与酶系统中的巯基结合，使多种重要的酶系统被破坏，从而达到抑菌和防腐的要求。

该种防腐剂为无色针状结晶或白色粉末，无臭或略带刺激性气味，对光、热稳定，但久置空气中易氧化变色。山梨酸难溶于水，微溶于乙醇。溶解度分别为：100mL 水，20℃时为 0.16g；100mL 无水乙醇，常温时为 1.29g。山梨酸在加热至 60℃时升华，228℃时分解。山梨酸钾易溶于水，并溶于乙醇，100mL 水中的溶解度，20℃时为 67.8g。山梨酸钾加热至 270℃时分解。

山梨酸及其钾盐和钙盐对污染食品的霉菌、酵母和好气性微生物有明显抑制作用，但对于能形成芽孢的厌气性微生物和嗜酸乳杆菌的抑制作用甚微。山梨酸及其钾盐和钙盐的防腐效果同样也与食品的 pH 值有关，pH 值升高，抑菌效果降低。试验证明山梨酸及其钾盐和钙盐的抗菌力在 pH 值低于 5～6 时最佳。

从化学结构上看，山梨酸属不饱和六碳酸（2,4-二烯己酸），摄入人体后能在正常的代谢过程中被氧化成水和二氧化碳，一般属于无毒害的防腐剂。ADI 值均为 0～25mg·kg^{-1}（以山梨酸计，FAO/WHO，1994）。

根据山梨酸及其钾盐和钙盐的理化性质，在食品中使用时应注意下列事项：

① 山梨酸容易被加热时产生的水蒸气带出，所以在使用时，应该将食品加热冷却后再按规定用量添加山梨酸类抑菌剂，以减少损失；

② 山梨酸及其钾盐和钙盐对人体皮肤和黏膜有刺激性，要求操作人员佩戴防护眼镜；

③ 山梨酸对微生物污染严重的食品防腐效果不明显，因为微生物也可以利用山梨酸作为碳源。在微生物严重污染的食品中添加山梨酸不会起到防腐作用，只会加速微生物的生长繁殖。

3. 对羟基苯甲酸酯类

对羟基苯甲酸酯又称为对羟基安息香酸酯或泊尼金酯，是国际上允许使用的一类食品抑菌剂。由于对羟基苯甲酸的羧基与不同的醇发生酯化反应而生成不同的酯，通常在食品中使用的有对羟基苯甲酸甲酯、对羟基苯甲酸乙酯、对羟基苯甲酸丙酯和对羟基苯甲酸异丙酯、对羟基苯甲酸丁酯和对羟基苯甲酸异丁酯、对羟基苯甲酸庚酯等（我国目前仅允许使用对羟基苯甲酸甲酯钠、对羟基苯甲酸乙酯及其钠盐），它们的结构式如下。

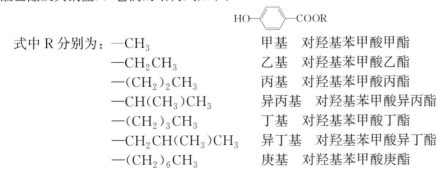

式中 R 分别为：　—CH$_3$ 　　　　　　　甲基　对羟基苯甲酸甲酯
　　　　　　　　　—CH$_2$CH$_3$ 　　　　　　乙基　对羟基苯甲酸乙酯
　　　　　　　　　—(CH$_2$)$_2$CH$_3$ 　　　　　丙基　对羟基苯甲酸丙酯
　　　　　　　　　—CH(CH$_3$)CH$_3$ 　　　　异丙基　对羟基苯甲酸异丙酯
　　　　　　　　　—(CH$_2$)$_3$CH$_3$ 　　　　　丁基　对羟基苯甲酸丁酯
　　　　　　　　　—CH$_2$CH(CH$_3$)CH$_3$ 　　异丁基　对羟基苯甲酸异丁酯
　　　　　　　　　—(CH$_2$)$_6$CH$_3$ 　　　　　庚基　对羟基苯甲酸庚酯

第十章

对羟基苯甲酸酯，多呈无色或白色细小结晶或结晶状粉末，稍有涩味，几乎无臭，吸湿性小，对光和热稳定，微溶或难溶于水［对羟基苯甲酸甲酯（25℃）0.25g·(100mL)$^{-1}$，对羟基苯甲酸乙酯（25℃）0.17g·(100mL)$^{-1}$，对羟基苯甲酸丙酯（25℃）0.088g·(100mL)$^{-1}$］，可溶于乙醇、乙醚、丙二醇、冰醋酸等有机溶剂以及花生油。其抑菌机制与苯甲酸类似，主要使微生物细胞呼吸系统酶和电子传递系统酶的活性受抑制，并能破坏微生物细胞膜的结构，从而起到防腐作用。

对羟基苯甲酸酯的抑菌作用受 pH 值影响较小，适用的 pH 值范围为 4～8。该防腐剂属于广谱抑菌剂，对霉菌和酵母作用较强，对细菌中的革兰氏阴性杆菌及乳酸菌作用较弱。其结构式中 R 的碳链越长则抑菌效果越强，但溶解度下降。实验证明，在 pH 5.5 时对羟基苯甲酸丁酯完全抑制微生物的浓度最低，抗菌能力较强（对羟基苯甲酸丁酯防腐常用于化妆品防腐）。另外动物毒理试验的结果表明对羟基苯甲酸酯的毒性低于苯甲酸，但高于山梨酸，是较为安全的抑菌剂。除对羟基苯甲酸丁酯延期规定 ADI 值外，其他酯类 ADI 值均为 0～10mg·kg^{-1}（FAO/WHO，1994）。

该防腐剂可用于果酱、醋、酱油、酱及酱制品等食品的防腐，其最大用量以对羟基苯甲酸计，不超过 0.25g·kg^{-1}。

4. 丙酸盐

丙酸盐属于脂肪酸盐类抑菌剂，常用的有丙酸钙和丙酸钠，其分子式和结构式如下。

丙酸钙：$C_6H_{10}O_4Ca$　　　$(CH_3CH_2COO)_2Ca$

丙酸钠：$C_3H_5O_2Na$　　　CH_3CH_2COONa

Wolford 和 Andersen 最早发现用 15% 丙酸钙溶液浸渍或喷淋无花果时能延缓霉菌和微生物的生长。若用 5% 或 10% 丙酸钠溶液浸渍或喷淋浆果时，可保持 10d 不长霉，而未处理的浆果则在 24h 后就长霉。

丙酸盐作为一种霉菌抑制剂，必须在酸性环境中才能产生作用，即它实际上是通过丙酸分子来起到抑菌作用的，其最小抑菌浓度在 pH 5.0 时为 0.01%，pH 6.5 时为 0.5%。

丙酸盐一般用于面包、糕点、豆类制品和生面湿制品，如面条、馄饨皮等。丙酸可认为是食品的正常成分，也是人体代谢的正常中间产物，故基本无毒。

5. 双乙酸钠

双乙酸钠，别名二乙酸一钠，分子式：$C_4H_7O_4Na·xH_2O$。

双乙酸钠为白色结晶。略有乙酸气味，具吸湿性。极易溶于水，150℃分解。10% 的水溶液的 pH 值为 4.5～5.0。双乙酸钠既是防腐剂，又是一种螯合剂。在谷类和豆制品中有防止霉菌繁殖的作用。

6. 氧化型防腐剂（杀菌剂）的种类和特性

氧化型防腐剂（杀菌剂）包括过氧化物和氯制剂两类。在食品加工与保藏中常用的有过氧化氢、二氧化氯、过氧乙酸、臭氧、氯、漂白粉、漂白精等。该类防腐剂（杀菌剂）的氧化能力较强，反应迅速，直接添加到食品会影响食品的品质，目前绝大多数仅作为杀菌剂或消毒剂使用，应用于生产环境、设备、管道或水的消毒或杀菌，这类杀菌剂是否能添加到食品中作为食品防腐剂使用，参见 GB 2760。

（1）过氧化氢　过氧化氢又称为双氧水，分子式为 H_2O_2。过氧化氢是一种活泼的氧化剂，易分解成水和新生态氧。新生态氧具有杀菌作用。3% 浓度的过氧化氢只需几分钟就能杀死一般细菌；0.1% 浓度在 60min 内可以杀死大肠杆菌、伤寒杆菌和金黄色葡萄球菌；1% 浓度需数小时能杀死细菌芽孢。有机物存在时会降低其杀菌效果。过氧化氢可用于袋装豆腐干的消毒，最大使用量 0.86g·L^{-1}。在黑龙江、内蒙古地区以 0.3% 过氧化氢 2.0mL·L^{-1}＋硫氰酸钠 15.0mg·L^{-1} 用于生牛乳保鲜。过氧化氢是低毒的杀菌消毒剂，可适用于器皿和某些果蔬的表面消毒，也常用于无菌包装过程对包装材料的灭菌。

（2）过氧乙酸　过氧乙酸是强氧化剂，其分子式为 $C_2H_4O_3$，结构式为 CH_3COOOH。过氧乙酸性状为无色液体，有强烈刺鼻气味，易溶于水，性质极不稳定，尤其是低浓度溶液更易分解释放出氧，但在 2～6℃ 的低温条件下分解速率减慢。

过氧乙酸是一种广谱、高效、速效的强力杀菌剂，对细菌及其芽孢、真菌和病毒均有较高的杀灭效果，特别是在低温下仍能灭菌，这对保护食品的营养成分有极为重要的意义。一般使用浓度 0.2% 的过氧乙酸便能杀灭霉菌、酵母及细菌，用浓度为 0.3% 的过氧乙酸溶液可以在 3min 内杀死蜡状芽孢杆菌。过氧乙酸几乎无毒性，它的分解产物是乙酸、过氧化氢、水和氧，使用后即使不去除，也无残毒遗留。

过氧乙酸多作为杀菌消毒剂，用于食品加工车间、工具及容器的消毒。喷雾消毒车间时使用的是浓度为 $0.2g \cdot m^{-3}$ 的水溶液；浸泡消毒工具和容器时常用浓度 0.2%～0.5% 溶液；水果、蔬菜用 0.2% 溶液浸泡（抑制霉菌）；鲜蛋用 0.1% 溶液浸泡；饮用水用 0.5% 溶液消毒 20s。

（3）臭氧　臭氧（O_3）常温下为不稳定的无色气体，有刺激腥味，具强氧化性。对细菌、霉菌、病毒均有强杀灭能力，能使水中微生物有机质进行分解。臭氧可用于瓶装饮用水、自来水等的杀菌。臭氧在水中的半衰期 pH 7.6 时为 41min，pH 10.4 时为 0.5min，通常为 20～100min。在常温下能自行分解为氧气。臭氧气体难溶于水，40℃ 的溶解度为 $494mL \cdot L^{-1}$。水温越低，溶解度越大。含臭氧的水一般浓度控制在 $5mg \cdot kg^{-1}$ 以下。

但是，臭氧在用于矿泉水和山泉水等饮用水类产品消毒时会导致产生致癌物溴酸盐，因此，我国在新颁布《饮用天然矿泉水》和《生活饮用水卫生标准》等标准中规定了溴酸根离子的限量。

（4）稳定态二氧化氯　别名过氧化氯、二氧化氯，化学式：ClO_2。

二氧化氯是红黄绿色气体。有不愉快臭气。对光较不稳定，可受日光分解。微溶于水（25℃，$0.3g \cdot 100mL^{-1}$）。冷却压缩后成红色液体，沸点 11℃，熔点 -59℃，含游离氯 25% 以上。二氧化氯可以用于果蔬保鲜的表面处理（最大使用量 $0.01g \cdot kg^{-1}$）和鱼类加工［最大使用量 $0.05g \cdot （kg 溶液）^{-1}$］等。二氧化氯 ADI 值：$0～30mg \cdot kg^{-1}$（FAO/WHO，1994）。

（5）氯　氯有较强的杀菌作用，饮料生产用水、食品加工设备清洗用水，以及其他加工过程中的用具清洗用水都可用加氯的方式进行消毒。氯的杀菌作用主要是利用氯在水中生成的次氯酸（如下式）：

$$Cl_2 + H_2O \longrightarrow HCl + HClO$$

次氯酸具有强烈的氧化性，是一种有效的杀菌剂。当水中余氯含量保持在 $0.2～0.5mg \cdot L^{-1}$ 时，就可以把肠道病原菌全部杀死。使用氯消毒时，须注意的是由于病毒对氯的抵抗力较细菌大，要杀死病毒需增加水中加氯量。食品工厂一般清洁用水的余氯量控制在 $25mg \cdot L^{-1}$ 以上。另外，有机物的存在会影响氯的杀菌效果。此外降低水的 pH 值可提高杀菌效果。

（6）漂白粉　漂白粉是一种混合物，组成成分包括次氯酸钙、氯化钙和氢氧化钙等，其中有效的杀菌成分为次氯酸钙等复合物［$CaCl(ClO) \cdot Ca(OH)_2 \cdot H_2O$］分解产生的有效氯。

漂白粉为白色至灰白色粉末或颗粒。性质极不稳定，吸湿受潮经光和热的作用而分解，有明显的氯臭，在水中的溶解度约为 6.9%。漂白粉主要成分次氯酸钙中的次氯酸根（ClO^-）遇酸则释放出"有效氯"（HClO），具强烈杀菌作用。《中华人民共和国药典》（2010 年版）规定漂白粉的有效氯含量不低于 25%。目前生产的漂白粉有效氯含量在 28%～35%。我国卫生部制定的《漂白粉、漂粉精类消毒剂卫生质量技术规范（试行）》（自 2010 年 12 月 27 日起实施）中规定，漂白粉中有效氯含量应大于 20%。

漂白粉对细菌、芽孢、酵母、霉菌及病毒均有强杀灭作用。0.5%～1% 的水溶液 5min 内可杀死大多数细菌，5% 的水溶液在 1h 内可杀死细菌芽孢。漂白粉杀菌效果和作用时间、浓度及温度等因素有关，其中尤以 pH 值影响最显著，pH 值降低能明显提高杀菌效果。

漂白粉在我国主要用作食品加工车间、车房、容器设备及蛋品、果蔬等的消毒剂。使用时，先用清水将漂白粉溶解成乳剂澄清液密封存放待用，然后按不同消毒要求配制澄清液的适宜浓度。一般对车间、库房预防性消毒，其澄清液浓度为 0.1%；蛋品用水消毒按冰蛋操作规定，要求水中有效氯为 $80～100mg \cdot L^{-1}$，消毒时间不少于 5min；用于果蔬消毒时，要求有效氯为 $50～100mg \cdot kg^{-1}$。

(7) 漂白精　漂白精又称为高度漂白粉，化学组成与漂白粉基本相同，但纯度高，一般有效氯含量为 60%～75%，主要成分次氯酸钙复合物为 $3Ca(ClO)_2 \cdot 2Ca(OH)_2 \cdot 2H_2O$。通常呈白色至灰白色粉末或颗粒，性质较稳定，吸湿性弱，但是遇水和潮湿空气，或经阳光暴晒和升温至 150℃以上，会发生燃烧或爆炸。

漂白精在酸性条件下分解，其消毒作用同漂白粉，但消毒效果比漂白粉高一倍。工器具消毒用 $0.3～0.4g \cdot (kg 水)^{-1}$，相当于有效氯 $200mg \cdot kg^{-1}$ 以上。

我国卫生部制定的《漂白粉、漂粉精类消毒剂卫生质量技术规范（试行）》中规定，漂白精中有效氯含量应大于 55%。

氧化型防腐剂（杀菌剂）使用时应注意以下事项：

① 过氧化物和氯制剂这两种化学物的气体对人体的皮肤、呼吸道黏膜和眼睛有强烈刺激作用和氧化腐蚀性，要求操作人员加强劳动保护，佩戴口罩、手套和防护眼睛，以保障人体健康与安全；

② 根据杀菌消毒的具体要求，配制适宜浓度，并保证杀菌剂足够的作用时间，以达到杀菌消毒的最佳效果；

③ 根据杀菌剂的理化性质，控制杀菌剂的贮存条件，防止因水分、湿度、高温和光线等因素使杀菌剂分解失效，并避免发生燃烧、爆炸事故。

7. 还原型防腐剂的种类和特性

还原型防腐剂主要是亚硫酸及其盐类，这类添加剂除了具有一定的防腐作用作为食品防腐剂使用外，也作为漂白剂、抗氧化剂使用。国内外食品贮藏中常用的品种有二氧化硫、亚硫酸钠、亚硫酸氢钠、低亚硫酸钠和焦亚硫酸钠、焦亚硫酸钾等。

(1) 二氧化硫　二氧化硫（SO_2）又称为亚硫酸酐，在常温下是一种无色而具有强烈刺激性臭味的气体，对人体有害。二氧化硫易溶于水和乙醇，在水中形成亚硫酸，其溶解度 0℃ 时为 22.8%。当空气中二氧化硫含量超过 $20mg \cdot m^{-3}$ 时，对眼睛和呼吸道黏膜有强烈刺激，如果含量过高则能使窒息死亡。

二氧化硫常用于植物性食品保藏。二氧化硫是强还原剂，可以减少植物组织中氧的含量，抑制氧化酶和微生物的活动，从而能阻止食品的腐败变质、变色和维生素 C 的损耗。在实际生产中采用的二氧化硫处理法有气熏法、浸渍法和直接加入法三种。气熏法即在密封室内用燃烧硫黄，或将压缩贮藏钢瓶中的二氧化硫导入室内进行气熏的方法，又称为"熏硫"。采用硫黄燃烧法熏硫时，硫黄的用量及浓度因食品种类而异，一般熏硫室中二氧化硫浓度保持在 1%～2%，每吨切分果品干制熏硫时需硫黄 3～4kg，熏硫时间 30～60min。所用硫黄要求含杂质少，其中砷含量应低于 0.03%。直接加入法就是将定量配制好的亚硫酸或亚硫酸盐直接加入酿酒用的果汁或其他加工品内的方法。由于二氧化硫的漂白作用，它还常用于食品的护色。二氧化硫用于葡萄酒和果酒时，GB 2760 规定其最大使用量（以二氧化硫残留量计）为 $0.25g \cdot L^{-1}$。因为二氧化硫具有毒害性，其 ADI 值为 0～$0.7mg \cdot kg^{-1}$（FAO/WHO，1994）。

(2) 亚硫酸钠　亚硫酸钠又称结晶亚硫酸钠，分子式为 $Na_2SO_3 \cdot 7H_2O$。该杀菌剂为无色至白色结晶，易溶于水，微溶于乙醇。在水中的溶解度 0℃ 时为 32.8%，遇空气中氧则慢慢氧化成硫酸盐，丧失杀菌作用。亚硫酸钠在酸性条件下使用，产生二氧化硫。其 ADI 值为 0～$0.7mg \cdot kg^{-1}$（FAO/WHO，1994）。

(3) 低亚硫酸钠　低亚硫酸钠又称连二亚硫酸钠，商品名是保险粉，分子式为 $Na_2S_2O_4$。该杀菌剂为白色粉末状结晶，有二氧化硫浓臭，易溶于水，久置空气中则氧化分解，潮解后能析出硫黄。应用于食品保藏时，具有强烈的还原性和杀菌作用。其 ADI 值为 0～$0.7mg \cdot kg^{-1}$（以 SO_2 计，FAO/WHO，1985）。

(4) 焦亚硫酸钠　焦亚硫酸钠又称为偏重亚硫酸钠，分子式为 $Na_2S_2O_5$。该杀菌剂为白色结晶或粉末，有二氧化硫浓臭，易溶于水与甘油，微溶于乙醇，常温条件下水中溶解度为 30%。焦亚硫酸钠与亚硫酸氢钠成可逆反应：

$$2NaHSO_3 \underset{+H_2O}{\overset{-H_2O}{\rightleftharpoons}} Na_2S_2O_5$$

目前生产的焦亚硫酸钠为上述两者的混合物，在空气中吸湿后能缓慢放出二氧化硫，具有强烈的杀菌作用，可以在新鲜葡萄、脱水马铃薯、黄花菜和果脯、蜜饯等的防霉、保鲜中应用，效果良好。其 ADI 值为 $0 \sim 0.7 \mathrm{mg} \cdot \mathrm{kg}^{-1}$（FAO/WHO，1994）。

还原型防腐剂使用时应注意以下事项。

① 亚硫酸及其盐类的水溶液在放置过程中容易分解逸散二氧化硫而失效，所以应现用现配制。

② 在实际应用中，需根据不同食品的杀菌要求和各亚硫酸杀菌剂的有效二氧化硫含量（表 10-1）确定杀菌剂用量及溶液浓度，并严格控制食品中的二氧化硫残留量标准，以保证食品的卫生安全性。

表 10-1　亚硫酸及其盐类的有效二氧化硫的含量

名　称	分　子　式	有效二氧化硫/%
液态二氧化硫	SO_2	100
亚硫酸(6%溶液)	H_2SO_3	6.0
亚硫酸钠	$Na_2SO_3 \cdot 7H_2O$	25.42
无水亚硫酸钠	Na_2SO_3	50.84
亚硫酸氢钠	$NaHSO_3$	61.59
焦亚硫酸钠	$Na_2S_2O_5$	57.65
低亚硫酸钠	$Na_2S_2O_4$	73.56

③ 亚硫酸分解或硫黄燃烧产生的二氧化硫是一种对人体有害的气体，具有强烈的刺激性和对金属设备的腐蚀作用，所以在使用时应做好操作人员和库房金属设备的防护管理工作，以确保人身和设备的安全。

④ 由于使用亚硫酸盐后残存的二氧化硫能引起严重的过敏反应，尤其是对哮喘患者，故 FDA 于 1986 年禁止在新鲜果蔬中作为防腐剂使用。

8. 硝酸盐或亚硝酸盐类

硝酸盐和亚硝酸盐类包括硝酸钾、硝酸钠和亚硝酸钾、亚硝酸钠，我国食品添加剂分类中将其作为护色剂和防腐剂使用。它们不仅能起到保持肉的鲜红色的作用，还可以起到抑制肉毒梭状芽孢杆菌繁殖的作用，使肉制品免受微生物的侵染，在肉制品中残留量（以亚硝酸钠计）不大于 $30 \mathrm{mg} \cdot \mathrm{kg}^{-1}$。ADI 值分别为：硝酸盐类 $0 \sim 5 \mathrm{mg} \cdot \mathrm{kg}^{-1}$（FAO/WHO，1994）；亚硝酸盐类 $0 \sim 0.2 \mathrm{mg} \cdot \mathrm{kg}^{-1}$（FAO/WHO，1994）。另外，欧盟儿童保护集团（HACSG）建议在婴幼儿食品中限制使用硝酸钠，而亚硝酸钠则不得用于儿童食品。

9. 乳酸链球菌素

乳酸链球菌素又名乳链菌素、尼生素（nisin）、乳酸菌素，是某些乳酸链球菌产生的一种多肽物质，由 34 个氨基酸组成。肽链中含有 5 个硫醚键形成的分子内环。氨基末端为异亮氨酸，羧基末端为赖氨酸。活性分子常为二聚体、四聚体等，相对分子质量 3348。

其分子式为：$C_{143}H_{228}N_{42}O_{37}S_7$

其结构式为：

其中，Abu 为 α-氨基丁酸；Dha 为脱氢丙氨酸；Dhb 为脱氢三丁酸甘油酯。

商品乳酸链球菌素为白色粉末，略带咸味，含有活度不低于 900IU·mg^{-1} 的乳酸链球菌素和不低于 50% 的 NaCl。乳酸链球菌素的溶解度随着 pH 值的升高而下降。pH 值为 2.5 时的溶解度为 12%，pH 值为 5.0 时则下降为 4%，在中性和碱性条件下，几乎不溶解。在 pH 值小于 2 时可经 115.6℃ 杀菌而不失活。当 pH 值超过 4 时，特别是在加热条件下，它在水溶液中分解加速。乳酸链球菌素抗菌效果最佳的 pH 值是 6.5～6.8，然而在这个范围内，经过灭菌后丧失 90% 活力。由于受到牛奶、肉汤等中的大分子保护，其稳定性可大大提高。

乳酸链球菌素能有效抑制革兰氏阳性菌，如对肉毒杆菌、金黄色葡萄球菌、溶血性链球菌及李斯特氏菌的生长繁殖，尤其对产生孢子的革兰氏阳性菌和枯草芽孢杆菌及嗜热脂肪芽孢杆菌等有很强的抑制作用。但乳酸链球菌素对革兰氏阴性菌、霉菌和酵母的影响则很弱。

我国 GB 2760 规定，乳酸链球菌素可用于八宝粥、食用菌和藻类罐头、饮料（除包装饮用水外）以及乳、肉制品、方便米面制品和酱油、醋产品等。ADI 值为 33000IU·kg^{-1}（FAO/WHO，1994）。

由于乳酸链球菌素水溶性差，使用时应先用 0.02mol·L^{-1} 的盐酸溶液溶解，然后再加入食品中。乳酸链球菌素为肽类物质，应注意蛋白酶对它的分解作用。乳酸链球菌素和山梨酸等配合使用，则可扩大抗菌谱。

10. 纳他霉素

纳他霉素（natamycin）呈白色或奶油黄色结晶性粉末。几乎无臭无味。熔点 280℃（分解）。几乎不溶于水、高级醇、醚、酯，微溶于甲醇，溶于冰醋酸和二甲基亚砜。相对分子质量为：665.75。

其分子式为：$C_{33}H_{47}NO_{13}$

其结构式为：

纳他霉素可用于防霉。喷淋在霉菌容易增殖、暴露于空气中的食品表面时，有良好的抗霉效果。用于发酵干酪可选择性地抑制霉菌的繁殖而让细菌得到正常的生长和代谢。

我国 GB 2760 规定：乳酪、肉制品、西式火腿、糕点、果蔬汁（浆）表面，可用悬浮液喷雾或浸泡，最大使用量 0.3g·kg^{-1}，残留量应小于 10mg·kg^{-1}。ADI 值为 0～0.3mg·kg^{-1}（FAO/WHO，1994）。

第三节　食品的抗氧化与脱氧

一、食品的抗氧化

油脂或含油脂的食品在贮藏、运输过程中由于氧化发生酸败或"油烧"现象，不仅降低食品营养，使风味和颜色劣变，而且产生有害物质危及人体健康。为了防止食品氧化变质，除了可对食品原料、加工和贮运环节采取低温、避光、真空、隔氧或充氮包装等措施以外，添加适量的抗氧化剂能有效地改善食品贮藏效果。我国国标 GB 2760《食品安全国家标准　食品添加剂使用标准》中规定了各种食品抗氧化剂的使用范围和最大使用量。

（一）食品抗氧化剂的种类和特性

食品抗氧化剂按其来源可分为合成的和天然的两类，按照溶解特性又可分为脂溶性抗氧化剂和水溶性抗氧化剂两类。

1. 脂溶性抗氧化剂

脂溶性抗氧化剂易溶于油脂，主要用于防止食品油脂的氧化酸败及油烧现象，常用的种类有丁基羟基茴香醚、二丁基羟基甲苯、叔丁基对苯二酚、没食子酸酯类及生育酚混合浓缩物等。此外，在研究和使用的脂溶性抗氧化剂还有愈疮树脂、正二氢愈疮酸、没食子酸及其酯类（十二酯、辛酯、异戊酯）、特丁基对苯二酚、2,4,5-三羟基苯丁酮、乙氧基喹、3,5-二特丁基-4-茴香醚以及天然抗氧化剂如芝麻酚、米糠素、栎精、棉花素、芸香苷、胚芽油、褐变产物和红辣椒抗氧化物质等。

（1）丁基羟基茴香醚　丁基羟基茴香醚又称为特丁基-4-羟基茴香醚，简称 BHA，由 3-BHA 和 2-BHA 两种异构体混合组成，分子式为 $C_{11}H_{16}O_2$，结构式分别为：

BHA 为白色或黄色蜡状粉末晶体，有酚类的刺激性臭味。不溶于水，而溶于油脂及丙二醇、丙酮、乙醇等溶剂。热稳定性强，可用于焙烤食品的抗氧化剂。BHA 吸湿性微弱，并具较强的杀菌作用。异构体中 3-BHA 比 2-BHA 抗氧化效果强 1.5～2 倍，两者合用以及与其他抗氧化剂并用可以增强抗氧化效果。近年来的研究表明，BHA 使用过量时会致癌，1989 年 FAO/WHO 对其进行评价时，发现大剂量（$20g \cdot kg^{-1}$）时才会使大鼠前胃致癌，而 $1.0g \cdot kg^{-1}$ 时未发现有增生现象，故正式制定其 ADI 值为 $0～0.5mg \cdot kg^{-1}$（FAO/WHO，1994）。欧盟儿童保护集团（HAC-SG）规定不得用于婴幼儿食品，除非同时增加维生素 A。

（2）二丁基羟基甲苯　二丁基羟基甲苯又称为 2,6-二叔丁基对羟基甲苯，或简称 BHT，分子式为 $C_{15}H_{24}O$，结构式为：

BHT 为白色结晶，无臭，无味，溶于乙醇、豆油、棉籽油、猪油，不溶于水和甘油，热稳定性强，对长期贮藏的食品和油脂有良好的抗氧化效果，基本无毒性，其 ADI 值暂定为 $0～0.3mg \cdot kg^{-1}$（FAO/WHO，1995）。

（3）没食子酸酯类　没食子酸酯类抗氧化剂包括没食子酸丙酯（propyl gallate，PG）、辛酯、异戊酯和十二酯，其中普遍使用的是丙酯，没食子酸丙酯分子式为 $C_{10}H_{12}O_5$，结构式为：

PG 为白色至淡黄褐色结晶性粉末或乳白色针状结晶，无臭，略带苦味，易溶于醇、丙酮、乙醚，而在脂肪和水中较难溶解。PG 熔程 146～150℃，易与铁、铜离子作用生成紫色或暗紫色化合物。PG 有一定的吸湿性，遇光则能分解。PG 与其他抗氧化剂并用可增强效果。PG 不耐高温，不宜用于焙烤食品。PG 摄入人体可随尿排出，比较安全，其 ADI 值为 $0～1.4mg \cdot kg^{-1}$（FAO/

WHO，1994）。

（4）叔丁基对苯二酚　叔丁基对苯二酚又称为叔丁基氢醌，简称 TBHQ。分子式为 $C_{10}H_{14}O_2$，结构式为：

TBHQ

TBHQ 为白色至淡灰色结晶或结晶性粉末。有极轻微的特殊气味。溶于乙醇、乙酸、乙酯、异丙醇、乙醚及植物油、猪油等，几乎不溶于水（25℃，<1%；95℃，5%）。

TBHQ 是一种酚类抗氧化剂。在许多情况下，对大多数油脂，尤其是对植物油具有较其他抗氧化剂更为有效的抗氧稳定性。此外，它不会因遇到铜、铁之类而发生颜色和风味方面的变化，只有在有碱存在时才会转变成粉红色。对炸煮食品具有良好的、持久的抗氧化能力，因此，适用于土豆片之类的生产，但它在焙烤食品中的持久力不强，除非与 BHA 合用。TBHQ 的 ADI 值为 $0\sim 0.2mg \cdot kg^{-1}$（FAO/WHO，1991）。

（5）生育酚混合浓缩物　生育酚又称为维生素 E，广泛分布于动植物体内，已知的同分异构体有 8 种，其中主要有四种即 α-生育酚、β-生育酚、γ-生育酚、δ-生育酚，经人工提取后，浓缩即成为生育酚混合浓缩物，其结构式为：

同分异构体名称	相对分子质量	R^1	R^2	R^3
生育酚	388.64	H	H	H
α-生育酚	430.72	CH_3	CH_3	CH_3
β-生育酚	416.69	CH_3	H	CH_3
γ-生育酚	416.69	H	CH_3	CH_3
δ-生育酚	402.67	H	H	CH_3

该抗氧化剂为黄色至褐色无臭透明黏稠液，相对密度为 $0.932\sim 0.955$，溶于乙醇，不溶于水，能与油脂完全混溶，热稳定性强，耐光、耐紫外线和耐辐射性也较强。所以除用于一般的油脂食品外，还是透明包装食品的理想抗氧化剂，也是目前国际上应用广泛的天然抗氧化剂，其 ADI 值为 $0\sim 2mg \cdot kg^{-1}$。

2. 水溶性抗氧化剂

水溶性抗氧化剂主要用于防止食品氧化变色，常用的种类是抗坏血酸类抗氧化剂。此外，还有许多种，如异抗坏血酸及其钠盐、植酸、茶多酚及氨基酸类、肽类、香辛料和糖苷、糖醇类抗氧化剂等。

（1）抗坏血酸类　抗坏血酸类抗氧化剂包括：D-抗坏血酸（异抗坏血酸）及其钠盐、抗坏血酸钙、抗坏血酸（维生素 C）及其钠盐和抗坏血酸棕榈酸酯。其中抗坏血酸（维生素 C）及其钠盐的分子式及结构式分别如下。

抗坏血酸（维生素 C）：$C_6H_8O_6$

抗坏血酸钠（维生素 C 钠）：$C_6H_7O_6Na$

抗坏血酸（维生素 C）及其钠盐为白色或微黄色结晶，细粒、粉末，无臭，抗坏血酸带酸味，其钠盐有咸味，干燥品性质稳定，但热稳定性差，抗坏血酸在空气中氧化变黄色。易溶于水和乙醇，可作为啤酒、无酒精饮料、果汁的抗氧化剂，能防止褐变及品质风味劣变现象。此外，还可作为 α-生育酚的增效剂，防止动物油脂的氧化酸败。在肉制品中起助色剂作用，并能阻止亚硝胺的生成，是一种防癌物质，其添加量约为 0.5%。抗坏血酸及其钠盐对人体无害，抗坏血酸的 ADI 值为 $0\sim15\mathrm{mg\cdot kg^{-1}}$。

（2）植酸及植酸钠　植酸别名肌醇六磷酸，分子式为 $C_6H_{18}O_{24}P_6$，结构式为：

植酸

植酸为淡黄色或淡褐色的黏稠液体，无臭，有强酸味，易溶于水，对热比较稳定。植酸有较强的金属螯合作用，因此具有抗氧化增效能力。植酸对油脂有明显的降低过氧化值作用（如花生油加 0.01%，在 100℃下加热 8h，过氧化值为 6.6，而对照为 270）。植酸及其钠盐可用于对虾保鲜（残留量：$20\mathrm{mg\cdot kg^{-1}}$），食用油脂、果蔬制品、果蔬汁饮料及肉制品的抗氧化，还可用于清洗果蔬原材料表面农药残留，具有防止罐头，特别是水产罐头产生鸟粪石与变黑等作用。

（3）茶多酚　茶叶中一般含有 20%～30% 的多酚类化合物，共 30 余种，包括儿茶素类、黄酮及其衍生物类、茶青素类、酚酸和缩酚酸类，其中儿茶素类约占总量的 80%，其抽提混合物称为茶多酚，主要包括各种形式的儿茶素。

茶多酚的基本结构为：

茶多酚

其中 R 和 R′的不同，即为不同的儿茶素，参见表 10-2。

表 10-2　茶多酚中的不同儿茶素种类及相应的 R 和 R′ 基团

化合物名称	R	R′
儿茶素	H	H
没食子儿茶素	OH	H
儿茶素没食子酸酯	H	(结构式)
没食子儿茶素没食子酸酯	OH	(结构式)

茶多酚为淡黄至茶褐色略带茶香的水溶液或灰白色粉状固体或结晶，具涩味。易溶于水、乙醇、乙酸乙酯，微溶于油脂。对热、酸较稳定，160℃油脂中 30min 降解 20%。pH 值 2～8 之内稳定，大于 8 和光照下易氧化聚合。遇铁变绿黑色络合物。略有吸潮性。水溶液 pH 3～4，在碱性条

件下易氧化褐变。茶多酚可作为抗氧化剂用于油脂、糕点、香肠等中，同时还具有一定的防腐作用。

3. 其他抗氧化物质

除了上述抗氧化剂外，还原糖、甘草抗氧物、迷迭香提取物、竹叶抗氧化物、柚皮苷、大豆抗氧化肽、植物黄酮及异黄酮类物质、单糖-氨基酸复合物（美拉德反应产物）、二氢杨梅素、一些植物提取物等都具有抗氧化作用，不少已经列入食品抗氧化剂。

（1）甘草抗氧物　甘草抗氧物呈黄褐色至红褐色粉末状。有甘草特有气味。耐光、耐氧、耐热。与维生素 E、维生素 C 合用有相乘效果。能防止胡萝卜素类的褪色，及防止酪氨酸和多酚类的氧化，有一定的抗菌效果。不溶于水和甘油，溶于乙醇、丙酮、氯仿。偏碱时稳定性下降。

甘草抗氧物由甘草（*Glycyrrhiza uralensis*）等同属种植物的根茎，经用水提取甘草浸膏后的残渣，用微温乙醇、丙酮或己烷提取而得。主要成分是甘草黄酮、甘草异黄酮、甘草黄酮醇等。GB 2760 中规定：食用油脂、油炸食品、腌制鱼、肉制品、饼干、方便面与含油脂食品的最大使用量（以甘草酸计）为 $0.2 \mathrm{g} \cdot \mathrm{kg}^{-1}$。

（2）迷迭香提取物　迷迭香提取物呈黄褐色粉末状或褐色膏状、液体。不溶于水，溶于乙醇和油脂，有特殊香气。耐热性、耐紫外线性良好，能有效防止油脂的氧化。比 BHA 有更好的抗氧化能力。一般与维生素 E 等配成制剂出售，有相乘效用。

迷迭香提取物由迷迭香（*Rosmarinus officinalis*）的花和叶用二氧化碳或乙醇或热的含水乙醇提取而得；或用温热甲醇、含水甲醇提取后除去溶剂而得。主要成分是迷迭香酚和异迷迭香酚等。GB 2760 中规定：动物油脂、肉类食品和油炸食品的最大使用量为 $0.3 \mathrm{g} \cdot \mathrm{kg}^{-1}$；植物油脂中最大使用量为 $0.7 \mathrm{g} \cdot \mathrm{kg}^{-1}$。

（二）食品抗氧化剂使用要点

1. 食品抗氧化剂的使用时机要恰当

食品中添加抗氧化剂需要特别注意时机，一般应在食品保持新鲜状态和未发生氧化变质之前使用，否则，在食品已经发生氧化变质现象后再使用抗氧化剂效果显著下降，甚至完全无效。这一点对防止油脂及含油食品的氧化酸败尤为重要。根据油脂自动氧化酸败的连锁反应，抗氧化剂应在氧化酸败的诱发期之前添加才能充分发挥抗氧化剂的作用。图 10-2 说明了抗氧化剂使用时机与防止油脂酸败的关系。

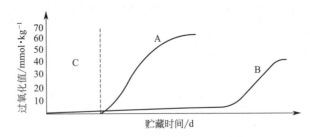

图 10-2　抗氧化剂与防止油脂氧化酸败的关系
A—未添加抗氧化剂；B—添加抗氧化剂；C—诱发期

2. 抗氧化剂与增效剂并用

增效剂配合抗氧化剂使用能增加抗氧化剂的效果，这种现象称为"增效作用"。例如油脂食品为防止油脂氧化酸败，添加酚类抗氧化剂的同时并用某些酸性物质，如柠檬酸、磷酸、抗坏血酸等，则有显著的增效作用。又例如乙二胺四乙酸二钠（EDTA-2Na），是一种重要的螯合剂，能螯合溶液中的金属离子。利用其螯合作用，可保持食品的色、香、味，防止食品氧化变质。

3. 对影响抗氧化剂还原性的诸因素加以控制

如前所述，抗氧化剂的作用机制是以其强烈的还原性为依据的，所以使用抗氧化剂应当对影响其还原性的各种因素进行控制。光、温度、氧、金属离子及物质的均匀分散状态等都影响着抗氧化剂的效果。紫外线及高温能促进抗氧化剂的分解和失效。例如 BHT 在 70℃ 以上，BHA 高于 100℃ 的加热条件便可升华挥发而失效。所以在避光和较低温度下抗氧化剂效果容易发挥。

氧是影响抗氧化剂的敏感因素，如果食品内部及其周围的氧浓度高则会使抗氧化剂迅速失效。为此，需要在添加抗氧化剂的同时采用真空和充氮密封包装，以隔绝空气中的氧，获得良好的抗氧化效果。

铜、铁等金属离子起着催化抗氧化剂分解的作用，在使用抗氧化剂时，应尽量避免混入金属离子，或者采取某些增效剂螯合金属离子。

抗氧化剂在食品中的用量微少，如果采用机械搅拌或添加乳化剂，增加其均匀性分布，则有利于增加抗氧化效果。

二、食品的脱氧

脱氧剂又称为游离氧吸收剂（FOA）或游离氧驱除剂（FOS），它是一类能够吸除氧的物质。当脱氧剂随食品密封在同一包装容器中时，脱氧剂能通过化学反应吸除容器内的游离氧及溶存于食品的氧，并生成稳定的化合物，从而防止食品氧化变质，同时利用所形成的缺氧条件也能有效地防止食品的霉变和虫害。

脱氧剂不同于作为食品添加剂的抗氧化剂，它不直接加入食品中，而是在密封包装中与外界呈隔离状态，吸除包装内的氧和防止食品氧化变质，因而是一种对食品无直接污染、简便易行、效果显著的保藏辅助措施。

（一）常用的食品脱氧剂及其特性

拓展阅读 10-1
脱氧剂的基本类型

1. 特制铁粉

特制铁粉由特殊处理的铸铁粉及结晶碳酸钠、金属卤化物和填充剂混合组成，铸铁粉为主要成分。粉粒径在 $300\mu m$ 以下，比表面积为 $0.5m^2 \cdot g^{-1}$ 以上，呈褐色粉末状。脱氧作用机制是特制铁粉先与水反应，再与氧结合，最终生成稳定的氧化铁，反应式如下：

$$Fe + 2H_2O \longrightarrow Fe(OH)_2 + H_2 \uparrow$$

$$3Fe + 4H_2O \longrightarrow Fe_3O_4 + 4H_2 \uparrow$$

$$2Fe(OH)_2 + \frac{1}{2}O_2 + H_2O \longrightarrow 2Fe(OH)_3 \longrightarrow Fe_2O_3 \cdot 3H_2O$$

特制铁粉的脱氧量由其反应的最终产物而定。在一般条件下，1g 铁完全被氧化需要 300mL （体积）或者 0.43g 的氧。因此，1g 铁大约可处理 1500mL 空气中的氧。这是十分有效而经济的脱氧剂。在使用时对其反应中产生的氢应该注意。可在铁粉的配制当中增添抑制氢的物质，或者将已产生的氢加以处理。特制铁粉与使用环境的湿度有关，如果用于含水分高的食品则脱氧效果发挥得快；反之，在干燥食品中则脱氧缓慢。这种脱氧剂由于原料来源充足，成本较低，使用效果良好，在生产实际中得到广泛应用。

2. 连二亚硫酸钠

这种脱氧剂由连二亚硫酸钠为主剂与氢氧化钙和植物性活性炭为辅料配合而成。连二亚硫酸钠遇水后并不会迅速反应，如果以活性炭作为催化剂则可加速其脱氧化学反应，并产生热量和二氧化硫。而形成的二氧化硫再与氢氧化钙反应生成较为稳定的化合物。在水和活性炭与脱氧剂并存的条件下，脱氧速率快，一般在 1～2h 内可以除去密封容器中 $80\% \sim 90\%$ 的氧，经过 3h 几乎达到无氧状态。其反应式如下：

$$Na_2S_2O_4 + O_2 \xrightarrow{\text{水、活性炭}} Na_2SO_4 + SO_2$$

$$Ca(OH)_2 + SO_2 \longrightarrow CaSO_3 + H_2O$$

总反应式为：$Na_2S_2O_4 + Ca(OH)_2 + O_2 \xrightarrow{\text{水、活性炭}} Na_2SO_4 + CaSO_3 + H_2O$

如果用于鲜活食品脱氧保藏时，并能连同氧一起吸除二氧化碳，但需再配入碳酸氢钠作为辅料。

根据理论计算，1g连二亚硫酸钠能和0.184g氧发生反应，即相当于正常状态下能和130mL的氧，650mL的空气中的氧发生反应。图10-3为连二亚硫酸钠脱氧能力的试验结果。图中A（1g连二亚硫酸钠）和B（10g连二亚硫酸钠）分别封在各有400mL空气（约含80mL氧）两个不透气塑料袋内，袋的规格为K型玻璃纸涂聚丙烯/聚乙烯，16cm×26cm，厚40μm。然后在室温20℃条件下，定时测量袋内氧含量的变化。从图可以看出，A袋密封后约30min，氧浓度降至8%，两天后氧含量降至0.1%以下；B袋密封30min后氧浓度接近于零。

脱氧剂的效果因化学反应的温度、水分、压力及催化物质等因素的不同，其脱氧反应速率所需要的时间也各不相同，温度、水分、相对湿度、脱氧剂剂量都能影响脱氧剂效果。

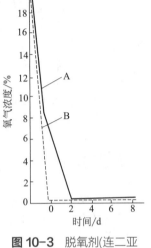

图10-3 脱氧剂(连二亚硫酸钠)的脱氧能力
A—放置1g脱氧剂；
B—放置10g脱氧剂

拓展阅读 10-2
脱氧剂的发展历史

（二）脱氧剂在食品保藏中的应用

工程训练 10-1
"抗氧化剂和脱氧剂都可以起到帮助食品防止氧化的目的，因此说它们是同一类物质"，这种说法是否正确？为什么？

脱氧剂是一类新型而简便的化学除氧物质，广泛应用于食品和其他物品的保藏中，防止各种包装加工食品的氧化变质现象和霉变；此外，在防治仓库谷物的虫害方面，脱氧剂也有显著杀虫效果。以日本食品分析中心实验室斋腾富的试验结果为例，进一步说明脱氧剂在防止植物油氧化酸败和保持油炸方便面条品质的效果。

试验采用脱氧剂连二亚硫酸钠（3g重包装品）与气体置换法，在40℃条件下进行密封贮藏和测定品质变化结果。图10-4及图10-5为植物油在40℃下经35d贮存试验分析的酸价和过氧化物质，其结果证明脱氧剂明显优于气体置换法，对照试验的植物油变质严重。从酸值（AV）讲，脱氧剂试验的植物油比气体置换法低0.12，而过氧化物值（POV）用脱氧剂的植物油仅为气体置换法的1/3。图10-6为油炸方便面条在40℃下，经六周试验结果，表明酸值和过氧化值均变化甚微，感官评定色泽和香味也非常好。这说明脱氧剂是一种效果显著的脱氧物质。

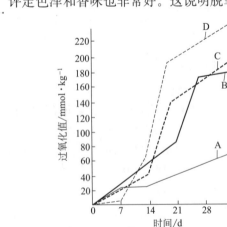

图10-4 脱氧剂与气体置换法储藏
植物油脂过氧化值变化
(植物油10mL，各气体量200mL，40℃密封保存)
A—脱氧剂；B—N_2置换；C—CO_2置换；D—空气对照

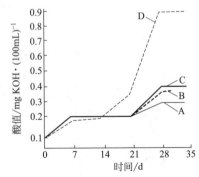

图10-5 脱氧剂与气体置换法
保存植物油酸值变化
(植物油10mL，各气体量200mL，密封40℃保存)
A—脱氧剂；B—CO_2置换；C—N_2置换；D—空气对照

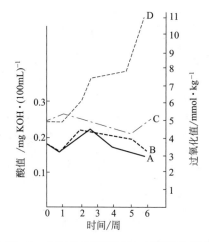

图 10-6 方便面条(油)酸值与过氧化物值变化
(1)酸值：A—脱氧剂；B—对照。 (2)过氧化值：C—脱氧剂；D—对照

拓展阅读 10-3
食品保鲜剂

知识归纳

1. 食品化学保藏及其特点

食品化学保藏就是在食品生产和贮运过程中使用食品添加剂来提高食品的耐藏性的方法。添加到食品中的食品添加剂要遵循 GB 2760《食品安全国家标准　食品添加剂使用标准》的要求。和其它方法相比，食品化学保藏方法具有简便而经济的特点，但属于一种暂时性的或辅助性的保藏方法。

2. 食品防腐剂

可直接加入食品中，能抑制微生物的生长活动，或杀死微生物，延缓食品腐败变质的物质即为食品防腐剂。

3. 食品抗氧化剂

食品抗氧化剂是可直接加入食品中，防止或延缓食品氧化变质的一类物质。

4. 食品脱氧剂

食品脱氧剂是不直接加入食品中，而是在密封包装中与外界呈隔离状态，吸除包装内的氧和防止食品氧化变质的物质。

知识图谱 10-1

复习思考题

1. 名词解析：防腐剂、抗氧化剂、脱氧剂。
2. 试解释化学保藏及其特点。
3. 食品防腐剂的种类及作用特点有哪些？
4. 为什么说苯甲酸及其钠盐和山梨酸及其钾盐是酸性防腐剂？
5. 试述食品抗氧化剂和脱氧剂的作用特点。

第十一章　食品包装

各种食品包装

塑料包装

无菌灌装包装

彩图 11-1

　　食品包装有多种形式，盒状、袋状、瓶状等，所用材料有纸、塑料、金属、玻璃等。其中，饮料包装塑料瓶是市场上常见的形式。同样，包装塑料瓶也有多种形式，所用塑料品种如聚乙烯、聚丙烯、聚酯等。无菌包装则是奶类、果汁类饮料的常用形式。

❋ **为什么要学习"食品包装"？**

食品包装是现代食品不可缺少的部分，具有保护产品、方便储运、促进销售等方面的作用。通过本章的学习，可以搞清楚食品包装基本概念，了解食品包装有哪些作用；常用的食品包装材料有哪些，分别各有什么特点；以及一些常用的食品包装技术，如真空包装、气体置换包装、无菌包装等，并了解这些包装技术分别用在哪些种类的食品包装上，还可了解食品的标签标识要求。

👁 **学习目标**

- ○ 掌握食品包装概念，了解食品包装的作用。
- ○ 熟悉食品包装常用材料，了解各种材料的特点。
- ○ 熟悉一些常用的食品包装技术及其应用。
- ○ 掌握食品标签内容，熟悉食品营养标签。
- ○ 熟悉转基因食品标识方式、商品的条形码和二维码。

　　我国早在 5000 年前就开始制造陶器，并用于盛装、保藏、运输各种粮食及其他食物。直到 19 世纪初，国外发明了马口铁罐头和玻璃瓶罐头，才使食品得以长期常温贮存。此后，马口铁、铝、玻璃、陶瓷、纸、塑料和木材等作为食品主要包装材料，用于保存食品的包装技术不断得到发展。食品包装已成为食品保藏的重要手段，也是食品流通不可缺少的环节。

　　食品包装的发展与化学工业、机械工业等行业技术的发展相联系，也与人们对社会与环境的要求相适应。食品包装关系到包装材料的性能与选择、包装容器的结构造型、包装工艺、包装机械以及包装的防护措施和包装装潢的设计等领域，也涉及物理学、化学、生物学、力学、机械学、美学、市场学等方面的知识，是一门综合性的学科。目前包装工业已经成为独立的一门工业体系，并在不断发展中。

拓展阅读 11-1
我国包装工业
的历史

第一节　食品包装及其功能

一、食品包装及其分类

（一）食品包装

　　食品包装指用合适的材料、容器、工艺、装潢、结构设计等手段将食品包裹和装饰，以便在食品的加工、运输、贮存、销售过程中保持食品品质或增加其商品价值。

　　食品包装材料是指用于包装食品的一切材料，包括纸、塑料、金属、玻璃、陶瓷、木材及各种复合材料以及由它们所制成的各种包装容器及辅助品。

　　容器是指将食品完全或部分包装，以作为商品交货单元的任何包装形式，也包括包装纸。食品作为一种商品，主要是消费品，其商品价值不仅在于其内容物，也包括包装和售后服务。有优质的内容物，没有完善的包装，其商品价值也难以提高，也会出现"一等内容物，二等包装，三等价格"的局面。相反，内容物质量相同，包装合适妥善的食品，尽管销售价格较高，依然会成为市场的畅销品。

我国把经预先定量包装或者制作在包装材料和容器中并且在一定量限范围内具有统一的质量或体积标识的食品，称为预包装食品（prepackaged foods）。对预包装食品和为满足某些特殊人群的生理需要，或某些疾病患者的营养需要，按特殊配方而专门加工的特殊膳食食品（foods for specialdietary user）的标签（包括营养标签）有严格的规定。

食品标签（包括营养标签）是指食品包装上的文字、图形、符号及一切说明物，标签在食品包装中占有极为重要的位置。食品标签的内容详见本章第四节。

（二）食品包装的分类

1. 按包装的功能及层次分类

（1）按包装层次的分类法

① 个体包装（individual packaging）　指与食品直接接触并成为一个独立单元的食品包装。即为保护每种食品的形态、质量，或为提高其商品价值，使用适当的材料、容器和包装技术把单个（种）食品包裹起来的状态。

② 内包装（inner packaging）　指外包装内的辅助包装或个体包装食品的二次包装。主要是考虑到水、湿气、光线、冷热以及冲击等环境条件对个体包装食品的影响，而将分散的个体集合成一小单元，或是为增加个体包装的市场销售需要，而采用适当的包装材料、容器和包装技术把个体包装食品进一步包裹起来的状态。

③ 外包装（external packaging）　即将物品装入箱、袋、桶（带盖）、罐等容器中或用托盘（架）将个体包装单元直接捆扎包裹起来，并标明符号、商标等标志的状态，是以贮藏、堆放和运输为主要目的的包装。

包装按照顺序还可分为初级包装、二级包装和三级以及三级以上的包装。初级包装与个体包装相似，包装材料直接与食品接触，对包装材料要求严格；二级包装相当于内包装，是以销售、运输、分配为目的的包装形式；三级或三级以上包装相当于以运输、贮藏为主要目的的外包装。

（2）按食品包装功能要求分类

① 销售包装　销售包装具有个体包装和内包装的基本保护功能，是一种促进销售，方便消费者选购的包装形式。它具有保护和美化商品等作用，包装的食品作为整体销售，在这种包装上附有商标、图案、文字、说明等食品标签内容，这类包装常要考虑方便及吸引消费者选购的功能。

② 运输包装　运输包装相似于外包装，通常是将若干个体包装（或内包装）按规定数量组成一个整体，或采用集装包、集装袋、集装箱、托盘等集合包装形式。这种包装便于商品长途运输、装卸、暂时存放，可提高商品流通效率，缩短运输时间并减少包装食品的损坏。

拓展阅读 11-2
不同材料适用
的包装形式

2. 按包装的材料及容器性质分类

按包装材料的品种可分为：纸类包装，如纸袋、纸盒、纸罐、纸箱（桶）和瓦楞纸箱等；金属类包装，如马口铁、镀铬钢板、铝和铝合金板等材料包装；玻璃和陶瓷包装，如玻璃瓶（罐）、陶瓷等；木材、塑料和复合材料等包装。

按包装容器的柔软性，可分为软包装和硬包装；按包装的外形状态可分为有角度包装及圆筒形包装。

按包装材料的阻隔性，可分为防湿（潮）包装、阻气包装、隔光包装等。

按包装容器的使用次数可分为：一次性包装，如纸、塑料、金属、复合材料构成的容器；复用性包装，如可直接清洗、消毒、灭菌再使用的玻璃瓶。

按包装材料对环保的影响可分为：可再生材料，包装材料或容器使用后，经一系列的加工可以制成新的包装材料，如纸回收制浆，铝和玻璃再熔炼，某些塑料再塑化等回收处理；某些用过的包装材料废弃后，可被自然界生物及环境因素（如光）降解成低分子并可进入自然循环的物质，这种材料称为可降解性材料；某些包装材料具有可食性能，称为可食性包装材料。

第十一章

3. 按包装食品的状态和包装工艺要求分类

按包装食品的状态可分为液体包装和固体包装。如饮料、酒、食用油、酱油等液体食品包装，可用小口的瓶（玻璃或塑料）、罐、桶或袋等包装。固体食品包装种类较多，有粉状、颗粒状、块状等，一般采用袋、盒及大口的瓶、罐、桶等包装。

某些食品包装，常需结合该食品生产工艺特征，对包装材料或容器有特殊的要求，按其性质分类，可分为新鲜食品包装（保鲜包装）、热杀菌食品包装、冷冻食品包装、干燥食品包装、微波或辐照食品包装等。

按食品包装操作的工艺特点和要求可分为真空包装、充气包装、气控包装、无菌包装、收缩包装等。

4. 按包装食品的特殊销售要求分类

按包装食品的销售地区和对象不同，可分为内销包装、出口包装、中性包装和特殊包装。内销包装产品在国内流通。出口包装的装潢设计，产品的标签要适合进口国的人种、民族、生活习惯、风土人情以及其食品法规要求。特殊包装是为适合特殊使用对象而专门设计的食品包装，如军用食品、宇航食品包装等。中性包装一般是不标明原产地（或按产销协议要求）的包装，常要经再包装，以便该商品能在受限制的地区销售。

二、食品包装的功能及作用

（一）包装是保持食品品质的重要手段

采用合适的包装，能防止或减少食品在贮运、销售过程中发生如下危害。

1. 防止微生物及其他生物引起的危害

利用包装将食品与环境隔离，防止外界微生物和其他生物侵入食品。采用隔绝性能好的密封包装，配合其他杀（抑）菌保藏方法，如控制包装内不同气体的组成与浓度，降低氧浓度，提高二氧化碳浓度或以惰性气体代替空气成分，可限制（或抑制）包装内残存微生物（或生物）的生长繁殖，延长食品的保质期。

2. 防止化学性的危害

在直射光、荧光灯或者高温、有氧环境下，食品中的脂肪、色素等物质将会发生各种化学反应，引起食品变质。选用隔氧性能高，遮挡光线和紫外线的包装材料，或采用真空、充氮包装，可减缓或防止这种变化。

3. 防止物理性的危害

干燥或焙烤食品，容易吸收环境中的水分而变质；新鲜果蔬中的水分易蒸发失鲜或变质。为了防止这种变化，需选用隔气（汽）性好的包装材料或采用其他保鲜包装。

（二）包装有利于食品贮运、销售和使用

合理的包装具有多种方便功能。如便于密封，方便运输、装卸、堆码、陈列、销售、携带、开启、使用和处理回收，具有省时、省力、宜人的特点。

1. 便于运输

现代运输包装能适应车、船等运输工具的特点，充分利用空间，提高运输能力和经济效益。集合式包装的优点在于加快装卸运输速率，减轻工人劳动强度，节省运输费用，更有效地保护商品，

减少破损，防止被盗，促进装卸作业机械化和标准化。

2. 便于商品陈列、销售及管理

经专门设计的包装食品，具有明显的识别性、信赖感和高级感。如单元组合包装、POP 广告牌（point of purchase advertising）、开窗盒等包装，有利于立架陈列与销售的管理。通过包装标签上的信息，便于消费者的确认，选择商品，如"绿色食品""有机食品""保健食品"等。包装标签上的商品代码、二维码及识别标记的实施，使商场进出货核算、销售计价、统计等操作能采用计算机管理，并在食品质量安全可追溯体系中起重要的作用。

3. 便于使用

合适包装的食品便于消费者的选购、携带和使用。包装上的标签说明，如营养成分、食用方法等可指导消费者正确选用食品。各种便于开启食品包装的结构，如罐装婴儿奶粉，其全密封的金属罐结构适于贮运过程对食品的保护要求（隔绝性），但包装开启后，可采用辅助（配套）的塑料盖及配上的计量匙，既有利于保护食品，又能使消费者便于控制婴儿的食用量。

4. 防止盗窃、偷换等人为破坏

采用防盗、防伪包装及标识，并在包装结构设计及包装工艺上进行改进，如防盗盖（封条）、防伪全息摄影标签、收缩包装、集装运输等均有利于防止盗窃和偷换。

（三）包装是一种有效的宣传工具

包装是"无声推销员"。销售包装比较显著地突出商品的特征及标志，对顾客（购买者）有足够的吸引力，有利于宣传产品和建立生产企业的形象。尤其是无人售货的超级商场日益普及，商品销售几乎全靠包装装潢的美观、大方、简要的说明等来吸引顾客。包装装潢通过包装商品的外部设计、标签、图形、色调、文字、符号、包装材料质量与印刷技术等措施的综合效果反映出来。印刷精美，包装动人，可"先声夺人"，引人注目，再加上文字的宣传诱导，便可使顾客产生购买欲，促进产品销售。

第二节　食品包装材料及容器

一、玻璃与陶瓷容器

（一）玻璃容器

玻璃是包装材料中最古老的品种之一，玻璃器皿很早就用作化妆品、油和酒的容器。19 世纪发明了自动机械吹瓶机，使玻璃工业获得迅速发展，玻璃瓶和罐广泛应用于食品包装。

1. 玻璃容器的特点及应用

玻璃容器，具有化学稳定性高（热碱溶液除外），有良好的阻隔性，配合适当的密封盖可用于长期食品保藏。玻璃有良好的透明性，可使包装内容物一目了然，有利于增加消费者购买该产品的信心；玻璃可被加工成棕色等颜色，避免光照射引起食品变质；玻璃的硬度和耐压强度高，可耐高温杀菌，便于包装操作（清洗、灌装、封口、贴标等）；玻璃容器可回收循环使用，有利于降低成本。但玻璃容器的最大缺点是重量大，运输费用高，不耐机械冲击和突发性的热冷冲击，容易破碎。因此，长期以来，玻璃容器都以减轻重量，增加强度作为技术革新的主要目标。

玻璃容器常用于各种饮料、罐头、酒、果酱、调味料、粉体等干、湿食品的包装。玻璃瓶种类依其形状及玻璃加工工艺有：普通玻璃瓶（小口瓶与广口瓶）、轻量瓶、轻量强化瓶、塑料强化瓶等。常见玻璃瓶种类、特性及应用见表11-1。

表11-1 玻璃瓶种类、特性及应用

分　类	品　种	特性	包装食品
普通玻璃瓶	小口瓶	吹制方式成型。封口多采用金属瓶盖(皇冠盖)、塑料瓶盖(塞)或其他软木塞	软饮料、啤酒、黄酒、白酒等酒类,酱油等调味料
	广口瓶	吹塑冲压成型。封口采用易开式,中间封闭,螺旋盖式或金属密封盖	牛奶、果酱、果蔬、罐头,速溶咖啡等固体饮料
轻量瓶	小口瓶	采用细颈压吹法(NNPB)[①],瓶重比一般瓶减轻33%～55%	啤酒
轻量强化瓶	小口瓶	化学强化玻璃瓶,重量为原玻璃瓶50%～60%,瓶表面经热涂或冷涂处理	酱油、番茄汁、果汁等果汁饮料或碳酸饮料
塑料强化瓶	小口瓶	在玻璃表面涂覆聚氨酯类的树脂以提高强度、防止破裂	可口可乐等碳酸饮料

① NNPB：Narrow Neck Press & Blow。

玻璃容器的常规溶出物主要为硅和钠的氧化物,对食品的感官性质不会有明显的影响,一般认为玻璃瓶、罐作为食品包装容器是安全的。但有色玻璃生产时需用着色剂,如蓝色玻璃需添加氧化钴,茶色玻璃需添加石墨,淡白色和深褐色玻璃需要用氧化铜和重铬酸钾,无色玻璃需用硒,因此也要严格控制金属化合物的添加量及杂质含量。添加铅制品的玻璃容器,其铅溶出量应限制在$1 \sim 2 mg \cdot L^{-1}$以下。

2. 玻璃容器的密封

玻璃容器根据瓶口大小划分为"广口瓶"和"窄口瓶"。"广口瓶"多用于罐头食品、腌制食品、粉状、颗粒状食品等包装,"窄口瓶"多用于饮料、酱类及调味料等流动性食品的包装。

（1）广口瓶封口　玻璃容器包装的低酸食品多采用真空型瓶盖密封,用金属盖密封后可耐热杀菌。目前广泛采用的真空封盖有三种类型：撬开（边封）盖、爪式旋开盖和套压旋开盖,其与瓶口密封状况见图11-1。

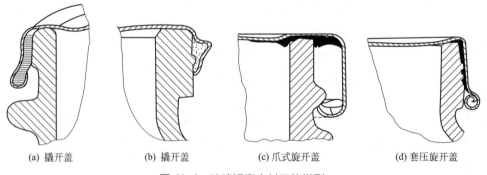

(a) 撬开盖　　(b) 撬开盖　　(c) 爪式旋开盖　　(d) 套压旋开盖

图11-1 玻璃罐真空封口的类型

撬开（边封）盖较早用于高压杀菌食品,主要有两种封口形式,见图11-1(a)和图11-1(b)。图11-1(a)采用压盖机封盖头简单而直接向下压盖在瓶口上,多用于窄口瓶封口,常用王冠盖；图11-1(b)则利用滚轮封口机,多用于广口玻璃瓶,撬开盖由钢质壳体和紧扣在卷边下位置的密封橡胶垫圈组成,密封圈的大小、规格、类型和间隙是随着容器瓶口、产品等因素影响而变化的。封口的顶隙真空靠蒸汽冷凝或在真空封口机内完成,密封橡胶紧紧地扣在瓶口的突缘上,需用专用工具才能开启。

爪式旋开盖,见图11-1(c)。爪式盖由钢质壳体制成,随盖的直径大小有3～6盖爪。盖内浇注有塑料溶胶垫圈,它不需要工具就能打开而且能形成良好的再密封性能,被称为"方便"或"实用"盖。爪式旋开盖封盖时，顶隙用蒸汽喷冲，利用旋盖机将盖子在瓶口上旋转或拧紧使盖爪坐落或紧咬在瓶口螺纹线下。盖上的垫圈易受封盖机压头的热量软化而利于密封。盖爪和真空使瓶盖固定在瓶口上。

套压旋开（press-on twist-off 或 PT）盖是美国大陆白盖公司在 20 世纪 80 年代中期研究成功的新型玻璃瓶盖，该种盖封口的接触面积大、牢固、紧密，能抗振动及温差变化，消费者易开启，同时盖中心设计了安全装置——真空辨认钮。套压旋开盖由无盖爪（或突缘）的钢质壳体构成，垫圈为模压的塑料溶胶，从盖面外周边直到卷曲边都形成密封面［见图 11-1（d）］。套压旋开盖的垫圈在封盖前适当加热，封盖时在压力作用下玻璃螺纹线就会在垫圈侧边上形成压痕，以便拧开时容易将盖子转出。PT 盖子凭借真空并依赖于盖子冷却时垫圈上螺纹压痕的阻力而固定在瓶口上。

（2）窄口瓶封口　玻璃容器包装酒类及其他液体类食品多采用"窄口瓶"，其封闭物有盖、塞、封口套和封口标等，采用的材料有金属、塑料、软木等，主要封口有以下几种。

① 皇冠盖　皇冠盖（crown cap）又称压盖、撬开盖或牙口盖，由威利安·平特（William Painter）发明并于 1892 年获得专利。皇冠盖用于冠形瓶的封口，见图 11-1(a)。由于封盖容易，密封性强，开盖迅速而广泛用于液态食品瓶封口。盖材料常用马口铁冲压成圆形冠状，边缘有 21 个折痕，盖内经滴塑或加垫片。其密封性能主要决定于密封垫片（胶）的性质、马口铁皮厚度及封盖操作，由于有瓶口或瓶口侧面双重密封，封口紧密，可用于高压杀菌及耐压性封口目的，但马口铁容易生锈而影响包装外观。

② 螺旋盖　螺旋盖用于螺纹口瓶封口，依据螺纹特征有深螺纹、浅螺纹和间断螺纹等。由于材料不同，要使熔化的玻璃压出清晰的牙形角比较困难，故瓶口螺纹不同于螺栓螺纹，其螺纹廓线是一种彼此互渗，曲率半径很大的曲线，以便提高生产效率。正因为这样，常需使用特定的旋盖来配合不同的瓶口。采用某些软性材料制成的螺旋盖，会出现滑牙现象，在贮存或搬运中失去锁紧力，因此螺旋盖的密封性取决于盖子的内衬垫料的弹性、容器封口面平稳度、盖材料的力学性能等因素，一般不能用于杀菌目的的封口。为了增加螺旋盖的密封性能，在一些小尺寸瓶口，采用修正锯齿螺纹，而对大尺寸浅螺纹采用 A 型螺纹，以改善螺纹瓶口与螺旋盖的咬合性能。另一发展趋势是采用扭断盖。

③ 扭断盖　扭断盖又称防盗盖，也用于螺口瓶（如酒瓶）的封口。扭断盖一般采用铝材料。将铝箔冲压成套状（无螺纹）瓶盖，用压头向下将盖内衬垫压在容器口上，与此同时，轧辊压向盖子四周，将薄的金属沿容器螺纹，压入其螺槽内，铝盖上有压线连接点。压线有一道、两道或多道，即多孔安全箍环。在压线未扭断时表示原封，启封时反扭封套压使压线断裂，故称扭断盖。铝套的长度依瓶颈而异，但铝箔的韧度要符合规定，并有一定光洁度。盖内涂有泡塑、防酸漆等材料。

④ 蘑菇式塞　外形似蘑菇状，由塑料塞头加盖组成盖塑一体，或用套卡或盖扣紧盖塞，塑料盖塞上有螺纹或轮纹，以增强密封性。如果在塞封基础上加封口套，则有利于加强密封程度和提高防盗性。

瓶装酒封口还有采用软木塞，或软木塞加防盗套的封口方式。不管采用何种封口物，都要保证其密封性能及不对包装物带来卫生和质量问题。封套和封口标常用于瓶装酒的封口。封口套在封盖或封塞上加套，并套住瓶颈，以提高密封度和美观，封口套常用塑料（如 PVC 等收缩膜）或铝箔材料制成。封口标是封口上的顶标、骑马标、金圈标等的统称，大多用纸印刷而成，也有采用辅助封口的丝绸带、吊牌等，起装潢和保持原封的作用。

（二）陶瓷容器

陶瓷是利用自然界的黏土（陶土）等材料，经加工调制成型、干燥、装饰和施釉、烧制而成的器物。陶瓷的许多性质类似玻璃，其制成的容器有一定的机械强度，隔绝性及化学稳定性好，热稳定性高，甚至可以用来直接加热，价格适中。但陶瓷导热性差，抗冲击强度低，笨重，易破碎，不透明，难以密封，使其在食品包装应用上受到一定的限制。但随着陶瓷工艺美术化、包装现代化的发展，用陶瓷包装的食品却独具一格，依然在食品包装材料上占有一定位置，主要用于酱菜、腌渍蔬菜、酒等食品的包装。

陶瓷作为食品包装材料，尤其与食物接触面应注意严格控制彩釉中带来的铅镉溶出量或尽量不用有安全隐患的釉料。许多国家对上釉瓷器的金属溶出物（铅和镉）都有严格的限制。

二、金属包装材料及容器

1810年英国人彼得·杜兰特（Peter Durant）发明了金属密封罐保藏技术。金属罐作为食品容器，无论在生产效率、流通性、适用性、保存性等各方面，至今仍居食品包装材料的首位。

金属材料制成的容器（主要是金属罐）具有对空气成分、水分、光等完全的阻隔性，对内装物有优良的保护性能；金属材料耐热性强，传热和导电性能好，由其包装及密封后的罐头，可经受高温加热杀菌；金属容器机械强度大，刚性好，便于商品流通及流通过程保持内容物的质量；也有利于制罐及包装过程的高速度、机械化操作和自动控制。金属罐虽有许多优点，它也有不足之处，如无法直接看见内容物，比纸罐、塑料罐重，易锈蚀，废物对环境造成一定的危害。

（一）金属包装材料的种类及性质

食品包装常用的金属材料是镀锡薄钢板、镀铬薄钢板（TFS）和铝。

1. 镀锡薄钢板

镀锡薄钢板（tin plate），也称镀锡板、马口铁，是两面镀有纯锡的低碳薄钢板，依制造工艺有热浸镀锡（hot-dip tinning，HDT）板和电镀锡（electrolytic tinning，ET）板。热浸镀锡板镀锡层较厚，耗锡量较多，而且不够均匀。电镀锡板锡层较薄，且均匀，便于采用"差厚镀锡法"控制钢板两侧面有不同的镀锡量。

（1）镀锡薄钢板的结构　镀锡薄钢板中心层为钢基层。从中心向外，顺次为铁锡合金层、锡层、氧化膜、油膜。镀锡薄钢板结构的厚度、成分和性能见表11-2。

表11-2　镀锡薄钢板结构的厚度、成分及性能特点

结构名称	量 度		成 分		性能特点
	热浸镀锡板	电镀锡板	热浸镀锡板	电镀锡板	
钢基层	制罐用 0.2～0.3mm	制罐用 0.2～0.3mm	低碳钢	低碳钢	提供材料强度，有良好加工性能，化学性质活泼，易被腐蚀
锡铁合金层	$5g \cdot m^{-2}$	$<1g \cdot m^{-2}$	锡铁合金结晶	锡铁合金结晶	耐腐蚀，如过厚加工性和可焊性不良
锡层	$22.4～44.8g \cdot m^{-2}$	$5.6～22.4g \cdot m^{-2}$	纯锡	纯锡	美观，耐腐蚀，易焊，润滑，无毒
氧化膜	$3～5mg \cdot cm^{-2}$ （单面）	$1～3mg \cdot cm^{-2}$ （单面）	氧化亚锡	氧化亚锡 氧化锡 氧化铬 金属铬	锡氧化物的致密性，保护锡层，防锈，防变质，防硫化斑
油膜	$20mg \cdot m^{-2}$	$2～5mg \cdot m^{-2}$	棕榈油	棉籽油或癸二酸二辛酯	润滑与防锈

（2）镀锡薄钢板的质量　镀锡薄钢板的质量包括：规格尺寸，镀锡量，调质度等指标。镀锡薄钢板规格尺寸指钢板的厚度、宽度及长度。普通镀锡板厚度在0.15～0.50mm，二次冷轧镀锡板厚度范围为0.14～0.29mm。但在制罐工业上习惯使用基准箱（以符号$lb \cdot bb^{-1}$，即磅·基箱$^{-1}$表示，$1lb=0.4536kg$）。每一基准箱为112张355mm×508mm（14in×20in）的镀锡钢板，等于20.23m^2（31360in^2）薄板面积为一基准箱单位面积。钢板的厚度即可用标准基重来表示。如用基

准箱重 90lb，其厚度为 0.25mm（0.0099in），基准箱重 100lb，厚度为 0.279mm（0.0110 in）。基准箱重与钢板厚度关系见表 11-3。

表 11-3　制罐用镀锡钢板的标准基重与厚度关系

名义质量 /lb	厚 度		名义质量 /lb	厚 度	
	in	mm		in	mm
55	0.0061	0.155	90	0.0099	0.251
60	0.0066	0.168	95	0.0105	0.267
65	0.0072	0.183	100	0.011	0.279
70	0.0077	0.196	107	0.0118	0.3
75	0.0083	0.211	112	0.0123	0.312
80	0.0088	0.224	128	0.0141	0.358
85	0.0094	0.239	135	0.0149	0.378

镀锡量是每平方米薄钢板两面所镀锡的量，单位 $g \cdot m^{-2}$。也惯用每一基箱镀锡钢板两面所镀锡重量（lb）乘 100 的数值作为镀锡量标号。如每面镀锡量为 $11.2g \cdot m^{-2}$（相当于 $0.5lb \cdot bb^{-1}$），即两面镀锡量 $1lb \cdot bb^{-1}$，标号为"100"。一般镀锡板两面的镀锡量是相等的，称等厚镀锡钢板（代号为 E），镀锡量以两面镀锡总量来表示（尤其适于热浸镀锡板），也可分别用两面镀锡量来表示，中间加"/"隔开。如等厚镀锡钢板镀锡量为 $5.6g \cdot m^{-2}$，也可表示为 E2.8/2.8，即每面标称镀锡量为 $2.8g \cdot m^{-2}$。若镀锡钢板两面镀锡量不等，称差厚电镀锡板（代号为 D），可用两个不同数字表示，中间用"/"隔开，并在较厚一层镀锡板印有标记，如 D8.4/2.8 表示差厚电镀锡板，一面镀锡量为 $8.4g \cdot m^{-2}$，另一面为 $2.8g \cdot m^{-2}$。通常镀锡板镀锡量为 $2.2 \sim 32.9g \cdot m^{-2}$。

调质度是表示镀锡钢板经机械加工或热处理后的综合力学性能指标，包括硬度（常用洛氏硬度表示）、极限抗拉强度等。调质度通常用"T"来标示，二次冷轧的用"DR"表示。

我国冷轧电镀锡钢板及钢带的国家标准 GB/T 2520—2017 对电镀薄钢板各项性能指标都有具体规定。

镀锡钢板的性能除厚度、镀锡量、调质度外，还有表面性质和抗腐蚀性能。用于制造食品罐藏容器的镀锡钢板不允许表面产生凹坑、折角、缺角、边裂、气泡及溶剂斑点等缺陷，每平方厘米露铁点不超过 2 点。选用何种镀锡薄钢板制作容器，要视包装品种、罐型大小、食品性质以及杀菌条件等而定。

随着金属罐制造技术的发展，电阻焊三片罐，及深冲罐（DRD）、冲拔罐（DWI）的生产，对镀锡钢板的要求愈来愈高。如降低镀锡量；改善电镀层的紧密性，可湿性和黏结性；提高涂料漆的性能以适于高速制罐操作；添加不同的元素以改变钢板的硬度等新型镀锡板不断出现在市场上。

低锡薄钢板是一种轻度掺镍的镀锡钢板，其结构是：钢基表面第一层为退火适宜的掺镍层（Fe-Ni）；第二层为铁-镍-锡合金（Fe-Ni-Sn 合金），可减少锡和钢基之间的电位差，保护钢基；第三层为镀锡量 $0.3 \sim 0.5g \cdot m^{-2}$ 的薄镀锡层，适于焊接罐，提高经济性；第四层为特殊的钝化层，包括金属铬和氧化铬的水化物层，以提高表面附着涂料的性能；最外层是防锈油层。

低锡薄钢板与传统的镀锡板比较，镀锡量由传统的 $2.8g \cdot m^{-2}$ 降到 $0.78g \cdot m^{-2}$，适于电阻焊制罐，焊前无需进行处理，抗腐蚀性能和镀锡量 $2.8g \cdot m^{-2}$ 的镀锡板一样，是一种新型的镀锡钢板。日本大量用于运动饮料、乌龙茶等软饮料罐材料。镀锡钢板另一发展趋势是采用连续退火工艺，生产厚度更薄的铁板，目前已有厚度减薄到 $0.16 \sim 0.17mm$（原 $0.21 \sim 0.32mm$）的镀锡钢板产品。

2. 镀铬薄钢板

镀铬薄钢板（tin free steel，TFS）是在低碳钢薄板上镀上一层薄的金属铬制成的，也称无锡钢板、镀铬板。镀铬板的结构由中心向表面顺序为钢基板、金属铬层、水合氧化铬层和油膜，各构成部分的厚度、成分和性能特点见表 11-4。

表 11-4 镀铬板各构成部分的厚度、成分和性能特点

名　称	厚　度	成　分	性能特点
钢基板	制罐用 0.2～0.3mm	低碳钢	加工性良好，制罐后具有必要的强度
金属铬层	32.3～140mg·m^{-2}	金属铬	有一定耐腐蚀性，但比纯锡差
水合氧化铬层	7.5～27mg·m^{-2}（以铬量计）	水合氧化铬	保护金属铬层，便于涂料和印铁，防止产生孔眼
油膜	0.1～0.2g·bb^{-1}	癸二酸二辛酯	防锈和润滑

镀铬板的规格指标与镀锡板一样，包括尺寸、镀铬量、调质度和表面精度等。

镀铬板有成张镀铬板和成卷镀铬板。前者厚度 0.16～0.38mm，宽 508～940mm，长 480～1100mm；后者厚 0.16～0.3mm，宽 508～940mm，整卷质量 7～12t。食品工业用的镀铬板厚度多为 0.24mm。镀铬板上的镀铬量，金属铬层平均试验值为 32.3～140mg·m^{-2}，氧化层中的铬平均试验值为 7.5～27mg·m^{-2}。镀铬板的调质度一般在洛氏硬度（HR30T）46～83。

镀铬板的铬层较薄，厚度仅 5nm，其抗腐蚀性能比镀锡板差，常需经内、外涂料后使用。镀铬板对油膜的附着力特别优良，适宜于制罐的底盖和 DRD 二片罐。镀铬板不能用锡焊，但可以熔接或使用尼龙黏合剂粘接。镀铬板制作的容器可用于一般食品、软饮料和啤酒的包装。

3. 铝合金材料

（1）铝合金材料的特性　在食品包装中多数采用铝镁和铝锰合金，经铸造、热轧、冷却、退火、冷轧、热处理和矫平等工序制成薄板。其特点为轻便，美观，耐腐蚀性好，用于蔬菜、肉类、水产类罐头不会产生黑色硫斑，经涂料后可广泛应用于果汁、碳酸饮料、啤酒等食品的包装。铝板隔绝性能好，热导率高，对光、辐射热反射率高，具有良好的可加工性，适于各种冷热加工成型，其延展性优于镀锡板与镀铬板，易滚轧为铝箔和深冲成二片罐，常用作易拉罐体和各种易拉盖的材料。废旧铝容器的回收比较容易。

虽然铝合金材料有很多优点，但其力学性能较差，故多用于罐内有正压力的食品包装。有些食品成分，如酸性介质及氯化物对铝会产生腐蚀作用，导致麻点（锈斑）；一些饮料酒，如威士忌、白兰地、葡萄酒均能与铝罐发生反应或引起腐蚀，因此需使用合适的涂料铝罐。

食品包装用的铝合金材料，有纯铝，合金系列编号为 1000 系列，常用合金号有 1050、1100 等；铝-锰合金，编号为 3000 系列，常用合金号为 3003、3004；铝-镁合金，编号为 5000 系列，常用合金号为 5052、5082、5182。几种罐用铝合金材料的力学性能及用途见表 11-5。

表 11-5 罐用铝合金材料的力学性能及用途

合金号	状　态	力学性能			用　途
		拉伸强度/MPa	屈服极限/MPa	延伸率/%	
1100	O（软质）	89.2	34.3	35	冲拔罐（DI 罐）
	H14（半硬质）	124.5	117.6	9	
	H18（硬质）	165.6	151.9	5	
3003	O（软质）	110.7	41.2	30	深冲拔罐（DI 罐）
	H14（半硬质）	151.9	145	8	
	H18（硬质）	199.9	186.2	4	
3004	O（软质）	179.3	68.6	20	罐体材料（DI 罐）
	H32（1/4 硬质）	213.6	172.5	10	
	H34（半硬质）	241.1	199.9	4	
	H38（硬质）	282.2	247.9	5	
	H19（超硬质）	300.9	265.6	4.6	
	H19（烘烤后）	287.1	250.9	5.3	

续表

合金号	状态	力学性能			用　途
		拉伸强度/MPa	屈服极限/MPa	延伸率/%	
5052	O(软质)	193.1	89.2	25	一般食品罐罐盖
	H34(半硬质)	261.7	213.6	10	
	H19(超硬质)	317.5	298.9	5	
	H19(烘烤后)	283.2	244	7.6	
5082	H19(超硬质)	393	372.4	4	啤酒、碳酸饮料罐罐盖、拉环
	H19(烘烤后)	330.3	282.2	9	
5182	H19(超硬质)	420.4	393	4	易拉罐、拉环
	H19(烘烤后)	372.4	309.7	9	

（2）用于食品的铝包装

① 硬性铝包装　硬性铝包装常指易拉罐，主要用于啤酒与软饮料包装。

② 柔性铝包装　柔性铝包装是指用铝箔（厚度小于 0.15mm）或由铝箔复合的可扭曲包装材料制成的软包装，是最主要的金属箔膜包装。

柔性铝包装材料具有较好的水分与气体阻隔性能。一般认为厚度大于或等于 0.018mm 的铝箔对水、气体是不透过的。较薄的铝箔易出现铝孔（针孔），略具渗透性。铝箔厚度与水汽透过性关系见表 11-6。铝箔耐酸、碱性较差，常需涂料保护；在外观上，铝箔拥有的表面光泽和颜色，可提高包装的档次；铝箔延伸性较好，采用合适的工具可以使其拉伸到一定程度制成适合松散食品的包装，但是铝的拉伸强度不高，易受刮伤和磨损，易被撕裂，因此，较多用于涂塑或复合包装材料。铝箔常用于复合包装材料的内壁（与食品接触层）或复合材料的中间层，如在利乐纸包装材料及蒸煮袋中作为良好的隔绝层。

表 11-6　典型铝箔厚度与水汽透过性关系（38℃，100%RH）

铝箔厚度		透过水汽量/$g \cdot m^{-2} \cdot d^{-1}$
in	mm	
0.00035	0.0089	4.65
0.0005	0.0127	1.55
0.0007	0.0178	0.46
0.001	0.0254	0

根据铝箔的厚度、复合材料特性和机械强度，铝箔可用于制造半硬性浅盘、软包装袋、复合容器的阻隔层材料和装饰性标签、盖衬及热密封盖等。柔性铝合金包装常用的合金号为 1100、1145、1235。焙烤用的馅饼盘或需较厚韧性金属箔时，也可用 3003 合金材料。

铝箔与纸黏合而成的铝/纸复合材料，可增加其强度、致密性、防潮性和防腐蚀性。常用于茶叶、香烟、饼干和奶粉等食品包装。铝箔与塑料复合可作为蒸煮袋及可杀菌盘式容器材料。隔绝型铝箔蒸煮袋材料的构成和物理性能见表 11-7。使用隔绝型铝箔的蒸煮袋，要注意酸性食品对铝箔产生的腐蚀作用，以及因折曲产生的针孔易导致内容物变质的缺陷。能经受杀菌的盘状铝箔容器结构，大多数是用 100～150μm 厚的铝箔（盖材用 50～100μm 厚铝箔），外面涂一层金色涂料，内面则与 PP 膜（50μm 厚）复合而成的。

近年来，真空镀铝技术的发展，在纸或塑料箔膜上镀上更薄的一层金属箔膜，使材料有更好的性能。如无应力开裂，无静电，光亮美观，金属消耗少等。

表 11-7　隔绝型铝箔蒸煮袋的构成及物理性能

构　成	适用温度 /℃	抗张力 /N·(15mm)⁻¹	粘接强度 /g·(15mm)⁻¹	封口强度 /N·(15mm)⁻¹	整体粘连温度 /℃	封口温度范围 /℃	氧穿透量 /mL·m⁻²·d⁻¹·Pa⁻¹	透湿度 /g·m⁻²·d⁻¹	用途举例
聚酯（12μm）/铝箔（9μm）/特殊高密度聚乙烯（70μm）	≤120	49.0~58.8	600	53.9	125	160~200	0	0	咖喱、牛肉等调理食品
聚酯（12μm）/铝箔（9μm）/特殊聚丙烯（70μm）	≤135	58.8~68.6	700	49	135	190~240	0	0	一般烹调食品
聚酯（12μm）/铝箔（9μm）/尼龙（20μm）/特殊丙烯（70μm）	≤135	78.4~98	800	49	135	190~240	0	0	高级烹调食品

4. 其他金属包装材料

用于食品包装的金属材料除了镀锡板、镀铬板与铝板外，还有镀锌薄钢板（镀锌板）。

镀锌薄钢板也称白铁皮，它是将热轧的钢板经过酸洗，除去表面氧化物后，再放进熔化的锌槽内镀上一层薄的锌制成的。锌比铁活泼，易形成一层很薄的致密氧化层，阻止空气和潮气的侵蚀，具有一定的耐腐蚀性。镀锌薄钢板多用来制作桶状容器。为了增强其稳定性，常在容器内、外（尤其内表面）涂上各种性能的涂料，但由于其易腐蚀，使用受限制，只用于干食品的包装（但不能用于酸性食品包装），且多数用于外包装。

（二）金属容器的结构与特点

用金属材料制成的硬与半硬食品容器按其用途分类有食品罐头罐、铝质易拉罐、喷雾罐、钢桶等容器。全密封性食品罐是金属罐的主要形式。根据其容器结构构成常分为三片罐和二片罐。食品罐的结构、成型方法、原材料及主要用途见表 11-8。

表 11-8　金属食品罐的结构特点及用途

名称	结构特点			主要用途
	罐体成型方法	主要形状	金属材料	
三片罐	锡焊	圆、方形	镀锡板	已被熔焊罐取代
	粘接	圆、方形	镀锡板、镀铬板、铝板	一般食品、饮料、油、化妆品、工业用品等
	熔焊	圆形	镀锡板、镀铬板	一般食品、饮料、油类化妆品、药品等
二片罐	深冲（DRD）	圆、方、椭圆形	镀锡板、镀铬板、铝板	一般食品
	冲拔（DWI）	圆形	铝板、镀锡板	含气饮料、啤酒（铝）
	冲压	圆形	铝（锌）板	啤酒（铝）、化妆品（锌）

1. 三片罐

三片罐由罐筒体、盖、底三部分构成。其形状除圆形罐外，也有梯形罐、方形罐等。三片罐的罐身有接缝，接缝的固定密封方法有锡焊法、熔焊法和粘接法。罐筒体与盖、底则采用二重卷边法密封，底、面盖周边内侧涂有胶圈，以保证接合部位的密封性。

（1）锡焊罐　锡焊罐是用熔锡将罐身接缝（踏平后）焊接而制成的食品罐，也称为传统罐（典型罐）。锡焊罐主要制罐材料是镀锡板。

由于锡焊料含有重金属铅，容易污染食品，受到越来越多国家的禁止或限制使用，自 20 世纪 70 年代以来锡焊罐头食品罐已被电阻焊接罐所代替。

（2）熔焊罐　熔焊罐又称电阻焊接罐。1970 年瑞士的 Soudronic 公司研制出了用铜线作为电极的电阻焊接技术（称为 soudronic welding technique），也称铜丝熔焊法（或 wire maqsh，简称 WIMA、"维码焊"）。电阻焊接制罐原理见图 11-2。

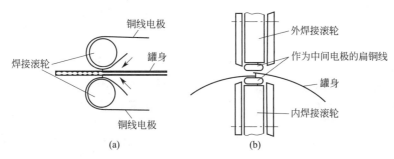

图 11-2 电阻焊接制罐原理

电阻焊接制罐技术不仅可降低来自金属容器中的铅对食品污染，而且可节省制罐材料，降低能耗。电阻焊接罐不用焊锡，边缝不需咬接。焊缝厚度仅为罐壁厚度的 1.2～1.8 倍，叠接宽度最小可达 0.4mm。可用 0.15mm 厚镀锡板制罐，节约 3%～7% 的薄钢板，且熔接质量高，有利于提高制罐速度，目前最高可达 2000～2500 罐·min^{-1}。电阻焊接罐已广泛应用于食品罐头用罐、饮料罐、气溶胶罐、日用品罐和大桶等容器生产。

（3）粘接罐　粘接罐是指罐身边缝由黏合剂黏合的金属罐。粘接罐有两种类型：一种用热塑性有机黏合剂，可用于不需加热杀菌的容器，用于灌装冷冻柑橘浓缩汁等食品；另一种是用聚酰胺作为黏合剂的粘接罐，可用于软饮料及乳品饮料罐，也可用于肉制品罐头。20 世纪 70 年代已有采用尼龙搭接法制成适于低温杀菌的镀铬铁罐，用于罐装软饮料。

粘接罐和锡焊罐的制造工艺有些不同。粘接罐原料薄板裁成罐身料后首先送到粘接剂涂布器，其中有一火焰用于预热每个罐身板，然后再涂以粘接剂。粘接剂先被挤至一涂布轮上，再转涂到罐身板的边缘成连续的细条。接着，罐身迅速地通过冷却滚轮间，并通过切削部位，除去多余的粘接剂。

☁
拓展阅读 11-3
典型三片罐制
罐生产流程

2. 二片罐

二片罐是指罐底罐身（筒体）为一体的部分与盖再构成的金属罐。有圆形、椭圆形、方形等形状罐。依据罐体的成型方法有深冲罐和冲拔罐。

（1）冲拔罐　冲拔罐（drawn ironed can，DI 罐）或称 DWI 罐（drawn and wall-iron steel can），是在 20 世纪 40 年代发展起来的二片罐。冲拔罐是用深冲初成型，再用一系列拉伸（ironing）操作来增大罐身高度和减少壁厚而制成的金属罐。冲拔罐最初用韧性好的铝材，后来也用镀锡板。

DI 铝罐生产效率较高（可达 1200 罐·min^{-1}），生产时间短（从卷带料到成品仅需 1.5h），材料消耗比三片罐显著下降，但对罐的涂料和材料品质上的要求及设备投资方面比三片罐高，从而使成本增加。

冲拔罐的罐壁较薄（约 0.1mm），耐压力与真空性能较差，故多数用于饮料罐，如啤酒、碳酸饮料等含气饮料的包装。为了扩大 DI 罐的应用，采用镀锡板制成的 DI 罐，常在罐身压出凹凸波形加强圈，或采用缩短罐高度来维持罐的刚性，这类 DI 罐用于某些蔬菜罐头、宠物罐头的包装。

（2）深冲罐　深冲制罐（DRD 罐）是指用连续的深冲（也称拉制，draw）操作（如两次或两次以上）使罐内径尺寸变得越来越小的成型过程，故也叫深冲-再深冲法（draw redraw），由此法制成的二片罐称为 DRD 罐。

第十一章

DRD 罐终产品的底、壁厚和原材料薄板的厚度差异较小，因此其材料成本比 DI 罐高。但此法对薄板材料品种要求不严格，锡的润滑作用显得不重要，故可用镀锡板、镀铬板和铝合金板，可制成圆形、方形和椭圆形罐。DRD 技术可用于加工收缩径罐，使容器具有足够的强度，易承受制罐等机械操作。

易拉盖的使用提高了罐头食品食用的方便性，使罐装的饮料、食品在市场的销售大增，但也带来了环境保护问题。易拉盖拉环（耳）多用硬质铝材制成，硬而且边缘锐利，常刺破轮胎，伤害人、畜。为此，许多易拉罐盖采用压下盖（也称 prosto end），开罐时拉环（耳）仍保留在空罐上，方便废罐回收，可减少对环境的危害。

3. 喷雾罐

喷雾罐也称气雾罐（Aerosol），是在第二次世界大战后才发展起来的一种金属罐。罐内装有雾化剂，它与被包装物形成一种气溶胶状态，在罐内形成一定的气压，当阀门被打开，混合物被喷射到空气中形成雾状。其结构原理见图 11-3。

喷雾罐中采用的雾化剂是喷雾的动力源。食品喷雾罐中使用的雾化剂是无毒的氮、二氧化碳等，主要用于泡沫奶油、蛋糕装饰料的包装。

4. 钢桶

钢桶是镀铅锡合金钢板或镀锌钢板加工的圆形容器，常具有较大容量（如 200L 等），主要用于流态食品或某些干食品（常有内包装）的运输包装。容量 200L 的钢桶，一般直径 500mm、高度 900mm。钢桶按其结构分为顶封式和顶开式两种。

顶封钢桶通常有两个带凸缘的孔，一个直径约 50.8mm，另一个19mm。也有两个孔是大小一致的。一般小孔用来通气，大孔用来连接进出口。孔口位于桶顶相对的两边；或者一个在桶顶，另一个在桶身的中间；或者一个在桶顶，另一个在桶底。开孔上有螺纹，可装上螺旋盖和橡胶垫或石棉垫。这种结构的钢桶常用来装液态食品，如油，或其他腐蚀性低的流态食品。

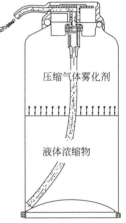

压缩气体雾化剂

液体浓缩物

图 11-3 喷雾罐结构

顶开式钢桶有一个非密封的桶盖，盖子边上有槽，槽中有衬垫，以便桶的边缘密封，再用活卡铁箍上紧，或由锁紧螺母，螺栓固定。这类钢桶适于有内包装的粉状、块状等固态食品的包装。

为了增加钢桶的强度，防止机械冲击，根据需要可在桶身滚压出翻边、环筋和增加滚箍环，对材料进行抗腐蚀处理或进行适当涂料等处理。

5. 其他金属容器

其他金属容器按其容器的封口形式，有压盖罐和旋盖罐等。

压盖罐有单压盖、双压盖两种。前者用于粉状食品（如麦乳精、奶粉等）包装，为了加强运输贮藏过程的密封隔绝性，通常在压盖里层密封一层铝薄（在二重卷封盖时完成）；双压盖封盖较平实，可用于茶叶等易吸湿食品的包装。压盖罐的密封靠金属盖与罐顶密封边的摩擦压紧，其密封性与材料挠性及加工工艺等有关。

旋盖容器常是长方体的，容量可达 5gal，用于装食油或其他需密封的液态食品。通常容器出口直径较小，盖子的尺寸用英寸加分数表示（指螺纹的外径），螺纹剖部或螺旋角并未有工业标准，因此，容器与盖子常由同一厂家提供，以保证互相配套。

（三）金属食品罐的涂料

镀锡板、镀铬板和铝合金板等材料制成食品罐（罐头），由于材料的性能差异，包装产品不同，加工过程的机械磨损，使食品罐易受腐蚀，引起内容物变质或影响产品的商品价值，因此多数食品罐均要求对罐内（外）壁进行涂料处理，或采用涂料铁制罐，使内装食品和镀锡板隔开，以减少它们之间的反应，从而保证食品质量和延长罐头的保存期。

1. 食品罐内壁涂料

罐内壁涂层主要是保护金属不受食品介质腐蚀，防止食品成分与金属材料发生不良的化学反应，或降低其相互黏结能力的工艺。罐内壁涂层工艺一种是把专用涂料漆在平张镀锡板（或其他钢板、铝板）上，然后烘烤使其固化，称为制罐前涂料；另一种是在空罐成型后再在罐内壁涂上保护漆，称制罐后涂料。

用于食品罐内壁的涂料漆成膜后应无毒，不影响内容物的色泽与风味，有效防止内容物对罐壁的磨损，漆膜附着力好，具有一定的硬度、耐冲性和耐焊接性，适合制罐工艺要求。罐头经杀菌后，漆膜不能变色、软化和脱落，在罐头贮藏期间，稳定性好。

常用罐内壁的涂料，依其主要目的，有：抗酸涂料、抗硫涂料、双抗涂料、防黏涂料、冲拔罐抗硫涂料及快干接缝补涂涂料等。

2. 食品罐外壁涂料

食品罐外壁涂料主要是彩印涂料。现代食品罐多以印铁商标（彩印）代替纸商标，既美观光亮，也省去贴标操作，可避免纸商标破损、脱落、褪色和油污等缺点，罐外涂料层可防止罐外表面生锈，也便于使用罐外层镀锡量较低的镀锡板。

罐外涂料层（涂料及油墨等）应具有较高的稳定性，耐沸水和加压蒸汽杀菌，涂膜不变色、软化、脱落和起泡，保持原有的光泽、色彩，有良好的加工性能及经济性。

罐外涂料常由多层涂料构成。不同用途食品罐其外层涂料各层构成成分及涂膜要求虽不相同，但都包括底涂层、白涂料或白油墨层、彩印油墨层、罩光涂料层。

（四）金属食品罐的封口

二重卷封罐是目前密封性能最佳的金属容器封口形式。罐头二重卷封通常靠头道卷封（使罐盖卷曲边和罐身翻边相互钩合）和二道卷封（将罐盖身钩紧压在一起，并将盖钩皱纹压平，使密封胶很好地分布在卷边内）组合的二次卷边操作来完成，因此也称为二重卷边。实际上二重卷边是指罐上盖、身互相卷合所构成的那一部分。二重卷封操作时罐身翻边和罐盖卷曲边相互钩合形成牢固的机械结构。二重卷封由三层罐盖厚度和两层罐身厚度构成，在二重卷边叠层内充填适量密封胶，以保证密封性。

二重卷边的形状和构造直接受封口滚轮的槽沟形状和压头斜度影响。滚轮轮廓大小应随铁皮厚度不同而变化。滚轮轮廓和滚轮压力的调整和封罐机的托盘最后决定二重卷边的形状和完整性及其大小。在正常封口操作中，对二重卷边必须定期检查，一般最长间隔时间不超过 4h 就应从每一封头取样一罐做卷边解剖（或剖析）检查。除此之外，还得增添从封罐机取罐做非破坏性目检，而其间隔时间不应超过 30min，并将检测结果记录。检查过程发现明显的缺陷即迅速纠正，以保证整批生产中能保持封口的密封性。

二重卷边质量是由许多不同的指标参数测定结果进行评定的，见图 11-4。通常使用测微计测定系统，对下列指标进行观察和测量：身钩、盖钩、卷边厚度（或长度、高度）、紧密度（观察皱纹）、卷边厚度、埋头度和叠接长度（计算法）等。

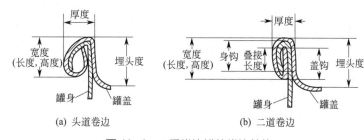

图 11-4 二重卷边罐的卷边结构

三、纸、纸板及纸包装

纸或纸基材料构成的纸包装材料，具有成本低、易获得、易回收等优点，是食品包装的重要材料。

（一）纸和纸板

纸和纸板分类，常依定量或厚度来划分。定量在 $250g \cdot m^{-2}$ 以下或厚度在 0.1mm 以下称为纸；定量在 $250g \cdot m^{-2}$ 以上或厚度在 0.1~8mm 以上的称为纸板。

1. 纸的性质及品种

纸和纸板是由木材等提取的纤维素加工制成的，纸的性质主要受制浆和抄纸工艺影响。

常用的食品包装用纸有牛皮纸、羊皮纸、防潮纸等。

（1）牛皮纸　牛皮纸是用未漂硫酸盐木浆抄制的高级包装用纸。其色泽呈黄褐色，机械强度高，耐破度较好，具有一定的抗水性，主要用于外包装用纸。牛皮纸规格有卷筒纸和平板纸两种。有单面光或双面光，有条纹与无条纹之分，定量为 $32g \cdot m^{-2}$、$38g \cdot m^{-2}$、$40g \cdot m^{-2}$、$50g \cdot m^{-2}$、$60g \cdot m^{-2}$、$70g \cdot m^{-2}$、$80g \cdot m^{-2}$、$120g \cdot m^{-2}$ 等。

（2）羊皮纸　羊皮纸又称植物羊皮纸或硫酸纸，有较高撕裂强度，抗油性能较好，有较好的湿强度。定量为 $55g \cdot m^{-2}$、$60g \cdot m^{-2}$、$66g \cdot m^{-2}$、$75g \cdot m^{-2}$。有卷筒纸和平板纸两种，可用于奶油、油脂食品、糖果、茶叶食品包装。

（3）防潮纸　防潮纸又称涂蜡纸。涂蜡纸是成本最低的防水材料之一，并具有良好的抗油脂性和热封性。

（4）过滤纸　过滤纸有一定的湿强度和良好的滤水性能，无异味，卷筒装，幅度为 94mm 和 145mm，每卷长为 420m。可用于袋泡茶包装。

（5）防霉防菌纸　防霉防菌包装纸是采用 80% 的漂白针叶硫酸盐木浆和 20% 的漂白阔叶硫酸盐木浆，打浆时添加 8-羟基喹啉、硫酸铜和氢氧化钠等防霉剂抄制而成的。防霉防菌纸基本上无毒，用于新鲜果蔬、食品、化妆品、衣料的包装。

也有一些有防鼠作用的防鼠纸。是一种涂有己二酰亚胺的牛皮纸。己二酰亚胺毒性较低，但老鼠的牙齿对其特别敏感，受刺激后，就发生忌口作用，可用于粮仓中做成防鼠墙。

2. 纸板

纸板常按其纸浆来源及构成特点分类。常用的纸板有黄纸板、箱纸板、瓦楞纸板、白纸板等。

瓦楞纸板是由瓦楞原纸经机器滚压后成为波纹的瓦楞纸与箱板纸黏合而成的。其结构依瓦楞纸与板纸的组合形式有：单面瓦楞纸板（一层瓦楞纸与一层箱板纸黏合而成），其强度不大，多用于缓冲与不定型包装；双面单瓦楞纸板（一层瓦楞纸两面各与一层箱板纸黏合），用于制作中小型纸箱（盒）；双层瓦楞纸板（由两层瓦楞纸与三层箱板纸构成），多用于水果蔬菜等食品的常规包装箱；三层瓦楞纸板（由三层瓦楞纸与四层箱板纸黏合而成），用于制作大型包装容器和托盘式集合包装箱。此外还有更多层次的瓦楞纸板。

瓦楞纸板具有强度大、重量轻、便于印刷及造型等特点，是主要的纸包装材料。日本研究两类有保鲜作用的瓦楞纸板，可用于果蔬包装保鲜用，一种是由瓦楞纸与 PSP（聚苯乙烯泡沫板层）叠成的，其构造是纸/中芯/PSP/纸；另一种是瓦楞纸与 PE（聚乙烯泡沫）复合的薄板层保鲜瓦楞纸，其构造是 PE/中蕊/纸。保鲜瓦楞纸与其他纸性能比较见表11-9。

表 11-9　保鲜瓦楞纸板与其他材料阻隔性能比较

项　目	保鲜瓦楞纸板	普通瓦楞纸板	PE(厚 30μm)
透湿性/g・m^{-2}・d^{-1}	40~45	830~910	24~48
热导率/W・m^{-2}・K^{-1}	0.0318	0.049	—
透 O$_2$ 性/mL・mm・m^{-2}・d^{-1}・kPa^{-1}	52	过高不能测	220
透 CO$_2$ 性/mL・mm・m^{-2}・d^{-1}・kPa^{-1}	160	过高不能测	830

（二）纸容器及其特点

纸容器是以纸或纸板等原料制成的纸袋、纸盒（杯）、纸箱、纸罐、纸筒等容器。按纸容器的用途分为两大类：一类是用于销售包装的（如纸盒、纸罐、纸杯等）；另一类是用于运输包装的（如纸箱等）。

1. 纸袋

纸袋是指用纸（可以多层）或纸复合材料加工而成的容器。纸袋的皮重很轻，因此纸袋包装食品的货运价格也最便宜，其包装容量可达 50kg（用多层运输袋）。纸袋常由牛皮纸、亚硫酸盐纸、玻璃纸、湿强纸等制成。按照纸袋的形式，常用的有自开袋（直立袋）、矩形衣袋、扁平袋、信封袋、书包袋（皮包式袋）等。

纸袋构成及结构形式多样，以便提高包装保护和运输功能。如贝拉（balar）袋，可用来包装多个较小的袋，具有书包袋的袋底（椭圆形式多角形）或自开袋袋底的形式；多层重包装袋，由 3~6 层或更多层材料构成，用于重物包装。纸袋的封口形式有缝制、黏合（胶黏剂或热封合黏胶带等）。袋口也有采用绳子捆扎，金属条开关扣式的。袋的侧边多数采用胶黏方法，也有采用缝合方式的（适于重包装）。

2. 纸盒

纸盒也叫纸板盒（carton），是一种半硬性纸包装容器。作为食品包装容器的纸盒的材料一般采用实芯纸板，如白纸板。为了保证食品卫生，防止包装材料带来的污染，与食品接触面往往采用挂面、涂层或加衬里，也有采用涂覆 PE 的。用于冷冻食品的包装则采用增加厚度加工成的耐水性纸盒。而用于高级酒类的包装盒，也有采用"E"型瓦楞纸板制成的盒子以增加强度和防震性能。

按纸盒的结构与成型特点分类，有折叠式和固定式纸盒。折叠盒的材料成本、制作与组合方式比较经济，能以扁平的形式贮运而节省空盒占有的空间，经过精美印刷和压凹凸可使其具有优良的货架展示包装性能，但折叠盒的强度有一定限制，受环境气候影响较大，常用于较小的包装盒。固定式纸盒与折叠式纸盒的形状、大小等类似，按使用要求制造，空盒运输过程不能折成扁平形状，其盒结构中许多部位（底角、周边等）都需增强处理，生产成本较高，多用于装饰特殊的食品包装。

普通纸盒尚未达到密封性包装要求，但其轻便，便于印刷、装饰和造型，使其在商品陈列包装中备受重视，尤其是在礼品包装中显示出其优越性。纸盒存在的缺陷，可通过改进纸质材料或结构设计等解决。

用纸、塑、铝材料复合纸板制成的可折叠纸盒，具有较好的密封性能，其材料构成为 PE/纸/PE/Al/PE。常用的有屋顶形长方体、平顶形长方体、正四面体等构形，用于牛奶与果汁等饮料的无菌包装。

3. 瓦楞纸箱

瓦楞纸箱（corrugated case）是由瓦楞纸板折合而成的，是纸板箱容器中用量最大的品种，其由于价廉，良好的保护和防震作用，大量用于商品的运输包装。

瓦楞纸箱一般为方形，按其结构通常分为：一页成型箱、二页成型箱、三页成型箱及异形纸箱，最常见的食品包装瓦楞纸箱为一页成型箱。

瓦楞纸箱的选择及设计应考虑箱型、容量、尺寸、强度要求及箱内附件（如分隔、防震、增强等补充材料）。瓦楞纸箱的尺寸常指箱内尺寸。纸箱尺寸的确定除了考虑包装内容物的要求（数量、重量等）之外，也要考虑其强度性质（包括堆叠强度）及经济性，并配合运输交通器材体积及货架尺寸要求。从生产成本考虑，一定容积的最经济纸箱的长、宽、高比为 2∶1∶2，长度为宽度的 2 倍，便于堆积中的联锁作用，形成稳定的堆积。但箱高度过大，也会造成堆置困难。从搬运贮存考虑，长度为宽度的 1.5 倍，高度比宽度略小的瓦楞纸箱最便于搬运贮存。

瓦楞纸箱装填物品后的封箱方法有黏胶剂法和黏胶带封条。常用的黏胶带封条由 60lb 牛皮纸、PP、PVC 塑料制成；或用聚酯材料制成透明的压敏封条，但后者价格较高，容易剥落，强度较低，不宜用于装不满或过分装满的纸箱的封口。较重的包装纸箱尚需用各种捆扎带捆紧，减少运输过程破损。

拓展阅读 11-4
瓦楞纸箱技术
参数

4. 纸罐（桶）

纸罐又称纤维质硬化纸罐，其罐身呈圆筒形，由纸板或纸基复合材料制成。罐（桶）底、盖可以是纸板，更多的是金属、塑料或其他材料，因此常称为复合罐。习惯上容量小的（如罐头）称为罐，容量大的称为桶。

（1）复合罐　纸复合罐（composite can）20 世纪 50 年代开始用于食品包装。由于选用高性能的纸板、金属薄衬里及树脂薄膜，使复合罐的密封性、防湿性、防油性有所提高。1960 年研究成功双密封结构复合罐，使复合罐可用于流态食品（如橘汁）的包装。复合罐质轻，比常规马口铁罐价廉，机械强度适中，不变形，阻隔性良好，使用方便，抗腐蚀性比马口铁强，可用于干热空气灭菌。但复合罐抗压性比马口铁罐差，不能用于蒸汽、水杀菌。气密封性能尚不如金属罐。

复合罐罐身材料（纸板）结构由内层到外层为 PE 或 PP/Al/牛皮纸/三层纸板/铜版纸（商标）。罐身形成主要有三种形式：螺旋卷绕式、平绕式和搭接式，见图 11-5。三种形式都围绕蕊轴来缠卷，然后按定长切断。目前在食品包装中多采用螺旋卷绕式与平绕式。复合罐的底盖可用马口铁、镀铬铁、铝等材料，采用二重卷封方式密封，可采用易开盖；盖（底）采用塑料，则用热封方式密封。国内生产的复合罐内径系列见表 11-10。复合罐多用于粉状、颗粒状干食品或浓缩果汁、酱类的包装。

(a) 螺旋卷绕式　　　(b) 搭接式　　　(c) 平绕式

图 11-5　复合纸罐筒体成型形式

表 11-10　国内制造的复合罐内径系列①

代　号	201	211	300	307	401	404	502	603	610
内直径/mm	52.4	65	72.5	83.2	98.8	104.9	126.1	153	164.5

① 代号数字为罐外径英寸数，如 404 指直径为 $4\frac{4}{16}$in。

（2）纸桶　纸桶也称纤维质硬化纸板桶，或牛皮纸桶。容量一般在 220L 以下，最大装量 100kg。常用于干粉末食品、粮谷类、食品辅料等的包装。若在桶内加塑料内衬，也可用来装膏状物料。其端盖可用金属、木板或纸板，桶身由不同的层合片材制成，表面可以涂布所要求的涂覆物。这种纤维桶在垂直堆叠时，具有优良的强度/质量比，但桶侧抗压强度较低，不宜横向堆叠。为了增加桶的强度，在桶身用金属箍加强。纤维桶比金属桶轻，虽可在桶外壁进行防水处理，仍不适户外存放或长期置于自然环境中。

四、塑料包装材料及容器

塑料是一种以高分子合成树脂为主要成分,在一定条件(如温度、压力等)下可塑制成具有一定形状且在常温下能保持形状不变的材料。按塑料的性质可分为两类:热塑性塑料和热固性塑料。前者是线型高分子化合物,如聚乙烯、聚氯乙烯、聚丙烯、聚苯乙烯、尼龙等。若把固态线型高分子化合物加热,它将逐渐变软直至熔融,冷却后又变硬成固态,这个过程可以反复多次,这就有利于废旧塑料品的再生利用。而热固性塑料,如酚醛塑料、脲醛塑料、环氧树脂等,在受热时,可塑制成一定形状,但再加热时不会熔融,只会分解,因为在加热塑造时其分子间发生了化学交联反应,形成了不溶的网状体型结构,这类塑料只能一次成型,其再生利用比较困难。

由于塑料包装材料与其他包装材料相比,具有:质轻、力学性能好;良好的加工性能和装饰性;对一般的酸、碱、盐等介质均有良好的抗耐能力,化学稳定性好;具有良好的透明性,制成包装容器可以清楚地看清内装物,起到良好的展示、促销效果等优点。因此,在各类食品包装中,塑料包装几乎无处不在,从鲜奶、豆浆、酸奶使用的包装袋,到各种食用油、碳酸饮料使用的桶或瓶,从袋装米面所用的编织袋,到各种方便面、小食品外包装,几乎所有的食品包装都离不开塑料的身影,可以说塑料包装与人们的日常生活密不可分。但是,塑料包装多数为一次性使用,用过后的塑料包装物成为都市主要的固体废物及垃圾,已倍受环境保护部门和公众的责难,环境保护对塑料,尤其是塑料包装生产与应用的挑战是严峻的。食品塑料包装生产过程的安全控制、塑料废物的处理、回收利用及可降解塑料的开发成为塑料包装应用中备受重视的研究课题。

(一)塑料的品种及特性

1. 玻璃纸

玻璃纸也称赛璐玢(cellophane),其主要成分是纤维素,将其归入塑料是由于多数玻璃纸含有增塑剂,如甘油或乙二醇。普通玻璃纸对水蒸气的扩散缺乏防护作用。为增加玻璃纸的隔绝性能,采用涂层方法(涂上防护剂)加工成防潮玻璃纸,如涂上硝化纤维素、聚偏二氯乙烯共聚物和聚氯乙烯共聚物等。涂聚乙烯的玻璃纸具有较好的防潮性、耐水性和韧性,在低温下不易破裂,在高温下容易与聚乙烯薄膜复合。

涂塑玻璃纸的性能主要决定于涂料层的性质。因此在食品包装时必须依据被包装物的性质采用不同的涂料层或复合薄膜,如普通玻璃纸多用于水分含量低或对水汽不敏感的食品包装,否则需选用防潮涂塑玻璃纸;而需气密性好和需加热杀菌的食品包装,则要选择复合型防潮涂塑玻璃纸。

2. 聚烯烃

聚烯烃(polyolefins)是由有乙烯结构(烯键)的乙烯类热塑性单体聚合而成的塑料,包括聚乙烯、聚丙烯、聚氯乙烯、聚偏二氯乙烯、聚苯乙烯、聚乙烯醇及聚四氟乙烯等。

(1)聚乙烯 PE(polyethylene,PE)是由乙烯聚合而成的高分子化合物。纯净的 PE 是乳白色、蜡状固体粉末,工业上使用的 PE 是已经加了稳定剂的半透明颗粒,密度 $0.92\sim0.96g \cdot cm^{-3}$;PE 不溶于水,在常温下也不溶于一般溶剂,但与脂肪烃、芳香烃和卤代烃长时间接触能引起溶胀,在 70℃以上时可稍溶于甲苯、醋酸、戊酯等;PE 在空气中点火能燃烧,发出石蜡燃烧时的气味;PE 吸水性小,能耐大多数酸碱的腐蚀;PE 的低温柔软性较好,其薄膜在-40℃仍能保持柔软性。

由于聚合方法不同,PE 的性能也有不同。在食品包装上常用的几种 PE 产品主要有:低密度聚乙烯、高密度聚乙烯、线型低密度聚乙烯以及其他 PE 品种。

① 低密度聚乙烯 低密度聚乙烯(LDPE)又称高压聚乙烯。在高压(通常在 100～200MPa)条件下聚合,LDPE 密度一般在 $0.910\sim0.925g \cdot cm^{-3}$,软化点 90～100℃,分子量 $(2.5\sim4)\times$

10^4，熔融指数为 $0.2 \sim 0.7 g \cdot (10min)^{-1}$。

LDPE 可挤压为薄膜，吹塑成各类瓶，或作为纸、铝及纤维素薄膜的涂层。LDPE 对氧、二氧化碳透过性高，不透水且亲水性低，常用于保鲜包装薄膜、收缩薄膜。由于 LDPE 薄膜透明、柔软、韧性好、成本低，故其应用最普遍。

② 高密度聚乙烯　高密度聚乙烯（HDPE）又称低压聚乙烯，其密度为 $0.941 \sim 0.965 g \cdot cm^{-3}$，分子量 $(5 \sim 25) \times 10^4$，软化点 $120 \sim 130℃$，其机械强度、硬度、耐溶剂性和阻气、阻湿性均优于 LDPE，用其制作的容器可在 $100℃$ 煮沸消毒。

用 HDPE 生产的包装袋，如交叉层合复合膜及吹塑制品，用于果汁、果酱、牛奶、啤酒等食品包装。

③ 线型低密度聚乙烯　线型低密度聚乙烯（LLDPE）是乙烯与 α-烯烃的共聚物，结构为带短支链的线型分子链，密度一般在 $0.915 \sim 0.935 g \cdot cm^{-3}$，比一般的 LDPE 具有更好的拉伸强度、刚性、耐冲击性、耐应力开裂性、耐热和耐低温性。

由于 LLDPE 具有线型结构，在密度相同时，LLDPE 的模数较高，可以加工成更薄的薄膜，而其挺度不变。LLDPE 还具有改性剂的作用，与其他树脂掺和，可使掺和体获得良好的综合性能，能保持原有 LLDPE 热黏合强度，即使封口受污仍可热封，适于肉类制品，如午餐肉、香肠、冷冻食品、奶酪等食品的包装。LLDPE 不是离子键聚合物，却具有许多离子键聚合物的优点，因此可取代其他价高的共聚物，如用 LLDPE 代替醋酸乙烯酯共聚物可制造耐低温冰袋。

④ 超低密度聚乙烯　超低密度聚乙烯（ULDPE）也是由乙烯和 α-烯烃共聚而成的。分子结构中短支链较多，密度通常仅为 $0.88 \sim 0.91 g \cdot cm^{-3}$。

ULDPE 可用作乙烯-乙酸乙烯共聚物或软聚氯乙烯等的代用品。用作高密度聚乙烯、聚丙烯的改性剂，可改善抗撕裂强度及耐应力开裂性。单独或与线型低密度聚乙烯或高密度聚乙烯共混可生产各种薄膜。除与高密度聚乙烯共挤塑制复合薄膜外，还可制片材、异型材、软管等。

ULDPE 强度、柔韧性、密封性、光学性能均良好，耐化学腐蚀，对各种聚乙烯和聚丙烯有良好的粘接性。

（2）聚丙烯　聚丙烯（polypropylene，PP）是无色、无味、无毒、可燃的带白色蜡状颗粒材料，外观似 PE，但比 PE 更透明更轻。PP 平均分子量 8 万，熔点 $164 \sim 170℃$，密度 $0.89 \sim 0.91 g \cdot cm^{-3}$。PP 熔融拉伸性极好，容易燃烧，离火后可继续燃烧，火焰上端黄色，下端蓝色有少量黑烟。

PP 具有优异的透明性、光泽、强度、弯曲强度、耐热性以及成纤性，故其拉伸性能非常好。PP 分子在熔融流动的方向定向，因此它的强度也有方向性。垂直于定向方向的拉伸冲击强度，比定向方向减少 50%。PP 的介电常数较低，为 $2.2 \sim 2.6$，而且基本上不受温度和频率的影响，具有良好电绝缘性；PP 具有良好的耐热性能，也是常用廉价树脂中耐温最高的一种，即使在 $150℃$ 使用也不变形；PP 熔点约 $170℃$，比 PE 高 $35 \sim 55℃$；PP 脆化温度为 $-35℃$，低温使用温度可达 $-20 \sim -15℃$；PP 膜阻隔气性比 PE 膜强，其氧气透过率为 PE 的 $1/2$。虽然 PP 具有很多优点，但却有易于氧化劣化的缺点。

目前包装用的 PP，可分为单纯的 PP，常称均聚物（体），以及改进了耐冲击性的共聚物（与乙烯的共聚物）。此外，也有混合了无机填料的刚性增强 PP 及各种改性 PP。

PP 作为包装材料的主要形式是丝、织、膜，中空制品及注射成型制品。许多食品容器，如杯、盘、碗、盆、盒、周转箱等产品都可用 PP 注射成型方法制造。因为 PP 是结晶型聚合物，当熔融物冷却时，会伴随着明显的体积收缩，其收缩率达 $1.0\% \sim 2.5\%$。PP 制品在使用中，还会有后收缩现象，这在考虑容器的密封时要加以注意。普通 PP 耐冲性不如 PE，用 PP 吹塑成型生产中空容器，除小瓶、安瓿等制品外，多采用耐冲性的共聚物。

PP 薄膜依其用途及性能可分为：T 型平膜（多采用均聚物）；环型模口机头薄膜（多采用共聚物）；双向拉伸 PP 膜（简称 BOPP 膜）。BOPP 膜的透明性和光泽与玻璃纸接近，具有较低的透氧性与透湿性，可取代玻璃纸，在某些领域也可取代 PVC 和 PE，且其原料成本较低，原料来源丰富，有较高的单位面积利用率，力学性能比 LDPE 有明显优势。BOPP 膜的唯一缺点是热封性较差。采用某些适当的工艺技术，如和 PVDC（聚偏二氯乙烯）薄膜复合或涂覆，可改善其热密封性和隔绝性。实际上 BOPP 膜常用作复合膜及真空镀金属薄膜的主要材料，而居塑料薄膜应用的第二位。

拉伸 PP（简称 OPP）具有在拉伸方向强度高、伸长率小的特点，可以用拉伸的窄带或细丝作为织物和绳索的材料。用窄带编织的编织袋，广泛代替麻袋用于食品原材料的包装。

（3）聚氯乙烯　聚氯乙烯（polyvinyl chloride，PVC）树脂是白色或微黄色粉末，密度 1.4g·cm^{-3} 左右。在 PVC 加工过程中，常需添加增塑剂、稳定剂、润滑剂以及其他辅料，以制成不同硬度、不同用途的制品，其物理性能随工艺配方的改变而改变。PVC 可进行吹塑、注射、压延、流延等方法进行成型加工。

PVC 具有可塑性强、透明度高，易着色、印刷、耐磨、阻燃以及对电、热、声的绝缘性等优良性能，用于制作泡沫人造革、密封垫、搪塑制品和各种涂料、建筑材料、唱片片基及各种洗涤剂、化妆品的中空容器。由于采用了无毒助剂以及 PVC 树脂，合成中将氯乙烯单体含量成功地降至 5ng·kg^{-1} 以下，可以生产出无毒 PVC，使 PVC 能应用于食品包装。如用于啤酒瓶盖和饮料瓶盖的滴塑内衬；吹塑 PVC 瓶用于调味品、油料及饮料等包装以代替玻璃瓶；PVC 薄膜有较低的水汽透过性和较高二氧化碳透过性，可用于肉类及农产品包装，也可用作糖果的扭结包装膜。定向拉伸 PVC 薄膜作为热收缩包装膜也发展迅速。

在生态环境以及 PVC 塑料的回收问题上，PVC 塑料用于包装材料正面临着严重的挑战，如何改进 PVC 生产技术，克服 PVC 应用存在的环境与安全问题仍是全世界关注的问题。

（4）聚偏二氯乙烯　聚偏二氯乙烯（polyvinyliden chloride，PVDC）主要是由偏二氯乙烯（VDC）和氯乙烯（VC）等共聚而成的，其商品名为赛纶（Saran）。PVDC 的性能随 VDC 的含量及助剂的种类不同而异。PVDC 最大的特点是对气体、水蒸气有很强的阻隔性，又具有较好的粘接性、透明性、保香性和耐化学性。PVDC 在室温时耐油和蜡性能较好，而在高温时会降低，其耐冲击强度在低温时很差。PVDC 虽价格较高，但优越的阻隔性使其仍广泛用作聚烯烃类包装材料的高隔绝性涂料或制成复合薄膜，以延长食品的保质期。

普通 PVDC 薄膜可耐热水加热，而不影响其隔绝性，但其热收缩率较高，在 100℃，达 25%～30%。这种特性使 PVDC 薄膜可大量应用于香肠、火腿包装以代替天然肠衣；高收缩型 PVDC 膜热收缩率达 45%～50%，一般不用于加热杀菌，而用于真空包装材料或作为外包装材料用。

用 PVDC 涂布的塑料薄膜特别适合用作对氧敏感及需长期保存的食品、医药品等的包装材料。涂覆与未涂覆 PVDC 的薄膜氧透过率见表 11-11。

表 11-11 涂覆 PVDC 前后薄膜氧透过率比较　　单位：cm^3·m^{-2}·d^{-1}

底层涂料	未涂覆	涂覆（涂覆量 6~8g·m^{-2}）
BOPP(20μm)	2000	7
PET(12μm)	100	5
PE(25μm)	3000～5000	8
PS(61μm)	3000	7

（5）聚苯乙烯　聚苯乙烯（polystyrene，PS）是由苯乙烯聚合而成的无规结构高分子链，侧基苯环体积大，阻止链的紧密堆积，因此 PS 是芳香族非极性分子聚合物，密度 1.054g·cm^{-3}。在室温下 PS 是质硬、透明、无定形的树脂。

PS 具有良好的电绝缘性，吸水性低，即使在潮湿条件下仍保持其电绝缘性；PS 易于着色，加工成型性好，尺寸稳定性较好，可用于注射模塑和真空成型；PS 导热性差，而发泡聚苯乙烯（简写 PSP）导热性更差，故常用于隔热材料及食品保温盒（如快餐饭盒）。PS 的缺点是质脆，不耐沸水，耐油性有限，易吸尘，且不宜用于油性食品包装及加热食品包装。为了改善其性能，常在 PS 聚合过程添加其他成分制成各种共聚物。PSP 废物难以自然分解，对环境造成白色污染，其在食品包装中的使用一直受到责疑。

常见的 PS 有标准聚苯乙烯（PS），耐冲击聚苯乙烯（含有橡胶分散体的 PS 改性产物），苯乙烯/丙烯腈共聚物系的苯乙烯改性产物（简称 AS），用丁二烯橡胶改性 AS 所得的树脂 ABS，用丙烯酸酯代替丁二烯橡胶改性 AS 所得的树脂 ASA。

PS 的发泡性能好，常用于制作泡沫塑料，用于缓冲包装和托盘。改性的 PS 可制作乳制品（如酸奶、冰淇淋、奶酪和奶油等）的容器或塑杯。双向拉伸 PS 膜，达到一定温度时会收缩，也可用于收缩包装。

（6）其他乙烯衍生物

① 聚乙烯醇　聚乙烯醇（polyvinyl alcohol，PVA）是聚醋酸乙烯酯经皂化制得的白色粉末，是一种成膜性良好的高分子材料。PVA 薄膜可分为两种：一种是聚合度在 1000 以上并经完全皂化的 PVA 制成的耐水性薄膜，即"维尼纶"薄膜；另一种是由低聚合度、部分皂化的 PVA 加工成的水溶性薄膜。

维尼纶薄膜透明度高，不易吸尘，不带静电，可作为纤维纺织品用，也可用于保鲜食品包装，但其防潮性较差，多与其他塑料制成复合膜。日本生产的双向拉伸聚乙烯醇复合膜（商品名 Borlon），具有优良的阻隔、防潮及可加工性能，在透光、光泽、抗静电、耐油、耐热、耐化学侵蚀等方面也具有优良性能，用于防氧化、防霉、防虫等包装。用 PVA 制成的水溶性薄膜，可用作胶囊包裹材料。

② 乙烯/醋酸乙烯共聚物　乙烯/醋酸乙烯共聚物（ethylene vinyl acetate，EVA）在聚乙烯分子链无规则地连接着醋酸基，因此，醋酸乙烯（VA）的含量和分子量大小（或称熔融指数）影响着 EVA 的性能。VA 的含量越高，塑料越软，延伸率、耐冲击强度越高，拉伸强度越小；VA 含量越低，其性能越类似 LDPE。

EVA 塑料具有优良的韧性和裹包性，是托盘包装和收缩包装的理想材料。采用熔融指数 $0.25\sim0.35\mathrm{g}\cdot(10\mathrm{min})^{-1}$，分子量高，VA 含量高的 EVA 加工薄膜，具有较强的耐应力开裂性，可用于液体包装袋材料。用 EVA 共挤出的复合膜也是快餐食品的良好材料。

③ 乙烯/乙烯醇　乙烯/乙烯醇（ethylene vinyl alcohol，EVAL 或 EVOH）是 20 世纪 70 年代才研制出来的具有优异隔绝性能的树脂。把乙烯和乙烯醇共聚，既可保持其良好的气体阻隔性，又可改变其防潮性和加工性。EVOH 对干燥气体和芳香气味具有良好的阻隔性。EVOH 依其乙烯含量高低有不同的性能和用途。

乙烯含量低的 EVOH，用作涂覆材料，其阻隔性比 PVDC 高 3～20 倍，其不透过性比丙烯腈共聚物高 75～100 倍；乙烯含量高的 EVOH，具有与 PVDC 相类似的综合气体阻隔性能，但 EVOH 对气体的阻隔性随湿度的增加及温度增加而下降。从技术和经济角度考虑，EVOH 比 PVDC 更适合于复合膜中间作为隔绝层。以 PP 或 HDPE 为基材的共挤瓶，中间隔气层采用 EVOH；以 PS、PC 和 PP 为基材的热成型共挤片材，也可用 EVOH 作隔气层。EVOH 还有防紫外线和防辐射等特殊优点。

④ 其他乙烯共聚物　用乙烯/2-甲基丙烯酸聚合制得的共聚物，再与离子性金属化合物反应，中和共聚物中部分羧基，可制得离子型共聚物，商品名称 Surlyn。Surlyn 与 LDPE 相比，力学性能显著提高，热熔封性、黏合性得以改善，便于改善复合膜的加工性能。

类似 Surlyn 的还有乙烯/甲基丙烯酸的共聚物（简称 EMAA），其价格比前者低 10%，吸湿性比前者显著下降，加工性能提高。乙烯/甲基丙烯酸共聚物最突出的优点是对各种极性材料具有极高的粘接性，并且具有优良的韧性，甚至在低温下仍有较好的韧性。

乙烯/丙烯酸共聚物（简称 EAA），其分子结构上主链和侧链均随机分布羧基，具有许多活化点，容易与极性物质反应，具备极优良的黏合特性，而且相邻链中的羧基可互相形成氢键，具有较好的韧度。因此常用于复合材料中作为黏合树脂或改善树脂性能用。

⑤ 多氟烃化合物　聚四氟乙烯（PTFE）是应用较多的多氟烃化合物（polyfluorocarbons），属于聚烯烃类热塑性树脂。由于聚四氟乙烯的大分子链上有高度的对称性，结晶性大，分子量很高，大分子链没有歧化的侧链，故 PTFE 制品的化学惰性最好，且耐热（260℃）、耐低温（－80℃）、

耐化学药剂、难燃烧，表面张力非常低，在食品工业上主要用作煎盘和其他烧烤器具上的涂料。

3. 非乙烯热塑性聚合物

（1）聚酰胺　聚酰胺（polyamids，PA）是聚合物链节中含有酰胺基（—CONH—）的一类聚合物，商品称尼龙（Nylon，简写ON）。在食品包装上，尼龙一般制成薄膜使用。无论是定向还是不定向拉伸的PA膜都很透明，具有耐高低温性能（—60～150℃），对碱、油、有机溶剂稳定性好，强度高，韧性好，不易穿孔。但PA膜吸湿性大，其水蒸气透过率随温度升高而增加，因此PA膜常用于制作复合膜。

常用于软包装材料基材的尼龙多采用双向拉伸尼龙薄膜。其富有柔软性，有高拉伸强度，冲击强度、密封强度与PET、OPP差不多，但在低温下耐穿戳强度优于PET、OPP。尼龙作为复合膜的基层材料有多种不同的形式，如普通型（ON）、防带电型（ONE）、易粘接型（ONM）、高防滑型（ONS），还有中低收缩型、蒸镀型和高阻隔型（涂覆PVDC）供选择。

（2）聚酯　聚酯（polyethylene terephthalate，PET）是指链节间由酯基（—COO—）相连的高分子化合物。用于食品包装的聚酯类为对苯二甲酸与二元醇（如乙二醇）缩聚而成的聚对苯二甲酸二乙酯。

用PET吹塑的中空容器（PET瓶），具有高度表面光泽，透明度高，机械强度高，不易破碎，且质量轻，用于500mL以上饮料瓶更显出其用料省、经济的特点，可取代玻璃瓶。改良制瓶工艺，提高PET塑料的结晶度（达30%～45%），可使PET瓶不仅可用于冷灌装饮料，还可用于热灌装软饮料。废旧PET瓶易回收，不污染环境。

（3）聚碳酸酯　聚碳酸酯（polycarbonates，PC）是指分子链中含有碳酸酯（—ORO—CO—）的一类高分子化合物，碳酸酯分子中的R可以是脂肪族、芳香族或脂肪-芳香族的化合物。

由PC吹塑、模挤或溶液流延法生产的PC膜的主要特点是其力学性能、热性能较稳定，几乎不受热和水分的影响，而且光折射率较高，透明且闪亮，印刷性较好，便于与纸、铝等材料加工成复合材料。PC对水汽和气体的阻隔性较差。用真空成型制成的PC轻量容器，可用于工具、餐具及锐利物品的包装。

4. 热固定化塑料（thermosets）

（1）酚醛塑料　酚醛塑料（phenol-formaldehyde，PF）是苯酚甲醛塑料的简称。在热固塑料中，酚醛塑料成本最低，容易加工，能耐较高的温度。酚醛塑料的性质在很大程度上取决于所用的填料。多数酚醛塑料刚性好，强度高和耐蠕变性，用其制成的瓶盖可承受封盖机的扭力，并能长期保持密封而不松动。酚醛塑料通常是黑色或棕色的，因此会影响其应用范围。

（2）脲醛塑料　脲醛塑料（urea-formaldehyde，UF）是脲甲醛塑料的简称，是由脲与甲醛聚合而成的。脲醛塑料是一种硬质半透明材料，着色性好。虽脲醛塑料比酚醛塑料贵，但其着色范围宽，广泛用于瓶盖及化妆品盒。脲醛塑料不与任何溶剂作用，有优良的耐油性，但它不耐碱和强酸，能经受高温而不软化，但在199℃左右会炭化，在非常潮湿的条件下会吸水，因此不能用于蒸汽消毒。

（3）玻璃纤维增强聚酯（glass-reinforced polyesters）　用玻璃纤维增强聚酯（glass-reinforced polyesters）加工的贮罐及运输容器，具有高的单位重量强度，对外界环境变化耐性强，有良好的抗溶剂化学性能。

（二）塑料包装薄膜

塑料包装薄膜约占塑料包装材料40%以上。塑料薄膜按构成原料及加工工艺可分为塑料单体薄膜、复合塑料薄膜和真空蒸镀金属膜。塑料薄膜用于塑料袋的材料或其他包装形式。按塑料薄膜的包装特点来分类，则有各种专用膜：如热收缩膜，弹性膜，高阻隔性膜，扭结膜，防渗、防潮、耐油膜，保鲜膜及可降解再生膜（可降解塑料膜）等。

1. 塑料单体薄膜

塑料单体薄膜也称单层塑料膜，是由单一品种热塑性塑料制成的薄膜。单体薄膜由于加工成本低，适于各种不同要求的包装，如 PVDC 单层膜阻隔性能好，耐高温杀菌，有一定收缩性而广泛用于香肠、火腿、干酪、蛋糕等食品包装。表 11-12 列出了各种单一薄膜的性能。

表 11-12　各种单一薄膜的性能比较

薄膜种类	物理性能													
	印刷性	热封性	防湿性	气密性	强度	刚性	耐热性	透明性	成型性	光泽	耐寒性	带电性	耐油性	耐药性
普通赛璐玢	◎	×	×	◎	○	○	◎	◎	○	◎	×	◎	◎	×
防潮赛璐玢	◎	△	○	◎	○	○	○	◎	○	◎	△	○	○	×
K 涂层赛璐玢	◎	△	◎	◎	○	○	○	◎	○	◎	△	○	◎	×
定向 PP	◎	×	◎	△	◎	○	△	◎	×	◎	◎	×	○	○
PP	◎	○	○	○	○	△	△	○	△	○	△	△	△	○
延伸尼龙	○	×	△	◎	◎	○	◎	◎	×	◎	◎	×	◎	◎
无延伸尼龙	△	○	△	○	△	△	◎	◎	○	◎	○	×	○	◎
延伸 PET	○	×	○	◎	◎	◎	◎	◎	×	◎	◎	×	◎	◎
PVDC	○	高频密封	◎	◎	○	△	×	◎	○	◎	○	×	○	◎
PVC	△	高频密封	◎	◎	○	△	×	◎	△	◎	○	○	○	◎
无增塑 PVC	○	高频密封	○	◎	○	△	△	◎	◎	◎	○	○	◎	◎
PC	△	△	○	○	◎	◎	◎	◎	△	○	◎	○	×	△
LDPE	△	◎	◎	×	△	△	×	○	○	○	△	◎	×	×
HDPE	△	◎	◎	△	○	○	△	△	△	×	◎	◎	○	△
维尼龙	△	△	×	◎	○	△	△	◎	△	○	△	×		
EVA	△	△	×	◎	○	△	△	○	○	○	△	×	○	
醋酸纤维素	◎	×	△	○	○	○	△	◎	○		○	○		×
延伸 PS	○	×	△	×	△	◎	△	◎	○	◎	×	×		△
铝箔	◎～×	×	◎	◎	×	×	◎	×	×	◎	◎	◎	◎	×
纸	◎～×	×	×	×	○	◎	◎	×	×	×	×	○	×	×

注：◎为优；○为良；△为尚可；×为不良。

2. 复合塑料薄膜与蒸煮袋

复合塑料薄膜是使某种塑料薄膜按需要与它种或同种塑料薄膜进行复合加工而制成的薄膜。复合膜集合单一薄膜材料的优点，提高膜的包装功能性。如价格低廉的 PE、PP 膜，其热封性较好，但其阻氧性不理想，而阻氧性好的 PET 膜却难以热封成袋，且价格较高。通过充分利用各种不同性能的塑料原料，根据需要进行合理组合，可提高复合膜和片材的整体性能，使它不仅具有优良的物理力学性能，而且具有优良的阻隔性能和热封性能，复合膜层可以是 2～7 层，甚至更多层。

复合膜的复合方法主要有黏胶复合法、熔融复合法和共挤复合法。

目前用作透明的高阻隔性复合材料有由 PE、PP、PA、PET、PVDC、PVDC 涂覆膜、EVAL、PVA（聚乙烯醇）等复合的薄膜。不透明高阻隔性材料可以用铝箔与其他材料复合而成。几种复合薄膜的构成与特性、用途的关系见表 11-13。

表 11-13　几种复合薄膜的构成与特性、用途的关系

复合薄膜的构成	特性										使用范围
	防湿性	阻气性	耐油性	耐水性	耐煮沸	耐寒性	透明性	防紫外线	成型性	封合性	
PT/PE	◎	◎	○	×	×	×	◎	×	×	◎	方便面、米制糕点、医药
BOPP/PE	◎	○	○	◎	◎	◎	◎	×	○	◎	干紫菜、方便面、米制糕点、冷冻食品
PVDC涂PT/PE	◎	○	○	◎	◎	○	◎	○～×	×	◎	豆酱、腌菜、火腿、果子酱、饮料粉
BOPP/CPP	◎	○	◎	◎	○	◎	◎	×	○	◎	糕点
PT/CPP	◎	◎	◎	×	×	×	◎	×	×	◎	糕点
BOPP/PVDC涂PT/PE	◎	◎	○	◎	◎	◎	◎	×	×	◎	高级加工肉类食品、豆酱、面汤
BOPP/PVDC/PE	◎	◎	◎	◎	◎	◎	◎	○～×	×	◎	火腿、红肠、年糕
PET/PE	◎	○	◎	◎	◎	◎	◎	○～×	×	◎	蒸煮、冷冻食品、年糕、饮料粉、面汤
PET/PVDC/PE	◎	◎	◎	◎	◎	◎	◎	○～×	×	◎	豆酱、鱼糕、冷冻食品、熏制食品
ON/PE	○	○	◎	◎	◎	◎	◎	×	○	◎	鱼糕、汤面、年糕、冷冻食品、饮料粉
ON/PVDC/PE	◎	◎	◎	◎	◎	◎	◎	○～×	○	◎	鱼糕、汤面、年糕、冷冻食品、饮料粉
BOPP/PVA/PE	◎	◎	◎	◎	◎	◎	◎	×	○	◎	豆酱、饮料粉
BOPP/EVAL/PE	◎	◎	◎	◎	○	◎	◎	×	○	◎	气密性小袋
PC/PE	○	×	○	◎	◎	◎	◎	○～×	○	◎	切片火腿、饮料粉
AL/PE	◎	◎	◎	◎	◎	○	×	◎	×	◎	医药、照片用胶卷、糕点
PT/AL/PE	◎	◎	◎	×	×	◎～×	×	◎	×	◎	医药、糕点、茶叶、方便食品
PT/纸/PVDC	◎	◎	◎	×	×	○	×	◎	×	◎	干紫菜、茶叶、干食品
PT/AL/纸/PE	◎	◎	○	×	×	○～×	×	◎	×	◎	茶叶、汤粉、饮料粉、奶粉
PET/AL/PE	◎	◎	◎	◎	◎	◎	×	◎	×	◎	咖喱、焖制食品、蒸煮食品

注：◎为优；○为良；×为不良。

　　蒸煮袋是一种具有较高耐热性能的复合塑料薄膜袋，主要有 PET（以 BOPET 为主）、PA（以 BOPA 为主）、PP（以 RCPP 和 SCPP 为主）、Al（以铝箔为主）、共挤 PA 膜、共挤 EVOH 膜、PVDC 涂覆膜等。蒸煮袋的品种和特性见表 11-16 和表 11-17。随着 7 层共挤流延膜生产线和 7 层、8 层吹塑生产线以及各种高阻隔膜的开发，有更多的高阻隔性蒸煮袋出现。5 层共挤膜有 PP/Al/EVOH/Al/PP，或 PE/Al/EVOH/Al/PE。7 层的有 PP/Al/PA/EVOH/PA/Al/PP 或 PE/Al/PA/EVOH/Al/PA/PE。

　　以结构分类见表 11-14。

表 11-14　蒸煮袋的品种和特性（以结构分类）

类别	结构	透水汽量 /g·m⁻¹·(24h)⁻¹	透氧量 /cm³·m⁻²·(24h)⁻¹·(0.1MPa)⁻¹
A	PA/CPP，PET/CPP	≤15	≤120
B	PA/AL/CPP，PET/AL/CPP	≤0.5	≤0.5
C	PET/PA/AL/CPP，PET/AL/PA/CPP	≤0.5	≤0.5

以蒸煮温度分类（蒸煮时间 30～45min）见表 11-15。

表 11-15 蒸煮袋的品种和特性（以蒸煮温度分类，蒸煮时间 30～45min）

类 别	蒸煮压力/lbf·in^{-2}	蒸煮温度/℃	一般保质期/月
1	110	115	3
2	115	121	6
3	120	126	12
4	130	135	24

注：1lbf·in^{-2}=6894.76Pa。

3. 真空蒸镀金属薄膜

真空蒸镀金属薄膜也称金属化塑料薄膜，是在真空或接近真空条件下将合适的金属（例如铝）用加热方法蒸发后，凝结在塑料的表面上，形成一层极薄的金属膜。金属化薄膜兼有塑料和金属特性。

食品包装用的镀铝薄膜其镀铝层厚度可按要求控制，镀铝层越厚，其阻隔性越好，成本越高。当铝层厚度达 $4×10^{-8}$m，透湿量随镀铝层厚度的增加而降低的趋势就不显著，因此镀铝层厚度一般控制在 $6×10^{-8}$～$7×10^{-8}$m。此时的镀铝层膜由 7～10 层稠密的铝结晶层沉积而成，能够有效地阻隔气体、水汽、香气或异味的渗透，并能阻止可见光和紫外线的透过。

塑料薄膜经真空镀铝后，阻隔性能大大改善。PET 膜经镀铝后，氧气阻隔性可提高 50～100 倍，而 PET 涂覆 PVDC 仅提高 10～15 倍。常见几种镀铝膜其透湿性与透气性见表 11-16、表 11-17。

表 11-16 真空镀铝薄膜的透湿性比较[1]（40℃）　　　单位：g·m^{-2}·d^{-1}

塑料薄膜种类	镀 膜 前	镀 膜 后
PET(12μm)	40～45	0.3～0.6
PET(25μm)	20～23	0.3～0.6
LDPE(25μm)	15～25	0.6
HDPE(25μm)	19～20	0.9
PE(单向拉伸)(25μm)	5～6	1.2
PA(15μm)	250～290	0.5～0.8

[1] JIS Z0208 标准，铝层厚 $6×10^{-8}$～$7×10^{-8}$m。

表 11-17 真空镀铝膜的透气性比较　　　单位：cm^3·m^{-2}·d^{-1}·MPa^{-1}

塑料薄膜种类	镀 膜 前	镀 膜 后
PET(12μm)	850	9
PVDC/PET(12μm)	60	8
PVDC/BOPP(15μm)	150	20

真空镀铝薄膜，尤其是聚酯镀铝膜，具有优良的气密、耐热性，适于高温短时杀菌，有利于保持食品香味用于方便食品、快餐、风味食品的蒸煮袋材料，代替金属罐头，可使生产成本降低 15%～20%。用真空镀铝膜代替压延铝箔，以膜厚 0.02～0.05μm 计，其耗铝量仅为压延铝箔用量的 5%，而生产效率高（450m·min^{-1}），用于包装香烟，可降低成本 30%。食品包装常用的真空镀铝膜一般不单独使用单种塑料镀膜，而是常与其他材料再复合，使之具有更好的机械操作性能和更广的适用性。

4. 其他专用膜

有一些塑料薄膜，经过特殊加工处理，使膜的某一性能加以强化而适于专门的包装目的，如热收缩膜、弹性膜、保鲜膜等。

（1）热收缩膜　热收缩膜是指具有较大热收缩特性的薄膜。热收缩膜主要用于收缩包装。热收缩膜在薄膜加工中进行定向拉伸（或分子取向）操作，控制纵横拉伸倍率。从原料成分来说，收缩膜与一般膜并没差异，因此收缩膜仍具有或超过其材料的基本性能。

用于制造收缩膜的树脂有 PVC、PP、PE、PET 和 PS 等，不同塑料的热收缩膜的性能见表 11-18。收缩膜广泛用于单元商品外包装、多种（个）商品的组合包装和托盘包装，也可将商标、标签等印刷在收缩膜上，用于硬容器的外表面收缩包装。

表 11-18　不同塑料的热收缩薄膜的性能

聚合物名称	厚度/mm	收缩力/MPa	收缩温度/℃	烘道温度/℃	热封温度/℃	最大收缩率/%
离子型树脂	0.025～0.076	1.0～1.7	90.5～135	121～177	121～204	20～40
聚丁烯	0.013～0.051	0.1～0.4	88～177	121～204	149～204	40～80
聚酯	0.013～0.017	4.8～10.3	71～121	107～260		45～55
聚乙烯	0.025～0.051	0.3～6.9	88～149	121～190	121～204	20～70
EVA	0.025～0.25	0.3～0.6	66～121	93～160	93～177	20～70
聚丙烯	0.013～0.038	2.0～4.1	93～177	149～232	177～204	50～80
PVC	0.013～0.038	1.0～2.0	66～149	107～154	135～187	30～70

（2）弹性薄膜　能够边拉边进行包装的薄膜叫弹性薄膜。弹性薄膜主要由具有黏附性的 PVC、EVA 等树脂为主要原料，通过适当加入增塑剂、稳定剂等各种添加剂，可制成不同用途的弹性膜。

弹性膜包装简便，容易操作，有一定的隔绝性能。它具有收缩膜的贴体包装性能，无需在高温（或热风下）黏结封口，广泛用于鲜果蔬、肉类、预加工食品（调理食品）、快餐盒的包装，以及用于超级市场、饭店、家庭等。常用的弹性膜有 M 型膜，其氧气透过性大，在低温下的强度和防雾性特别好，多用于鲜肉及鲜果蔬包装；V 型、P 型膜具有较好延伸性和强度，多用于鲜果蔬等农副产品包装。

（三）塑料包装容器及其特点

塑料和以塑料材料为主的包装形式有袋、杯、瓶、箱及各种编织物。

1. 塑料袋

塑料袋已从简单的单层薄膜袋发展到多层（5～7 层）的复合薄膜袋和编织袋。塑料袋包装容量可以是几克一袋的调味料，也可以是 100kg 的大包粮食。根据不同的材料特性，塑料袋可用于保鲜包装、热杀菌包装（蒸煮袋）、冷冻食品包装、微波食品包装等专门目的。

塑料袋由卷筒塑料薄膜制造，或由塑料管材经折叠形成中间搭叠焊封而成。袋子可制成扁平形状或具有角撑。袋的顶部可以密封，也可制成扣合式或自封式，便于开启。用于食品的包装多采用边热封袋，以保证袋装食品的密封性。

塑料袋的周边密封采用电热封合或高频封合。

2. 中空塑料容器

中空塑料容器指采用中空吹塑成型的塑料瓶以及用注模成型或加热成型制造的塑料杯、罐、瓶等容器。吹塑成型包括注射吹塑、挤出吹塑、拉伸吹塑、共挤出和多层注坯吹塑等工艺。用于吹塑制瓶、罐的塑料有 LDPE、HDPE、PE、PVC、PS 和 PET，也有采用 PVDC 涂覆的 PP 以及用复合塑料的。根据塑料瓶、罐的硬性，有硬质塑料瓶和软质塑料瓶之分。

硬质塑料瓶采用 PVC 材料，其透明性、成型性良好，用于酱油、油及调味品、软饮料的包装；另一种是阻气性强的共挤多层复合瓶，如 PP/LDPE/EVAL/LDPE，PE/PA，PET/PA 复合瓶。

第十一章

PET瓶由于其阻气性、透明性和外观美观等特点，可取代其他塑料瓶用于软饮料、啤酒、调味品等包装。软质塑料瓶多采用PE制造，为了改善其阻气性能，近来也采用PVDC复合材料制成。而PS、HIPS（耐冲击性聚苯乙烯）、PVC、PP或多层复合材料多用于塑料杯的制造。

3. 塑料盒

塑料盒具有透明、轻便、柜窗陈列性及适当的密封性而成为许多糖果、蜜饯等小食品的包装形式。用于包装食品的塑料盒成型方法主要有注塑、吸塑和模压成型三种。

注塑成型单位成本较高，用于各种瓶子的塑料盖、密封内塞、糖果盒、果酱瓶以及其他对制品形状精确度要求较高的产品。

吸塑成型也称塑料片材的热成型，包括真空成型、气压成型、回吸成型等方式。吸塑成型的主要材料有PVC、PE、PP、PS和ABS。泡沫塑料片材也可用吸塑成型方法，制成方便饭盒、托盘、盛热饮料的一次性杯子。近来也有共挤多层复合片材，如PP/PVDC/PP，用于吸塑成型制成食盒，经加盖密封后可耐蒸煮杀菌，适合野外工作人员和军用食品包装。

模压成型主要用于热固塑料的成型加工。某些热塑性材料（如PP及其他泡沫塑料）也可用模压成型法加工。

4. 塑料箱

塑料箱具有坚固、外观漂亮、容易清洗的特点，可代替木箱和纸箱。常用的有钙塑瓦楞箱、周转箱、保温箱等。

钙塑瓦楞箱，也称钙塑纸箱。和一般瓦楞纸箱相比，钙塑瓦楞箱的耐水性优良，因此，特别适于冷冻鱼、虾等水产品，以及蔬菜、水果等含水量较高食品的包装。

周转箱用于啤酒、饮料及果蔬等食品的运输销售包装。由于具有体积小、重量轻、坚固、耐用、可以叠合等优点将取代木箱和竹篓。塑料周转箱主要由HDPE注塑生产。为了提高箱体的强度，节省原料，通常在箱体的内、外壁和底板处设计加强筋，设置在底板和内壁上的加强筋还起到隔离瓶体的作用，避免互相碰擦，减少破损。为了防止日光中紫外线的影响，可以在加工中加入蓝色颜料和掺入适量的防氧剂和抗紫外线剂，防止紫外线辐射和氧化。

保温箱是指箱的两边用钙塑纸或PE、PP片材，中间用钙塑泡沫片材粘接层压制成的隔热性较好的钙塑泡沫板箱。保温箱的隔热层常用PS或PA泡沫塑料材料。

5. 塑料编织物

塑料编织物以袋的形式用于食品包装，编织袋（网）多用于重包装的场合，常用PE和PP塑料窄带（丝）织成。

五、木材及木制包装容器

（一）木材料的性质

用木材制作的包装箱或容器，常用于运输和贮藏包装，较少直接用于食品的个体包装，仅少量木刻小容器作为装饰工艺品用于某些食品包装，夹板制作的包装箱用于密度较小的干食品包装（如茶叶），仍有一定的应用，但相当部分已被纸及塑料所代替。

木材具有一定的强度和刚度，变形小。选用包装木材时，要兼顾其轻便性、强度及握钉力（木材对钉的抗拔力），一般选择密度$0.35\sim0.7\mathrm{g\cdot cm^{-3}}$的木材。不同的木材含有不同成分的挥发油，具有特殊气味。如杉木有精油气味，针叶树大多有松节油气味，阔叶树具有檀香等香味。用它们作为食品包装材料，要注意防止其气味污染食品，如柏木、樟木和松木不宜作茶叶、蜂蜜和糖果的包装。但在某些场合，木材含有的气味却能赋予食品某种特色，用栎木容器装葡萄酒，因其含有单宁反而会增加酒的美味；"白兰地"酒就需在老橡木桶中酿造、陈化、贮存，才能获得优良的酒质。

（二）木制包装容器

木制容器主要是木箱和木桶，有密封与不密封形式，这些容器可由木板、胶合板、层压板制造。箱体的固紧方法可以使用钢丝、铁钉、木螺钉、U 形钉以及捆扎带等。由于木材易隐藏病虫害，许多国家对进口食品采用的木制包装有严格的要求。

根据木箱的构成特征，常用的有：钉板箱、钢丝加固箱、板条箱、琵琶桶等。

钉板箱的特点是强度大，抗冲击，耐压，制作容易，但较笨重，无防水性，装货重可达到 270kg。

木撑合板箱是用木条制成箱框，再在六个面钉上胶合板而制成的。合板箱有良好的耐堆积强度，皮重轻，有防尘作用，胶合板面平滑，便于印刷标记，但其箱面为胶合板，耐冲穿性差。

琵琶桶是一种鼓形的桶。桶壁木板两端弯曲形成理想的拱形以增强桶的强度。鼓形的桶身容易滚动搬运，也容易竖立。桶的两个端面是平面，便于稳定地贮放。桶的箍环向桶的中部推压箍紧，箍环可用钢带、钢丝或木材制成，箍环数量取决于桶的尺寸与类型，桶端的木板被紧固在桶壁木板的凹槽中。琵琶桶有密封型桶及非密封型桶，后者用于装干燥物品，前者用于装液态物品。根据装放液体性质，密封琵琶桶内壁常涂覆相应的涂料。如装水溶性产品，内壁可涂蜡；装放油性物料，内壁可涂硅酸酯。

六、食品包装辅助材料

（一）缓冲材料

缓冲材料具有吸收冲击能，然后在较长时间内缓慢释放而达到缓冲的目的。缓冲材料适于运输包装作衬垫用。按材料来源可分为两类：普通缓冲材料和合成缓冲材料。普通缓冲材料有瓦楞纸板、纸丝（碎纸）、纸浆模制衬垫、木丝、动植物纤维、海绵、橡胶及金属弹簧等。合成缓冲材料有泡沫塑料、气泡塑料薄膜等。

（二）密封垫料

密封垫料是包装中最小，却又常常是最关键的部分，它影响整个包装的可靠性以及内装物的密封性。硬容器（瓶、罐等）的密封都离不开密封垫料。玻璃瓶盖的密封垫料为塑料溶胶、泡沫塑料和橡胶圈（垫）；金属罐底（面）盖使用的为氨水胶及溶剂胶。

（三）捆扎材料

产品经包装后，常需用带子或绳子捆扎，以加强包装的保护作用，便于运输与贮存。捆扎是包装过程的最后操作，它可以是单件包装捆扎，如木箱、木盒、纸箱等；也可以是数件合并捆扎为一单元。捆扎材料可分为两类：金属捆扎材料与非金属捆扎材料。

1. 金属捆扎材料

金属捆扎材料主要有钢带、圆铁丝及钉箱扁铁钉。钢带也称打包铁皮，用于捆扎较重的木箱、纸板箱等。包装用钢带宽度 13mm、16mm、19mm，厚度由 0.36～0.90mm 等不同规格。钢带的优点是捆扎紧，但操作劳动强度大，钢带易生锈，易割破箱边。扁铁钉用于纸箱箱板之间的固紧，常用的有 16 号和 18 号扁铁钉，它们分别由直径 1.6mm 或 1.8mm 的镀锌低碳钢丝压扁制成。

2. 非金属捆扎材料

非金属捆扎材料有纸腰带、塑料带及各种胶带。它们具有较好的弹性，易配合包装外形，但其耐气候性不如金属材料稳定，长度易伸长，延伸率较大，易老化。

　　纸腰带是用 80g 牛皮纸纺成 1.2mm 的纸线，再用聚乙烯醇作黏合剂，将 11 根纸线并列成 15mm 宽的平行纸带（宽度 15.5～16mm）制成的。拉伸强度 14.7MPa，每盘纸带重 2kg。纸腰带的特点是操作轻便，捆扎紧，但受潮易影响带的强度。

　　我国生产塑料捆扎带的原料有 PVC、PE、PP 等，其中 PP 塑料用量最大，约占捆扎带使用原料的 90%。塑料带可依需要加工成不同的颜色。国产塑料带分为手工用（代号 S）和机械包装用（代号 J）。手工捆扎带规格有宽 15mm、15.5mm 和 16mm 等；机械用塑料捆扎带规格有宽 13.5mm 和 15mm 的。我国生产的不同规格塑料捆扎带采用统一的命名法。塑料捆扎带的型号标示规则是：第一个符号用捆扎带制造塑料的英文缩写字母表示材质，接着用四位数或五位数表示带的宽度和厚度。如为四位数，则头两位表示带的宽度（mm）的 10 倍，后两位表示带的厚度（mm）的 10 倍；如为五位数，则头三位数表示带的宽度（mm）的 10 倍，后两位表示带的厚度（mm）的 10 倍。最后一个代号是表示捆扎带捆扎方式的拼音字母。例：PP13507j，即为宽度 13.5mm，厚度 0.7mm 的机械捆扎用聚丙烯捆扎带。

　　胶带（tape）通常由底带和胶黏剂两种基本材料构成。根据胶带的底带材料特征有纸质、布质和塑料薄膜胶带。纸质胶带的底带常用牛皮纸，底带可以染色或印刷，在牛皮纸上涂上一层柏油，可加强其防水效果。纸质胶带多用于低、中强度的需要，适用于瓦楞纸箱或纤维纸箱的封合。

　　布质胶带拉伸强度较高，大多数底带为棉质，也有用其他纤维制成的。布质胶带成本较高，较少用于食品包装。

　　塑料膜质胶带的底带，通常由纤维素膜、醋酸酯、乙烯基类、聚酯类、泡沫乙烯基或聚氨酯类所组成。纤维素膜胶带中等强度，透明性较好；醋酸酯膜胶带具有中等强度和不透湿性的特点；乙烯基类膜带，具有较高的强度，耐磨，抗湿等特性，可用于罐头纸箱封口；聚酯膜胶带柔韧，有良好的抗化学性，但价格较高。

第三节　食品包装技术

一、食品的防氧包装

　　受氧影响品质变化较大的食品，需选择隔绝氧性能较好的包装材料作为容器，如玻璃瓶、金属容器、纸/塑料/铝复合罐等，并采用可靠的密封材料和密封方式。采用真空包装、脱氧包装或气体置换法，形成低氧状态，以延长或保证食品的品质，也极为重要。

（一）真空包装

　　真空包装也称"减压包装"。真空（或低压）的形成有两种方式：一是靠热灌装或加热排气后密封；二是采用抽气密封，即真空状态下封口。前者需结合热处理过程，如罐头及可热杀菌饮料食品的排气及热罐装操作，包装容器顶部空间的真空度与装填量、料温和加热状态等有关。后者可以在常温（或低温下）操作，有利于更好地保持食品的原有色、香、味，真空度较易控制。某些食品内的空气靠加热排气，速度慢的产品包装，可采用热灌装与抽气密封方式。一般真空包装是在真空包装封口机上进行的。

　　真空包装可迅速降低包装内氧的浓度，以降低食品变质速度，同时抑制有害生物（好氧生物）的生长繁殖，延长食品的保质期。真空包装的产品，如需再加热杀菌，还有利于热量的传递，避免气体膨胀使包装袋破裂或发生胀罐。

过程检查 11-1
为什么膨化食品常采用充氮包装？

（二）气体置换包装

　　气体置换包装是采用不活泼的气体，如氮气、二氧化碳气体或它们的混合物，置换包装单元内部的活泼气体（如氧、乙烯等），故又常称充气包装。

气体置换有两种方式。一种是一次性置换气体密封包装，也称 MAP 法（modified atmosphere packaging）。工业上常用氮气置换包装空间内的气体，然后密封。有三种方法：先抽真空，再注入氮气，置换率可达 99% 以上；通过向容器内注入氮气，置换率可达 95%～98%；直接在氮气环境中包装，置换率为 97%～98.5%。第一种方法效率较高，操作较易，可用液氮或气态氮。一次性置换气体，密封包装，常用于加工食品的隔绝性包装。另一种是非密封性（或半密封性）充气包装，常称 CAP（controlled atmosphere packaging）包装，用于果蔬、粮食等有生理活性食品材料的大容量贮藏包装。为了保证气体置换包装的保存效果，要根据不同食品材料保藏要求，采用不同的气体组成，也要考虑包装材料的气密性和密封的适应性。各种食品的气体置换包装需补充气体的种类和作用见表 11-19。

表 11-19　各种食品的气体置换包装需补充气体的种类和作用

食品类别	食品名称	充气种类	充气作用
大豆加工品	豆豉	N_2	可减缓成熟度
	豆制品	N_2	防止氧化
粮食类、果品加工品	年糕	CO_2	防止发霉
	面包	CO_2	防止发霉
	干果仁	N_2	防止氧化、吸潮、香味失散
油脂	花生仁、杏仁	CO_2+N_2	防止氧化、吸潮、香味失散
	食用油	N_2	防止氧化
水产	鱼糕	CO_2	限制微生物和霉菌的发育
	烤鱼肉	CO_2+N_2	限制微生物和霉菌的发育
	紫菜	N_2	防止变色、氧化、香味失落和昆虫发育
乳制品	干酪	CO_2,CO_2+N_2	防止氧化
	奶粉	N_2	防止氧化
肉制品	火腿、香肠	CO_2,N_2	防止氧化、变色，抑制微生物繁殖
	烧鸡	CO_2+N_2	防止氧化、变色，抑制微生物繁殖
点心	蛋糕、点心	CO_2,CO_2+N_2	抑制微生物的繁殖
	油炸果	CO_2,N_2	防止氧化
饮料	咖啡、可可	CO_2,N_2	防止氧化、香味失落、微生物破坏
烧卖	夹馅面包	CO_2	抑制微生物的繁殖

（三）脱氧包装

采用真空或气体置换包装尚不能完全去除包装内的微量氧气。对氧特别敏感的食品，常需采用或结合化学的方法将袋内的微量氧气去除，具体可参见第十章相关内容。

二、食品的防湿包装

食品的防湿包装包括两方面：一是防止包装内食品从环境中吸收水分（蒸汽）；二是防止包装内的食品水分丧失。前者多用于加工食品，后者多指新鲜食品原料及初加工品的保鲜。食品贮藏的理想水分条件（或水分活性）与环境湿度相差愈大，则对包装的阻湿性要求愈高。

（一）防湿包装材料选择

从阻湿性来说，金属、玻璃材料是最优良的包装材料。而塑料及其复合材料，其阻湿性能依材料而异，变化较大。反映材料的透湿能力可用透湿系数（P_v）或透湿度 R。R 是指单位时间内透过单位面积膜的水蒸气量，单位为 $g \cdot m^{-2} \cdot d^{-1}$。材料的透湿系数或透湿度愈小，其阻湿性愈好。

不同材料在不同温度、湿度下的透湿度见表 11-20。显然，几种材料中，PVDC、PVC、PP、HDPE 都具有较好的隔湿性，湿度变化对不同材料膜的透湿度影响是不同的。

表 11-20　各种温度下包装用薄膜的透湿度（R）及透湿系数（P_v）[①]

薄膜	厚度 /mm	40℃		25℃		5℃	
		R_{40}	$P_{v40} \times 10^{11}$	R_{25}	$P_{v25} \times 10^{11}$	R_5	$P_{v5} \times 10^{11}$
聚苯乙烯 A	0.03	129	9.02	55.2	8.96	15.6	9.20
聚苯乙烯 B	0.03	126	8.80	55.0	8.93	15.1	8.95
软质聚苯乙烯	0.03	100	6.97	28.0	4.55	4.5	2.65
硬质聚苯乙烯	0.03	30	2.09	11.0	1.79	2.3	1.37
聚酯	0.03	17	1.19	4.8	0.65	0.77	0.45
低密度聚乙烯	0.03	16	1.12	4.0	0.65	0.50	0.30
高密度聚乙烯	0.03	9.0	0.63	2.2	0.36	0.26	0.16
聚丙烯 A	0.03	10	0.70	2.3	0.37	0.24	0.14
聚丙烯 B	0.03	7.3	0.51	1.7	0.27	0.21	0.12
聚氯乙烯	0.03	2.5	0.71	0.50	0.08		
聚乙烯复合纸 1	0.02	29.8	1.39	7.9	0.86		
聚乙烯复合纸 2	0.02	38.1	1.77	10.6	1.16		
聚乙烯复合纸 1	0.04	16.9	1.58	4.5	0.97		
聚乙烯复合纸 2	0.04	20.5	1.91	6.1	1.33		
聚乙烯复合玻璃纸 1	0.03	16.1	1.13	4.1	0.67		
聚乙烯复合玻璃纸 2	0.03	19	1.32	5.1	0.84		
聚乙烯复合纸 1	0.015	43.8	1.53	13.9	1.14		
聚乙烯复合纸 2	0.015	48.7	1.71	15.7	1.29		
聚乙烯复合纸 1	0.025	10.5	0.61	3	0.41		
聚乙烯复合纸 2	0.025	12	0.70	4.1	0.56		
聚偏二氯乙烯	0.03	2.5	—	0.5	—		

①　R_{40}、R_{25}、R_5 为在 40℃、25℃、5℃ 及湿度差 0～90％ 时的透湿度，$g \cdot m^{-2} \cdot d^{-1}$；$P_{v40}$、$P_{v25}$、$P_{v5}$ 为在 40℃、25℃、5℃ 时的透湿系数，$g \cdot mm \cdot m^{-2} \cdot d^{-1} \cdot kPa^{-1}$；各复合材料的厚度是表示薄膜的加工厚度，透湿系数是据此计算出来的；各复合材料的 1 表示将薄膜面向高湿度侧，2 表示牛皮纸或玻璃纸朝向高湿度侧，分别测得的数据。

塑性薄膜分子结构和聚集状态与水蒸气的透过性关系密切。与气体隔绝性相反，非极性分子塑料（如 PE）的阻湿性优于极性分子塑料（如 PET）；而聚合物结晶态、高密度、分子的取向排列等都有利于增加材料的阻湿性，这一点与隔气性相似。

选择隔湿性包装材料，既要考虑材料的透湿度或透湿系数，也要考虑材料的密封性和经济性，根据包装食品的保藏要求、保质期，合理选择。PVDC 具有较高的防止水蒸气透过和防止氧气渗透的能力，又具有易热封合的特点，可单独或复合成膜用于食品的防湿包装。此外，PP、PE 及铝箔等以复合膜使用可显著改善其性能。

（二）防湿包装技术

选择优良阻湿性的包装材料，加强包装容器密封环境湿度控制与封口检查，是防湿包装的根本保证。对湿度特别敏感的食品，也可采用内藏吸湿剂的防湿包装，或采用其他有效的包装设计。

使用吸湿剂有两种形式：一种是吸湿剂和食品在同一初级包装内共存，称并列式包装；另一种是食品在初级包装内，吸湿剂在初级包装外，二级包装内；或者相反，都称直列式包装。但要注意防湿包装中的吸湿剂不能与食品直接接触，以免污染食品。

常用的吸湿剂有氯化钙、硅胶等。氯化钙装在纸袋内，它有较强的吸湿作用，但在高湿下容易从纸袋渗出而污染食品。硅胶使用比较普遍，它有人工合成与天然产物两种。在硅胶中，添加钴之后变成蓝色，这种蓝色硅胶吸湿剂具有吸水后逐渐变色的特征（由蓝变粉红）。因此，可依据颜色变化了解其吸湿状况，该吸湿剂尚可通过干热（121℃）再生。

因吸湿剂种类不同，在不同湿度环境下的吸湿效率及吸湿量也不同，且吸湿剂仅是一种辅助防湿方法，其使用也有一定限制。对于水分含量多的食品，使用吸湿剂就显得无意义。不过，像紫菜或酥脆饼干等只要吸收极少的水分就能引起物性变化的食品，在采用阻隔性包装的条件下，配合使用吸湿剂，其保藏效果最好。

适合高吸湿性食品的包装有金属罐、玻璃瓶、复合铝塑纸罐、铝箔袋及铝塑复合袋，并采用真空或充气包装。用软包装袋，比较可靠的包装方式是采用组合包装方式，即袋中装有小袋，小袋的装量适合每次消费量。也有在外包装袋间放入干燥剂或吸氧剂袋，以降低袋内湿度与氧残留量。

三、食品的避光包装

光可以催化许多化学反应，进而影响食品的贮存稳定性。光可促进油脂的氧化，产生复杂的氧化酸败产物，造成食品品质下降；牛奶及奶制品的光促氧化常产生令人讨厌的硫醇味；光尚能引起植物类食品的天然颜色（如绿色、黄色和红色），鲜肉的红色等发生变色；某些维生素对光敏感，如核黄素暴露在光下很容易失去其营养价值，促使其他成分对光活化和敏感。抗坏血酸对光也相当敏感，暴露在光下也能发生各种反应。

光的催化作用在某一特殊的能级范围（如在可见光的较低波长及紫外线）最大。各种食品成分都有其对光作用的某一敏感波长，食品对光波的敏感性也会随着食品成分及加工方法而发生变化。如鲜肉放在紫外线下很快就会变色（褪色），但其对可见光却有阻抗力；用亚硝酸盐防腐剂加工的肉在紫外线或可见光下都会褪色。

光对食品的作用大小除光波长外，照射光的强度，食品暴露在光照下的时间都很重要。因此选择合适的包装材料阻挡某种波长光线的通过或减弱透过光的强度，是隔光包装的主要目的。

各种食品包装材料对可见光的穿透吸收性可用下式表示：

$$I_{abs} = I_0 T_{rp} \frac{1-R_f}{(1-R_f)R_p} \tag{11-1}$$

式中　I_{abs}——食品吸收的光的强度，cd；

I_0——入射光的强度，cd；

T_{rp}——包装材料的光透过量，%；

R_p——包装材料的光反射量，%；

R_f——食品的光反射量，%。

多数包装材料在可见光范围内光的透过量变化不大，但在紫外线波长范围内的差异较大。从式（11-1）可知，减少包装材料的光透过量或增加包装材料的反射光量，是隔光材料选用的主要依据。在包装材料制造过程加入染料或采用隔光（吸光）涂料的办法，可大大降低透明包装材料的光透过量。采用涂覆偏二氯乙烯或用铝、纸等隔光性能较好的材料制造复合膜可将光透过量降至最低程度。包装装潢设计中，印刷颜色可降低光的透过性，许多食品的二级或二级以上的包装或运输包装（如纸板箱等）都有良好的隔光性。

工程训练 11-1 为什么液态食品如奶类、果汁等常采用 UHT 杀菌结合无菌包装的工艺？

四、食品的无菌包装

（一）无菌包装的特点和要求

无菌包装是指将预杀菌（无菌）的食品在无菌条件下充填到无菌的包装容器中，随后在无菌的环境条件下进行包装密封（封口）的全过程。多数无菌包装工艺对食品介质的杀菌采用高温短时或

第十一章

超高温瞬时（UHT）的杀菌条件，因此无菌包装的产品能在保证杀菌效果（无菌）下很好地保存食品中的营养成分，减少热对食品色泽、风味、质构等品质的损害，产品在常温下存放较长时间。无菌包装过程包装容器与食品分别采用不同的杀菌方法，食品与容器不易发生化学反应，使容器中的化学成分向食品渗透减少。无菌包装可采用各种包装材料，如塑料、纸、金属等，包装容器的形状大小可多样化，可采用硬性或柔软性的包装材料。无菌包装适合于自动化连续生产，有利于提高生产效率。但无菌包装设备一次性投资较高，运转维修技术要求也高。

完善的无菌包装系统须具备以下基本条件：可用于杀菌的设备；无菌的产品；无菌的包装材料（容器），尤其与食品接触的包装面应该无菌；需有将无菌食品与包装容器集合到无菌灌装和封口区的设施及条件；设备应能在无污染条件下，完成密封操作。

根据包装材料在包装机内成型（成为容器）状况有：预成型无菌包装机和在机内完成成型→灌装→封口过程的无菌包装机。前者如预成型的纸板盒、塑料杯（盘）等容器，成叠提供给无菌包装机，在无菌包装机内将包装容器打开、杀菌，然后灌装封口；后者多用柔软性、可以热封口的材料，材料以卷装形式进入无菌包装机，并在机内完成连续成型、杀菌、纵封、底封、灌装、封口。对于硬容器，如金属罐、复合纸罐及挤塑塑料瓶（罐），则根据材料特性，容器的供给和杀菌常与填充封口机分开，靠一无菌运输系统（维持正压无菌空气或热空气）将杀菌容器送至无菌包装机，完成灌装、封口等操作。

（二）无菌包装采用的杀菌技术

1. 被包装食品的杀菌

按热杀菌时食品传热特性，无菌包装的食品可分为均质化低黏度液态食品、含有固体颗粒的液态食品和固态食品三类，不同类型的食品采用不同的杀菌方式和工艺。

（1）均质化低黏度食品的连续 UHT 工艺　均质化低黏度食品，如牛奶、植物蛋白奶、果汁等饮料，易泵送，容易在热交换过程获得最佳的热量传递，因此容易在很短的时间内瞬时把食品加热到 $130\sim138℃$，保温 $2\sim8s$，然后在很短的时间内冷却到 $20℃$ 左右，完成杀菌与冷却过程，这就是典型的 UHT 杀菌工艺。

根据加热方式不同，UHT 工艺可分为直接加热工艺和间接加热工艺，其加热特点及工艺见第二章。

（2）含固体颗粒的液态食品 UHT 杀菌工艺　含固体颗粒的液态食品在热杀菌（间接加热）过程热量的传递速率比均质化低黏度食品慢得多，由于液体中有颗粒存在，颗粒与液体之间的热平衡需一定时间。颗粒愈大，达到热平衡的时间愈长。增加液体与颗粒之间的相对运动速率虽然可以提高热平衡（传递）速率，但若颗粒表面所受的剪切力过大，会使固体颗粒受到伤害，且有的颗粒会在加热过程引起黏度增加（如大米粥等）。因此这类食品的 UHT 杀菌工艺需考虑液体中颗粒的性质（大小、比例及可能发生的变化等）、生产率等因素来选择热交换设备和杀菌工艺条件。将这类食品的液相与固相分离，分别杀菌后再混合的工艺，已获得工业应用，即液相物质采用连续 UHT 杀菌工艺，固相物质采用蒸汽直接杀菌工艺。

热交换器的选择，直接影响到含固体颗粒的液体食品 UHT 杀菌工艺的安全性、经济性和食品的质量。一般来说，随着固体颗粒大小的增加，可以依次选用片式热换器、自由流动式热交换器、管式热交换器、间歇式搅拌锅、连续刮板式热交换器等。采用电阻加热杀菌方法，可比较有效地解决热杀菌过程颗粒与液体的传热速率差异大的问题。

（3）高黏性食品与固体食品的灭菌　高黏性食品（如番茄酱）的杀菌采用蒸汽喷射式直接加热到杀菌温度，结合搅拌式换热器或刮板式换热器方式，以提高传热速率，缩短升温及降温时间，防止物料结垢。

2. 包装材料或容器的杀菌

包装材料或容器的杀菌工艺应达到在有效的时间内具有良好的杀灭微生物孢子的能力，在短时间内能使包装材料及容器表面连续达到杀菌要求；并容易从包装材料或容器表面将残留杀菌剂去除，且对消费者的健康不会带来不利影响；杀菌过程便于安全控制。目前用于包装材料或容器的杀菌有物理方法和化学方法。

物理杀菌方法包括热杀菌工艺（主要采用各种热介质进行杀菌，如饱和蒸汽、过热蒸汽、热空气、热空气与蒸汽混合气和挤压热）和辐照杀菌工艺［如用紫外线和离子射线等具有一定能量的电磁射线（波）］。化学杀菌方法包括使用过氧化氢、过乙酸等化学杀菌剂进行杀菌的方法。各种杀菌方法都有一定的杀菌要求及应用范围（见表 11-21）。

表 11-21 无菌包装材料及容器的灭菌方法比较

方 法	应 用	特 点	工艺及效果
饱和蒸汽	金属容器	饱和蒸汽在压力室(0.35MPa)下对金属罐及盖杀菌,有冷凝水残留	147℃/4s,对枯草芽孢杆菌,杀菌数量级 $n=7$
过热蒸汽	金属容器	在压力下高温杀菌,微生物热阻比饱和蒸汽中大。焊锡罐使用温度限于 232℃以下	221～224℃/45s(铝罐可缩短 20%时间),罐盖 300℃/70～90s
干热空气	金属容器和复合纸罐	压力下高温杀菌,微生物热阻比饱和蒸汽中大	pH<4.6 酸性食品,145℃/180s
挤压热	塑料瓶(罐)	没有化学物残留,仅适于 pH<4.6 酸性食品	挤压温度 180～230℃,停留时间 3min 以上
辐 射	热敏性塑料	需有辐射源。UV 杀菌效力受功率密度、照射环境、材料表面性质而异。多用于辅助杀菌。γ射线杀菌效力取决于剂量级	对孢子杀菌率,$n=2$～3
H_2O_2	塑料、复合铝塑材料及包装容器表面	杀菌速度快,效率高	浓度>30%,温度>80℃

3. 典型的无菌包装系统及其特点

（1）适于金属容器的无菌包装系统 适于金属容器的无菌包装。设备是由美国的詹姆斯·多尔（James Dole）公司发展起来的。该系统采用过热蒸汽（204℃）对金属罐身和罐盖进行杀菌，杀菌温度/时间靠过热蒸汽温度及容器通过杀菌隧道的时间来控制，装罐速率 100～450 罐·min^{-1}。

多尔公司还开发了用于复合纸罐的无菌包装系统。其工艺设备流程与金属罐系统相似，不同之处是复合纸罐的无菌包装系统采用热空气作为杀菌介质，而不是过热蒸汽。纸罐罐身由内到外用 PP/Al/PE/牛皮纸/PE/罐用牛皮纸/PE 或 PP，罐盖（底）采用马口铁或镀铬铁板。可用于不同罐形的无菌包装，封口速度 100～500 罐·min^{-1}。

（2）适于纸基软包装材料的无菌包装系统 包装材料以卷装形式连续输入包装机，进行杀菌、成型、灌装、封口、切断等过程，见图 11-6。其典型机械为利乐（tetra park）无菌包装机。包装材料从卷筒向上进行，经过浓度大约 35%的过氧化氢（含有 0.3%湿润剂）液槽，附着在材料上的部分微生物被洗去。浴槽中的上滚轮挤压出包装材料上多余的 H_2O_2，包装材料便呈管状向下并进行纵向密封。纸管中有管型加热器（或无菌热空气），利用红外线辐射及对流加热使包装材料接触食品的内表面受热，在管加热器终端部位可加热至 110～115℃。H_2O_2 被加热蒸发，增加其杀菌效率，避免残留在纸表面。无菌产品随后充填，并在液下热封口。该系统多用于液体食品的无菌灌装。

利乐包装机一般生产量 4500～6000 包·h^{-1}，容量 125～2000mL，其包装有不同形状，如利乐砖形（无菌）包装（tetra brick）、利乐屋形包装（tetra classic）、利乐冠（tetra top）

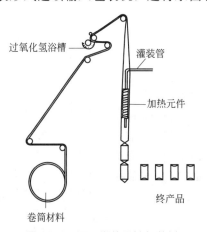

图 11-6 适于卷装柔性包装材料的无菌包装系统

过氧化氢浴槽
灌装管
加热元件
终产品
卷筒材料

和利乐王（tetra king）。

砖形利乐包装厚度约 0.35mm，一共有八层，分别由塑料、纸和铝复合构成，由内层向外层依次为 PE/PE/Al/PE/纸/纸/印刷油墨/PE。

（3）塑料瓶（PET）的无菌灌装系统　塑料瓶的无菌灌装系统是由意大利西帕（SIPA）公司和 Procomac 共同开发的树脂—一体化瓶制造系统与无菌灌装压盖系统结合起来（称 ASIS 无菌系统）的系统。前者生产的 PET 瓶在无菌条件下输送到 Procomac 无菌灌装设备。ASIS 无菌系统设备占用空间少，容器的灭菌靠挤压热和无菌输送，无需使用灭菌剂，可减少废物产生及对环境的污染。

（4）预成型纸盒的无菌灌装系统　由瑞士 SIG 集团开发的 SIG Combibloc 康美包有限公司推出的纸包装无菌灌装系统，与利乐包装系统不同的是，其包装纸盒是在无菌包装机外成型的（即已切割和背封的纸盒）。该系统可提供 1-2L 规格，已用于果汁、牛奶等饮料的包装。同等类似的还有美国国际纸业公司的屋顶形无菌灌装设备，用于酸奶、消毒奶的灌装。

五、食品的活性包装

活性食品包装又称"智能型"包装，是近年开发的新型包装。它不仅具有常规包装材料的基本功能，还具有调节控制及其他功能。主要包括两类：一类是在包装材料（通常是复合包装材料）的制造过程中，将活性成分加入其中，控制材料对活性成分的释放（或透过）性能，如抗菌包装、微波吸收型包装材料等；另一类是在食品包装操作（通常是充填、封口）时，在包装内附加的功能小包（称 sachet），如吸氧包、吸湿包、吸乙烯包等性能小包。后者在前面阻隔包装中已有叙述。

在食品的贮运流通过程中，食品包装的保护功能是靠多层次的包装相互配合起作用的，只注意初级包装而忽视贮运包装，都是片面的。贮运包装虽没有初级包装要求严格，除了密封程度低于初级包装外，其他的保护功能（如抗机械性能、隔绝光、湿等）都与初级包装同样重要，有的还是重要的保护方式。如热收缩包装、集装箱包装及托盘组合包装等运输包装，在食品包装功能性中占有相当重要的地位。

第四节　食品包装标签

一、预包装食品标签的基本要求

我国 GB 7718—2011《食品安全国家标准　预包装食品标签通则》对食品标签的术语和定义、基本要求、标示内容等进行了详细的规定。它是一项通用性的国家食品安全标准，如果其他食品安全国家标准有特殊规定的，应同时执行预包装食品标签的通用性要求和特殊规定。推荐标示内容包括：批号、食用方法、致敏物质等。食品标签标示内容应真实准确，不得使用易使消费者误解或具有欺骗性的文字、图形等方式介绍食品。

直接向消费者提供的预包装食品标签标示应包括食品名称，配料表，净含量和规格，生产者和（或）经销者的名称、地址和联系方式，生产日期和保质期，贮存条件，食品生产许可证编号，产品标准代号及其他需要标示的内容。其他需要标示的内容有：经电离辐射线或电离能量处理过的食品，应在食品名称附近标示"辐照食品"，经电离辐射线或电离能量处理过的任何配料，应在配料表中标明；转基因食品的标示应符合相关法律、法规的规定；特殊膳食类食品和专供婴幼儿的主辅类食品，应当标示主要营养成分及其含量，标示方式按 GB 13432 执行；其他预包装食品如需标示营养标签，标示方式参照相关法规标准执行；食品所执行的相应产品标准已明确规定质量（品质）等级的，应标示质量（品质）等级。

非直接向消费者提供的预包装食品标签上必须标示食品名称、规格、净含量、生产日期、保质期和贮存条件，其他内容如未在标签上标注，则应在说明书或合同中注明。

二、食品营养标签

GB 28050—2011《食品安全国家标准　预包装食品营养标签通则》适用于预包装食品营养标签上营养信息的描述和说明；不适用于保健食品及预包装特殊膳食用食品的营养标签标示。预包装食品营养标签是指预包装食品标签上向消费者提供食品营养信息和特性的说明，包括营养成分表、营养声称和营养成分功能声称。营养标签是预包装食品标签的一部分。营养标签中的核心营养素包括蛋白质、脂肪、糖类和钠。

所有预包装食品营养标签强制标示的内容包括：能量、核心营养素的含量值及其占营养素参考值（NRV）的百分比。当标示其他成分时，应采取适当形式使能量和核心营养素的标示更加醒目；对除能量和核心营养素外的其他营养成分进行营养声称或营养成分功能声称时，在营养成分表中还应标示出该营养成分的含量及其占营养素参考值（NRV）的百分比；使用了营养强化剂的预包装食品，还要在营养成分表中标示强化后食品中该营养成分的含量值及其占营养素参考值（NRV）的百分比；食品配料含有或生产过程中使用了氢化和（或）部分氢化油脂时，在营养成分表中还应标示出反式脂肪（酸）的含量；上述未规定营养素参考值（NRV）的营养成分仅需标示含量。

豁免强制标示营养标签的预包装食品是指：生鲜食品，如包装的生肉、生鱼、生蔬菜和水果、禽蛋等；乙醇含量≥0.5％的饮料酒类；包装总表面积≤100cm^{2}或最大表面面积≤20cm^{2}的食品；现制现售的食品；包装的饮用水；每日食用量≤10g或10mL的预包装食品；其他法律法规标准规定可以不标示营养标签的预包装食品。可选择标示内容：营养成分的表达方式、能量和营养成分含量声称的要求和条件、能量和营养成分比较声称的要求和条件、能量和营养成分含量的允许误差范围等，可参考GB 28050。

三、预包装特殊膳食食品的标签

特殊膳食用食品（foods for specialdietary uses）是指为满足特殊的身体或生理状况和（或）疾病、紊乱等状态下的特定膳食需求而专门加工或配方的食品。这类食品的营养素和（或）其他营养成分的含量与可类比的普通食品有显著不同。特殊膳食用食品主要包括：婴幼儿配方食品（包括较大婴儿和幼儿配方食品、特殊医学用途婴儿配方食品），婴幼儿辅助食品（包括婴幼儿谷类辅助食品、婴幼儿罐装辅助食品）和低能量配方食品等。

预包装特殊膳食用食品的标签应符合GB 7718《预包装食品标签通则》的基本要求的内容，不应以药物名称和/或药物图形（不包括药食两用的物质）暗示疗效、保健功能。预包装特殊膳食用食品，应标示能量、蛋白质、脂肪、糖类和钠及其含量。同时应根据相关国家标准的要求，标示其他营养成分及其含量。如果产品根据相关法规或标准，添加了可选择性成分或强化了某些营养物质，则还需标示这些成分及其含量。

能量和营养成分的标示是特殊膳食用食品标签上最重要的部分。预包装特殊膳食用食品中能量和营养成分的含量应以100g·(100mL)$^{-1}$和（或）每份食品可食部分中的具体数值来标示，当用份标示时，应标明每份食品的量；如有必要或相应国家标准中另有要求的，还应标示出每100kJ（100千焦）产品中各营养成分的含量；能量或营养成分的标示数值可通过原料计算或产品检测获得；在产品保质期内，能量和营养成分的实际含量不应低于标示值的80％；若预包装特殊膳食用食品中的蛋白质由氨基酸提供，"蛋白质"项则可以用"蛋白质""蛋白质（等同物）"或"氨基酸总量"来标示；应标示预包装特殊膳食用食品的适宜的人群、食用方法、每日或每餐食用量（需在医生指导下使用的特殊医学用途配方食品除外）。其他标示内容可参阅GB 13432。

四、食品包装的其他标示

1. 转基因产品标示

我国对农业转基因生物实行标识制度，规定在中华人民共和国境内销售的，列入农业转基因生物标识目录的农业转基因生物，应当进行标识；未标识和不按要求标识的不得进口和销售。转基因动植物和微生物，转基因动植物、微生物产品，含有转基因动植物、微生物或者其产品成分的种子、种畜禽、水产苗种、农药、兽药、肥料和添加剂等产品，直接标注"转基因××"；转基因农产品的直接加工品，标注为"转基因××加工品（制成品）"或者"加工原料为转基因××"；用农业转基因生物或用含有农业转基因生物成分的产品加工制成的产品，但最终产品销售中已不再含有或检测不出转基因成分的产品，标注为"本产品为转基因××加工制成，但本产品已不再含有转基因成分"，或者标注为"本产品加工原料中有转基因××，但本产品中已不再含有转基因成分"。

2. 商品条形码

20 世纪 70 年代初，美国最先采用"通用产品编码"（Universal Product Code，UPC），1974 年欧洲 12 个国家组成"欧洲产品符号"（European Article Number，EAN）组织，实行 EAN 编码系统。日本 1978 年加入 EAN 组织，其编码为 JAN（Japanese Article Number）。

我国于 1988 年 12 月 28 日成立"中国物品编码中心"，该中心已代表我国正式加入"国际物品编码协会"，从 1991 年 7 月 1 日起正式履行该会会员的权利和义务。我国执行 EAN 商品条形码。EAN 商品条形码分为 EAN-13（标准版）和 EAN-8（缩短版）两种。

EAN-13 通用商品条形码一般由前缀部分、制造厂商代码、商品代码和校验码组成。商品条形码中的前缀码是用来标识国家或地区的代码，赋码权在"国际物品编码协会"，如 00～09 代表美国、加拿大。45、49 代表日本。69 代表中国大陆，471 代表中国台湾地区，489 代表中国香港特别行政区。制造厂商代码的赋权在各个国家或地区的物品编码组织，我国由国家物品编码中心赋予制造厂商代码。商品代码是用来标识商品的代码，赋码权由产品生产企业自己行使，生产企业按照规定条件自己决定在自己的何种商品上使用哪些阿拉伯数字为商品条形码。商品条形码最后用 1 位校验码来校验商品条形码中左起第 1～12 个数字代码的正确性。

3. 二维码

二维码，又称二维条码，它是用特定的几何图形按一定规律在平面（二维方向）上分布的黑白相间的图形，包含了某一物品/商品等的所有信息数据。

在现代商业活动中，可实现的应用十分广泛，如产品防伪/溯源、广告推送、网站链接、数据下载、商品交易、定位/导航、电子凭证、车辆管理、信息传递、名片交流、wifi 共享等。参见图 11-7 和图 11-8。

国外对二维码技术的研究始于 20 世纪 80 年代末，QR 码是 1994 年由日本 DW 公司发明。QR 来自英文"quick response"的缩写，即快速反应的意思，源自发明者希望 QR 码可让其内容快速被解码。

图 11-7 二维码示意图

我国对二维码技术的研究开始于 1993 年。2006 年，中国物品编码中心制定了两个二维码的标准：SJ/T 11349《二维码网格矩阵码》和 SJ/T 11350《二维码紧密矩阵码》，目前分别由国家标准 GB/T 27766—2011《二维码网格矩阵码》和 GB/T 27767—2011《二维码紧密矩阵码》替换。

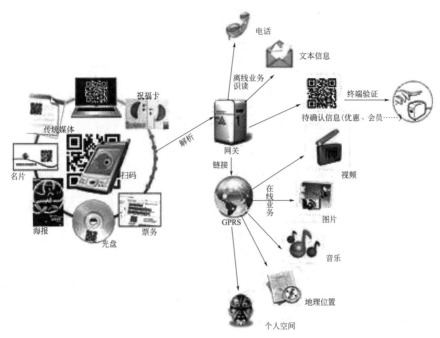

图 11-8　二维码用途

 知识归纳

1. 食品包装基本概念

食品包装指用合适的材料、容器、工艺、装潢、结构设计等手段将食品包裹和装饰，以便在食品的加工、运输、贮存、销售过程中保持食品品质或增加其商品价值。

2. 食品包装材料

（1）玻璃与陶瓷容器；（2）金属包装材料及容器；（3）纸、纸板及纸包装；（4）塑料包装材料及容器；（5）木材及木制包装容器；（6）辅助材料。

3. 食品包装技术

重点是真空包装、气体置换包装、无菌包装技术。

4. 食品标签

包装储运图示标志（GB 191）、预包装食品标签通则（GB 7718）；营养标签（nutrition label，NL）/营养素参考值（nutrient reference values，NRV）及相关国标 GB 28050；生产许可证（SC）；转基因标示；产品编码（条形码和二维码）。

知识图谱 11-1

复习思考题

1. 概念解释：食品包装、食品标签、预包装食品、无菌包装。

2. 食品包装有哪些功能？预包装食品的标签应该标注哪些内容？

3. 各种食品包装材料和容器的优缺点是什么？如何选择和应用？

4. 根据食品的特性，选择和设计某一食品的包装。

参考文献

[1]　曾庆孝.食品加工与保藏原理[M].3版.北京：化学工业出版社，2014.

[2]　曾名湧，刘尊英.食品保藏原理与技术[M].3版.北京：化学工业出版社，2023.

[3]　朱蓓薇.食品工艺学[M].2版.北京：科学出版社，2022.

[4]　夏文水.食品工艺学[M].北京：中国轻工业出版社，2017.

[5]　Fellows P. Food Processing Technology：Principles and Practice[M].4th edition. Woodhead Publishing，2016.

[6]　Clark S，Jung S，Lamsal B. Food Processing：Principles and Applications[M].2nd Edition. John Wiley & Sons Ltd，2014.

[7]　高福成，郑建仙.食品工程高新技术[M].2版.北京：中国轻工业出版社，2024.

[8]　蒋爱民，赵丽芹.食品原料学[M].3版.北京：中国轻工业出版社，2020.

[9]　孙金才，李文婧.食品贮运与保鲜技术[M].北京：中国轻工业出版社，2024.

[10]　王颉，张子德.果品蔬菜贮藏加工原理与技术[M].北京：化学工业出版社，2009.

[11]　孔保华，韩建春.肉品科学与技术[M].2版.北京：中国轻工业出版社，2011.

[12]　周光宏.畜产品加工学[M].3版.北京：中国农业出版社，2023.

[13]　刘红英，齐凤生.水产品加工与贮藏[M].北京：化学工业出版社，2012.

[14]　谢晶.海产品保鲜贮运技术与冷链装备[M].北京：科学出版社，2018.

[15]　谷鸣.乳品工程师实用技术手册[M].北京：中国轻工业出版社，2009.

[16]　张兰威，蒋爱民.乳与乳制品工艺学[M].北京：中国农业出版社，2016.

[17]　迟玉杰.蛋制品加工技术[M].北京：中国轻工业出版社，2009.

[18]　郑坚强.蛋制品加工工艺与配方[M].北京：化学工业出版社，2007.

[19]　尹凯丹.农产品安全与质量控制[M].北京：化学工业出版社，2021.

[20]　吴秀敏.农产品质量安全管理理论与实践[M].北京：科学出版社，2019.

[21]　Rizvi S S H. Food Engineering Principles and Practices[M].Springer Nature，2024.

[22]　Gavahian M. Emerging Food Processing Technologies[M].Springer Nature，2022.

[23]　Astráin-Redín L，Ospina S，Cebrián G，et al. Ohmic Heating Technology for Food Applications，From Ohmic Systems to Moderate Electric Fields and Pulsed Electric Fields[J].Food Engineering Reviews，2024，16：225-251.

[24]　Fakayode O A，Ojoawo O O，Zhou M，et al. Revolutionizing food processing with infrared heating：New approaches to quality and efficiency[J].Food Physics，2025，2：100046.

[25]　李汴生，阮征.非热杀菌技术与应用[M].北京：化学工业出版社，2004.

[26]　曾新安，陈勇.脉冲电场非热灭菌技术[M].北京：中国轻工业出版社，2005.

[27]　赵丹青，葛谦，开建荣，等.基于文献计量学可视化分析的超高压技术在食品中的研究进展[J].食品与发酵工业，2024，(9)：1-15.

[28]　邝金艳，林颖，王丽，等.高压电场杀菌技术研究进展[J].肉类研究，2023，37(9)：52-59.

[29]　Cheng J-H，Lv X，Pan Y，et al. Foodborne bacterial stress responses to exogenous reactive oxygen species（ROS）induced by cold plasma treatments[J].Trends in Food Science & Technology，2020，103：239-247.

[30]　Pan Y，Cheng J-H，Sun D-W. Cold plasma-mediated treatments for shelf life extension of fresh produce：A review of recent research developments[J].Comprehensive Reviews in Food science and Food safety，2019，18(5)：1312-1326.

[31]　陈霖新.洁净厂房的设计与施工[M].2版.北京：化学工业出版社，2022.

[32]　涂光备.洁净室的检测与运行管理[M].2版.北京：中国建筑工业出版社，2021.

[33]　白润英.水处理新技术、新工艺与设备[M].2版.北京：化学工业出版社，2017.

[34]　Evans J A. Frozen Food Science and Technology[M].Blackwell Publishing Ltd，2008.

[35]　Aung M M，Chang Y S. Cold Chain Management[M].Springer Nature，2022.

[36]　Hundy G F，Trott A R，Welch T C. Refrigeration，Air Conditioning and Heat Pumps[M].5th Edition. Elsevier，2016.

[37]　Sun D-W. Handbook of Frozen Food Processing and Packaging[M].2nd Edition. CRC Press，2011.

[38]　Li D，Zhu Z，Sun D-W. Effects of freezing on cell structure of fresh cellular food materials：A review[J].Trends in Food Science & Technology，2018，75：46-55.

[39]　Sohail M，Sun D-W，Zhu Z. Recent developments in intelligent packaging for enhancing food quality and safety[J].Critical Reviews in Food Science and Nutrition，2018，58：2650-2662.

[40]　Sun L，Zhu Z，Sun D-W. Regulating ice formation for enhancing frozen food quality：Materials，mechanisms and challenges[J].Trends in Food Science & Technology，2023，139：104116.

[41]　刘相东，李占勇.现代干燥技术[M].3版.北京：化学工业出版社，2022.

[42]　潘文群.化工分离技术[M].2版.北京：化学工业出版社，2014.

[43]　李秀娟.食品加工技术[M].2版.北京：化学工业出版社，2018.

[44]　[德]马克·雷吉尔（Marc Regier），[德]凯·克内策尔（Kai Knoerzer），[德]海尔玛·舒伯特（Helmar Schubert）.食

品微波加工技术［M］.范大明，闫博文，主译.北京：中国轻工业出版社，2022.

［45］ Jiang H，Liu Z G，Wang S J，et al. Microwave processing：Effects and impacts on food components［J］. Critical Reviews in Food Science and Nutrition，2018，58：2476-2489.

［46］ Sofizadeh T，Khodaei J，Darvishi H，et al. Process parameters of microwave heating-assisted vacuum evaporation of tomato juice：quality，energy consumption，exergy performance，and kinetic processing［J］. Journal of Microwave Power and Electromagnetic Energy，2023，57：203-218.

［47］ 董翼飞，凌建刚，朱麟，等.农产品射频杀菌钝酶技术研究进展［J］.食品与机械，2023，39：219-226.

［48］ 李洪岳，李青鸾，郑建军，等.射频加热技术在粮食储藏与加工中应用研究进展［J］.智慧农业，2021，3：1-13.

［49］ 谭全慧，刘斌，李嘉伟.射频加热系统的研究进展［J］.冷藏技术，2022，45：1-7.

［50］ Bedane T F，Chen L，Marra F，et al. Experimental study of radio frequency（RF）thawing of foods with movement on conveyor belt［J］. Journal of Food Engineering，2017，201：17-25.

［51］ Farag K W，Lyng J G，Morgan D J，et al. A comparison of conventional and radio frequency tempering of beef meats：Effects on product temperature distribution［J］. Meat Science，2008，80：488-495.

［52］ Gao J，Wu M，Du S，et al. Recent advances in food processing by radio frequency heating techniques：A review of equipment aspects［J］. Journal of Food Engineering，2023，357：111609.

［53］ Lyu X，Peng X，Wang S，et al. Quality and consumer acceptance of radio frequency and traditional heat pasteurised kiwi puree during storage［J］. International Journal of Food Science and Technology，2018，53：209-218.

［54］ 哈益明，朱佳廷，张彦立，等.辐照食品与放射性污染食品［M］.北京：科学出版社，2015.

［55］ 黄嘉麟，廖彤，刘宝华.核技术应用项目的辐射防护与安全［M］.广州：广东科技出版社有限公司，2015.

［56］ IAEA. Manual of Good Practice in Food Irradiation：Sanitary，Phytosanitary and Other Applications：Technical Reports Series No. 481［M］. International Atomic Energy Agency，2015.

［57］ Ferreira I C F R，Antonio A L，Verde S C. Food Irradiation Technologies：Concepts，Applications and Outcomes［M］. Royal Society of Chemistry，2017.

［58］ Bhat R，Sridhar K R. Influence of ionizing radiation and conventional food processing treatments on the status of free radicals in lotus seeds：An ESR study［J］. Journal of Food Composition and Analysis，8th International Food Data Conference：Quality food composition data，key for health and trade，2011，24：563-567.

［59］ Bliznyuk U A，Avdyukhina V M，Borchegovskaya P U，et al. Innovative approaches to developing radiation technologies for processing biological objects［J］. Bull Russ Acad Sci Phys，2018，82：740-744.

［60］ Huang D，Yang P，Tang X，et al. Application of infrared radiation in the drying of food products［J］. Trends in Food Science & Technology，2021，110：765-777.

［61］ 张兰威.发酵食品原理与技术［M］.北京：科学出版社，2024.

［62］ 刘素纯，刘书亮，秦礼康.发酵食品工艺学［M］.北京：化学工业出版社，2019.

［63］ 贾士儒.中国传统发酵食品地图［M］.北京：中国轻工业出版社，2018.

［64］ 侯红萍.发酵食品工艺学［M］.北京：中国农业大学出版社，2018.

［65］ 赵晨霞，王向东.发酵食品工艺［M］.北京：中国计量出版社，2011.

［66］ 岳春.食品发酵技术［M］.北京：化学工业出版社，2008.

［67］ 张刚.乳酸细菌——基础、技术和应用［M］.北京：化学工业出版社，2007.

［68］ 闫广金.蔬菜腌制加工技术［M］.北京：中国农业科学技术出版社有限公司，2019.

［69］ 孙晓雪，史德芳.酱腌菜加工技术［M］.武汉：湖北科学技术出版社，2010.

［70］ 于新，黄雪莲.实用食品加工技术丛书：果脯蜜饯加工技术［M］.北京：化学工业出版社，2013.

［71］ 张崇军，吴霞.酿酒实用技术［M］.北京：科学出版社，2021.

［72］ 顾国贤.酿造酒工艺学［M］.北京：中国轻工业出版社，1996.

［73］ 韩建春，邵美丽，郭鸽.酸奶加工技术［M］.哈尔滨：哈尔滨工程大学出版社，2011.

［74］ 李树玲，张桂霞.酿酒制醋技术与实例［M］.北京：化学工业出版社，2006.

［75］ 施明，郭锡铎.烟熏炉原理与应用技术［M］.北京：中国轻工业出版社，2016.

［76］ 马美湖.熏烤肉制品加工［M］.北京：金盾出版社，2005.

［77］ 孙宝国.食品添加剂［M］.3版.北京：化学工业出版社，2021.

［78］ 赵志峰，李东.食品添加剂［M］.北京：化学工业出版社，2024.

［79］ 高彦祥.食品添加剂［M］.2版.北京：中国轻工业出版社，2019.

［80］ 凌关庭.食品添加剂手册［M］.4版.北京：化学工业出版社，2013.

［81］ 中国食品添加剂和配料协会.食品添加剂手册［M］.3版.北京：中国轻工业出版社.2012.

［82］ 凌关庭.天然食品添加剂手册［M］.2版.北京：化学工业出版社，2009.

［83］ Smith J，Hong-Shum L. Food Additives Data Book［M］. Blackwell Publishing Ltd，2011.

［84］ 曾名湧，董士远.天然食品添加剂［M］.北京：化学工业出版社，2005.

［85］ 孙平.食品添加剂使用手册［M］.北京：化学工业出版社，2004.

［86］ 郝素娥，庞满坤，钟耀广，等.食品添加剂制备与应用技术［M］.北京：化学工业出版社，2003.

［87］ 陈正行，狄济乐．食品添加剂新产品与新技术［M］．南京：江苏科学技术出版社，2002.

［88］ 温辉梁，黄绍华，刘崇波．食品添加剂生产技术与应用配方［M］．南昌：江西科学技术出版社，2002.

［89］ 刘钟栋．食品添加剂在粮油制品的应用［M］．北京：中国轻工业出版社，2001.

［90］ 宋小平，韩长日．香料与食品添加剂制造技术［M］．北京：科学技术文献出版社，2001.

［91］ 李大鹏．食品包装学［M］．北京：中国纺织出版社，2014.

［92］ 殷涌光，刘静波，林松毅．食品无菌加工技术与设备［M］．北京：化学工业出版社，2006.

［93］ 章建浩．食品包装［M］．北京：科学出版社，2019.

［94］ Selvamuthukumaran M. Active Packaging for Various Food Applications［M］．Boca Raton：CRC Press，2021.

［95］ Robertson G L. Food Packaging Principles and Practice［M］．3rd Edition. Boca Raton：CRC Press，2016.

［96］ 杨福馨，吴龙奇．食品包装实用新材料新技术［M］．北京：化学工业出版社，2009.

［97］ ［德］Piringer O G，［美］Baner A L. 食品用塑料包装材料阻隔功能、传质、品质保证和立法［M］．范家起，张玉霞译．北京：化学工业出版社，2004.

［98］ 高愿军，熊卫东．食品包装［M］．北京：化学工业出版社，2005.

［99］ 徐自芬，郑百哲．中国包装工程手册［M］．北京：机械工业出版社，1996.

［100］ Yadav N，Kaur R. Innovations in packaging to monitor and maintain the quality of the food products［J］．Journal of Packaging Technology and Research，2024，8：15-50.